本気で学ぶ

Linux実践入門

サーバ運用のための業務レベル管理術

CentOS & Ubuntu 対応

有限会社ナレッジデザイン
大竹龍史・山本道子 著

本書に関するお問い合わせ

この度は小社書籍をご購入いただき誠にありがとうございます。小社では本書の内容に関するご質問を受け付けております。本書を読み進めていただきます中でご不明な箇所がございましたらお問い合わせください。なお、お問い合わせに関しましては下記のガイドラインを設けております。恐れ入りますが、ご質問の際は最初に下記ガイドラインをご確認ください。

ご質問の前に

小社Webサイトで「正誤表」をご確認ください。最新の正誤情報をサポートページに掲載しております。

▶ 本書サポートページ
URL https://isbn.sbcr.jp/97642/

上記ページの「正誤情報」のリンクをクリックしてください。なお、正誤情報がない場合、リンクをクリックすることはできません。

ご質問の際の注意点

- ご質問はメール、または郵便など、必ず文書にてお願いいたします。お電話では承っておりません。
- ご質問は本書の記述に関することのみとさせていただいております。従いまして、○○ページの○○行目というように記述箇所をはっきりお書き添えください。記述箇所が明記されていない場合、ご質問を承れないことがございます。
- 小社出版物の著作権は著者に帰属いたします。従いまして、ご質問に関する回答も基本的に著者に確認の上回答いたしております。これに伴い返信は数日ないしそれ以上かかる場合がございます。あらかじめご了承ください。

ご質問送付先

ご質問については下記のいずれかの方法をご利用ください。

▶ Webページより
上記のサポートページ内にある「この商品に関する問い合わせはこちら」をクリックすると、メールフォームが開きます。要綱に従って質問内容を記入の上、送信ボタンを押してください。

▶ 郵送
郵送の場合は下記までお願いいたします。

〒106-0032
東京都港区六本木2-4-5
SBクリエイティブ　読者サポート係

はじめに

Linuxは1991年に誕生し、現在ではサーバ、デスクトップ、モバイル端末、組み込みシステム、クラウドのインフラやクラウドのインスタンスなど、広範な分野で使われているオープンソースのオペレーティングシステムです。

Linuxはオープンソースのゆえに、現在数百種類のディストリビューションと呼ばれるLinuxの配布ソフトウェアがありますが、本書ではその中からCentOSとUbuntuという、サーバや開発プラットフォームでシェアの高い2つのディストリビューションを取り上げています。

本書は、企画段階から掲載する内容に熟考を重ねました。

「基本的な操作を習得できる書籍としたい」だけでなく、「一般的な入門書を一読した方でも、手にとる書籍にしたい」のが私たち執筆者と編集担当者の意見でした。

したがって、本書の前半はLinuxのインストールから基本操作まで、可能な限り実行例を掲載し、図などを交えて解説しています。また、後半では、トラブルシューティングを掲載したり、セキュリティも基本から一歩踏み込んだ内容を解説しています。

入門書としては多めなボリュームになっていますが、業務としてLinuxを運用、管理することを目指す方々が必要とするノウハウを載せた1冊となっています。

本書の特徴として、CentOSとUbuntuを並行して解説しているので、既にどちらか片方を使っている方が、もう片方を知りたいときにも便利だと思います。例えば、個人的にUbuntuを使っていて、これから業務でCentOSやRedHat Enterprise Linux（RHEL）を使うことになった場合など、同等のパッケージ管理コマンドを見つけたり、同等のネットワーク設定を手早く見つけられると思います。

また本書のもう1つの特徴として、付録に仮想環境としてMicrosoft Windows用にVirtualBox、Linux用にKVMのインストール方法を解説し、さらにこの仮想環境で1台のルータ、2台のホストが接続されたネットワークを2個を構築する手順を解説しています。

ご自身のPC1台でこの仮想環境を構築することで、本書に書かれた内容を検証することができます。このような、複数のネットワークに分けて複数のホストを配置する仮想環境の作成でつまずいてしまった方にも、ぜひ、参考にしていただきたいです。

本書を書くにあたり、作図や校正などでたくさんのヘルプをしてくれた電気通信大学4年生 中川真歩さんに感謝します。最後に、本書の執筆の機会を与えて頂いたSBクリエイティブ株式会社の皆様に、この場をお借りして御礼申し上げます。

2019年5月

大竹 龍史　山本 道子

Contents

Chapter1　Linuxの概要と導入

Chapter2　Linuxの起動・停止を行う

Chapter3　ファイルを操作する

Chapter4 ユーザを管理する

Chapter5　スクリプトやタスクを実行する

Chapter6　システムとアプリケーションを管理する

Chapter7 ディスクを追加して利用する

Chapter8 ネットワークを管理する

Chapter9 システムのメンテナンス

Chapter10　セキュリティ対策

Appendix 仮想環境を構築する

本書の表記について

□コマンドの構文

本書では、以下の形式でコマンドの構文を掲載しております。

ディレクトリの作成
mkdir [オプション] ディレクトリ名...

構文内で **[]** で囲まれた要素は任意入力を意味します。「**...**」は複数指定ができることを意味します。「**ユーザ名 | ユーザID**」のように「 | 」を挟んで引数が記述されている箇所は、「ユーザ名またはユーザID」のように、いずれかを指定できることを意味します。**{コマンド}** は、実行対象のコマンドのサブコマンドを指定することを意味します。

コマンドに指定するオプション、オブジェクト、サブコマンドなどは、主なものを抽出して掲載しております。使用頻度の低いものに関しては、掲載を省略させていただいております。

□CentOSとUbuntuの使用バージョンについて

本書の実行例は、執筆時点（2019年3月）の以下環境にて動作確認を行っています。

	CentOS 7.5 server gui	Centos 7.5 minimum	Ubuntu 18.04 LTS desktop	Ubuntu 18.04 LTS server
ISO	CentOS-7-x86_64-DVD-1804.iso	CentOS-7-x86_64-DVD-1804.iso	ubuntu-18.04-desktop-amd64.iso	ubuntu-18.04-live-server-amd64.iso
Disk	10GB	5GB	10GB	5GB
CPU（変更可）	1	1	1	1
Memory（変更可）	2GB	1GB	2GB	1GB
Install Software	server gui	minimum	—	—
rootfs	/dev/mapper/centos-root（サイズ）8.0G、（使用）3.1G	/dev/mapper/centos-root（サイズ）3.5G、（使用）897M	/dev/vda1（サイズ）9.8G、（使用）4.8G	/dev/vda2（サイズ）4.9G、（使用）2.4G
swap	/dev/mapper/centos-swap 1.0GB	/dev/mapper/centos-swap 511MB	/swapfile 472MB	/swap.img 877MB
IP	default NAT, dhcp	default NAT, dhcp	default NAT, dhcp	default NAT, dhcp
SELinux	enforcing	enforcing	オフ（SELinuxのツールなし）	オフ（SELinuxのツールなし）
firewalld/iptables	デフォルトゾーン：public	デフォルトゾーン：public	firewalldなし、iptables：全て許可	firewalldなし、iptables：全て許可
sshdサーバ	インストール済み	インストール済み	未インストール	インストール済み

CentOS 8.1は、リポジトリを利用したパッケージ管理コマンドとして、yumに代わりdnfが採用されています。また、ネットワークパケットフィルタリングには、iptablesに代わり、nftablesがデフォルトとなっています。変更点については以下URLを参照してください。

https://access.redhat.com/documentation/ja-jp/red_hat_enterprise_linux/8/html/8.0_release_notes/overview

Ubuntu 20.04 LTSの変更点については以下URLを参照してください。

https://wiki.ubuntu.com/FocalFossa/ReleaseNotes/Ja

□CentOSとUbuntuでの操作手順

本書では、CentOSとUbuntuの操作手順を以下に則って併記しています。

- CentOSとUbuntuで操作手順が同様の場合は、CentOSの実行結果を掲載しています。しかし、Ubuntuでも実行可能です。
- CentOSとUbuntuで操作手順が異なる場合は、都度、いずれの実行結果であるかを示して掲載しています。
- CentOSでrootで作業している（プロンプトが#）場合は、Ubuntuでもrootで作業をしてください。なお、rootへの切り替えは以下に記載した「rootへの切り替え」を参照してください。
- root権限を必要としない処理は、可能なかぎり一般ユーザ（プロンプトが$）で実行するようにしています。

□rootへの切り替え

rootへの切り替えは、以下のように行ってください。

- CentOSでの一般ユーザからrootの切り替えは、「**su -**」を実行してください。その際、rootのパスワードが必要です。rootでの作業が終了したら「**exit**」を実行してください。
- Ubuntuでの一般ユーザからrootの切り替えは、「**sudo su -**」を実行してください。その際、現在のシェルユーザのパスワードが必要です。rootでの作業が終了したら「**exit**」を実行してください。
- Ubuntuで、rootへ切り替えることなく、root権限でコマンドを実行する場合は、「**sudo 実行したいコマンド**」を実行してください。その際、現在のシェルユーザのパスワードが必要です。
- sudoの詳細は、第3章のコラム（156ページ）を参照してください。

□シェルプロンプト

以下は、本書で使用している実行例です。

実行例

```
# tail -1 /etc/passwd  ←❶
sam:x:1004:1004::/home/sam:/bin/bash  ←❷
```

❶の行は、コマンドの入力を行っています。「#」はシェルプロンプト、「tail」は実行するコマンド、「-1」はオプション、「/etc/passwd」は引数です。❷の行は、コマンドの実行結果です。

プロンプトに「#」が表示されている例は、rootユーザでの操作を表します。プロンプトに「$」が表示されている例は、一般ユーザでの操作を表します。

また、状況に応じて、以下の表記を使用しています。

実行例①は、一般ユーザであるyukoが、sudoコマンドを使用して、/etc/shadowファイルをheadコマンドで表示します。

実行例①

```
[yuko@centos7-1 ~]$ sudo head /etc/shadow
```

実行例②は、一般ユーザであるsamが、sudoコマンドを使用して、/etc/shadowファイルをheadコマンドで表示します。

実行例②

```
[sam@centos7-1 ~]$ sudo head /etc/shadow
```

本書内では、実行するユーザによって処理に影響がある場合は、ユーザ名を記載しています。また、作業場所（ディレクトリパス）が重要な場合は、ディレクトリパスも記載しています。適宜、本書内の解説および実行例を確認してください。

□コマンドラインと実行結果

実行時のコマンドラインが長い場合は、端末内で自動折り返しとなり、そのまま掲載しています（実行例①）。なお、2次プロンプトを使用する場合もあります（実行例②）。

また、実行結果は、場合によって一部（あるいは全部）を省略あるいは整形して掲載しています。

実行例①

```
# nmcli con modify enp0s8 ipv4.method manual ipv4.addresses
172.17.255.254/16
```

実行例②

```
# nmcli con modify eth1 ipv4.method manual \  ←バックスラッシュを入れる
> ipv4.addresses 172.17.255.254/16  ←2次プロンプトの>が表示されるので、続けて入力する
```

□参考

本文内で以下の書式で記載されている箇所は、参考知識や補足事項を意味します。

> ローリングリリースではディストリビューションとしてのバージョン番号はなく、個々のパッケージごとにバージョンを管理し、パッケージは随時更新が行われます。ディストリビューションによっては、インストール用ISOイメージが定期的に更新され、サイトからダウンロードできるようになっています。

□環境依存の情報

本書内で使用している「サーバ名」「IPアドレス」は、ご自身の環境に合わせて置き換えてください。

また、バージョン番号が含まれたファイル名やパッケージ名等は、バージョンアップにより変更される可能性があります。ご自身の環境に合わせて置き換えてください。

Chapter 1

Linuxの概要と導入

1-1
Linuxのディストリビューションを理解する

オペレーティングシステムとは

現在、私たちの生活の中で、たくさんのソフトウェアがさまざまな目的で利用されています。電子メールやWebを使ったインターネットの利用、スケジュールの管理、映像や音声の編集、作成など多岐にわたります。

これらのソフトウェアは、例外なくハードウェア(コンピュータを構成する装置)を必要とし、それ自体、非常に複雑な仕組みを持ちます。また、そのハードウェアはたくさんの供給元を持ち、機能や性能も異なります。

オペレーティングシステム(以下、OS)は、ハードウェアの機能をより効率良く利用し、多くの開発者が目的のプログラムを開発しやすいように、また、多くの利用者がコンピュータを簡単に使えるように開発された、基本的な機能を提供するソフトウェアです。

優れたOSは、開発者の開発効率を上げ、利用者は少ない労力で必要な機能を得ることができます。

代表的なOSとして、Linux、Microsoft Windows、macOSなどがあります。

図1-1-1 OSの役割

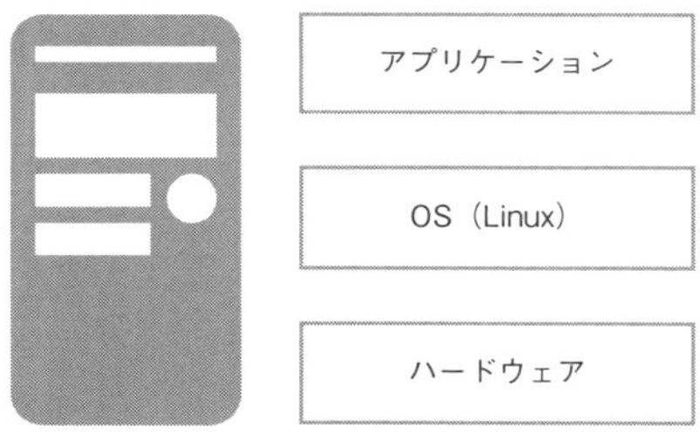

◇OSの役割

OSはいくつかの役割を持ったプログラム群で構成されています。OSの最も基本的な機能を提供するのが**カーネル**です。CPUの利用、メモリの管理、周辺機器の管理、ファイルシステムの管理、ハードウェアの割り込みなど、ハードウェアに関するあらゆることを管理しています。プログラマや利用者は、カーネルが提供しているサービスを利用することで、ハードウェア資源を活用することができるようになります。

◇アプリケーションの役割

アプリケーションとは、利用者の特定の目的を果たすために作成された、用途に応じたソフトウェアを指します。OSの機能を利用して動作します。アプリケーションは一般的には、

OSに含まれるパッケージであったり、プログラムベンダーによってパッケージ販売されたり、受託開発、または自社開発などによって作成、提供されます。

Linuxオペレーティングシステムの構成

Linuxオペレーティングシステムは、**Linuxカーネル**、**ライブラリ**、**ユーザランドプログラム**から構成されます。

図1-1-2 Linuxオペレーティングシステムの構成

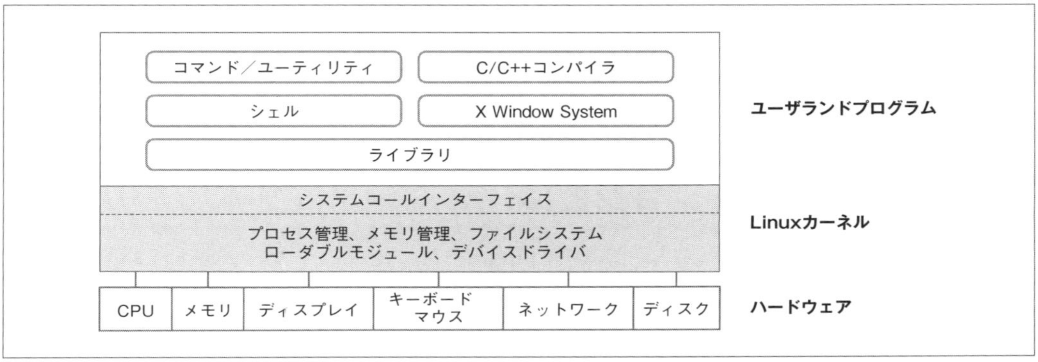

◇Linuxカーネル

Linuxシステムの核となり、OSの最も基本的な機能を提供するプログラムです。CPUの管理、メモリの管理、プロセス管理などを行っています。OSの起動は、このカーネルがコンピュータシステムに読み込まれることから始まります。

◇ローダブルモジュール

システムが立ち上がった後に、必要に応じてディスクからカーネルのアドレス空間に読み込まれるカーネルモジュールです。さまざまなメーカの各種ネットワークハードウェアに対応したドライバ(ハードウェアを制御するプログラム)などは、ローダブルモジュールとして提供されています。

◇ライブラリ

プログラムを開発する際の素材となる関数を集めたプログラムです。Linuxでは、GNUで開発されたライブラリや、X.Orgで開発されたXライブラリなどが提供されています。

◇X Window System

X.Orgで開発されたXサーバとXクライアントから構成されるX Window Systemソフトウェアが提供されています。X Window Systemの上では、メニュー、アイコン、バックグラウンドイメージなどを統一的なデザインと操作性のもとに提供するデスクトップ環境が稼動します。

◇プログラム開発環境

インタプリタとしては、bash、Python、Perlなどが提供され、コンパイラとしては、C、C++、Java開発環境などが提供されています。

◇サービスプログラム

Linux内で常駐してさまざまなサービスを提供します。例えば、sshでの通信をやり取りするプログラムや、プリンタサービスを提供するプログラムなどがあります。

◇コマンド/ユーティリティ

デスクトップ環境ではワードプロセッサや表計算などのオフィスツール(LibreOffice)、高機能グラフィックソフト(GIMP)、Webブラウザ、メールツール、システム管理ツールなどが提供されています。また、一般ユーザ用コマンドやユーザ管理、ネットワーク管理、ディスク管理のための管理コマンドなどが提供されています。

ディストリビューションとは

1991年、リーナス・トーバルズ氏が最初のLinuxカーネルをネット上に公開して以来、Linuxカーネルはインターネットを介してたくさんの開発者が参加することで発展してきました。

このLinuxカーネルに加えて、ソースコードから実行形式のプログラムを生成するコンパイラ、プログラムが利用するライブラリ、ユーザインターフェイスとなるシェル、シェルから起動されるコマンド/ツール、それらをディスクにインストールするためのインストーラなど、Linuxが完全なOSとして動作するには多くのソフトウェアが必要です。

これらのソフトウェアを集めてOSとして動作するようにして配布(distribute)するソフトウェアを、**ディストリビューション**(DistributionあるいはDistro)と呼びます。

Linuxオペレーティングシステムは、フリーソフトウェアとオープンソースソフトウェアから構成されています。

◇フリーソフトウェア

GNUプロジェクトを主宰するリチャード・ストールマン氏が定義したGPL(GNU General Public License：GNU一般公衆利用許諾書)の下に配布されるソフトウェアを「フリーソフトウェア」と呼びます。GPLの主な項目は次のようなものです。

- バイナリ(実行プログラム。ソースコードをコンパイルして生成する)を配布する場合は、そのソースコードも公開しなければならない
- 開発、変更、配布、使用は自由である
- GPLによって配布されたソフトウェアを元に開発・変更されたソフトウェアは必ずまたGPLに基づいて配布しなければならない

GPLのこのユニークな規定により、配布を繰り返してソフトウェアを共有、発展させていく仕組みが保証されています。Linuxを構成する主要なソフトウェアのほとんどは、GPLの下に配布されるフリーソフトウェアです。

図1-1-3 フリーソフトウェア

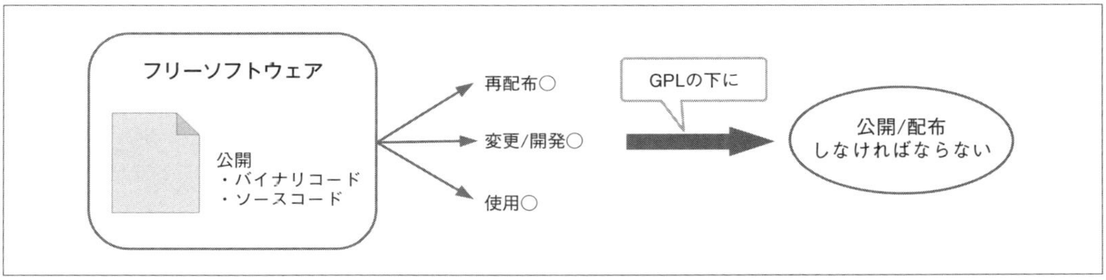

◇オープンソースソフトウェア

ソースコードが公開され、再配布が自由なソフトウェアを一般的に「オープンソースソフトウェア」と呼びます。オープンソース・イニシアティブ（Open Source Initiative：OSI）では「オープンソースの定義」（The Open Source Definition：OSD）により、オープンソースの主な要件を次のように定めています。

・再配布が自由にできること
・コンパイルされたプログラムと共にソースコードを公開すること
・改変したソフトウェアの、改変前と同じライセンスでの配布を許可すること

このように、オープンソースソフトウェアにはGPLで定めている「GPLによって配布されたソフトウェアを元に開発・変更されたソフトウェアは必ずまたGPLに基づいて配布しなければならない」といった項目はありません。

オープンソースライセンスで配布されるソフトウェアを改変した場合に別のライセンスで配布することもできるので、場合によっては自社のソースコードを秘匿したい企業にとって採用しやすいライセンスと言えます。

X.Orgが開発しているX Window Systemソフトウェアが「MITライセンス」、Mozillaプロジェクトが開発しているWebブラウザのFirefoxが「MPL（Mozilla Public License）」というように、Linuxを構成する一部のソフトウェアはオープンソースライセンスで配布されています。

図1-1-4 オープンソースソフトウェア

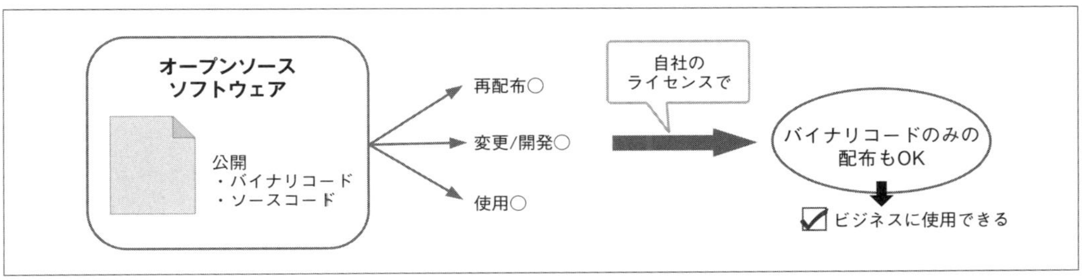

◇プロプライエタリソフトウェア

配布元の許可を得ることなく改変やコピーが禁止されたソフトウェアです。バイナリコー

ドのみを提供し、ソースコードは公開しません。一般的に、プロプライエタリソフトウェアを入手する場合は有料です。Microsoft Windowsやその上で稼動する有料のソフトウェアはプロプライエタリソフトウェアです。

一部のLinuxディストリビューションには、プロプライエタリソフトウェアが含まれている場合があります。プロプライエタリソフトウェアを配布元に無断でコピーすると著作権に触れる恐れがあるので、注意が必要です。

図1-1-5 プロプライエタリソフトウェア

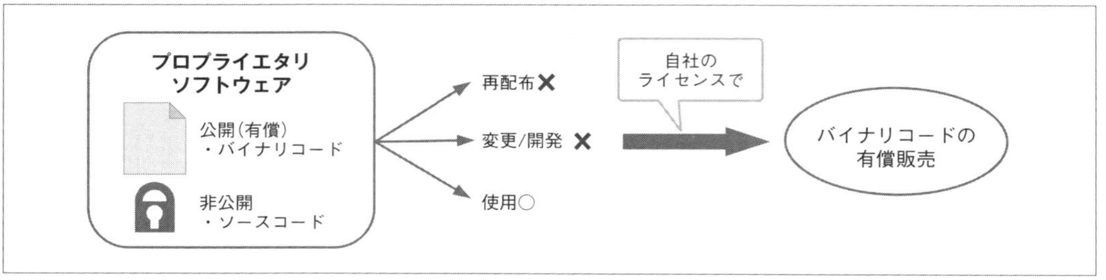

このように、Linuxのソフトウェアはフリーソフトウェアやオープンソースソフトウェアのライセンスで配布されるため、再配布や改変が自由にできます。この故に現在では、RedHat Enterprise Linux (RHEL)、CentOS (RHELクローン)、Ubuntu、Debian/GNU Linuxなど、数百種類のディストリビューションが存在します。

ユーザは自分の好みや使用目的を考慮して、その中から適当なものを選ぶことができます。これもLinuxの大きな特徴の1つです。

図1-1-6 CentOSとUbuntuのソフトウェア構成

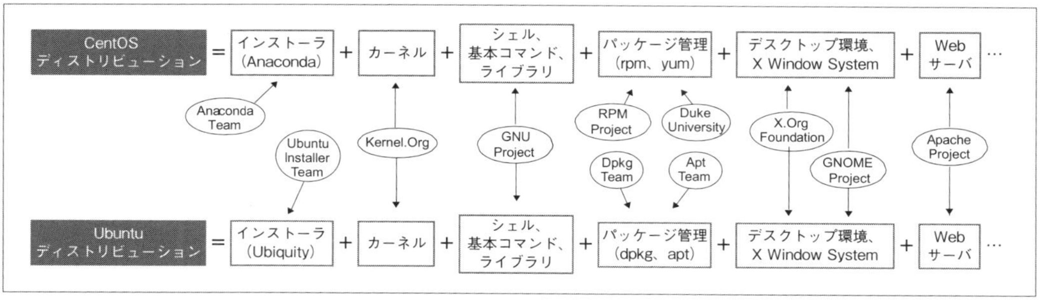

OSに必須のコンポーネントであるカーネル、ライブラリ、シェル、基本コマンドはほとんどのディストリビューションで共通です(ただし、採用しているバージョンにより多少の違いがある場合があります)。

大きな違いは、ソフトウェアパッケージの管理方式とデスクトップ環境です。

パッケージ管理

パッケージ管理の方式にはRedHat系のrpmコマンドでの管理、Ubuntu/Debian系のdpkgコマンドでの管理、およびそれ以外の方式があり、パッケージ形式も異なります。

また、ネットワーク上のリポジトリからソフトウェアパッケージをインストール/更新する方式には、RedHat系のyum（および後継のdnf）コマンド、Ubuntu/Debian系のaptコマンド、およびそれ以外の方式があります。

リポジトリ（RepositoryまたはRepo）は、パッケージの置かれたストレージの場所です。通常はネットワーク上のリポジトリを利用しますが、ローカルのDVD/CD-ROMやISOイメージをリポジトリとして利用することもできます。

表1-1-1 主なパッケージの形式と管理コマンド

	RedHat系	Ubuntu/Debian系
パッケージ形式	rpm形式	deb形式
パッケージ管理コマンド	rpmコマンド	dpkgコマンド
リポジトリを利用したパッケージ管理コマンド	yum（dnf）コマンド	aptコマンド

デスクトップ環境

デスクトップ環境はメニューやファイル管理ツール、Webブラウザ、メールツール、エディタなどのアプリケーション、システム管理ツールといったものを統一的なデザインと操作性の下に提供します。

現在、最も広く使われているデスクトップ環境は**GNOME**ですが、その他にも独自の特徴を持ついくつものデスクトップ環境があります。

ディストリビューションがどのようなデスクトップ環境を採用しているかで外観や操作性、リソースの消費量が異なります。また、ネットワークやサーバの設定などでは、ソフトウェアは同じでもディストリビューションにより設定ファイルのパスやファイル名が異なる場合があります。

Linuxディストリビューションはその用途により、サーバかデスクトップか、企業向けか個人向けかを大まかに分類することができます。

図1-1-7 Linuxディストリビューションの用途別の分類

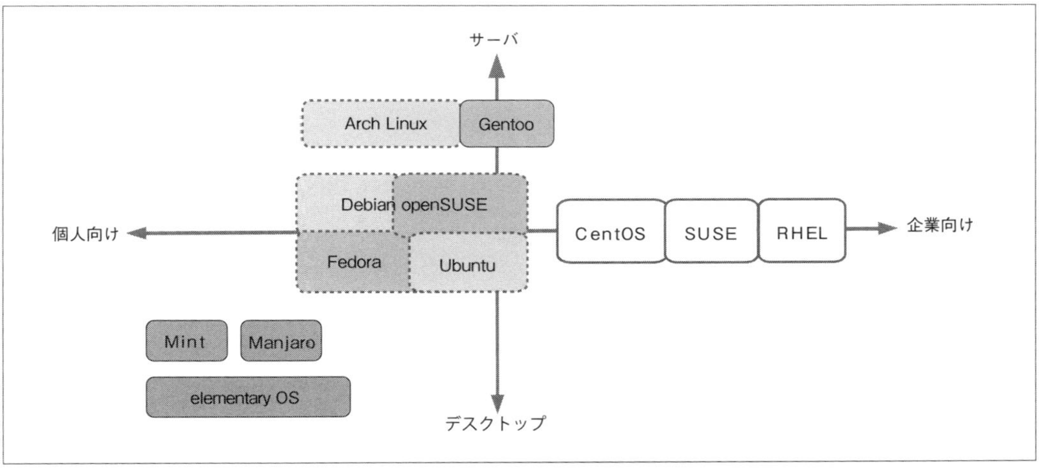

ディストリビューションのシェア

ここでは、各ディストリビューションの利用状況として、Webサーバのシェア、開発プラットフォームのシェア、クラウド・インスタンスのシェアを例に挙げて紹介します。

Webサーバのシェア

Q-Success社が運営するW3Techs.comのサーベイによると、WebサーバのLinuxディストリビューションのシェアはUbuntuが1位、Debianが2位、CentOS（RHELのクローン）が3位、続いてRedHat（RedHat Enterprise Linux：RHEL）、Gentooとなっています。

図1-1-8 Webサーバのシェア(2018年4月、W3Techs.comのサーベイより)

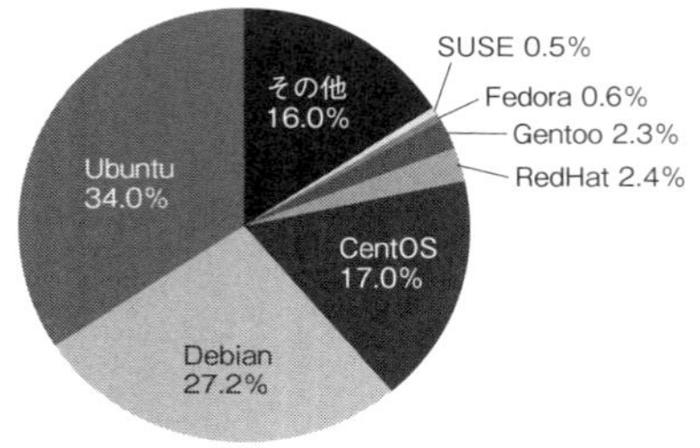

W3Techs.comのサーベイはAmazonの子会社であるAlexa Internet社によるWebトラフィックの統計情報をベースとしています。

開発プラットフォームのシェア

オープンソースのクラウドソフトウェアOpenStackでは、RedHat、SUSE、NEC、IBM、富士通、NTTなど、100社以上が開発に参加し、プロジェクトを支援する参加企業は500社を超えています。

このOpenStackの開発プラットフォームとしてのシェアは、UbuntuServerが1位、CentOS（RHELのクローン）が2位、RedHat（RHEL）が3位、続いてDebian、SUSE Linux Enterprise Server（SLES）となっています。

図1-1-9 OpenStack開発のシェア(2017年4月、「OpenStack User Survey」より)

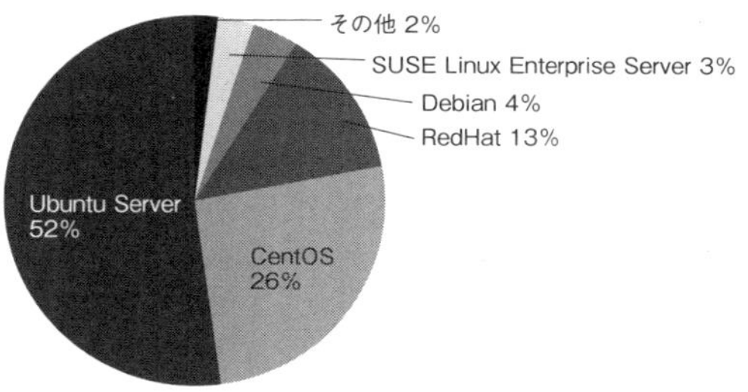

クラウド・インスタンスのシェア

Amazon Elastic Compute Cloud（EC2）のインスタンスイメージ（クラウド上で稼動する仮想OS）を提供しているThe Cloud Market（https://thecloudmarket.com）の統計によると、EC2のインスタンスのOSの種類別の個数では、Ubuntuが1位、Amazon Linuxが2位、Microsoft Windowsが3位となっています。続いてRedHat（RHEL）、CentOS（RHELのクローン）となっています。

図1-1-10 EC2のインスタンスのシェア(2018年6月、The Cloud Marketのサーベイより)

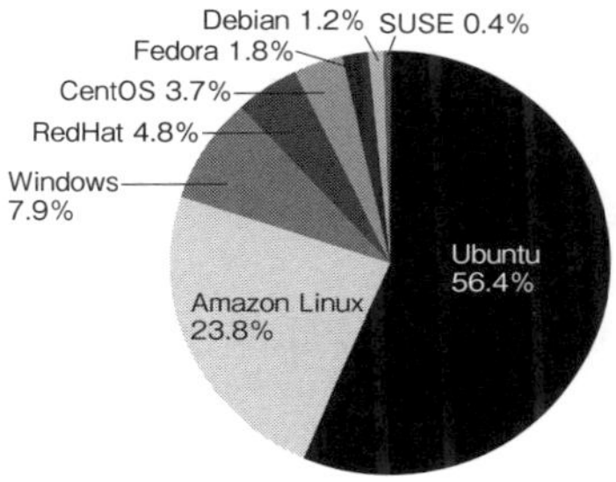

ディストリビューションの人気度

Linuxディストリビューションなど、オープンソースのオペレーティングシステムの情報を掲載しているDistroWatch.com（https://distrowatch.com）では、ページヒットランキングをディストリビューションの人気度として集計しており、個人向けディストリビューションのLinux Mint、elementary OS、Manjaro Linuxなどがコンスタントにランキングの上位に入っています。

図1-1-11 DistroWatch.comの2018年5月時点での最近3か月の人気度

ディストリビューションの人気度

ディストリビューション	アクセス数
Manjaro Linux	3,638
Linux Mint	2,784
Ubuntu	1,954
Debian	1,452
elementary OS	1,383

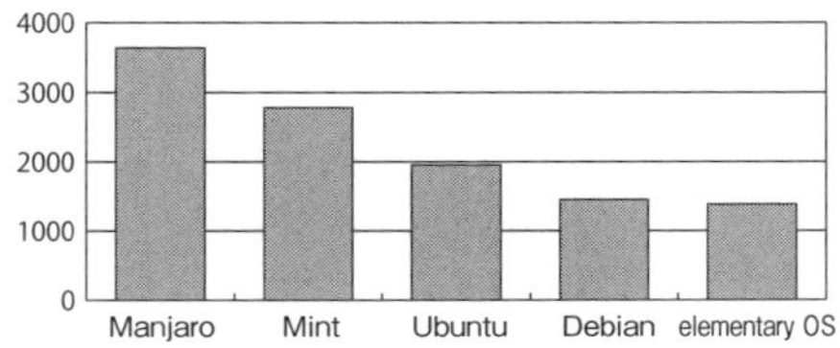

DistroWatch.comでは1日あたりの同一IPアドレスによる各ディストリビューションの紹介ページへのアクセスを1回として集計しています。

ディストリビューションの種類

主なディストリビューションを、企業向け、一般ユーザ向け(RedHat系)、一般ユーザ向け(Ubuntu/Debian系)、一般ユーザ向け(独自パッケージ管理ディストリビューション)に分けて、その特徴を紹介します。

企業向けディストリビューション

企業向けの代表的なディストリビューションとしては、**RedHat Enterprise Linux**(RHEL)と**SUSE Linux Enterprise Server**(SLES)があります。

企業向けディストリビューションの特徴としては以下の点が挙げられます。

- 有料のサブスクリプション契約(期間は1年間、3年間など)により、バイナリ(実行プログラム)の配布、アップデート、サポート、技術情報などのサービスが提供される。RHELの場合はサブスクリプション契約を結ばないとバイナリは入手できない。SLESの場合はアカウントを登録(無料)すると試用版を入手できる
- パッケージ数はサポート範囲を限定するため、一般ユーザ向けディストリビューションより少ない
- 管理系の技術ドキュメントが完備している
- 企業向けに要求される大容量、高速、高機能のファイルシステムを採用している
- 高可用性クラスタ、ストレージ、認証統合、クラウド、などの企業向けのプロダクトが自社ディストリビューション上で稼動する

表1-1-2 企業向けディストリビューション(最新バージョンは2019年3月時点)

ディストリビューション	最新バージョン	最新バージョンのリリース日	パッケージ管理	標準のファイルシステム	標準のデスクトップ環境	特徴
RedHat Enterprise Linux	7.6	2018年10月	rpm	xfs	GNOME3	開発元：RedHat社 ・デスクトップ環境は、他にKDE、Xfceが使用できる ・リポジトリを利用したアップデートにはyumコマンドを使用する ・パッケージ管理ソフトウェアrpm (RPM Package Manager) は1995年に前身のRedHat Linuxで導入され、「RedHat Package Manager」の名前でリリースされた
SUSE Linux Enterprise Server	15	2018年7月	rpm	Btrfs	GNOME3	開発元：EQT社 ・ISOイメージにはこのサーバ版の他にデスクトップ版のSUSE Linux Enterprise Desktopがある ・SUSE独自のGUI管理ツールYaSTが利用できる ・リポジトリを利用したアップデートにはyumコマンドではなくSUSE独自のzypperコマンドを使用する

一般ユーザ向け（RedHat系）ディストリビューション

一般ユーザ向けディストリビューションのうち、パッケージ管理にrpmを採用しているものを大まかに**RedHat系**としてここに分類しています。

表1-1-3 一般ユーザ向け（RedHat系）ディストリビューション(最新バージョンは2019年3月時点)

ディストリビューション	最新バージョン	最新バージョンのリリース日	標準のファイルシステム	標準のデスクトップ環境	特徴
CentOS	7.6	2018年12月	xfs	GNOME3	開発元：CentOSプロジェクト ・RedHat Enterprise Linux（RHEL）のクローン ・RedHat社の支援を受けて、RHELのソースコードを元に、RedHat社のロゴを外してCentOSプロジェクトが開発
Scientific Linux	7.6	2018年12月	xfs	GNOME3	開発元：CERN、Fermilab ・RedHat Enterprise Linux（RHEL）のクローン ・RHELのソースコードを元に、RedHat社のロゴを外してCERNとFermilabが開発
Fedora	29	2018年10月	ext4	GNOME3	開発元：Fedoraプロジェクト ・RHELの開発版 ・デスクトップ環境は、他にKDE、Xfce、MATE、Cinnamon、LXQt、LXDE、SOASが使用できる
openSUSE	leap 15.0	2018年5月	Btrfs	インストール時に選択	開発元：openSUSEプロジェクト ・openSUSEプロジェクトは2015年から2種類のディストリビューション、LeapとTumbleweedをリリースしている。 ・Tumbleweedはローリングリリースとして、SLESの開発版的位置付けとなり、LeapはSLESをベースにリリースされる

一般ユーザ向け（Ubuntu/Debian系）ディストリビューション

一般ユーザ向けディストリビューションのうち、パッケージ管理にdpkgを採用しているものを**Ubuntu/Debian系**としてここに分類しています。

表1-1-4 一般ユーザ向け（Ubuntu/Debian系）ディストリビューション(最新バージョンは2019年3月時点)

ディストリビューション	最新バージョン	最新バージョンのリリース日	標準のファイルシステム	標準のデスクトップ環境	特徴
Ubuntu	18.10	2018年10月	ext4	GNOME3	開発元：Ubuntuプロジェクト ・Canonical社が支援するUbuntuプロジェクトが、Debian GNU/Linuxをベースとして開発している ・通常のリリースは6か月ごと、サポート期間は9か月、LTS（Long Term Support）は2年ごとのリリースで、サポート期間は5年間となっている ・デスクトップ環境は、他にKDE、Xfce、LXDE、MATE、Unityが使用できる

Debian GNU/Linux	9.8	2019年2月	ext4	インストール時に選択	開発元：Debianプロジェクト ・100％フリーなディストリビューション。Debianプロジェクトでは「Debian 社会契約（Debian Social Contract）」の中で、「Debianは100％フリーソフトウェアであり続ける（Debian will remain 100% free）」と宣言している ・GNUプロジェクトの精神を尊重し、GNUで開発されたソフトウェアを積極的に取り入れている ・名称も「Linux」ではなく「GNU/Linux」とし、ディストリビューションは「Debian GNU/Linux」としている ・パッケージ管理ソフトウェアdpkg（Debian Package）は1994年にDebianプロジェクトのメンバーによって開発、リリースされた ・デスクトップ環境は、インストール時にGNOME、Xfce、KDE、Cinnamon、MATE、LXDEから選択する
Linux Mint	19.1	2018年12月	ext4	ISOイメージから選択	開発元：Linux Mintプロジェクト ・Ubuntuベースのディストリビューション ・最新（modern）、エレガント（elegant）、快適（comfortable）なOSを目標とし、日本では配布されないプロプライエタリなライブラリlibdvdcssを含むなど、マルチメディアのフルサポートが特徴。特別なソフトウェアを追加することなく、DVDを再生できる ・デスクトップ環境は、Cinnamon、MATE、Xfce、KDE搭載の各ISOイメージが用意されている ・Debianをベースとした、より軽量なLMDE（Linux Mint Debian Edtion）もリリースしている
elementary OS	5.0	2018年10月	ext4	Pantheon	開発元：elementary社 ・UbuntuのLTSをベースとしたディストリビューションで、デスクトップ環境の美しさが高い評価を受けている ・ユーザインターフェイスは、直感的に操作できるよう簡明であること（Concision）、設定を必要としないこと（Avoid Configuration）、最小のドキュメントで使用できること（Minimal Documentation）を設計のガイドラインとしている ・OSインストール時に日本語入力メソッドはインストールされない。あとから、fcitx-mozcあるいはanthyなどを追加インストールする必要がある

一般ユーザ向け（独自パッケージ管理）ディストリビューション

前述した、RedHat系、Ubuntu/Debian系以外で、独自パッケージ管理のディストリビューションをここに分類しています。

表1-1-5 一般ユーザ向け（独自パッケージ管理）ディストリビューション(最新バージョンは2019年3月時点)

ディストリビューション	最新バージョン	最新バージョンのリリース日	パッケージ管理	特徴
Gentoo Linux	―	ローリングリリース	Portage	開発元：Gentoo Foundation ・RedHat系にもDebian/Ubuntu系にも属さない独自のディストリビューション ・ソフトウェアはバイナリではなく、ソースコードをコンパイルしてインストールする ・パッケージ管理システムPortageではパッケージのソースをスクリプトを使ってコンパイル、インストールする ・さまざまな用途向けに多様なカスタマイズができるのが特徴

Arch Linux	—	ローリングリリース	pacman	開発元：Aaron Griffin氏、他 ・RedHat系にもDebian/Ubuntu系にも属さない独自のディストリビューション ・シンプルで軽量 ・インストール作業は、インストール用ISOイメージからブートし、パーティショニング、ファイルシステムの初期化とマウント、パッケージのインストール、設定ファイルの編集を手作業で行う ・パッケージ管理はArch Linux独自のpacman ・デフォルトのユーザインターフェイスはCLI（Command Line Interface） ・リポジトリからデスクトップ環境も追加できる
Manjaro Linux	—	ローリングリリース	pacman	開発元：Manjaroチーム ・Arch Linuxをベースにした、一般ユーザにとって使いやすい、ユーザフレンドリーなディストリビューション ・Arch LinuxにはないGUIパッケージ管理ツール、GUIインストーラがある ・多種のデスクトップ環境（Xfce、KDE、GNOME、Cinnamon、MATE、LXQt、E17など）が使用できる ・英国のStation X社がManjaroをプリインストールしたノートPCを発売している
Google Chrome OS	—	ローリングリリース	Portage	開発元：Google社 ・Gentoo LinuxをベースにGoogle社が開発 ・WebブラウザChromeをUI（User Interface）としてWebアプリが稼動 ・Chrome OSをプリインストールしたノートPCがASUS、Acerなどいくつかのベンダーから「Chromebook」の商品名で販売されている ・この他に、開発者向けにChromium OSが公開されている（https://www.chromium.org/） ・コマンドラインで操作するためには、再起動後にDeveloper Modeに切り替えて立ち上げ、bashを起動する。あるいは、Chrome Webストアから端末エミュレータをダウンロード、インストールする
Android	9.0	2018年10月	Package Manager	開発元：Google社 ・Google社が開発したモバイル用OS。スマートフォンやタブレットに搭載されている ・Linuxカーネルと標準ライブラリをベースとし、JavaアプリケーションがGoogle独自のVM（Dalvik）上で稼動する ・端末エミュレータ上で、限られたLinuxコマンドを限られたオプションを付けて実行できる ・システム領域はRead-Onlyで書き込みができない

ローリングリリースではディストリビューションとしてのバージョン番号はなく、個々のパッケージごとにバージョンを管理し、パッケージは随時更新が行われます。ディストリビューションによっては、インストール用ISOイメージが定期的に更新され、サイトからダウンロードできるようになっています。

主なデスクトップ環境

各ディストリビューションの大きな違いの1つは、採用しているデスクトップ環境の違いです。デスクトップ環境により、外観や操作性が異なります。また、各デスクトップ環境ではそれぞれ独自の端末エミュレータが提供され、その中でLinuxコマンドを実行することでOSの操作や管理ができます。

以下は、主なディストリビューションで採用されているデスクトップ環境の例です(括弧内がデスクトップ環境です)。

図1-1-12 主なデスクトップ環境

CentOS 7.5（GNOME）

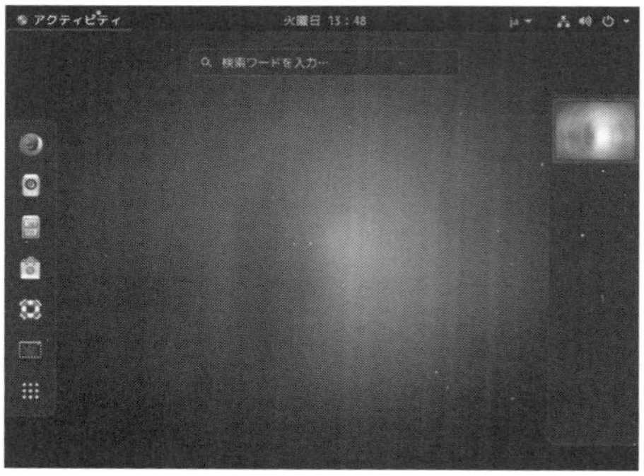

Ubuntu 18.04（GNOME）

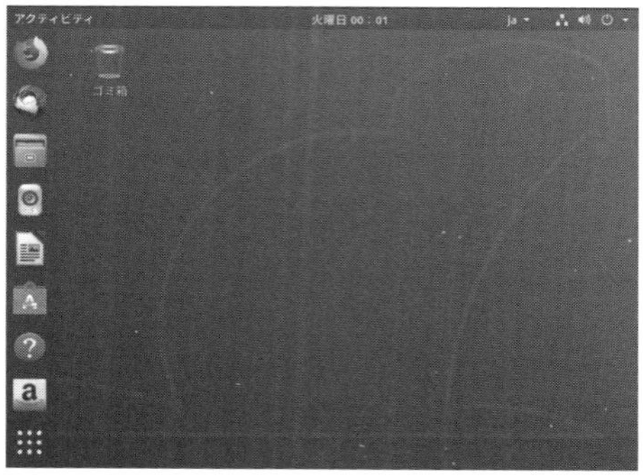

Linux Mint 18.3(Cinnamon)

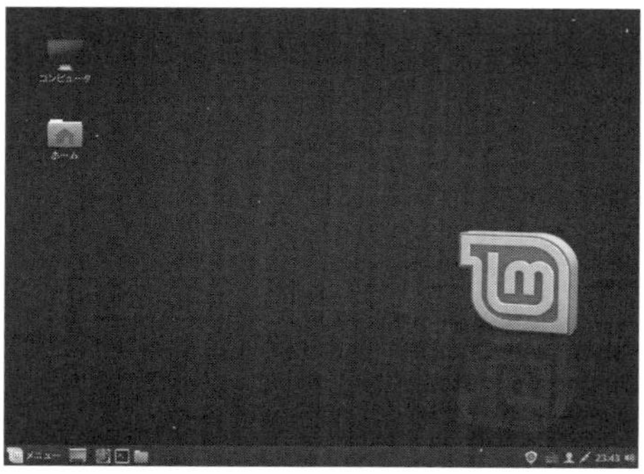

elementary OS 0.4.1(Pantheon)

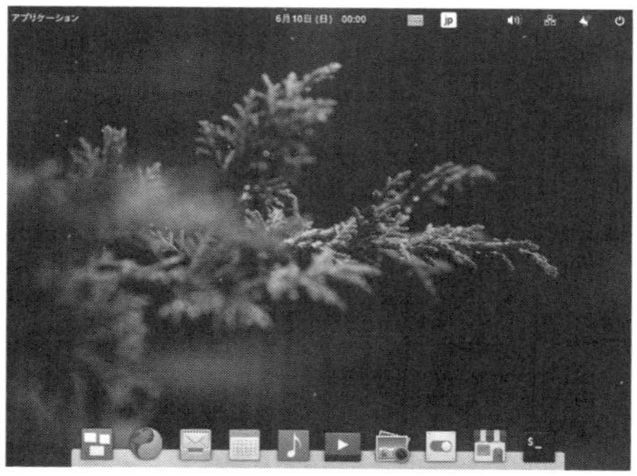

表1-1-6 デスクトップ環境

デスクトップ環境	端末エミュレータ	利用可能なディストリビューション	特徴
GNOME	gnome-terminal	CentOS、Ubuntuなど、ほとんどのディストリビューション	開発元：GNOMEプロジェクト ・GNOMEの最新バージョンはGNOME3 ・GNOME3ではGNOME2で提供されていたGNOME PanelにかわりGNOME-Shellがグラフィカルなユーザインターフェイスとなり、操作性やデザインが大きく変わった。画面左上の「アクティビティ」ボタンにより、メニューおよびウインドウとデスクトップ全体の表示/非表示を切り替える ・GNOME-Shellは、マウスとキーボードで操作する大きなスクリーンのデスクトップPCと、キーボード、タッチパッド、タッチスクリーンで操作する小さなスクリーンのモバイルPCと、どちらにも適するよう設計されている ・GNOME3のGNOME-ShellよりもGNOME2のGNOME Panel(画面の上と下の帯状のパネルにアイコンを配置)の方を好むユーザも多い ・GNOME3ではログイン時に「GNOME」セッションか、GNOME2とほぼ同じデザインと操作性の「GNOME Classic」セッションかを選択できる
KDE	konsole	openSUSE、Ubuntu、CentOSなど、多くのディストリビューション	開発元：KDEコミュニティ ・正式名称はK Desktop Environment ・ツールキットQtを使用したデスクトップ環境 ・GNOMEと並び、多くのディストリビューションで使用できる
Xfce	xfce4-terminal	Ubuntu、CentOSなど、多くのディストリビューション	開発元：Xfceプロジェクト ・高速、軽量を目標に設計されたデスクトップ環境
LXDE	lxterminal	Ubuntu、Debian、Fedoraなど	開発元：LXDEチーム ・Lightweight X11 Desktop Environment ・少ないリソースで動作するよう設計された軽量なデスクトップ環境 ・旧型やモバイル用などのハードウェアリソースの制限されたPCに適している。ツールキットGTK+を使用
LXQt	qterminal	openSUSE、Fedoraなど	開発元：LXQtチーム ・LXDEと同様の設計目標で開発された、ツールキットQtを使用したデスクトップ環境
Cinnamon	gnome-terminal	Mint、CentOS、Ubuntuなど、多くのディストリビューション	開発元：Linux Mintチーム ・GNOME3のGNOME-Shellから派生したデスクトップ環境 ・Linux Mintのデスクトップ環境として開発されたが、現在は多くのディストリビューションで利用できる ・外観と操作性はGNOME2に似ている
MATE	mate-terminal	CentOS、Ubuntuなど、多くのディストリビューション	開発元：MATEチーム ・MATE(マテ)はGNOME2を継承するデスクトップ環境 ・GNOMEプロジェクトによるGNOME2の開発停止にともない、GNOME2を支持するユーザにより開発が継続されている ・名前は南米のマテ茶に由来する
Pantheon	pantheon-terminal	elementary OS	開発元：elementary社 ・elementary OSのデスクトップ環境 ・デザインの美しさと操作の簡明さが特徴 ・GNOMEのソフトウェアコンポーネントをベースに構築されている

GUIによる操作とCUIによる操作

OSの操作方法には**GUI**による方法と**CUI**による方法の2種類があります。

◇GUI (Graphical User Interface)

デスクトップにグラフィカルに表示されたメニューやアイコンをマウスで操作します。

◇CUI (Character User Interface)

ディスプレイ上には文字(character)のみが表示され、キーボードからの文字入力により操作します。

デスクトップ環境では独自の**GUIツール**が提供されており、これらのツールをマウスを使って操作することができます。CUIとしては、デスクトップ環境ごとに独自の**端末エミュレータ**が提供されています。この端末エミュレータの中でキーボードからLinuxコマンドを入力し、実行することができます。GUIツールではできない細かな操作も、コマンドではできる場合も多くあります。

GUIツールはデスクトップ環境ごとに異なりますが、コマンドはほとんどのディストリビューションで共通です(ただし、採用されているバージョンによりわずかな違いがある場合があります)。

以下は、デスクトップ環境GNOMEのツールで操作する例(GUI)と、同等の操作を端末エミュレータgnome-terminal上でコマンドで行う例(CUI)です。

図1-1-13 OSの操作

ユーザ管理ツール
「gnome-control-center user-accounts」

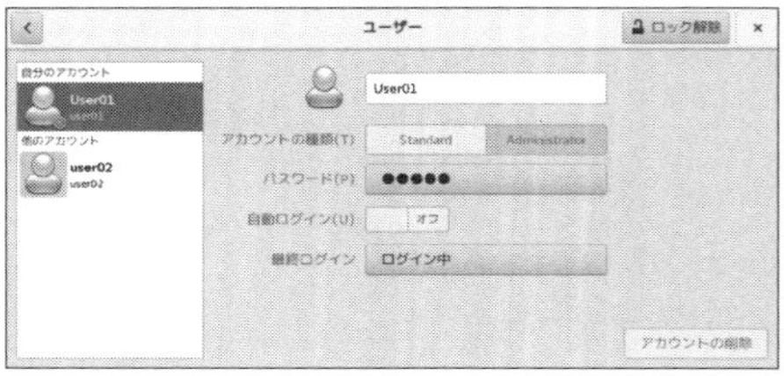

grepコマンドでユーザアカウントを表示

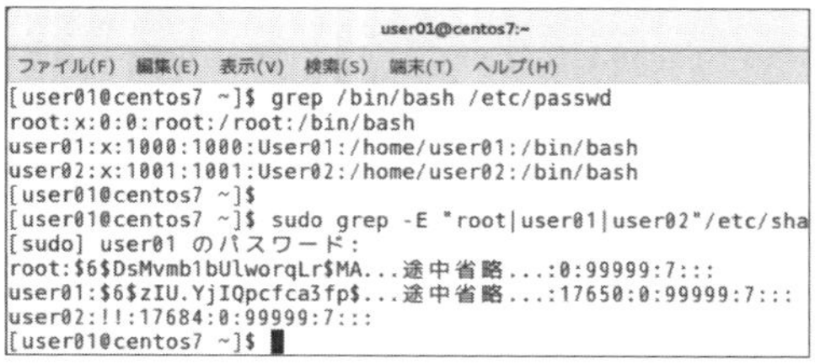

ネットワーク管理ツール
「gnome-control-center network」

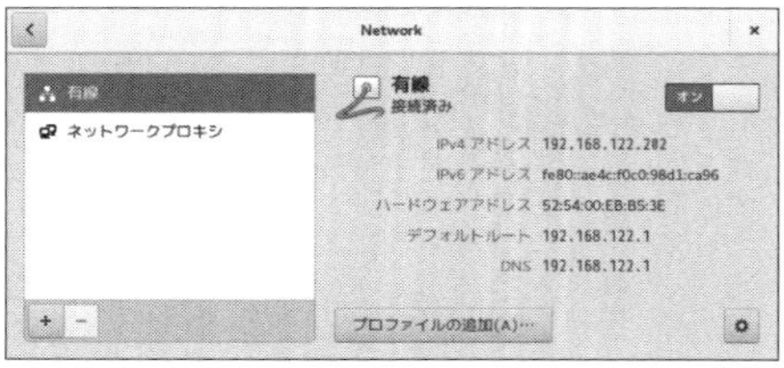

ipコマンドでIPアドレスとデフォルトルータを表示

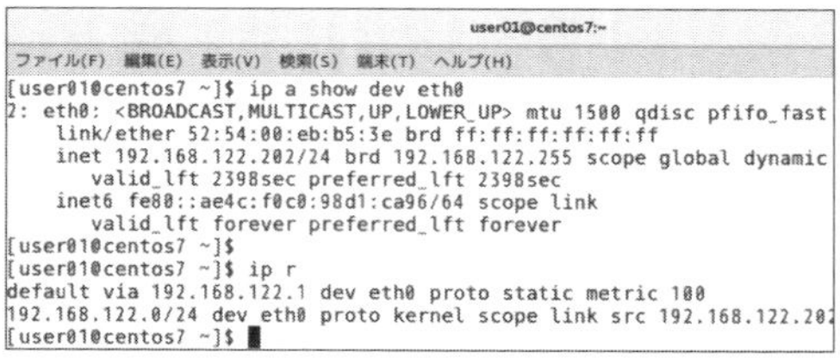

ディスク管理ツール
「gnome-disks」

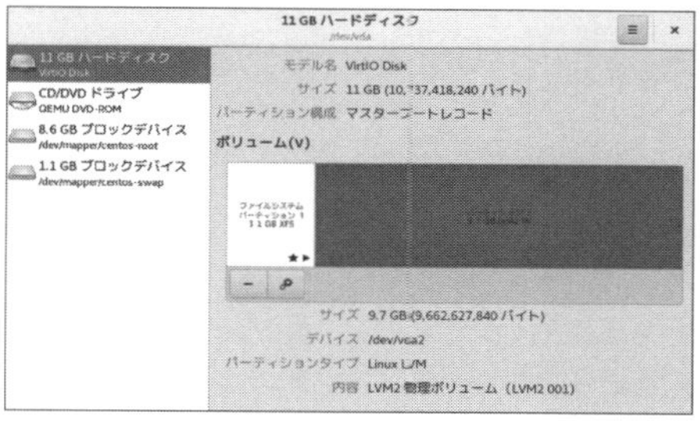

fdiskコマンドでディスクのパーティションを表示

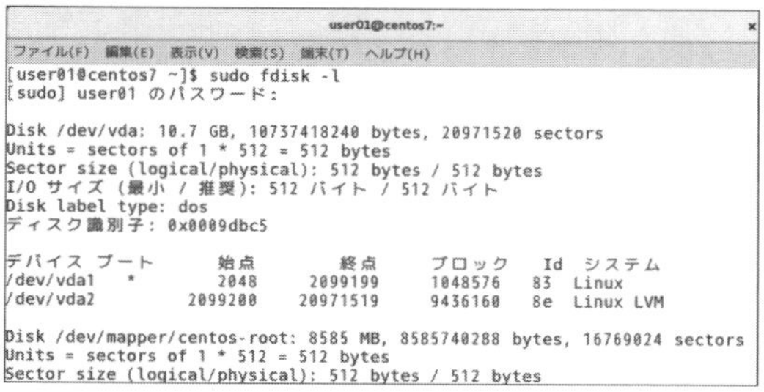

DNS、Web、メールなどのサーバの場合はデスクトップ環境をインストールしないか、あるいはインストールしても通常は使わないのが一般的です。ネットワークを介して管理する時、デスクトップ環境を使用するとネットワークのトラフィックが増大し、パフォーマンスも良くないこと、また、不要なプロセスを稼動させないでサーバのメモリを節約するのがその理由です。

図1-1-14 サーバ環境の操作

端末エミュレータでsshコマンドを実行
(Webサーバにログインしてコマンドにより管理)

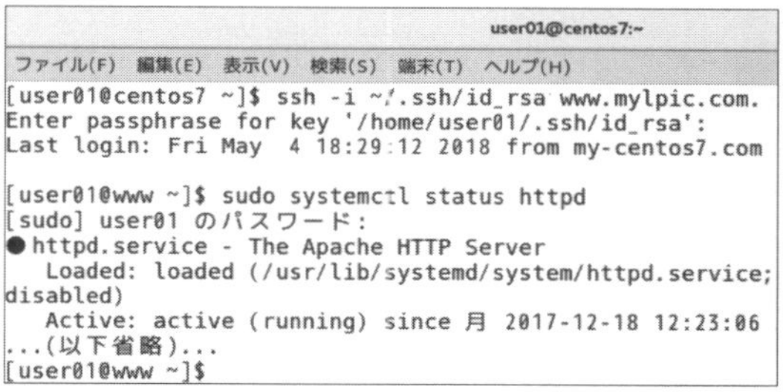

デスクトップ環境はなし
(コンソールからログイン)

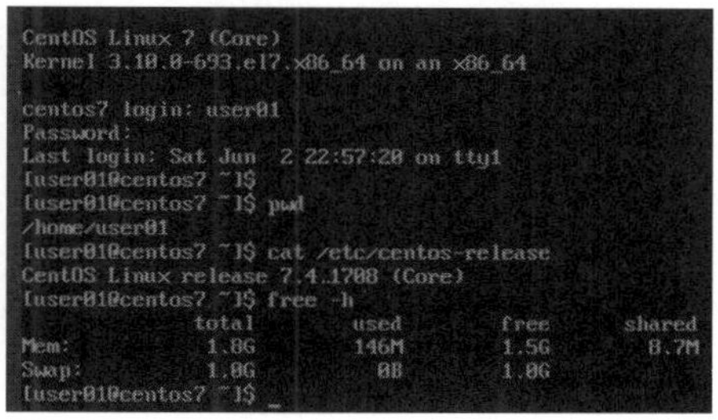

1-2

CentOSをインストールする

インストールメディアの入手

CentOSをインストールするには、公式サイトでリンクされているミラーサイトからインストールメディアをダウンロードします。CentOS公式サイトのURLは以下を参照してください。

> **CentOS公式サイト**
> **https://www.centos.org**

図1-2-1 CentOS公式サイト

公式サイトの［GET CentOS Now］ボタンをクリックします。

図1-2-2 ISOメージの種類

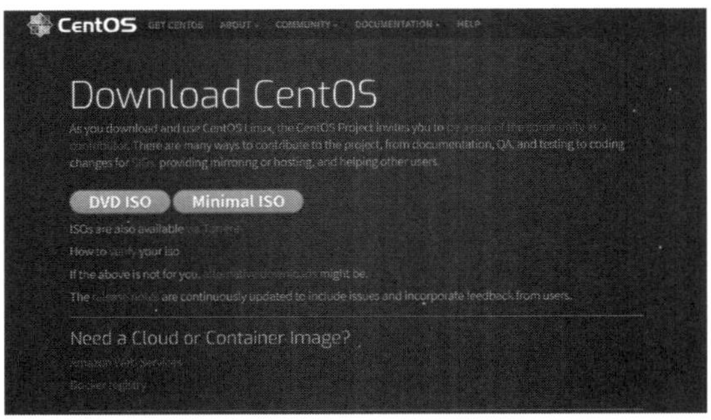

CentOSは使用目的によってダウンロードするメディアが異なります。また、メディアによって初期にインストールされるパッケージに違いがあります。なお、インストール後にパッケージの追加や削除ができるので、どちらのメディアを使用しても同じ環境にすることは可能です。

表1-2-1 ISOメージの種類

種類	使用目的	補足
DVD ISO	標準構成でインストールしたい場合	標準的なインストーラ。用途に合わせてさまざまなタイプの構成ができる
Minimal ISO	最小構成でインストールしたい場合	インストールできる種類は最小構成のみであり、オプショナルな選択もできない

本書では、「DVD ISO」を使用します。[DVD ISO]ボタンをクリックすると、ミラーサイトのURLが掲載されたページが表示されます。以降では、「CentOS-7-x86_64-DVD-1804.iso」を使用したインストール手順を記載します。

ISOイメージのバージョンは随時更新されています(本書では「1804」を使用しています)。また、CentOS 7(1804)の利用には、最低限1024MBのメモリが必要です。その他のハードウェア条件は、以下のURLを参考にしてください。

https://wiki.centos.org/Manuals/ReleaseNotes/CentOS7

インストール手順

本書では、インストーラが提供するデフォルトでのインストールを行います。各章で追加のパッケージや設定が必要な際は、その都度ごとに掲載します。

KVMやVirtualBoxを使用して仮想環境にCentOSをインストールする際は、Appendix(529ページ、548ページ)を参照してください。

①インストーラの起動

ダウンロードしたISOイメージからインストーラを起動します。起動すると、「Test this media & install CentOS 7」が選択されています。

図1-2-3 インストーラの起動画面

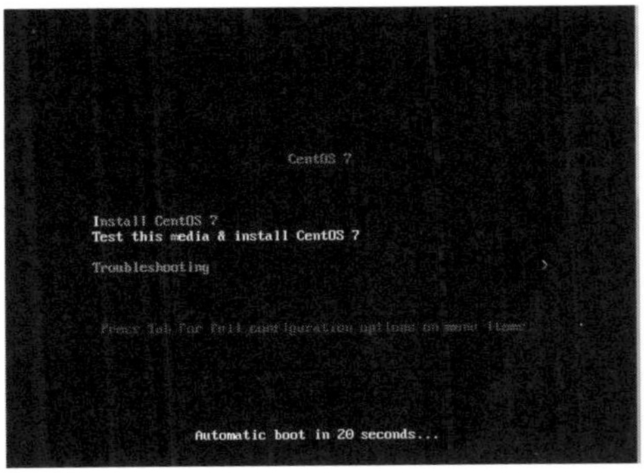

表1-2-2 インストーラの選択

項目	概要
Install CentOS 7	メディアのチェックをせずにインストーラが起動 メディアのチェックが事前に終了していれば選択。起動時間が短縮される
Test this media & install CentOS 7	デフォルトの選択。インストーラ起動時にメディアのチェックが行われる [esc] キーでチェックを終了させることができる
Troubleshooting	トラブルシュート用。既にインストールされているディスクに異常が出た場合に使用 「Rescue a CentOS 7 system」や、メモリのチェックを行う

②言語の選択

インストーラで表示する言語を選択します。今回は、画面左の欄で「日本語」❶、画面右の欄で「日本語（日本）」を選択します❷。その後、[続行] をクリックします。

図1-2-4 言語の選択

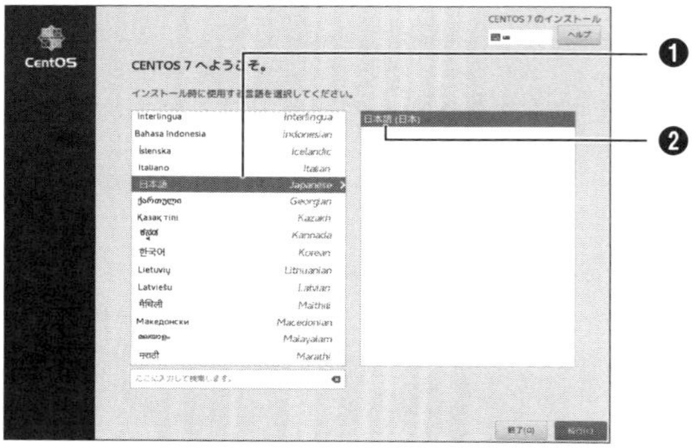

③インストールの概要

「インストールの概要」では、各種設定を行います。どの内容から設定しても構いません。本書では、「インストール先」「ネットワークとホスト名」「ソフトウェアの選択」の3箇所について設定を行います。

図1-2-5 インストールの概要

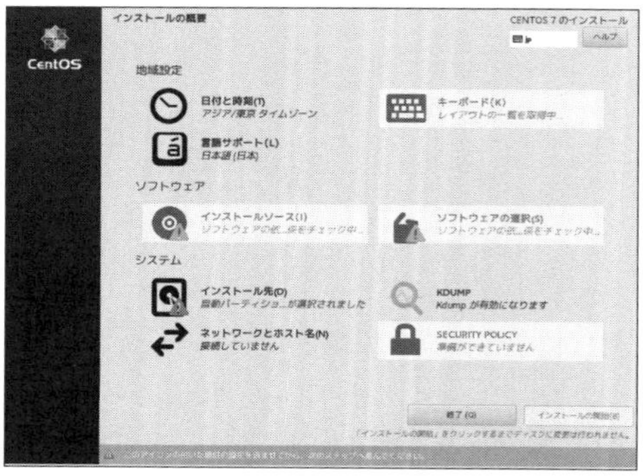

④インストール先の選択

「インストールの概要」画面で「インストール先」を選択します。ここでは、インストール先のデバイスと、ファイルシステムの確認を行います。

「デバイスの選択」で、インストールするデバイスにチェックが入っていることを確認します❶。また、「その他のストレージオプション」の「パーティション構成」において、「パーティションを自動構成する」が選択されていることを確認し❷、画面左上の［完了］をクリックします。

図1-2-6 インストール先

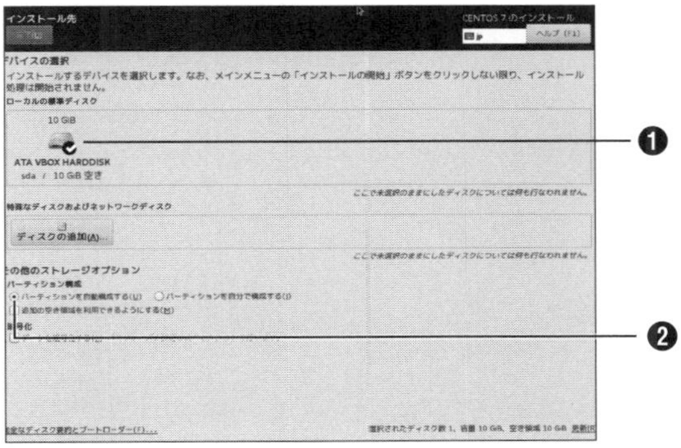

パーティションの詳細は、第7章(284ページ)を参照してください。

⑤ネットワークの有効化とホスト名の設定

「インストールの概要」画面で、「ネットワークとホスト名」を選択します。インストール後に変更することが可能ですが、ここではDHCPによるネットワークの有効化と、ホスト名を設定します。

本書では、ホスト名を「**centos7-1.localdomain**」とします❶。また、イーサネットを「オン」にします❷。設定が終わったら、画面左上の［完了］をクリックします。

図1-2-7 ネットワークとホスト名

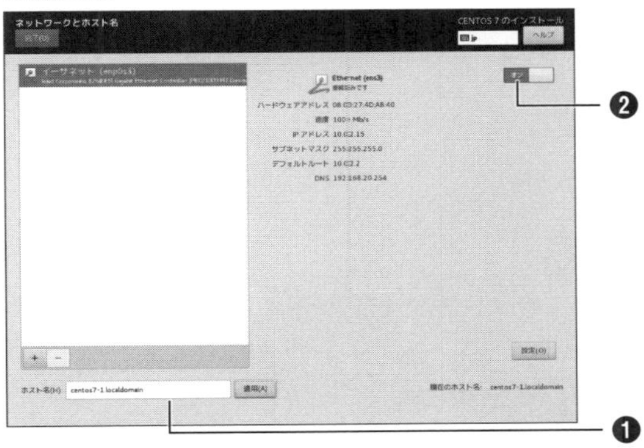

⑥インストールするソフトウェアの選択

「インストールの概要」画面で、「ソフトウェアの選択」を選択します。デフォルトでは「最小限のインストール」となっているため、起動時はCUIとなります。本書では、GUI環境で操作を行うため、ここを変更します。

「ベース環境」内にある「サーバー(GUI使用)」を選択し❶、画面左上の[完了]をクリックします。これによって、GUI環境に必要なソフトウェアがインストールされます。

図1-2-8 ソフトウェアの選択

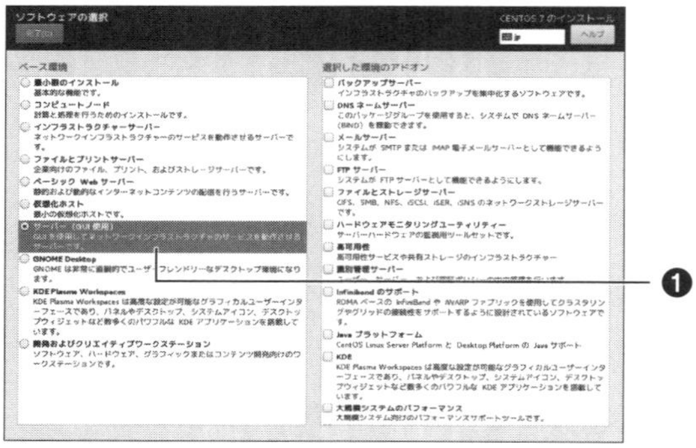

⑦インストールの開始

設定が終了したので、「インストールの概要」画面右下の[インストールの開始]をクリックします❶。

図1-2-9 インストール開始

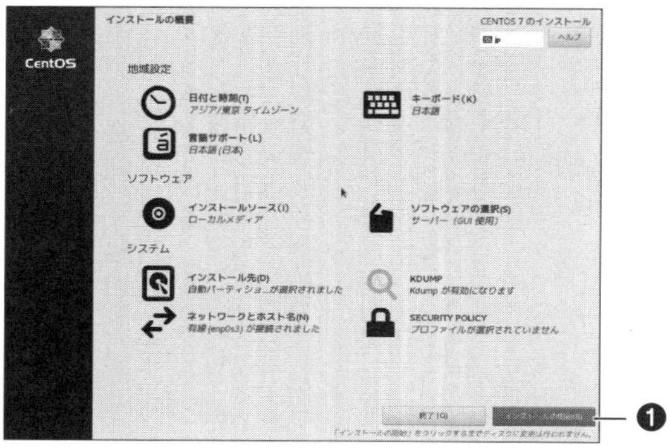

⑧rootのパスワードの一般ユーザの登録

インストールしている間に、rootのパスワードと一般ユーザの登録(任意)を行います。

図1-2-10 rootのパスワードと一般ユーザの登録

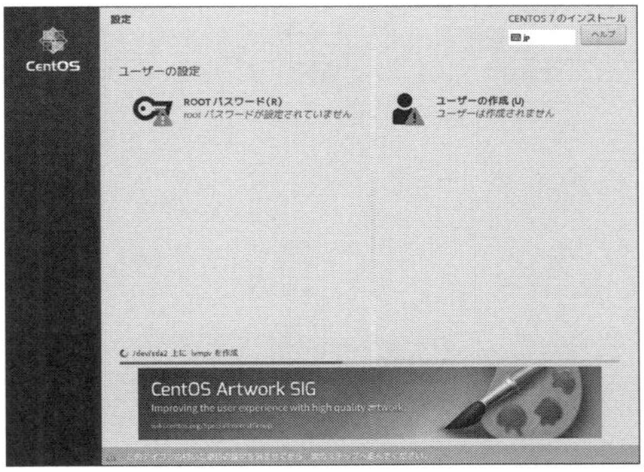

◯rootのパスワード設定

インストール画面で「ROOTパスワード」を選択して設定画面に進みます。その後パスワードを2回入力してください。パスワード設定に制限はありませんが、入力されたパスワードの脆弱性を確認することができます。入力が終了したら、画面左上の[完了]をクリックします。「脆弱(赤色)」の場合は[完了]を2回クリックする必要があります。本書では、rootのパスワードは「**linuxbasic2018**」とします。

図1-2-11 rootパスワード

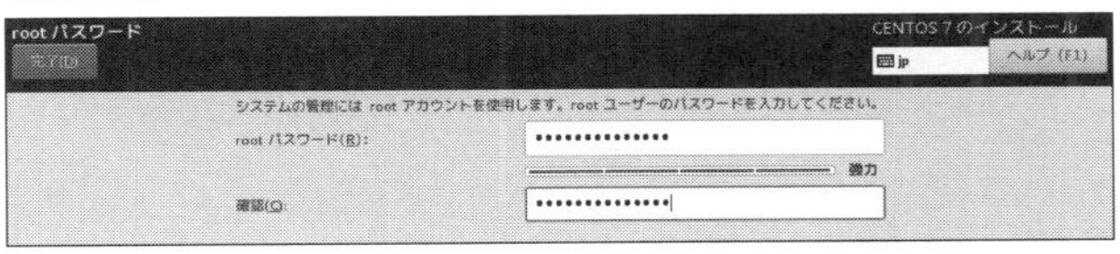

◯一般ユーザの設定

インストール画面で「ユーザーの作成」を選択して設定画面に進みます。

本書では、ユーザ名「**user01**」、パスワード「**user01**」として一般ユーザを作成します。入力が終了したら、画面左上の[完了]をクリックします。

図1-2-12 ユーザーの作成

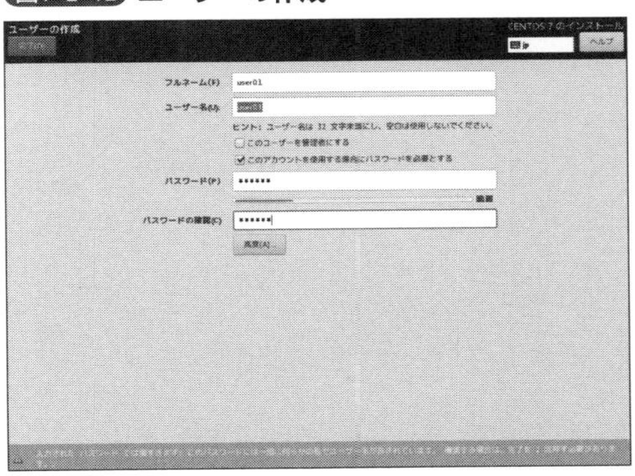

⑨インストール終了後の設定

インストールが終了すると、画面右下に［再起動］が表示されるので❶、クリックして再起動します。

図1-2-13 インストール終了

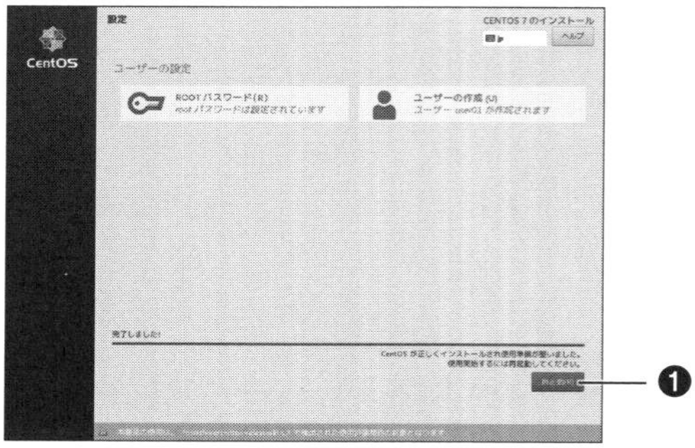

◯インストール後のライセンス確認

再起動時にライセンスの確認が求められるため、「LICENSING」を選択します❶。

図1-2-14 インストール後のライセンス確認

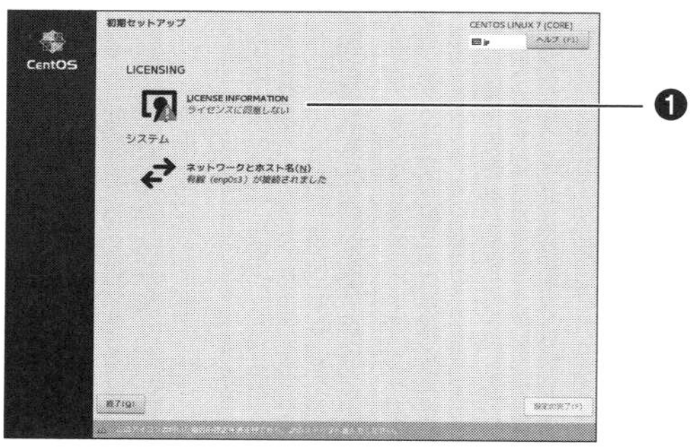

画面下にある「ライセンス契約に同意します」にチェックを入れ❷、画面左上の［完了］をクリックします。

図1-2-15 ライセンス契約に同意

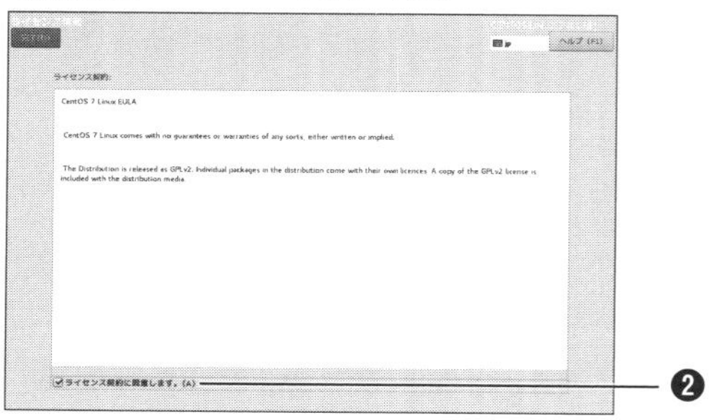

これで設定は完了です。「初期セットアップ」画面右下の［設定の完了］をクリックしてください❸。

図1-2-16 セットアップ完了

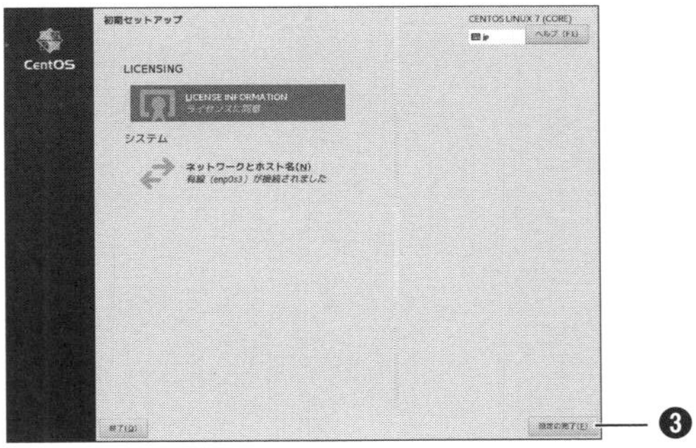

ログイン

システム情報の確認や変更を行うため、rootでログインします。

図1-2-17 ログイン画面

rootでログインするには、ログイン画面で「アカウントが見つかりませんか？」を選択してから、ユーザ名とパスワードを入力します。本書では、rootのパスワードは「linuxbasic2018」と入力します。入力したら［サインイン］をクリックします。

- **ユーザ名**　：root
- **パスワード**：linuxbasic2018

図1-2-18 ユーザ名とパスワードの入力

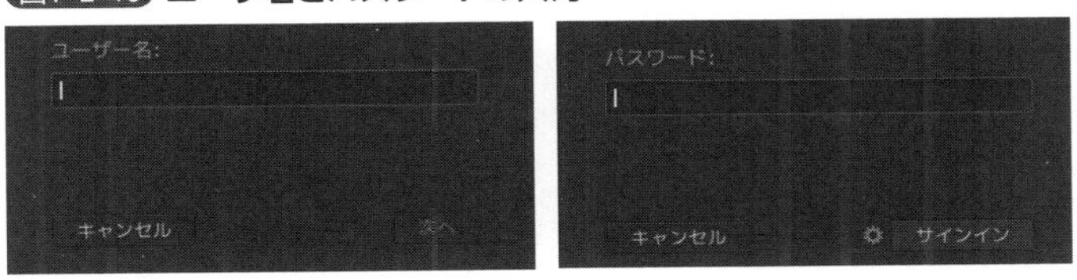

ログインすると初期設定画面が表示されます。ここで日本語入力メソッドの選択などの初期設定を行ってください。

図1-2-19 言語、その他の設定

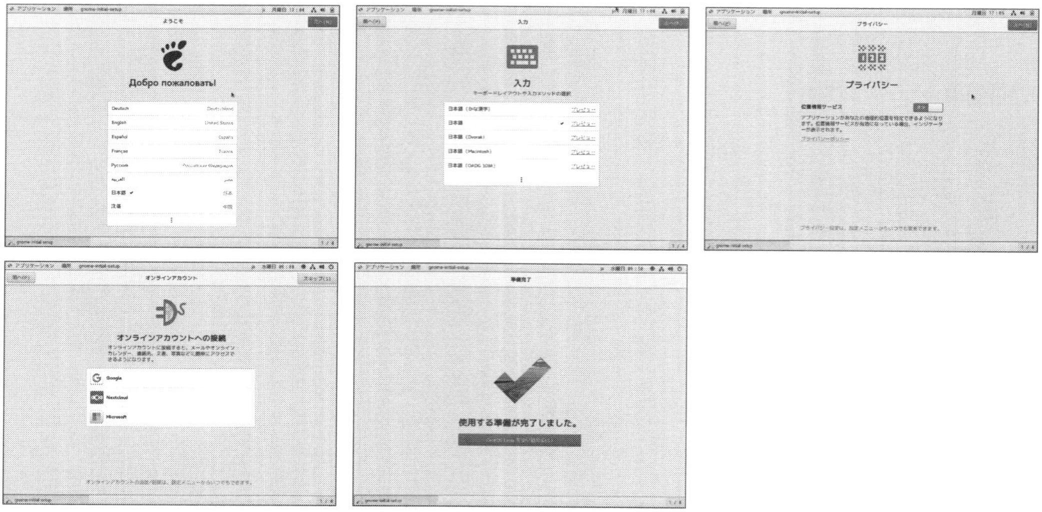

「初めて使う方へ」の画面が表示されたら、画面右上の[×]をクリックし画面を閉じます。デスクトップ画面が表示されれば、インストールは完了です。

図1-2-20 初めて使う方へ

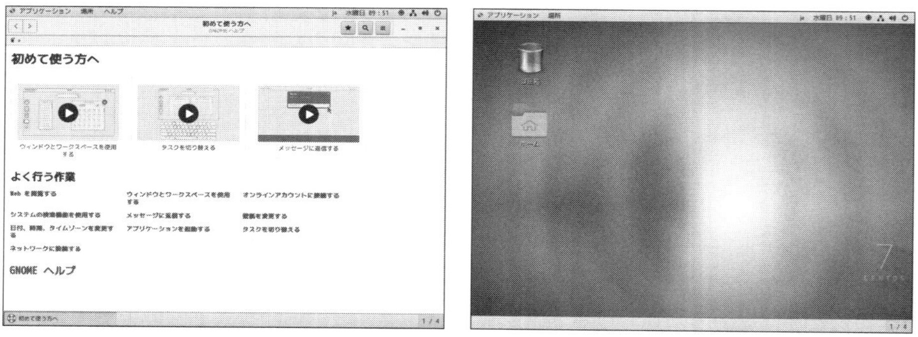

1-3 Ubuntuをインストールする

インストールメディアの入手

Ubuntuをインストールするには、公式サイトでリンクされているミラーサイトからインストールメディアをダウンロードします。Ubuntu公式サイトのURLは以下を参照してください。

Ubuntuの公式サイト
https://www.ubuntu.com

図1-3-1 Ubuntu公式サイト

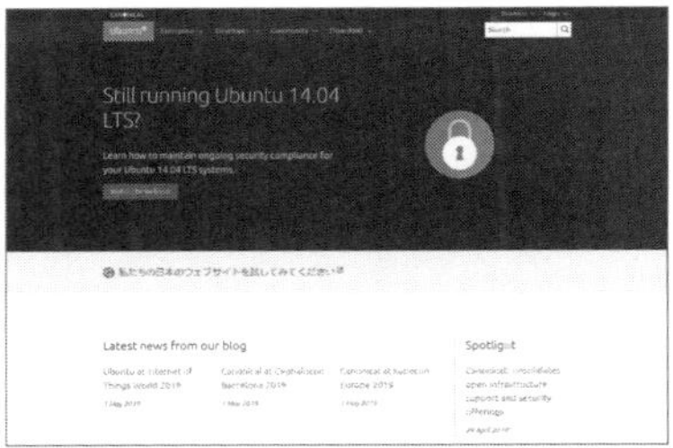

Ubuntuのインストールは CentOSなどのRedHat系Linuxのパッケージによるインストールと異なり、圧縮された読み込み専用ファイルシステムである**SquashFS**のファイルの内容をコピーすることにより行われます。したがって、インストール中に使用目的を選択するのでなく、公式サイトの［Download］メニューからISOイメージの種類ごとのリンクをたどり、使用目的に応じた（サーバもしくはデスクトップ）を選択しダウンロードしてください。

表1-3-1 ISOメージの種類

種類	使用目的	補足
デスクトップ	標準構成でインストールしたい場合	一般ユーザ向けで、GUIによるインストール GNOMEがデスクトップ環境としてインストールされる
サーバ	最小構成でインストールしたい場合	サーバ用途向けで、CUIによるインストール インストール時にサーバソフトウェアを選択可能

本書では、「デスクトップ」（Ubuntu Desktop）を使用します。以降では、「ubuntu-18.04-desktop-amd64.iso」を使用したインストール手順を記載します。

Ubuntuのバージョンは、6か月ごとを目処に更新されます（本書では「18.04」を使用しています）。また、「ubuntu-18.04-desktop」の利用には、最低限2GBのメモリが必要です。その他のハードウェア条件は、以下のURLを参考にしてください。

https://www.ubuntu.com/download/desktop

インストール手順

本書では、インストーラが提供するデフォルトでのインストールを行います。各章で追加のパッケージや設定が必要な際は、その都度ごとに掲載します。

KVMやVirtualBoxを使用して仮想環境にUbuntuをインストールする際は、Appendix(529ページ、548ページ)を参照してください。

①インストーラの起動

ダウンロードしたISOイメージファイルからインストーラを起動します。最初に、インストーラで表示する言語を選択します。今回は、画面左側の欄から「日本語」を選択します❶。

図1-3-2 言語の選択

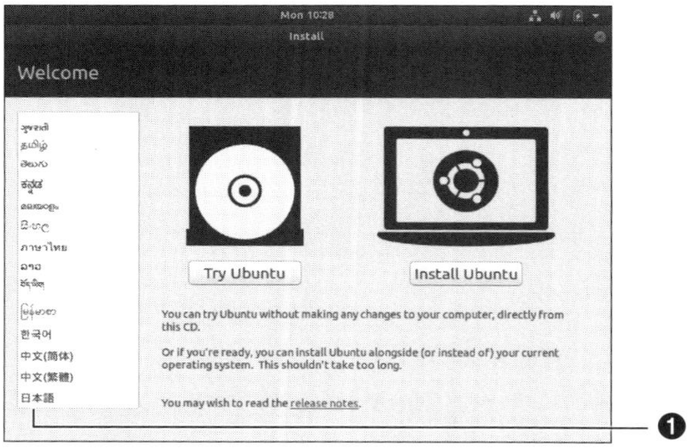

表示内容が日本語になったら、[Ubuntuをインストール]をクリックします❷。

図1-3-3 インストールを選択

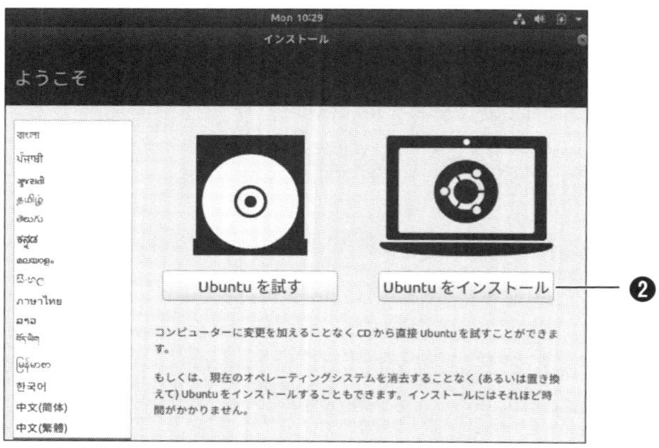

②キーボードの選択

「キーボードレイアウト」画面では、入力で使用するキーボードを選択します。「日本語」を選択します❶。

図1-3-4 キーボードレイアウト

③インストールするアプリケーションの選択

「アップデートと他のソフトウェア」画面では、「通常のインストール」を選択します。❶、オフィスアプリケーションや便利なソフトウェアがインストールされます。

図1-3-5 アップデートと他のソフトウェア

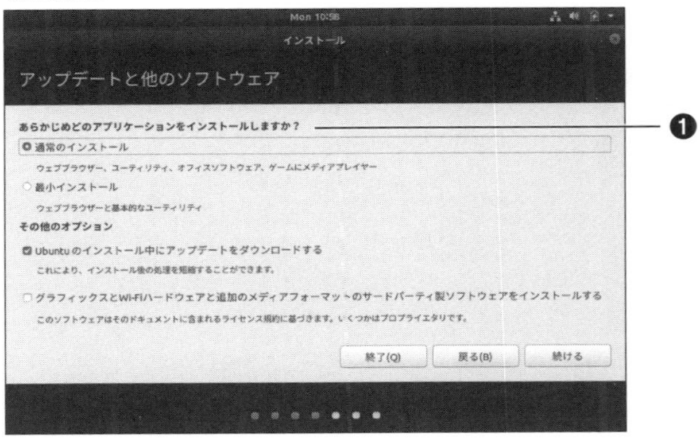

④インストール方法の選択

「インストールの種類」画面では、「ディスクを削除してUbuntuをインストール」を選択後❶、画面右下の［インストール］をクリックします❷。

図1-3-6 インストールの種類

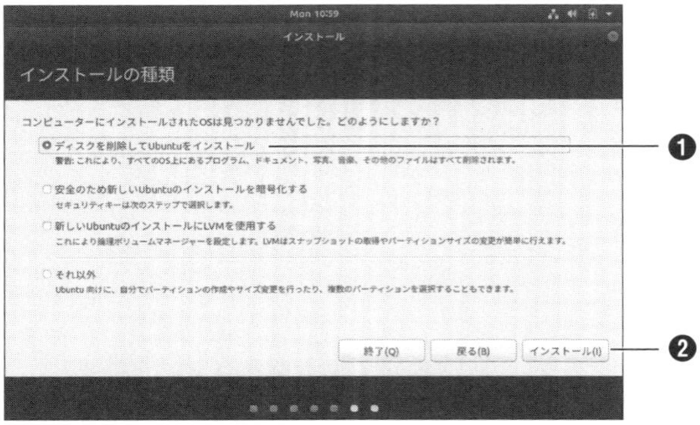

これにより、パーティションを自動で構成します。

パーティションの詳細は、第7章（284ページ）を参照してください。

「ディスクに変更を書き込みますか？」の確認画面が表示されたら、［続ける］をクリックします。

図1-3-7 確認画面

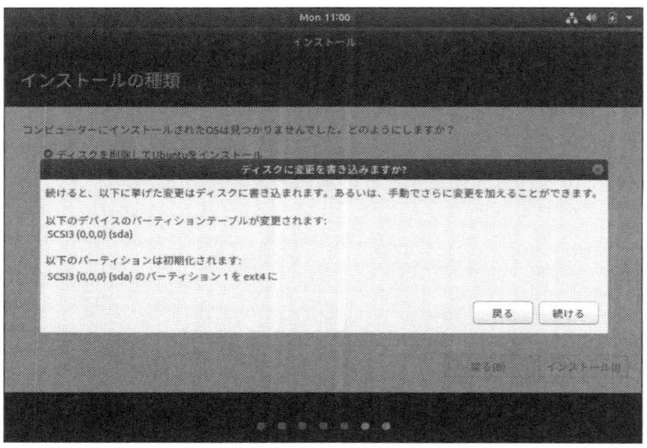

⑤地域の確認

「どこに住んでいますか？」が表示されたら、地域を入力し❶、［続ける］をクリックします❷。ここでは、地域は「Tokyo」とします。

図1-3-8 地域の確認

⑥一般ユーザの設定

一般ユーザを作成します。Ubuntuではrootでのログインが禁止されているため、インストール後にログインをするためのユーザを作成します。

本書では、ユーザ名を「**user01**」として一般ユーザを作成します。設定の詳細は、以下の表を参照してください。入力後、[続ける]をクリックします。

図1-3-9 一般ユーザの設定

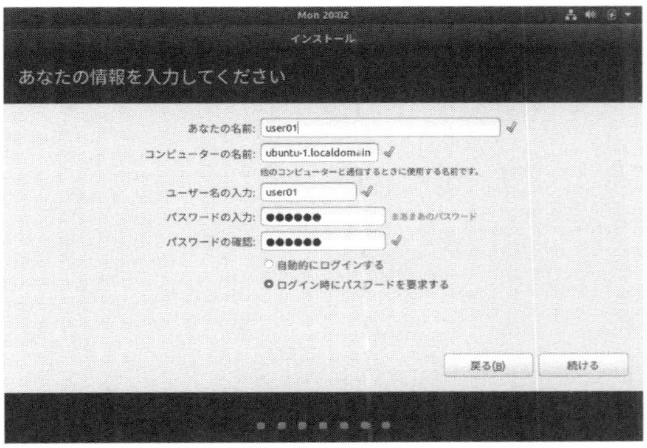

表1-3-2 一般ユーザの登録情報

設定項目	値
あなたの名前	user01
コンピューターの名前	ubuntu-1.localdomain
ユーザー名の入力	user01
パスワードの入力	user01
パスワードの確認	user01

⑦インストール完了

「インストールが完了しました」が表示されると、画面右下に[今すぐ再起動する]と表示されます。ここをクリックして、再起動します。

図1-3-10 インストール完了

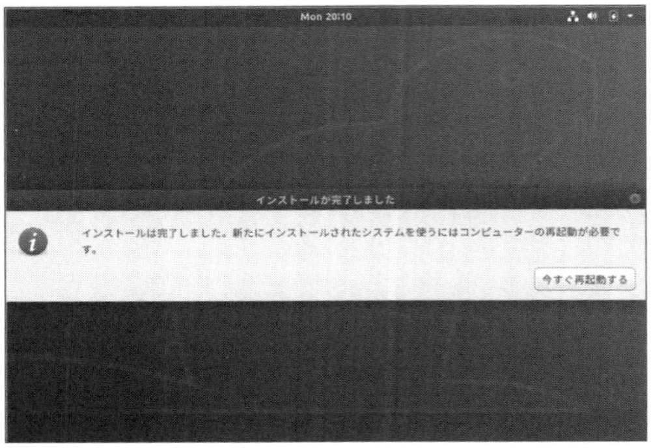

ログイン

システム情報の確認や変更を行うため、作成した一般ユーザ「user01」でログインします。

図1-3-11 user01でログイン

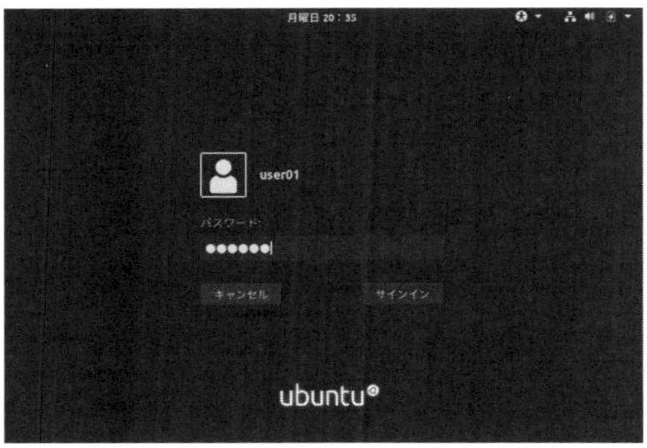

user01でログインするには、「user01」を選択してから、パスワードを入力します。本書では、user01のパスワードは「**user01**」と入力します。入力したら、[サインイン]をクリックします。

- **ユーザ名**　：user01
- **パスワード**：user01

ログインすると初期設定画面が表示されます。本書では、特に設定などは行わないため、[次へ]もしくは[完了]をクリックして画面を進めてください。

図1-3-12 初期設定画面

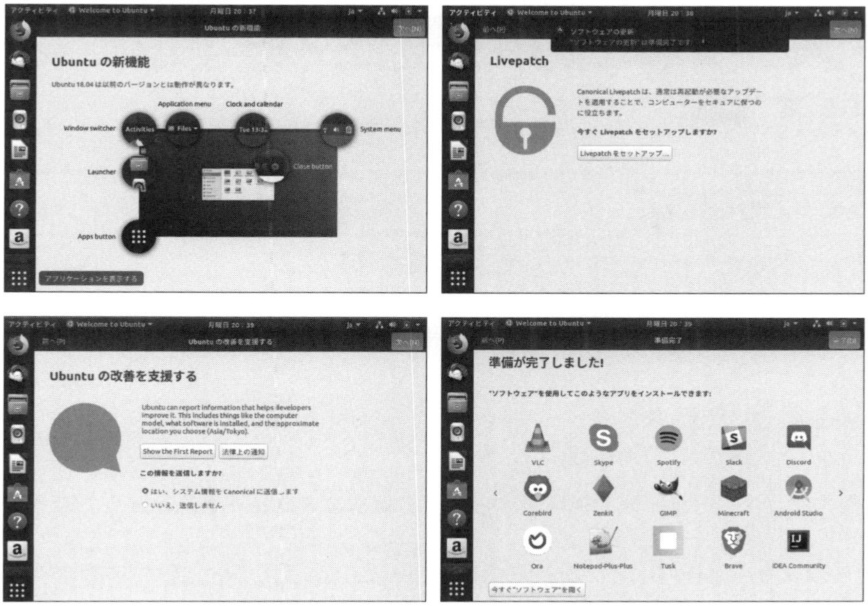

「ソフトウェアの更新」の画面が表示されます。もし、すぐにアップデートを行いたい場合は「今すぐインストールする」を選択してください。本書では「後で通知する」を選択します。

図1-3-13 ソフトウェアの更新

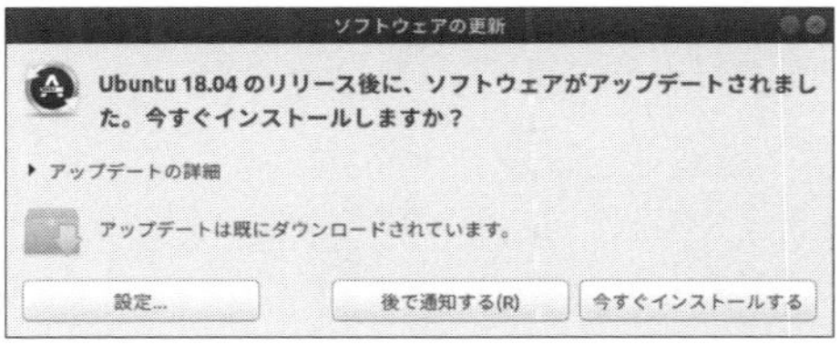

デスクトップ画面が表示されれば、Ubuntuのインストールは完了です。

図1-3-14 デスクトップ画面

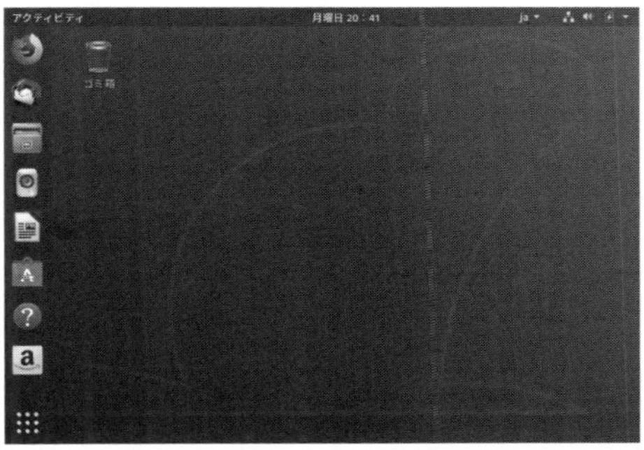

1-4

システムの初期設定を行う

CentOSでの初期設定

CentOSを使用するうえで、やっておいた方が良い作業を記載します。行う作業は以下とします。

・インストール時のパッケージ情報を確認する
・アップデートを行う
・SELinuxの状態確認と無効化を行う
・ファイアウォールの状態確認と停止を行う

なお、以降の作業はコマンドラインで説明をするため、**端末エミュレータ**を起動しておきます。

CentOSのメインメニューから、[アプリケーション]→[お気に入り]→[端末]の順でクリックし、端末エミュレータを起動します。

図1-4-1 端末エミュレータの起動

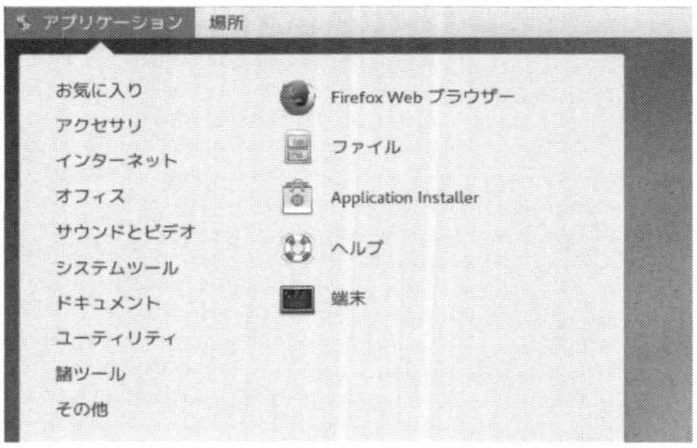

インストール時のパッケージ情報を確認する

CentOSのインストール時に、本書では、ソフトウェアの選択として「サーバー(GUI使用)」を選択しています(36ページ)。これは、使用目的に応じた機能がセットとなっているパッケージグループの1つです。

> パッケージの詳細については、第6章(208ページ)を参照してください。

パッケージグループの一覧を表示する場合は、**yum group list**コマンドを実行します。

パッケージグループの一覧を表示

```
# yum group list
…（途中省略）…
Available Environment Groups:
   最小限のインストール
   インフラストラクチャーサーバー
   コンピュートノード
   ファイルとプリントサーバー
   ベーシック Web サーバー
   仮想化ホスト
   サーバー (GUI 使用)
…（以下省略）…
```

各グループパッケージ内にどのようなパッケージが含まれているかを確認するには、**yum groups info**コマンドにパッケージグループ名を指定します。

「サーバー(GUI使用)」パッケージグループの検索結果

```
# yum groups info "サーバー (GUI 使用)"
…（途中省略）…
Environment Group: サーバー (GUI 使用)
 Environment-Id: graphical-server-environment
 説明: GUI を使用してネットワークインフラストラクチャのサービスを動作させるサーバーです。
 Mandatory Groups:
   +base
   +core
   +desktop-debugging
   +dial-up
   +fonts
   +gnome-desktop
…（途中省略）…
 Optional Groups:
   +backup-server
   +directory-server
   +dns-server
   +file-server
   +ftp-server
…（以下省略）…
```

アップデートを行う

CentOSは常時バグフィックスや機能改善が行われており、それらはリポジトリを経由して提供されます。リポジトリによるアップデートは、**yum update**コマンドを実行します。登録されているリポジトリの情報と現在の情報を比較して差分を計算し、必要なパッケージをダウンロードしてインストールを行います。

リポジトリの詳細については、第6章(217ページ)を参照してください。

「yum update」の実行後にインストールするかどうかの確認が出るので、インストールする場合は「y」を入力します。必要なパッケージのインストールが完了すると「完了しました！」というメッセージが表示されます。これでアップデートは終了です。

CentOSのアップデート

```
# yum update
...（途中省略）...
依存性の解決をしています
...（途中省略）...
トランザクションの要約
================================================================================
インストール         5 パッケージ (+22 個の依存関係のパッケージ)
更新              537 パッケージ

合計容量: 594 M
Is this ok [y/d/N]:y  ←「y」を入力
...（途中省略）...
完了しました!
```

SELinuxの状態確認と無効化を行う

SELinuxは、セキュリティ管理者以外はユーザによる変更ができない強制アクセス制御方式と、プロセスごとにファイルなどのリソースへのアクセスに対して制限を掛けるType Enforcement、およびrootを含む全てのユーザの役割に制限を掛けるロールベースアクセス制御の機能を持ちます。

システムのセキュリティを強固にすることができるため、インターネット上のサーバ運用などにはメリットがありますが、信頼できる内部ネットワークでの使用や、開発環境やテスト環境として使用する際には無効にしておく方が良い場合もあります。ここではSELinuxを無効にする方法を紹介します。

SELinuxには、以下のような状態（ステータス）があります。

表1-4-1 SELinuxの状態

SELinuxの状態	説明
enforcing	有効な状態
permissive	無効であるが、SELinuxのログは記録している状態
disabled	無効な状態

SELinuxの現状確認を行うには、**getenforce**コマンドを実行します。より詳細な内容を確認するには、**sestatus**コマンドを実行します。

現在のSELinuxの状態を確認

```
# getenforce  ←現状確認
Enforcing  ←有効
# sestatus  ←より詳細な確認
SELinux status:                 enabled
SELinuxfs mount:                /sys/fs/selinux
```

```
SELinux root directory:          /etc/selinux
Loaded policy name:              targeted
Current mode:                    enforcing
Mode from config file:           enforcing
Policy MLS status:               enabled
Policy deny_unknown status:      allowed
Max kernel policy version:       28
```

SELinuxを無効にするには、以下の設定を行います。

○一時的に無効にする場合

一時的（システム再起動まで）無効にする場合は、**setenforce**コマンドに「0」を指定します。

SELinuxの一時的な無効化

```
# getenforce   ←現状確認
Enforcing   ←有効
# setenforce 0   ←無効化
# getenforce   ←現状確認
Permissive   ←無効
```

○永続的に無効にする場合

永続的に無効にする場合は、**/etc/selinux/config**ファイルの「SELINUX」の行を「permissive」もしくは「disabled」に変更して再起動します。以下の例では「disabled」に変更しています。変更後は、**reboot**コマンドで再起動します。

なお、この例では、viコマンドでエディタを開いてファイルを編集しています。

> viコマンドについては、第3章（148ページ）を参照してください。

SELinuxの永続的な無効化

```
# vi /etc/selinux/config
…（以降はviで編集）…
# This file controls the state of SELinux on the system.
# SELINUX= can take one of these three values:
#     enforcing - SELinux security policy is enforced.
#     permissive - SELinux prints warnings instead of enforcing.
#     disabled - No SELinux policy is loaded.
#SELINUX=enforcing   ←現在の設定をコメントアウト（先頭に#を追加）
SELINUX=disabled   ←この行を追記
# SELINUXTYPE= can take one of three two values:
#     targeted - Targeted processes are protected,
#     minimum - Modification of targeted policy. Only selected processes
are protected.
#     mls - Multi Level Security protection.
SELINUXTYPE=targeted
…（編集はここまで）…

# reboot
```

ファイアウォールの状態確認と停止を行う

ファイアウォールは、ネットワークからの不正なアクセスを阻止する仕組みです。インストールした時点では、特定のポート番号のみアクセスを許可しています。

インターネット上のサーバ運用などでは必須の機能ですが、SELinux同様、信頼できる内部ネットワークでの使用や、開発環境やテスト環境として使用する際には、無効にしておく方が良い場合もあります。ここでは、ファイアウォールを無効にする方法を紹介します。

Linuxのファイアウォール機能は、カーネルモジュールNetfilterにより提供されます。CentOS 6までの設定ユーティリティはiptablesでしたが、CentOS 7からは内部でiptablesを実行するfirewalldが新たに提供され、iptablesにかわるデフォルトのユーティリティとなっています。

> firewalldでは「ゾーン」と呼ばれるセキュリティ強度の異なった設定のテンプレートが複数用意されており、接続するネットワークの信頼度に合ったゾーンを選択することで、容易に設定することができます。firewalldの詳細については、第10章（485ページ）を参照してください。

現在のファイアウォールの状態は、**firewall**コマンドを用いて確認します。デフォルトでは、sshとDHCPv6クライアントのみ許可されています。

ファイアウォールの確認

```
# firewall-cmd --list-service --zone=public
ssh dhcpv6-client
```

ファイアウォールを停止するには、**systemctl**コマンドを実行します。

ファイアウォールの停止

```
# systemctl stop firewalld.service
#
# firewall-cmd --list-service --zone=public  ←ファイアウォールの確認
FirewallD is not running  ←停止中
```

上記の設定を行うと停止はできますが、システムの再起動時にはfirewalldが自動で起動してしまいます。再起動後もfirewalldを起動しないようにするには、以下のように設定します。

ファイアウォールの無効化

```
# systemctl disable firewalld.service
Removed symlink /etc/systemd/system/dbus-org.fedoraproject.FirewallD1.service.
Removed symlink /etc/systemd/system/basic.target.wants/firewalld.service.
```

Ubuntuでの初期設定

Ubuntuを使用するうえで、やっておいた方が良い作業を記載します。行う作業は以下とします。

- インストール時のパッケージ情報を確認する
- アップデートを行う
- AppArmorの状態確認を行う
- ファイアウォールの状態確認を行う

なお、以降の作業はコマンドラインで説明をするため、**端末エミュレータ**を起動しておきます。

Ubuntuのデスクトップから、[アプリケーションを表示する]アイコン❶をクリックし、表示されたアイコンの一覧をスクロールして「端末」を選択します。

図1-4-2 端末エミュレータの起動

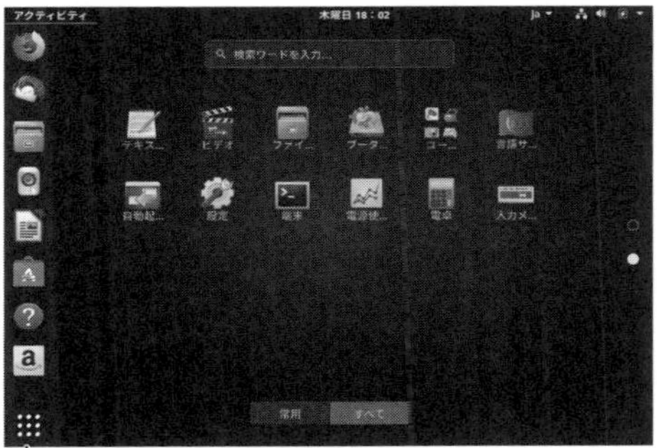

❶

インストール時のパッケージ情報を確認する

システムにインストールされている全てのパッケージを表示するには、**dpkg**コマンドを使用します。

> パッケージの詳細については、第6章(208ページ)を参照してください。

パッケージグループの一覧を表示

```
$ dpkg -l | more
...（途中省略）...
||/ 名前               バージョン          アーキテクチ 説明
+++-=================-=================-=========-==========================================
ii  accountsservice  0.6.45-1ubuntu1   amd64     query and manipulate user account information
ii  acl              2.2.52-3build1    amd64     Access control list utilities
ii  acpi-support     0.142             amd64     scripts for handling many ACPI events
...（以下省略）...
```

アップデートを行う

Ubuntuは常時バグフィックスや機能改善が行われており、それらはリポジトリを経由して提供されます。まずローカルで管理されているパッケージインデックスを更新した後、システムをアップデートします。

> リポジトリの詳細については、第6章(217ページ)を参照してください。

sudo apt updateコマンド実行し、ローカルパッケージインデックスを更新します。実行すると、アップデート可能なパッケージ数が表示されます。

インデックスの更新

```
$ sudo apt update
[sudo] user01 のパスワード: ****   ←パスワードの入力
ヒット:1 http://jp.archive.ubuntu.com/ubuntu bionic InRelease
取得:2 http://jp.archive.ubuntu.com/ubuntu bionic-updates InRelease [83.2 kB]
ヒット:3 http://jp.archive.ubuntu.com/ubuntu bionic-backports InRelease
...（途中省略）...
状態情報を読み取っています... 完了
アップグレードできるパッケージが 10 個あります。表示するには 'apt list --upgradable' を実行してください。
```

次に、**sudo apt upgrade**コマンド実行します。インストールするかどうかの確認が出るので、インストールする場合は「y」を入力します。これで、アップデートは終了です。

Ubuntuのアップデート

```
$ sudo apt upgrade
...（途中省略）...
  update-notifier update-notifier-common
アップグレード: 10 個、新規インストール: 0 個、削除: 0 個、保留: 0 個。
13.2 MB 中 0 B のアーカイブを取得する必要があります。
この操作後に追加で 22.5 kB のディスク容量が消費されます。
続行しますか? [Y/n] y   ←「y」を入力
...（以下省略）...
```

AppArmorの状態確認を行う

Ubuntuでは、システムのセキュリティを強固にするため、SELinuxよりも設定が容易な**AppArmor**が採用されています。プログラム単位で強制アクセス制御を行っています。

AppArmorの現状確認を行うには、**systemctl**コマンドを実行します。以下の実行結果では起動中(Active)であることがわかります。本書では、有効のままとします。

AppArmorの状態確認

```
$ systemctl status apparmor.service
● apparmor.service - AppArmor initialization
   Loaded: loaded (/lib/systemd/system/apparmor.service; enabled; vendor preset: enabled)
   Active: active (exited) since Thu 2018-05-17 17:59:53 JST; 1h 13min ago
     Docs: man:apparmor(7)
           http://wiki.apparmor.net/
 Main PID: 256 (code=exited, status=0/SUCCESS)
    Tasks: 0 (limit: 2323)
   CGroup: /system.slice/apparmor.service
…（以下省略）…
```

ファイアウォールの状態確認

Ubuntuではfirewalldはインストール時には含まれておらず、使用する場合は**apt install firewalld**コマンドを実行してインストールします。また、iptablesコマンドのフロントエンドとなる「ufw」（Uncomplicated FireWall）コマンドがデフォルトで提供されています。

ファイアウォールの現状確認を行うには、**sudo ufw status**コマンドを実行します。以下の実行結果では、非アクティブ（停止中）であることがわかります。本書では、非アクティブのままとします。

ファイアウォールの状態確認

```
$ sudo ufw status
[sudo] user01 のパスワード: ****   ←パスワードの入力
状態: 非アクティブ
```

ufwコマンドの詳細については、第10章（490ページ）を参照してください。

1-5

sshによるリモートログイン

リモートログインとは

ローカルホスト(ユーザが直接ログインしているホスト)から、ネットワーク上にある他のホスト(リモートホスト)へログインを行うことを**リモートログイン**と言います。

図1-5-1 **リモートログイン**

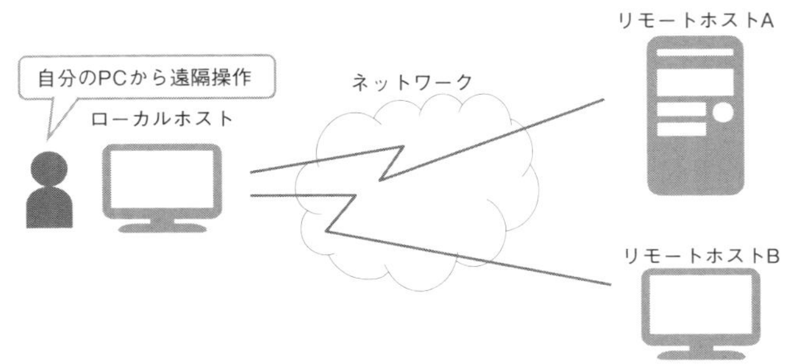

リモートログインするためのコマンドはさまざまあります。

◇telnet

telnetコマンドは、リモートホスト上でtelnetサービスが動作している時に利用可能です。リモートホストへアクセスすると、ローカルホストにログインする時と同じようにログイン認証が発生します。したがって、リモートホストに設定されているユーザ名とパスワードを入力します。なお、通信内容はプレーンテキスト(平文)なので、通信経路を盗聴されると容易にアカウント、パスワードが判明します。

◇ssh

sshコマンドは、telnetコマンドと同様にリモートホストへログインできるコマンドです。リモートホストへアクセスすると、ローカルホストにログインする時と同じようにログイン認証が発生します。しかし、telnetとは異なり、パスワードを含む全ての通信を公開鍵暗号により暗号化します。

公開鍵暗号については、第10章(463ページ)を参照してください。

sshコマンドは、フリーな実装であるOpenSSHのクライアントコマンドであり、サーバは**sshd**です。OpenSSHはOpenBSDプロジェクトによって開発されています。

sshdの起動確認

本書では、sshによるリモートログインを紹介します。なお、ログイン先のホスト(サーバ)ではsshdが起動していることが前提となるため、CentOSおよびUbuntuでのsshdの起動の有無を確認します。

CentOSでのsshd

CentOSでは、sshdは既にインストール済みであり、かつ起動中であるため、サーバ側での設定は特にありません。

CentOSのsshdの状態確認

```
# systemctl status sshd
● sshd.service - OpenSSH server daemon
   Loaded: loaded (/usr/lib/systemd/system/sshd.service; enabled; vendor preset: enabled)
   Active: active (running) since 月 2018-05-21 17:19:23 JST; 33min ago
     Docs: man:sshd(8)
           man:sshd_config(5)
 Main PID: 959 (sshd)
    Tasks: 1
   CGroup: /system.slice/sshd.service
           └─959 /usr/sbin/sshd -D
```

また、sshdは初期の設定では22番ポートを使用しています。リモートログインする際、リモートホスト名の他、このポート番号もアクセスする際の必要な情報となります。

CentOSでsshdが使用しているポート番号

```
# netstat -ltnp
Active Internet connections (only servers)
Proto Recv-Q Send-Q Local Address           Foreign Address         State       PID/Program name
tcp        0      0 192.168.122.1:53        0.0.0.0:*               LISTEN      1325/dnsmasq
tcp        0      0 0.0.0.0:22              0.0.0.0:*               LISTEN      959/sshd
tcp        0      0 127.0.0.1:631           0.0.0.0:*               LISTEN      963/cupsd
tcp        0      0 127.0.0.1:25            0.0.0.0:*               LISTEN      1295/master
tcp6       0      0 :::22                   :::*                    LISTEN      959/sshd
tcp6       0      0 ::1:631                 :::*                    LISTEN      963/cupsd
tcp6       0      0 ::1:25                  :::*                    LISTEN      1295/master
```

Ubuntuでのsshd

Ubuntuではsshdがインストールされていないため、以下のコマンドを実行してインストールします。

> sshdは、**openssh-server**パッケージとして提供されています。パッケージの詳細については、第6章(208ページ)を参照してください。

Ubuntuのsshdのインストール

```
$ dpkg -l | grep openssh-server
$                                          ←現在は、未インストールであることを確認
$ sudo apt install openssh-server  ←インストール
[sudo] user01 のパスワード: **** ←user01のパスワードを入力
パッケージリストを読み込んでいます... 完了
依存関係ツリーを作成しています
状態情報を読み取っています... 完了
以下の追加パッケージがインストールされます:
  ncurses-term openssh-sftp-server ssh-import-id
提案パッケージ:
  molly-guard monkeysphere rssh ssh-askpass
以下のパッケージが新たにインストールされます:
  ncurses-term openssh-server openssh-sftp-server ssh-import-id
アップグレード: 0 個、新規インストール: 4 個、削除: 0 個、保留: 10 個。
637 kB のアーカイブを取得する必要があります。
この操作後に追加で 5,321 kB のディスク容量が消費されます。
続行しますか? [Y/n] y  ←「y」を入力
```

インストールが完了したので、sshdの状態を確認します。以下の実行結果では起動中(Active)であることがわかります。

Ubuntuのsshdの状態確認

```
$ systemctl status sshd
● ssh.service - OpenBSD Secure Shell server
   Loaded: loaded (/lib/systemd/system/ssh.service; enabled; vendor preset: enabled)
   Active: active (running) since Fri 2018-05-18 12:53:04 JST; 1h 47min ago
  Process: 587 ExecReload=/bin/kill -HUP $MAINPID (code=exited, status=0/SUCCESS)
  Process: 582 ExecReload=/usr/sbin/sshd -t (code=exited, status=0/SUCCESS)
  Process: 2655 ExecStartPre=/usr/sbin/sshd -t (code=exited, status=0/SUCCESS)
 Main PID: 2656 (sshd)
    Tasks: 1 (limit: 2323)
   CGroup: /system.slice/ssh.service
           mq2656 /usr/sbin/sshd -D
…（以下省略）…
```

sshによるリモートログイン

それでは、ローカルホスト(クライアント)からリモートログインを行います。CentOSとUbuntuいずれも手法は同じであるため、ここではCentOSの実行結果を記載します。

sshコマンドの利用例

ローカルホスト(クライアント)側がLinuxの場合、**ssh**コマンドを使用します。例として、以下の前提で実行します。

・クライアントのホスト名は「centos7-2.localdomain」とし、サーバのホスト名は「centos7-1.localdomain」とする
・クライアントのIPアドレスは「10.0.2.16」とし、サーバのIPアドレスは「10.0.2.15」とする
・クライアントのホストでは「user01」としてログインしている
・サーバのホストには「user01」としてリモートログインする

図1-5-2 sshコマンドの利用例

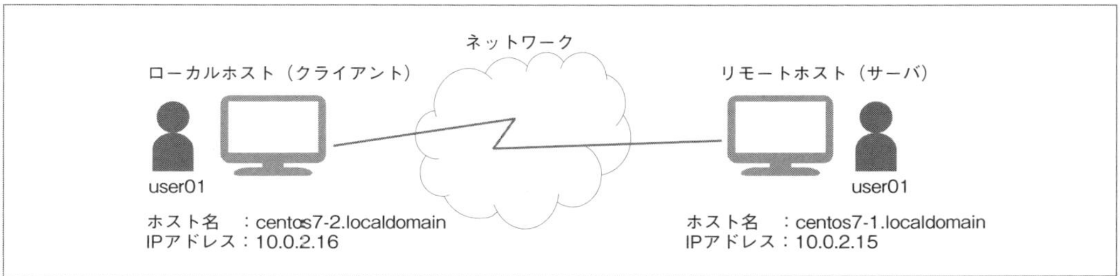

まず、利用例①を見てください。sshコマンドの後に、ホスト名を指定します。ユーザ名を省略しているため、クライアントの現在のユーザ名（ここではuser01）が使用されます。また、初めてのホストに接続する場合、OpenSSHは警告メッセージを表示するため、警告が表示されたら「yes」を入力してください。

sshコマンドの利用例①

```
[user01@centos7-2 ~]$ hostname
centos7-2.localdomain   ←現在ログインしているホストは、centos7-2.localdomainである
[user01@centos7-2 ~]$ ssh centos7-1.localdomain
                        ↑centos7-1.localdomainへリモートログイン
The authenticity of host 'centos7-1.localdomain (::1%1)' can't be
established.
ECDSA key fingerprint is SHA256:FnGLFMkWaHhPonbIieO6Wwt7rKg2LkGV5x1M1bPzA
xg.
ECDSA key fingerprint is MD5:cf:9e:90:70:59:0e:9a:ed:68:d1:d8:13:f7:17
:c7:87.
Are you sure you want to continue connecting (yes/no)? yes  ←「yes」を入力
Warning: Permanently added 'centos7-1.localdomain' (ECDSA) to the list of
known hosts.
user01@centos7-1.localdomain's password: ****  ←user01のパスワードを入力
Last login: Fri May 18 17:13:20 2018 from 10.0.2.16
[user01@centos7-1 ~]$   ←ログイン成功
[user01@centos7-1 ~]$ hostname
centos7-1.localdomain   ←現在ログインしているホストは、centos7-1.localdomainである
[user01@centos7-1 ~]$ exit  ←ログアウト
[user01@centos7-2 ~]$
```

上記の実行例のように、ログインが成功し、作業が終了したらログアウトします。ログアウトするには**exit**コマンドを実行します。

次に、利用例②を見てください。ホスト名ではなくIPアドレスを指定することも可能です。また、ログイン時にユーザ名を指定する際は、「**-l ユーザ名**」と指定します。

sshコマンドの利用例②

```
[user01@centos7-2 ~]$ ssh -l user01 10.0.2.15
…（以下省略）…
```

実行例の「user01@centos7-2 ~」は、一般ユーザ「user01」がホスト「centos7-2」にログインしていることを意味しています。また、「#」はroot、「$」は一般ユーザでログインしていることを意味しています。詳しくは第3章（106ページ）を参照してください。

WindowsからLinuxへリモートログイン

Microsoft Windowsには（使用するバージョンによっては）SSHクライアントは含まれていないため、Windows用のSSHクライアントがフリー/商用を含めていくつか提供されています。それらを導入すればSSH経由でWindowsからLinuxマシンを操作可能です。本書では、Windows用SSHクライアントの1つである**Tera Term**（テラターム）の利用方法を説明します。

Tera Termは、BSDライセンスに基づくオープンソース・ソフトウェアです。インストール他、詳細は、以下URLを参照してください。

https://ttssh2.osdn.jp/index.html.ja

○Tera Termの起動

デスクトップにある「Tera Term」のショートカットをダブルクリックします。デスクトップ上にショートカットがない場合は、スタートメニューなどから起動してください。

図1-5-3 Tera Termの起動

○接続先の指定

「新しい接続」ダイアログが表示されます。接続先のホスト名を「centos7-1.localdomain」とし、TCPポートが22番であることを確認し、［OK］をクリックします。

図1-5-4 接続先の指定

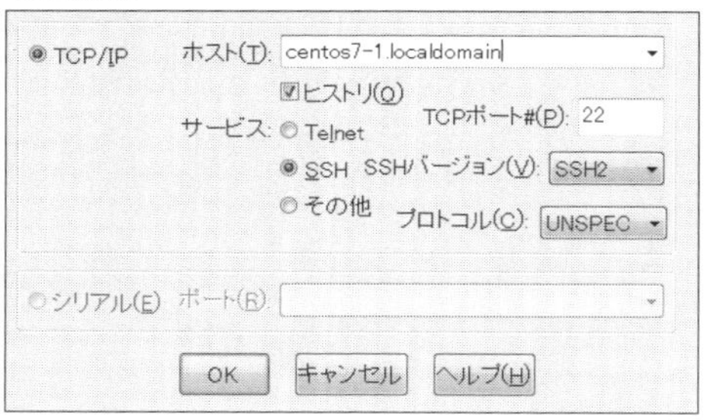

◯ユーザ名、パスワードの入力

ユーザ名、パスワードを入力し、[OK]をクリックします。

図1-5-5 ユーザ名、パスワードの入力

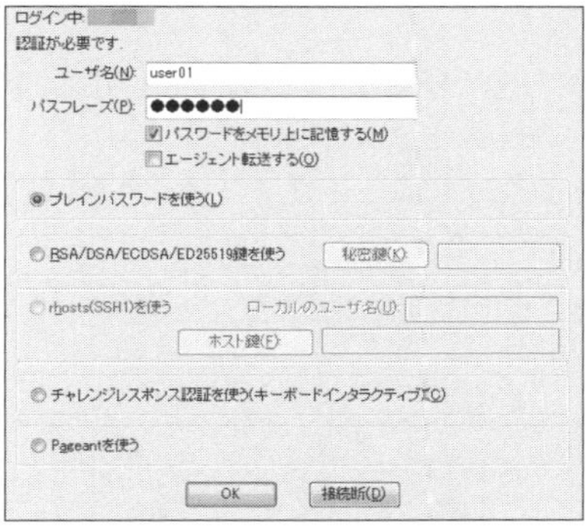

◯ログイン完了

ログインできたことを確認します。

図1-5-6 ログイン完了

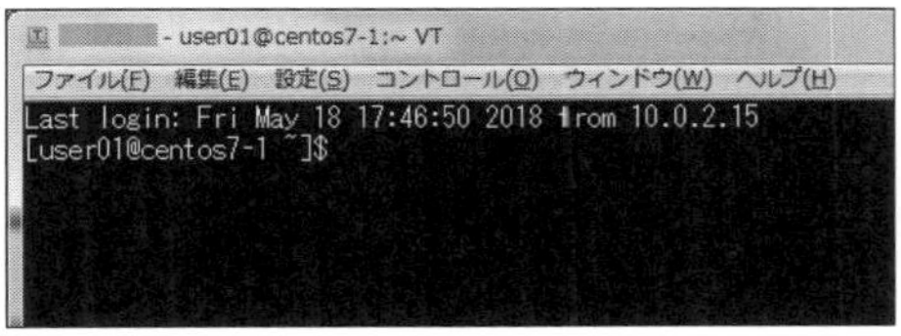

Column

ディスプレイマネージャとデスクトップ環境の軽量化

Linuxの知識のない初心者でもマウスで操作するGUIは比較的早く使えるようになりますが、CUIのコマンドやそのオプションを覚えるのは大変です。しかし経験を積んでLinuxコマンドを使えるようになると、CUIの方がGUIツールより早く操作でき、多様な機能を持つコマンドを使いこなしてGUIではできないきめ細かな管理ができるようになります。

ただし、コマンドを使う場合でもコンソールからログインしてデスクトップ環境なしで作業するケースはまれです。ほとんどの場合、GUIとCUIをうまく使い分け、コマンドを実行する場合はデスクトップ環境上の端末エミュレータの中で行うことになります。

このように、日常的な作業環境であるGUIのログイン画面やデスクトップ環境ですが、使用するソフトウェアによってCPUの処理量やメモリ使用量にかなりの差異があります。一般的に多機能な環境は重く、簡素な環境は軽量です。本コラムでは、作業の用途やPCの仕様に合うように軽量化する例をいくつか紹介します。

デスクトップ環境にログインするまでのシーケンス

システム起動後、ユーザがログインしてデスクトップ環境にアクセスできるようになるまでのシーケンスは、以下の図のようになります。

デスクトップ環境にログインするまでのシーケンス

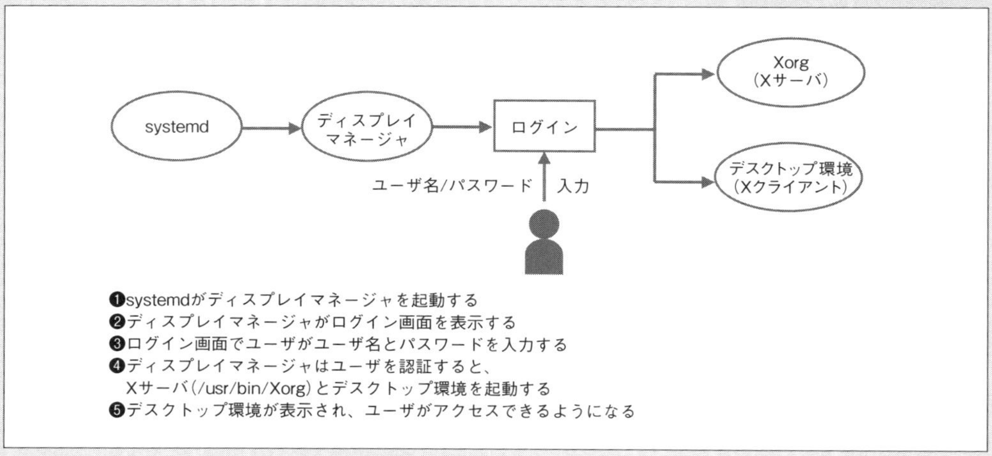

ディストリビューションごとに標準のディスプレイマネージャ、標準のデスクトップ環境が用意されていますが、ユーザの用途や好みによって別のものに変更することもできます。

ディスプレイマネージャとデスクトップを環境を変更する

ディスプレイマネージャの種類を以下に示します。

ディスプレイマネージャの種類

ディスプレイマネージャ	利用可能なディストリビューション	特徴
gdm	CentOS、Ubuntuなど、ほとんどのディストリビューションで利用可能	開発元：GNOMEプロジェクト ・GNOME Display Manager ・GNOME標準のディスプレイマネージャ
sddm	openSUSE、Debianなど	開発元：Abdurrahman Avci氏、他 ・Simple Desktop Display Manager ・KDE Plasma標準のディスプレイマネージャ
lightdm	CentOS、Ubuntuなど、ほとんどのディストリビューションで利用可能	開発元：Robert Ancell氏、他 ・Light Display Manager ・軽量で高速なディスプレイマネージャ
lxdm	Ubuntu、Debian、Fedoraなど	開発元：LXDEチーム ・Lightweight X11 Display Manager ・LXDE標準のディスプレイマネージャ

デスクトップ環境の種類については、本章の「主なデスクトップ環境」(28ページ)を参照してください。

以下は軽量化の例です。設定手順については次ページ以降を参照してください。

デスクトップ環境の軽量化の例

lightdmに変更（CentOS）

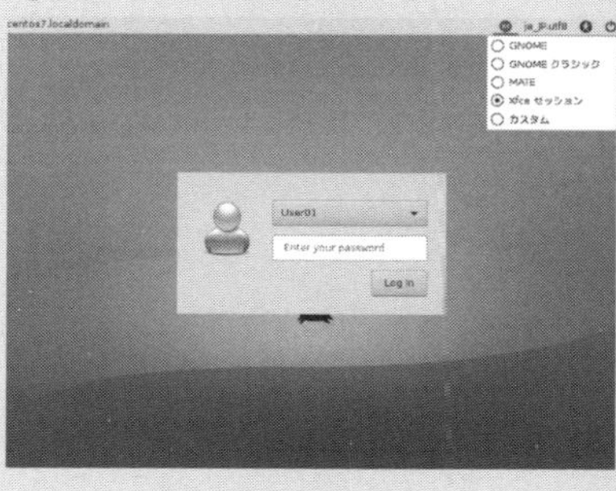

Xfceに変更（CentOS）

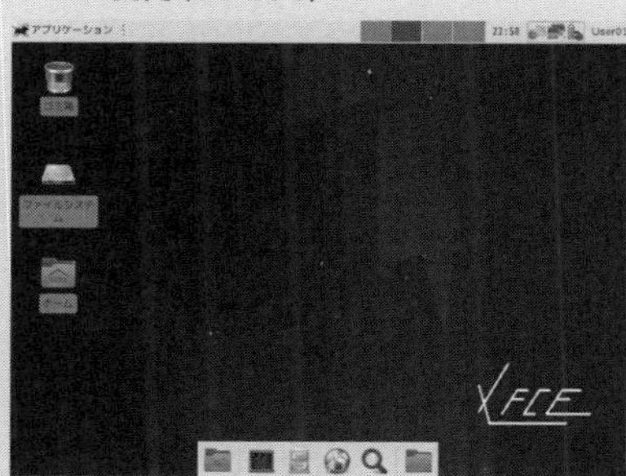

lxdmに変更（Ubuntu）

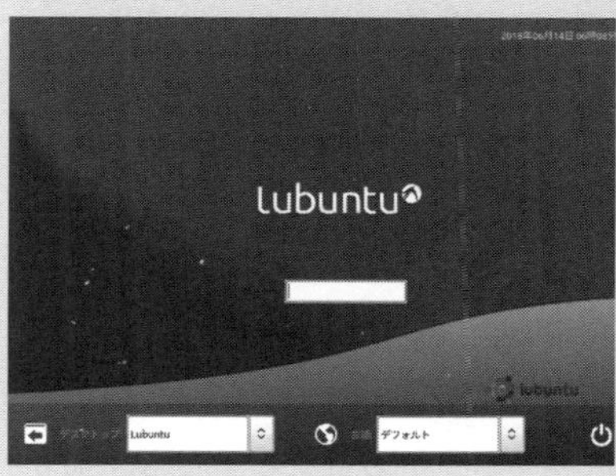

LXDEに変更（Ubuntu）

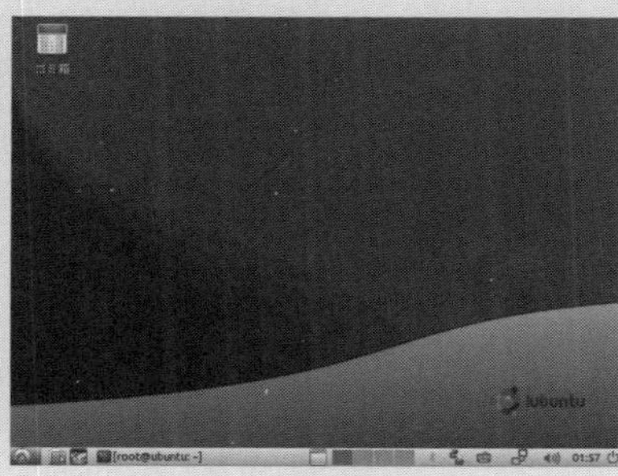

ディスプレイマネージャとデスクトップ環境の軽量化（CentOS編）

旧型やモバイル用などのハードウェアリソースの制限されたPCを使う場合、またメモリ消費量を抑えて大きなアプリケーションを稼動させたい場合などには、デフォルトのものではなく、軽量なディスプレイマネージャと軽量なデスクトップ環境を使用するのは有効な方法です。

ここではCentOSで利用可能な軽量なディスプレイマネージャ**lightdm**と、軽量なデスクトップ環境**Xfce**を使います。

○ディスプレイマネージャをlightdmに変更（CentOS）

ディスプレイマネージャlightdmをインストールし、systemctlコマンドによりデフォルトのgdmからlightdmに切り替えます。さらにログイン画面の壁紙を替えてみます。

この作業はroot権限で実行します。

ディスプレイマネージャをlightdmに変更

```
# yum install epel-release.noarch
# yum install lightdm
# systemctl disable gdm
# systemctl enable lightdm
# systemctl reboot
```

以下はlightdmの設定ファイルの[greeter]セクションをviエディタで編集し、ログイン画面の壁紙を替える例です。

壁紙は、「xfdesktop」パッケージの中の「/usr/share/backgrounds/xfce/xfce-teal.jpg」を使用します。

ログイン画面の壁紙を変更

```
# yum install xfdesktop
# vi /etc/lightdm/lightdm-gtk-greeter.conf
…
[greeter]
#background=/usr/share/backgrounds/day.jpg  ←元の行をコメントにする
background=/usr/share/backgrounds/xfce/xfce-teal.jpg  ←この行を追加
…
# systemctl reboot  ←システム再起動
```

viエディタについては、第3章（148ページ）を参照してください。

○デスクトップ環境をXfceに変更（CentOS）

デスクトップ環境Xfceをインストールします。この作業はroot権限で実行します。

Xfceのインストール

```
# yum groupinstall Xfce
```

インストールが完了したら、任意のユーザ(例：user01)でログイン画面のメニューからデスクトップ環境Xfceを選択してログインします。

ログインした後、デスクトップ環境の壁紙を替えてみます。壁紙の変更はデスクトップ環境のメニューから、[アプリケーション]→[設定]→[デスクトップ]の手順で行います。

63ページの「デスクトップ環境の軽量化の例」の図では、ネットからダウンロードしたXfce向けの壁紙「xfce_laser_set6.tar.gz」の中の「xfce_laser_purple.png」を使用しています(https://www.xfce-look.org/p/1169678/)。

ディスプレイマネージャとデスクトップ環境の軽量化(Ubuntu編)

ここでは、Ubuntuで利用可能な軽量なディスプレイマネージャ**lxdm**(Lightweight X11 Display Manager)と、軽量なデスクトップ環境**LXDE**(Lightweight X11 Desktop Environment)を使います。

lxdmはLXDEのデフォルトのディスプレイマネージャです。デスクトップ環境にLXDEを使ったUbuntuを「Lubuntu」と呼びます。Lubuntu Communityが開発したディストリビューションLubuntuもリリースされています。

○ディスプレイマネージャをlxdmに変更(Ubuntu)

ディスプレイマネージャlxdmをインストールし、デフォルトのgdmからlxdmに切り替えます。さらにログイン画面の壁紙を替えてみます。

この作業はroot権限で実行します。

lxdmのインストールと切り替え

```
$ sudo apt install lxdm
```

上記のコマンドを実行すると、その途中で「dpkg-reconfigure lxdm」コマンドが実行されて、ディスプレイマネージャの選択メニューが表示されます。そこでlxdmを選択します。

インストール後に別のディスプレイマネージャに切り替える場合もdpkg-reconfigureコマンドを実行します。

以下はディスプレイマネージャをgdmに戻す例です。

gdmに戻す

```
$ sudo dpkg-reconfigure gdm
```

以下はログイン画面の壁紙を、「/usr/share/lubuntu/wallpapers/」にダウンロードしたLubuntu向けの壁紙に替える例です(https://www.gnome-look.org/browse/cat/400/page/1/ord/download/)。

lxdmの設定ファイル**/etc/lxdm/default.conf**の[display]セクションをviエディタあるいは

GOMEアプリケーションのエディタgeditなどで編集し、壁紙を変更します。

ログイン画面の壁紙を変更

```
$ sudo vi /etc/lxdm/default.conf
...
[display]
## gtk theme used by greeter
gtk_theme=Clearlooks

## background of the greeter
# bg=/usr/share/lubuntu/wallpapers/lubuntu-default-wallpaper.png
↑元の行をコメントにする
bg=/usr/share/lubuntu/wallpapers/118822-fastlubuntu.jpg  ←新規に追加
...
$ sudo systemctl reboot  ←再起動
```

viエディタについては第3章(148ページ)を参照してください。

○デスクトップ環境をLXDEに変更(Ubuntu)

デスクトップ環境LXDEをインストールします。インストールするパッケージは**lubuntu-desktop**です。

LXDEのインストール

```
$ sudo apt install lubuntu-desktop
```

インストールが完了したら、任意のユーザ(例:user01)でログイン画面のメニューからデスクトップ環境Lubuntuを選択してログインします。

ログインした後、デスクトップ環境の壁紙を替えてみます。壁紙の変更はデスクトップ環境の下部左のLXDEアイコンをクリックし、表示されたメニューから[メニュー]→[設定]→[デスクトップの設定]の手順で行います。

63ページの「デスクトップ環境の軽量化の例」の図では、lxdmと同じ壁紙「/usr/share/lubuntu/wallpapers/118822-fastlubuntu.jpg」を使用しています。

Chapter 2

Linuxの起動・停止を行う

2-1

ブートシーケンスを理解する

ブートシーケンスの概要

システムを立ち上げる処理を**ブート**(boot)と言います。

ブートシーケンスとは、電源を入れてからログイン画面あるいはログインプロンプトが表示されるまでに、カーネルの初期設定、ファイルシステムのマウント、システムのさまざまな管理をするプログラム(デーモン)の起動、ネットワークの設定など、OSが稼動するために必要な全ての設定の一連の流れのことです。

したがって、ブートシーケンスを理解することはOSを理解することであり、またトラブル発生時に原因を特定して対処する場合にも役に立ちます。

図2-1-1 ブートシーケンスの概要

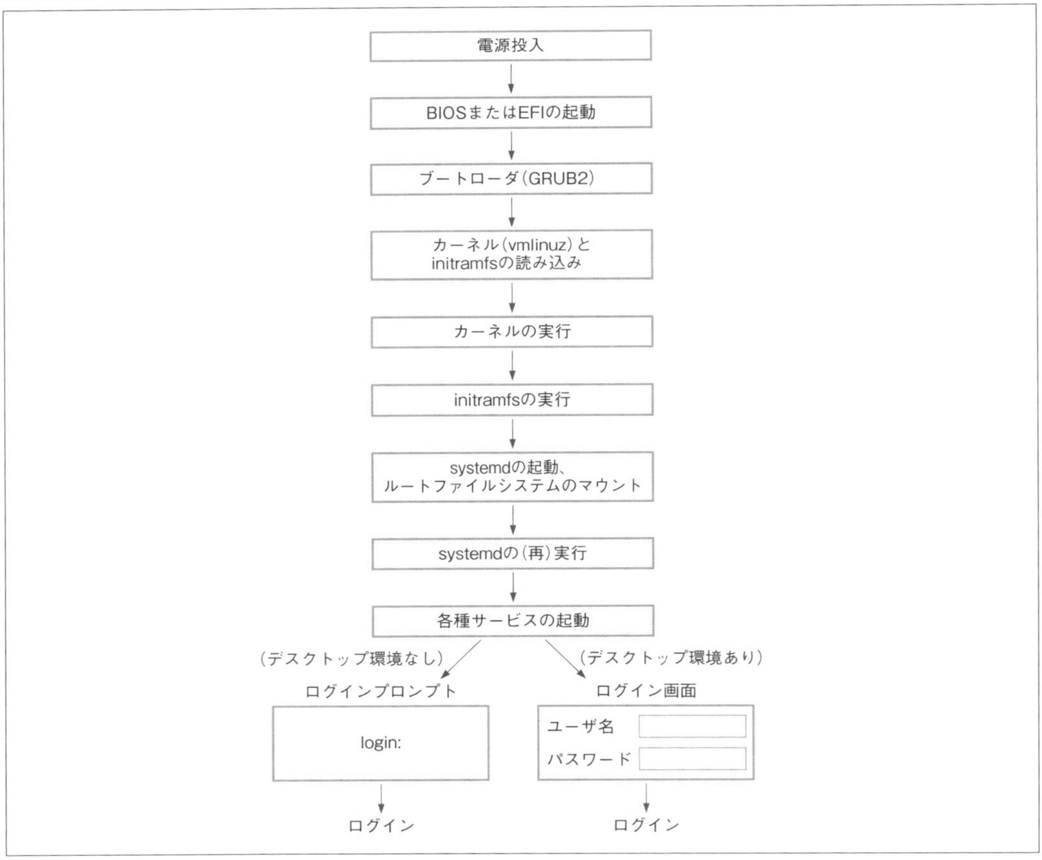

BIOS/UEFI

PCの電源投入後、**BIOS**あるいは**UEFI**がLinuxのブートローダ**GRUB2**を読み込んで起動します。

最近のほとんどのPCモデルではUEFIが採用されています。GRUB2の起動後の処理シーケンスは、BIOSとUEFIで異なります。

◇BIOS

BIOS(Basic Input/Output System)は、PCのハードウェアに組み込まれている不揮発性メモリ(NVRAM：Non-Volatile RAM)に格納されたプログラム(ファームウェア)です。PCの電源を投入するとBIOSは設定されたデバイスの優先順位に従ってディスクの先頭ブロックにあるMBR(Master Boot Record)内のブートローダを検索し、最初に検知したデバイスのローダを起動します。

◇UEFI

EFI(Extensible Firmware Interface)はBIOSにかわるファームウェア規格で、大容量ディスクへの対応(GPT：GUID Partition Table)、セキュリティの強化(Secure Boot)、ネットワークを介したリモート診断など、機能が拡張されています。Intel社によって開発され、現在はUnified EFI Forumによって管理されています。名前もUEFI(Unified Extensible Firmware Interface)と変わりましたが、一般的にEFIもUEFIも同じ意味を指すものとして使用されています。

UEFIからOSをブートする時は、NVRAMに設定された優先順位に従って、ディスクのEFIパーティション(EFI System Partition)に格納されているブートローダを起動します。この点がMBR内のブートローダを起動するBIOSの場合と異なります。

◇Secure Boot

Secure Boot(セキュアブート)はUEFIに組み込まれている公開鍵によって、ブートローダ内のデジタル証明書を検証することで不正なプログラム(ブートローダ)の起動を防ぐ仕組みです。セキュアブートを利用する場合は、UEFIの設定画面でセキュアブートの設定を有効にします。

LinuxのブートローダGRUB2にはデジタル証明書が組み込まれているのでセキュアブートに対応していますが、一般的なLinuxの利用であればUEFIの設定画面でセキュアブートを無効に設定しておいて問題ありません。

BIOSにおける起動デバイスの優先順位、あるいはUEFIにおけるデバイス/ブートローダの優先順位は、電源投入後のBIOSあるいはUEFIの設定画面で設定できます。

ほとんどのPCモデルでは、電源投入後にファンクションキー[F2]を押すと設定画面が表示されます。

ブートローダ

ブートローダはカーネル(vmlinuz)とinitramfsをディスクからメモリにロードし、カーネルを起動する役目を持ちます。

近年のほとんどのLinuxディストリビューションでは、ブートローダに**GRUB2**が採用されています。GRUB2はBIOS環境にもEFI環境にも対応しています。

図2-1-2 GRUB2起動画面(CentOS)

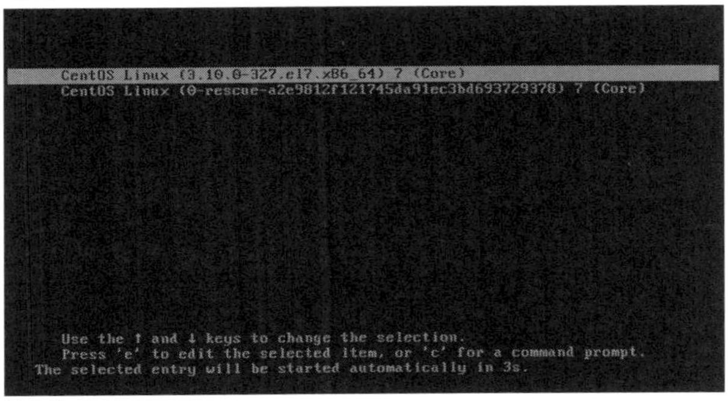

上記の起動画面下部のメッセージに表示されている通り、[e](edit)キーの入力により**grub.cfg**ファイルのメモリ上での編集が、[c](command)キーの入力により**GRUB**コマンドを実行することができます。

以下は、BIOS環境でCentOSのメモリ上のgrub.cfgメニューを編集し、デスクトップ環境なし(multi-userターゲット)で立ち上げる例です(EFI環境の場合は、行頭のコマンド「linux16」が「linuxefi」となります)。

[e]を入力後にカーネル起動のエントリを編集(CentOS)

```
linux16  / vmlinuz-3.10.0-862.3.2.el7.x86_64 …(途中省略)…
quiet LANG=ja_JP.UTF-8   3
↑行末に「3」を追加してmulti-userターゲットを指定
(この後、[Ctrl] + [x] を入力してOSを起動)
```

以下はBIOS環境あるいはEFI環境で、Ubuntuのメモリ上のgrub.cfgメニューを編集し、デスクトップ環境なし(multi-userターゲット)で立ち上げる例です。

[e]を入力後にカーネル起動のエントリを編集(Ubuntu)

```
linux   /boot/vmlinuz-4.15.0-33-generic …(途中省略)…
quiet splash $vt_handoff  3
↑行末に「3」を追加してmulti-userターゲットを指定
(この後、[Ctrl] + [x] を入力してOSを起動)
```

UbuntuのGRUB2起動画面の表示方法は、本章のコラム(98ページ)を参照してください。

デスクトップ環境あり(graphicalターゲット)で立ち上げるか、デスクトップ環境なし(multi-userターゲット)で立ち上げるかはsystemdのデフォルトターゲットの設定で行いますが、上記のようにGRUB2起動メニューで指定した場合はそれが優先します。

BIOS起動の場合

GRUB2は**boot.img**ファイルと**core.img**ファイル、および動的にロードされる複数のモジュールから構成されます。

GRUB2のインストール時にboot.imgがディスクの先頭ブロック512バイトの領域(MBR)に書き込まれます。また、GRUB2のベースコードと/bootディレクトリのファイルシステムモジュール(例:xfs.mod)などを含むcore.imgが生成され、core.imgはMBRの直後の領域に書き込まれます。

BIOSから読み込まれたboot.imgがcore.imgを読み込み、core.imgは**/boot/grub2/**ディレクトリ以下に置かれているモジュール(xx.mod)をファイルシステムのファイルとして読み取り、ロード/リンクします。

EFI起動の場合

GRUB2は、FAT32あるいはvfatでフォーマットされたEFIパーティションの中の**EFI/centos/**ディレクトリの下の**shim.efi**ファイルと**grubx64.efi**ファイルに格納されます。

この2つのファイルはLinuxの実行形式であるELFではなく、Microsoft Windowsの実行ファイル形式であるPortable Executable(PE)です。

◇shim.efi

EFIがブートエントリを参照して呼び出す第一ステージのブートローダです。Mirosoft UEFI Signing Serviceにより署名されたデジタル証明書が組み込まれ、セキュアブートに対応しています。

第二ステージのブートローダである**grubx64.efi**ファイルを呼び出します。

◇grubx64.efi

第一ステージのブートローダshim.efiから呼び出される第二ステージのブートローダです。**grub.cfg**ファイルを読み込んでGRUB2起動画面を表示します。

grub.cfgの設定に従ってカーネルとinitramfsをメモリにロードし、カーネルを起動します。セキュアブート非対応で使用するのであれば、UEFIからこのgrubx64.efiを直接呼び出すこともできます。

設定ファイルとディレクトリ

GRUB2の主なディレクトリと設定ファイルは以下の通りです。

/bootの下のGRUB2のディレクトリは、CentOSとUbuntuで異なります。

- **CentOS**:/boot/grub2
- **Ubuntu** :/boot/grub

以下の表はCentOSの例として、「/boot/grub2」と記載してあります。

表2-1-1 GRUB2の主なディレクトリと設定ファイル

ディレクトリと設定ファイル	BIOS	UEFI	説明
/boot/grub2/	○	○	設定ファイルとモジュールの置かれたディレクトリ
/boot/grub2/grub.cfg	○	○	設定ファイル。grub2-installで生成された/boot/efi/EFI/centos/grubx64.efiもこのファイルを参照する
/boot/grub2/i386-pc/	○	—	core.imgに静的あるいは動的にリンクされるモジュールが置かれたディレクトリ。core.imgもここに生成される
/usr/lib/grub/i386-pc/	○	—	モジュールの置かれたディレクトリ。この下のモジュールがgrub2-installコマンドの実行時に/boot/grub2/i386-pc/の下にコピーされる
/boot/grub2/x86_64-efi/	—	○	grubx64.efiに静的あるいは動的にリンクされるモジュールが置かれたディレクトリ。core.efiがここに生成され、/boot/efi/EFI/centos/grubx64.efiにコピーされる
/usr/lib/grub/x86_64-efi/	—	○	モジュールの置かれたディレクトリ。この下のモジュールがgrub2-installの実行時に/boot/grub2/x86_64-efi/の下にコピーされる
/boot/efi/EFI/centos/	—	○	設定ファイルとブートローダの置かれたディレクトリ
/boot/efi/EFI/centos/grub.cfg	—	○	設定ファイル。grub2-efiパッケージからインストールされた/boot/efi/EFI/centos/grubx64.efiは他のファイルを参照する
/etc/grub.d/	○	○	設定ファイルgrub.cfgの生成時に実行されるスクリプトが置かれたディレクトリ。この下のシェルスクリプトが/etc/default/grubファイルの変数定義を参照してgrub.cfgの各パートの記述行を生成する
/etc/default/grub	○	○	設定ファイルgrub.cfgの生成時に/etc/grub.d/の下のスクリプトから参照される変数の値を設定する

grub.cfgの設定はGRUB2コマンドで記述されています。主なGRUB2コマンドは以下の表の通りです。

表2-1-2 主なGRUB2コマンド

GRUB2コマンド (CentOS)	GRUB2コマンド (Ubuntu)	BIOS	UEFI	説明
insmod	insmod	○	○	モジュールの動的ロード
set	set	○	○	変数の設定
linux16	—	○	—	Intelアーキテクチャのカーネルを16ビット リアルモードで起動。カーネルはその後プロテクトモードに移行する
initrd16	—	○	—	linux16コマンドでカーネルを起動する場合に、カーネルが利用するinitramfsを指定
linuxefi	—	—	○	UEFIのブートパラメータをカーネルに渡して、カーネルを起動
initrdefi	—	—	○	linuxefiコマンドでカーネルを起動する場合に、カーネルが利用するinitramfsを指定
—	linux	○	○	カーネルを起動
—	initrd	○	○	カーネルが利用するinitramfsを指定

以下は、BIOS環境でのCentOSのgrub.cfgファイルの例です。

BIOS環境でのgrub.cfg(抜粋)

```
### BEGIN /etc/grub.d/10_linux ###
menuentry 'CentOS Linux (3.10.0-862.3.2.el7.x86_64) 7 (Core)' …(途中省略)…
{
        insmod part_msdos
        insmod xfs
        set root='hd0,msdos1'
        linux16 /vmlinuz-3.10.0-862.3.2.el7.x86_64 root=/dev/mapper/
centos-root ro crashkernel=auto rd.lvm.lv=centos/root rd.lvm.lv=centos/
swap rhgb quiet LANG=ja_JP.UTF-8
        initrd16 /initramfs-3.10.0-862.3.2.el7.x86_64.img
}
```

以下は、EFI環境でのCentOSのgrub.cfgファイルの例です。

EFI環境でのgrub.cfg (抜粋)

```
### BEGIN /etc/grub.d/10_linux ###
menuentry 'CentOS Linux (3.10.0-862.3.2.el7.x86_64) 7 (Core)' …(途中省略)…
{
        insmod part_gpt
        insmod xfs
        set root='hd0,gpt9'
        linuxefi /vmlinuz-3.10.0-862.3.2.el7.x86_64 root=/dev/mapper/
centos-root ro crashkernel=auto rd.lvm.lv=centos/root rd.lvm.lv=centos/
swap rhgb quiet LANG=ja_JP.UTF-8
        initrd16 /initramfs-3.10.0-862.3.2.el7.x86_64.img
}
```

以下は、BIOSおよびEFI環境でのUbuntuのgrub.cfgの例です。

BIOSおよびEFI環境でのgrub.cfg(抜粋)

```
menuentry 'Ubuntu' …(途中省略)… {
        insmod part_gpt
        insmod ext2
        linux   /boot/vmlinuz-4.15.0-33-generic root=UUID=9f5ec4d9-3878-
49d7-849b-33e464ca654e ro  quiet splash $vt_handoff
        initrd  /boot/initrd.img-4.15.0-33-generic
}
```

grub2-mkconfig/grub-mkconfigコマンド

grub2-mkconfigはCentOSの設定ファイルgrub.cfgを生成するコマンド、**grub-mkconfig**はUbuntu の設定ファイルgrub.cfgを生成するコマンドです。

grub2-mkconfigあるいはgrub-mkconfigを引数なしで実行すると、設定ファイルの内容を画面(標準出力)に出力します。grub.cfgを作成するには、表示される出力を「>」を使ってファイルにリダイレクションします。

・**CentOS**：grub2-mkconfig > grub.cfg
・**Ubuntu** ：grub-mkconfig > grub.cfg

grub.cfgファイルの作成（CentOS）

```
# cd /boot/grub2
# cp grub.cfg grub.cfg.back   ←念のため、現在のファイルのバックアップを取っておく
# grub2-mkconfig > grub.cfg
```

grub.cfgファイルの作成（Ubuntu）

```
$ cd /boot/grub
$ sudo cp grub.cfg grub.cfg.back   ←念のため、現在のファイルのバックアップを取っておく
$ sudo grub-mkconfig > grub.cfg
```

あるいは、「-o」オプションによって出力ファイルを指定して実行することもできます。

・**CentOS**：grub2-mkconfig -o grub.cfg
・**Ubuntu** ：grub-mkconfig -o grub.cfg

生成されたgrub.cfgではデバイス番号は「0」から始まり、パーティション番号は「0」からではなく「1」から始まるので注意してください。

トラブルによりgrub.cfgが消失してLinuxが立ち上がらなくなった場合は、DVDからレスキューモードで立ち上げてコマンドを実行します。

grub2-mkconfigおよびgrub-mkconfigコマンドは、**/etc/grub.d/**ディレクトリの下のシェルスクリプトを実行します。各シェルスクリプトは**/etc/default/grub**ファイルを参照してgrub.cfgの各パートの記述行を生成します。

以下は、CentOSの/etc/grub.d/ディレクトリの下に置かれているシェルスクリプトです。Ubuntuもほとんど同じです。

「10_linux」は、現在のカーネルの起動行とinitramfsの指定行を生成します。

「30_os-prober」は、ディスク内を検索してインストールされている他のOSのエントリを生成します。

「/etc/grub.d/」の下に置かれているシェルスクリプト

```
$ ls -F /etc/grub.d
00_header*   01_users*   20_linux_xen*      30_os-prober*   41_custom*
00_tuned*    10_linux*   20_ppc_terminfo*   40_custom*      README
```

実行例で使用した「cd」「cp」「ls」などのLinuxコマンドについては、この後の章で随時解説を行っていきます。各コマンドの詳細は該当ページを参照してください。
また本書では、CentOSとUbuntuで共通するものは、原則としてCentOSでの例を掲載してあります。

カーネル

カーネルはシステム起動時にメモリにロードされ、その後メモリに常駐し、CPUやメモリらのシステム資源の管理やデバイスの制御、プロセスのスケジューリングなどを行います。カーネルはオペレーティングシステムの機能、パフォーマンス、セキュリティの基盤を決定し、Linuxを特徴付ける、文字通りにオペレーティングシステムの核となるプログラムです。

カーネルは以下のように構成されています。

・プロセス管理、ユーザ管理、時刻管理、メモリ管理などを行う本体部分
・コンパイル時に静的に本体にリンクされるカーネルモジュール
・コンパイル時には本体にリンクされず、システムの起動時や起動後、必要な時に動的にメモリに読み込まれて本体にリンクされるローダブルカーネルモジュール

図2-1-3 カーネルの構成

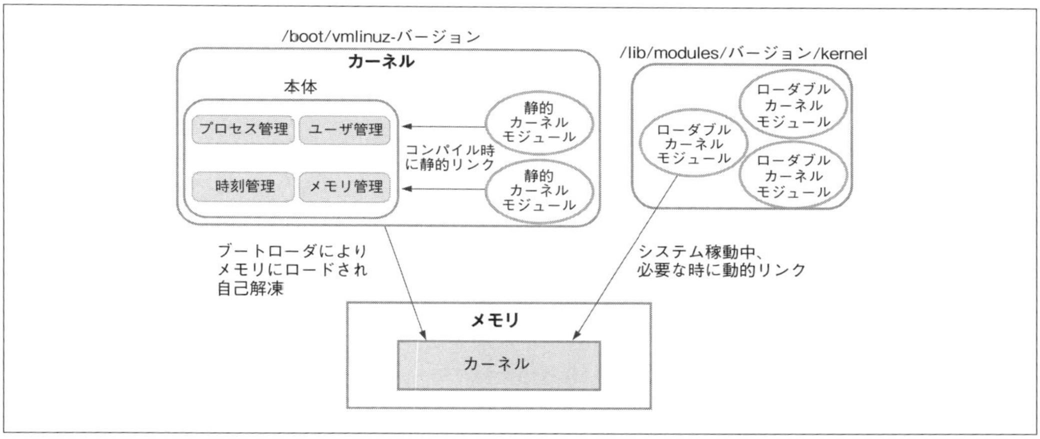

ローダブルカーネルモジュール(Loadable Kernel Module)は、動的にロード可能(loadable)という意味でこのような名前が付けられています。その省略形であるLKM、カーネルローダブルモジュール(Kernel Loadable Module)、その省略形であるKLM、または単にカーネルモジュールとも呼ばれます。

カーネルは**/boot**ディレクトリの下に、「**vmlinuz-バージョン**」というファイル名で置かれています。gzipで圧縮されたファイルです。

ローダブルカーネルモジュールは、**/lib/modules/バージョン/kernel**ディレクトリの下に種類ごとのサブディレクトリに分類されて置かれています。

ブートシーケンス中のカーネルの処理

ブートローダGRUB2によりメモリにロードされたカーネルは自己解凍の後、カーネル内の初期化処理を行い、メモリにロードされているinitramfsを解凍/展開して実行し、systemdの再実行を行います。

図2-1-4 **ブートシーケンス中のカーネルの処理**

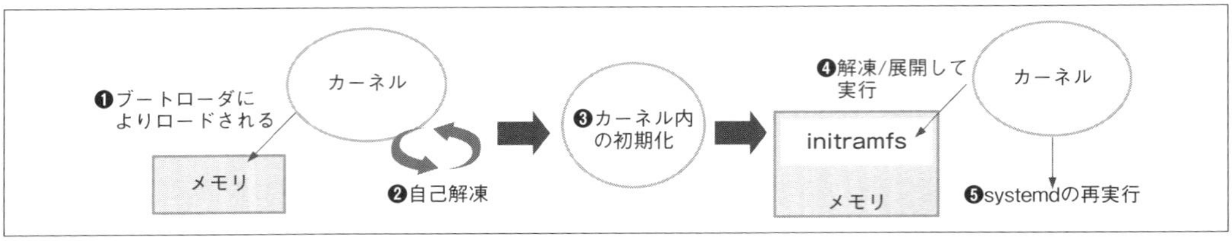

◯カーネル内の初期化処理

カーネルは起動時に以下のような自身の初期化処理を行います。

- ページング機構の初期化
- スケジューラの初期化
- 割り込みベクタテーブルの初期化
- タイマの初期化

◯initramfsの実行

initramfs(Initial RAM FS)は、ディスク内のルートファイルシステムをルートディレクトリ(/)にマウントするために、起動時にメモリにロードされる小さなルートファイルシステムです。

ディスク内に構築されたルートファイルシステムへアクセスするためのディスクのデバイスドライバやファイルシステムモジュールを含むディレクトリ構成として作成され、それをcpioでアーカイブし、gzipで圧縮したファイルです。ディストリビューションやバージョンによっては、**initrd**(Initial RAM Disk)とも呼ばれます。

initramfsは**/boot**ディレクトリの下に「**initramfs-バージョン**」(CentOS)、あるいは「**initrd.img-バージョン**」(Ubuntu)という名前で置かれています。

カーネルはinitramfsを利用して以下の手順を実行します。

❶メモリ上に展開されたinitramfsを一時的なルートファイルシステムとしてマウントする
❷initramfs内のinit(systemd)プログラムを起動し、各サービスによりディスク内の
　ルートファイルシステムをマウントする
❸ルートファイルシステムをinitramfsからディスク内のルートファイルシステムに
　切り替える

cpio、gzipについては、第6章(246ページ)を参照してください。

◯systemdの再実行

カーネルはディスク内のルートファイルシステムの**/sbin/init**プログラムを再実行します。

/sbin/initは/lib/systemd/systemdプログラムへのシンボリックリンクとなっているのでsystemdが再実行され、systemdは設定ファイルを参照して起動シーケンスを開始します。

systemd

systemdはカーネルが生成する最初のユーザプロセスです。プロセス番号は「1」が与えられます。

systemdは設定ファイルを参照して、以下のような起動シーケンスを開始し、**グラフィカルターゲット**(graphical.target)か**マルチユーザターゲット**(multi-user.target)までシステムを立ち上げます。どのターゲットまで立ち上げるかは、**デフォルトターゲット**(default.target)の設定で指定することができます。

グラフィカルターゲット(graphical.target)の場合は、グラフィカルなログイン画面が表示され、デスクトップ環境にログインできます。

マルチユーザターゲット(multi-user.target)の場合は、コマンドプロンプトが表示され、デスクトップ環境のないCUIの環境にログインできます。

ターゲット(target)は、どのようなサービスを提供するかなどのシステムの状態を定義します。systemdより以前にLinuxで広く採用されていたSysV initのランレベルに相当します。

graphical.targetやmulti-user.targetの他にも、システムのメンテナンスのためのレスキューターゲット(rescue.target)など、いくつものターゲットがあります。また、システムの停止や再起動のターゲットもあります。これについては後述します。

図2-1-5 systemdの起動シーケンス

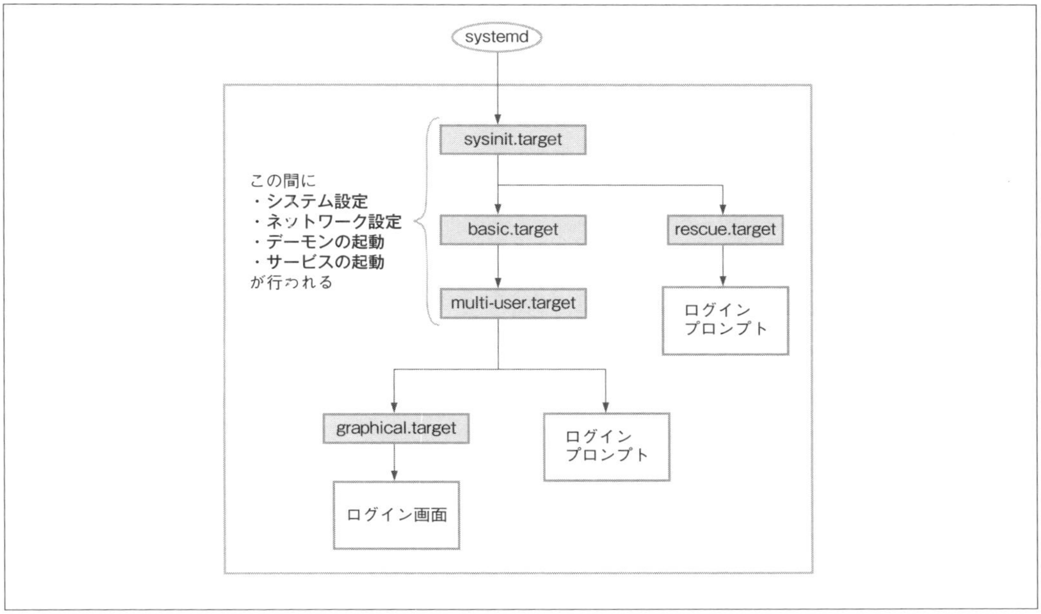

表2-1-3 主なターゲット

ターゲット	説明	SysV ランレベル
default.target	システム起動時のデフォルトのターゲット。システムはこのターゲットまで立ち上がる。通常はmulti-user.targetあるいはgraphical.targetへのシンボリックリンク	—
sysinit.target	システム起動時の初期段階のセットアップを行うターゲット	—
rescue.target	障害発生時やメンテナンス時に管理者が利用するターゲット。管理者はrootのパスワードを入力してログインし、メンテナンス作業を行う	1
basic.target	システム起動時の基本的なセットアップを行うターゲット	—
multi-user.target	テキストベースでのマルチユーザのセットアップを行うターゲット	3
graphical.target	グラフィカルログインをセットアップするターゲット	5

システムの立ち上げが完了した段階ではたくさんのプロセスが生成され、systemdはプロセス階層構造のルート（root）となります。

ランレベルは稼働時（ラン：run）のサービス提供の状態（レベル：level）を定義する用語として、SysV initで使われています。ランレベル0でシステム停止、ランレベル3でコンソールログイン（multi-user target）、ランレベル5（graphical target）でGUIログインなど、systemdのターゲットに相当します。

デフォルトターゲットの表示と設定

default.targetがどのターゲットに設定されているかの表示、またはdefault.targetの設定の変更は**systemctl**コマンドにより行います。

以下はsystemctlのサブコマンド**get-default**によるデフォルトターゲットの表示と、**set-default**による変更の例です。

デフォルトターゲットの表示と変更

```
# systemctl get-default   ←デフォルトターゲットを表示
graphical.target

# systemctl set-default multi-user.target   ←デフォルトターゲットをmulti-userに変更
rm '/etc/systemd/system/default.target'
ln -s '/usr/lib/systemd/system/multi-user.target' '/etc/systemd/system/
default.target'

# systemctl get-default   ←デフォルトターゲットを表示
multi-user.target
```

ブートローダGRUB2画面でのターゲットの指定

ブートローダのカーネルコマンドラインオプション**systemd.unit**によって、「**systemd.unit=multi-user.target**」のように指定することもできます。

あるいはカーネルコマンドラインの最後に「3」を付加することで、ランレベル3を指定することもできます。この場合は、default.targetのシンボリックリンクより優先します。

稼動状態でのターゲットの移行

現在稼動しているターゲットを別のターゲットに移行するのはsystemctlコマンドのサブコマンド**isolate**、あるいは**init**コマンドを実行します。

表2-1-4 ターゲットの移行

ターゲットの移行	systemctl isolateコマンド	initコマンド
graphical.targetへ移行	systemctl isolate graphical.target	init 5
multi-user.targetへ移行	systemctl isolate multi-user.target	init 3
rescue.targetへ移行	systemctl isolate rescue.target	init 1

ログイン

システムのブートシーケンスが完了すると、ログイン画面あるいはログインプロンプトが表示されます。ここで、ユーザ名とパスワードを入力してログインします。

以下に、レスキューターゲット、マルチユーザターゲット、グラフィカルターゲットで立ち上げた場合のそれぞれの画面表示例を示します。

以下は、CentOSでのレスキューターゲットのログイン画面です。

CentOSのレスキューターゲット (rescue.target)

```
Welcome to rescue mode! Type "systemctl default" or ^D to enter default mode.
The "journalctl -xb" to view system logs. Type "systemctl reboot" to reboot.
Give root password for maintenance
(or type Control-D to continue):  ←ここでrootのパスワードを入力
```

以下は、Ubuntuでのレスキューターゲットのログイン画面です。

Ubuntuのレスキューターゲット (rescue.target)

```
You are in rescue mode. After logging in, type "journalctl -xb" to view
system logs, "systemctl reboot" to reboot, "systemctl default" or "exit"
to boot into default mode.
Give root password for maintenance
(or type Control-D to continue):←ここでrootのパスワードを入力
                                   (事前にrootのパスワードを設定しておく)
```

Ubuntuのレスキューターゲットでの文字化けへの対処方法は、本章のコラム (99ページ) を参照してください。

上記の画面で、rootのパスワードを入力してログインします。

以下は、CentOSをマルチユーザターゲット (デスクトップ環境なし) で立ち上げた時の表示の例です。

CentOSのマルチユーザターゲット (multi-user.target)

```
CentOS Linux 7 (Core)
Kernel 3.10.0-862.3.2.el7.x86_64 on an x86_64
localhost login:  ←ここでログインユーザ名を入力
```

以下は、Ubuntuをマルチユーザターゲット（デスクトップ環境なし）で立ち上げた時の表示の例です。

Ubuntuのマルチユーザターゲット (multi-user.target)

```
Ubuntu 18.04.1 LTS localhost tty1
localhost login:  ←ここでログインユーザ名を入力
```

以下はCentOSまたはUbuntuをグラフィカルターゲットで立ち上げた時の、デフォルト設定での表示の例です（CentOSでもUbuntuでも同じ画面になります）。

図2-1-6 グラフィカルターゲット(graphical.target)

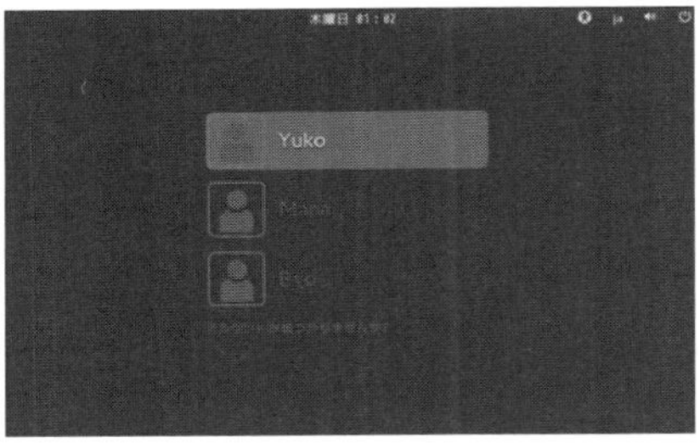

シェルでの操作

ログインすると、グラフィカルターゲットの場合はデスクトップ環境が表示されます。マルチユーザターゲットおよびレスキューターゲットの場合はシェルによるコマンドプロンプトが表示されます。

デスクトップ環境でLinuxコマンドを実行するには、**端末エミュレータ**を起動します。デスクトップ環境なしの場合は、そのままシェルのコマンドプロンプトに対してコマンドを入力します。

図2-1-7 デスクトップGNOMEの端末エミュレータ(CentOS)

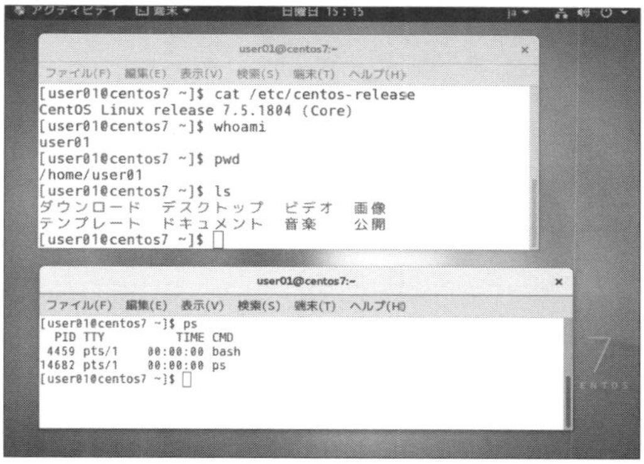

以下は、デスクトップ環境なしのログイン画面から、CentOSに「user01」でログインした例です。ログイン後に以下のコマンドを実行しています。

- **cat /etc/centos-release**：CentsOSのバージョンを表示
  （Ubuntuの場合は「cat /etc/issue」）
- **whoami**：ユーザ名を表示
- **pwd**：現在のディレクトリを表示

図2-1-8 CUIでの操作(デスクトップ環境なし)

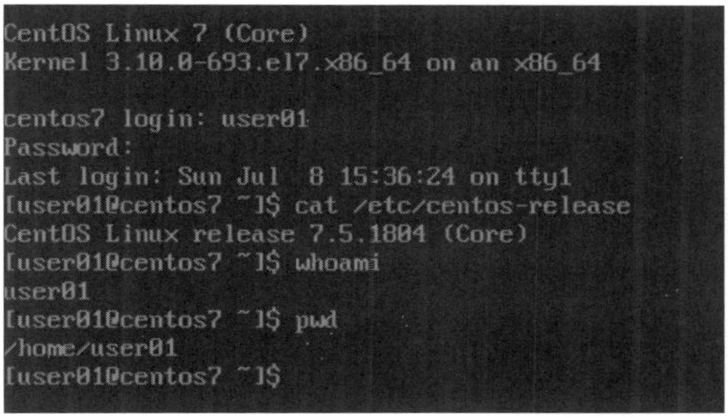

CentOS Linux 7 (Core)
Kernel 3.10.0-693.el7.x86_64 on an x86_64
centos7 login: user01
Password:
Last login: Sun Jul 8 15:36:24 on tty1
[user01@centos7 ~]$ cat /etc/centos-release
CentOS Linux release 7.5.1804 (Core)
[user01@centos7 ~]$ whoami
user01
[user01@centos7 ~]$ pwd
/home/user01
[user01@centos7 ~]$

2-2 シェルの使い方を理解する

シェルとは

シェルは、Linuxカーネルとユーザの仲立ちをするユーザインターフェイスです。ユーザが入力したコマンドを解釈し、カーネルへ実行を依頼し、その結果をユーザに返します。シェルは、ユーザの命令を1つずつ受け取り解釈することから、コマンドインタプリタとも呼ばれます。Linuxの標準シェルは**bash**ですが、他のシェルを使用することもできます。

図2-2-1 **カーネルとシェル**

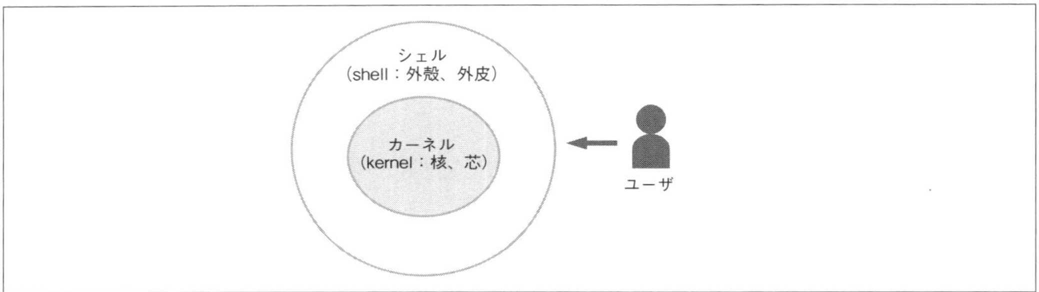

ユーザはシェルに表示されたコマンドプロンプトに対してコマンドを入力します。

以下の例ではbashシェルが表示するコマンドプロンプト「$」に対して、ユーザが現在のディレクトリの下にあるファイルの一覧を表示する**ls**コマンドを実行しています。lsコマンドの実行結果として、fileAとfileBの2つのファイルの名前が表示されています。

図2-2-2 **シェルとコマンドの関係**

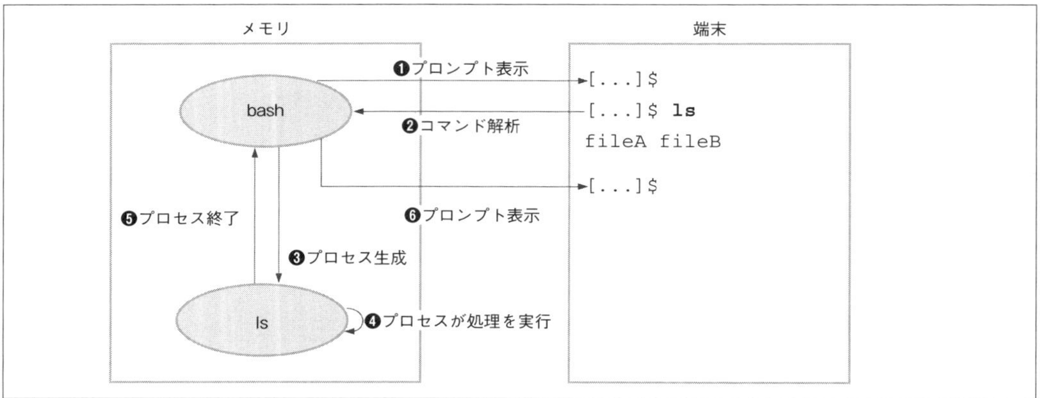

組み込みコマンドと外部コマンド

コマンドプロンプトに対して入力するコマンドには、**組み込みコマンド**と**外部コマンド**の2種類があります。

◇組み込みコマンド

シェルの内部に組み込まれているコマンドです。cd、echoなどは組み込みコマンドです。

◇外部コマンド

シェル内部ではなく、/usr/bin、/usr/sbinなどのディレクトリに置かれているコマンドです。ls、catなど、ほとんどのコマンドは外部コマンドです。

図2-2-3 組み込みコマンドと外部コマンド

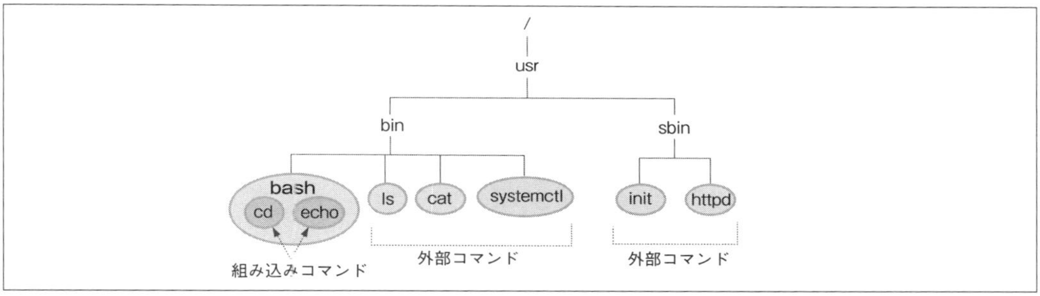

シェルは外部コマンドを、シェルの**環境変数PATH**に登録されたディレクトリの下を探して実行します。組み込みコマンドはシェルの内部にあるコマンドなので環境変数PATHを参照せずに実行します。PATHは以下のように設定されています(以下の例では、/usr/binと/usr/sbinディレクトリが登録されています)。

```
PATH=/usr/bin:/usr/sbin
```

このため、登録されていないディレクトリに置かれたコマンドを実行しようとしても、「コマンドが見つかりませんでした」(日本語表示の場合)、あるいは「command not found」(英語表示の場合)のエラーとなって実行できません。ただし、コマンドを絶対パスあるいは「./」で始まる相対パスで指定すれば実行できます。

シェル変数と環境変数

シェルには外部コマンドの置かれたディレクトリを示すPATH変数や、言語環境が日本語か英語かを示すLANG変数など、環境を調整する項目ごとに変数があります。ユーザが値を代入するとシェルはその値に従って環境を調整します。

シェルが扱う変数には、**シェル変数**と**環境変数**の2種類があります。

◇シェル変数

設定されたシェルだけが使用する変数です。子プロセスには引き継がれません。

◇環境変数

設定されたシェルとそのシェルで起動したプログラムが使用する変数です。子プロセスに引き継がれます。シェル変数をエクスポート宣言することで作成します。

エクスポート宣言は、具体的には**export**コマンドの引数に変数を指定します。その結果、子プロセスにも引き継がれる環境変数として設定されます。環境変数は子プロセスとして起動したアプリケーションに引き継がれるので、アプリケーションから利用できます。

以下の図は、bashのプロンプトに対してdateを入力することで、bashからdateコマンドを実行した例です。bashの環境変数PATHとLANGは子プロセスのdateコマンドに引き継がれますが、環境変数でなくシェル変数のPS1は引き継がれません。

図2-2-4 シェル変数と環境変数

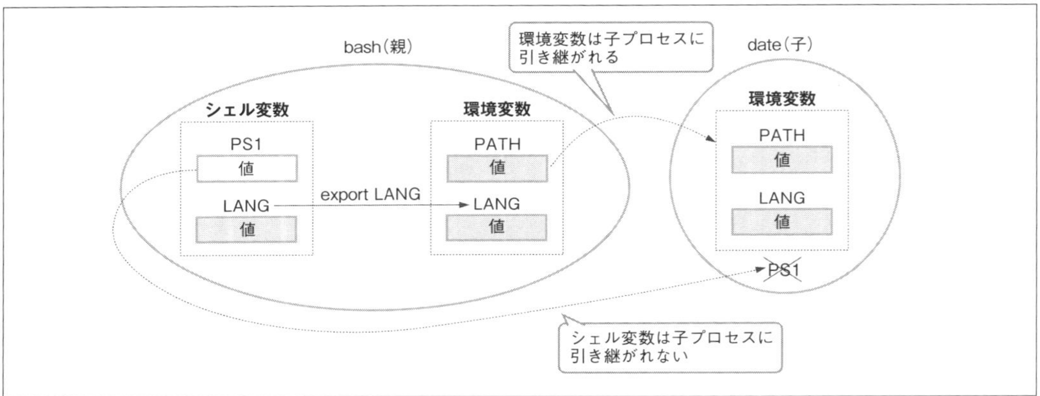

環境変数はシェル変数をエクスポートして作成するため、あらかじめ提供されている変数は重複しているものが多数あります。以下に主なシェル変数を掲載します。

表2-2-1 主なシェル変数

変数名	説明
PATH	コマンド検索パス
HOME	ユーザのホームディレクトリ
PS1	プロンプトを定義
LANG	言語情報

シェル変数の値を定義するには、「**シェル変数名=値**」とします。値の参照は、「**$シェル変数名**」または「**${シェル変数名}**)」とします。シェル変数の削除には**unset**コマンドを使用します。

以下は、環境変数LANGの値により、言語環境(日本語/英語)を切り替える例です。

変数の設定、削除

```
# echo $LANG    ←値の表示(LANG変数の表示)
ja_JP.UTF-8
```

```
# date   ←現在の言語は「ja_JP.UTF-8」であるため、dateコマンドを実行すると日本語で表示される
2018年 9月 2日 日曜日 19:23:27 JST
# unset LANG  ←LANG変数の削除
# echo $LANG
                    ←LANG変数に値が設定されていない
# date   ←英語で表示される
Sun Sep  2 19:23:44 JST 2018
# LANG=ja_JP.UTF-8   ←LANG変数に値を設定
# export LANG  ←exportコマンドにより環境変数に設定
# echo $LANG
ja_JP.UTF-8   ←LANG変数に値が設定されている
#  date
2018年 9月 2日 日曜日 19:24:55 JST
```

現在のシェルで定義されているシェル変数の一覧を表示するには、**set**コマンドを引数なしで実行します。環境変数を表示する場合は、**env**コマンドあるいは**printenv**コマンドを使用します。

環境変数の一覧の表示

```
# export LINUX="CentOS7"   ←環境変数の設定
# env
…（途中省略）…
USER=yuko
LINUX=CentOS7  ←設定した環境変数が表示される
…（以下省略）…
```

また、bashではシェル変数PS1はコマンドプロンプトとして定義されています。PS1のデフォルト値は「**'\s-\v\$ '**」です。この値「 '\s-'\v'\$ '」の場合は下記の表にある通り、「'\s」はシェルの名前である「bash」に、「'\v」はバージョン「4.2」に置き換わり、プロンプトは「bash-4.2 $ 」と表示されます。

PS1の値の中の文字「$」は一般ユーザの場合はそのまま「$」として、root（システム管理者）の場合は「#」として表示されます。

表2-2-2 プロンプト定義で使える主な表記

表記	説明
\s	シェルの名前
\v	bashのバージョン
\u	ユーザ名
\h	ホスト名のうちの最初の「.」まで
\w	現在の作業ディレクトリ

コマンドプロンプトPS1の定義はカスタマイズできます。第3章（108ページ）を参照してください。

2-3

systemctlコマンドでサービスを管理する

サービスの管理の仕組み

システム起動時のシステムの設定やサービスの管理はsystemdが行います。

システム起動が完了した後は、**systemctl**コマンドによりD-Bus(Desktop Bus)を介してsystemdにメッセージを送信することでサービスの起動(start)や停止(stop)などの管理を行います。

D-Busはメッセージバスであり、複数のプロセス間通信を並列に処理することができます。D-Busはsystemdによる通信の他に、デスクトップアプリケーション間の通信でも使用されています。

CentOSの場合は、設定ファイルは**/usr/lib/systemd/system**ディレクトリと**/etc/systemd/system**ディレクトリに置かれています(CentOSの場合、/libは/usr/libのシンボリックリンクです。したがって、/lib/systemd/systemとしてもアクセスできます)。

Ubuntuの場合は、設定ファイルは**/lib/systemd/system**ディレクトリと**/etc/systemd/system**ディレクトリに置かれています。/lib/systemd/systemディレクトリ以下のファイルはインストール時に設定されます。

systemctlコマンドの実行により、ユニット(次項を参照)の表示や設定の変更ができます。設定の変更を行った場合は/etc/systemd/systemディレクトリ以下のファイルに反映します。また、/etc/systemd/systemが/lib/systemd/systemより優先して参照されます。

図2-3-1 systemdによるサービス管理の仕組み

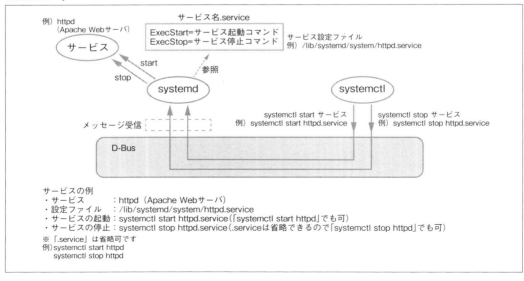

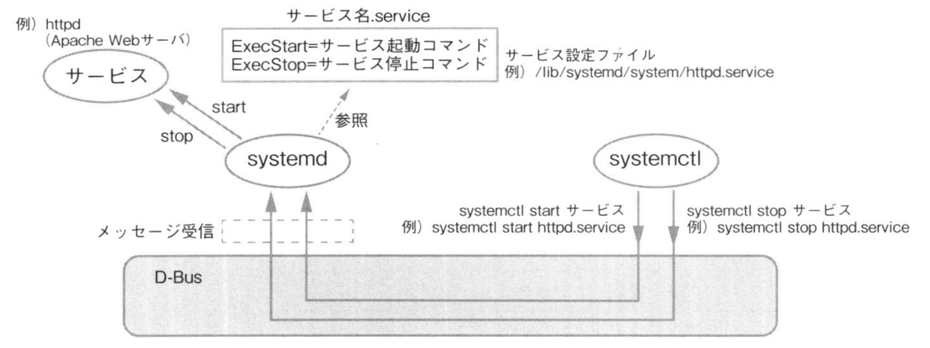

サービスの例
- サービス　　　：httpd (Apache Webサーバ)
- 設定ファイル　：/lib/systemd/system/httpd.service
- サービスの起動：systemctl start httpd.service(「systemctl start httpd」でも可)
- サービスの停止：systemctl stop httpd.service(.serviceは省略できるので「systemctl stop httpd」でも可)

※「.service」は省略可です
例)systemctl start httpd
　　systemctl stop httpd

systemctlコマンドによるサービスの管理

systemdは**ユニット**(unit)によってシステムを管理します。ユニットには12のタイプがあり、**サービス**(service)もユニットのタイプの1つです。その他のタイプには、複数のユニットのグループである前項で解説した**ターゲット**(target)や、ストレージデバイスの**マウント**(mount)などがあります。

マウントについては第7章(309ページ)を参照してください。

systemdの主なユニットは以下の通りです。

表2-3-1 systemdの主なユニット

ユニット	説明
service	デーモンの起動と停止
socket	サービス起動のためのソケットからの受信
device	サービス起動のためのデバイス検知
mount	ファイルシステムのマウント
automount	ファイルシステムのオートマウント
swap	スワップ領域の設定
target	ユニットのグループ

ソケットはプロセス同士が通信するための仕組みの1つです。スワップ領域については第7章(314ページ)を参照してください。

以下は、サービスやターゲットなど、アクティブなユニットを全て表示する例です。

アクティブなユニットを全て表示する

```
# systemctl    ←「systemctl list-units」コマンドと同じ
  UNIT                                LOAD   ACTIVE SUB      DESCRIPTION
 …（途中省略）…
  basic.target                        loaded active active   Basic System
  cryptsetup.target                   loaded active active   Encrypted Volumes
  getty.target                        loaded active active   Login Prompts
  graphical.target                    loaded active active   Graphical Interface
 …（途中省略）…
  sshd.service                        loaded active running  OpenSSH server
daemon
  sysstat.service                     loaded active exited   Resets System
Activity Logs
  systemd-journal-flush.service       loaded active exited   Flush Journal to
Persistent Storage
  systemd-journald.service            loaded active running  Journal Service
  systemd-logind.service              loaded active running  Login Service
 …（途中省略）…
```

```
LOAD   = Reflects whether the unit definition was properly loaded.
ACTIVE = The high-level unit activation state, i.e. generalization of SUB.
SUB    = The low-level unit activation state, values depend on unit type.

146 loaded units listed. Pass --all to see loaded but inactive units, too.
To show all installed unit files use 'systemctl list-unit-files'.
```

サービスの起動、停止、状態の表示は**systemctl**コマンドのサブコマンドを指定して行います。

サービスの起動、停止、状態の表示

systemctl {サブコマンド} [サービス]

主なサブコマンドは以下の通りです。

表2-3-2 systemctlの主なサブコマンド

サブコマンド	説明
start	ユニットを開始（アクティブ化）する
restart	ユニットをリスタートする
stop	ユニットを停止（非アクティブ化）する
status	ユニットの状態を表示する
enable	ユニットをenableにする。これによりシステム起動時にユニットは自動的に開始する
disable	ユニットをdisableにする。これによりシステム起動時にユニットは自動的に開始しない
isolate	ユニットおよび依存するユニットを開始し、他のユニットは全て停止する （稼動中のターゲットを変更する場合に使用）
list-units	アクティブな全てのユニットを表示する（サブコマンド省略時のデフォルト）

systemctlコマンドで管理する主なサービスは以下の通りです。

表2-3-3 systemctlの主なサービス

サービス	説明
udisks2	ディスクの自動マウントサービス
gdm	GDM ディスプレイマネージャ
lightdm	LightDMディスプレイマネージャ
NetworkManager	NetworkManagerサービス
sshd	SSHサービス
postfix	Postfixメールサービス
httpd	HTTP Webサービス

以下は、httpd（Apache Webサーバ）サービスの起動、停止などを管理する例です。NetworkManager、sshd、postfixなど、他のサービスについても同じ手順で管理できます。

httpd.serviceの状態表示、起動、停止

```
# systemctl status httpd.service   ←httpdサービスの状態を表示
httpd.service - The Apache HTTP Server
   Loaded: loaded (/usr/lib/systemd/system/httpd.service; disabled)  ←❶
   Active: inactive (dead)  ←❷
............

# systemctl start httpd.service   ←httpdサービスをスタート
# systemctl status httpd.service
httpd.service - The Apache HTTP Server
   Loaded: loaded (/usr/lib/systemd/system/httpd.service; disabled)  ←❸
   Active: active (running) since 水 2016-04-22 19:35:27 JST; 4s ago  ←❹
 Main PID: 30454 (httpd)
   Status: "Processing requests..."
   CGroup: /system.slice/httpd.service
           ├─30454 /usr/sbin/httpd -DFOREGROUND
           ├─30455 /usr/sbin/httpd -DFOREGROUND
           ├─30456 /usr/sbin/httpd -DFOREGROUND
           ├─30457 /usr/sbin/httpd -DFOREGROUND
           ├─30458 /usr/sbin/httpd -DFOREGROUND
           └─30459 /usr/sbin/httpd -DFOREGROUND
..................

# systemctl enable httpd.service   ←enable(有効)に設定
ln -s '/usr/lib/systemd/system/httpd.service' '/etc/systemd/system/multi-
user.target.wants/httpd.service'
↑❺

# systemctl status httpd.service
httpd.service - The Apache HTTP Server
   Loaded: loaded (/usr/lib/systemd/system/httpd.service; enabled)  ←❻
   Active: active (running) since 水 2016-04-22 19:35:27 JST; 1min 10s ago
....................
```

❶disabledになっている
❷inactive(プロセスは起動していない)
❸disabledになっている
❹active(プロセスは起動)
❺multi-user.target.wantsディレクトリの下にhttpd.serviceへのシンボリックリンクが作成され、ターゲットのmulti-user.targetがhttpd.serviceを必要とする(依存する)設定になる
❻enabledになっている

サービス設定ファイルとオプション

サービス設定ファイルは、**/usr/lib/systemd/system**ディレクトリの下に「**サービス名.service**」のファイル名で置かれています。

サービス設定ファイルのオプションにより、起動するサーバプログラムや停止のためのコマンドを指定します。

表2-3-4 サービス設定ファイルの主なオプション

オプション	説明
ExecStart	起動するプログラムを必要な引数を付けて絶対パスで指定 ・httpd.serviceの例) ExecStart=/usr/sbin/httpd $OPTIONS -DFOREGROUND
ExecReload	設定ファイルの再読み込みをするコマンドを必要な引数を付けて絶対パスで指定 ・httpd.serviceの例) ExecReload=/usr/sbin/httpd $OPTIONS -k graceful
ExecStop	ExecStart=で指定したプログラムを停止するコマンドを必要な引数を付けて絶対パスで指定 ・httpd.serviceの例) ExecStop=/bin/kill -WINCH ${MAINPID}

httpd.serviceの設定ファイル(抜粋)

```
# cat /lib/systemd/system/httpd.service
[Service]
ExecStart=/usr/sbin/httpd $OPTIONS -DFOREGROUND
ExecReload=/usr/sbin/httpd $OPTIONS -k graceful
ExecStop=/bin/kill -WINCH ${MAINPID}

[Install]
WantedBy=multi-user.target
```

「WantedBy=multi-user.target」の指定により、httpd.targetをenableにすると/etc/systemd/system/multi-user.target.wants/ディレクトリの下にhttpd.serviceへのシンボリックリンクが作成されます。disableにするとシンボリックリンクは削除されます。

systemctlコマンドでは設定を変更できない重要なサービス

systemdはシステム立ち上げの初期段階で、sysinit.targetより前に**systemd-journald.service**と**systemd-udevd.service**の2つのサービスを開始します。また、multi-user.targetより前に**systemd-logind.service**を開始します。

sysinit.targetとmulti-user.targetの実行タイミングについては、本章の「systemd」(77ページ)を参照してください。

この3つのサービスはSTATEがstaticに設定され、systemctlコマンドによるenable(有効)およびdisable(無効)の設定はできません。

journald、udevd、logindの稼動を確認

```
# ps -ef |grep -e journald -e udevd -e logind
root       458     1  0 04:13 ?        00:00:00 /usr/lib/systemd/systemd-journald
root       491     1  0 04:13 ?        00:00:00 /usr/lib/systemd/systemd-udevd
root       632     1  0 04:13 ?        00:00:00 /usr/lib/systemd/systemd-logind
```

systemd-journald.serviceについては第6章(266ページ)を参照してください。

systemd-udevdサービス

systemd-udevd.serviceは、デバイスにアクセスするための**/dev**ディレクトリの下のデバイスファイルを動的に作成、削除するサービスです。

カーネルはシステム起動時あるいは稼動中に、接続あるいは切断を検知したデバイスを**/sys**ディレクトリの下のデバイス情報に反映させ、ueventメッセージをsystemd-udevdデーモンに送ります。

systemd-udevdデーモンはueventを受け取ると/sysディレクトリの下のデバイス情報を取得し、**/etc/udev/rules.d**と**/lib/udev/rules.d**ディレクトリの下の「**.rules**」ファイルに記述されたデバイス作成ルールに従って、/devディレクトリの下のデバイスファイルを作成あるいは削除します。

この仕組みにより、管理者はデバイスファイル作成や削除を手作業で行う必要がありません。

> システム上で常時稼働を続け、クライアントへのサービスやシステム管理のためのサービスを提供するプログラムを「デーモン」(daemon)と呼びます。デーモンにはhttpdやsshdのようにクライアントにサービスを提供する、サーバと呼ばれるデーモンと、udevdのようにシステム管理のためのサービスを提供するデーモンがあります。多くのデーモンはプログラム名の末尾にデーモンを意味する「d」が付いています。

図2-3-2 udevdデーモンによるデバイスファイルの作成と削除

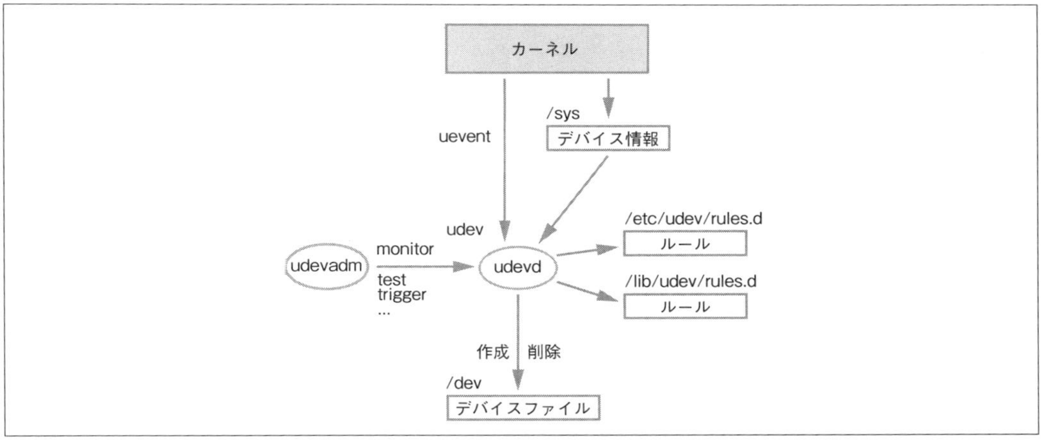

◇/lib/udev/rules.dディレクトリ

デフォルトのUDEVルールを記述したファイルが配置されています。ルールをカスタマイズする場合はこのディレクトリの下のファイルではなく、/etc/udev/rules.dディレクトリの下のファイルを編集します。

◇/etc/udev/rules.dディレクトリ

カスタマイズされたUDEVルールを記述したファイルが配置されます。管理者がUDEVルールをカスタマイズする場合は、このディレクトリの下のファイルを編集します。

systemd-logindサービス

systemd-logind.serviceはユーザのログインを管理するサービスです。ユーザセッションの追跡およびセッションで生成されるプロセスの追跡、シャットダウン/スリープ操作に対する**PolicyKit**ベースでの認可、デバイスへのアクセスに対する認可などを行います。PolicyKitはGNOMEなどのグラフィカル環境での操作に対して、/etc/polkit-1/rules.d/と/usr/share/polkit-1/rules.d/の下のルールファイルで定義されたルールを元に認可を行うサービスです。PolicyKitのサービス(polkit.service)はpolkitdデーモンによって提供されます。

以下は、ディスプレイマネージャがgdmの場合のログインシーケンスの概略図です。gdmはsystemd-logindデーモンを参照し、systemd-logindデーモンはpolkit.service(PolicyKitサービス)から起動されるpolkitdデーモンをD-Busを介して参照します。

図2-3-3 gdmからのログイン概略図

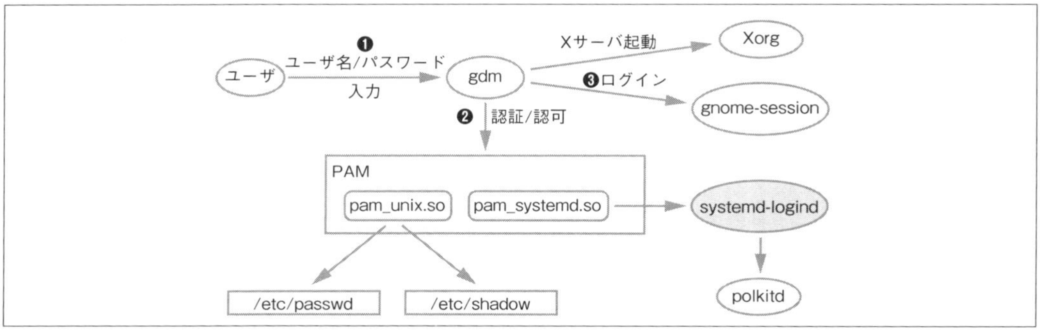

lightdmなど、他のディスプレイマネージャの場合も類似したシーケンスとなります。

以下は、マルチユーザーモード(multi-user.target)で起動した場合に仮想端末(例:/dev/tty1)からログインするシーケンスです。従来からあるagetty、loginなどのプログラムを使用するので、このシーケンスの中ではsystemd-logindサービスは直接には参照されませんが、systemd-logindデーモンはカーネルの擬似ファイルシステム/sysを監視してユーザセッションの追跡およびセッションで生成されるプロセスの追跡を行います。なお、multi-user.targetの場合はpolkit.serviceは停止します。

図2-3-4 仮想端末からのログイン

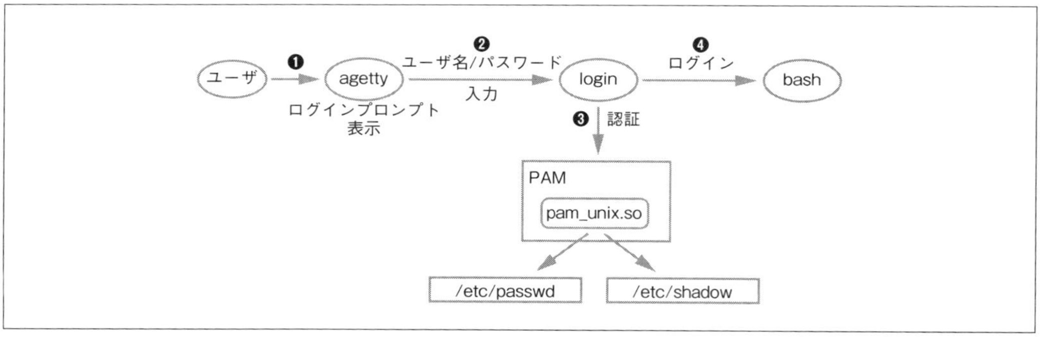

2-4

システムの再起動と停止を行う

設定とサービスをグループ化したターゲット

ファイルシステムのマウント、ネットワークの起動、デスクトップ環境の起動、Webサービスの起動など、システム設定やサービスの管理をグループ化して定義したものが**ターゲット**です。

システムの再起動や停止もターゲットの1つです。

表2-4-1 再起動と停止のターゲット

ターゲット	説明	SysV ランレベル
halt.target	停止	—
poweroff.target	電源オフ	0
reboot.target	再起動	6

ターゲットの変更により再起動と停止を行う

システムの再起動や停止などのターゲットの変更は、**systemctl**コマンドにより行います。

引数にサブコマンドとターゲットを指定する方法と、サブコマンドのみを指定する方法があります。また、systemdより以前に採用されていた「SysV init」の互換コマンドinit、halt、poweroff、rebootも使用できます。

表2-4-2 systemctlコマンドによる停止と再起動

操作	コマンド（ターゲットを指定）	コマンド（サブコマンドのみ）	SysV init 互換コマンド
停止	systemctl isolate halt.target	systemctl halt	halt
電源オフ	systemctl isolate poweroff.target	systemctl poweroff	poweroff、init 0
再起動	systemctl isolate reboot.target	systemctl reboot	reboot、init 6

上記のsystemctlコマンドを実行すると、systemctlはD-Busを介してsystemdにメッセージ「halt」「poweroff」「reboot」を送信します。メッセージを受信したsystemdは並列に各ユニットの停止処理を行い、その中で依存関係にあるユニットについては起動時と逆の順に停止します。

図2-4-1 systemctlコマンドによる停止処理の流れ

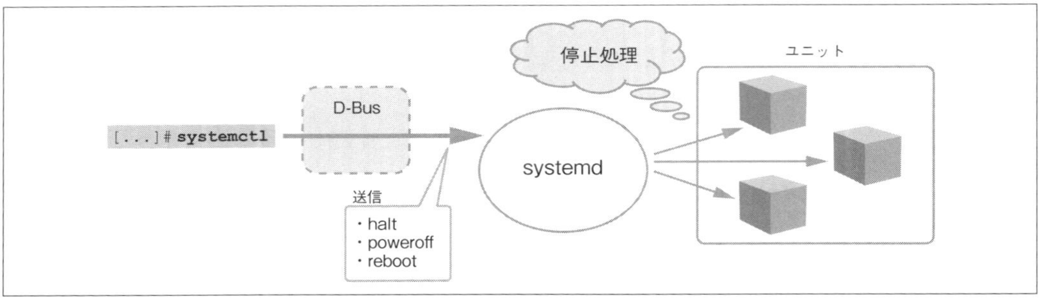

systemctlコマンドによる停止、電源オフ、再起動

```
# systemctl halt     ←停止
# systemctl poweroff   ←電源オフ
# systemctl reboot    ←再起動
```

systemctlコマンドの他に、initコマンドなどの「SysV init」で提供されていた停止や再起動を管理するコマンドも、systemdの環境下で同じように利用することができます。

initコマンド

initコマンドは以下に紹介する他の停止/再起動コマンドと異なり、systemdへのシンボリックリンクです。D-Busを介することなく、直接にsystemdを実行します。

コマンド名が「init」として起動され、かつPIDが「1」でない場合は、initのシンボリックリンク先であるsystemdは、systemctlコマンドを「init 引数」として実行します。引数にランレベル「0」を指定することで電源オフ、「6」を指定することで再起動ができます。

initコマンドによる電源オフと再起動

```
# init 0  ←電源オフ
# init 6  ←再起動
```

init以外のSysV init互換コマンド

systemdデーモンへのシンボリックリンクであるinit以外、表2-4-3のコマンドは全て/bin/systemctlコマンドへのシンボリックリンクとなっています。

シンボリックリンク先のsystemctlが呼び出されると、systemctlは呼び出されたコマンド名を判定して処理を行います。

表2-4-3 init以外のSysV init互換ランレベル管理コマンド

コマンド	説明
shutdown	マシンの停止。電源オフ、再起動を行う
telinit	ランレベルの変更を行う
halt	マシンの停止を行う

poweroff	マシンの電源オフを行う
reboot	マシンの再起動を行う
runlevel	1つ前と現在の稼動ランレベルを表示する

マシンの電源オフ

shutdownコマンドで、マシンの電源オフを行うことができます。

マシンの電源オフ
shutdown [オプション] [停止時間] [wallメッセージ]

「-r」オプションを指定すると、再起動させることができます。

停止時間は「hh:mm」による24時間形式での「時：分」の指定、「+m」による現在時刻からの分単位での指定、「now」あるいは「+0」による即時停止の指定ができます。停止時間を指定しなかった場合のデフォルトは1分後となります。

- **例① 10分後に停止**：shutdow +10
- **例② 即時停止**：shutdown +0 または shutdown now
- **例③ 1分後に停止**：shutdown または shutdown +1

停止時間を指定した場合はsystemd-shutdowndデーモンが起動し、システム停止のスケジュールを行います。5分後以内のshutdownがスケジュールされると自動的に**/run/nologin**ファイルが作成され、root以外のログインはできなくなります。

ログインしているユーザ全員に送るwallメッセージを指定することもできます。メッセージを指定しなかった場合は、デフォルトのメッセージが送られます。

表2-4-4 shutdownコマンドのオプション

オプション	説明
-H、--halt	マシンの停止
-P、--poweroff	マシンの電源オフ（デフォルト）
-r、--reboot	マシンのリブート
-h	--haltが指定された時以外は、--poweroffと同じ
-k	halt、poweroff、rebootは実行せず、wallメッセージのみを送信
--no-wall	halt、poweroff、rebootの実行前にwallメッセージを送信しない
-c	シャットダウンのキャンセル

以下の例では、1分後に電源オフする旨のメッセージが表示されます。コマンド実行時刻と停止時刻の間隔を秒単位で確認するため、dateコマンドとshutdownコマンドを連続実行しています。

1分後にマシンを電源オフ

```
# date; shutdown  ←dateで時刻を確認し、1分後にshutdownでシャットダウンされる
2018年  9月 2日 日曜日 18:11:24 JST
Shutdown scheduled for 日 2018-09-02 18:12:24 JST, use 'shutdown -c' to cancel.
Broadcast message from root@centos.localdomain (Sun 2018-09-02 18:11:24 JST):
The system is going down for power-off at Sun 2018-09-02 18:12:24 JST!
```

以下の例では、即時停止のためメッセージは表示されず、直ちに停止し、電源オフとなります。

即時にマシンを電源オフ(CentOS)

```
# shutdown now
```

複数のコマンドを連続して実行する場合は、「date; shutdown」のようにコマンドを「;」(セミコロン)で連結して記述します。

マシンの停止と再起動

haltコマンドはマシンの停止、**poweroff**コマンドは電源オフ、**reboot**コマンドは再起動をそれぞれ行います。

マシンの停止

halt [オプション]

電源オフ

poweroff [オプション]

再起動

reboot [オプション]

表2-4-5 halt、poweroff、rebootコマンドのオプション

オプション	説明
--halt	halt、poweroff、rebootのいずれの場合も停止
-p、--poweroff	halt、poweroff、rebootのいずれの場合も電源オフ
--reboot	halt、poweroff、rebootのいずれの場合もリブート
-f、--force	systemdを呼び出すことなく、直ちに実行

halt、poweroff、rebootコマンドでは「-f」オプションが提供されています。このオプションを使用した場合、syncの実行によりファイルシステムの整合性は保たれますがsystemdによる停止シーケンスが実行されないため、一部のデータが失われる危険性があります。通常は使用を避けるべきオプションですが、各サービスの終了を待たずに直ちにシステムを停止したい

場合などに使用します。

sync(synchronize：同期を取る)はメモリに保持されているファイルシステムデータのキャッシュをディスクに書き出すシステムコールです。syncシステムコールを実行するsyncコマンドも提供されています。

sync後、systemdを呼び出すことなく直ちにリブート

```
# reboot -f
Rebooting.
```

sync後、systemdを呼び出すことなく直ちに停止

```
# halt -f
Halting.
```

sync後、systemdを呼び出すことなく直ちに電源オフ

```
# halt -fp
Powering off.
```

ランレベルの表示と移行

runlevelコマンドは、1つ前と現在の稼働ランレベルを表示します。

1つ前と現在の稼動ランレベルを表示

```
# runlevel
3 5
```

上記の表示では、現在の稼動ランレベルは「5」であり、その前が「3」であることがわかります。

telinitコマンドは、引数にSysVランレベルを指定し、指定したランレベルに移行するコマンドです。互換性のためだけに残されているコマンドです。

SysVランレベルの変更

telinit [オプション] ランレベル

ランレベル0を指定して、システム停止

```
# telinit 0
```

Column

起動時エラーの原因と対策

電源投入後、システムの起動が完了してログインするまでにエラーが発生して途中で止まったり、ログインができなくなることがあります。このような時はブートシーケンスのどの段階でエラーとなったのか、また、その症状がどのようなものかを把握して対応策を講じます。本章の「2-1 ブートシーケンスを理解する」（68ページ）で解説したブートシーケンスをよく理解しておくと対処しやすくなります。

ここでは、発生する可能性の高いエラーとその対策を解説します。

GRUBの起動メニューが表示される前にエラーが表示される（EFI起動）

PCに電源を入れた後、GRUBの起動画面が表示される前に以下のようなメッセージが表示されて止まってしまう場合があります。

エラーメッセージ

```
Secure Boot Violation
---------------------
Invalid signature detected. Check Secure
Boot Policy in Setup
```

EFIにはセキュアブート（Secure Boot）の機能があります。

EFIでSecure Bootをenableに設定し、Secure Boot非対応のブートローダ（EFIに組み込まれた秘密鍵とペアの公開鍵によって署名された証明書が組み込まれていないブートローダ）を起動しようとすると上記のようなエラーメッセージが表示されて起動できません。

GRUB2のブートローダshim.efiにはMicrosoft UEFI Signing Serviceによって署名された証明書が組み込まれており、セキュアブートに対応しています。

ハードディスクにインストールしたLinuxや、DVD/CD-ROMのLinuxインストーラのブートローダがセキュアブート非対応の場合は、EFIのセットアップ画面（ほとんどのPCでは電源投入時に[F2]キーを押すと表示される）でSecure Bootをdisableに設定することでエラーの発生を回避できます。

ブートローダなどの起動プログラムに特別なセキュリティが要求されるようなシステムでなければ、セキュアブート機能を無効に設定して問題ありません。

Ubuntuの起動時にGRUBメニューを表示する

Ubuntuの場合、デフォルトの設定では起動時にGRUBメニューが表示されません。

表示するには、/etc/default/grubファイルを編集した後、update-grubコマンドを実行します。これにより/boot/grub/grub.cfgファイルの内容が更新され、GRUBメニューが表示されるようになります。

/etc/default/grubファイルの編集例（編集行のみ抜粋）

```
$ sudo vi /etc/default/grub
#GRUB_HIDDEN_TIMEOUT=0   ←行頭に#を付けてコメント行にする
GRUB_HIDDEN_TIMEOUT_QUIET=false   ←trueをfalseに変更
$ sudo update-grub
```

この後、Ubuntuを再起動すると以下のようにGRUBメニュー画面が表示されます。

GRUBメニュー画面

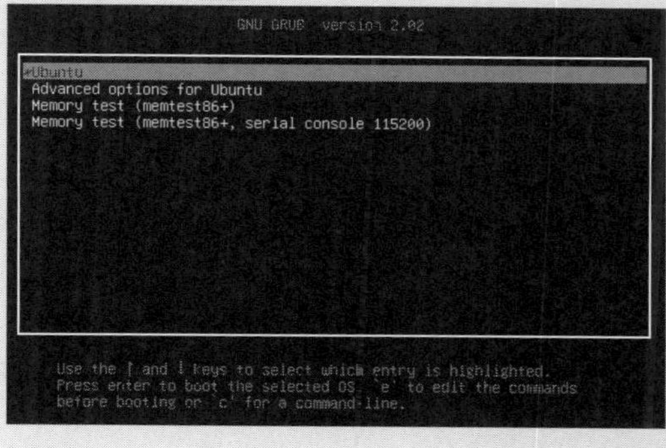

ここで[e]キーを入力して編集モードに入り、「linux」で始まるカーネル行の最後にターゲットを指定して立ち上げることができます。

なお、ターゲットをRescueモードに指定して立ち上げた場合はプロンプトが文字化けします。これは以下のように表示言語を「C」に指定することで、文字化けを回避できます。

起動時のGRUBメニューを編集

```
linux /boot/vmlinuz-4.15.0-20-generic
…（途中省略）…
$vt_handoff systemd.unit=rescue.target locale.LANGUAGE=C
```

キーマップが英語キーボードの場合、「=」は日本語キーボードでは「^」キーになります。

GRUBの起動メニューが表示された後にエラーが表示される

GRUBの起動メニュー画面が表示された後、GRUBによるカーネル(vmlinuz)とinitramfsのディスクからメモリへのロードが行われます。この2つのファイルのファイル名に誤りがあったり、GRUB設定ファイルgrub.cfgの中のファイル名の記述に誤りがあった場合は、以下のようなエラーが表示されて起動シーケンスが途中で止まってしまいます。

このようなトラブルは、カーネルやinitramfsを新規に作成した時などに起こることがあります。

エラーメッセージ

```
error: file "/vmlinux-...(以下省略)..." not found
error: you need to load the kernel first.

Press any key to continue…   ←ここで何かキーを押して起動メニュー画面に戻る
```

元の正常なファイルのファイル名を覚えている場合は、以下の手順を実行してカーネル記述行を修正します。

❶ [e] キーを押して編集モードに入る
❷CentOSの場合:[↓] キーを押して「linux16」または「linuxefi」コマンドで始まるカーネル記述行に移動
　Ubuntuの場合:[↓] キーを押して「linux」コマンドで始まるカーネル記述行に移動
❸ [→] キーを押して修正する箇所に移動し、カーネルファイル名を修正する

CentOSでの③のカーネルファイル名の修正は、以下のように行います。

- **BIOS起動時**:linux16 /vmlinuz-3.10.0-862.3.2.el7.x86_64 root= ...(以下省略)...
- **EFI起動時**　:linuxefi /vmlinuz-3.10.0-862.3.2.el7.x86_64 root= ...(以下省略)...

Ubuntuの場合は以下のように行います。

- linux /boot/vmlinuz-4.15.0-33-generic root= ...(以下省略)...

カーネルファイルの修正後に、[Ctrl] + [x] キーを押してシステムを再起動します。

カーネルファイル名がわからない場合は、[Ctrl] + [c] キーを押してGRUBのコマンドプロンプトを表示させてから、以下のようにlsコマンドでファイル名を表示、確認し、メニュー画面に戻ってから [e] キーを押して編集モードに入ってファイル名を修正します。

カーネルファイル名の表示

```
grub> ls /vmlinuz<tabキーを押す>
/vmlinuz-3.10.0-862.3.2.el7.x86_64  /vmlinuz- ...(以下省略)...
↑ファイル名が表示される(上記はCentOSでの例)

grub> reboot   ←起動メニュー画面に戻る
```

GRUBの起動メニュー画面に戻った後、[e]キーを押して編集モードに入り、「linux16」コマンドで始まるカーネル記述行を修正します。修正が終わったら、[Ctrl]＋[x]キーを押してシステムを起動します。

システムが立ち上がったら、/bootの下にある新しいカーネル、新しいinitramfsのファイル名を確認し、必要な修正作業を行います。

> /boot以下がルートファイルシステムとは別パーティションになっている場合は、カーネルは「/vmlinuz-...」となります。/boot以下がルートファイルシステム内にある場合は、カーネルは「/boot/vmlinuz-...」となります。

システムの起動の途中でエラーが表示され、rootのパスワードを要求される

外部ディスクが外れていたり、ファイルシステムが損傷している場合には、以下のようにエラーメッセージが表示された後、rootのパスワードを要求されます。

rootのパスワードの要求

```
...（エラーメッセージが表示される）...
Give root password for maintenance
(or type Control-D to continue):****   ←rootのパスワードを入力してログインする
```

> Ubuntuの場合、インストール後にpasswdコマンドでrootのパスワードを設定しておく必要があります。また、エラーでRescueモードとなった時にプロンプトが文字化けします。

ログインした後、障害となっている箇所を修復します。

以下の例は、外部ディスクが外れている場合に、/etc/fstabファイルの当該エントリの先頭に「#」を付けてコメント行にする例です。

外部ディスクのエントリを解除

```
# mount -o remount,rw /
↑エラーによってはルートファイルシステムがread-onlyでマウントされているので、
 read-writeでリマウントする
# vi /etc/fstab   ←/etc/fstabを編集
...
# /dev/sdb1   /data   ext4   defaults   0 1  ←該当するエントリの先頭に#を付ける
...
# systemctl reboot   ←再起動
```

> 英語キーボードのキーマップになっている場合は、viで/etc/fstabを編集後、[Shift]＋[;]キーあるいは「ZZ」と入力して書き込んで終了します。

SELinuxをenforcingモードに変更して再起動後、システムが立ち上がらない(RedHat系)

SELinux(Security-Enhanced Linux)は、強制アクセス制御によるセキュリティ強化を行うカーネルモジュールとしてRedHat系のLinuxで提供されています。Ubuntu系のLinuxではSELinuxではなくAppArmorを採用しています。

SELinuxをenforcingモードに設定するとシステム起動時のプロセスによるリソースへのアクセスが禁止され、システムが立ち上がらなくなる場合があります。

このような時は[Ctr]+[Del]キーを押してシステムを再起動するか、それが効かなければやむをえず電源を切ってから再投入し、GRUB起動メニューのところで、以下の手順で編集してから起動します。

❶ [e] キーを押して編集モードに入る

❷ [↓] キーを押して「linux16」コマンドで始まるカーネル記述行に移動する

BIOS起動時:linux16 /vmlinuz-3.10.0-862.3.2.el7.x86_64 root= ...(以下省略)...
EFI起動時　:linuxefi /vmlinuz-3.10.0-862.3.2.el7.x86_64 root= ...(以下省略)...

❸ [→] キーを押して行末まで移動し、「selinux=0」を追加する

BIOS起動時:linux16 /vmlinuz-3.10.0-862.3.2.el7.x86_64 root= ...(途中省略)... selinux=0
EFI起動時　:linuxefi /vmlinuz-3.10.0-862.3.2.el7.x86_64 root= ...(途中省略)... selinux=0

❹ [Ctr]+[x] キーを押してシステムを起動する

システムが立ち上がったら、SELinuxをdisabledに設定して運用するか、あるいはpermissiveモードに設定してAuditログなどを調べて該当するアクセスに許可を与えます。

Chapter 3

ファイルを操作する

3-1

Linuxのディレクトリ構造を理解する

ツリー構造と各ディレクトリの役割

FHS（Filesystem Hierarchy Standard）は、ディレクトリ構造の標準を定めた仕様書です。多くのLinuxディストリビューションでFHSをベースにディレクトリ、ファイルが配置されています。

FHSでは、ディレクトリ名の他、各ディレクトリの役割、格納するファイルの種類、コマンドの配置などについても示されています。したがって、FHSで提唱されているディレクトリ構造を理解することで、Linuxを使用していくうえで必要なファイルがどこにあるのか、どこに配置すべきなのかなどを把握することができます。

また、FHSではファイルが**共有可**（Shareable）か**共有不可**（Unshareable）か、**静的**（Static）か**可変**（Variable）かにより、配置するディレクトリを振り分けます。

表3-1-1 ファイルの分類

分類	説明
共有可	ネットワークを介して共有できるファイル　例）ユーティリティ、ライブラリなど
共有不可	ネットワークを介して共有できないファイル 例）ロックファイルなど
静的	システム管理者の操作以外では変更されないファイル 例）バイナリコマンド、ライブラリ、ドキュメントなど
可変	システム稼動中に変更されるファイル 例）ログファイル、ログインユーザ情報のファイル、ロックファイルなど

表3-1-2 ディレクトリ例（出典：https://refspecs.linuxfoundation.org）

	共有化	共有不可
静的	/usr /opt	/etc /boot
可変	/var/mail /var/spool/news	/var/run /var/lock

例えば、システム稼動中にファイルが更新/追加/削除されるディレクトリとして、/varがあります。/var/mail以下には、ユーザごとにファイルが用意されます。また、/var/lockは、ファイルの読み書きなどで排他制御を行うために使用されるディレクトリです。

FHSは**ルート**（/）を起点とした単一のツリー構造であり、「/」以下に目的に応じたディレクトリ階層が配置されます。

図3-1-1 ファイルのツリー構造

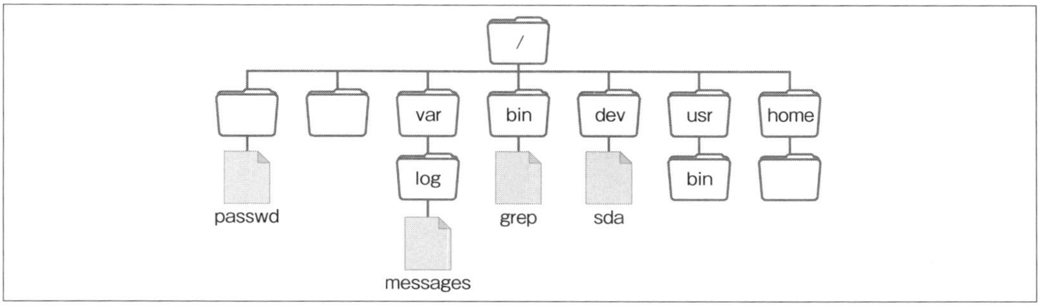

主なディレクトリと役割は以下の通りです。

表3-1-3 ディレクトリと役割

ディレクトリ	役割
/	ファイルシステムの頂点にあたるディレクトリ
/bin	一般ユーザ、管理者が使用するコマンドが配置
/dev	デバイスファイルを配置 システム起動時に接続されているデバイスがチェックされ、自動的に作成される
/etc	システム管理用の設定ファイルや、各種ソフトウェアの設定ファイルが配置
/lib	/binや/sbinなどに置かれたコマンドやプログラムが利用するライブラリが配置
/lib/modules	カーネルモジュールが配置
/media	CD/DVDなどのデータが配置
/opt	L nuxインストール後、追加でインストールしたパッケージ（ソフトウェア）が配置
/proc	カーネルやプロセスが保持する情報を配置 仮想ファイルシステムであるためファイル自体は存在しない
/root	rootユーザのホームディレクトリ
/sbin	三にシステム管理者が使用するコマンドが配置 オプションによって一般ユーザも使用可能
/tmp	アプリケーションやユーザが利用する一時ファイルが配置
/var	システム運用中にサイズが変化するファイルが配置
/var/log	システムやアプリケーションのログファイルが配置
/boot	システム起動時に必要なブートローダ関連のファイルや、カーネルイメージが配置
/usr	ユーザが共有するデータが配置。ユーティリティ、ライブラリ、コマンドなどが配置
/usr/bin	一般ユーザ、管理者が使用するコマンドが配置
/usr/lib	各種コマンドが利用するライブラリが配置
/usr/sbin	システム管理者のみ実行できるコマンドが配置
/home	ユーザのホームディレクトリが配置

なお、オンラインマニュアルでディレクトリの詳細を確認するには、**man hier**コマンドを実行します。manコマンドについては後述します。

ディレクトリの詳細の確認

```
$ man hier

HIER(7)              Linux Programmer's Manual             HIER(7)

名前
       hier - ファイルシステム階層の説明

説明
       典型的な  Linux  system  には以下のようなディレクトリがある
       (他にもたくさんのディレクトリがあるが):

       /       ルートディレクトリ。ここが階層の起点となる。

       /bin    このディレクトリには、シングルユーザーモードで
               システムの起動や修理を行う際に必要な実行形式ファイルが含まれる。

       /boot   ブートローダが用いる静的なファイルが含まれている。
               このディレクトリにはブートプロセスの間に必要なファイルだけが置かれる。
               マップインストーラや設定ファイルは  /sbin  や  /etc
               に置くべきである。
...（以下省略）...
```

ファイルの保存場所を示す場合、ディレクトリと、その下のディレクトリの間、およびディレクトリとファイルの間は「/」（スラッシュ）で区切ります。例えば、図3-1-1内にある、varディレクトリ以下の、logディレクトリ以下にある、messagesファイルは、「/var/log/messages」と表記します。

なお、こうしたファイルの位置を示す情報のことを**パス**と言います。

コマンドプロンプト

Linuxにログインしたユーザは、ディレクトリ構造のどこかの場所にいることになります。そして、何かしらの処理をコマンドを使用して実行します。自分が今どこにいるかは、画面上の**プロンプト**で確認することができます。例えば、以下の例は、CentOSのホストにログインした場合のプロンプトです。

図3-1-2 コマンドプロンプト

ユーザー名@ホスト名 現在の場所の記号

❶ rootの場合

```
[root@centos7-1 ~]#
```

❷ user01の場合

```
[user01@centos7-1 ~]$
```

❶はrootのログイン例です。❷はユーザuser01のログイン例です。それぞれ、プロンプトのユーザ名が対応していることを確認してください。「@」の後ろはホスト名を表します。また、ホスト名の後に「~」（チルダ）が付いていることを確認してください。これは、現在の場所がユーザの**ホームディレクトリ**であることを意味します。

ホームディレクトリは、各ユーザに割り当てられた作業場所です。自分のホームディレクトリにはファイルの読み書きが自由にできますが、他ユーザのホームディレクトリは、権限が変更されていない限り読み書きはできません。ただし、rootは管理者権限を持つユーザであるため、全てのホームディレクトリに対して読み書きを行うことができます。

何かしらの処理を行いたい場合は、表示されたコマンドプロンプトに目的に応じたコマンドを入力します。以下は、rootでホスト「centos7-1」にログインし、**pwd**コマンドを実行しています。pwdコマンドは、現在のパスを表示します。なお、rootはプロンプトの記号が「#」です。

pwdコマンドの実行例（rootで実行）

```
[root@centos7-1 ~]# pwd   ←rootで実行
/root   ←現在いる場所は、roctのホームディレクトリ
```

以下は、一般ユーザである「user01」でログインし、**pwd**コマンドを実行しています。なお、一般ユーザはプロンプトの記号が「$」です。

pwdコマンドの実行例（user01で実行）

```
[user01@centos7-1 ~]$ pwd   ←ユーザuser01で実行
/home/user01   ←現在いる場所は、ユーザuser01のホームディレクトリ
```

本書では、実行結果の多くはプロンプトを省略して、「#」や「$」のみで掲載しています。これは、rootもしくは一般ユーザで操作を行っていることを表しています。

Linuxで使用するコマンドは、一般ユーザで実行できるものや、管理者権限がないと実行できないものがあります。

rootは管理者権限を持ちますが、一般ユーザは必要に応じて権限を追加することができます。本書では、管理者権限を必要としない処理は、可能な限り一般ユーザで実行するようにしています。また、管理者権限が必要な場合は、rootで実行しています。

なお、ログイン済みの状態で、他ユーザや、管理者（root）へ切り替える場合は、**su**コマンドを使用します。

ユーザの切り替え

su [オプション] [-] [ユーザ名]

ユーザ名を省略すると、rootユーザになります。ユーザ名の前に「-」を使用しないとユーザIDだけが変わり、ログイン環境は前ユーザのままです。「-」を使用すると、ユーザIDが変わると共に新しいユーザの環境を使用します。

現在の実効ユーザIDと実効グループIDは、idコマンドで表示できます（134ページ）。以下の例では、実行環境はユーザyukoのままで、ユーザryoに切り替えています。

ユーザの切り替え

```
[yuko@centos7-1 ~]$ id  ←現在の実効ユーザIDと実効グループIDの表示
uid=1000(yuko) gid=1000(yuko) groups=1000(yuko),100(users)
...（以下省略）...
[yuko@centos7-1 ~]$ su - ryo  ←suコマンドの引数に「-」を付ける
パスワード: ****  ←ryoのログインパスワードを入力
最終ログイン: 2018/09/26 (水) 15:55:01 JST日時 pts/0
[ryo@centos7-1 ~]$ id  ←現在の実効ユーザIDと実効グループIDの表示
uid=1001(ryo) gid=1001(ryo) groups=1001(ryo),100(users)
...（以下省略）...
[ryo@centos7-1 ~]$ pwd  ←ryoのホームディレクトリに移動している
/home/ryo
```

なお、Ubuntuの場合は、一般ユーザからrootの切り替えは「**sudo su -**」で可能です。sudoの詳細は、本章のコラムを参照してください（156ページ）。

コマンドプロンプトのカスタマイズ

第2章で説明した通り、bashではシェル変数PS1はコマンドプロンプトとして定義されています。またPS2は2次プロンプトとして定義されています。2次プロンプトは、まだコマンドラインが完了せず、継続行であることを表します。

次の実行例では、2次プロンプトを使用しています。「ls -la /etc/passwd」と入力後、まだコマンド入力を続けるため、行末に「\」を入力して改行コードをエスケープします。すると、PS2 のデフォルト値である「>」が表示され続けて入力することができます。

2次プロンプトの利用

```
$ ls -la /etc/passwd \
> /etc/shadow
-rw-r--r--. 1 root root 2282 12月 18 11:42 /etc/passwd
----------. 1 root root 1274 12月 18 11:42 /etc/shadow
```

また、以下の実行例は、PS1の定義を編集し、コマンドプロンプトをカスタイズする例です。

コマンドプロンプトのカスタマイズ

```
$ PS1='\s-\v\$'  ←❶
-bash-4.2$ PS1='[\u@\h \w]\$ '  ←❷
[user01@centos7-1 /var/log]$  ←❸
```

❶コマンドプロンプトを bash のデフォルト値に設定する
「s」はシェルの名前、「-」はハイフン記号、「v」はバージョン、「$」はドル記号
❷プロンプトが「-bash-4.2 $」となる。このプロンプトを、「[現在のユーザ名@ホスト名 現在のディレクトリ] $」のようにカスタマイズする。「[」は開始の角カッコ、「u」はユーザ名、「@」はアットマーク記号、「h」はホスト名、「w」は現在の作業ディレクトリ、「]」は終了の角カッコ
❸プロンプトが「[user01@centos7-1 /var/log]$」となる

これは現在実行中のbashでの設定なので、bashを終了すると消えてしまいます。次回のbash起動時やログアウト/ログイン後にも有効にするには、第4章（165ページ）を参照して、**~/.bashrc**（あるいは**~/.bash_profile**）に記述を追加してください。

オンラインマニュアル

Linuxでは、用途に応じてさまざまなコマンドが提供されています。コマンドの使い方を調べるために、オンラインマニュアルが用意されています。オンラインマニュアルは、コマンドやファイルなどの説明を画面に表示することができます。

オンラインマニュアルを参照するには、**man**コマンドを使用します。

オンラインマニュアルの参照
man [オプション] [章番号] コマンド名 | ファイル名など

表3-1-4 manコマンドのオプション

オプション	説明
-f	指定されたキーワードに一致するものがマニュアルの何章に掲載されているかを表示
-k	指定されたキーワードが含まれるものがマニュアルの何章に掲載されているかを表示

書式部分で「|」を挟んで引数が記述されている箇所は、「コマンド名もしくはファイル名」のようにいずれかを指定することを意味します。

マニュアルページが長くて1画面に収まりきれない場合、manコマンドは1画面分の表示を行うと、以降の表示を停止します。したがって、画面をスクロールするには以下のキー操作で行います。

表3-1-5 manコマンドのキー操作

キー操作	説明
スペース	次のページを表示
Enter	次の行を表示
b	前のページを表示
h	ヘルプを表示
q	manコマンドの終了
/ 文字列	文字列を検索（[n] キーで次を検索）

なお、オンラインマニュアルは項目が多いため、章（セクション）に分類されています。

表3-1-6 オンラインマニュアルの章(セクション)

セクション	説明
1	ユーザプログラム
2	システムコール
3	ライブラリ

4	デバイスファイル
5	ファイルフォーマット
6	ゲーム
7	その他
8	システム管理コマンド

オンラインマニュアルでは、同じ名前のマニュアルが異なる章に存在する場合があります。例えば、以下の実行例を見てください。

manコマンドの実行例

```
$ man passwd    ←❶
...（実行結果省略）...

$ man -f passwd    ←❷
passwd (1)            - ユーザパスワードを変更する
passwd (5)            - パスワードファイル
sslpasswd (1ssl)      - compute password hashes
```

❶では、manコマンド実行時に、調査対象としてpasswdコマンドを指定しています。この場合、オプションを指定せずに実行しているため、passwdコマンドのオンラインマニュアルが表示されます。

❷では、「-f」オプションを指定しています。その結果、キーワードとして「passwd」が含まれる章（セクション）を検索して表示します。passwdコマンドは1章にあり、ユーザアカウントを記録するpasswdファイルは5章にあることがわかります。もし、5章のpasswdファイルのオンラインマニュアルを表示したい場合は、以下のように実行します。

manコマンドの実行例

```
$ man 5 passwd
...（実行結果省略）...
```

3-2
ファイルとディレクトリを管理する

ファイルとディレクトリをコマンドラインで操作する

ファイルシステム上のファイルやディレクトリをコマンドラインから指定する際の管理方法と、管理のためのコマンドを確認します。

Linuxシステムで作業をする際、利用者は必ずファイルシステム上のどこかで作業することになります。現在、作業を行っているディレクトリを**カレントディレクトリ**と呼びます。図3-2-1にある「user01」は、ユーザuser01のホームディレクトリですが、ここをカレントディレクトリとして以降は説明します。

図3-2-1 ディレクトリの構成

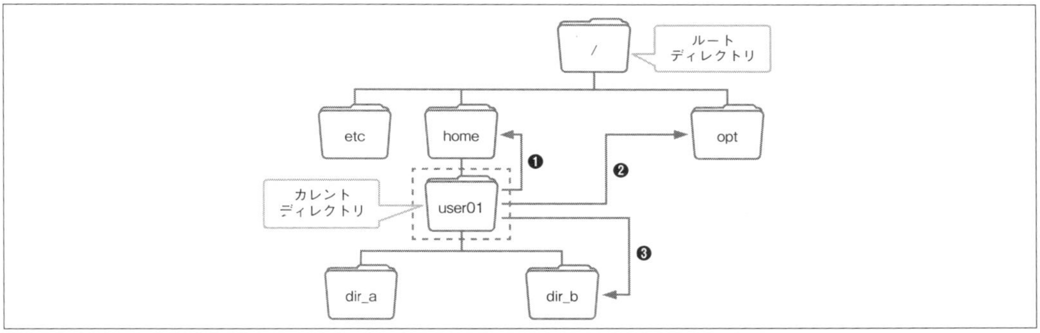

ディレクトリの移動

cdコマンドは、ファイルシステム上でディレクトリを移動する際に使用します。

ディレクトリの移動
cd [ディレクトリ]

ディレクトリは絶対パスもしくは相対パスで指定します。絶対パスはルートディレクトリ（/）を起点とし、目的のディレクトリの経路をスラッシュ（/）で区切りながら表記します。また、相対パスはカレントディレクトリを起点とし、目的のディレクトリの経路を表記します。その際、ディレクトリに関する以下の記号を使用することができます。

表3-2-1 ディレクトリに関する記号

記号	読み方	説明
~	チルダ	ホームディレクトリ。実行ユーザの作業用ディレクトリを表す

.	ドット	カレントディレクトリ。実行ユーザが作業を行っているディレクトリを表す
..	ドットドット	親ディレクトリ。あるディレクトリを起点として、1つ上の階層にあるディレクトリを表す

図3-2-1内にある❶、❷、❸の移動を、絶対パスもしくは相対パスを使用した場合は表3-2-2となります。なお、カレントディレクトリは「/home/user01」とします。

表3-2-2 cdコマンドのパスの指定

	絶対パスの例	相対パスの例
❶	cd /home	cd ..
❷	cd /opt	cd ../../opt
❸	cd /home/user01/dir_b	cd dir_b

また、ログインユーザがuser01の場合、どのディレクトリで作業を行っていても、「cd」や「cd ~」「cd ~user01」のいずれかを実行すると、ホームディレクトリである「/home/user01」へ移動します。ただし、「cd ~ユーザ名」は現在のログインユーザにかかわらず、「~」(チルダ)以降に指定されたユーザのホームディレクトリへ移動するという意味になります(アクセス権限がなければ移動できません)。

ディレクトリパスの表示

pwdコマンドは、現在作業しているディレクトリを絶対パスで表示します。

現在のディレクトリパスの表示

```
pwd
```

ファイルやディレクトリ情報の表示

lsコマンドは、ファイルやディレクトリの情報を一覧表示します。ディレクトリ名を指定しない場合は、カレントディレクトリの内容が一覧で表示されます。

ディレクトリ情報の表示

```
ls [オプション] [ディレクトリ名...]
ls [オプション] [ファイル名...]
```

表3-2-3 lsコマンドのオプション

オプション	説明
-F	ファイルタイプを表す記号の表示 「/」はディレクトリ、「*」は実行可能ファイル、「@」はシンボリックリンク
-a	隠しファイル(ファイル名がドット「.」で始まるファイル)の表示
-l	詳細な情報を含めて表示
-d	ディレクトリの内容ではなく、ディレクトリ自身の情報の表示

lsコマンド実行時に指定するディレクトリ名やファイル名は複数の指定が可能であるため、上記の書式部分では「ディレクトリ名...」というように「...」を付けて表記しています。以降、同様の表記の場合は複数指定が可能なことを意味します。

ファイルやディレクトリ情報の表示

```
$ cd /usr   ←/usrディレクトリに移動
$ ls   ←/usrディレクトリ以下を表示
bin  etc  games  include  lib  lib64  libexec  local  sbin  share  src  tmp
```

ファイル内容の出力

moreコマンドは、指定したファイルの内容を出力します。

ファイル内容の出力

more ファイル名

［スペース］キーを押すと次ページが表示され、ファイルの最終ページまで閲覧すると同時に終了します。

ファイル内容をページ単位で表示

lessコマンドは、1画面に収まらないファイルをページ単位で表示します。1画面に収まりきらない場合、画面をスクロールするにはキー操作で行います。キー操作はmanコマンドと同じです（109ページ）。

ファイル内容の表示(ページ単位)

less ファイル名

ファイル内容の表示

catコマンドは、表示したいファイルの名前を引数に指定すると、その内容を表示します。複数のファイルを指定すると、全てのファイルが連続して表示されます。また、「-n」オプションを使用すると出力結果に行番号が振られます。

catコマンドは、引数を指定しないで実行すると、標準入力（キーボード）からデータを読み取ります。キーボードから1行入力すると、それを単に画面に表示し、［Ctrl］＋［d］キーが押されるまで繰り返します。

ファイル内容の表示

cat [オプション] [ファイル名...]

表3-2-4 catコマンドのオプション

オプション	説明
-n	全ての行に行番号を付与する
-T	タブ文字を「^」で表示する

ファイル内容に表番号を付けて表示

nlコマンドは、ファイルの内容に行番号を付けて表示します。

行番号を付けてファイル内容を表示

nl [オプション] [ファイル名]

catコマンドに「-n」オプションを使用することでも行番号を付けて出力できます。ただし、空行が含まれている場合にはnlコマンドと振る舞いが異なります。「cat -n」では、空行も含めて全ての行に行番号を付けますが、「nl」では空行を除いた行に行番号を付けます。

ファイル内容の表示

```
$ cat -n sample.txt  ←catコマンドで表示
     1  CentOS
     2  Ubuntu
     3              ←空行
     4  Mint
$ nl sample.txt  ←nlコマンドで表示
     1  CentOS
     2  Ubuntu
                    ←空行
     3  Mint
```

ディレクトリの作成

mkdirコマンドは、ディレクトリを作成します。コマンドの引数に複数のディレクトリ名を指定すると、一度に複数のディレクトリを作成することができます。また、「-p」オプションを指定すると、パス途中のディレクトリも作成することができます。

ディレクトリの作成

mkdir [オプション] ディレクトリ名...

表3-2-5 mkdirコマンドのオプション

オプション	説明
-m [アクセス権]	明示的にアクセス権を指定してディレクトリを作成する
-p	中間ディレクトリを同時に作成する

ディレクトリの作成

```
$ mkdir dir_x dir_y ←❶
$ ls -l
合計 0
drwxrwxr-x 2 user01 user01 6  6月 13 17:00 dir_x
drwxrwxr-x 2 user01 user01 6  6月 13 17:00 dir_y
$ mkdir dir_z/sub_z  ←❷
mkdir: ディレクトリ `dir_z/sub_z' を作成できません: そのようなファイルやディレクトリはありませ
ん
$ mkdir -p dir_z/sub_z ←❸
$ ls -l
合計 0
drwxrwxr-x 2 user01 user01  6  6月 13 17:00 dir_x
drwxrwxr-x 2 user01 user01  6  6月 13 17:00 dir_y
drwxrwxr-x 3 user01 user01 19  6月 13 17:01 dir_z  ←❹
$ cd dir_z/sub_z  ←❺
$ pwd
/home/user01/dir_z/sub_z
```

❶複数のディレクトリを一度に作成
❷サブディレクトリと同時にディレクトリを作成するが、「-p」オプションを指定していないためエラーとなる
❸「-p」オプションを指定して再度実行
❹「dir_z/sub_z」が作成されている
❺「dir_z」の下の「sub_z」へ移動

ファイルの作成とタイムスタンプの変更

touchコマンドの引数に既存ファイル名を指定すると、そのファイルのアクセス時刻と修正時刻をtouchコマンドの実行時刻に変更します。また、引数に新規のファイル名を指定すると、空ファイル(サイズ0)を新規に作成します。

ファイルの作成とタイムスタンプの変更

touch [オプション] ファイル名...

表3-2-6 **touchコマンドのオプション**

オプション	説明
-t タイムスタンプ	現在時刻のかわりに、[[CC] YY] MMDDhhmm [.ss] 形式のタイムスタンプに変更する CC：西暦の上2ケタ、YY：西暦の下2ケタ、MM：月、DD：日、hh：時(24時間表記)、mm：分、ss：秒
-a	アクセス日時のみ変更する
-m	更新日時のみ変更する

ファイルの作成とタイムスタンプの変更

```
$ touch fileA ←ファイルの新規作成
$ ls -l fileA
-rw-rw-r-- 1 user01 user01 0  6月 13 17:05 fileA
$ more fileA  ←ファイルの中身は空である
$ touch -t 05310900 fileA  ←タイムスタンプを「5/31 9:00」に変更
$ ls -l fileA
-rw-rw-r-- 1 user01 user01 0  5月 31 09:00 fileA
```

ファイルやディレクトリの移動

mvコマンドは、ファイルやディレクトリを移動します。mvコマンドの最後の引数に指定されたディレクトリに移動元のファイル(またはディレクトリ)が同じ名前で移動します。また、mvコマンドの最後の引数に存在しない名前を指定した場合は、その名前に変更します。

ファイルの移動
mv [オプション] 移動元ファイル名... 移動先ディレクトリ名

ディレクトリの移動
mv [オプション] 移動元ディレクトリ名... 移動先ディレクトリ名

表3-2-7 mvコマンドのオプション

オプション	説明
-i	移動先に同名ファイルが存在する場合、上書きするか確認する
-f	移動先に同名ファイルが存在しても、強制的に上書きする

ファイルやディレクトリの複製

ファイルやディレクトリを複製する場合は**cp**コマンドを使用します。同じディレクトリ内や他のディレクトリに複製でき、他のディレクトリに複製する場合は、コピー元とコピー先のファイルを同じ名前にすることもできます。複数のファイルを同時にコピーすることもできます。

cpコマンドでディレクトリのコピーを行う場合は、「-R」(もしくは「-r」)オプションが必要です。

ファイルの複製
cp [オプション] コピー元ファイル名 コピー先ファイル名 **cp [オプション] コピー元ファイル名... コピー先ディレクトリ名**

ディレクトリの複製
cp [オプション] コピー元ディレクトリ名 コピー先ディレクトリ名

表3-2-8 cpコマンドのオプション

オプション	説明
-i	コピー先に同名ファイルが存在する場合、上書きするか確認する
-f	コピー先に同名ファイルが存在しても、強制的に上書きする
-p	コピー元の所有者、タイムスタンプ、アクセス権などの情報を保持したままコピーする
-R、-r	コピー元のディレクトリ階層をそのままコピーする

ファイルとディレクトリの複製

```
$ cp fileA fileB  ←❶
$ cp dir_x dir_xx  ←❷
cp: ディレクトリ `dir_x' を省略しています
$ cp -r dir_x dir_xx  ←❸
$ ls -l
合計 0
drwxrwxr-x 2 user01 user01  6  6月 13 17:00 dir_x
drwxrwxr-x 2 user01 user01  6  6月 13 17:16 dir_xx  ←❹
drwxrwxr-x 2 user01 user01  6  6月 13 17:00 dir_y
drwxrwxr-x 3 user01 user01 19  6月 13 17:01 dir_z
-rw-rw-r-- 1 user01 user01  0  5月 31 09:00 fileA
-rw-rw-r-- 1 user01 user01  0  6月 13 17:16 fileB  ←❺
```

❶ファイルのコピー
❷ディレクトリのコピーを試みるが、「-r」オプションを指定していないためエラーとなる
❸「-r」オプションを指定して再度実行
❹「dir_xx」ディレクトリが作成されている
❺❶の実行により、fileBファイルが作成されている

ファイルやディレクトリの削除

rmコマンドは、ファイルやディレクトリを削除します。複数のファイル名を指定することで一度に指定したファイル全てを削除することも可能です。また、「-R」（もしくは「-r」）オプションを使用することで、ディレクトリおよびディレクトリ内にあるファイルを全て削除します。空のディレクトリを削除するコマンドとして、**rmdir**コマンドも提供されています。

ファイルの削除

rm [オプション] ファイル名...

ディレクトリの削除

rm [オプション] ディレクトリ名...

表3-2-9 **rmコマンドのオプション**

オプション	説明
-i	ファイルを削除する前にユーザへ確認する
-f	ユーザへの確認なしに削除する
-R、-r	指定されたディレクトリ内にファイル、ディレクトリが存在していても全て削除する

ファイルとディレクトリの削除

```
$ rm dir_xx  ←❶
rm: `dir_xx' を削除できません: ディレクトリです
$ rm -r dir_xx  ←❷
$ rm fileB  ←❸
$ ls -l
合計 0
drwxrwxr-x 2 user01 user01  6  6月 13 17:00 dir_x
```

```
drwxrwxr-x 2 user01 user01  6  6月 13 17:00 dir_y
drwxrwxr-x 3 user01 user01 19  6月 13 17:01 dir_z
-rw-rw-r-- 1 user01 user01  0  5月 31 09:00 fileA
```

❶「- r 」オプションを指定しないrmコマンドではディレクトリの削除はできない
❷rmコマンドに「-r」オプションを使用することで削除可能
❸ファイルの削除は、オプションの指定は不要

ファイルタイプの判定

fileコマンドは、ファイルタイプ（種類）を判定します。

ファイルタイプの判定

file [オプション] ファイル名 | ディレクトリ名

「-i」オプションを指定することで、MIMEタイプで表示することができます。

ファイルタイプの判定

```
$ file foo
foo: ASCII text  ←文字コード「ASCII」のテキストファイル
$ file -i foo
foo: text/plain;charset=Utf-8  ←MIMEタイプで表示
$ file bar
bar: symbolic link to `foo`  ←シンボリックリンクファイル
$ file dir_a
dir_a: directory  ←ディレクトリ
$ file my.png
my.png: PNG image data, 2000 x 1600, 8-bit/color RGBA, non-interlaced
↑イメージファイル
$ file dir_x.tar.gz
dir_x.tar.gz: gzip compressed data, from Unix, last modified: Wed Jun 13
19:25:09 2018
↑圧縮ファイル
```

標準入出力の制御

入力をどこから受け入れるか、出力をどこに行うかを制御することを「入出力制御」と言います。入出力制御には、**標準入力**、**標準出力**、**標準エラー出力**と呼ばれるストリーム（データの流れ）を使用します。

全てのプロセスには、起動時に標準入力・標準出力・標準エラー出力が生成され、デフォルトでは標準入力は「キーボード」、標準出力と標準エラー出力は「コマンドを実行した端末」に関連付けられています。

次の実行例は、存在するファイル「fileA」と存在しないファイル「fileX」を指定し、**ls**コマンドを実行しています。

標準出力と標準エラー出力

```
$ ls fileA fileX
ls: fileX にアクセスできません: そのようなファイルやディレクトリはありません  ←標準エラー出力
fileA  ←標準出力
```

上記の実行結果は、標準出力も標準エラー出力も同じ画面(ディスプレイ)上に出力されています。もし標準出力は「ディスプレイ」に、標準エラー出力は「ファイル」へ出力するように切り替えたい場合は、**リダイレクション**や**ファイル記述子**を使用します。

リダイレクションは入出力先の切り替えが可能であり、「<」や「>」などのメタキャラクタを使用します。ファイル記述子の**0番**は標準入力、**1番**は標準出力、**2番**は標準エラー出力を表します。この0番、1番、2番は、プロセスが生成された時に用意されます。プロセスが他にファイルをオープンすると、3番、4番、5番…と順にファイル記述子が使用されます。

図3-2-2 **ファイル記述子**

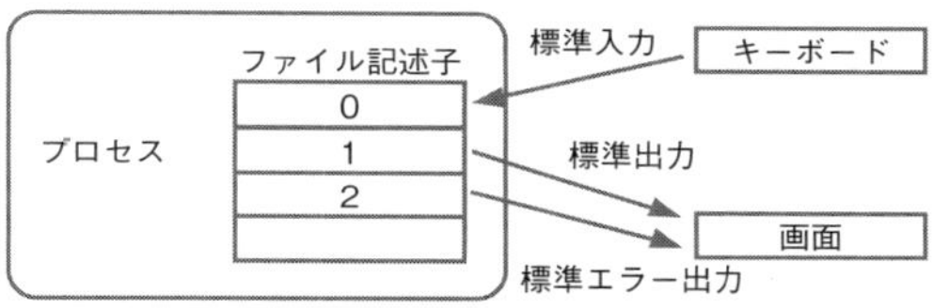

以下の実行例は、リダイレクションとファイル記述子を使用して、標準エラー出力のみerrorファイルに格納するように制御しています(ファイル「fileA」は存在するファイル、「fileX」は存在しないファイルとします)。

標準エラー出力の切り替え

```
$ ls fileA fileX 2> error  ←実行結果のエラー出力のみ、errorファイルに格納
fileA  ←標準出力はディスプレイに表示
$ ls
dir_x  dir_y  dir_z  error  fileA  ←errorファイルが作成されている
$ cat error  ←catコマンドでerrorファイルの内容を表示
ls: fileX にアクセスできません: そのようなファイルやディレクトリはありません
```

標準出力、標準エラー出力のリダイレクト例

標準出力、標準エラー出力をリダイレクトする例を紹介します。

ls > file1

カレントディレクトリのファイルリストをファイル「file1」に格納します。

ls 1> file2

「1>」を使用してカレントディレクトリのファイルリストをファイル「file2」に格納します。「>」のみ指定した場合と同様です。

ls /bin >> file1

ファイル「file1」に、/binディレクトリのファイルリストを追記して保存します。

ls 存在しないファイル 存在するファイル 2> file3

lsコマンドを実行してエラーが出力された場合のみ、ファイル「file3」に標準エラー出力を格納します。

ls 存在しないファイル 存在するファイル &> both

標準出力、標準エラー出力の両方をファイル「both」に格納します。以下でも同様の結果を得られます。

```
ls 存在しないファイル 存在するファイル >& both
ls 存在しないファイル 存在するファイル 1> both 2>&1
```

コマンド1 &> both

コマンド1を実行した結果の標準出力、標準エラー出力の両方をファイル「both」に格納します。以下でも同様の結果を得られます。

```
コマンド1 >& both
```

標準入力のリダイレクト例

標準入力をリダイレクトする例を紹介します。

コマンド1 < file1

ファイル「file1」の内容を標準入力としてコマンド1に取り込みます。取り込んだ標準入力は引数として利用可能です。

コマンド1 < file1 | コマンド2

ファイル「file1」の内容を標準入力としてコマンド1に取り込み、コマンド1の標準出力をコマンド2に標準入力として渡します。

2番目の例では、パイプ（|）を使用することで、コマンドの処理結果（標準出力）を次のコマンドの標準入力に渡してさらにデータを加工することができます。

図3-2-3 パイプの動作

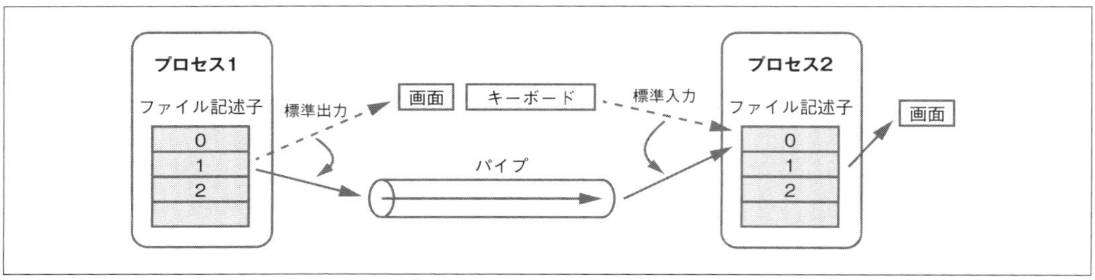

以下のパイプを使用している例は、catコマンドでファイル「/etc/passwd」の内容を標準出力として出力し、それをheadコマンドに渡して先頭の3行のみを表示しています（headコマンドについては後述します）。

パイプの使用例

```
$ cat /etc/passwd | head -3
root:x:0:0:root:/root:/bin/bash
bin:x:1:1:bin:/bin:/sbin/nologin
daemon:x:2:2:daemon:/sbin:/sbin/nologin
```

ファイルの出力

teeコマンドは、標準入力から読み込んだデータを標準出力とファイルの両方に出力します。

データを標準出力とファイルに出力

tee [オプション] ファイル名

「-a」オプションを指定することで、ファイルに上書きせずに追記することができます。

図3-2-4 teeコマンドの動作

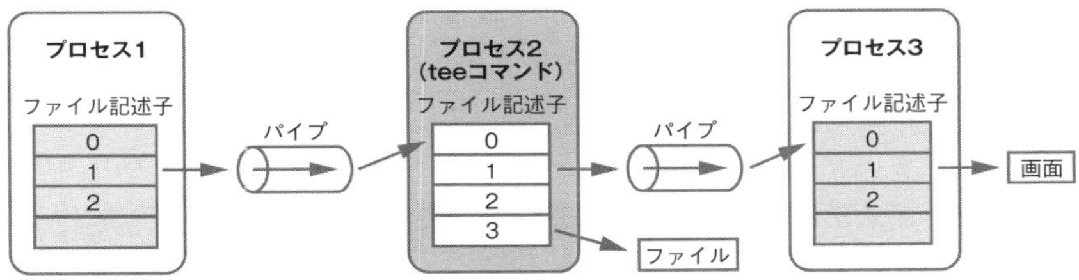

以下の実行例では、nlコマンドで「/etc/passwd」ファイルの内容に行番号を付け、その結果をパイプを通してteeコマンドに渡しています。teeコマンドでは、それをファイル「myfile.txt」に保存すると同時に、パイプを通してheadコマンドに渡します。headコマンドでは先頭の3行のみを標準出力します。

ファイルと標準出力に出力する

```
$ nl /etc/passwd | tee myfile.txt | head -3
     1  root:x:0:0:root:/root:/bin/bash
     2  bin:x:1:1:bin:/bin:/sbin/nologin
     3  daemon:x:2:2:daemon:/sbin:/sbin/nologin
$ cat myfile.txt   ←catコマンドで「myfile.txt」の内容を表示
     1  root:x:0:0:root:/root:/bin/bash
     2  bin:x:1:1:bin:/bin:/sbin/nologin
     3  daemon:x:2:2:daemon:/sbin:/sbin/nologin
…（途中省略）…
    40  user01:x:1000:1000:user01:/home/user01:/bin/bash
    41  unbound:x:991:985:Unbound DNS resolver:/etc/unbound:/sbin/nologin
    42  gluster:x:990:984:GlusterFS daemons:/var/run/gluster:/sbin/nologin
```

フィルタによる処理

標準入力からデータを受け取り、そのデータを加工して標準出力に出力するフィルタ機能を提供するコマンドを確認します。

テキストファイルの先頭部分の表示

headコマンドは、テキストファイルの先頭部分を表示します。行数をオプションで指定しなければ、デフォルトで10行目まで表示します。「-n」オプションで行数を指定することで、先頭からn行目までを表示します(「n」を省略して行数だけを指定することもできます)。

テキストファイルの先頭部分を表示
head [オプション] [ファイル名...]

表3-2-10 headコマンドのオプション

オプション	説明
-n 行数	指定された行数分のみ先頭から表示する
-c バイト数	出力するバイト数を指定する

テキストファイルの末尾部分の表示

tailコマンドは、テキストファイルの末尾部分を表示します。行数をオプションで指定しなければ、デフォルトで10行目まで表示します。「-f」オプションはログファイルのモニタなどに有効です。

テキストファイルの末尾部分を表示
tail [オプション] [ファイル名...]

表3-2-11 tailコマンドのオプション

オプション	説明
-n 行数	指定された行数分のみ末尾から表示する
-f	ファイルの内容が増え続けているものと仮定し、常にファイルの最終部分を読み続けようとする

フォーマットの変換

trコマンドは、標準入力であるキーボードから入力した文字を指定したフォーマットに変換して、標準出力であるディスプレイに表示します。

入力した文字のフォーマットを変換して表示
tr [オプション] 文字群1 [文字群2]

表3-2-12 trコマンドのオプション

オプション	説明
-d 文字群1	文字群１で合致した文字を削除する
-s 文字群1 文字群2	文字群１で合致した文字の繰り返しを1文字に置き換える

以下の実行例の1つ目のtrコマンドでは、trコマンドの第1引数に変換対象となる「a、b、c・・・z」までの文字を意味する文字群「a-z」を指定し、第2引数に変換後の「A、B、C・・・Z」までの文字を意味する文字群「A-Z」を指定して実行します。そしてキーボードから「hello」を入力すると、大文字の「HELLO」に変換されてディスプレイに出力します。

また、2つ目のtrコマンドでは、「-d」オプションを使用し、「m」と「y」の2つの文字を削除しています。「my」という文字列を削除しているわけではない点に注意してください。

文字の変換・削除

```
$ tr 'a-z' 'A-Z'
hello  ←キーボードからの入力
HELLO  ←trコマンドの出力
[Ctrl]+[d]  ←入力を終了
$ tr -d 'my'  ←「m」と「y」の文字を削除
My name is yuko  ←キーボードからの入力
M nae is uko  ←trコマンドの出力
[Ctrl]+[d]  ←入力を終了
```

また、trコマンドは引数にファイルの指定はできないため、ファイルからデータを読み込んだり、変換後のテキストをファイルに出力する場合はリダイレクション「<」「>」を使用します。

リダイレクションの利用

```
$ cat file  ←fileファイルの中身の確認
hello
bye
$ tr 'a-z' 'A-Z' < file ←大文字に変換後、画面に出力
HELLO
BYE
$ tr 'a-z' 'A-Z' < file > output  ←大文字に変換後、outputファイルに出力
$ cat output
HELLO
BYE
```

ファイル内容のソート

sortコマンドを使用すると、ファイルの内容をソート（並べ替え）して標準出力します。デフォルトでは昇順にソートします。入力ファイルが複数の場合は各ファイル内の内容を並び替えた後、連結して出力します。

ファイル内容のソート
sort [オプション] [ファイル名...]

表3-2-13 sortコマンドのオプション

オプション	説明
-b	先頭の空白を無視する
-f	大文字・小文字を区別しない
-r	降順にソートする

並び替え

```
$ cat data    ←ファイル「data」の中身の確認
ryo
yuko
Ryo
mana
$ sort data    ←昇順で並べ替え
Ryo
mana
ryo
yuko
$ sort -f data    ←大文字・小文字を区別せずに並べ替え
mana
Ryo
ryo
yuko
$ sort -fr data    ←大文字・小文字を区別せず、かつ、降順で並べ替え
yuko
ryo
Ryo
mana
```

行の連結

joinコマンドを使用すると、引数で指定された2つのファイルを読み込んで、共通のフィールドを持つ行を連結します。各ファイルはjoinコマンドで指定するフィールドであらかじめソートしておく必要があります。

行の連結

join [オプション] ファイル名1 ファイル名2

表3-2-14 joinコマンドのオプション

オプション	説明
-a ファイル番号	通常の出力に加え、FILENUM（1ならFILE1、2ならFILE2）の対応付けができない行も出力する
-j フィールド	連結するフィールドを指定する

行の連結

```
$ cat data1 data2    ←各ファイルの中身の確認
01 yuko
02 ryo
```

```
03 mana
01 2018/04/05
03 2017/06/12
$ join -j 1 data1 data2   ←1列目を連結フィールドとする
01 yuko 2018/04/05
03 mana 2017/06/12   ←「02 ryo」は、「02」がファイル「data2」にはないため、表示されない
$ join -j 1 -a 1 data1 data2   ←「-a」オプションにより、連結できない行(02)も表示される
01 yuko 2018/04/05
02 ryo
03 mana 2017/06/12
```


重複する行を取り除く

uniqコマンドを使用すると、ファイル（または標準入力）から行を読み込み、重複する行（連続する同じ行）を取り除いてファイル（または標準出力）に出力します。オプションが指定されない場合、重複する行は最初に見つけた行にまとめられます。入力元となるファイルを指定する場合は、各ファイルはあらかじめソートしておく必要があります。出力ファイルを指定すると、コマンドの実行結果をファイルに保存します。

重複する行を取り除く

```
uniq [オプション] [入力ファイル [出力ファイル]]
```

表3-2-15 uniqコマンドのオプション

オプション	説明
-c	行の前に出現回数を出力する
-d	重複した行のみ出力する
-u	重複していない行のみ出力する

以下の例では、ファイル「data」をソートし、行の出現回数も一緒に出力しています。

ファイル内の重複する行を取り除く

```
$ cat data   ←ファイル「data」の中身の確認
ryo
yuko
ryo
mana
$ uniq data   ←ソートをしないままuniqコマンドを実行
ryo  ←意図した結果にはならない(ryoのレコードが連続していない)
yuko
ryo
mana
$ sort data | uniq -c   ←ソートしてからuniqコマンドを実行。「-c」で出現回数を表示する
      1 mana
      2 ryo
      1 yuko
```

単語の変換や削除

sedコマンドは、単語単位の変換や削除を行います。sedコマンドは入力ストリーム（ファイルまたはパイプからの入力）に対してテキスト変換を行うために用いられます。パイプからの入力に対して使用する場合は、ファイル名を省略することができます。

単語の変換や削除

sed [オプション] {編集コマンド} [ファイル名]

表3-2-16 sedコマンドの編集コマンド

編集コマンド	説明
s/パターン/置換文字列/	各行を対象に、最初にパターンに合致する文字列を置換文字列に変換
s/パターン/置換文字列/g	ファイル内全体を対象に、パターンに合致する文字列を置換文字列に変換
d	パターンに合致する行を削除
p	パターンに合致する行を表示

「-i」オプションを指定することで、編集結果を直接ファイルに書き込みます。以下の例では、「s」コマンドを使用してパターンに基づいて置換処理しています。

単語の変換や削除

```
$ cat file  ←❶
127.0.0.1 localhost.localdomain localhost
172.18.0.70 user01.sr2.knowd.co.jp user01
172.18.0.71 user02.sr2.knowd.co.jp user02
$
$ sed 's/user/UNIX/' file  ←❷
127.0.0.1 localhost.localdomain localhost
172.18.0.70 UNIX01.sr2.knowd.co.jp user01
172.18.0.71 UNIX02.sr2.knowd.co.jp user02
$
$ sed 's/user/UNIX/g' file  ←❸
127.0.0.1 localhost.localdomain localhost
172.18.0.70 UNIX01.sr2.knowd.co.jp UNIX01
172.18.0.71 UNIX02.sr2.knowd.co.jp UNIX02
```

❶ファイル「file」には「userXX」という文字列が含まれている
❷各行の最初にパターンに合致する文字列（user）を置換文字列（UNIX）に変換する
❸ファイル内全体を対象に、パターンに合致する文字列（user）を置換文字列（UNIX）に変換する

その他の使用例を記載します。なお、以下の例で使用している「^」や「$」の記号はメタキャラクタです。解説は後述します。

sed '1d' file

ファイル「file」の1行目を削除します。

sed '2,5d' file
ファイル「file」の2行目から5行目を削除します。

sed '/^$/d' file
ファイル「file」の空白行を削除します。

sed 's/$/test/' file
ファイル「file」の行末に「test」を追加します。

sed -n '/user01/p' file
ファイル「file」の「user01」が含まれる行だけ表示します。

行中の特定の部分の取り出し

cutコマンドは、ファイル内の行中の特定部分のみ取り出します。

行中の特定部分の取り出し

cut [オプション] ファイル名

表3-2-17 cutコマンドのオプション

オプション	説明
-c 位置	指定された位置の各文字だけを表示する
-b 位置	指定された位置の各バイトだけを表示する
-d 区切り文字	-fと一緒に用い、フィールドの区切り文字を指定。デフォルトはタブ
-f フィールド番号	指定された各フィールドだけを表示する
-s	-fと一緒に用い、フィールドの区切り文字を含まない行を表示しない

ファイル内の行中の特定部分のみ取り出し

```
$ cat file ←❶
ntp:x:38:38::/etc/ntp:/sbin/nologin
tcpdump:x:72:72::/:/sbin/nologin
user01:x:1000:1000:user01:/home/user01:/bin/bash
unbound:x:991:985:Unbound DNS resolver:/etc/unbound:/sbin/nologin
gluster:x:990:984:GlusterFS daemons:/var/run/gluster:/sbin/nologin
$
$ cut -d ':' -f 3 file ←❷
38
72
1000
991
990
$ cut -d ':' -f 1,3 file ←❸
ntp:38
tcpdump:72
user01:1000
unbound:991
```

```
gluster:990
$ cut -c 1-2  file  ←❹
nt
tc
us
un
gl
```

❶ファイル「file」の中身の確認
❷区切り文字を「:」(コロン) として、3番目のフィールドを取り出す
❸区切り文字を「:」(コロン) として、1番目と3番目のフィールドを取り出す
❹各行の1文字目から2文字目までを取り出す

タブをスペースに変換

expandコマンドは、引数で指定されたファイル内にあるタブをスペースに変換します。オプションを指定しない場合は、デフォルトで8桁おきに設定されます。

タブをスペースに変換

expand [オプション] [ファイル名]

表3-2-18 expandコマンドのオプション

オプション	説明
-i	行頭のタブのみスペースへ変換する
-t	揃える桁数を指定する

タブをスペースに変換

```
$ cat -T data1  ←❶
101^Iyuko^Itokyo
102^Iryo^Iosaka
103^Imana^Ichiba
$ expand data1  ←❷
101     yuko    tokyo
102     ryo     osaka
103     mana    chiba
$ expand -t 2 data1  ←❸
101 yuko  tokyo
102 ryo osaka
103 mana  chiba
```

❶catコマンドに「-T」オプションを付与して実行すると、タブを「^」で表示
各フィールドの間に、タブが入っていることを確認する
❷デフォルトでは、各列が8桁に揃うように、タブを半角スペースに置き換える
❸各列が2桁に揃うように、タブを半角スペースに置き換える
1行目の101の行では、101の後、半角スペースが1つあれば2桁となる
また、yukoが4文字あるため、次の列（tokyo）の間は、半角スペースが2つ入る

逆にスペースをタブに変換するには、**unexpand**コマンドを使用します。

スペースをタブに変換

unexpand [オプション] [ファイル名]

表3-2-19 unexpandコマンドのオプション

オプション	説明
-a	先頭の空白だけでなく、全ての空白を変換する
-t	置き換えるタブ幅を指定する

スペースをタブに変換

```
$ cat data2  ←❶
101     yuko    tokyo
102     ryo     osaka
103     mana    chiba
$ od -a data2  ←❷
0000000   1   0   1  sp  sp  sp  sp  sp   y   u   k   o  sp  sp  sp  sp
0000020   t   o   k   y   o  nl   1   0   2  sp  sp  sp  sp  sp   r   y
0000040   o  sp  sp  sp  sp  sp   o   s   a   k   a  nl   1   0   3  sp
0000060  sp  sp  sp  sp   m   a   n   a  sp  sp  sp  sp   c   h   i   b
0000100   a  nl
0000102
$
$ unexpand -a data2 > data3  ←❸
$
$ cat -T data3  ←❹
101^Iyuko^Itokyo
102^Iryo^Iosaka
103^Imana^Ichiba
$
$ od -a data3  ←❺
0000000   1   0   1  ht   y   u   k   o  ht   t   o   k   y   o  nl   1
0000020   0   2  ht   r   y   o  ht   o   s   a   k   a  nl   1   0   3
0000040  ht   m   a   n   a  ht   c   h   i   b   a  nl
0000054
```

❶catコマンドでファイルの中身を確認する
❷catコマンドでは、空白がいくつ入っているか確認ができないため、odコマンドで確認する
1行目で「101」の後に「sp」が記載されているが、sp(半角空白)が5つ入っていることを意味する
❸空白をタブに変換する。リダイレクトを使用して、変換後のデータをファイル「data3」に記述する
❹catコマンドに「-T」オプションを付与して実行し、「^」(タブ)が入っていることを確認する
❺再度、odコマンドを実行し、「sp」ではなく「ht」(タブ)になっていることを確認する

文字列の検索

テキストデータ内の文字列検索を行うには、**grep**コマンドを使用します。指定されたパターンに合致する行を表示します。

図3-2-5 grepコマンドの動作

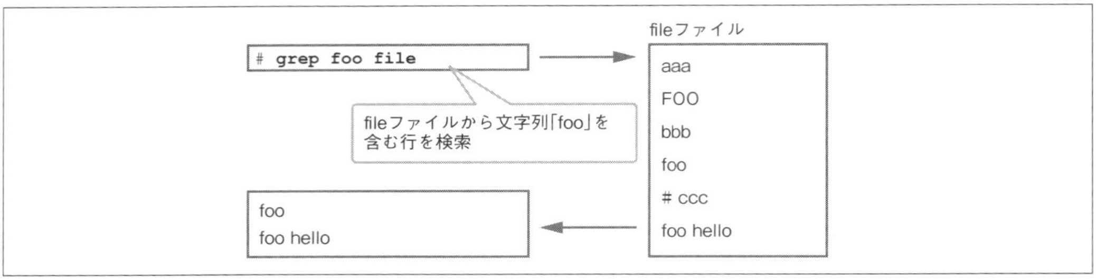

文字列の検索
grep [オプション] 検索する文字列パターン [ファイル名...]

表3-2-20 grepコマンドのオプション

オプション	説明
-v	パターンに一致しない行を表示する
-n	行番号を表示する
-l	パターンと一致するファイル名を表示
-i	大文字と小文字を区別しないで検索を行う

以下の例は、grepコマンドでファイル「file」から「foo」という文字列が含まれる行を検索しています。

文字列の検索

```
$ cat file  ←❶
aaa
FOO
bbb
foo
# ccc
foo hello
$ grep -n foo file  ←❷
4:foo
6:foo hello
$ grep -ni foo file  ←❸
2:FOO
4:foo
6:foo hello
$ grep -v '#' file  ←❹
aaa
FOO
bbb
foo
foo hello
$ ps ax | grep firefox  ←❺
 8146 ?        Sl     0:18 /usr/lib64/firefox/firefox  ←PID 8146で稼動中
 8263 pts/0    R+     0:00 grep --color=auto firefox
```

❶ファイル「file」の表示。「FOO」や「foo」の他、「#」記号から始まる「# ccc」行があることを確認する
❷ファイル「file」内にある文字列「foo」を検索し、「-n」オプションを付与して行番号を表示。
　なお、大文字「FOO」は検索結果に含まれない
❸「-i」オプションにより大文字・小文字を区別しないで検索。大文字「FOO」が検索結果に含まれる
❹「file」内から、「#」という文字列を含まない文字列を検索
❺現在アクティブなプロセスの中に、文字列「firefox」があるか検索

正規表現

grepコマンドで指定する検索文字列は、「foo」のように文字列をそのまま指定するだけでなく、**正規表現**を使用することも可能です。正規表現とは、記号や文字列を組み合わせて、目的のキーワードを見つけるためのパターンを作り、検出する手段です。

以下の図ならびに実行例では、「a」や「^」などの記号を使用してパターンを作成しています。記号はメタキャラクタと呼ばれるもので、それぞれ意味があります。

図3-2-6 正規表現を使用した例

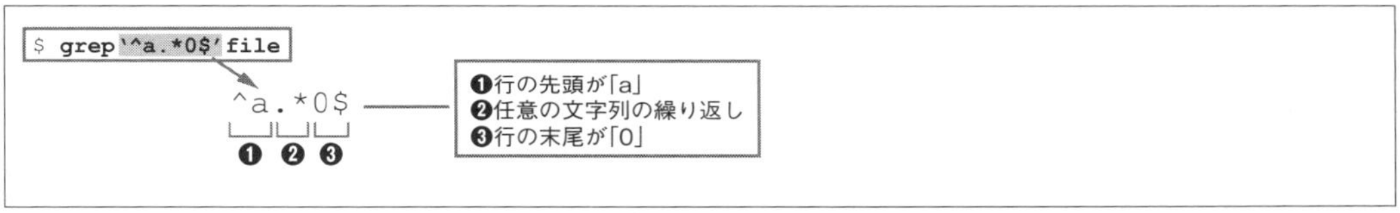

以下は、図3-2-6を実行した例です。

正規表現による文字列の検索①

```
$ cat fileB
linux01
linux02
android03
android10
linux20
$ grep '^a.*0$' fileB
android10
```

表3-2-21 主なメタキャラクタ

記号	説明
c	文字cに一致（cはメタキャラクタではないこと）
\c	文字cに一致（cはメタキャラクタであること）
.	任意の文字に一致
^	行の先頭
$	行の末尾
*	直前の文字が0回以上の繰り返しに一致

?	直前の文字が0回もしくは1回の繰り返しに一致
+	直前の文字が1回以上の繰り返しに一致
[ ]	[] 内の文字グループと一致

[]による文字グループは、以下のように指定することが可能です。

表3-2-22 [] の主な使用方法

例	説明
[abAB]	a、b、A、Bのいずれかの文字
[^abAB]	a、b、A、B以外のいずれかの文字
[a-dA-D]	a、b、c、d、A、B、C、Dのいずれかの文字

また、「\」(バックスラッシュ)はメタキャラクタとしてではなく、単に文字として扱いたい場合に使用します。次の例では、最後がピリオドで終わっている「android.」を検索しています。

正規表現による文字列の検索②

```
$ cat fileC
android10
android.
$ grep '^a.*.$' fileC  ←❶
android10
android.
$ grep '^a.*\.$' fileC  ←❷
android.
```

❶「.$」により行の末尾が任意の1文字となり目的の結果とならない
❷「\.$」により行の末尾がピリオドで終わるものを検索する

その他の使用例を記載します。

grep '.' file
空白行以外の行を全て表示します。

grep '\.' file
ピリオドを含む行を全て表示します。

grep '[Ll]inux' file
「Linux」「linux」のいずれかを含む行を全て表示します。

grep '^[^0-9]' file
先頭の1文字が数値以外の行を全て表示します。

grep '^[^#]' file1
先頭が「#」で始まるコメント行以外の行を全て表示します。

3-3

パーミッションを活用する

ファイルの所有者の管理

Linuxのファイル、ディレクトリのアクセス制御を行います。まずは、適切な**パーミッション**や**所有者権限**について確認します。

ユーザとグループ

ユーザは、必ず1つ以上の**グループ**に所属します。グループには、**1次グループ**と**2次グループ**の2種類があります。ユーザには、1次グループを1つ割り当てる必要があり、2次グループは任意です。

表3-3-1 グループの種類

グループ	説明
1次グループ（必須）	ログイン直後の作業グループ。ファイルやディレクトリを新規作成した際に、それを所有するグループとして使用される
2次グループ（任意）	必要に応じて、1次グループ以外のグループを割り当てることができる。複数割り当て可能

自分の所属グループを表示するには、**groups**コマンドを使用します。groupsコマンドにオプションはありません。ユーザ名を指定しない場合は、コマンドを実行するユーザの所属グループを表示します。

所属グループの表示

```
groups [ユーザ名]
```

所属グループの表示①の実行結果は、ユーザuser01がgroupsコマンドを実行した例です。

所属グループの表示①（user01で実行）

```
[user01@centos7-1 ~]$ groups
user01
```

所属グループの表示②の実行結果は、rootがgroupsコマンドを実行した例です。

所属グループの表示②（rootで実行）

```
[root@centos7-1 ~]# groups  ←❶
root
[root@centos7-1 ~]# groups user01  ←❷
user01 : user01
```

❶ユーザ名を指定していないので、自身の所属するグループを表示
❷ユーザ名としてuser01を指定しているため、user01が所属するグループを表示

なお、自分がどのユーザでログインしているのか、またどのグループに所属しているのかは、**id**コマンドで確認できます。

ユーザとグループの確認

id [オプション] [ユーザ名]

以下は、rootがidコマンドを実行した例です。

ユーザとグループの確認（rootで実行）

```
[root@centos7-1 ~]# id
uid=0(root) gid=0(root) groups=0(root)
[root@centos7-1 ~]# id user01
uid=1000(user01) gid=1000(user01) groups=1000(user01)
```

ユーザおよびグループには、識別するために、**ユーザID**（uid）と**グループID**（gid）が割り当てられます。上記の実行結果からわかる通り、ユーザ名を省略した場合は、自身の情報を表示します。また、ユーザ名を指定した場合は、そのユーザの情報を表示します。ユーザuser01には、uidとして「1000」が割り当てられています。また、1次グループはuser01であり、gidとして「1000」が割り当てられています。なお、groupsコマンドは2次グループも表示しますが、ユーザuser01は現在、user01グループにのみ所属しています。

パーミッション

ファイルやディレクトリには、「誰に」「どのような操作を」許可するのかを、それぞれ個別に設定することができます。これを「パーミッション」と呼びます。設定されたパーミッションは、**ls -l**コマンドで調べることができます。

図3-3-1 パーミッションの確認

```
$ ls -l fileA
-rw-rw-r--. 1 user01 user01 10 9月 16 16:58 fileA
```

パーミッション（-rw-rw-r--.）　所有者（user01）　グループ（user01）

パーミッションで表示される内容は、以下のように分類されます。

図3-3-2 パーミッション

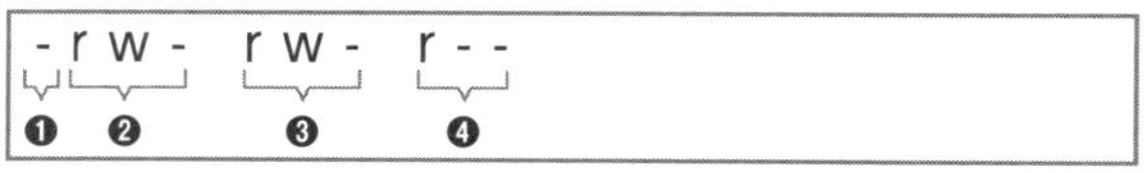

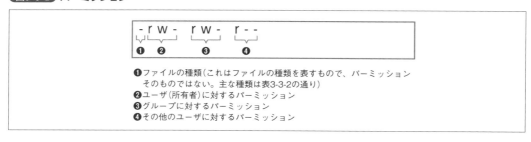

❶ファイルの種類（これはファイルの種類を表すもので、パーミッションそのものではない。主な種類は表3-3-2の通り）
❷ユーザ（所有者）に対するパーミッション
❸グループに対するパーミッション
❹その他のユーザに対するパーミッション

表3-3-2 ファイルの主な種類

種類	説明
-	通常ファイル
d	ディレクトリ
l	シンボリックリンク

また、「rw-」は、どのような操作を許可するのかを表しています。種類として「r」「w」「x」があり、「-」は許可がないことを表します。

図3-3-3は、ファイル「Foo」の**アクセス権限**を示しています。「-rw-rw-r--」により、通常ファイルであるFooの所有者であるユーザyukoは、読み書きが可能です。そして所有グループがusersであるため、usersに所属する他のユーザも読み書きが可能です。つまりユーザryoは、読み書きが可能です。なお、usersグループに所属しないその他のユーザ（この例ではmana）は、読み取りのみ可能です。

図3-3-3 ファイル「Foo」のパーミッションとアクセス権限

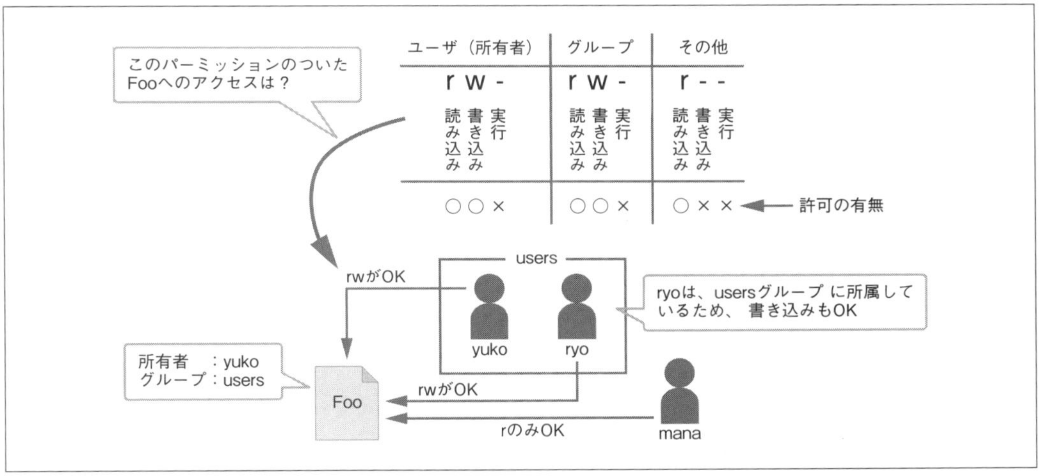

また、「r」「w」「x」は、ファイルかディレクトリかによって意味が異なります。

表3-3-3 ファイルとディレクトリの違い

種類	ファイルの場合	ディレクトリの場合
読み取り権（r）	ファイルの内容を読むことができる more、cat、cpなどが使用可能	ディレクトリの内容を表示することができる lsなどが実行可能
書き込み権（w）	ファイルの内容を編集することができる viなどが使用可能	ディレクトリ内のファイルやディレクトリを作成や削除することができる mkdir、touch、rmなどが使用可能
実行権（x）	実行ファイルとして実行ができる	ディレクトリへ移動することができる cdなどが使用可能

注意する点としては、ディレクトリに対する実行権です。他のディレクトリからcdコマンド（111ページ）で移動する際に、その移動先のディレクトリに実行権が付与されていないと移動できません。

パーミッションの変更

既存のファイルやディレクトリに設定されているパーミッションは、**chmod**コマンドで変更できます。変更できるのは、所有者またはrootのみです。

パーミッションの変更

```
chmod [オプション] モード ファイル名
```

「-R」オプションを指定することで、ディレクトリに指定した場合にサブディレクトリを含めて再帰的にパーミッションが変更されます。なお、コマンドの引数で指定するモードは、**シンボリックモード**と**オクタルモード**の2種類があります。

◯シンボリックモード

文字や記号を用いてパーミッションを変更します。使用する記号および文字は以下の通りです。

図3-3-4 シンボリックモード

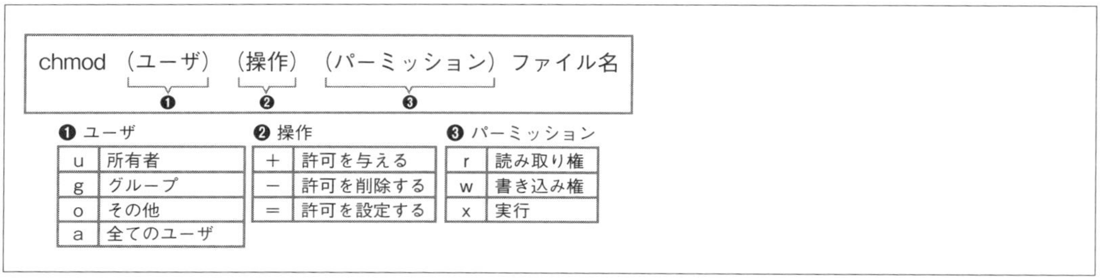

以下の実行例で確認します。ファイル「mypg」の現在のパーミッションは「rw-rw-r--」です。これを「全てのユーザが読み取りおよび実行可能とし、所有者のみは書き込みも可能」となるパーミッションに変更します。なお、ファイルの所有者はユーザyukoとします。

シンボリックモードによるパーミッションの変更

```
$ ls -l  ←パーミッションの確認
-rw-rw-r--. 1 yuko yuko   0  6月 20 15:51 mypg
$ chmod a+x,g-w mypg  ←シンボリックモードでパーミッションの変更
$ ls -l
-rwxr-xr-x. 1 yuko yuko   0  6月 20 15:51 mypg
```

「a+x」は、「a」（全てのユーザ）に「x」（実行権）を「+」（追加）を意味します。その結果、「全てのユーザが読み取りおよび実行可能」となります。また、「g-w」は、現在、所有者は「w」（書き込み）が付与されているため変更しないが、グループに付与されている「w」（書き込み）を「-」（削除）を意味します。その結果、「所有者のみ、書き込みが可能」となります。

○オクタルモード

目的のパーミッションを8進数の数値を使って変更します。各パーミッションには、それぞれ特有の数値が割り当てられています。

図3-3-5 オクタルモード

ユーザ（所有者）	グループ	その他
r w -	r w -	r - -
4+2+0 6	4+2+0 6	4+0+0 4

数値	パーミッション
4	読み取り権
2	書き込み権
1	実行権
0	権限なし

つまり、「rwx」全てが付与されると「7」となり、「r」のみであれば「4」となります。この数値を組み合わせてパーミッションを指定するのがオクタルモードです。

以下の例は、前述のシンボリックモードでの例を、オクタルモードで行った場合です。

オクタルモードによるパーミッションの変更

```
$ ls -l   ←パーミッションの確認
-rw-rw-r--. 1 yuko yuko   0  6月 20 15:51 mypg  ←現在は「664」
$ chmod 755 mypg   ←オクタルモードでパーミッションを変更
$ ls -l
-rwxr-xr-x. 1 yuko yuko   0  6月 20 15:51 mypg  ←変更後は「755」
```

umask値

ユーザがファイルやディレクトリを新規に作成した際には、デフォルトのパーミッションが付与されています。ユーザのデフォルトパーミッションは、シェルに設定された**umask値**で決まります。

umaskコマンドで、現在設定されているumask値を確認します。また、umask値を変更することで、デフォルトで使用されるファイルやディレクトリのパーミッションを変更することもできます。

umask値の確認と変更

```
umask [値]
```

以下の実行結果は、ユーザuser01および、rootでumaskコマンドを実行した例です。

umask値の表示①（user01で実行）

```
[user01@centos7 ~]$ umask
0002
```

umask値の表示②（rootで実行）

```
[root@centos7 ~]# umask
0022
```

上記の実行例はbashの表示書式である4桁で表示されます。本書では、実際にumask値として使用できる下3桁について説明します。

作成されるファイルのパーミッションは、ファイルを作成するアプリケーションによって指定されたパーミッションと、プロセスごとにカーネル内に保持されているumask値の否定との論理積となります。umask値とはアプリケーションによって指定されているパーミッションに対し「ユーザ」「グループ」「その他」ごとに割り当てたくないパーミッションを指定したものです。通常、アプリケーションは作成するファイルタイプによって全てを許可するパーミッションで作成します。したがって、umask値が002の場合、作成されるファイルおよびディレクトリのデフォルトのパーミッションは、図3-3-6のようになります。また、umaskの値は親プロセスから子プロセスに引き継がれます。

図3-3-6 デフォルトのパーミッション

	ファイル	ディレクトリ
作成時にアプリケーションが指定するパーミッション	666　rw- rw- rw-	777　rwx rwx rwx
umask 値	002　---　---　-w-	002　---　---　-w-
デフォルトのパーミッション	664　rw- rw- r--	775　rwx rwx r-x

その他のwのみ削除される（ファイル）　その他のwのみ削除される（ディレクトリ）

以下の実行例では、一般ユーザであるyukoが新規にファイルとディレクトリを作成し、パーミッションを確認しています。

ファイルとディレクトリの作成と確認

```
$ umask
0002
$ touch fileB  ←ファイルの作成
$ mkdir dirB  ←ディレクトリの作成
$ ls -l  ←パーミッションの確認
drwxrwxr-x. 2 yuko yuko   6  6月 20 16:21 dirB ←775
-rw-rw-r--. 1 yuko yuko   0  6月 20 16:21 fileB ←664
```

umaskコマンドは現在のumask値の表示だけでなく、値の変更も可能です。

umask値の変更

```
$ umask  ←現在設定されているumask値の表示
0002
$ umask 026  ←umask値の設定
$ umask
0026  ←設定後のumask値
```

```
$ touch fileC
$ ls -l
-rw-r-----. 1 yuko yuko   0  6月 20 16:22 fileC ←640
```


上記の実行例では、umask値を変更後、新規にファイルを作成しています。fileCのパーミッションを見ると、「rw-r-----」となっていることがわかります。「rw-」は「4+2+0」で「6」、「r--」は「4+0+0」で「4」、「---」は「0+0+0」で「0」です。つまり、umask値を「026」に変更したことにより、新規で作成したファイルのデフォルトのパーミッションが「664」から「640」になっていることがわかります。

なお、umaskコマンドでの変更は、変更を行ったシェルと、その子プロセスでのみ有効な設定です。初期設定として変更したい場合は、シェルの設定ファイルによる変更が必要です。

ファイルの所有者とグループの変更

指定されたファイルの所有者とグループを変更するには、**chown**コマンドを使用します。このコマンドを実行できるのはrootのみです。ユーザ名として、変更後の所有者を指定します。

所有者とグループ名の変更
chown [オプション] ユーザ名[.グループ名] ファイル名 | ディレクトリ名

「-R」オプションを付けてディレクトリを指定した場合は、サブディレクトリを含めて再帰的にパーミッションが変更されます。

所有者を変更するだけでなく、グループもあわせて変更する場合は、chownコマンドの引数に「**変更後の所有者名.変更後のグループ名**」と指定します。グループ名の前には「.」（ドット）もしくは「:」（コロン）を指定してください。chownコマンドでグループのみ変更する場合は、ユーザ名を指定せずに「**chown :グループ名 ファイル名**」のように指定します。

次の実行例では、所有者がyukoのファイルを、rootが所有者とグループの変更を行っています。所有者を変更できるのはrootのみです。

ファイルの所有者とグループの変更

```
# ls -l
-rw-rw-r--. 1 yuko yuko 0   6 20 17:34 fileA  ←所有者、グループ共にyuko
-rw-rw-r--. 1 yuko yuko 0   6 20 17:34 fileB  ←所有者、グループ共にyuko
# chown ryo fileA ←❶
# chown ryo.users fileB ←❷
# ls -l
-rw-rw-r--. 1 ryo yuko   0   6 20 17:36 fileA
-rw-rw-r--. 1 ryo users 0   6 20 17:36 fileB
```

❶ファイル「fileA」の所有者をyukoからryoに変更
❷ファイル「fileB」の所有者をyukoからryo、グループをyukoからusersに変更

また、グループのみの変更を行う**chgrp**コマンドがあります。chownとは異なり、root以外でもそのグループに属しているユーザであれば実行が可能です。ただし以下の点に注意してください。

・rootは、所有者が自分以外のファイルもグループを変更できる。また変更先のグループ名は、自分が所属していないグループでも指定可能である
・一般ユーザは、所有者が自分のファイルのみグループを変更できる。また変更先のグループ名は、自分が所属しているグループのみ指定可能である

グループの変更

chgrp [オプション] グループ名 ファイル名|ディレクトリ名

「-R」オプションを付けてディレクトリに指定した場合は、サブディレクトリを含めて再帰的にパーミッションが変更されます。

グループの変更

```
$ ls -l
-rw-rw-r--. 1 yuko yuko  0  6 20 17:42 fileC  ←所有者、グループ共にyuko
$ chgrp users fileC  ←グループをyukoからusersへ変更
$ ls -l
-rw-rw-r--. 1 yuko users 0  9 20 17:42 fileC
```

リンクの作成

リンクはMicrosoft Windowsでのショートカットと似ており、同一ファイルに異なる2つの名前を持たせることができます。したがって、データのコピーが行われるのではなく、同じデータを指しています。リンクには、**ハードリンク**と**シンボリックリンク**の2種類があります。いずれの場合も、リンクの作成には**ln**コマンドを使用します。

ハードリンクの作成

ln オリジナルファイル名 リンク名

シンボリックリンクの作成

ln -s オリジナルファイル名 リンク名

ハードリンクの作成

以下の実行例では、ファイル「fileX」のハードリンクとして「fileY」を作成しています。これにより、それぞれをcatコマンドで内容を表示するのと同じものが表示されます。また、同じiノード番号を使用しています。iノードを見るには、lsコマンドに「i」オプションを付けます。

ハードリンクの作成

```
$ ls
fileX
$ ln fileX fileY  ←ハードリンクの作成
$ cat fileX  ←ファイル「fileX」の内容を確認
hello
$ cat fileY  ←リンク「fileY」の内容を確認
```

```
hello
$ ls -li file*  ←iノード番号の確認
5308177 -rw-rw-r--. 2 user01 user01 0 12月 18 15:06 fileX  ←iノード番号は「5308177」
5303177 -rw-rw-r--. 2 user01 user01 0 12月 18 15:06 fileY  ←iノード番号は「5303177」
```


図3-3-7 ハードリンク

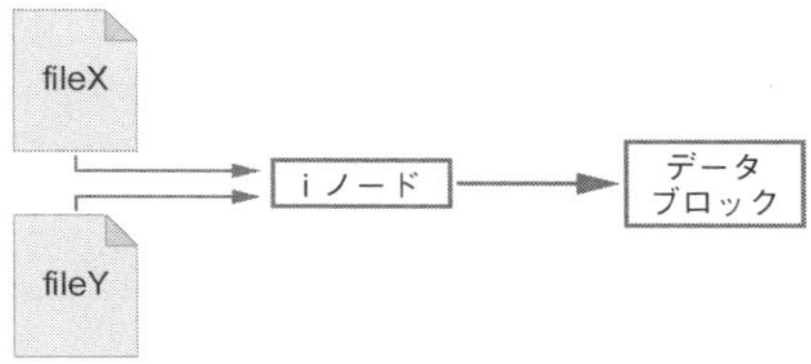

また、以下の例ではファイル「fileX」をrmコマンドで削除しています。しかし、iノードが削除されているわけではないため、リンク「fileY」からデータへアクセスできていることがわかります。

オリジナルファイルの削除

```
$ rm fileX
$ cat fileY
hello
```

なお、ハードリンクは、ディレクトリに対して作成することはできません。次の例では、ディレクトリのハードリンクを作成しようとした場合、エラーが発生することを確認しています。

ディレクトリへのハードリンクの作成

```
$ ls -ld mydir
drwxrwxr-x. 2 user01 user01 6 12月 18 15:09 mydir
$ ln mydir mydir_link
ln: `mydir`: ディレクトリに対するハードリンクは許可されていません
```

ハードリンクの特徴は以下の通りです。

- リンクが使用するiノードはオリジナルファイルと同じ番号
- ディレクトリを基にリンクを作成することはできない
- iノード番号は同一ファイルシステム内でユニークな番号なので、異なるパーティションのハードリンクを作成することはできない

シンボリックリンクの作成

以下の実行例ではシンボリックリンクを作成していますが、異なるiノード番号を使用していること、および「ls -l」を実行した際に、シンボリックリンクファイルは「**リンク名 -> オリジナルファイル名**」と表示され、パーミッションの先頭は、ファイルタイプとしてシンボリックリンクファイルを表す「**l**」が表示されていることを確認してください。

シンボリックリンクの作成

```
$ ls
fileX
$ ln -s fileX fileY  ←シンボリックリンクの作成
$ cat fileX  ←ファイル「fileX」の内容を確認
hello
$ cat fileY  ←リンク「fileY」の内容を確認
hello
$ ls -li file*  ←iノード番号の確認
5308177 -rw-rw-r--. 1 user01 user01 0 12月 18 15:06 fileX   ←i ノード番号は「5308177」
5309357 lrwxrwxrwx. 1 user01 user01 5 12月 18 15:21 fileY -> fileX   ←i ノード番号は
        ↑                                            ↑                「5309357」
        パーミッションの先頭に「l」の表示                  リンク名 -> オリジナルファイル名
```

図3-3-8 シンボリックリンク

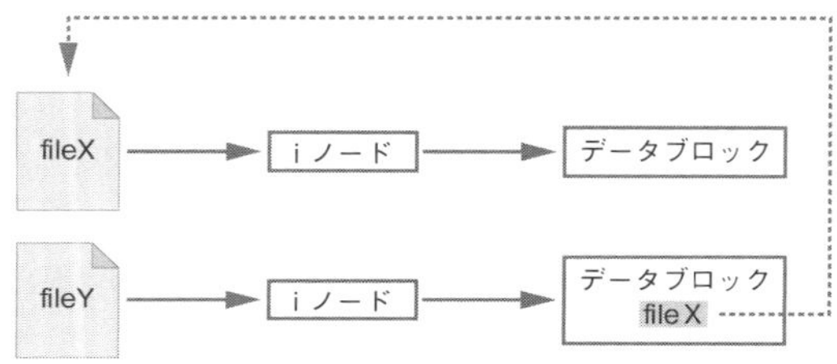

また、注意する点として、オリジナルファイル（fileX）を削除した場合、リンク自身が保持している参照先（オリジナルファイルの場所）がなくなるため、エラーとなります。

オリジナルファイルの削除

```
$ rm fileX
$ cat fileY
cat: fileY: そのようなファイルやディレクトリはありません
```

なお、シンボリックリンクは、ディレクトリに対しても作成が可能です。次の例では、ディレクトリのシンボリックリンクを作成しています。

ディレクトリへのシンボリックリンクの作成

```
$ ls -ld mydir
drwxrwxr-x. 2 user01 user01 6 12月 18 15:09 mydir
$ ln -s mydir mydir_link
$ ls -ld mydir*
drwxrwxr-x. 2 user01 user01 6 12月 18 15:09 mydir
lrwxrwxrwx. 1 user01 user01 5 12月 18 15:25 mydir_link -> mydir
```

シンボリックリンクの特徴は以下の通りです。

・リンクが使用するiノードはオリジナルファイルと異なる番号
・ディレクトリを基にリンクを作成可能
・オリジナルファイルと別のパーティションにリンクを作成可能
・パーミッションの先頭は、ファイルタイプとしてシンボリックリンクを表す「l」が表示される

コマンドとファイルの検索

Linuxには、さまざまな検索用のコマンドが用意されています。検索の用途に応じて使用します。

ファイルの検索

findコマンドは、指定したディレクトリ以下で、指定した検索条件に合致するファイルを検索します。findコマンドは式を活用することで、さまざまな条件を指定することができます。式は、オプション、条件式、アクションから構成されています。パスと式を省略した場合は、カレントディレクトリ以下の全ファイル/ディレクトリが表示されます。ここでは、いくつかの使用例を記載します。

ファイルの検索
find [パス] [式]

表3-3-4 findコマンドの主な式

式	説明
-name	指定したファイル名で検索する
-type	ファイルのタイプで検索する。主なタイプは以下の通り d(ディレクトリ)、f(通常ファイル)、l(シンボリックリンクファイル)
-size	指定したブロックサイズで検索する
-atime	指定した日時を基に、最終アクセスがあったファイルを検索する
-mtime	指定した日時を基に、最終更新されたファイルを検索する
-print	検索結果を標準出力する
-exec command \;	検索後、コマンド(command)を実行する

find . -name core

カレントディレクトリ以下で、「core」という名前のファイル名を検索します。

find / -mtime 7

「/」ディレクトリ以下で、1週間前に最終更新されたファイルを検索します。

find / -mtime +7

「/」ディレクトリ以下で、1週間以上前に最終更新されたファイルを検索します。

find / -atime -7

「/」ディレクトリ以下で、直近1週間にアクセスがあったファイルを検索します。

find . -type l

カレントディレクトリ以下で、シンボリックリンクを検索します。

2番目や3番目の例のように、日時を基準に検索を行う際には、最後に更新した日時を基にする「-mtime」や、最後にアクセスした日時を基にする「-atime」を使用できます。なお、日時の指定には、数字の前に「何も付けない」「+」「-」の3つがあります。

図3-3-9 日時の指定

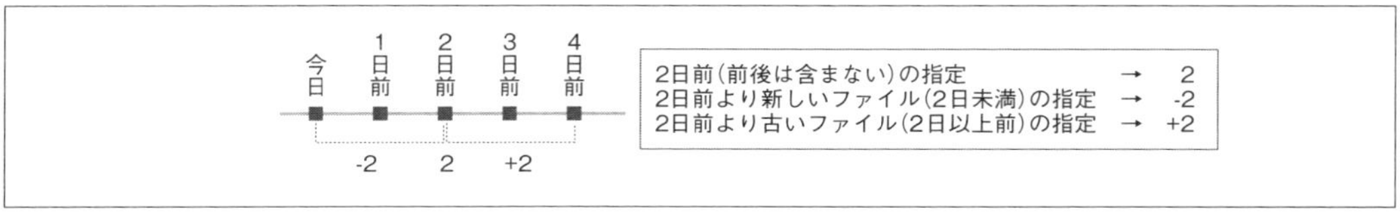

以下の実行例は、CentOSで、findコマンドとxargsコマンドを組み合わせて使用した例です。カレントディレクトリに1つのディレクトリと2つの通常ファイルがあります。このディレクトリ内を検索し、ファイルのみ削除する指示を、findコマンドとxargsコマンドで行おうとしていますが、エラーが出ています。これは、「file B」のファイル名に空白が入っているためです。

ファイルの検索①

```
$ ls
dirA  file B  fileA
$ find . -type f | xargs rm ←ファイルのみ削除(結果、エラーが発生)
rm: `./file` を削除できません: そのようなファイルやディレクトリはありません
rm: `B' を削除できません: そのようなファイルやディレクトリはありません
$ ls
dirA  file B  ←file Bが削除されていない
```

xargsコマンドは、空白または改行で区切られた文字列群を読み込みます。したがって、上記の実行例では「file B」が「file」と「B」に分割してxargsの標準入力として読み込まれ、rmコマンドで削除を行おうとしてファイルが見つからないといったエラーメッセージが表示されていました。空白が含まれたファイル名も検索し、xargsに引き渡す方法として、次の例があります。

ファイルの検索②

```
$ find . -type f -print0 | xargs -0 rm  ←ファイルのみ削除
$ ls
dirA  ←file Bが削除された
```

findコマンドで、実行時に「-print0」を式として付与します。「-print0」を使用するとファイルの区切りに空白や改行ではなく、ヌル文字が埋め込まれます。また、xargsコマンドの「-0」

オプションは標準入力からの文字列に対して、空白ではなくヌル文字を区切りとして読み込みます。その結果、上記のように空白を含むファイルも削除できています。このように、「-print0」はxargsコマンドの「-0」のオプションに対応しているため、あわせて使用します。

ファイルのインデックス検索

locateコマンドは、findコマンドと同様にファイルの検索を行います。コマンドの引数で指定するパターンには、シェルで用いるメタキャラクタを用いることができます。また、メタキャラクタを含まない通常の文字列である場合には、その文字列を含むファイル名およびディレクトリ名を全て表示します。

ファイルのインデックス検索

locate [オプション] パターン

ファイルの検索（locate）

```
$ locate fileA
/root/test/fileA
/root/test/dirC/fileA
```

locateコマンドは、ファイル名・ディレクトリ名の一覧のデータベースを使用して、インデックス検索を行っているため高速に検索します。しかし、日々更新されるファイルとディレクトリについて、データベースの更新を行わないと検索対象から外れてしまいます。データベースの更新には、**updatedb**コマンドを使用します。

ファイル名・ディレクトリ名の一覧の更新

updatedb [オプション]

anacronが/etc/cron.daily/mlocateスクリプトを1日1回実行し、その中でupdatedbコマンドが実行されます。

anacronについては第5章（192ページ）を参照してください。

表3-3-5 updatedbコマンドのオプション

オプション	説明
-e	データベースのファイルの一覧に取り込まないディレクトリパスを指定する
-o	更新対象のデータベース名を指定する。独自に作成したデータベースを指定したい場合に使用 ※CentOS、Ubuntuともにでのデフォルトは「/var/lib/mlocate/mlocate.db」である

updatedbコマンドで特定のディレクトリをデータベース作成の対象から外す場合は、「**updatedb -e ディレクトリ名**」とすることで可能であり、またupdatedbコマンドの設定ファイルである**/etc/updatedb.conf**に除外するディレクトリを記述しておくこともできます。updatedbコマンドを引数なしで「updatedb」として実行した場合は/etc/updatedb.confを参照してデータベースを更新します。

updatedb.confファイルの設定例

```
$ cat /etc/updatedb.conf
PRUNE_BIND_MOUNTS = "yes"
PRUNEFS = "9p afs anon_inodefs auto autofs bdev binfmt_misc cgroup cifs
coda configfs
cpuset debugfs devpts ecryptfs exofs fuse fuse.sshfs fusectl gfs gfs2
hugetlbfs inotifyfs
iso9660 jffs2 lustre mqueue ncpfs nfs nfs4 nfsd pipefs proc ramfs rootfs
rpc_pipefs
securityfs selinuxfs sfs sockfs sysfs tmpfs ubifs udf usbfs"
PRUNENAMES = ".git .hg .svn"
PRUNEPATHS = "/afs /media /mnt /net /sfs /tmp /udev /var/cache/ccache /
var/lib/yum/yumdb
/var/spool/cups /var/spool/squid /var/tmp"
```

「PRUNEFS」にはデータベース構築時に対象外とするファイルシステムタイプを記載し、「PRUNEPATHS」には対象外とするディレクトリパスを記載します。

コマンドの検索

whichコマンドは、指定されたコマンドがどのディレクトリに格納されているかを、環境変数PATHで指定されたディレクトリを基に探します。環境変数PATHとは、使用したいプログラム（コマンド）のパスを保持する変数です。コマンドを実行するとPATHに登録された場所を検索し、該当するファイルが見つかると実行されます。つまり、目的のコマンドがインストールされていたとしても、PATHにその保存場所が記載されていなければ実行できません（ただし、絶対パスでコマンドを指定すれば実行できます）。

コマンドの検索

which [オプション] コマンド名

表3-3-6 whichコマンドのオプション

オプション	説明
-a	最初に見つかったものだけでなく、環境変数PATHに合致したものを全て表示する
-i	標準入力からエイリアスを読み込み、合致したものを表示する

以下の実行例①は、rootのみ使用可能なusermodコマンドを、whichコマンドで検索している例です。

コマンドの検索①（rootで実行）

```
# echo $PATH  ←環境変数PATHの表示
/usr/local/sbin:/usr/local/bin:/sbin:/bin:/usr/sbin:/usr/bin:/root/bin
# which usermod
/usr/sbin/usermod  ←/usr/sbinの下に存在する
```

実行例②では、一般ユーザであるuser01で検索している例です。PATHに記載された場所にはusermodコマンドが見つからなかった旨のメッセージが表示されます。

コマンドの検索②(user01で実行)

```
$ echo $PATH  ←環境変数PATHの表示
/usr/local/bin:/usr/bin:/usr/local/sbin:/usr/sbin:/home/user01/.local/
bin:/home/user01/bin
$ which usermod
/usr/bin/which: no usermod in (/usr/local/bin:/usr/bin:/usr/local/sbin:/
usr/sbin:/home/user01/.local/bin:/home/user01/bin)
↑PATH内にはusermodコマンドが見つからなかった旨のメッセージ
```

バイナリ、ソース、マニュアルページの場所の検索

whereisコマンドは、指定されたコマンドのバイナリ、ソース、マニュアルページの場所を表示します。

バイナリ・ソース・マニュアルページの場所の検索

whereis [オプション] コマンド名

表3-3-7 whereisコマンドのオプション

オプション	説明
-b	バイナリ(実行形式ファイル)の場所を表示する
-m	マニュアルの場所を表示する
-s	ソースファイルの場所を表示する

以下の実行例は、whereisコマンドでwhichコマンドのバイナリ・ソース・マニュアルの場所を表示しています。

バイナリ・ソース・マニュアルページの場所の検索

```
$ whereis which
which: /usr/bin/which /usr/share/man/man1/which.1.gz
```

3-4

viエディタでファイルを編集する

viエディタとは

viはBill Joy氏が開発したUNIX標準のテキスト編集用のエディタです。viエディタを用いると、ファイルの作成、編集を行うことができます。Linuxではviと互換性があり機能を拡張した**vim**（Vi IMproved）が提供されていて、最近のRedHat系ディストリビューションではviはvimの最小構成パッケージのコマンド、あるいはvimのalias（エイリアス）として提供されています。vimには構文強調や画面分割など便利で多様な機能があります。

viエディタの起動は以下の通りです。viエディタの起動は、**vi**コマンドで行います。

図3-4-1 viエディタの起動

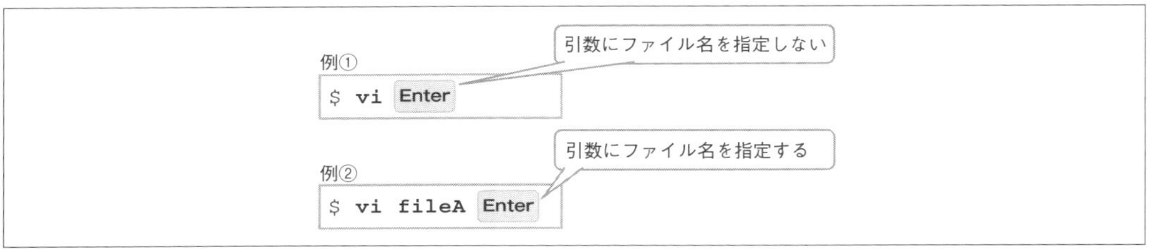

例①のようにファイル名を指定せずにviエディタを起動した場合は、編集作業の後、ファイル名を指定して新規にファイルを保存します。また、例②のように存在するファイル名を指定するとそのファイルが開きます。指定した名前のファイルが存在しない場合は、その名前で新規にファイルを作成します。

viエディタは、以下の3つのモードを切り替えながら作業を行います。

表3-4-1 viエディタのモード

動作モード	説明
コマンドモード	キーを入力するとviコマンドとして処理される。カーソルの移動、文字や行の削除、コピー、貼り付けなどが行える。viのデフォルトのモードであり、起動直後および[Esc]キーが押された時にこのモードとなる
入力モード（挿入モード）	キーを入力すると編集中のテキストデータに文字が入力される
ラストラインモード	文書の保存や、viエディタの終了、検索や文字列の置換を行う

画面のスクロール（コマンドモードでの操作）

viエディタの起動直後は、**コマンドモード**です。viエディタでファイルを開いた際に1画面で全情報を表示できない場合、ファイルの末尾に向かって画面を進めたい時は、[Ctrl]を押しながら[f]キーを押します。また、ファイルの先頭に向かって画面を進めたい時は、[Ctrl]を押しながら[b]キーを押します。

図3-4-2 viエディタでの画面スクロール

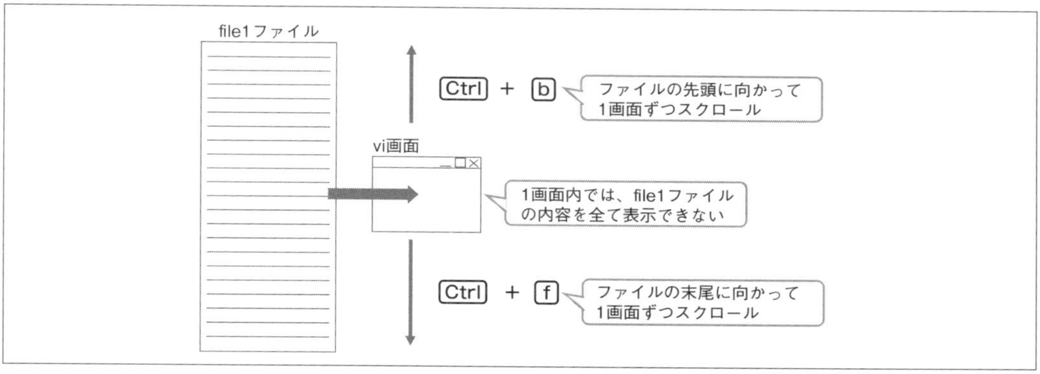

画面のスクロールおよびカーソル移動で使用する主なコマンドは、以下の通りです。

表3-4-2 viエディタのカーソル移動と画面スクロールのコマンド

コマンド	説明
h または ←	カーソルを左に1文字移動
j または ↓	カーソルを下に1文字移動
k または ↑	カーソルを上に1文字移動
l または →	カーソルを→に1文字移動
0(数字のゼロ)	現在の行の先頭へ移動。なお、^は空白文字を除く先頭の文字に移動
$	現在の行の末尾へ移動
G	最終行へ移動
1G	1行目へ移動
*n*G	n行目へ移動
[Ctrl] + [b]	ファイルの先頭に向かって1画面ずつスクロール
[Ctrl] + [f]	ファイルの末尾に向かって1画面ずつスクロール

文書の保存、viエディタの終了（ラストラインモードでの操作）

では、文書の保存やviエディタの終了、検索や文字列の置換を行います。まず、文書の保存、および、viエディタの終了を行います。

図3-4-3 viエディタの終了手順

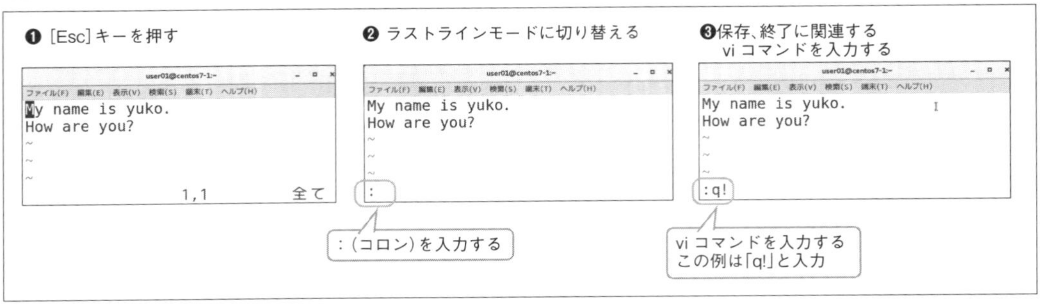

終了するコマンドは「**q**」です。図にあるように「**q!**」とすると、編集中の内容は保存せずに破棄し終了します。

ファイルの保存および終了に関連する主なコマンドは以下の通りです。

表3-4-3 ファイルの保存、終了に関連するコマンド

目的	コマンド	説明
保存	:w	ファイル名を変更せずにそのまま保存
	:w!	ファイル名を変更せずに強制的に保存
	:w ファイル名	ファイル名を変更して保存（もしくは新規保存）
終了	:q	ファイルを保存せずに終了
	:q!	ファイルの内容の変更があっても保存せずに強制的に終了
保存して終了	:wq	保存と終了を同時に行う
	:wq!	強制的に保存と終了を行う
	:wq ファイル名	ファイルを変更して保存（もしくは新規保存）し、終了する
その他	:! ls -l 編集しているファイル名	viから抜けずにコマンドを実行する
	:e!	編集内容を破棄し、ファイルを再読み込みする

表3-4-3の「その他」にある「**:!**」を使ってみます。viエディタを実行中に、viから抜けずにLinuxコマンドを実行することができます。ここでは、例として、lsコマンドを実行します。

まず、コマンドラインでlsコマンドを実行し、ファイル「file1」のパーミッションを確認しています。

図3-4-4 lsコマンドによるパーミッションの確認

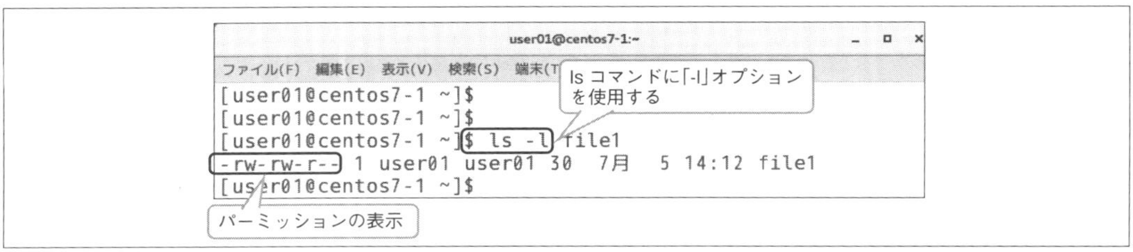

次に、viエディタを起動します。vi実行中に「ls -l」コマンドを実行する必要があるため、コマンドモードから「**:!**」を使用します。その後、続けてLinuxコマンド（この例では「ls -l file1」）を入力し［Enter］キーを押すと実行することができます。

図3-4-5 viエディタの中でlsコマンドを実行

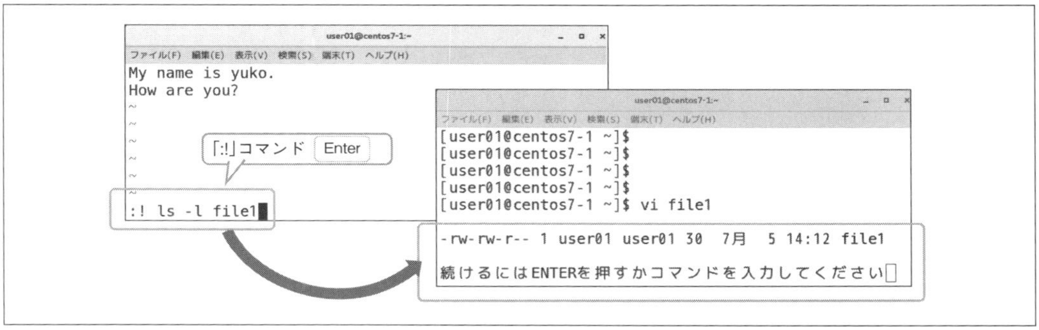

文字の入力（入力モード（挿入モード）での操作）

コマンドモードから「**A**」とタイプすると、**入力モード**（挿入モード）に切り替わります。これにより、ファイル内に文字を入力することができます。入力モード（挿入モード）にするコマンドはいくつかあり、「A」コマンドはカーソルのある行の末尾から入力が開始されます。カーソルの位置を基準にして、どの位置に文字を挿入するかによって、コマンドを使い分けます。

表3-4-4 入力モード(挿入モード) にするコマンド

コマンド	説明
i	カーソルの前に文字を挿入
a	カーソルの後に文字を挿入
o	カーソル行の下に新しい行を作成し、その先頭から挿入が開始
I	カーソル行の先頭に文字を挿入
A	カーソル行の末尾に文字を挿入
O	カーソル行の上に新しい行を作成し、その先頭から挿入が開始

以下は「i」コマンドを使用して「User user」から「User webuser」へ変更している例です。

図3-4-6 「i」コマンドを使用した文字の変更

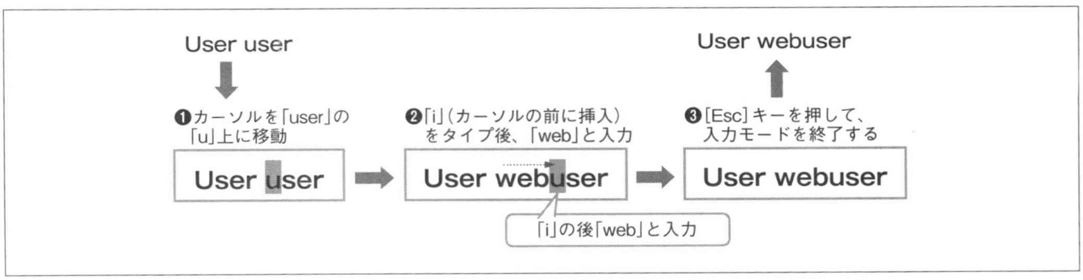

文字・単語・行の削除（コマンドモードでの操作）

文字・単語・行の削除にはいくつかのコマンドが提供されています。行単位の削除には「**dd**」コマンドを使用します。また、行数を指定（例えば3dd）することで、現在のカーソル位置から指定された行まで削除することが可能です。

表3-4-5 文字・単語・行の削除を行うコマンド

コマンド	説明
x	カーソル上の1文字を削除
dw	カーソルから次の単語を1単語削除
dd	カーソル行を削除
nx	カーソルから右にn文字削除
D	カーソルから行の最後まで削除
ndd	カーソル行からn行削除
dG	カーソル行から最終行まで削除
dH	1行目からカーソル行まで削除

次の図は「**x**」コマンドを使用して「User webuser」から「User user」へ変更している例です。

図3-4-7 「x」コマンドの使用した文字の変更

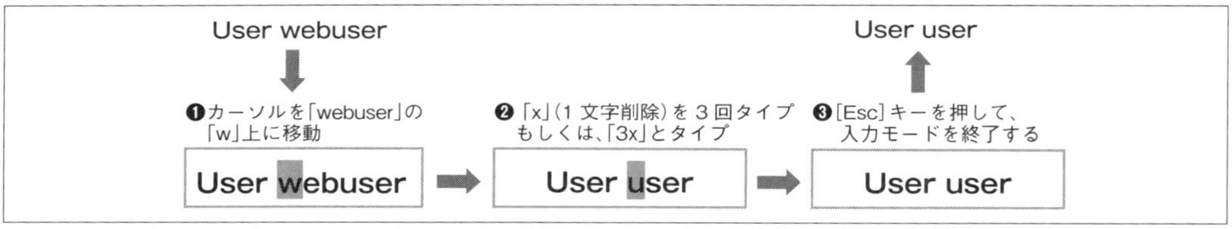

文字・単語・行のコピーと貼り付け（コマンドモードでの操作）

文字・単語・行のコピーと貼り付けにはいくつかのコマンドが提供されています。行単位のコピーには「**yy**」コマンドを使用します。また、行数を指定（例えば3yy）することで、現在のカーソル位置から指定された行までコピーすることが可能です。また、貼り付けには「**p**」コマンドを使用します。これにより、カーソル行の下の行に貼り付けます。

表3-4-6 コピー、貼り付けを行うコマンド

コマンド	説明
yl	1文字のコピー
yw	単語のコピー
yy	カーソル行をコピー
nyy	カーソル行からn行コピー
y0	行頭からカーソルの直前までのコピー

y$	カーソルの位置から行末までのコピー
P（大文字）	行をコピーしている場合はカーソル行の上の行に貼り付け、 文字、単語の場合はカーソルの左側に貼り付け
p（小文字）	行をコピーしている場合は、カーソル行の下の行に貼り付け、 文字、単語の場合はカーソルの右側に貼り付け

図3-4-8 「yy」コマンドによる行のコピー

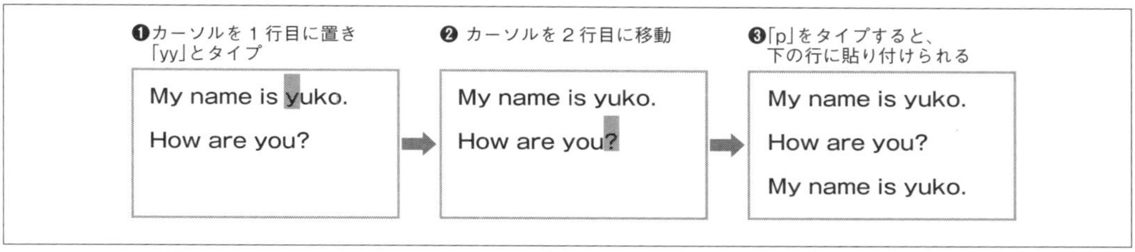

viエディタ内での文字列検索

viエディタでファイルを開き、文字列検索を行う場合は、「**/文字列**」とします。コマンドモードで「/」を入力するとステータス行にカーソルが移動するため、検索したい文字列を入力します。

次の例では、ファイル内から「to」という文字列を検索しています。

図3-4-9 文字列検索

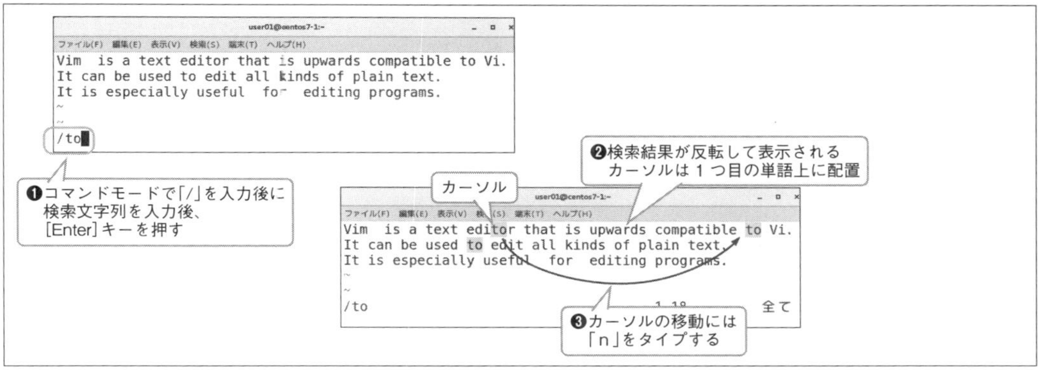

表3-4-7は、検索時に使用する主なコマンドです。

表3-4-7 検索時に使用するコマンド

コマンド	説明
/文字列	現在のカーソル位置からファイルの末尾に向かって検索
?文字列	現在のカーソル位置からファイルの先頭に向かって検索
n	次を検索
N	前を検索

また、編集に便利なコマンドを紹介します。

表3-4-8 編集に便利なコマンド

コマンド	説明
u	最後に実行した編集の取り消し
.	最後に実行した編集の繰り返し
~(チルダ)	カーソル上の文字を大文字から小文字、またはその逆に変換

viエディタの設定

viエディタには、起動した時点では有効になっていないいくつかの便利なオプション機能があります。オプション機能を設定したり、初期設定自体を変更することができます。オプション機能の変更には「**:set**」コマンドを使用します。次の例では、行番号を表示しています。

図3-4-10 行番号の表示

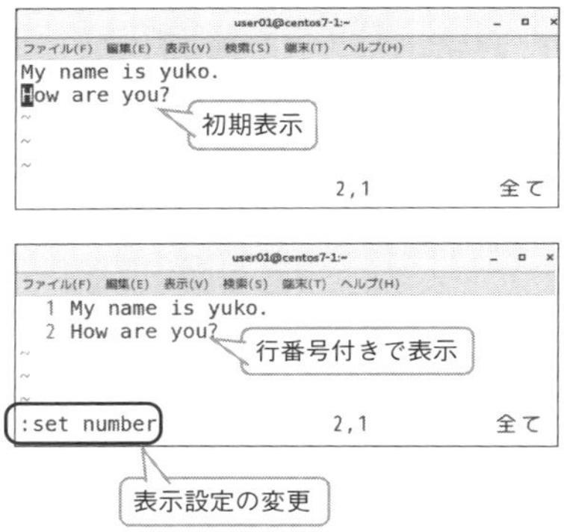

表3-4-9 オプション機能の設定・解除

コマンド	説明
:set オプション	オプション機能の設定
:set noオプション	オプション機能の解除

表3-4-10 オプション機能

オプション	説明
number	行番号を表示する
ignorecase	大文字/小文字の区別しない
list	タブや行末文字など、通常表示されていない文字を表示
all	全てのオプションを表示する

viエディタ起動時に上記のオプションを使用した場合、これは一時的な設定となります。viエディタ起動時には常に同じ設定となるようにするには、ホームディレクトリ以下にある設定ファイル「.exrc」を作成し、設定情報を記述します。

次の例は、ユーザuser01のホームディレクトリには「.exrc」がまだないものとし、新規にファイルを作成し、行番号を表示する設定を行っています。

「.exrc」の利用

```
$ vi file1   ←viエディタで「file1」を開く
…（以降はviエディタで表示）…
My name is yuko.   ←現在は、行番号が表示されていない
How are you?
…（確認が終了したら「:q」で終了）…
$ vi .exrc   ←「.exrc」を作成
…（以降はviエディタで編集）…
set number
…（入力が終了したら「:wq」で保存・終了）…
$ vi file1
…（以降はviエディタで表示）…
  1 My name is yuko.   ←設定後は、行番号が表示される
  2 How are you?
…（確認が終了したら「:q」で終了）…
```

Column

sudoを利用する

root権限で作業をする必要が生じた際に、**su**コマンドによってrootアカウントへ変更することができます。しかし、これはrootのパスワードを知っていることが前提であり、かつ、全ての管理者権限が使用できてしまいます。これを回避するために、**sudo**コマンドを利用することができます。

sudoコマンド

sudoコマンドは、管理者権限を持たないユーザが、管理者権限が必要な特定のコマンドを実行するために付加します。コマンド実行時には、rootのパスワードの入力は不要で、ユーザ自身のパスワードを入力します。sudoコマンドは**/etc/sudoers**ファイルを参照して、ユーザがコマンドの実行権限を持っているかどうかを判定します。

管理者権限の付加

sudo [オプション] [-u ユーザ名] コマンド

ここでは、sudoコマンドの使用方法として、/etc/shadowファイルを参照する例を用います。/etc/shadowファイルはrootのみ参照する権限が与えられているため、一般ユーザであるyukoは本来は参照できません。

/etc/shadowファイルの参照①

```
[yuko@centos7-1 ~]$ head /etc/shadow   ←yukoで実行
head: `/etc/shadow` を 読み込み用に開くことが出来ません: 許可がありません
```

次の例は、sudoコマンドとあわせてheadコマンドを実行し、/etc/shadowファイルを参照しています。しかし、現状ではyukoがsudoの実行権限を持っていないため、これもエラーとなります。

/etc/shadowファイルの参照②

```
[yuko@centos7-1 ~]$ sudo head /etc/shadow   ←yukoで実行

あなたはシステム管理者から通常の講習を受けたはずです。   ←❶
これは通常、以下の3点に要約されます:

    #1) 他人のプライバシーを尊重すること。
    #2) タイプする前に考えること。
    #3) 大いなる力には大いなる責任が伴うこと。

[sudo] yuko のパスワード: **** ←yukoのパスワードを入力
yuko は sudoers ファイル内にありません。この事象は記録・報告されます。
```

CentOSの/etc/sudoersファイルのデフォルト設定では、❶の行を含む以降5行のメッセージは、sudo権限の有無にかかわらず、sudoコマンドを初めて実行した時にのみ表示されます。Ubuntuのデフォルト設定ではこのメッセージは表示されません。

sudoの設定

/etc/sudoersファイルの初期設定を確認します。/etc/sudoersファイル内の書式は以下の通りです。

/etc/sudoersファイルの書式

```
ユーザ名　ホスト名=(実効ユーザ名)　コマンド
%グループ名　ホスト名=(実効ユーザ名)　コマンド
```

/etc/sudoersファイルは、一般ユーザは参照/編集はできないため、rootで作業を行います。

/etc/sudoersファイルの参照

```
# ls -l /etc/sudoers
-r--r-----. 1 root root 3938  4月 11 05:27 /etc/sudoers
# cat /etc/sudoers
…（途中省略）…
root     ALL=(ALL)        ALL ←❶
…（途中省略）…
%wheel   ALL=(ALL)        ALL ←❷
…（以下省略）…
```

❶rootは全てのホスト上で、管理者権限が必要なコマンドを管理者権限で実行できる
❷wheelグループに属するユーザは、全てのホスト上で、管理者権限が必要なコマンドをユーザ権限で実行できる

上記実行結果にある通り、/etc/sudoersファイルは、rootであっても基本的には読み取り権限のみの付与です。viによる編集時に書き込み権限がないファイルであっても、rootは、「:w!」の使用で強制的に書き込むことは可能ですが、/etc/sudoersファイルでは、**visudo**コマンドの使用が推奨されています。

以降では、visudoコマンドを使用して、/etc/sudoersファイルを編集し、ユーザへ権限の付与を行います。

○特定ユーザへの権限付与

次の例では、「ユーザyukoがsudoコマンドにより、centos7-1.localdomainホスト上で、yuko権限で/etc/shadowファイルをheadコマンドで参照できる」設定を行います。

/etc/sudoersファイルの編集

```
# visudo  ←rootで実行
yuko    centos7-1.localdomain=(root) /bin/head /etc/shadow  ←この行を追加
```

ユーザyukoは、centos7-1.localdomainへ再度ログインをし直し、**sudo head /etc/shadow**を実行すると、参照できていることがわかります。

参照の確認（head）

```
[yuko@centos7-1 ~]$ sudo head /etc/shadow
root:$6$Bx17yvFw$qAGPCRpGXZCv0jRLub0ZEn.m5OkJKHUrhLaKnYMGtXKS/KT1V1vS
.6ooNxA3k0hOLaRHUSAAqpjIkp10HZlbm1:17667:0:99999:7:::
bin:*:17110:0:99999:7:::
daemon:*:17110:0:99999:7:::
adm:*:17110:0:99999:7:::
…（以下省略）…
```

なお、/etc/shadowファイルの権限を変更しユーザyukoが参照できているわけではありません。したがって、headコマンドではなく、catコマンドで参照しようとしてもエラーとなります。

参照の確認（cat）

```
[yuko@centos7-1 ~]$ sudo cat /etc/shadow
ユーザー yuko は`/bin/cat /etc/shadow` を root として centos7-1.localdomain
上で実行することは許可されていません。すみません。
```

◯グループへの権限付与

前記の/etc/sudoersファイルの初期設定からわかる通り、wheelグループに属するユーザは、全てのホスト上で、管理者権限が必要なコマンドをユーザ権限で実行できます。つまり、特定のユーザをwheelグループに所属することで、sudoコマンドが使用できるようになります。

ユーザのグループの編集については、第4章（169ページ）を参照してください。

以下の実行例は、ユーザsamで行っている例です。ユーザsamはwheelグループに属するので、sudoコマンドを利用することができています。

wheelグループに属するユーザによるsudoの利用

```
[sam@centos7-1 ~]$ id
uid=1001(sam) gid=1001(sam) groups=1001(sam),10(wheel),100(users)   ←❶
[sam@centos7-1 ~]$
[sam@centos7-1 ~]$ head /etc/shadow  ←❷
head: `/etc/shadow` を 読み込み用に開くことが出来ません: 許可がありません
[sam@centos7-1 ~]$ sudo head /etc/shadow  ←❸
[sudo] sam のパスワード: ****  ←samのパスワードを入力
root:$6$Bx17yvFw$qAGPCRpGXZCv0jRLub0ZEn.m5OkJKHUrhLaKnYMGtXKS/
daemon:*:17110:0:99999:7:::
adm:*:17110:0:99999:7:::
…（以下省略）…
```

❶ユーザsamは、wheelグループに属していることを確認する
❷samが/etc/shadowの参照を試みるが、権限がないため閲覧できない
❸sudoを使用することで閲覧が可能

○Ubuntuでの利用

Ubuntuでは、システム管理者であるrootのアカウントはロックされています。rootでログインすることはできません。以下の実行例を見ると、rootは第2フィールドに「!」が付与されていることがわかります。

Ubuntuでのrootの確認

```
$ sudo cat /etc/shadow
[sudo] user01 のパスワード: ****    ←user01のパスワードを入力
root:!:17665:0:99999:7:::   ←第2フィールドに「!」が付与されている
…（以下省略）…
```

したがって管理者権限が必要な作業は、一般ユーザがsudoコマンドを使って実行します。/etc/sudoersファイルの編集は、前述と同様にvisudoコマンドを使用しますが、このコマンドにもsudoが必要です。

Ubuntuではインストール時に登録したユーザにsudo権限が与えられます。/etc/sudoersファイルの編集はこのユーザで行います。

/etc/sudoersファイルの編集

```
$ sudo visudo
…（実行結果省略）…
```

Ubuntuでのsudo推奨の背景は、「https://wiki.ubuntulinux.jp/UbuntuTips/Others/RootSudo」を参照してください。

> Rescueモードを使用する場合などのために、passwdコマンドでrootのパスワードを設定することもできます。セキュリティ強度は弱くなりますが、社内の試験用のシステムなどの場合、/etc/ssh/ssd_configで「PermitRootLogin yes」としてsshによるrootでのログインを許可することもできます。

sudoのログ

sudoコマンドを使用すると、ログとして記録されます。このファイルを参照することで、誰が、どのコマンドをsudoで実行したかを調査することができます。

CentOSでは、**/var/log/secure**ファイルに記録されます。

/var/log/secureファイルの参照（CentOS）

```
# ls -l /var/log/secure
-rw------- 1 root root 515  8月 24 17:18 /var/log/secure   ←❶
# cat /var/log/secure
…（途中省略）…
Aug 24 11:30:20 centos7-1 sudo:     sam : TTY=pts/0 ; PWD=/home/sam ;
USER=root ; COMMAND=/bin/head /etc/shadow   ←❷
```

```
...（以下省略）...

❶rootのみ閲覧可能
❷ユーザsamが、「/bin/head /etc/shadow」を実行したことがログに残っている
```

Ubuntuでは、**/var/log/auth.log**ファイルに記録されます。以下の実行結果から、ユーザuser01が、「/usr/bin/head /etc/shadow」を実行したことがわかります。

/var/log/auth.logファイルの参照（Ubuntu）

```
$ ls -l /var/log/auth.log
-rw-r----- 1 syslog adm 3771  8月 24 17:32 /var/log/auth.log
$ cat /var/log/auth.log
...（途中省略）...
Aug 24 17:30:54 ubuntu-1 sudo:   user01 : TTY=pts/0 ; PWD=/home/user01
; USER=root ; COMMAND=/usr/bin/head /etc/shadow
...（以下省略）...
```

Chapter 4

ユーザを管理する

4-1 ユーザの登録/変更/削除を行う

ユーザとは

Linuxは1台のホストを複数のユーザで使用できます。今までの実行例でもわかる通り、本書では、user01やrootなどのユーザで同じホストにログインし作業をしています。ログインは、ホストに直接ログインする**ローカルログイン**、ネットワークを利用した**リモートログイン**いずれも可能です。ただし、事前にこのホストにログインできるユーザが作成されている必要があります。

図4-1-1 ローカルログインとリモートログイン

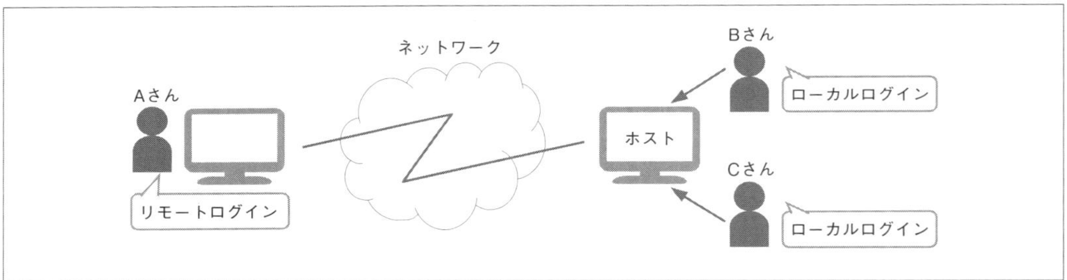

また、ログインしたユーザが全ての作業ができてしまうと、システムを破壊しかねません。したがって、第3章で扱ったパーミッションにより、ファイルやディレクトリのアクセスや、実行できるプログラムを制限することができます。

ユーザの種類

Linuxのユーザは、**管理者**と**一般ユーザ**の2種類があります。また、ログインは基本できませんが、特定アプリケーションに割り当てられる**システムアカウント**があります。

表4-1-1 ユーザの種類

種類	説明
管理者(root)	Linuxシステムの全ての操作が行える管理権限を持つ。通常は一般ユーザとしてログインし、必要な時だけ「root」ユーザで操作するという使い方が一般的である
一般ユーザ	限られた操作のみ実行できる。一般ユーザの作成はLinuxインストール時、またはインストール後に行うことが可能である
システムアカウント	システムアカウントは、特定のアプリケーション(apache、smb等)を実行する際に使用される、特殊なユーザアカウント。そのため、ログイン用のユーザとして使用することはできない

まず、一般ユーザの登録、変更、削除について確認します。

ユーザの登録

新規にユーザを登録するには、**useradd**コマンドを使用します。このコマンドは一般ユーザでは、使用できないため、rootで実行します。

/etc/passwdと**/etc/shadow**ファイルへのエントリ（1ユーザの情報セット）およびホームディレクトリを作成することができます。また、ユーザは1つ以上のグループに所属する必要があるため、**/etc/group**と**/etc/gshadow**ファイルにグループ情報が書き込まれます。グループについての詳細は後述します。

図4-1-2 ユーザ登録にともない更新されるファイル

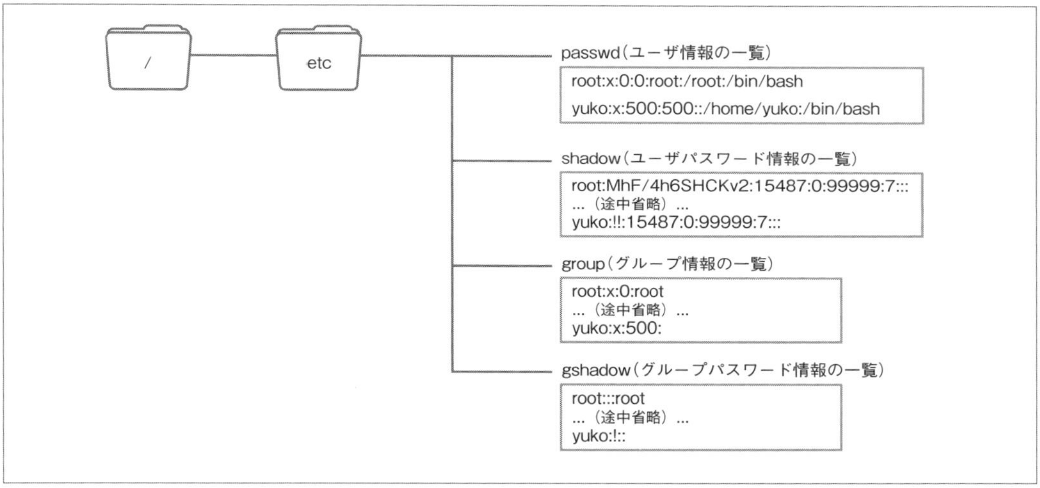

ユーザの登録

useradd [オプション] ユーザ名

表4-1-2 useraddコマンドのオプション

オプション	説明
-c コメント	コメントの指定
-d ホームディレクトリのパス	ホームディレクトリの指定
-e 失効日	アカウント失効日の指定。失効日はYYY-MM-DD（年-月-日）のフォーマットで指定 例）2019-12-31
-f 日数	パスワードが失効してからアカウントが使えなくなるまでの日数
-g グループID	1次グループの指定
-G グループID	2次グループの指定
-k skelディレクトリのパス	skelディレクトリの指定
-m	ホームディレクトリを作成する（/etc/login.defsで「CREATE_HOME yes」が設定されていれば、-mオプションなしでも作成する）
-M	ホームディレクトリを作成しない

-s シェルのパス	ログインシェルの指定
-u ユーザID	UIDの指定
-D	デフォルト値の表示あるいは設定

ここでは、CentOSを例に説明します。オプションを指定せずにuseraddコマンドを実行した場合、デフォルト値を基にしたユーザを作成します。デフォルト値は、**/etc/default/useradd**ファイルの設定が使用されます。

/etc/default/useraddファイル

```
# cat /etc/default/useradd
# useradd defaults file  ←コメント
GROUP=100
HOME=/home
INACTIVE=-1
EXPIRE=
SHELL=/bin/bash
SKEL=/etc/skel
CREATE_MAIL_SPOOL=yes
```

表4-1-3 /etc/default/useraddファイルの項目

項目	説明
GROUP	GROUPで指定される数値は、/etc/login.defsの中のUSERGROUPS_ENABの値による ・USERGROUPS_ENABが「yes」の場合：グループ名はユーザ名と同じ名前になる グループIDはユーザIDと同じ値になる。グループIDの値が既に使用されている場合は、/etc/login.defsの中のGID_MINとGID_MAXの範囲で現在使用されている値+1が使われる ・USERGROUPS_ENABが「no」の場合：グループIDはGROUPの値となる
HOME	HOMEの値で指定されたディレクトリの下にユーザ名のディレクトリが作成され、ホームディレクトリとなる
INACTIVE	パスワードが失効してからアカウントが使えなくなるまでの日数。「 -1 」は無期限を意味する
EXPIRE	アカウント失効日。値がない場合は無期限を意味する
SHELL	ログインシェル
SKEL	新規ユーザのホームディレクトリのテンプレート。/etc/skelのコピーが新規ユーザのホームディレクトリに作成される
CREATE_MAIL_SPOOL	/var/spool/mail/に新規ユーザ用のメール保存ファイルが作成される

以下は、一般ユーザとしてユーザ「sam」を作成しています。

ユーザの作成

```
# useradd sam  ←ユーザ「sam」を作成
# ls -d /home/sam
/home/sam  ←/home以下にsamディレクトリが作成される
```

上記の実行結果からもわかる通り、useraddコマンドの実行時に「-m」オプションを指定していませんが、ホームディレクトリが作成されます。これは、**/etc/login.defs**ファイルに

「CREATE_HOME yes」が設定されているためです。また、**/etc/skel**ディレクトリの下に置かれているファイルあるいはディレクトリは、useraddコマンドでユーザを作成した時に自動的にユーザのホームディレクトリに配られます。

例えば、bashの設定ファイルとなる「.bash_profile」や「.bashrc」などを、システム管理者がユーザに配る時に利用します。ユーザはそれらのファイルを自分でカスタマイズできます。

「~/.bashrc」のカスタマイズの例

```
$ vi ~/.bashrc
...（以降はviで編集）...
# .bashrc

# Source global definitions
if [ -f /etc/bashrc ]; then
     . /etc/bashrc
fi

...（途中省略）...

# User specific aliases and functions   ←この下にカスタマイズするための記述を追加
PATH=~/bin:$PATH  ←PATHに~/binを追加
PS1='[\u@\h \w]\$ '   ←コマンドプロンプトのカスタマイズ
...（編集はここまで）...
$ source .bashrc  ←sourceコマンドで .bashrcを再読み込み
[user01@centos7-1 ~]$  ←プロンプトが変更される
```

図4-1-3 初期化ファイルの自動配布

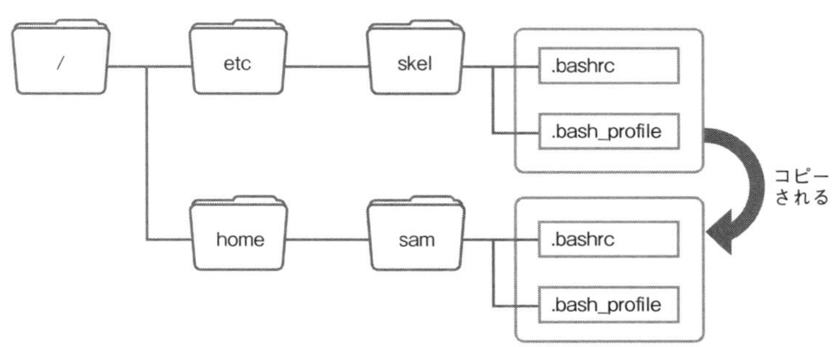

> ユーザの作成には、useraddコマンドの他、**adduser**コマンドも提供されています。なお、CentOS とUbuntuで挙動が異なります。
>
> - **CentOS**：useraddにシンボリックリンクされる
> - **Ubuntu** ：useraddとは異なるコマンドで、対話形式でユーザを追加する

useraddコマンドを実行した後、**/etc/passwd**と**/etc/shadow**ファイルにはユーザsamの情報が追加されます。以下の例は、tailコマンド（122ページ）を使用して、それぞれのファイルの末尾に追加された情報を確認しています。

ユーザ情報の確認

```
# tail -1 /etc/passwd
sam:x:1001:1001::/home/sam:/bin/bash
# tail -1 /etc/shadow
sam:!!:17725:0:99999:7:::
```

/etc/passwdには、6つの「:」で区切られた7つのフィールドから構成される行が追加されます。新規ユーザの作成後、パスワードを設定していない場合、/etc/shadowの2番目のフィールドは「!!」となります。

/etc/shadowファイルのフィールドの詳細は、本章の「4-3 アカウントのロックと失効日の管理」(172ページ)で扱います。

図4-1-4 /etc/passwdファイルのフィールド

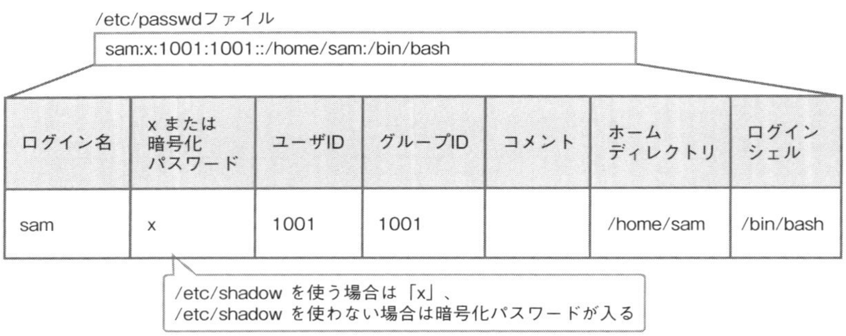

パスワードの設定

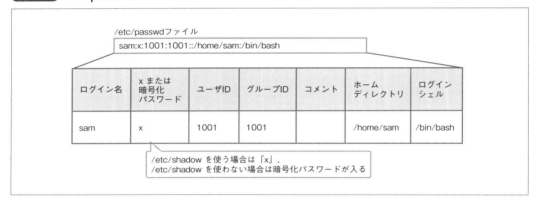

パスワードの設定には、**passwd**コマンドを使用します。rootはpasswdコマンドの引数に指定した任意のユーザのパスワードを設定、変更が可能です。一般ユーザはpasswdコマンドで自分のパスワードの変更のみ可能です。そのため、ユーザ名は指定できません。

パスワードの設定

passwd [オプション] [ユーザ名]

表4-1-4 passwdコマンドのオプション

オプション	説明
-d	パスワードを期限切れにする 期限切れに設定されたユーザは、次回ログイン時にパスワードの設定が必要
-e	パスワードを削除する。rootのみ使用可能
-i 日数	パスワードの有効期限が切れてから使用不能になるまでの日数を指定。rootのみ使用可能

-l	ユーザのアカウントをロックする。rootのみ使用可能
-n 日数	パスワードが変更可能になる最小日数を指定。rootのみ使用可能
-u	ユーザのアカウントのロックを解除する。rootのみ使用可能
-w 日数	パスワードの有効期限が切れる何日前から警告を出すかを指定。rootのみ使用可能
-x 日数	パスワード変更の最大日数を指定。rootのみ使用可能

オプションを指定せずに実行すると、対話形式でパスワードの設定が行われます。

以下の例は、rootが対話形式でユーザ「sam」のパスワードの変更を行っています(passwdコマンドの引数に「sam」と指定しています)。また、/etc/passwdと/etc/shadowファイルの内容をtailコマンドで表示しています。

パスワードの変更

```
# passwd sam
ユーザー sam のパスワードを変更。
新しいパスワード: ****  ←パスワードの入力
新しいパスワードを再入力してください: **** ←パスワードの入力(確認)
passwd: すべての認証トークンが正しく更新できました。
#
# tail -1 /etc/passwd
sam:x:1001:1001::/home/sam:/bin/bash
#
# tail -1 /etc/shadow
sam:$6$TUNQj5Up$tctda54E2Qwb65WSckk9kHfGHOQeVUoBNPA.I1ydMdOIj1fWulEpK971t
rqopPqqobEqhwAqcEypdWuBCFm1y1:17725:0:99999:7:::
```

/etc/passwdのエントリに変更はありません。しかし、/etc/shadowの第2フィールドが「!!」から暗号化されたパスワードに変更されていることが確認できます。

なおユーザ認証は、**PAM**(Pluggable Authentication Modules)の**pam_unix.so**モジュールが行っています。

PAMの詳細は、第10章(457ページ)を参照してください。

ユーザアカウントの削除

ユーザアカウントを削除するには、**userdel**コマンドを使用します。

アカウントの削除

userdel [オプション] ユーザ名

userdelコマンドに「-r」あるいは「--remove」オプションを指定することで、ユーザのホームディレクトリ(それ以下のファイル)を削除することができます。「-r」あるいは「--remove」オプションを指定しないと**/etc/passwd**と**/etc/shadow**ファイルのエントリだけが削除されて、ホームディレクトリはそのまま残されます。

ユーザ情報の変更

ユーザ情報の変更は、**usermod**コマンドを使用します。

ユーザ情報の変更

usermod [オプション] ユーザ名

「**usermod -l 新ログイン名 旧ログイン名**」とすることで、ログイン名の変更も可能です。なお、後述するグループの管理で、usermodコマンドを使用した登録グループの変更を行います。

表4-1-5 usermodコマンドのオプション

オプション	説明
-l 名前	ログイン名の変更
-d ホームディレクトリのパス	ホームディレクトリの変更
-g グループID	1次グループの変更
-G グループID	2次グループの変更
-s シェルのパス	ログインシェルの変更

usermodコマンドの例は、次項の「4-2 グループの登録/変更/削除を行う」を参照してください。

4-2 グループの登録/変更/削除を行う

グループとは

ユーザは、必ず1つ以上のグループに所属します。グループには、1次グループと2次グループの2種類があります。ユーザには、1次グループを1つ割り当てる必要があり、2次グループは任意です。

ユーザは自分の所属するグループを**groups**コマンドで表示できます。引数にユーザ名を指定すると、そのユーザの所属するグループを表示できます。groupsコマンドは**/etc/group**ファイルを参照します。

groupsコマンドの詳細は、第3章（133ページ）を参照してください。

以下は、ユーザyukoとsamが所属するグループをgroupsコマンドで表示しています。

groupsコマンドによるグループの表示

```
# groups sam    ←samが所属するグループの表示
sam : sam
# groups yuko    ←yukoが所属するグループの表示
yuko : yuko users    ←yukoは2つのグループに所属している
# grep yuko /etc/passwd    ←「etc/passwd」内を「yuko」をキーにして検索
yuko:x:1002:1002::/home/yuko:/bin/bash    ←yukoのGIDは1002

# grep yuko /etc/group
users:x:100:yuko,ryo    ←yukoはGIDが100のusersグループに所属
yuko:x:1002:    ←yukoはGIDが1002のyukoグループに所属
```

グループの作成

新規にグループを登録するには、**groupadd**コマンドを使用します。実行にはroot権限が必要です。

グループの作成

groupadd [-g グループID] グループ名

グループID（GID）は「-g」オプションで指定します。「-g」オプションを指定しない場合、現在使用されている最大値+1が設定されます。新しいグループのエントリは**/etc/group**と**/etc/gshadow**ファイルの最終行に追加されます。

以下は、rootによって新しいグループ「pg」を作成しています。

グループの作成

```
# groupadd pg   ←グループを作成
# tail -1 /etc/group   ←tailコマンドで「/etc/group」の末尾を確認
pg:x:1006:
# tail -1 /etc/gshadow
pg:!::
```

/etc/gshadowは、ユーザが自分の登録されていないグループに所属するためにnewgrpコマンドを実行した時のパスワードを設定するファイルです。

グループの削除

グループを削除するには、**groupdel**コマンドを使用します。実行にはroot権限が必要です。groupdelコマンドの引数には、グループ名を指定します。

グループの削除
groupdel グループ名

以下は、rootによって「pg」グループを削除しています。

グループの削除

```
# groupdel pg   ←グループの削除
# tail /etc/group | grep pg   ←「pg」が削除されているため、実行結果には表示されない
# tail /etc/gshadow | grep pg   ←「pg」が削除されているため、実行結果には表示されない
```

所属グループの変更

ユーザの1次グループを変更する時は、**usermod**コマンドの「-g」オプションで指定します。ユーザを2つ以上のグループ（2次グループ）に所属させる時は、**useradd**コマンドの「-G」オプション、**usermod**コマンドの「-G」オプションで指定します。

usermodコマンドによる2次グループの登録①

```
# id sam  ←❶
uid=1001(sam) gid=1001(sam) groups=1001(sam)  ←❷
# grep users /etc/group  ←❸
users:x:100:yuko,ryo  ←❹
# usermod -G users sam  ←❺
# id sam
uid=1001(sam) gid=1001(sam) groups=1001(sam),100(users)  ←❻
# grep users /etc/group  ←❼
users:x:100:yuko,ryo,sam  ←❽
```

❶ユーザsamの情報を表示
❷1次グループとしてsam（GIDは1001）に所属

❸usersグループの情報を表示
❹usersグループにはryoとyukoが所属
❺ユーザsamは、2次グループとしてusersに所属
❻2次グループにusersが追加される
❼usersグループの情報を表示
❽ユーザsamが追加されている

グループを変更したいユーザが既に2次グループに所属している場合、「-G」オプションは指定されたグループに置き換えます。もし、2次グループとして複数のグループに所属させる場合は、「-aG」オプションを使用します。

usermodコマンドによる2次グループの登録②

```
# id sam ←❶
uid=1001(sam) gid=1001(sam) groups=1001(sam),100(users) ←❷
# usermod -G wheel sam ←❸
# id sam
uid=1001(sam) gid=1001(sam) groups=1001(sam),10(wheel) ←❹
# usermod -aG users sam ←❺
# id sam
uid=1001(sam) gid=1001(sam) groups=1001(sam),10(wheel),100(users)  ←❻
```

❶ユーザsamの情報を表示
❷2次グループはusers
❸「-G」オプションで、2次グループとしてwheelに所属
❹2次グループがusersからwheelに置き換わる
❺「-aG」オプションで、2次グループにusersを追加
❻2次グループとしてwheelとusersに所属

4-3

アカウントのロックと失効日の管理

失効日の設定

特定のユーザに対し、ある一定期間のみ使用可能なアカウントを発行するのであれば、**失効日**を明示的に設定することが可能です。

デフォルトの失効日の設定

useraddコマンドでユーザアカウントのデフォルト値を設定あるいは表示する時は、「-D」オプションを指定します。その際、「-f」オプションにパスワードの使用期限が切れてからアカウントが使用不能となるまでの日数を引数として指定します。

日数による失効日の設定

```
useradd -D -f 日数
```

日数による失効日の設定

```
# grep INACTIVE /etc/default/useradd
INACTIVE=-1
# useradd -D -f 60
# grep INACTIVE /etc/default/useradd
INACTIVE=60
```

上記のように「useradd -D -f 60」を実行すると、**/etc/default/useradd**ファイルのINACTIVEの値が更新されます。更新前は、デフォルトとして「-1」（失効しない）が設定されています。

また、失効する日付を指定することも可能です。デフォルトでは、EXPIREの値は設定されていないため、無期限を意味します。失効日のデフォルト値の設定は、「-e」（expire）オプションに引数として失効日をYYYY/MM/DDの形式で指定します。

日付による失効日の設定

```
useradd -D -e 日付
```

日付による失効日の設定

```
# grep EXPIRE /etc/default/useradd
EXPIRE=
# useradd -D -e 2018/12/31
# grep EXPIRE /etc/default/useradd
EXPIRE=2018/12/31
```

既存ユーザに対する失効日の設定

失効日の設定やパスワードの有効期限の設定には、**chage**コマンドを使用します。

既存のユーザに対する失効日を変更するには、「usermod -e」あるいは、chageコマンドを使って、「chage -E」を実行します。

失効日やパスワードの有効期限の設定
chage [オプション[引数]] ユーザ名

表4-3-1 chageコマンドのオプション

オプション	説明	/etc/shadow（対応するフィールド番号）
-l	アカウントとパスワードの失効日の情報を表示 このオプションのみ一般ユーザでも使用できる	―
-d	パスワードの最終更新日を設定。年月日をYYYY/MM/DDの書式、もしくは1970年1月1日からの日数で指定する	3
-m	パスワード変更間隔の最短日数を設定	4
-M	パスワードを変更なしで使用できる最長日数を設定	5
-W	パスワードの変更期限の何日前から警告を出すかを指定	6
-I	パスワードの変更期限を過ぎてからアカウントが使用できなくなるまでの猶予日数。この猶予期間ではログイン時にパスワードの変更を要求される	7
-E	アカウントの失効日を設定（失効日の翌日から使用できなくなる）。年月日をYYYY/MM/DDの書式、もしくは1970年1月1日からの日数で指定する	8

既存のユーザの失効日は、**/etc/shadow**ファイルに登録されています。

表4-3-2 /etc/shadowのフィールド

フィールド番号	説明
1	ログイン名
2	暗号化されたパスワード
3	1970年1月1日から、最後にパスワードが変更された日までの日数
4	パスワードが変更可となるまでの日数
5	パスワードを変更しなければならない日までの日数
6	パスワードの期限切れの何日前にユーザに警告するかの日数
7	パスワードの期限切れの何日後にアカウントを使用不能とするかの日数
8	1970年1月1日から、アカウントが使用不能になるまでの日数
9	予約されたフィールド

以下の例では、日付による失効日を設定しています。

日付による失効日の設定

```
# grep yuko /etc/shadow
yuko:$6$eoDM5Ajh$9IW7WNEJdmoai082TXqL85eRYzHlIJgoWuPsGSPPJMh7M.
ZdkL7gjJDOU0USm9OypwZ4SyKdV8wS/Wa8oi62I1:17754:0:99999:7:::   ←指定なし
# date  ←現在の日付を確認
2018年  8月  9日 木曜日 15:01:10 JST
# chage -E 2018/8/13 yuko  ←ユーザyukoの失効日を変更
# grep yuko /etc/shadow
yuko:$6$eoDM5Ajh$9IW7WNEJdmoai082TXqL85eRYzHlIJgoWuPsGSPPJMh7M.
ZdkL7gjJDOU0USm9OypwZ4SyKdV8wS/Wa8oi62I1:17754:0:99999:7::17756:
↑17756日後に失効
```

上記の実行結果では、/etc/shadowの第8フィールドが、何も指定なし(失効しない)から「17756」に変更されています。1970年1月1日の17756日後が2018年8月13日になります。この例では、アカウントは失効日の2018年8月13日まで使えます。2018年8月14日になると次のようなメッセージが表示されてログインできなくなります。

失効の確認

```
# date
2018年  8月  14日 火曜日 10:00:10 JST  ←❶
# ssh centos7-1.localdomain -l yuko  ←❷
yuko@centos7-1.localdomain's password: ****
Your account has expired; please contact your system administrator  ←❸
Authentication failed.

❶失効日を過ぎていることを確認
❷sshで「centos7-1.localdomain」ホストにユーザyukoがログインを試みる
❸失効によりログインできない旨のメッセージが表示
```

パスワードの有効期限の確認

パスワード有効期限を調べる場合は、**chage**コマンドを「chage -l ユーザ名」として実行します。以下の例では、ユーザryoのアカウントとパスワードの有効期限を調べています。

有効期限の確認と設定

```
# date
2018年  8月 20日 月曜日 11:51:50 JST  ←現在の日付を確認
# chage -l ryo  ←有効期限を確認
最終パスワード変更日                          : 8月 20, 2018
パスワード期限:                               : なし
パスワード無効化中                            : なし
アカウント期限切れ                            : なし
パスワードが変更できるまでの最短日数          : 0
パスワードを変更しなくてよい最長日数          : 99999
パスワード期限が切れる前に警告される日数      : 7
#
# chage -M 60 ryo  ←パスワードを変更なしで使用できる最長日数(60日)を設定
# chage -l ryo
最終パスワード変更日                          : 8月 20, 2018
```

```
パスワード期限:                          : 10月 19, 2018   ←60日後が設定される
パスワード無効化中                       : なし
アカウント期限切れ                       : なし
パスワードが変更できるまでの最短日数     : 0
パスワードを変更しなくてよい最長日数     : 60   ←60日が設定される
パスワード期限が切れる前に警告される日数 : 7
# chage -I 30 ryo
↑パスワードの変更期限を過ぎてからアカウントが使用できなくなるまでの猶予日数(30日)を設定
# chage -l ryo
最終パスワード変更日                     : 8月 20, 2018
パスワード期限:                          : 10月 19, 2018
パスワード無効化中                       : 11月 18, 2018   ←30日後が設定される
アカウント期限切れ                       : なし
パスワードが変更できるまでの最短日数     : 0
パスワードを変更しなくてよい最長日数     : 60
パスワード期限が切れる前に警告される日数 : 7
# chage -E 2018/11/30 ryo   ←アカウントの失効日(2018/11/30)を設定
# chage -l ryo
最終パスワード変更日                     : 8月 20, 2018 ❶
パスワード期限:                          : 10月 19, 2018 ❷
パスワード無効化中                       : 11月 18, 2018 ❸
アカウント期限切れ                       : 11月 30, 2018 ❹   ←2018/11/30が設定される
パスワードが変更できるまでの最短日数     : 0 ❺
パスワードを変更しなくてよい最長日数     : 60 ❻
パスワード期限が切れる前に警告される日数 : 7 ❼
```

上記の結果を図に当てはめると、以下のようになります。

図4-3-1 **アカウントとパスワードの有効期限の例**

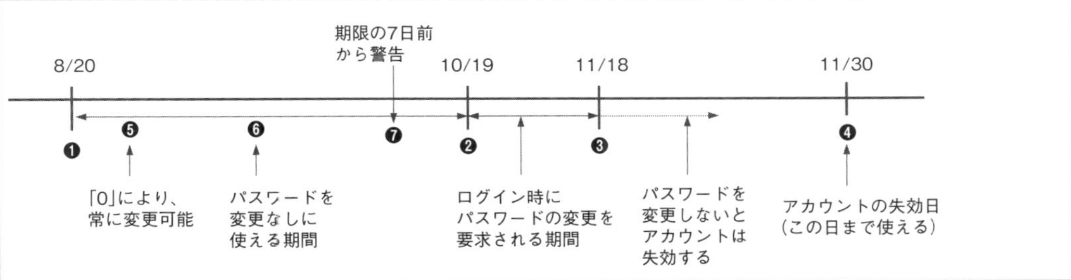

パスワードの有効期限を過ぎた後、アカウント失効までの猶予期間中は以下のようにログイン時にパスワードの変更を要求されます。以下は、図4-3-1の❷～❸の期間中にログインを試みた場合、パスワードの変更が促されていることを確認しています。

図4-3-1の②～③の期間中にログインを試みた場合

```
$ date
2018年 10月 25日 木曜日 00:00:30 JST
$ ssh centos7-1.localdomain -l ryo
↑sshで「centos7-1.localdomain」にユーザryoがログインを試みる
ryo@centos7-1.localdomain's password:
```

```
You are required to change your password immediately (password aged)
↑パスワード変更を促すメッセージが表示
Last login: Sat Sep 15 00:00:29 2018 from localhost
WARNING: Your password has expired.
You must change your password now and login again!
ユーザー ryo のパスワードを変更。
ryo 用にパスワードを変更中
現在の UNIX パスワード: ****   ←現在のパスワードを入力
新しいパスワード: ****   ←新しいパスワードを入力
新しいパスワードを再入力してください: ****   ←再度、新しいパスワードを入力
passwd: すべての認証トークンが正しく更新できました。
Connection to centos7-1.localdomain closed.
```

この後、新しいパスワードを使用してログインを試みるとログイン可能となります。

なお、パスワードを変更できる猶予期間を過ぎると、アカウント失効時と同じ以下のメッセージが表示されてログインはできなくなります。

失効の確認

```
$ ssh centos7-1.localdomain -l ryo  ←❶
ryo@centos7-1.localdomain's password:
Your account has expired; please contact your system administrator  ←❷
Authentication failed.
```

❶sshで「centos7-1.localdomain」にユーザryoがログインを試みる
❷失効によりログインできない旨のメッセージが表示

パスワードの有効期限の変更

chageコマンドの他、**passwd**コマンドでもパスワードの有効期限とパスワード失効までの猶予期間を変更できます。**usermod**コマンドはパスワード失効までの猶予期間を変更できます。パスワードとアカウントの有効期限を設定、変更するコマンドとオプションは以下の通りです。

表4-3-3 パスワードとアカウントの有効期限を変更するコマンド

コマンド	maxdays (パスワードが変更なしで有効な最長日数)	inactive (パスワード失効までの猶予日数)	expiredate (アカウントの失効日)
useradd	(デフォルト値は/etc/login.defsを参照) -	useradd -D -f useradd -f	useradd -D -e useradd -e
usermod	-	usermod -f	usermod -e
chage	chage -M	chage -I	chage -E
passwd	passwd -x	passwd -i	-

ログインの禁止

各ユーザのログインシェルは、**/etc/passwd**ファイルに登録されています。

ログインシェルに**/bin/false**を指定することにより、対話的なログインを禁止することがで

きます。falseは、何もせずに単に返り値「1」(false：偽)を返すコマンドです。/bin/falseを指定することで、ユーザがログインするとfalseコマンドが実行されるため、強制的にログアウトさせられます。

また、ログインシェルを**/sbin/nologin**に設定することもできます。nologinは、アカウントが現在使えない旨のメッセージを表示するコマンドです。ユーザがログインするとnologinコマンドが実行されて「This account is currently not available.」のメッセージが表示された後、ログアウトさせられます。

なお、ログインシェルの変更には**usermod**コマンド、あるいはユーザのログインシェルを変更するための専用コマンドである**chsh**(change shell)を使用します。

ログインシェルの変更(usermod)

usermod -s ログインシェル ユーザ名

ログインシェルの変更(chsh)

chsh -s ログインシェル ユーザ名

以下の例では、usermodコマンドでユーザmanaのログインシェルを「/sbin/nologin」に、chshコマンドでユーザryoのログインシェルを「/bin/false」に変更しています。

ログインシェルの変更

```
# grep mana /etc/passwd ←❶
mana:x:1004:1004::/home/mana:/bin/bash  ←❷
#
# usermod -s /sbin/nologin mana  ←❸
#
# grep mana /etc/passwd
mana:x:1004:1004::/home/mana:/sbin/nologin  ←❹
#
# grep ryo /etc/passwd
ryo:x:1003:1003::/hcme/ryo:/bin/bash  ←❺
# chsh -s /bin/false ryo  ←❻
ryo のシェルを変更します。
chsh: Warning: "/bin/false" is not listed in /etc/shells.  ←❼
シェルを変更しました。
# grep ryo /etc/passwd
ryo:x:1003:1003::/home/ryo:/bin/false  ←❽
```

❶ファイル「/etc/passwd」をmanaをキーワードに検索
❷ユーザmanaのシェルは「/bin/bash」
❸ログインシェルを「/sbin/nologin」に変更
❹「/sbin/nologin」に変更されたことを確認
❺ユーザryoのシェルは「/bin/bash」
❻ログインシェルを「/bin/false」に変更
❼「/bin/falseが/etc/shells」に登録されていない場合は警告が出る
❽「/bin/false」に変更されたことを確認

「centos7-1.localdomain」にsshでmanaとryoがログインを試みます。パスワード入力後、強制的に切断されていることがわかります。

ログイン禁止の確認

```
$ ssh centos7-1.localdomain -l mana
mana@centos7-1.localdomain's password: ****
Last login: Mon Aug 20 12:45:28 2018
This account is currently not available.
Connection to centos7-1.localdomain closed. ←強制的に切断
$
$ ssh centos7-1.localdomain -l ryo
ryo@centos7-1.localdomain's password: ****
Last failed login: Fri Jan 25 00:05:33 JST 2019 from localhost on
ssh:notty
There was 1 failed login attempt since the last successful login.
Last login: Mon Aug 20 12:45:39 2018
Connection to centos7-1.localdomain closed. ←強制的に切断
```

アカウントのロック

特定ユーザのアカウントをログインできないようにロックするには、**usermod**あるいは**passwd**コマンドを実行します。「usermod -L」は暗号化されたパスワードの先頭に「!」を 追加してロックします。「usermod -U」は暗号化されたパスワードの先頭の「!」を削除してアンロックします。「passwd -l」は、暗号化されたパスワードの先頭に「!!」を追加してロックします。「passwd -u」は暗号化されたパスワードの先頭の「!!」を削除してアンロックします。

アカウントのロック(usermod)

usermod -L ユーザ名

アカウントのロック(passwd)

passwd -l ユーザ名

アカウントのアンロック(usermod)

usermod -U ユーザ名

アカウントのアンロック(passwd)

passwd -u ユーザ名

以下は、「usermod -L」を使用してユーザyukoのアカウントをロックしています。

「usermod -L」によるアカウントロック

```
# grep yuko /etc/shadow  ←アカウントの状態を確認
yuko:$6$eoDM5Ajh$9IW7WNEJdmoai082TXqL85eRYzHlIJgoWuPsGSPPJMh7M.
ZdkL7gjJDOU0USm9OypwZ4SyKdV8wS/Wa8oi62I1:17754:0:99999:7:::
# usermod -L yuko  ←アカウントをロック
# grep yuko /etc/shadow
yuko:!$6$eoDM5Ajh$9IW7WNEJdmoai082TXqL85eRYzHlIJgoWuPsGSPPJMh7M.
```

```
ZdkL7gjJDOU0USm9OypwZ43yKdV8wS/Wa8oi62I1:17754:0:99999:7:::
↑第2フィールドの先頭に「!」が付与されている
```

ロックされた時のログイン時に表示されるメッセージは、パスワードを間違えた時と同じになります。

以下では、ユーザyukoがsshでログインを試み、正しいパスワードを入力していますが、再入力を促され、ログインできないことを確認しています。

アカウントロックの確認

```
# ssh centos7-1.localdomain -l yuko
yuko@centos7-1.localdomain's password: ****  ←正しいパスワードを入力
Permission denied, please try again.  ←パスワードが誤っている旨のメッセージ
yuko@centos7-1.localdomain's password:  ←再度、正しいパスワードを入力するよう促される
```

一般ユーザのログイン禁止

また、rootが**/etc/nologin**ファイルを作ると、一般ユーザはそれ以降はログインできなくなります。/etc/nologinにメッセージを格納した場合は、そのメッセージがログイン時に表示されてユーザはログインを拒否されます。ただし、rootはログインできます。なお、このファイルを削除すればまた通常の状態に戻ります。

以下では、/etc/nologinファイルを新規に作成しています。

/etc/nologinファイルによるログイン禁止

```
# ls /etc/nologin  ←「/etc/nologin」がないことを確認
ls: /etc/nologin にアクセスできません: そのようなファイルやディレクトリはありません
# touch /etc/nologin  ←「/etc/nologin」を新規作成
# vi /etc/nologin  ←ログインを拒否する際に表示するメッセージを追加
login currently inhibited for maintenance.  ←この行を記述
```

以下では、ユーザyukoがログインを試みますが、メッセージが表示されてログインできないことを確認しています。

/etc/nologinファイルによるログイン禁止の確認

```
$ ssh centos7-1.localdomain -l yuko
yuko@centos7-1.localdomain's password: ****
login currently inhibited for maintenance.
↑「/etc/nologin」に記載したメッセージが表示される
```

4-4

ログイン履歴の調査

ログイン履歴の表示

lastコマンドは、最近ログインしたユーザのリストを表示するコマンドです。このコマンドは**/var/log/wtmp**ファイルを参照します。/var/log/wtmpにはユーザのログイン履歴が記録されています。

ログイン履歴の表示

```
$ last
yuko     pts/2        localhost        Mon Aug 20 12:58 - 12:58  (00:00)
root     pts/2        localhost        Mon Aug 20 12:58 - 12:58  (00:00)
root     pts/2        localhost        Mon Aug 20 12:58 - 12:58  (00:00)
yuko     pts/1        localhost        Mon Aug 20 12:54   still logged in
mana     pts/1        localhost        Mon Aug 20 12:51 - 12:51  (00:00)
…（途中省略）…
wtmp begins Mon May 14 16:27:05 2018
```

ログインユーザの表示

wコマンド、**who**コマンドは、現在ログインしているユーザのリストを表示します。これらのコマンドは、**/var/run/utmp**ファイルを参照します。いずれのコマンドもログインユーザ名（USER）、端末名（TTY）、ログイン時刻（LOGIN@）を表示します。wコマンドはさらに、アイドル時間（IDLE：ユーザが操作を行っていない時間）や、カレントプロセス（WHAT：ユーザが現在実行しているプロセス）などを表示します。

ログインユーザの表示

```
$ who
yuko     pts/0        2018-08-20 11:40 (gateway)
yuko     pts/1        2018-08-20 12:54 (localhost)
user01   :0           2018-08-20 13:55 (:0)
$ w
 13:55:35 up  2:17,  3 users,  load average: 0.41, 0.11, 0.08
USER     TTY      FROM             LOGIN@   IDLE   JCPU   PCPU WHAT
yuko     pts/0    gateway          11:40     ?     0.45s  0.14s ssh
centos7-1.localdomain -l yuko
yuko     pts/1    localhost        12:54    7.00s  0.21s  0.02s w
user01   :0       :0               13:55   ?xdm?  45.45s  0.38s /usr/
libexec/gnome-session-binary --session gnome-classic
```

Chapter 5

スクリプトやタスクを実行する

5-1 シェルスクリプトの実行方法を理解する

シェルスクリプトとは

シェルスクリプトとは、OSのシェルを使用して複数の処理をまとめて行うプログラム（スクリプト）です。複雑な条件に基づいた処理や、煩雑な繰り返し処理をシェルスクリプトに記述することで、簡潔に実行できるようになります。

シェルスクリプトは、以下のような特徴があります。

◇インタプリタ型言語

スクリプトをインタプリタが解釈して実行します。実行するインタプリタは1行目に定義します。作成したスクリプトはコンパイルすることなく、インタプリタによってそのまま解釈、実行できます。

◇バッチ処理機能

端末上で手作業で入力していた一連のコマンドをシェルスクリプトに記述して一括で実行できます。

◇デバッグが容易

シェルスクリプトはインタプリタ型言語のため、プログラムを編集してそのまま実行、確認ができることに加え、「-e」や「-x」オプションによるデバッグが可能です。

◇プログラミング言語としての機能

シェルスクリプトは、変数や配列、条件分岐や繰り返し等の制御構文や関数定義等のプログラミング言語としての機能を持っているので、処理を効率良く記述することができます。

本書では、シェルスクリプトの文法は掲載しません。提供されているスクリプトの実行方法について説明します。

シバン (shebang)

シェルスクリプトとして書かれたファイルの1行目には、シェルスクリプトを実行するインタプリタが記述されています。ファイルの先頭に「#!」の後、空白を入れずにインタプリタのパスが絶対パスで記述されています。

なお、この「#!」で始まるスクリプトの1行目を**シバン**（shebang）と呼びます。主なシバンは以下の通りです。

表5-1-1 主なシバン

シバン	動作するインタプリタ
#!/bin/sh	Bourneシェル
#!/bin/bash	bash (Bourne Again SHell)
#!/usr/bin/perl	Perl言語
#!/usr/bin/python	Python言語

シェルスクリプトの実行

シェルスクリプトの実行方法は3通り(表記方法は4通り)あります。実行結果は変わりませんが、現在のシェルか子シェルで実行されるか、シバンの読み取りを行うかどうかの違いがあります。「子シェルで実行される」とは、別のシェルが起動されて、別プロセスで実行されることを意味します。

表5-1-2 シェルスクリプトの実行方法

No	起動の種類	実行例	補足
❶	./シェルスクリプト	`$ ./shellscript.sh`	・シバンを読み込み、インタプリタを子シェルで起動 ・スクリプトファイルに実行権が必要
❷	bash シェルスクリプト	`$ bash shellscript.sh`	・bashコマンドが子シェルでインタプリタとして起動しスクリプトを実行 ・そのため、シバンは読み込まない ・スクリプトファイルに実行権は必要ない
❸	. シェルスクリプト	`$ . shellscript.sh`	・シェル自身がスクリプトを実行 ・そのため、シバンは読み込まない ・スクリプトファイルに実行権は必要ない
❹	source シェルスクリプト	`$ source shellscript.sh`	・上記「. シェルスクリプト」と同じ処理

例えば、exportコマンドを使った環境変数を設定するスクリプトを書いた場合、表5-1-2の❶、❷の実行方法では、子シェル環境の環境変数に設定され、子シェル終了時(スクリプト終了時)に設定された環境変数は消えてしまいます。今作業しているコマンドプロンプト上の環境変数として設定したいのであれば、❸、❹の方法で実行します。

図5-1-1 実行時のイメージ

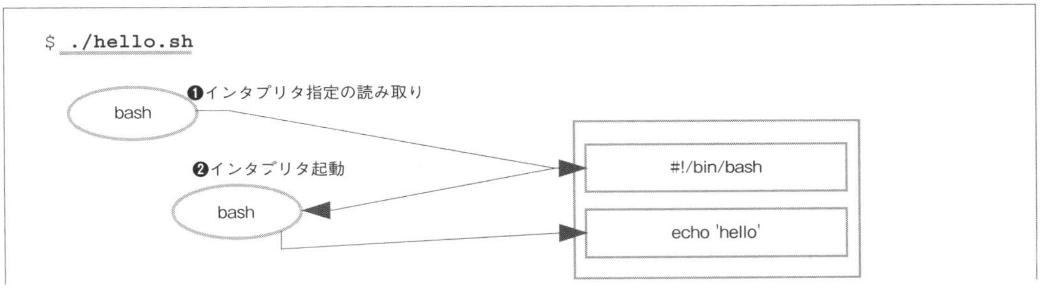

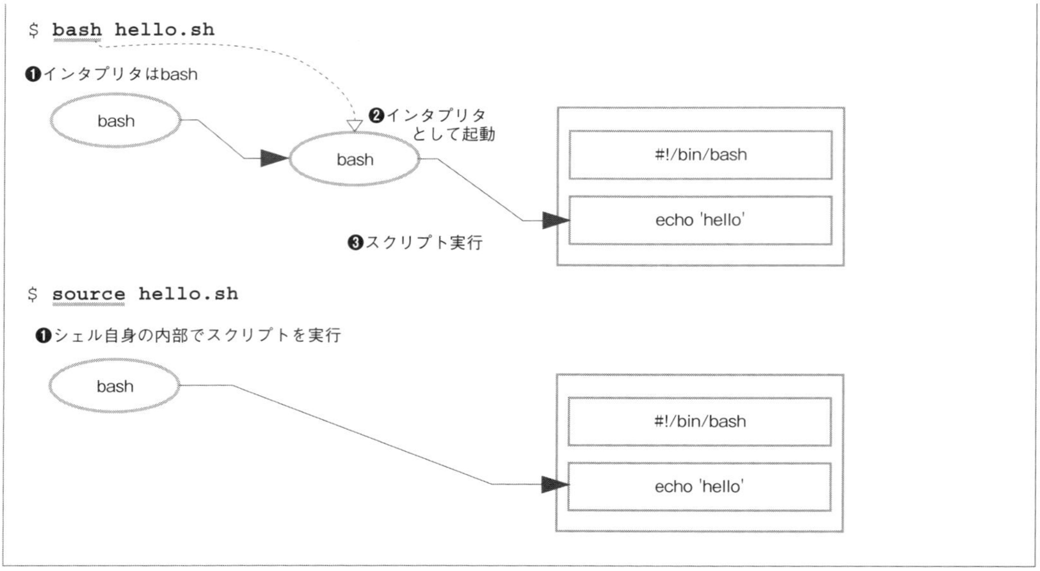

スクリプトファイルのパーミッション

シェルスクリプトが実行できるように、スクリプトファイルのパーミッションを確認・変更します。

◇パーミッション設定

実行するユーザに読み込み権があることを確認します。また、表5-1-2の❶の方法でファイルを直接実行する際には実行権を与えます。

◇拡張子

任意ですが、シェルスクリプトであることを明示するため、一般的に「.sh」を付けます。

第2章で解説したように、Linuxではさまざまなコマンドやシェルスクリプトが使用されています。ここでは、独自のシェルスクリプトを用いて、実行方法を確認します。なお、以降で使用するシェルスクリプトのファイルは、user01のホームディレクトリ（/home/user01）に保存して実行しています。

以下のシェルスクリプト「hello.sh」は、文字列をディスプレイ上に表示しています。1行目はシバンの定義、3行目の「#」はコメント行です。4行目のechoコマンドは、指定した文字列や変数値をディスプレイ上に表示します。

hello.sh

```
#!/bin/bash

# 文字列の表示
echo 'helloworld.'
```

以下は、上記のシェルスクリプト「hello.sh」を実行する例です。

「hello.sh」のパーミッションの変更を行って実行

```
$ chmod a+x hello.sh
$ ./hello.sh
helloworld.
```

「hello.sh」をbashコマンドで実行

```
$ bash hello.sh
helloworld.
```

「hello.sh」を「.」で実行

```
$ . hello.sh
helloworld.
```

「hello.sh」をsourceコマンドで実行

```
$ source hello.sh
helloworld.
```


実行時のオプションと引数（特殊変数）

オプションは**bash**コマンドでスクリプトの読み込み、実行する時に指定可能です。設定ファイルを読み込むかどうかの設定やデバッグの際に有効です。以下に、主なオプションを示します。

表5-1-3 スクリプトの実行時のオプション

オプション	説明
--norc	ユーザ設定ファイル（~/.bashrc）を読み込まない
--rcfile ファイル名	ユーザ設定ファイル（~/.bashrc）を読み込まずに、指定されたファイルを設定ファイルとする
-n	文法エラーが無いかチェックする
-e	スクリプトが実行時エラーになった場合、そのエラー内容を返し、処理を停止する
-x	シェルスクリプトで実行した内容を1ステップごとにコマンドライン上に表示する。実行時エラーがあればそれも表示する

オプションを指定した際の実行結果を比較しています。オプションはbashシェルに対して指定するので、bashコマンドを使用します。

option.sh

```
#!/bin/bash

echo 'script started.'  # 標準出力するコマンド
foo                     # このような命令は存在しないのでここでエラーとなる
date                    # 日付を表示するコマンド
echo 'script was done.'
```

以下の例は、オプションを付けずにbashコマンドを実行した結果です。エラーが出ていますが、最後まで実行されていることがわかります。

オプションなしで実行

```
$ bash option.sh
script started.
option.sh: 行 4: foo: コマンドが見つかりません  ←エラー表示
2018年  8月 27日 月曜日 14:07:42 JST  ←続けて処理されている
script was done.  ←続けて処理されている
```

以下の例は、「-e」オプションを指定して実行した例です。4行目でエラーとなりスクリプトが停止していることがわかります。

「-e」オプションを付けて実行

```
$ bash -e option.sh
script started.
option.sh: 行 4: foo: コマンドが見つかりません  ←エラーとなり、終了
```

以下の例は、「-x」オプションを指定して実行した例です。各ステップごとの結果を表示します。ステップ処理は「+ 処理」で表示されます。また、エラーとなっても処理を続けていることがわかります。

「-x」オプションを付けて実行

```
$ bash -x option.sh
+ echo 'script started.'  ←ステップ実行
script started.  ←処理結果
+ foo  ←ステップ実行
option.sh: 行 4: foo: コマンドが見つかりません  ←処理結果
+ date  ←ステップ実行
2018年  8月 27日 月曜日 14:11:55 JST  ←処理結果
+ echo 'script was done.'  ←ステップ実行
script was done.  ←処理結果
```

引数と特殊変数

シェルスクリプトの引数は、シェルスクリプトの**特殊変数**に格納されます。特殊変数は引数情報を格納する他、実行結果を格納したり、プロセス番号を格納します。「$0」や「$1」などは特殊変数です。「$0」に実行したファイル名、「$1」以降に実行時の引数が格納されます。

表5-1-4 引数と特殊変数

特殊変数	説明
$0	シェルスクリプトのファイル名
$1～$n	$1に1つ目、$2に2つ目、$n には n 番目の引数
$#	引数の数を格納
$*	$C 以外の引数を全て1つの文字列として格納
$?	終了ステータス。シェルスクリプトが成功すると「0」を格納し、失敗すると「1」を格納
$$	実行時のプロセス番号を格納

以下の実行例は、シェルスクリプト「args.sh」を、2つの引数を付けて実行し、特殊変数を表示しています。

args.sh

```
#!/bin/bash

echo "ファイル名   :$0"
echo "1つ目の引数   :$1"
echo "2つ目の引数   :$2"
echo "引数の数     :$#"
echo "全ての引数   :$*"
echo "終了ステータス  :$?"
echo "プロセスID   :$$"
```

「args.sh」の実行

```
$ bash args.sh hello bye
ファイル名   :args.sh
1つ目の引数   :hello
2つ目の引数   :bye
引数の数     :2
全ての引数   :hello bye
終了ステータス  :0
プロセスID   :3660
```

5-2

ジョブスケジューリング

ジョブスケジューリングとは

決められた時刻に特定のコマンドを定期的に実行する機能は、**cron**（クーロン）と呼ばれるジョブスケジューラによって提供されます。ユーザは**crontab**コマンドによって定期的に実行するコマンドと時刻を設定します。指定した時刻になるとcrondデーモンによって指定したコマンドが実行されます。

システムの保守にもcron機能は利用されます。locateコマンドから参照されるファイル検索データベースの定期的な更新や、ログファイルの定期的なローテーションなど、システム保守のためのコマンドの定期実行は、cronから起動されるanacronにより行われます。atとbatchは指定したコマンドを1回だけ実行します。

crondデーモンの起動、停止、状態の確認は**systemctl**コマンドを以下のように実行します。

crondデーモンの状態の確認

```
# systemctl status crond  ←❶
● crond.service - Command Scheduler
   Loaded: loaded (/usr/lib/systemd/system/crond.service; enabled; vendor
preset: enabled)
   Active: inactive (dead) since 月 2018-08-27 14:24:55 JST; 1min 21s ago
  Process: 985 ExecStart=/usr/sbin/crond -n $CRONDARGS (code=exited,
status=0/SUCCESS)
 Main PID: 985 (code=exited, status=0/SUCCESS)
…（以下省略）…
# systemctl start crond  ←❷
# systemctl status crond  ←❸
● crond.service - Command Scheduler
   Loaded: loaded (/usr/lib/systemd/system/crond.service; enabled; vendor
preset: enabled)
   Active: active (running) since 月 2018-08-27 14:26:56 JST; 2s ago
 Main PID: 3858 (crond)
    Tasks: 1
   CGroup: /system.slice/crond.service
           mq3858 /usr/sbin/crond -n
…（以下省略）…
# systemctl stop crond  ←❹
# systemctl is-enabled crond  ←❺
enabled
```

❶は状態の確認です。この実行例では、「Active: inactive (dead)」とある通り、現在停止しています。❷はcrondデーモンの起動です。❸で状態の確認をすると、「Active: active (running)」と表示されて起動していることがわかります。❹は停止しています。また、❺は自動起動設定を確認するため、「is-enabled」を指定します。

自動起動設定がされている場合は「enabled」、自動起動設定がされていない場合は「disabled」と表示されます。自動起動設定がされていない場合は、「systemctl enable crond」で自動起動設定ができます。

crontabファイル

cronは、設定ファイルである**crontab**に実行したいコマンドを設定します。このファイルには、「いつ」「どのコマンドを実行するか」を登録します。crontabファイルには2つの仕組みがあります。

◇ユーザのcrontabファイル

ユーザ用に用意されたcrontabファイルです。**/var/spool/cron**ディレクトリ以下に各ユーザ名と同じ名前で登録しますが、/var/spool/cron以下は一般ユーザ権限でファイルの作成ができないパーミッションになっています。そこで、各ユーザは、自分のcrontabを登録するために、crontabコマンドを使用します。また、ユーザのcrontabファイルはスペース（空白文字）を区切りとして、「①分 ②時 ③日 ④月 ⑤曜日 ⑥コマンド」の6つのフィールドから構成されます。

◇システムのcrontabファイル

システムを管理するうえで必要となるジョブを予約するために使用するcrontabファイルです。ファイルは**/etc/crontab**であり、ユーザのcrontabと同じ6つのフィールドに加えて、実行するユーザ名を指定し、スペース（空白文字）を区切りとして全部で「①分 ②時 ③日 ④月 ⑤曜日 ⑥ユーザ名 ⑦コマンド」の7つのフィールドから構成されます。

システムのcrontabファイルは、6番目にユーザ名を指定すること以外はユーザ用と同じです。書式の詳細は後述します。

以下は、/etc/crontabファイルの例です。インストール時の/etc/crontabは、変数の設定以外はコメントになっています。

/etc/crontabファイル

```
# cat /etc/crontab
SHELL=/bin/bash
PATH=/sbin:/bin:/usr/sbin:/usr/bin
MAILTO=root

# For details see man 4 crontabs

# Example of job definition:
# .---------------- minute (0 - 59)
# |  .------------- hour (0 - 23)
# |  |  .---------- day of month (1 - 31)
# |  |  |  .------- month (1 - 12) OR jan,feb,mar,apr ...
# |  |  |  |  .---- day of week (0 - 6) (Sunday=0 or 7) OR
sun,mon,tue,wed,thu,fri,sat
# |  |  |  |  |
# *  *  *  *  * user-name  command to be executed
```

crontabファイルの設定

crontabファイルを設定するには、**crontab**コマンドに「-e」オプションを付けて実行します。これにより編集のためのエディタが起動します。

crontabファイルの設定
crontab オプション

表5-2-1 **crontabコマンドのオプション**

オプション	説明
-e	crontabの編集
-l	crontabの表示
-r	crontabの削除

オプションを使用せずに、事前に用意したcrontabファイルを使用して「crontab crontabファイル」と実行することも可能です。ファイルを指定しない場合は、オプションを利用してください。

デフォルトのエディタはviですが、環境変数VISUALまたはEDITORに別のエディタを指定することもできます。以下は、geditでの起動例です。

エディタの変更（vi→gedit）

```
$ export EDITOR=gedit
$ crontab -e
```

/var/spool/cronディレクトリはrootしかアクセスできないため、crontabコマンドにはSUIDビットが設定されています（一般ユーザが実行しても、その実行ファイルの所有者権限で実行されます）。

編集が終了してcrontabコマンドが終了すると、/var/spool/cronディレクトリを監視しているcrondは変更を検知し、新しいファイルを再読み込みします。

ユーザのcrontabのエントリは、以下の6つのフィールドからなっています。

表5-2-2 **ユーザのcrontabファイルの書式**

フィールド	説明
分	0-59
時	0-23
日	1-31
月	1-12
曜日	0-7（0または7は日曜日）

コマンド	実行するコマンドを指定

第1～第5フィールドで「*」を指定すると、全ての数字に一致します。また、「*」の他に次の指定が使えます。

表5-2-3 ユーザのさまざまな指定方法

フィールド表記	説明
*	全ての数字に一致
-	範囲の指定 例）「時」に15-17を指定すると、15時、16時、17時を表す 「曜日」に1-4を指定すると、月曜、火曜、水曜、木曜を表す
,	リストの指定 例）「分」に0,15,30,45を指定すると、0分、15分、30分、45分を表す
/	数値による間隔指定 例）「分」に10-20/2を指定すると10分から20分の間で2分間隔を表す 「分」に*/2を指定するとその時間内で2分間隔を表す

以下の例は、ユーザyukoがdateコマンドの実行結果をファイル「/tmp/datefile」に追記されるよう、2分ごとに実行するcronの設定を行っています。

cronの設定（yukoで実行）

```
[yuko@centos7-1 ~]$ crontab -e
*/2 * * * * /bin/date >> /tmp/datefile   ←cronの設定を入力して、保存して終了
[yuko@centos7-1 ~]$
[yuko@centos7-1 ~]$ crontab -l   ←設定内容の表示
*/2 * * * * /bin/date >> /tmp/datefile
```

rootで、/var/spool/cronディレクトリ以下にユーザyukoが設定したcron設定ファイルが存在することを確認します。

/var/spool/cronディレクトリ以下の確認（rootで実行）

```
[root@centos7-1 ~]# ls -la /var/spool/cron/*
-rw------- 1 yuko yuko 39  8月 27 16:30 /var/spool/cron/yuko
```

ユーザyukoで、cronが正しく動作していることを確認します。実行後は[ctrl] + [c]キーでプロンプトに戻ります。

cronの動作検証（yukoで実行）

```
[yuko@centos7-1 ~]$ tail -f /tmp/datefile
2018年  8月 27日 月曜日 16:36:01 JST  ←2分ごとにタイムスタンプが追記されている
2018年  8月 27日 月曜日 16:38:01 JST
...（以下省略）...
```

cronを利用するユーザの制限

crontabコマンドに対して一般ユーザの実行制限を設定するには、**/etc/cron.allow**と**/etc/cron.deny**ファイルを使用します。

- 「cron.allow」がある場合、ファイルに記述されているユーザがcronを利用できる
- 「cron.allow」がなく「cron.deny」がある場合、「cron.deny」に記述されていないユーザがcronを利用できる
- 「cron.allow」と「cron.deny」が両方ともない場合は、全てのユーザが利用できる

次の実行例は、ユーザyukoがcrontabファイルを削除しています。

crontabファイルの削除（yukoで実行）

```
[yuko@centos7-1 ~]$ crontab -r   ←crontabの削除
[yuko@centos7-1 ~]$ crontab -l   ←crontabの表示
no crontab for yuko   ←削除されている
```

rootで/var/spool/cronディレクトリ以下にユーザyukoが設定したcron設定ファイルが削除されていることを確認します。

/var/spool/cronディレクトリ以下の確認（rootで実行）

```
[root@centos7-1 ~]# ls -la /var/spool/cron/*
ls: /var/spool/cron/* にアクセスできません: そのようなファイルやディレクトリはありません
```

rootで、ユーザyukoに対し、cronの使用を禁止するよう設定します。viエディタを記述して、「cron.deny」にyukoを追加しています。

/etc/cron.denyを編集する（rootで実行）

```
[root@centos7-1 ~]# vi /etc/cron.deny
yuko   ←yuko（ユーザ名）を記述
```

再度、ユーザyukoでcronの設定を試みますが、実行できないことを確認します。

cronの設定（yukoで実行）

```
[yuko@centos7 ~]$ crontab -e
You (yuko) are not allowed to use this program (crontab)
See crontab(1) for more information
```

anacronの利用

anacronは、コマンドを日単位の間隔で定期的に実行します。システム管理者がシステムの保守のために設定します。anacronはcrondデーモンによって起動され、crondデーモンは**/var/spool/cron**と**/etc/cron.d**ディレクトリ以下の設定ファイル、および**/etc/crontab**ファ

イルを実行します。crondデーモンは、/etc/cron.dの下の設定ファイルから**run-parts**（/usr/bin/run-parts）スクリプトによってanacronを起動します。

anacronは/etc/anacrontabの設定に従い、**/etc/cron.daily**（1日ごと）、**/etc/cron.weekly**（1週間ごと）、**/etc/cron.monthly**（1か月ごと）ディレクトリの下のコマンドを実行します。anacronプロセスは常駐するのではなく、コマンド実行後は終了します。

atサービス

指定した時刻に指定したコマンドを1回だけ実行するには、**at**コマンドを使用します。システムの負荷が低くなった時に指定したコマンドを1回だけ実行するには、**batch**コマンドを使用します。

atまたはbatchコマンドによってキューに入れられたジョブは、atd（/usr/sbin/atd）デーモンによって実行されます。

指定した時刻にコマンドを実行（atコマンド）

at [オプション] 時間

システム負荷平均が指定した値を下回った時にコマンドを実行(batchコマンド)

batch [オプション]

どちらのコマンドで予約したジョブに対しても、atコマンドによる以下のオプションが使用可能です。

表5-2-4 atコマンドのオプション

オプション	同等のコマンド	説明
-l	atq	実行ユーザのキューに入っているジョブ（未実行のジョブ）を表示する rootが実行した場合は全てのユーザのジョブを表示する
-d	atrm	ジョブを削除する

次のような時間や日付の指定ができます。

表5-2-5 時間や日付の主な指定方法

時間指定	説明
HH:MM	10:15とすると10時15分を表す
midnight	真夜中（深夜0時）を表す
noon	正午を表す
now	現在の時刻を表す
teatime	午後4時のお茶の時間を表す
am、pm	10amとすると午前10時を表す

日付指定	説明
MMDDYY、MM/DD/YY、MM.DD.YY	060112とすると2012年6月1日を表す
today	今日を表す
tomorrow	明日を表す

さらに、これらのキーワードに対して、相対的な経過時間を指定することも可能です。経過時間の指定には、「+」を指定します。

表5-2-6 相対的な経過時間の指定

書式例	説明
now + 10 minutes	現時刻から10分後にコマンドを実行する
noon + 1 hour	次の13:00(正午 + 1時間)にコマンドを実行する
next week + 3 days	10日後にコマンドを実行する

以下の例は、1分後にdateコマンドの実行結果をファイル「/tmp/atfile」に出力するようatコマンドの設定をしています。atコマンドを実行し、「at>」プロンプトでの設定が終了したら、[Ctrl] + [d] キーで終了します。

実行待ちのキューに入っているジョブを表示するには、**atq**あるいは**at -l**コマンドを実行します。

atコマンドによるジョブの登録

```
# at now + 1 minutes    ←atコマンドで1分後に実行
at> date > /tmp/atfile    ←実行内容の設定
at> <EOT>    ←[Ctrl] + [d] を入力する
job 3 at Mon Aug 27 16:57:00 2018
# atq    ←実行待ちのキューに入っているジョブの表示
3       Mon Aug 27 16:57:00 2018 a root
# at -l    ←実行待ちのキューに入っているジョブの表示
3       Mon Aug 27 16:57:00 2018 a root
```

実行待ちのキューに入れられたジョブを削除するには、**atrm**あるいは**at -d**コマンドを実行します。引数にはジョブ番号を指定します。

以下の例では、ジョブ番号3のジョブを削除しています。

ジョブの削除

```
# atq
3       Mon Aug 27 16:57:00 2018 a root
# atrm 3
# atq
```

atコマンドを利用するユーザの制限

rootは常にatコマンド、batchコマンドの実行が許可されています。一方、一般ユーザの実行制限を設定するには、**/etc/at.allow**ファイルと**/etc/at.deny**ファイルを使用します。

/etc/at.allowに登録されたユーザは、atコマンドとbatchコマンドの実行を許可されます。/etc/at.denyに登録されたユーザは、atコマンドとbatchコマンドの実行を拒否されます。

表5-2-7 ユーザの制限例

at.deny	at.allow	説明
yuko	なし	yuko以外のユーザは実行可能
なし	yuko	rootとyukoのみ実行可能。他ユーザは実行できない
yuko	mana	rootとmanaのみ実行可能。他ユーザは実行できない
なし	なし	rootのみ実行可能。他ユーザは実行できない

5-3

管理作業の自動化（サンプル）

作業内容と手順

複数のコマンドをシェルスクリプトに書くことで、作業を定形化することができます。また、cronやatコマンドを使用することで、指定した日付時刻にそのスクリプトを自動実行することが可能です。

ここでは、CentOSで、以下の作業を自動化するスクリプトの作成と、cronへの登録を行います。

❶ホストに登録されている全ユーザについて、現時点から失効日までの残日数を調べる
❷ ❶の実行結果を標準出力に表示する
❸ ❷の実行結果を管理者にメールする

スクリプトの内容

実行するシェルスクリプト（check.sh）について、簡単に処理内容を説明します。この例では、check.shファイルをrootのホームディレクトリ（/root）に保存して実行しています。

check.sh

```
#! /bin/bash

if [ -e expire-check.tmp ]; then
  rm -f expire-check.tmp
fi

today=`expr \`date +%s\` / 60 / 60 / 24`
IFS=:
n=0
while read a b c d e f g h i; do
  if [ "$b" != '*' ] && [ "$b" != '!!' ] && [ -n "$h" ]; then
    echo $a:$'\t'$'\t'`expr $h - $today` 日 >> expire-check.tmp
    n=`expr $n + 1`
  fi
done < /etc/shadow

echo ユーザ:$'\t'$'\t'残日数 > expire-check.list
sort -g -k 2 expire-check.tmp >> expire-check.list
echo "(失効日の設定されたユーザ:${n}人。`date +%x`現在)" >> expire-check.list
cat expire-check.list

mail -s "`date` : expire-check" root@centos7-1.localdomain < expire-check.list
```

◇1行目

シバンを定義します。

◇3行目〜5行目

カレントディレクトリ内にテンポラリファイルexpire-check.tmpが存在しているか確認し、存在していればrmコマンドでexpire-check.tmpを削除します。なお、3行目の「-e」は、ファイル演算子であり、存在するかどうかを確認します。

◇7行目

「date +%s」で、「1970/1/1 00:00:00」から今までの秒数を算出し、60/60/24と割り、日数を算出し、today変数に代入します。

◇8行目

区切り文字を表す環境変数IFS（Internal Filed Separator）に、「:」を設定します。

◇9行目

ユーザ数のカウンタnの値を「0」に初期化します。

◇10行目〜15行目

/etc/shadowファイルを「:」区切りで読み込み、bフィールド（パスワード）が、「*」（未設定）でない、かつ、「!!」（ロック）でない、かつ、hフィールド（失効までの日数）が空文字列でない行を検索し、該当する行があれば、hフィールド（失効までの日数）からtodayを引き、expire-check.tmpにログイン名と共に出力します。「$'\t'」はインデントのためのタブの挿入です。ユーザ数のカウンタnの値を+1します。

◇17行目

結果表示のヘッダをexpire-check.listに出力します（既にファイルが存在した場合は上書きします）。

◇18行目

expire-check.tmpをsortコマンドの「-k 2」オプション指定により、第2フィールド（残日数）で昇順にソートします。第2フィールドは「-g」オプションにより数値として扱います。結果をexpire-check.listに追記します。

◇19行目

ユーザ数と実行日を括弧で囲んでexpire-check.listに追記します。

◇20行目

expire-check.listをcatコマンドで標準出力します。

◇22行目

mailコマンドで、「root@centos7-1.localdomain」へメールします。タイトルは、「日付：expire-check」とし、本文は、expire-check.listを読み込んだデータとします。

以下は、スクリプトファイル「check.sh」をrootで実行しています。

「check.sh」の実行

```
# bash check.sh
ユーザ:      残日数
ryo:          54 日
sam:         115 日
yuko:        115 日
mana:        480 日
(失効日の設定されたユーザ:4人。2018年09月07日現在)

# ls -l expire-check.list
-rw-r--r-- 1 root root 147  9月  7 13:06 expire-check.list
```

ユーザryo、sam、yuko、manaの失効日までの残日数が表示されています。また、check.shと同じディレクトリ内に、ファイル「expire-check.list」が作成されています。

このシェルスクリプトでは、expire-check.listの情報を、root@centos7-1.localdomainへメールしているので、**mail**コマンドで配信内容を確認します。

メールの確認

```
# id
uid=0(root) gid=0(root) groups=0(root)
# mail
Heirloom Mail version 12.5 7/5/10.  Type ? for help.
"/var/spool/mail/root": 14 messages 10 unread
>U  1 user@localhost.local  Thu Jul  5 14:09 1100/83025 "[abrt]
libgnomekbd: gkbd-keyboard-display killed by SIGSEGV"
 U  2 yuko@centos7-1.local  Mon Aug 20 14:11  17/700   "*** SECURITY
information for centos7-1.localdomain ***"
…(途中省略)…
 U 14 root                  Fri Sep  7 13:02  23/837   "2018年  9月  7日 金
曜日 13:02:12 JST : expire-check"
& 14   ←14を入力
Message 14:
From root@centos7-1.localdomain  Fri Sep  7 13:02:12 2018
Date: Fri, 07 Sep 2018 13:02:12 +0900
To: root@centos7-1.localdomain
Subject: 2018年  9月  7日 金曜日 13:02:12 JST : expire-check

ユーザ:      残日数
ryo:          54 日
sam:         115 日
yuko:        115 日
mana:        480 日
(失効日の設定されたユーザ:4人。2018年09月07日現在)

& q   ←qを入力して、終了
```

ここでは、mailコマンドについての詳細は割愛します。上記では、mailコマンド実行後、受信したメールが一覧で表示されるため、閲覧したい番号を入力し、[Enter]キーで実行すると内容を確認することができます。また、終了する際は、「q」を入力します。

受信メールを見やすくするため、以下の手順によりmailコマンドで表示されるメールヘッダの通常は不要なフィールドを非表示にしています。

```
# cp /etc/mail.rc ~/.mailrc
# vi ~/.mailrc   ←ファイルの最後に以下の行を追記
ignore Return-Path
ignore X-Original-To
ignore Delivered-To
ignore User-Agent
ignore Content-Type
ignore From
ignore Status
```


cronへの登録

次に、check.shを定期実行するため、cronへ登録してみましょう。ここでは、月末に「check.sh」を自動起動するように設定します。

cronの設定

```
# crontab -e
55 23 28-31 * * /usr/bin/test `date -d tomorrow +¥%d` -eq 1 && /bin/bash
/root/check.sh
#
# crontab -l   ←設定内容の表示
55 23 28-31 * * /usr/bin/test `date -d tomorrow +¥%d` -eq 1 && /bin/bash
/root/check.sh
```

設定内容は以下の通りです。

- 28日から31日の間の23時55分に起動する
- なお、次の日が1日の場合のみ「check.sh」を実行する

以下は、月末に実行されているか確認しています。

定期実行の確認

```
# ls -l expire-check.list
-rw-r--r-- 1 root root 67  9月 30  2018 expire-check.list  ←❶
# mail
Heirloom Mail version 12.5 7/5/10.  Type ? for help.
"/var/spool/mail/root": 18 messages 2 new 11 unread
...（途中省略）...
>N 17 root                 Sun Sep 30 23:55  22/825   "2018年  9月 30日 日
曜日 23:55:02 JST : expire-check"
 N 18 (Cron Daemon)        Sun Sep 30 23:55  27/958   "Cron <root@
centos7-1> /usr/bin/test `date -d tomorrow +%d"
& 17  ←❷
Message 17:
From root@centos7-1.localdomain  Sun Sep 30 23:55:02 2018
```

```
Date: Sun, 30 Sep 2018 23:55:02 +0900
To: root@centos7-1.localdomain
Subject: 2018年  9月 30日 日曜日 23:55:02 JST : expire-check

ユーザ:      残日数
ryo:          31 日
sam:          92 日
yuko:         92 日
mana:        457 日
(失効日の設定されたユーザ:4人。2018年09月30日現在)

& q
```

❶ファイル「expire-check.list」が9月30日に作成されている
❷17のメールを見ると、9月30日 23:55に発信されている

Column

ディストリビューションで提供されるPythonツール

Linuxでは（特にRedHat系のディストリビューションでは）Python言語で書かれたたくさんのツールが提供されています。

Pythonの特徴

Pythonはオランダ人のプログラマーのグイド・ヴァンロッサム（Guido van Rossum）氏によって1989年末に開発が開始されました。最初のリリースは1991年です。

Pythonはif文やfor文、while文などのブロック定義に括弧「{}」やキーワードではなく、空白文字によるインデント（行中の文字の開始位置を右にずらす「字下げ」）を使用し、また処理文の終わりにセミコロン「;」を指定しません。英語のような自然言語に近く、また言語仕様もシンプルでC言語やJava言語より読みやすく、わかりやすい言語です（いろいろな点で本章で解説したシェルスクリプトによく似ています）。

例として、10の階乗を計算するC言語プログラムとPythonプログラムを比較します。

C言語プログラム

```
#include <stdio.h>
main(){
  int n = 10;  ←処理文の終わりに「;」
  int fact = 1;
  while ( n > 0 ){   ←whileブロックの開始「{」
    fact = fact * n;
    n = n -1;
  }  ←whileブロックの終わり「}」
  printf ("%d¥n",fact);
}
```

Pythonプログラム

```
#!/usr/bin/python

n = 10   ←処理文の終わりに「;」はなし
fact = 1
while n > 0 :
  fact = fact * n   ←while文の中はインデント
  n = n -1   ←while文の中はインデント

print (fact)  ←while文の外はインデントなし
```

Pythonはインタプリタ型の言語です。Pythonインタプリタがソースコードを解釈、実行します。このため、エディタで作成や修正をしたプログラムをコンパイルすることなく、そのまますぐに実行することができます。

CとPythonの違い

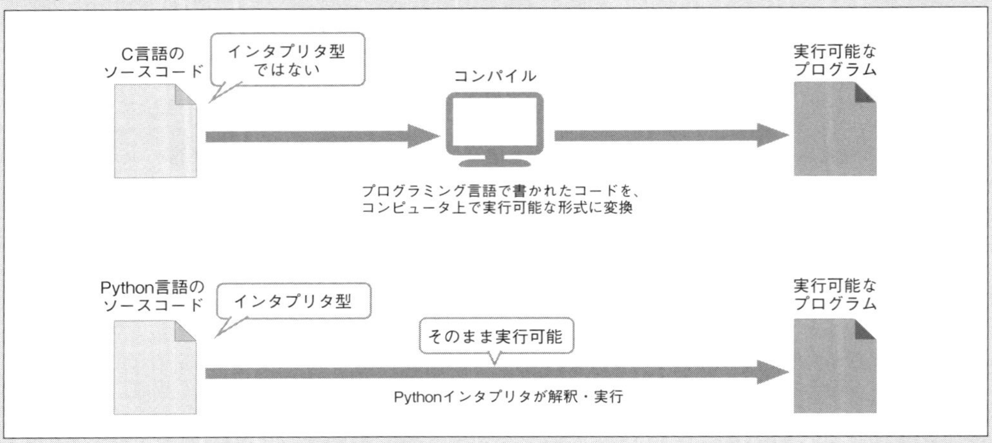

Pythonは小さなプログラムを手続き型の形式で簡単に書くことができ、またオブジェクト指向で再利用性があり、不要になったメモリ領域を自動的に解放するガベージコレクション機能も備えています。したがって、オープンソースのクラウドソフトウェアOpenStackのような大規模なソフトウェアの開発言語としても採用されています。

1991年、DARPA(Defense Advanced Research Projects Agency：国防高等研究計画局)に送った「Computer Programming for Everybody」と題した提案書の中で、ヴァンロッサム氏はPythonの目標を次のように定義しています。

- ・平易で直感的な言語であり、かつ他の主要な言語と同じように強力であること
- ・オープンソースであり、誰でも開発に貢献できること
- ・普通の英語のようにわかりやすいコードであること
- ・開発にかける時間が短くてすみ、日常業務に適していること

また、「C++、Java、Perl、TclやVisual Basicがその特異性により複雑すぎるのに比べて、Pythonは初心者や子供に教える言語としても適している」と述べています。

Pythonのホームページ(https://www.python.org/)のトップに5種類の簡単なサンプルプログラムが掲載されています。これを見るとPythonがおおよそどのような言語なのかがつかめます。

以下に3つのサンプルプログラムを引用します。

Pythonはインタプリタです。エディタで作成したプログラムをファイルに格納してから実行するのが通常ですが、Pythonのプロンプト「>>>」に対して、処理文を対話的に入力して実行することもできます。以下はその例で、シェルのコマンドプロンプトに対して「python」と入力した後の表示です。

```
$ python
>>>
```

簡単な演算

```
# Python 3: Simple arithmetic
>>> 1 / 2
0.5
>>> 2 ** 3
8
>>> 17 / 3  # classic division returns a float
5.666666666666667
>>> 17 // 3  # floor division (整数の商を求める除算。切り捨て除算、打ち切り除算と呼ばれる)
5
```

文字列入力と出力

```
# Python 3: Simple output (with Unicode)
>>> print("Hello, I'm Python!")
Hello, I'm Python!

# Input, assignment
>>> name = input('What is your name?¥n')
>>> print('Hi, %s.' % name)
What is your name?
Python
Hi, Python.
```

列挙型と繰り返し文(forループ)

```
# For loop on a list
>>> numbers = [2, 4, 6, 8]
>>> product = 1
>>> for number in numbers:
...     product = product * number
...
>>> print('The product is:', product)
The product is: 384
```

for文の後の「...」は入力する処理文の開始位置を合わせるために表示されます。「...」の行では、ブロック内での処理であれば適当に空白文字かタブを入れてインデントを行います。

◯Linuxの管理にモジュールを利用する

Pythonの特徴の1つとして、Python標準ライブラリやサードパーティ(Pythonプロジェクト以外の開発者、開発プロジェクト)のライブラリから提供されるさまざまな機能を持つたくさんのモジュールがあります。この中にはLinuxのシステム管理やネットワーク管理に利用できるモジュールがいくつもあり、これらをインポート(import)して利用することで、有用な管理ツールプログラムを記述、作成することができます。

以下は**sys**モジュールをインポートして、標準出力をファイルoutput-fileに書き込む例です。

モジュールの利用

```
$ python
>>> import sys
>>> sys.stdout = open('output-file', 'w')
>>> print 'Hello!'
>>> exit()
$ cat output-file
Hello!
```

◯主なモジュール

以下は、標準ライブラリで提供されるモジュールのうち、システム管理やネットワーク管理に利用できる主なモジュールの例です。

主なモジュール

モジュール	説明	関数/パラメータの例
sys	システム固有のパラメータと関数	sys.argv：コマンドライン引数を格納したリスト
os	OSの各種インターフェイス	os.getcwd()：現在のディレクトリを取得 os.stat(path)：ファイルの属性を取得"
stat	os.stat()の返り値を判別する	stat.S_ISDIR(mode)：ディレクトリかどうかを判別
subprocess	サブプロセス（子プロセス）の管理	subprocess.call(args)：子プロセスの生成と実行 subprocess.run(args)：子プロセスの生成と実行 ※バージョンによって異なる
pwd	passwd データベース	pwd.getpwuid(uid)：password のエントリ取得
spwd	shadow データベース	spwd.getspnam(name)：shadow のエントリ取得
ipaddress	IPv4/IPv6の操作	ipaddress.ip_network(address)：ネットワーク内のIPアドレスを返す

Pythonで書かれた主なツール

Pythonで書かれた主なツールには以下のものがあります。

Pythonで書かれた主なツール

ツール	説明	ディストリビューション
yum	リポジトリを利用したパッケージのアップデート	RedHat系
apt	リポジトリを利用したパッケージのアップデート	Linux Mint
virt-manager	仮想マシンマネージャ	共通
virt-install	仮想マシンインストーラ	共通
firewalld	ファイアウォールデーモン	RedHat系
firewall-cmd	ファイアウォール管理コマンド	RedHat系
semanage	SELinux管理ツール	RedHat系

aa-status、aa-enforce、aa-disable	AppArmor管理ツール	Ubuntu系
authconfig	認証方式管理ツール	共通
nfsiostat	NFSクライアントI/Oの統計情報ツール	共通
iotop	I/O使用率のモニタツール	共通
alacarte	GNOMEメニューの編集ツール	共通
gnome-tweak-tool	GNOMEカスタマイズツール	共通
anaconda	RedHat系 Linux インストーラ	RedHat系
ubiquity	Ubuntu系 Linux インストーラ	Ubuntu系

Linuxではこのようにたくさんの重要なツールがPythonで書かれています。

Pythonだとソースコードを読んで処理内容を調べたり、場合によっては改変したり、バグ修正をすることもC言語に比べて容易にできます。また、自分でちょっとしたプログラムを書いて、仕事の効率を上げることもできます。Pythonは今後、さらに広まっていくと思われます。

Pythonのバージョン

Pythonにはバージョン2.xとバージョン3.xがあります。

- **Python 2.x**：2010年半ばに2.xの最終バージョンである2.7がリリース
- **Python 3.x**：3.0が2008年にリリースされ、その後、3.4が2014年、3.5が2015年、3.6が2016年にリリース

2.xと3.xではprint関数の構文、整数除算の処理、Unicodeへの対応などが異なっています。

○ディストリビューションによるバージョンの違い

ディストリビューションによってインストールされるバージョンが違います。

- **CentOS**：2.7.x
- **Ubuntuデスクトップ**：3.6.xと2.7.x
- **Ubuntuサーバ**：3.6.x

使用しているPythonのバージョンの確認は「python -V」、「python2 -V」、「python3 -V」などのコマンドで行います。異なったバージョンを追加でインストールするには、以下の実行例のように、インストールできるバージョンを確認の上、インストールします。

- **CentOS**：yum search python | grep ^python
- **Ubuntu**：apt search python | grep ^python

Chapter 6

システムとアプリケーションを管理する

6-1

CentOSのパッケージ管理を行う

パッケージ管理とは

Linuxでは、多くのソフトウェアを使用することができます。一口にソフトウェアと言っても、ソフトウェアそのものを提供しているプログラム本体の他、そのプログラムが使用しているライブラリや、またそのソフトウェアが必要とする設定ファイル、ソフトウェアのドキュメントなどが必要です。したがって、Linuxでは、それらのセットを**パッケージ**という単位で扱います。

図6-1-1 パッケージ

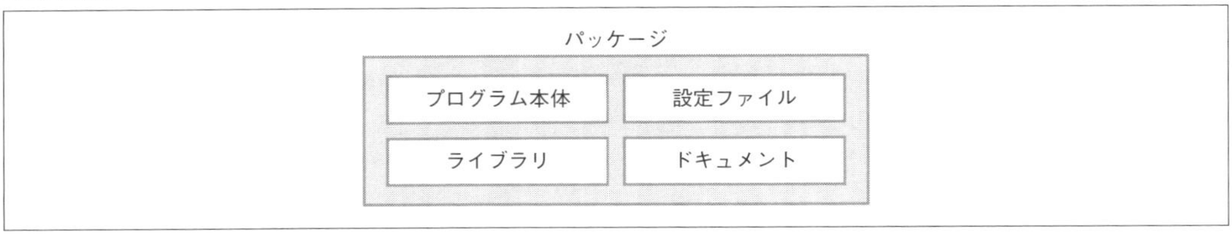

そして、ソフトウェアを導入(インストール)したり、削除(アンインストール)することを**パッケージ管理**と呼びます。パッケージ管理を利用することで、現在インストールされているソフトウェアの情報の調査、ソフトウェア間での依存関係の確認や競合の回避なども容易に行うことができます。

パッケージの依存関係とは、パッケージAを動作させる際に、パッケージBがインストールされている必要があるという関係のことを言います。パッケージBがまだインストールされていない状況でパッケージAのインストールを試みると、パッケージ管理システムにより、依存関係によるエラーが発生します。

第1章でも紹介しましたが、RedHat系(CentOS)とUbuntu/Debian系では、パッケージの管理方式が異なります。

表6-1-1 主なパッケージの形式と管理コマンド

	RedHat系	Ubuntu/Debian系
パッケージ形式	rpm形式	deb形式
パッケージ管理コマンド	rpmコマンド	dpkgコマンド
リポジトリを利用したパッケージ管理コマンド	yum (dnf) コマンド	aptコマンド

はじめに、RedHat系(CentOS)について説明します。**rpm**と**yum**はいずれもパッケージ管理を行うコマンドですが、違いは以下の通りです。Ubuntu系については、219ページを参照し

てください。

◇rpmコマンド

個々のパッケージ単位で管理を行います。依存関係は自動解決されませんが、事前に必要なパッケージ情報は表示されます。

◇yumコマンド

リポジトリを参照し、依存関係を含めて管理します。依存関係は自動解決されます。

使用したいパッケージのバージョンを明示的に指定してインストールする必要がある場合は、rpmコマンドが適しています。ただし、必要なパッケージは個別に指定し、インストールする順番も意識する必要があります。一方、yumコマンドは現在使用しているOSのバージョンに合わせて、適切なバージョン、依存関係のあるパッケージも一緒にインストールします。

rpmコマンドの利用

rpmパッケージの管理には、**rpm**コマンドを利用します。

rpmパッケージの管理
rpm [オプション] パッケージ

パッケージ情報の表示

rpmパッケージに関する情報を調査して表示するには、rpmコマンドに「-q」(--query)オプションを使用します。なお、詳細な情報を表示するには、主に以下のオプションを組み合わせて使用します。

表6-1-2 rpmコマンド(表示)のオプション

オプション	説明
-q、--query	指定したパッケージがインストールされていればバージョンを表示
-a、--all	インストール済みのrpmパッケージ情報を一覧で表示
-i、--info	指定したパッケージの詳細情報を表示
-f、--file	指定したファイルを含むrpmパッケージを表示
-c、--configfiles	指定したパッケージ内の設定ファイルのみを表示
-d、--docfiles	指定したパッケージ内のドキュメントのみを表示
-l、--list	指定したパッケージに含まれるすべてのファイルを表示
-K、--checksig	パッケージの完全性を確認するために指定されたパッケージファイルに含まれる全てのダイジェスト値と署名をチェックする
-R、--requires	指定したパッケージが依存しているrpmパッケージ名を表示
-p、--package	インストールされたrpmパッケージではなく、指定したrpmパッケージファイルの情報を表示
--changelog	パッケージの更新情報を表示

以降では、rpmコマンドでさまざまなオプションを使用し、パッケージ情報を表示している実行例を記載します。

パッケージ名を指定し、パッケージの詳細情報を表示します。

パッケージの詳細情報の表示

```
# rpm -q cups
cups-1.6.3-35.el7.x86_64  ←❶
# rpm -q vim
パッケージ vim はインストールされていません。  ←❷
# rpm -ql cups  ←❸
/etc/cups
/etc/cups/classes.conf
/etc/cups/client.conf
/etc/cups/cups-files.conf
/etc/cups/cupsd.conf
…（以下省略）…
# rpm -qi cups  ←❹
Name        : cups
Epoch       : 1
Version     : 1.6.3
Release     : 35.el7
Architecture: x86_64
…（以下省略）…
# rpm -qc cups  ←❺
/etc/cups/classes.conf
/etc/cups/client.conf
/etc/cups/cups-files.conf
/etc/cups/cupsd.conf
/etc/cups/lpoptions
…（以下省略）…
# rpm -q --changelog cups  ←❻
* 金 12月 15 2017 Zdenek Dohnal <zdohnal@redhat.com> - 1:1.6.3-35
- 1466497 - Remove weak SSL/TLS ciphers from CUPS - fixing covscan issues
…（以下省略）…
# ls /etc/skel/.bashrc  ←❼
/etc/skel/.bashrc
# rpm -qf /etc/skel/.bashrc  ←❽
bash-4.2.46-30.el7.x86_64
```

❶cupsはインストール済みのパッケージであるため、バージョン情報を表示
❷vimは、未インストール
❸「-l」オプションにより指定したパッケージに含まれる全てのファイルを表示
❹「-i」オプションにより指定したパッケージの詳細情報を表示
❺「-c」オプションもしくは「--configfiles」オプションにより指定したパッケージの設定ファイルを表示
❻「--changelog」オプションにより指定したパッケージの変更履歴を確認
❼❽「-f」オプションにより指定したファイルを含むrpmパッケージを表示

ダウンロードしたパッケージファイル情報の表示

rpmファイル自体を入手し、そのファイルを指定してインストールすることができます。

入手したインストール前のパッケージファイルを指定し、パッケージファイルに対する問い合わせを行うには「-p」オプションを使用します。「-p」オプションによって、インストールさ

れていないパッケージの情報を得ることができます。

以下の実行例では、個別にダウンロードしたzshのrpmファイルに対して、情報を表示しています。

ダウンロードしたパッケージの情報の表示

```
# rpm -qpl zsh-5.0.2-28.el7.x86_64.rpm
…（以下省略）…
```


パッケージのインストールとアンインストール

rpmパッケージファイルからシステムへのインストールやアップデートを行うには、主に次のオプションを使用します。

表6-1-3 rpmコマンド(インストール)のオプション

オプション	説明
-i、--install	パッケージをインストールする（アップデートは行わない）
-U、--upgrade	パッケージをアップグレードする。インストール済みのパッケージが存在しない場合、新規にインストールを行う
-F、--freshen	パッケージをアップデートする。インストール済みのパッケージが存在しない場合、何も行わない
-v、--verbose	詳細な情報を表示する
-h、--hash	進行状況を#記号で表示する
--nodeps	依存関係を無視してインストールを行う
--force	指定されたパッケージがすでにインストールされていても上書きインストールを行う
--oldpackage	古いパッケージに置き換えること（ダウングレード）を許可する
--test	パッケージをインストールせず、衝突等のチェックを行い結果を表示する

以降では、rpmコマンドでさまざまなオプションを使用し、パッケージのインストールなどの実行例を記載します。

パッケージのインストール

```
# rpm -q zsh  ←❶
パッケージ zsh はインストールされていません。
# rpm -ivh zsh-5.0.2-28.el7.x86_64.rpm  ←❷
準備しています...              ################################# [100%]
更新中 / インストール中...
   1:zsh-5.0.2-28.el7                 #################################
[100%]
# rpm -q zsh  ←❸
zsh-5.0.2-28.el7.x86_64

❶現在、zshパッケージはインストールされていない
❷zshパッケージのインストール
❸zshパッケージがインストールされた
```

あるパッケージをインストールする際に他パッケージへの依存関係がある場合、必要なパッケージがインストールされている(もしくは同時にインストールする)必要があります。もしもされていない場合は、インストールは中断します。しかし、「--nodeps」オプションを使用することで依存関係を無視してインストールすることができます。ただし、他に影響が出る可能性はあります。

依存関係を無視したインストール

```
# rpm -ivh mod_ssl-2.4.6-80.el7.centos.x86_64.rpm  ←❶
エラー: 依存性の欠如:
        httpd は mod_ssl-1:2.4.6-80.el7.centos.x86_64 に必要とされています
        httpd = 0:2.4.6-80.el7.centos は mod_ssl-1:2.4.6-80.el7.centos.
x86_64 に必要とされています
        httpd-mmn = 20120211x8664 は mod_ssl-1:2.4.6-80.el7.centos.x86_64
に必要とされています
#
# rpm -ivh --nodeps mod_ssl-2.4.6-80.el7.centos.x86_64.rpm  ←❷

準備しています...              ################################# [100%]
更新中 / インストール中...
   1:mod_ssl-1:2.4.6-80.el7.centos     #################################
[100%]
警告: ユーザー apache は存在しません - root を使用します
```

❶指定されたパッケージのインストールを試みるが、他のパッケージがないため、インストールできない
❷依存関係を無視してインストール

また、インストールしたrpmパッケージをアンインストールするには、「-e」オプションを使用し、引数にはパッケージ名を指定します。

表6-1-4 rpmコマンド(アンインストール)のオプション

オプション	説明
-e、--erase	パッケージを削除する
--nodeps	依存関係を無視してパッケージを削除する
--allmatches	パッケージ名に一致する全てのバージョンのパッケージを削除する

アンインストールする際も、rpmパッケージ間の依存関係が検証されます。もしアンインストールしようとしているパッケージが他のパッケージに依存している場合、アンインストール作業は中断されます。「--nodeps」オプションを使用することで依存関係を無視してアンインストールが可能ですが、他に影響が出る可能性はあります。

パッケージのアンインストール

```
# rpm -q zsh  ←❶
zsh-5.0.2-28.el7.x86_64
# rpm -e zsh  ←❷
# rpm -q zsh  ←❸
パッケージ zsh はインストールされていません。
```

❶zshパッケージがインストールされている
❷zshパッケージのアンインストール
❸アンインストールされたことを確認

yumコマンドの利用

yumコマンドは、rpmパッケージを管理するユーティリティです。パッケージの依存関係を自動的に解決してインストール、削除、アップデートを行います。yumコマンドはインターネット上の**リポジトリ**（パッケージを保管・管理している場所）と通信し、簡単にrpmパッケージのインストールや最新情報の入手が可能です。yumコマンドは、サブコマンドをあわせて使用します。

yumパッケージの管理

yum [オプション] {コマンド} [パッケージ]

パッケージ情報の表示

yumパッケージの検索および表示に関する主なサブコマンドは、以下の通りです。

表6-1-5 **検索・表示に関するサブコマンド**

サブコマンド	説明
list	利用可能な全rpmパッケージ情報を表示
list installed	インストール済みのrpmパッケージを表示
info	指定したrpmパッケージの詳細情報を表示
search	指定したキーワードでrpmパッケージを検索し結果を表示
deplist	指定したrpmパッケージの依存情報を表示
list updates	インストール済みのrpmパッケージで更新可能なものを表示
check-update	インストール済みのrpmパッケージで更新可能なものを表示

yumコマンドでさまざまなサブコマンドを使用し、パッケージ情報を表示している実行例を記載します。

パッケージ情報の表示

```
# yum list installed  ←❶
…（途中省略）…
GConf2.x86_64                  3.2.6-8.el7          @anaconda
GeoIP.x86_64                   1.5.0-11.el7         @anaconda
ModemManager.x86_64            1.6.10-1.el7         @base
ModemManager-glib.x86_64       1.6.10-1.el7         @base
NetworkManager.x86_64          1:1.10.2-13.el7      @base
NetworkManager-adsl.x86_64     1:1.10.2-13.el7      @base
…（以下省略）…
#
```

```
# yum list updates    ←❷
…（途中省略）…
NetworkManager.x86_64             1:1.10.2-16.el7_5      updates
NetworkManager-adsl.x86_64        1:1.10.2-16.el7_5      updates
NetworkManager-glib.x86_64        1:1.10.2-16.el7_5      updates
NetworkManager-libnm.x86_64       1:1.10.2-16.el7_5      updates
…（以下省略）…
#
# yum info bash   ←❸
…（途中省略）…
名前                : bash
アーキテクチャー    : x86_64
バージョン          : 4.2.46
リリース            : 30.el7
容量                : 3.5 M
リポジトリ          : installed
提供元リポジトリ    : base
…（以下省略）…
```

❶インストール済みのrpmパッケージを表示
❷list updatesサブコマンドやcheck-updateサブコマンドを使用すると、
　インストール済みのrpmパッケージで更新可能なものを表示
❸infoサブコマンドは、パッケージ名を指定し、パッケージの詳細情報を表示

パッケージのインストールとアンインストール

yumコマンドによるインストール、アップデート、アンインストールを行うには、主に以下のサブコマンドを使用します。

表6-1-6 インストール、アップデート、アンインストールに関するサブコマンド

サブコマンド	説明
install	指定したrpmパッケージをインストールする。自動的に依存関係も解決する
update	インストール済みのrpmパッケージで更新可能なものを全てアップデートする なお、個別のrpmパッケージを指定して更新することも可能
upgrade	システム全体のリリースバージョンアップを行う
remove	指定したrpmパッケージをアンインストールする

yumコマンドでさまざまなサブコマンドを使用し、パッケージのインストールなどの実行例を記載します。

パッケージのインストール

```
# yum install zsh   ←❶
…（途中省略）…
==========================================================================
 Package              アーキテクチャー      バージョン        リポジトリ    容量
==========================================================================
インストール中:
 zsh                  x86_64                    5.0.2-28.el7       base
2.4 M
トランザクションの要約
```

```
================================================================================
インストール  1 パッケージ

総ダウンロード容量: 2.4 M
インストール容量: 5.6 M
Is this ok [y/d/N]: y  ←❷
Downloading packages:
zsh-5.0.2-28.el7.x86_64.rpm                                        | 2.4 MB
00:00:01
Running transaction check
Running transaction test
…(途中省略)…
  インストール中          : zsh-5.0.2-28.el7.x86_64        1/1
  検証中                  : zsh-5.0.2-28.el7.x86_64        1/1
インストール:
  zsh.x86_64 0:5.0.2-28.el7
完了しました!  ←❸
#
# yum list zsh  ←❹
…(途中省略)…
インストール済みパッケージ
zsh.x86_64               5.0.2-28.el7        @base
# yum remove zsh  ←❺
…(途中省略)…
================================================================================
 Package                 アーキテクチャー      バージョン       リポジトリ      容量
================================================================================
削除中:
 zsh                     x86_64                   5.0.2-28.el7     @base
5.6 M
トランザクションの要約
================================================================================
削除  1 パッケージ

インストール容量: 5.6 M
上記の処理を行います。よろしいでしょうか? [y/N] y  ←❻
Downloading packages:
Running transaction check
Running transaction test
…(途中省略)…
  削除中                  : zsh-5.0.2-28.el7.x86_64           1/1
  検証中                  : zsh-5.0.2-28.el7.x86_64           1/1

削除しました:
  zsh.x86_64 0:5.0.2-28.el7
完了しました!  ←❼
#
```

❶installサブコマンドを使用して、指定されたパッケージをインストール
❷インストールの確認が促されるので「y」を入力
❸完了メッセージの表示
❹現在、zshパッケージがインストール済みであることを確認
❺removeサブコマンドを使用して、指定されたパッケージをアンインストール
❻アンインストールの確認が促されるので「y」を入力
❼完了メッセージの表示

yumの設定

yumの設定情報は、**/etc/yum.conf**ファイルに記載します。/etc/yum.confには、yum実行時のログファイルの指定など、基本設定情報が記述されています。なお、リポジトリファイル(xx.repo)の配置場所はreposdirフィールドで指定することができます。特に指定しなかった場合は、「/etc/yum.repos.d」ディレクトリがデフォルトとなります。リポジトリについては、後述します。

表6-1-7 yumの設定ファイル

ファイル	説明
/etc/yum.conf	基本設定ファイル
/etc/yum.repos.dディレクトリ以下に保存されたファイル	リポジトリの設定ファイル

/etc/yum.confファイルの設定例

```
# cat /etc/yum.conf
[main]
cachedir=/var/cache/yum/$basearch/$releasever
keepcache=0
debuglevel=2
logfile=/var/log/yum.log  ←ログファイル名
exactarch=1
obsoletes=1
gpgcheck=1
plugins=1
installonly_limit=5
bugtracker_url=http://bugs.centos.org/set_project.php?project_
id=23&ref=http://bugs.centos.org/bug_report_page.php?category=yum
distroverpkg=centos-release
…（以下省略）…
```

/etc/yum.confファイルの[main]セクションでは、全体に影響を与えるyumオプションを設定します。また、[repository]セクションを追加し、リポジトリ固有のオプションを設定することもできます。ただし、/etc/yum.repos.dディレクトリ内に「.repo」ファイルを配置し、個々の**リポジトリサーバ**の設定を定義することが推奨されます。

以下の例では、/etc/yum.repos.dディレクトリ以下にある個々のリポジトリサーバの設定ファイルを表示しています。

/etc/yum.repos.dディレクトリの設定ファイル

```
# pwd
/etc/yum.repos.d
# ls
CentOS-Base.repo   CentOS-Debuginfo.repo   CentOS-Sources.repo   CentOS-
fasttrack.repo
CentOS-CR.repo     CentOS-Media.repo       CentOS-Vault.repo
```

CentOSのリポジトリ

リポジトリとは、ダウンロードしたいファイルが集積している場所を意味します。図6-1-2にあるように、ネットワーク上のサーバを利用する他、ファイルシステムの特定のディレクトリもリポジトリとして指定することも可能です。

図6-1-2 リポジトリ

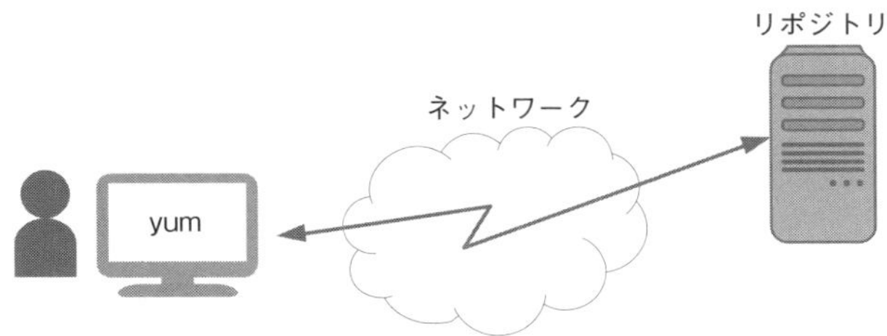

リポジトリには、CentOSで公式にサポートされているパッケージを提供する**標準リポジトリ**と、サードパーティによるそれ以外のパッケージを提供する**外部リポジトリ**があります。標準リポジトリはCentOSのミラーサイトで提供されています。

標準リポジトリには以下の種類があり、設定ファイルはCentOSのインストール時に**/etc/yum.repos.d**ディレクトリの下にインストールされます。

表6-1-8 リポジトリの主な種類

リポジトリ	説明	設定ファイル
base	CentOSリース時のパッケージ インストール用のISOイメージにはこのパッケージが含まれる	CentOS-Base.repo
updates	CentOSリース後にアップデートされたパッケージ	CentOS-Base.repo
extras	追加パッケージとアップストリームパッケージ	CentOS-Base.repo
cr	Continuous Release (CR) リポジトリ。次期リリース予定のパッケージで、 リリース前のテスト使用のためのリポジトリ	CentOS-CR.repo
c7-media	DVDあるいはISOイメージを使用したリポジトリ	CentOS-Media.repo

「CentOS-Base.repo」を例に、ファイルの内容を確認します。

リポジトリサーバの設定ファイル

```
# cat /etc/yum.repos.d/CentOS-Base.repo
...（途中省略）...
[base]
name=CentOS-$releasever - Base  ←❶
mirrorlist=http://mirrorlist.centos.org/?release=$releasever&arch=$basear
ch&repo=os&infra=$infra  ←❷
#baseurl=http://mirror.centos.org/centos/$releasever/os/$basearch/  ←❸
gpgcheck=1
gpgkey=file:///etc/pki/rpm-gpg/RPM-GPG-KEY-CentOS-7
```

... (以下省略) ...

❶nameフィールドはリポジトリを表す名前
❷mirrorlistにはbaseurlを含むリポジトリサーバの一覧が記載されたファイルのURLが指定されている。CentOS 7の場合、変数$releaseverの値は「7」、$basearchの値は「x86_64」、$infraの値は「stock」となる。したがって、mirrorlistの値は 「http://mirrorlist.centos.org/?release=7&arch=x86_64&repo=os&infra=stock」となり、「release=7」の指定により、実行時のCentOS 7の最新バージョン(2019年3月時点では7.6.1810)のリポジトリにアクセスする
❸baseurl (デフォルトでは行頭に#が付いてコメント行) にはcentos.orgのリポジトリのURLが指定されている(例:baseurl=http://ftp.riken.jp/Linux/centos/7.6.1810/os/x86_64/)

ミラーサイトとリポジトリの選択については、本章のコラム (279ページ) を参照してください。

DVD/ISOイメージをリポジトリとして利用する

設定ファイル**/etc/yum.repos.d/CentOS-Media.repo**に登録されているリポジトリ[c7-media]により、DVD/ISOイメージをリポジトリとして利用することができます。インターネットが使えない環境や、ネットワークの帯域幅が小さい時に有用です。

以下は、ISOイメージ「CentOS-7-x86_64-DVD-1804.iso」をリポジトリとして、yumコマンドによりbcパッケージをインストールする例です。

ISOイメージをリポジトリとしたインストール

```
# ls
CentOS-7-x86_64-DVD-1804.iso
# mkdir /media/CentOS  ←❶
# mount -o loop ./CentOS-7-x86_64-DVD-1804.iso /media/CentOS  ←❷
# yum --disablerepo=¥* --enablerepo=c7-media install bc  ←❸
```

❶マウントポイント用のディレクトリを作成
❷isoメディアを❶のディレクトリにマウントする
❸「--disablerepo=¥*」により現在有効になっているリポジトリを無効にし、「--enablerepo=c7-media」によりc7-mediaリポジトリを有効にする

6-2 Ubuntuのパッケージ管理を行う

パッケージ管理とは

本章では、Ubuntu/Debian系について説明します。**dpkg**と**apt**はいずれもパッケージ管理を行うコマンドですが、違いは以下の通りです。

◇dpkgコマンド

個々のパッケージ単位で管理を行います。依存関係は自動解決されませんが、事前に必要なパッケージ情報は表示されます。

◇aptコマンド

リポジトリを参照し、依存関係を含めて管理します。依存関係は自動解決されます。

使用したいパッケージのバージョンを明示的に指定してインストールする必要がある場合は、dpkgコマンドが適しています。ただし、必要なパッケージは個別に指定し、インストールする順番も意識する必要があります。一方、aptコマンドは現在使用しているOSのバージョンに合わせて、適切なバージョン、依存関係のあるパッケージも一緒にインストールします。

dpkgコマンドの利用

dpkgパッケージの管理には、**dpkg**コマンドを利用します。dpkgコマンドは、目的に応じたアクションを組み合わせて使用します。

dpkgパッケージの管理
dpkg [オプション] アクション

パッケージ情報の表示

dpkgパッケージに関する情報を調査し表示するには、以下のアクションを使用します。

表6-2-1 dpkgコマンド(表示) のアクション

アクション	説明
-l、--list	指定したパターンにマッチする名前のパッケージの一覧を表示
-s、--status	指定したパッケージの情報を表示
-L、--listfiles	指定したパッケージ名で、システムにインストールされたファイルの一覧を表示
-S、--search	指定したファイル（ワイルドカードの指定が可能）がどのパッケージからインストールされたか検索
-I、--info	パッケージに関する各種情報を表示する
-c、--contents	deb パッケージに含まれるファイル一覧を表示

以降では、dpkgコマンドでさまざまなアクションを使用し、パッケージ情報を表示している実行例を記載します。

以下の例は、パッケージ名を指定し、パッケージの詳細情報を表示します。

パッケージの詳細情報の表示

```
$ dpkg -s cups  ←❶
Package: cups
Status: install ok installed  ←❷
…（途中省略）…
Version: 2.2.7-1ubuntu2.1  ←❸
Replaces: cups-bsd (<< 1.7.2-3~), ghostscript-cups (<< 9.02~)
…（以下省略）…
$ dpkg -s vim  ←❹
dpkg-query: パッケージ 'vim' はまだインストールされておらず情報の利用は不可能です
アーカイブファイルを調べるためには dpkg --info (= dpkg-deb --info) を、
その内容一覧を表示するには dpkg --contents (= dpkg-deb --contents) を使います。
$ dpkg -L cups  ←❺
/.
/etc
/etc/cups
/etc/cups/snmp.conf
/usr
/usr/lib
/usr/lib/cups
…（以下省略）…
$ dpkg -S *ssl*  ←❻
openssl: /usr/share/man/man1/openssl-pkcs7.1ssl.gz
openssl: /usr/share/man/man1/openssl-rand.1ssl.gz
openssl: /usr/share/man/man1/mdc2.1ssl.gz
libio-socket-ssl-perl: /usr/share/doc/libio-socket-ssl-perl/debugging.txt
…（以下省略）…
```

❶cupsはインストール済みのパッケージ
❷❸インストール済みであること、およびバージョン情報が表示
❹vimは未インストール
❺「-L」アクションにより指定したパッケージに含まれる全てのファイルを表示
❻「-S」指定したファイル（ワイルドカード「*」も利用可能）がどのパッケージからインストールされたか検索

ダウンロードしたパッケージファイル情報の表示

ダウンロードしたインストール前のパッケージファイルを指定し、パッケージファイルに対する問い合わせを行うには「-I」アクションを使用します。「-I」アクションによって、インストールされていないパッケージ情報を得ることができます。

以下の実行例では、個別にダウンロードしたzshのdebファイルに対して、情報を表示しています。

ダウンロードしたパッケージの情報の表示

```
$ dpkg -I zsh_5.2-5ubuntu1_amd64.deb
 new Debian package, version 2.0.
 size 665004 bytes: control archive=2588 bytes.
…（途中省略）…
 Package: zsh
 Version: 5.2-5ubuntu1
…（以下省略）…
```

パッケージのインストールとアンインストール

debパッケージファイルからシステムへのインストールとアンインストールを行うには、主に次のアクションを使用します。

表6-2-2 dpkgコマンド（インストールとアンインストール）のアクション

アクション	説明
-i、--install	パッケージをインストールする
-r、--remove	設定ファイルは残して、パッケージを削除する
-P、--purge	設定ファイルを含む全てを強制削除する

なお、dpkgコマンドのオプションも提供されており、アクションと共に使用します。

表6-2-3 dpkgコマンドのオプション

オプション	説明
-E	既に同じバージョンのパッケージがインストールされている場合、 パッケージをインストールしない
-G	インストール済みのパッケージのバージョンの方が新しければ、 パッケージをインストールしない
--force-depends	全ての依存関係の問題を警告として扱う
--force-conflicts	他のパッケージと競合してもインストールする
--no-act	実行されるべき処理の確認のみ行う

以降では、dpkgコマンドでパッケージのインストールなどの実行例を記載します。なお、次の実行例では、依存関係のあるパッケージもインストールしています。

パッケージのインストール

```
$ dpkg -s zsh  ←❶
dpkg-query: パッケージ 'zsh' はまだインストールされておらず情報の利用は不可能です
アーカイブファイルを調べるためには dpkg --info (= dpkg-deb --info) を、
その内容一覧を表示するには dpkg --contents (= dpkg-deb --contents) を使います。
$
$ sudo dpkg -i zsh-common_5.4.2-3ubuntu3_all.deb  ←❷
以前に未選択のパッケージ zsh-common を選択しています。
(データベースを読み込んでいます ... 現在 130242 個のファイルとディレクトリがインストールされています。)
…(以下省略)…
$
$ sudo dpkg -i zsh_5.4.2-3ubuntu3_amd64.deb  ←❸
以前に未選択のパッケージ zsh を選択しています。
(データベースを読み込んでいます ... 現在 131536 個のファイルとディレクトリがインストールされています。)
…(以下省略)…
$
$ dpkg -s zsh  ←❹
Package: zsh
Status: install ok installed
…(途中省略)…
Version: 5.4.2-3ubuntu3
…(以下省略)…
```

❶現在、zshパッケージはインストールされていない
❷zshパッケージは、zsh-commonパッケージに依存関係があるため、先にzsh-commonをインストール
❸zshパッケージのインストール
❹zshパッケージがインストールされた

以下は、インストール時にオプション「-E」と「-G」を付与して実行した例です。

バージョンを考慮したインストール　Ubuntu

```
$ sudo dpkg -iE zsh_5.4.2-3ubuntu3_amd64.deb  ←❶
[sudo] user01 のパスワード: ****
dpkg: zsh のバージョン 5.4.2-3ubuntu3 がすでにインストールされています。スキップします
$
$ sudo dpkg -iG zsh_5.2-5ubuntu1_amd64.deb  ←❷
dpkg: zsh を 5.4.2-3ubuntu3 から 5.2-5ubuntu1 へのダウングレードは行いません。スキップします
```

❶現在、zshは5.4.2がインストールされているが、同じバージョンのパッケージを指定しインストールを試みる。
ただし、「-E」オプションを指定。そのため、既に同じバージョンのパッケージがインストール済みであるため
インストールは行われない
❷古いバージョンである5.2のパッケージのインストールを試みる。ただし、「-G」オプションを指定。
インストール済みのパッケージのバージョンの方が新しいため、インストールは行われない

また、パッケージをアンインストールするには、「-r」もしくは「-P」アクションを使用します。「-r」は設定ファイルは残してパッケージを削除します。「-P」は設定ファイルを含む全てを強制削除します。

パッケージのアンインストール

```
$ sudo dpkg -P zsh  ←❶
[sudo] user01 のパスワード: ****
(データベースを読み込んでいます ... 現在 131588 個のファイルとディレクトリがインストールされています。)
zsh (5.4.2-3ubuntu3) を削除しています ...
zsh (5.4.2-3ubuntu3) の設定ファイルを削除しています ...
man-db (2.8.3-2) のトリガを処理しています ...
$ dpkg -s zsh  ←❷
dpkg-query: パッケージ 'zsh' はまだインストールされておらず情報の利用は不可能です
アーカイブファイルを調べるためには dpkg --info (= dpkg-deb --info) を、
その内容一覧を表示するには dpkg --contents (= dpkg-deb --contents) を使います。
```

❶zshパッケージのアンインストール。この例では「-P」アクションを使用して設定ファイルを含む全てを削除
❷アンインストールされたことを確認

aptコマンドの利用

aptコマンドはdebパッケージを管理するユーティリティです。パッケージの依存関係を自動的に解決してインストール、削除、アップデートを行います。aptコマンドは、インターネット上のリポジトリ（パッケージを保管・管理している場所）と通信し、簡単にdebパッケージのインストールや最新情報の入手が可能です。aptコマンドは、あわせてサブコマンドを使用します。

debパッケージの管理

apt [オプション] {サブコマンド}

パッケージ情報の表示

検索および表示に関する主なサブコマンドは、以下の通りです。

表6-2-4 aptコマンドの検索・表示に関するサブコマンド

サブコマンド	説明
list	利用可能な全パッケージ情報を表示
list --installed	インストール済みのパッケージを表示
list --upgradeable	アップデート可能なパッケージを表示
search	指定したキーワードから該当するパッケージを表示
show	指定したパッケージについてのパッケージ情報を表示

aptコマンドでさまざまなサブコマンドを使用し、パッケージ情報を表示している実行例を記載します。

パッケージ情報の表示

```
$ apt list --installed  ←❶
...（途中省略）...
adium-theme-ubuntu/bionic,bionic,now 0.3.4-0ubuntu4 all [インストール済み]
adwaita-icon-theme/bionic,bionic,now 3.28.0-1ubuntu1 all [インストール済み]
aisleriot/bionic,now 1:3.22.5-1 amd64 [インストール済み]
...（以下省略）...
$ apt list --upgradeable  ←❷
...（途中省略）...
avahi-daemon/bionic-updates 0.7-3.1ubuntu1.1 amd64 [0.7-3.1ubuntu1 からアップグレード可]
avahi-utils/bionic-updates 0.7-3.1ubuntu1.1 amd64 [0.7-3.1ubuntu1 からアップグレード可]
base-files/bionic-updates 10.1ubuntu2.3 amd64 [10.1ubuntu2.2 からアップグレード可]
...（以下省略）...
$ apt show bash  ←❸
Package: bash
Version: 4.4.18-2ubuntu1
...（以下省略）...
```

❶インストール済みのパッケージを表示
❷アップデート可能なパッケージを表示
❸showサブコマンドは、パッケージ名を指定し、パッケージの詳細情報を表示

パッケージのインストールとアンインストール

aptコマンドによるインストール、アップデート、アンインストールを行うには、主に以下のサブコマンドを使用します。

表6-2-5 aptコマンドのインストール、アップデート、アンインストールに関するサブコマンド

サブコマンド	説明
install	指定されたパッケージをインストール
update	パッケージ索引ファイルとソースの同期を行う
upgrade	システムに現在インストールされている全てのパッケージを最新バージョンにアップグレードする。ただし、既存のパッケージが削除されることはない
full-upgrade	upgradeと同様にアップグレードを行うが、必要であればインストールされているパッケージの削除も行う
remove	設定ファイルは残して、パッケージを削除する
purge	設定ファイルを含む全てを強制削除する

aptコマンドでさまざまなサブコマンドを使用し、パッケージのインストールなどを行っている実行例を記載します。

パッケージのインストールとアンインストール

```
$ sudo apt install zsh  ←❶
[sudo] user01 のパスワード: ****
パッケージリストを読み込んでいます... 完了
依存関係ツリーを作成しています
状態情報を読み取っています... 完了
提案パッケージ:
  zsh-doc
以下のパッケージが新たにインストールされます:
  zsh
...（以下省略）...
$ apt list zsh  ←❷
一覧表示... 完了
zsh/bionic,now 5.4.2-3ubuntu3 amd64 [インストール済み]
$ sudo apt purge zsh  ←❸
パッケージリストを読み込んでいます... 完了
依存関係ツリーを作成しています
状態情報を読み取っています... 完了
以下のパッケージは「削除」されます:
  zsh*
...（途中省略）...
続行しますか? [Y/n] y  ←❹
(データベースを読み込んでいます ... 現在 131588 個のファイルとディレクトリがインストールされていま
す。)
zsh (5.4.2-3ubuntu3) を削除しています ...
...（以下省略）...
```

❶installサブコマンドを使用して、指定されたパッケージをインストール
❷現在、zshパッケージがインストール済みであることを確認
❸purgeサブコマンドを使用して、指定されたパッケージをアンインストール
❹アンインストールの確認が促されるので「y」を入力

aptの設定

aptの設定情報は、**/etc/apt/sources.list**ファイルに記載します。Ubuntuでは、どのリポジトリを使用するかをこのファイルに記述します。

> 多数のパッケージを利用する場合、設定を複数のファイルに分割することが可能です。この場合、「/etc/apt/sources.list.d/filename.list」として管理します。ファイル内の表記は、/etc/apt/sources.listファイルと同じです。

/etc/apt/sources.listファイル内の表記は以下の通りです。

/etc/apt/sources.listファイル

```
タイプ [オプション] uri スイート [コンポーネント1] [コンポーネント2...]
```

表6-2-6 /etc/apt/sources.listファイルの表記内容

ファイル	説明
タイプ	アーカイブの種類を指定する ・debバイナリパッケージのアーカイブ ・deb-srcソースパッケージのアーカイブ ※ソースパッケージをダウンロードする時は先頭の#を外してこのエントリを有効にする
uri	リポジトリのURIを指定する 例）http://jp.archive.ubuntu.com 国コードがホスト名の先頭の2文字になっている。日本の場合はjp、米国の場合はus、カナダの場合はca、など。この指定でアクセスするとDNSの名前解決の結果、国別のミラーの内の1台のURLが返されるので、クライアントはそこにアクセスする。以下は富山大学のミラーのURLが返される例 例）http://ubuntutym3.u-toyama.ac.jp
スイート	Ubuntuディストリビューションのコード名（ソフトウェアの種類を含む）を指定する。Ubuntuの場合のコード名はbionic となる。 ・bionic 主アーカイブ ・bionic-updates　※パッチを当ててアップデートしたパッケージ（セキュリティパッチを除く） ・bionic-security　※セキュリティパッチを当ててアップデートしたパッケージ ・bionic-backports　※新しいバージョンからこのバージョンにバックポートされたパッケージ
コンポーネント	配布ライセンスの種類によって分類されたリポジトリの種類 ・main Canonicalがサポートするフリーソフトウェアとオープンソースソフトウェア ・universe コミュニティが保守するフリーソフトウェアとオープンソースソフトウェア ・restricted プロプライエタリなデバイスドライバ ・multiverse ライセンスで制限されたソフトウェア

以下は、/etc/apt/sources.listファイルの抜粋です

/etc/apt/sources.listファイル（抜粋）

```
$ cat /etc/apt/sources.list | more
deb http://jp.archive.ubuntu.com/ubuntu/ bionic main restricted  ←❶
deb http://jp.archive.ubuntu.com/ubuntu/ bionic-updates main restricted
deb http://jp.archive.ubuntu.com/ubuntu/ bionic universe
deb http://jp.archive.ubuntu.com/ubuntu/ bionic-updates universe
deb http://jp.archive.ubuntu.com/ubuntu/ bionic multiverse
deb http://jp.archive.ubuntu.com/ubuntu/ bionic-updates multiverse
...（以下省略）...
```

❶バイナリパッケージ（deb）を、http://jp.archive.ubuntu.com/ubuntu/から取得。スイートは、bionic（Ubuntu 18.04のコードネーム）、mainとrestrictedに属するコンポーネントがインストールされる

DVD/ISOイメージをリポジトリとして利用する

Ubuntuのダウンロードサイト「https://www.ubuntu.com/download」で提供されるUbuntu Desktop（ubuntu-18.04-desktop-amd64.iso）やUbuntu Server（ubuntu-18.04-live-server-amd64.iso）のISOイメージの中には、EFI対応のGRUB2ブートローダやgccなどのごく少数（46個）のパッケージしか含まれていません。

Ubuntuのインストールは CentOSなどのRedHat系Linuxのパッケージによるインストールと異なり、組み込みシステムで広く使われている圧縮された読み込み専用ファイルシステムであるSquashFSのファイル「**filesystem.squashfs**」（casperディレクトリの下に置かれている）の内容をコピーすることにより行われます。このため、Ubuntuサイトから提供されるISOイメージはリポジトリとして使用することはできません。

DVD/ISOイメージをリポジトリとして使用するためには、ミラーサイトのリポジトリからパッケージをダウンロードして以下❶～❸の手順に従いユーザ自身がリポジトリを作成する必要があります。

❶ミラーサイトのリポジトリからパッケージをダウンロードする
（今回の例ではdebmirrorコマンドを使用）
❷mkisofsコマンドによりパッケージをダウンロードしたディレクトリ以下をISOイメージとして作成する
❸apt-cdromコマンドによりDVD/ISOイメージをリポジトリとしてsources.listに登録する

上記の手順内で使用しているコマンドの構文およびオプションは、以下の通りです。

パッケージのダウンロード

debmirror [オプション] ミラーディレクトリ

表6-2-7 debmirrorコマンドのオプション

オプション	説明
-a、--a	アーキテクチャの指定。例）amd64
-d、--dist	ディストリビューションの指定。例）bionic
-s、--section	セクションの指定。例）main 複数のセクションをカンマで区切って指定も可能。例）main, restricted
--nosource	ソースパッケージは含めない
-h、--host	ダウンロードする対象のリモートホストを指定
-p、--progress	ダウンロードの進行状況を表示
--ignore-release-gpg	署名を検証するgpg公開鍵を使用しない
--method	ダウンロードに使用するメソッド（サービス）を指定。例）–method=http リモートホストがサポートするメソッドに合わせて、ftp、https、rsyncも指定可能

ISOイメージの作成

mkisofs [オプション] -o ISOファイル名

mkisofsコマンドはgenisoimageコマンドへのシンボリックリンクです。どちらのコマンドでも実行できます。

表6-2-8 mkisofsコマンドのオプション

オプション	説明
-J	Microsoft Windowsからも読めるように、ISO9660にJoliet拡張を追加する
-R	UNIX/Linux（POSIX）ファイルシステムに対応したRock Ridge拡張を追加する
-V	ボリュームID（ラベル名）を指定する
-o	出力先ファイル名を指定する

リポジトリの登録

apt-cdrom [オプション] サブコマンド

apt-cdromコマンドのサブコマンド「add」によりエントリを登録します。オプションにはマウントポイントを指定する「-d」と、マウント/アンマウントを行わないISOイメージ用の「-m」があります。

以下は、archive.ubuntu.comのmainリポジトリからamd64アーキテクチャのパッケージをダウンロードして、DVD/ISOイメージによるローカルリポジトリを作成する例です。

なお、以下の作業は、事前に「**sudo su -**」を実行し、root権限で実行しています。

ローカルリポジトリ用ISOイメージの作成

```
# mkdir -p /data/Ubuntu18.04-repo-main  ←❶
# debmirror -a amd64 -d bionic -s main --nosource \
> -h archive.ubuntu.com --progress \
> --ignore-release-gpg \
> --method=http  /data/Ubuntu18.04-repo-main  ←❷
# cd /data/Ubuntu18.04-repo-main  ←❸
# ls -F
dists/  pool/  project/
# ls -F *
dists:
bionic/

pool:
main/

project:
trace/
# du -sh .
5.7G   .  ←❹
# find . -name "*deb" | wc -l
6391  ←❺
# mkisofs -J -R -V "Ubuntu18.04-bionic-main" -o ../Ubuntu18.04-main-repo.
iso .  ←❻
# ls -lhF ..
合計 5.7G
-rw-r--r-- 1 root root 5.7G  9月 18 20:42 Ubuntu18.04-main-repo.iso  ←❼
drwxr-xr-x 6 root root 4.0K  9月 18 19:31 Ubuntu18.04-repo-main/
```

❶リポジトリを置くディレクトリを作成(/data以下に約13GBの空き容量が必要)
❷リポジトリ用のパッケージのダウンロード(時間がかかる)
❸ダウンロードしたディレクトリに移動して、内容を確認
❹mainリポジトリの容量は約5.7GB
❺6391個のパッケージがある
❻リポジトリのISOイメージを作成
❼作成したリポジトリ用ISOイメージ

「sudo su -」については、第3章のコラム(156ページ)を参照してください。

以下は作成したISOイメージをそのままリポジトリとして利用する例です(DVDメディアを使用する例は後述します)。

ISOイメージのエントリを登録

```
# mkdir /media/cdrom  ←❶
# vi /etc/fstab
/data/Ubuntu18.04-main-repo.iso  /media/cdrom  iso9660 loop  0  0  ←❷
# mount /media/cdrom  ←❸
# apt-cdrom -m -d /media/cdrom/ add  ←❹
# cat /etc/apt/sources.list
(抜粋表示)
deb cdrom:[Ubuntu18.04-main-repo]/ .temp/dists/bionic/main/binary-amd64/
↑❺
deb cdrom:[Ubuntu18.04-main-repo]/ bionic main  ←❻

deb http://jp.archive.ubuntu.com/ubuntu/ bionic main restricted
deb http://jp.archive.ubuntu.com/ubuntu/ bionic-updates main restricted
deb http://jp.archive.ubuntu.com/ubuntu/ bionic universe
deb http://jp.archive.ubuntu.com/ubuntu/ bionic-updates universe
...(以下省略)...
```

❶ISOイメージのマウントポイントとして/media/cdromを作成
❷この行を/etc/fstabファイルの最後に追加
❸ISOイメージをマウント
❹CD-ROMのエントリを登録。ISOイメージの場合はmount/umountを行わないように「-m」オプションを指定
❺❻ファイルの先頭行に2行が追加される。[]の中はラベル名

以上の手順でISOイメージをmainリポジトリとして使えるようになります。

以下の例ではsources.listを編集してCD-ROMの2行のエントリのみ残し、ISOイメージをリポジトリとして使用できることを確認しています。

ISOイメージをリポジトリとして使用できることを確認

```
# cd /etc/apt
# cp sources.list sources.list.back
# vi sources.list
deb cdrom:[Ubuntu18.04-main-repo]/ .temp/dists/bionic/main/binary-amd64/
deb cdrom:[Ubuntu18.04-main-repo]/ bionic main  ←❶
# apt update -y  ←❷
# dpkg --force-depends --purge bc  ←❸
# bc
-su: /usr/bin/bc: そのようなファイルやディレクトリはありません  ←❹
# apt install bc  ←❺
# bc  ←❻
bc 1.07.1
...(以下省略)...
^D  ←❼
# mv sources.list.back sources.list  ←❽
# apt update -y  ←❾
```

❶CD-ROMの2行のエントリのみ残し、あとは削除
❷sources.listの更新を有効にする

6-2 Ubuntuのパッケージ管理を行う

❸依存関係を無視してbcパッケージを削除
❹bcコマンドはなくなっている
❺bcパッケージをインストール
❻bcコマンドを実行
❼[Ctrl]+[D]を入力して終了
❽ファイルを元に戻す
❾sources.listの更新を有効にする

mkisofsコマンドで作成したISOイメージをDVDに記録する場合は、CUIでは**cdrecord**コマンド、GUIツールでは**Brasero**などを使用します。

ISOイメージのサイズが約5.7GBで、DVD-Rの容量4.7GBを上回るため、8.5GBの容量のDVD-R DL(Dual Layer:2層)などのメディアを使用します。

ISOイメージをDVDメディアに記録する

```
# cdrecord -v speed=6 dev=/dev/sr0 ../Ubuntu18.04-main-repo.iso
```

以下はDVDメディアをDVDドライブに挿入後、リポジトリとして利用する例です。

DVDメディアのエントリを登録

```
# mkdir /media/apt  ←❶
# vi /etc/fstab
/dev/sr0  /media/apt  iso9660 defaults  0  0  ←❷
# apt-cdrom -d /media/apt add  ←❸
CD-ROM マウントポイント /media/apt/ を使用します
確認しています... [76b6ae7c991e3dfe1bd18fb8ae8a56e4-2]
ディスクのインデックスファイルを走査しています ...
2 のパッケージインデックス、0 のソースインデックス、2 の翻訳インデックス、2 の署名を見つけました
このディスクは以下のように呼ばれます:
'Ubuntu18.04-main-repo'
…(途中省略)…
新しいソースリストを書き込んでいます
このディスクのソースリストのエントリ:
deb cdrom:[Ubuntu18.04-main-repo]/ .temp/dists/bionic/main/binary-amd64/
deb cdrom:[Ubuntu18.04-main-repo]/ bionic main
あなたの持っている CD セットの残り全部に、この手順を繰り返してください

# cat /etc/apt/sources.list  ←❹
(抜粋表示)
deb cdrom:[Ubuntu18.04-main-repo]/ .temp/dists/bionic/main/binary-amd64/
↑❺
deb cdrom:[Ubuntu18.04-main-repo]/ bionic main  ←❻

deb http://jp.archive.ubuntu.com/ubuntu/ bionic main restricted
deb http://jp.archive.ubuntu.com/ubuntu/ bionic-updates main restricted
deb http://jp.archive.ubuntu.com/ubuntu/ bionic universe
deb http://jp.archive.ubuntu.com/ubuntu/ bionic-updates universe
…(以下省略)…
```

❶DVDメディアのマウントポイントとして/media/aptを作成
❷この行を/etc/fstabファイルの最後に追加
❸CD-ROMのエントリを登録

❹ISOイメージを登録した時と内容は同じ
❺❻ファイルの先頭行に2行が追加される。[]の中はラベル名

以上の手順でDVDメディアをmainリポジトリとして使えるようになります。

以下の例では、DVDメディアをDVDドライブに挿入した後、リポジトリとして使用できることを確認しています。

DVDメディアをリポジトリとして使用できることを確認

```
# dpkg --force-depends --purge bc  ←❶
# bc
-su: /usr/bin/bc: そのようなファイルやディレクトリはありません  ←❷
# apt install bc  ←❸
# bc  ←❹
bc 1.07.1
…（以下省略）…
^D  ←❺
```

❶依存関係を無視してbcパッケージを削除
❷bcコマンドが使えなくなっている
❸bcパッケージをインストール。DVDメディアのマウントとアンマウントは自動的に行われる
❹bcコマンドを実行
❺[Ctrl] + [D]を入力して終了

6-3

プロセスを管理する

プロセスの監視

プロセスとは、実行中のプログラムのことです。システムでは、常に複数のプロセスが稼動しています。ユーザがコマンドを実行することによって、プロセスは生成され、プログラムの終了と共に消滅します。 実行中のプロセスを表示する主なコマンドは以下の通りです。

表6-3-1 プロセスを表示するコマンド

コマンド	説明
ps	プロセスの情報を表示する基本的なコマンド
pstree	プロセスの階層構造を表示する
top	プロセスの情報を周期的にリアルタイムに表示する

プロセスの表示

現在のシェルから起動したプロセスだけを表示するには、引数を指定せずに**ps**コマンドを実行します。

プロセスの表示

ps [オプション]

プロセスの表示

```
# ps
  PID TTY          TIME CMD
 5163 pts/1    00:00:00 bash  ←❶
 5211 pts/1    00:00:00 ps  ←❷
# firefox &  ←❸
[1] 6604
# ps
  PID TTY          TIME CMD
 5163 pts/1    00:00:00 bash
 6604 pts/1    00:00:07 firefox  ←❹
 6787 pts/1    00:00:00 ps
```

❶❷現在の端末から同じユーザが起動したプロセス
❸ブラウザを起動する
❹ブラウザのプロセスが追加

psコマンドで使用できるオプションにはいくつかの種類があります。

◇UNIXオプション

複数のオプションをまとめて指定することが可能で、前にはダッシュ「-」を指定します。

例）**ps -p PID**

◇BSDオプション

複数のオプションをまとめて指定することが可能で、ダッシュ「-」を指定しません。

例）**ps p PID**

◇GNUロングオプション

前に2つのダッシュ「--」を指定します。

例）**ps --pid PID**

主なオプションは以下の通りです。

表6-3-2 psコマンドのオプション

種類	オプション	説明
UNIX	-p	PID（プロセスID）を指定する
	-e	全てのプロセスを表示する
	-f	詳細情報を表示する
	-l	長いフォーマットで詳細情報を表示する
	-o	ユーザ定義のフォーマットで表示する 例）ps -o pid,comm,nice,pri
	-c	プロセスに関する情報を表示する
BSD	p	PID（プロセスID）を指定する
	a	全てのプロセスを表示する
	u	詳細情報を表示する
	x	制御端末のないプロセス情報も表示する

また、psコマンドを実行した際に表示される主な項目は次の通りです。PIDはプロセスを識別する番号です。同じプログラムを複数実行しても識別されるように、プロセスごとに異なるPIDが割り当てられます。

表6-3-3 psコマンドの表示項目

項目	説明
PID	プロセスID
TTY	制御している端末
TIME	実行時間
CMD	コマンド（実行ファイル名）

プロセスの親子関係の表示

pstreeコマンドは、プロセスの親子関係をツリー構造で表示します。

プロセスをツリー構造で表示

pstree [オプション]

表6-3-4 pstreeコマンドのオプション

オプション	説明
-h	カレントプロセスとその先祖のプロセスを強調表示する
-p	PIDを表示する

プロセスをツリー構造で表示

```
# pstree
systemd─┬─ModemManager───2*[{ModemManager}]
        ├─NetworkManager─┬─dhclient
        │                └─2*[{NetworkManager}]
…（以下省略）…
# pstree -p
systemd(1)─┬─ModemManager(646)─┬─{ModemManager}(664)
           │                   └─{ModemManager}(684)
           ├─NetworkManager(688)─┬─dhclient(746)
           │                     ├─{NetworkManager}(712)
           │                     └─{NetworkManager}(722)
…（以下省略）…
```

最初のユーザプロセスとして、/lib/systemd/systemdが起動していることがわかります。

systemdについては、第2章（77ページ）を参照してください。

プロセス情報の表示

topコマンドは、前回の更新から現在までの間でCPU使用率（%CPU項目）の高い順に、周期的にプロセスの情報を表示するコマンドです。更新の周期はデフォルトで3秒ですが、「-d」オプションで変更できます。例えば、2秒間隔は「-d 2」と指定します。なお、[q]キーで実行を終了して、プロンプトに戻ります。

プロセス情報の表示

top [オプション]

表6-3-5 topコマンドのオプション

オプション	説明
-d 秒数	更新の間隔を秒単位で指定
-n 数値	表示の回数を数値で指定

プロセス情報の表示

```
# top
top - 16:48:26 up  6:06,  3 users,  load average: 0.00, 0.01, 0.05  ←❶
Tasks: 197 total,   2 running, 195 sleeping,   0 stopped,   0 zombie  ←❷
%Cpu(s):  0.3 us,  1.0 sy,  0.0 ni, 98.7 id,  0.0 wa,  0.0 hi,  0.0 si,  0.0 st  ←❸
KiB Mem :  1882836 total,   117660 free,   894520 used,   870656 buff/cache  ←❹
KiB Swap:  1048572 total,  1048572 free,        0 used,   764904 avail Mem  ←❺

  PID USER      PR  NI    VIRT    RES    SHR S %CPU %MEM     TIME+ COMMAND  ←❻
 6991 root      20   0  161972   2352   1584 R  1.0  0.1   0:04.81   top
 6604 user01    20   0 2093012 183280  58496 S  0.3  9.7   0:22.30 firefox
…（以下省略）…
```

実行結果の1行目（❶）は時刻についての表示です。以下の情報を表示しています。

CPU使用率が低くても、ロードアベレージがプロセッサ数もしくはプロセッサのコア数より多いと負荷が高い状態を表します。

- **16:48:26**：現在時刻
- **up 6:06**：起動してからの時間
- **3 users**：ログインしているユーザ数
- **load average: 0.00, 0.01, 0.05**：左から1、5、15分間の実行待ちプロセス数の平均

2行目（❷）はプロセス数についての表示です。以下の情報を表示しています。

ゾンビ状態とは、プロセスは終了しているが、リソースの解放処理などができていない状態を意味します。

- **Tasks**：プロセス数について表示
- **197 total**：プロセスの合計数
- **2 running**：実行中のプロセス数
- **195 sleeping**：スリープ状態のプロセス数
- **0 stopped**：停止状態のプロセス数
- **0 zombie**：ゾンビ状態のプロセス数

3行目（❸）はCPUの状態についての表示です。以下の情報を表示しています。

- **%Cpu(s)**：CPUの状態について表示
- **0.3 us**：ユーザプロセスの使用時間
- **1.0 sy**：システムプロセスの使用時間
- **0.0 ni**：実行優先度を変更したユーザプロセスの使用時間
- **98.7 id**：アイドル状態の時間
- **0.0 wa**：I/Oの終了待ちをしている時間
- **0.0 hi**：ハードウェア割り込み要求での使用時間
- **0.0 si**：ソフトウェア割り込み要求での使用時間
- **0.0 st**：仮想化を利用している時に、他の仮想CPUの計算で待たされた時間

4行目（❹）はメモリの状態についての表示です。以下の情報を表示しています。

- **KiB Mem**：メモリの状態について表示
- **1882836 total**：メモリの合計サイズ
- **117660 free**：未使用のメモリサイズ
- **894520 used**：使用中のメモリサイズ
- **870656 buff/cache**：バッファキャッシュ/ページキャッシュとして割り当てられたメモリサイズ

5行目（❺）はスワップ領域の使用状況についての表示です。以下の情報を表示しています。

- **KiB Swap**：スワップ領域の使用状況について表示
- **1048572 total**：スワップ領域の合計サイズ
- **1048572 free**：未使用のスワップサイズ
- **0 used**：使用中のスワップサイズ
- **764904 avail Mem**：新しいアプリケーションがスワップせずに使えるメモリサイズ

6行目（❻）は各プロセスごとの表示です。以下の表を参照してください。

表6-3-6 プロセスごとの表示フィールド

フィールド	説明
PID	タスクの一意なプロセス ID
USER	タスクの所有者の実効ユーザ名
PR	タスクの優先度
NI	タスクの nice 値
VIRT	タスクが使用している仮想メモリの総量 VIRT = SWAP + RES
RES	タスクが使用しているスワップされていない物理メモリ
SHR	タスクが利用している共有メモリの総量
S	プロセス状態 D = 割り込み不可能なスリープ状態 R = 実行中 S = スリープ状態 T = トレース中/停止された Z = ゾンビ
%CPU	タスクの所要 CPU 時間の占有率。総CPU時間のパーセンテージで表される
%MEM	タスクが現在使用している利用可能な物理メモリの占有率
TIME+	タスクが開始してから利用したCPU 時間の総計
COMMAND	タスクに関連づけられたプログラムの名前

プロセスの優先度

CPUによる実行を待つ複数のプロセスのうち、どれを実行するかは**プロセスの優先度**(プライオリティ：priority)を基に決定されます。**ps -l**コマンド、もしくは**top**コマンドを使用することで、「NI」項目が表示され、優先度を確認できます。NIは優先度をnice値で表示し、小さな値ほど優先度が高いことを表します。

プロセスの優先度の表示

```
# ps -l
F S   UID   PID  PPID  C PRI  NI ADDR SZ WCHAN  TTY          TIME CMD
4 S     0  5163  5157  0  80   0 - 29056 do_wai pts/1    00:00:00 bash
0 R     0  7473  5163  0  80   0 - 38300 -      pts/1    00:00:00 ps
# top
…（途中省略）…
  PID USER      PR  NI    VIRT    RES    SHR S %CPU %MEM     TIME+
COMMAND
 6991 root      20   0  161972   2352   1584 R  1.0  0.1   0:04.81 top
 6604 user01    20   0 2093012 183280  58496 S  0.3  9.7   0:22.30
firefox
…（以下省略）…
```

リアルタイムプロセスを除く通常のプロセスの優先度には、**動的優先度**と**静的優先度**があります(リアルタイムプロセスは静的優先度のみ)。

表6-3-7 優先度の種類

優先度	説明
動的優先度	静的優先度とCPU使用時間を基に計算され、CPUを使うほど優先度は低くなる カーネル内部で100～139の範囲の値を持つ
静的優先度	nice値により一定範囲でユーザが設定可能。カーネル内部で100～139の範囲の値を持つ

図6-3-1 プロセスのnice値

nice値の優先度(小さな値ほど優先度は高い)

nice値	-20	0	19
優先度	高	デフォルト	低

カーネルのスケジューラは動的優先度を基に、次に実行するプロセスを選定します。静的優先度はプロセスのnice値により決まります。nice値は「-20～19」の値で変更できますが、これをそのまま「100～139」にずらした値がカーネル内部での優先度となります。

なお、カーネル内部の優先度「0～99」は、リアルタイムプロセスに割り当てられます。また、優先度はpsコマンドの「-c」オプション(例：ps -ec)あるいは「-o」オプション(例：ps -eo pid,pri,comm)あるいは、「-l」オプション(例：ps -l)による実行でのPRIフィールドで確認できます。

表6-3-8にある通り、カーネル内部の優先度は「0(高)～139(低)」となるのに対し、PRI値は、

psコマンドの「-c」および「-o」では「139(高)～0(低)」で表現されます。また、psコマンドの「-l」は「-40(高)～99(低)」で表現されます。
以下は、bcプロセスの優先度をpsコマンドで表示しています。

psコマンド実行時の優先度表示の違い

```
# ps -eo pid,comm,pri | grep bc
 2153 bc              19
# ps -ec
 PID CLS PRI TTY          TIME CMD
 …（途中省略）…
 2153 TS 19 pts/0    00:00:00 bc
 …（以下省略）…
# ps -l
F S   UID   PID  PPID  C PRI  NI ADDR SZ WCHAN     TTY        TIME CMD
 …（途中省略）…
0 T     0  2153  2113  0  80   0 - 27034 do_sig  pts/0   00:00:00  ps
```

表6-3-8 カーネル内部の優先度、psコマンドで表示される優先度(PRI値)とnice値の関係

優先度		高							低
カーネル内部での優先度		0	・・・	99	100	・・・	120	・・・	139
PRI値	「-c」もしくは、「-o」の場合	139	・・・	40	39	・・・	19	・・・	0
	「-l」の場合	-40	・・・	59	60	・・・	80	・・・	99
nice値		―	―	―	-20	・・・	0	・・・	19

プロセスの優先度の変更

プロセスの優先度をデフォルトから変更するには、**nice**コマンドを使用します。

プロセスの優先度の変更

nice [オプション] [コマンド]

niceコマンドはオプションで数値を指定しないと、デフォルト値(0)に+10した値を優先度として付与します。「-n」オプションを指定することで、指定した優先度を設定できます。なお、優先度にマイナス値を指定可能なのは、root権限を持つユーザのみです。

以下は、計算処理を行うbcコマンドの優先度を変更している例です。

図6-3-2 変更例と優先度の確認

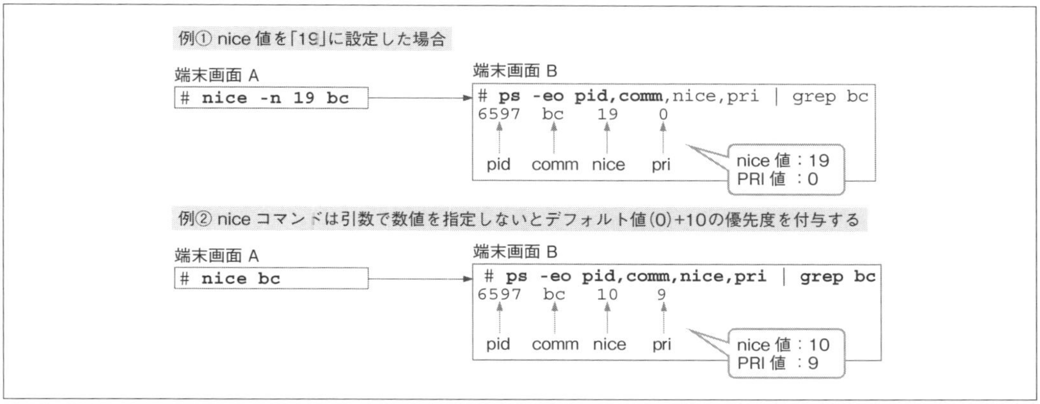

また、動作中のプロセスの優先度の変更には、**renice**コマンドもしくは**top**コマンドを使用します。

動作中のプロセスの優先度の変更
renice [オプション]

オプションには新たに付与したい優先度を数値で指定し、また、変更対象のプロセスを明示するため、「-p」オプションでPIDを指定します。優先度は「-n」を省略して、数値だけでも指定可能です。reniceコマンドも、マイナス値の設定にはroot権限が必要です。

図6-3-3 reniceコマンドによる優先度の変更

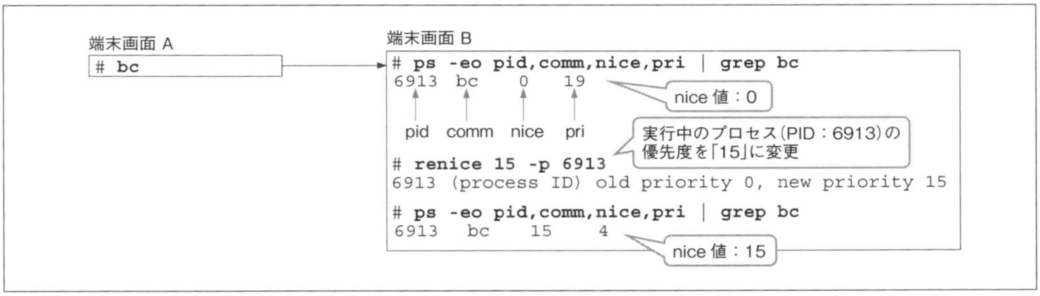

topコマンドを使うことで、実行中のプロセスの優先度を変更することができます。topコマンドによる優先度の変更手順は以下の通りです。

図6-3-4 topコマンドによる優先度の変更

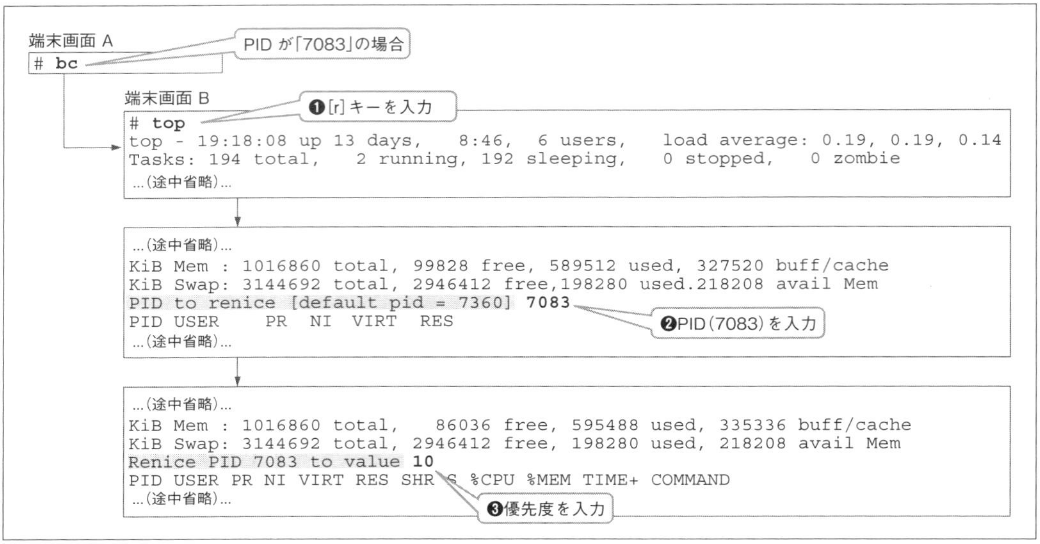

❶topコマンドを実行後プロセス情報が表示されたら、キーボードから [r] キーを入力する
❷画面に「PID to renice」が表示されるため、変更したいプロセスの PID（上記では7083）を入力し、[Enter] キーを押す
❸画面に「Renice PID [指定した PID] to value」が表示されるため、優先度（上記では10）を入力し、[Enter] キーを押す

ジョブ管理

ジョブとは、コマンドライン1行で実行された処理単位のことです。ジョブはシェルごとに管理され、ジョブIDが振られます。1行のコマンドラインで複数のコマンドが実行された場合でも、その処理全体を1つのジョブとして扱います。

図6-3-5 ジョブの概要

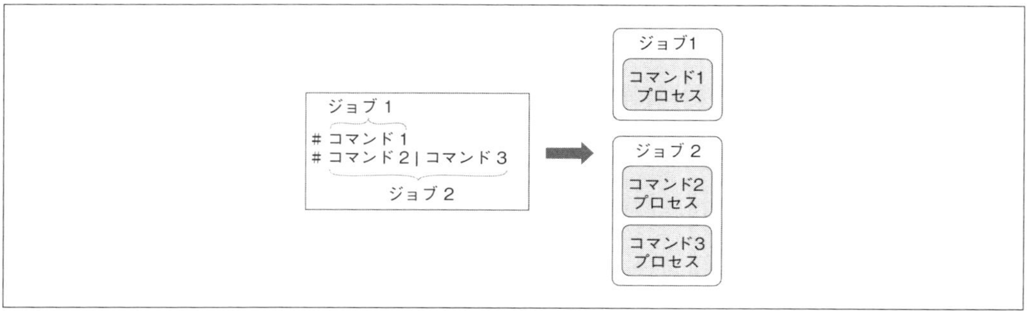

ジョブには、**フォアグラウンドジョブ**と**バックグラウンドジョブ**の2種類があります。

表6-3-9 ジョブの種類

ジョブ	説明
フォアグラウンドジョブ	キーボードや端末画面と対話的に操作し占有するジョブ。そのジョブが終了するまで端末画面上には次のプロンプトが表示されない。シェルごとに1つのみ
バックグラウンドジョブ	キーボード入力を受け取ることができないジョブ。画面への出力は設定によっては抑制される。複数のジョブを同時に実行することが可能

以下の例は、電卓(gnome-calculator)を実行している例です。例①のように、実行するとフォアグラウンドジョブとして実行され、例②のように「&」を付けて実行するとバックグラウンドジョブとして実行されます。

図6-3-6 フォアグラウンドジョブとバックグラウンドジョブ

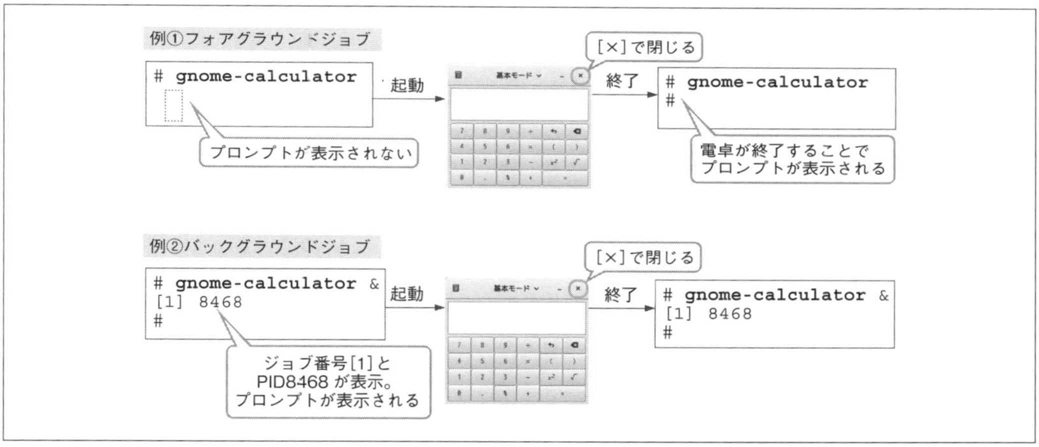

例②のようにバックグラウンドジョブとして実行すると、次のコマンドを受け付けるプロンプトが表示されるため、同じシェル内で複数のジョブを実行することができます。

ジョブを制御する主なコマンドは以下の通りです。

表6-3-10 ジョブを制御するコマンド

コマンド	説明
jobs	バックグラウンドジョブと一時停止中のジョブを表示
[Ctrl] + [z]	実行しているジョブを一時停止する
bg %ジョブID	指定したジョブをバックグラウンドに移行
fg %ジョブID	指定したジョブをフォアグラウンドに移行

以下の例は、**jobs**コマンドでバックグラウンドジョブと一時停止中のジョブを表示し、**bg**コマンド、**fg**コマンドでバックグラウンドとフォアグラウンドの切り替えを行っています。

図6-3-7 ジョブの制御

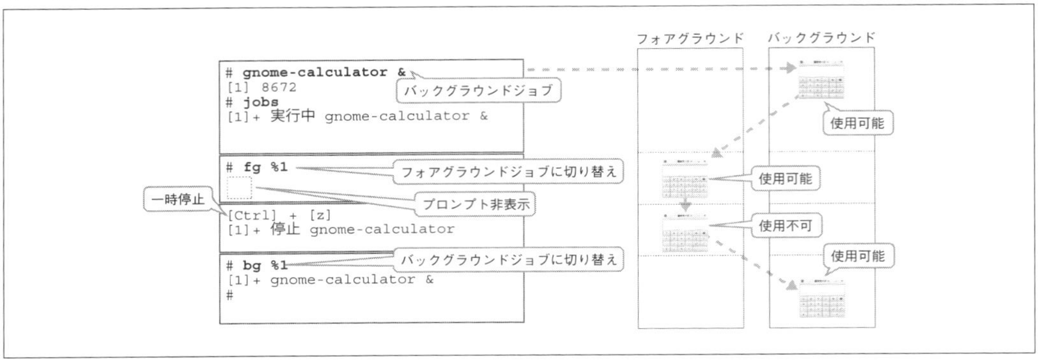

また、ジョブを制御するコマンドの引数にはジョブIDを指定しますが、実行シェル内で特定のプログラムを1つ起動している場合は、ジョブIDではなく名前でも指定可能です。ただし、同じシェル内で同じプログラムを複数起動している場合は、名前を指定するとエラーとなるため、ジョブIDを指定する必要があります。

電卓を1つ起動し、一時停止している場合

```
# jobs
[1]+  停止    gnome-calculator
# bg gnome-calculator   ←名前で指定できる
[1]+ gnome-calculator &
#
```

電卓を2つ起動し、一時停止している場合

```
# jobs
[1]+  停止        gnome-calculator
[2]-  停止        gnome-calculator
# bg gnome-calculator   ←名前で指定できない
-bash: bg: gnome-calculator: 曖昧なジョブ指定です   ←エラーメッセージ
# bg %1   ←ジョブIDで指定
[1]- gnome-calculator &
```

シグナルによるプロセスの制御

シグナルとは、割り込みによってプロセスに特定の動作をするように通知するための仕組みです。通常、プロセスは処理を終えると自動的に消滅しますが、プロセスに対してシグナルを送信することで、外部からプロセスを終了させることができます。シグナルは、キーボードによる操作や**kill**コマンドの実行などにより、実行中のプロセスに送信されます。

図6-3-8 シグナルの送信

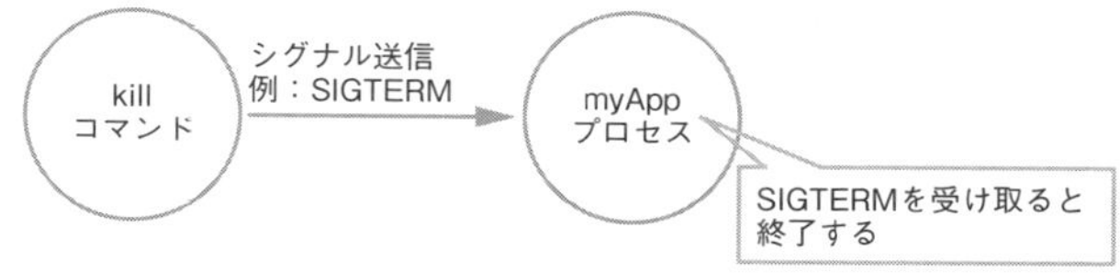

主なシグナルは以下の通りです。

表6-3-11 主なシグナル

シグナル番号	シグナル名	説明
1	SIGHUP	端末の切断によるプロセスの終了
2	SIGINT	割り込みによるプロセスの終了（[Ctrl] + [c] で使用）
9	SIGKILL	プロセスの強制終了
15	SIGTERM	プロセスの終了（デフォルト）
18	SIGCONT	一時停止したプロセスを再開する

SIGHUPとSIGINTは、デフォルトの挙動は上記の通りですが、プログラム（デーモンなど）によって特定の動作が定義されていることがあります。例えばデーモンの多くは、SIGHUPが送られると設定ファイルを再読み込みします。

上記の表にもある通り、killコマンドを実行した際に特定のシグナルを指定していない場合は、デフォルトであるSIGTERM（シグナル番号15）が送信されます。

プロセスの終了

kill [オプション] [シグナル名 | シグナル番号] プロセスID
kill [オプション] [シグナル名 | シグナル番号] %ジョブID

なお、killコマンドに「-l」オプションを付けて実行すると、シグナル名の一覧が表示されます。

Killコマンドの利用

```
# kill -l
 1) SIGHUP       2) SIGINT       3) SIGQUIT      4) SIGILL       5) SIGTRAP
 6) SIGABRT      7) SIGBUS       8) SIGFPE       9) SIGKILL     10) SIGUSR1
11) SIGSEGV     12) SIGUSR2     13) SIGPIPE     14) SIGALRM     15) SIGTERM
…（以下省略）…
```

以下の図の例は、bcコマンドを実行後、bcのプロセス番号を調べてシグナルを送信し、明示的にプロセスを終了しています。

図6-3-9 プロセスの終了

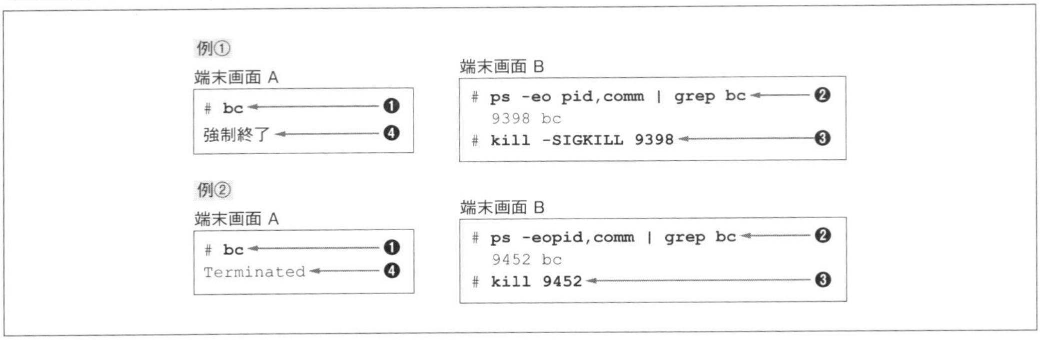

例①では、bcコマンドを実行（❶）し、別の端末でpsコマンドを使用してPIDを調べます（❷）。そして、killコマンドでSIGKILLシグナルを送信します（❸）。すると、bcコマンドを実行した端末画面では、シグナルを受け取りbcプロセスが強制終了します（❹）。

例②では、同様の手順でシグナルを送信しています。シグナル名あるいはシグナル番号を明示的に指定はしていませんが、デフォルトであるSIGTERM（シグナル番号15）が送信されるため、終了していることが確認できます。なお「kill -TERM PID」というように、「SIG」を省略して指定することも可能です。

クリーンアップ

デフォルトのシグナルであるSIGTERM（15）は、プログラムを終了する前に、アプリケーションごとに必要な**クリーンアップ**（終了処理）の処理を行ってから、自分自身でプロセスを終了します。クリーンアップでは、使っていたリソースの解放やロックファイルの削除などを行います。

しかし、SIGTERM（15）でプロセスが終了しないような、やむを得ない場合はSIGKILL（9）を使用して強制終了させます。プロセスにSIGKILL（9）が送られると、そのシグナルを受けとることなく、カーネルによって強制的に終了します。したがって、クリーンアップは行われません。

複数プロセスをまとめて終了

プロセス名を指定してシグナルを送信する際には、**killall**コマンドを使用可能です。同じプログラムを複数実行してもプロセスごとに異なるPIDが割り当てられます。したがって、killallコマンドは同じ名前のプロセスが複数存在し、それらをまとめて終了したい場合に有効です。

また、killallコマンドと同様の処理を行う**pkill**コマンドや、プロセス名から現在実行中のプロセスを検索する**pgrep**コマンドも提供されています。

プロセス名を指定してKillする

killall [オプション] [シグナル名 | シグナル番号] プロセス名

プロセス名を指定してKillする

```
# ps -eo pid,comm | grep bc   ←bcプロセスのPIDを確認
 9808 bc
 9809 bc
# pgrep bc   ←pgrepコマンドによるbcプロセスのPIDを確認
9808
9809
# killall -9 bc   ←killallコマンドにより、9808と9809の2つのプロセスを終了
```

6-4

バックアップと復元を行う

アーカイブファイルの管理

複数のファイルを1つにまとめて、バックアップデータとして保存することができます。複数のファイルを1つにまとめたデータのことを**アーカイブファイル**と呼びます。アーカイブしたファイルを圧縮することで、ファイルサイズを小さくすることができます。また、圧縮したファイルは、解凍することで元のサイズに戻すことができます。

ここでは、アーカイブファイルの作成と展開、および圧縮と解凍のコマンドを紹介します。

アーカイブファイルの作成

tarコマンドは、オプションによって指定したファイルをアーカイブしたり、アーカイブファイルからファイルの情報を表示したり、ファイルを取り出したりします。なお、「ファイル名 | ディレクトリ名...」は、ファイル名やディレクトリ名を入力することを意味し、複数指定することができます。

図6-4-1 tarコマンドによるアーカイブファイルの管理

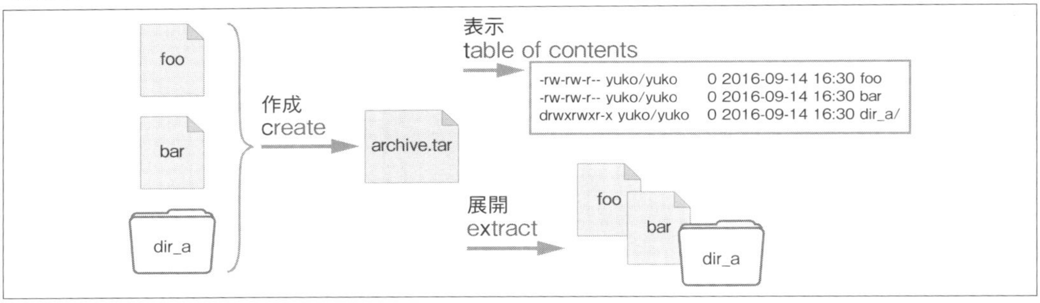

アーカイブファイルの作成/展開

tar [オプション] ファイル名 | ディレクトリ名...

表6-4-1 tarコマンドのオプション

オプション	説明
-c	アーカイブファイルを作成する
-t	アーカイブファイルの内容を表示する
-x	アーカイブファイルを展開する
-f	アーカイブファイル名を指定する
-v	詳細情報を表示する
-j	bzip2を経由してアーカイブをフィルタする
-z	gzipを経由してアーカイブをフィルタする

以下の例は、図6-4-1の例をコマンドラインで行っています。なお、オプションを指定する際に「-」(ハイフン)を省略することも可能です。

アーカイブファイルの作成と内容表示

```
$ ls ←❶
bar  dir_a foo
$ tar cf archive.tar foo bar dir_a/  ←❷
$ ls
archive.tar bar dir_a foo  ←❸
$ tar tvf archive.tar  ←❹
-rw-rw-r-- yuko/yuko         0 2018-09-14 15:05 foo
-rw-rw-r-- yuko/yuko         0 2018-09-14 15:05 bar
drwxrwxr-x yuko/yuko         0 2018-09-14 15:05 dir_a/
```

❶現在のディレクトリ内にあるファイル/ディレクトリを表示
❷ファイル「foo」と「bar」、ディレクトリ「dir_a」を含むarchive.tarを作成する
❸archive.tarが作成されていることを確認
❹archive.tarから内容の一覧を表示する

また、アーカイブのコマンドとして**cpio**コマンドもあります。cpioはtarと同様に複数のファイルやディレクトリを1つにまとめる際に使用します。ただし、tarとcpioのアーカイブ形式は異なります。

アーカイブファイルの作成

```
$ find . | cpio -o > archive.cpio  ←❶
$ cpio -it < archive.cpio  ←❷
```

❶findコマンドでカレントディレクトリ内を検索し、その検索結果をarchive.cpioファイルとしてアーカイブする。「o」オプションはアーカイブ作成を意味する
❷archive.cpioファイル内を一覧表示する。「i」オプションは入力モード、「t」オプションがファイルの一覧表示を意味する

圧縮/解凍を行うコマンド

圧縮/解凍用のコマンドとして多くのコマンドが提供されています。ここでは、**zip**、**compress**、**gzip**、**bzip2**について紹介します。

一般的に「zip、compress ＜ gzip ＜ bzip2」の順で、右側のコマンドの方が圧縮率は高くなります。

以下の表は、圧縮および解凍を行うコマンドラインの例です。なお、圧縮対象とするファイル名は、「TestData」とします。

表6-4-2 圧縮/解凍を行うコマンド

形式	用途	拡張子・構文
zip	拡張子	「.zip」
	圧縮	zip TestData.zip TestData
	解凍	unzip TestData.zip

compress	拡張子	「.Z」
	圧縮	compress TestData ↑圧縮ファイル名は「TestData.Z」となる
	解凍	uncompress TestData.Z compress -d TestData.Z
gzip	拡張子	「.gz」
	圧縮	gzip TestData ↑圧縮ファイル名は「TestData.gz」となる
	解凍	gunzip TestData.gz gzip -d TestData.gz
bzip2	拡張子	「.bz2」
	圧縮	bzip2 TestData ↑圧縮ファイル名は「TestData.bz2」となる
	解凍	bunzip2 TestData.bz2 bzip2 -d TestData.bz2

またgzipやbzip2といった圧縮用のコマンドを使用する以外に、tarコマンド実行時に「z」や「j」といったオプションをあわせて使うことで、アーカイブと圧縮/解凍を同時に行うことができます。

- **tar**：アーカイブのみを行う
- **gzip、他**：圧縮（内容はそのままでデータ量の削減）のみ行う

以下の実行例は、TestArchiveディレクトリをtar.gzファイルに圧縮しています。

tar.gzファイルに圧縮

```
$ tar zcvf TestArchive.tar.gz TestArchive/    ←❶
$ ls
TestArchive  TestArchive.tar.gz
$ rm TestArchive.tar.gz    ←❷
$ tar cvf TestArchive.tar.gz TestArchive/    ←❸
$ ls
TestArchive  TestArchive.tar.gz
```

❶tarコマンドにgzip形式を圧縮する「z」オプションを明示的に付与
❷いったん、TestArchive.tar.gzを削除
❸tarコマンドは圧縮形式を自動判定して解凍・展開するため、「z」オプションを指定してなくもOK

以下の実行例は、TestArchive.tar.gzファイルを解凍しています。

tar.gzファイルを解凍

```
$ tar zxvf TestArchive.tar.gz    ←❶
...（実行結果省略）...
$ tar xvf TestArchive.tar.gz    ←❷
...（実行結果省略）...
```

❶tarコマンドにgzip形式を解凍する「z」オプションを明示的に付与
❷「z」オプションを指定してなくもOK

データのコピー

ddコマンドでは、コピーの入力あるいは出力にデバイスを指定することができます。つまり、ディスクパーティション内のデータをそのまま別のパーティションにコピーすることが可能です。

データのコピー

dd [if=入力ファイル名] [of=出力ファイル名] [bs=ブロックサイズ] [count=ブロック数]

表6-4-3 ddコマンドのオプション

オプション	説明
if=入力ファイル名	入力ファイルの指定
of=出力ファイル名	出力ファイルの指定
bs=ブロックサイズ	1回のread/writeで使用するブロックサイズの指定
conv=変換オプション	変換オプションを指定 noerror：読み込みエラー後も継続する sync　：入力ブロックを入力バッファサイズになるまでNULLで埋める
count=ブロック数	入力するブロック数を指定

以下に、ddコマンドでのデータコピーの例を示します。

dd if=/dev/sda of=/dev/sdb bs=4096

/dev/sdaのデータを、/dev/sdbにコピーします。

dd if=/dev/sda of=/dev/sdb bs=4096 conv=sync,noerror

/dev/sdaに問題があって、読み込みエラーがあっても継続する場合、noerrorを指定します。

dd if=/dev/zero of=/dev/sda bs=4096 conv=noerror

/dev/zeroは、オールビット0（NULL）が記載されたファイルです。そのデータを/dev/sdaに書き込みます。つまり、元のデータがnullで上書きされます。

dd if=/dev/zero of=test bs=1M count=10

ダミーファイルとして、10MBのファイル（ファイル名はtest）を作成します。

バックアップ(データ復旧)

Linuxでは、ext2/ext3/ext4ファイルシステムのバックアップ用コマンドとして**dump**コマンド､バックアップを元に戻すリストアコマンドとして､**restore**コマンドが提供されています。Ubuntuでは、標準のファイルシステムとしてext4が採用されているため、dumpとrestoreコマンドを使用します。なお、CentOSでは、標準のファイルシステムとしてxfsが採用されており、バックアップ/リストアも専用のコマンドとして、**xfsdump**と**xfsrestore**コマンドが提供されています。以降では、それぞれの実行手順を掲載します。

xfsdumpとxfsrestoreコマンドの利用(CentOS)

以下は、dfコマンドでファイルシステムのディスクの使用状況を表示しています。「-T」オプションにより、ファイルシステムの種類を表示します。

dfコマンドの詳細は、第7章(309ページ)を参照してください。

ファイルシステムのディスクの使用状況

```
$ df -T
ファイルシス                タイプ        1K-ブロック     使用    使用可  使用% マウント位置
/dev/mapper/centos-root xfs        8374272 4330096 4044176   52% /   ←xfs
devtmpfs                devtmpfs    924672       0  924672    0% /dev
tmpfs                   tmpfs       941416       0  941416    0% /dev/shm
tmpfs                   tmpfs       941416    9364  932052    1% /run
tmpfs                   tmpfs       941416       0  941416    0% /sys/fs/cgroup
/dev/sda1               xfs        1038336  229392  808944   23% /boot  ←xfs
tmpfs                   tmpfs       188284      12  188272    1% /run/user/42
tmpfs                   tmpfs       188284       0  188284    0% /run/user/1002
```

なお、バックアップ対象となるファイルシステムは未使用(読み書きがない状態)で行う必要があります。そのため、systemdターゲットを「rescue.target」(レスキューモード)に切り替えます。

レスキューモードに切り替える

```
# systemctl rescue
Broadcast message from root@localhost on pts/0 (Mon 2019-04-08 18:23:15 JST):
The system is going down to rescue mode NOW!
```

上記の実行例は、「systemctl isolate rescue.target」と似ていますが、現在システムにログインしているすべてのユーザに通知メッセージも送信します。

本書では、xfsファイルシステム単位でのバックアップは**xfsdump**コマンドを使用します。xfsdumpコマンドでは、完全バックアップ(フルバックアップ)、増分バックアップを作成できます。

ファイルシステム単位でのバックアップ
xfsdump [オプション] -f バックアップ先 ファイルシステム

表6-4-4 **xfsdumpコマンドのオプション**

オプション	説明
-f バックアップ先	バックアップ先を指定する
-l レベル	ダンプレベル (0-9) を指定する
-p 間隔	指定した間隔 (秒) で進捗を表示する

完全バックアップはファイルシステムの全てのデータのバックアップです。増分バックアップは、前回のバックアップからの更新分だけをバックアップします。以下の図は、完全バックアップと増分バックアップを組み合わせた1週間単位のバックアップスケジュールの例です。

図6-4-2 **完全バックアップと増分バックアップ**

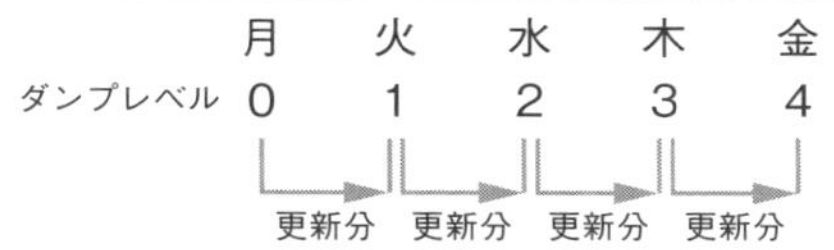

いずれかのバックアップを指定するには、「-l」オプションにダンプレベルで指定します。完全バックアップの場合は、xfsdumpコマンドの実行時にダンプレベル0を指定します。また、増分バックアップの場合は、前回のダンプレベルより大きい値を指定します。最大レベルはレベル9です。

以下の例では、「/dumptest」ファイルシステムを「backup.dmp」に、ダンプレベル「0」を指定して完全バックアップを行っています。

完全バックアップの例

```
# df
ファイルシス              1K-ブロック      使用     使用可  使用% マウント位置
... (途中省略) ...
/dev/sdb1                  10474496    32948 10441548     1% /dumptest   ←❶
... (以下省略) ...
# ls /dumptest   ←❷
memo
# cat /dumptest/memo   ←❸
xfsdump backs up files and their attributes in a filesystem.
# xfsdump -l 0 -f backup.dmp /dumptest   ←❹
... (途中省略) ...
please enter label for this dump session (timeout in 300 sec)
 -> full20180914   ←❺
session label entered: "full20180914"
... (途中省略) ...
xfsdump: level 0 dump of centos7-1.localdomain:/dumptest
xfsdump: dump date: Fri Sep 14 16:10:06 2018
xfsdump: session id: 7015d50b-afa5-4b0b-a1a6-213336087bef
xfsdump: session label: "full20180914"
```

```
…（途中省略）…
please enter label for media in drive 0 (timeout in 300 sec)
 -> full20180914media  ←❻
media label entered: "full20180914media"
…（途中省略）…
xfsdump:   stream 0 /root/dump_test/backup.dmp OK (success)
xfsdump: Dump Status: SUCCESS  ←❼
# ls  ←❽
backup.dmp
```

❶バックアップ対象のファイルシステム
❷/dumptest以下には、現在memoファイルが存在している
❸memoファイルの内容を確認
❹ファイル名はbackup.dmpとして、ダンプレベル0を指定して完全バックアップ
❺任意のラベル名を付ける
❻任意のメディアラベル名を付ける
❼成功のメッセージの表示
❽backup.dmpファイルが作成されていることを確認

/var/lib/xfsdump/inventoryディレクトリ配下にxfsdumpの記録が保存されます。内容を確認する場合は、xfsrestoreコマンドに「-I」オプションを指定します。

バックアップ情報の確認

```
# ls -la
合計 16
drwxr-xr-x. 2 root root  122  9月 14 16:10 .
drwxr-xr-x. 3 root root   23  9月 14 16:10 ..
-rw-r--r--. 1 root root  312  9月 14 16:10 48b7933c-3061-4986-ba29-
3a09b8916cbc.InvIndex
-rw-r--r--. 1 root root 5080  9月 14 16:10 c00392fb-ea90-4879-a38a-
e6d7616d6174.StObj
-rw-r--r--. 1 root root  576  9月 14 16:10 fstab
# xfsrestore -I
file system 0:
        fs id:          48b7933c-3061-4986-ba29-3a09b8916cbc
        session 0:
                mount point:    centos7-1.localdomain:/dumptest
                device:         centos7-1.localdomain:/dev/sdb1
                time:           Fri Sep 14 16:10:06 2018
                session label:  "full20180914"
                session id:     7015d50b-afa5-4b0b-a1a6-213336087bef
                level:          0
                resumed:        NO
                subtree:        NO
                streams:        1
                stream 0:
                        pathname:       /root/dump_test/backup.dmp
                        start:          ino 68 offset 0
                        end:            ino 69 offset 0
                        interrupted:    NO
                        media files:    1
                        media file 0:
                                mfile index:    0
```

```
                                        mfile type:      data
                                        mfile size:      22208
                                        mfile start:     ino 68 offset 0
                                        mfile end:       ino 69 offset 0
                                        media label:     "full20180914media"
                                        media id:        b19cffb6-5d67-4f18-afd4-
938294b113ba
xfsrestore: Restore Status: SUCCESS
```


バックアップの復元は、**xfsrestore**コマンドを使用します。

バックアップの復元

xfsrestore [オプション] -f 復元するダンプのソース 復元先のファイルシステム

復元するダンプのソースは「-f」オプションで指定し、復元するダンプの指定は「-S」または「-L」オプションで行います。

表6-4-5 xfsrestoreコマンドのオプション

オプション	説明
-f ソース	ソースを指定する
-S	セッションIDを指定する
-L	セッションラベルを指定する
-I	ダンプのセッションIDとセッションラベルを表示する
-r	増分バックアップの際に指定する

以下の例では、前の項で作成した「backup.dmp」を「/restoretest」ファイルシステムへ復元しています。また、「-S」オプションで一意に付与されたセッションID（7015d50b-afa5-4b0b-a1a6-213336087bef）を指定しています。

リストアの例

```
# xfsrestore -f backup.dmp -S 7015d50b-afa5-4b0b-a1a6-213336087bef /
restoretest  ←❶
…（途中省略）…
xfsrestore:   stream 0 /root/dump_test/backup.dmp OK (success)
xfsrestore: Restore Status: SUCCESS  ←❷
#
# cat /restoretest/memo  ←❸
xfsdump backs up files and their attributes in a filesystem.
```

❶「backup.dmp」を「/restoretest」ファイルシステムへ復元
❷成功のメッセージの表示
❸/restoretest以下にあるmemoファイルの内容確認

dumpとrestoreコマンドの利用(Ubuntu)

dumpとrestoreコマンドの利用を記載します。dumpパッケージが未インストールの場合は、インストールしてください。

dumpパッケージのインストール

```
$ sudo apt install dump
```

dumpとrestoreコマンドの利用(Ubuntu)での作業は、前述した「xfsdumpとxfsrestoreコマンドの利用(CentOS)」(250ページ)と同じく、レスキューモードで行います。なお、レスキューモードでは、事前にrootのパスワードを設定しておく必要があるため、未設定の場合は以下を実行してください。

Ubuntuでのrootのパスワード設定

```
$ sudo passwd root
新しいUNIXパスワードを入力してください: ****   ←パスワードを入力
新しいUNIXパスワードを再入力してください: ****   ←パスワードを再入力
passwd: パスワードは正しく更新されました
```

また、Ubuntuのレスキューモードの起動は、第2章のコラム(98ページ)を参照してください。レスキューモードで起動した際、文字化けが発生した場合の対処も記載されているので参考にしてください。

dumpとrestoreの例として、ext4でフォーマットされた「/dev/sdc1(/dumptest)」をバックアップ対象とします。以下では、dfコマンドでext4ファイルシステムのパーティションを表示しています。

ファイルシステムのディスクの使用状況

```
# df -t ext4
Filesystem     1K-blocks    Used Available Use% Mounted on
/dev/sda1       10253588 6646036   3066984  69% /
/dev/sdc1       10254612   36876   9677116   1% /dumptest
```

以下では、dumpコマンドを使用して、「/dumptest」ファイルシステムを「backup.dmp」に、ダンプレベル「0」を指定して完全バックアップを行っています。

完全バックアップの例

```
# ls /dumptest   ←❶
memo
# cat /dumptest/memo   ←❷
dump test.
# dump 0uf backup.dmp /dumptest   ←❸
...(実行結果省略)...
# ls  ←❹
backup.dmp
# cat /var/lib/dumpdates   ←❺
/dev/sdc1 0 Mon Apr  8 18:32:57 2019 +0900
```

❶/dumptest以下には、現在memoファイルが存在している
❷memoファイルの内容確認
❸dumpコマンドのオプション「0」は完全バックアップ、「u」は/var/lib/dumpdates
（dumpコマンドを実行した日付を記録するファイル）を更新、「f」はアーカイブ名を指定する
❹backup.dmpファイルが作成されていることを確認
❺バックアップの記録は、/var/lib/dumpdatesに格納

バックアップを戻すのは、restoreコマンドを使用します。以下の例では、「backup.dmp」を「/restoretest」ファイルシステムへ復元しています。

リストアの例

```
# cd /restoretest  ←❶
# pwd
/restoretest
# restore rf /root/backup.dump  ←❷
# ls  ←❸
memo  restoresymtable
# cat memo  ←❹
dump test.
```

❶/restoretestへ移動
❷restoreコマンドのオプション「r」はリストア、「f」はアーカイブ名を指定する
❸カレントディレクトリにmemoファイルが復元される
❹memoファイルの内容を確認

バックアップファイルの転送

rsyncコマンドを使用すると、ローカルホストのディレクトリ間でのバックアップや同期、ローカルホストからリモートホストおよびリモートホストからローカルホストへのバックアップや同期ができます。

所有者、グループ、パーミッションは元のままでコピーするには、「-a」オプションを使用し、リモートホストのアカウントの指定は「**ユーザ名@ホスト名:ディレクトリ**」として指定します。

バックアップファイルの転送

rsync [オプション] コピー元 コピー先

表6-4-6 rsyncコマンドのオプション

オプション	説明
-a、--archive	アーカイブモード。-rlptgoD（以下の-r、-l、-p、-t、-g、-o、-Dを全て指定）と等しい
-r、--recursive	ディレクトリを再帰的にコピーする
-l、--links	シンボリックリンクはシンボリックリンクとしてコピーする
-p、--perms	パーミッションをそのまま維持する
-t、--times	ファイルの変更時刻をそのまま維持する
-g、--group	ファイルのグループをそのまま維持する

-o、--owner	ファイルの所有者をそのまま維持する（送信先アカウントがrootの時のみ有効）
-v、--verbose	転送ファイル名を表示する
-z、--compress	転送時にファイルデータを圧縮する
-u、--update	送信先ファイルの方が新しい場合はコピーしない
--delete	送信元で削除されたファイルは送信先でも削除する
-e、--rsh=COMMAND	リモートシェルを指定する。デフォルトは「-e ssh (--rsh=ssh)」

以下の実行例は、ユーザyukoのホームディレクトリを、「/root/dump_test/yuko20180914」以下へコピーする例です。

ホームディレクトリのコピー

```
# rsync -av /home/yuko /root/dump_test/yuko20180914
sending incremental file list
created directory yuko20180914
yuko/
...（以下省略）...
```

なお、コピー元のディレクトリをこの例のように「/home/yuko」ではなく「/home/yuko/」（最後にスラッシュが入る）とした場合は、yukoディレクトリは含めずにその下にあるファイル、ディレクトリをyuko20180914の下にコピーします。

6-5

ログの収集と調査を行う

ログファイル

管理者は、システム内で発生したさまざまな記録を確認しなければなりません。システムに重大な問題が生じていないか、またその予兆がないかを確認したり、悪意のある攻撃やその準備行為を受けていないかなどを確認する必要があります。その確認をするために「さまざまな記録」を利用します。

システムやアプリケーションの稼動状況や利用状況、その他発生したさまざまな事象の記録を**ログ**と呼びます。また、そのログを記録したファイルを**ログファイル**と呼びます。

主なログファイル

ログファイル名や配置場所は、ディストリビューションやアプリケーションの種類、設定によって本書と異なる場合があります。また、ログファイルの種類によって、内容の確認方法は異なります。

◇テキスト形式

テキスト形式のログファイルは、cat、less、tailなどのコマンドで直接ファイルの内容を閲覧/確認することができます。ただし、ログ情報の書式はログファイルの種類によって異なります。

◇バイナリ形式

バイナリ形式のログファイルは、専用のコマンドを利用して内容を閲覧/確認することができます。

以下はCentOSとUbuntuの主なログファイルです。表内の網掛けしてある行は「バイナリ形式」のログファイルです。

表6-5-1 CentOSの主なログファイル

ファイル名	説明
/var/run/utmp	現在システムにログイン中のユーザ情報を格納。表示には、whoコマンドを利用
/var/log/wtmp	ログインユーザおよび利用時間、システムのリブート情報を格納 表示には、lastコマンドを利用
/var/log/btmp	パスワード認証の失敗など不正なログイン履歴を格納。表示には、lastbコマンドを利用
/var/log/messages	主要なシステムログ情報を多く格納。詳細は後述
/var/log/dmesg	起動時にカーネルから出力されるメッセージを格納 検出されたハードウェアや起動シーケンスなどの情報が含まれる
/var/log/maillog	メールシステムに関する情報を格納

/var/log/secure	ユーザ認証などのセキュリティ関係の情報を格納
/var/log/lastlog	ユーザ単位での最終ログイン情報を格納。表示には、lastlogコマンドを利用
/var/log/yum.log	パッケージ管理システムのyumの履歴情報を格納
/var/log/cron	スケジューリングサービスのcronの履歴情報を格納

表6-5-2 Ubuntuの主なログファイル

ファイル名	説明
/var/log/wtmp	ログインユーザおよび利用時間、システムのリブート情報を格納 表示には、lastコマンドを利用
/var/log/btmp	パスワード認証の失敗など不正なログイン履歴を格納。表示には、lastbコマンドを利用
/var/log/auth.log	システムへのログイン履歴情報を格納
/var/log/syslog	システムログ情報が多く格納。
/var/log/kern.log	カーネルより出力されるメッセージ情報を格納
/var/log/boot.log	システム起動時のサービスの起動メッセージなどが格納
/var/log/dmesg	起動時にカーネルから出力されるメッセージを格納 検出されたハードウェアや起動シーケンスなどの情報が含まれる
/var/log/maillog	メールシステムに関する情報を格納
/var/log/lastlog	ユーザ単位での最終ログイン情報を格納。表示には、lastlogコマンドを利用
/var/log/apt/history.log	パッケージ管理システムのaptの履歴情報を格納

以下では、CentOSで、テキスト形式やバイナリ形式のログファイルを参照しています。

さまざまなログの参照 (CentOS)

```
# cat /var/log/yum.log  ←❶
...（途中省略）...
Sep 12 14:43:11 Installed: httpd-2.4.6-80.el7.centos.1.x86_64
...（以下省略）...
# who  ←❷
yuko     pts/0        2018-09-17 10:57 (gateway)
# last  ←❸
...（途中省略）...
user01   pts/1        10.0.2.15        Fri May 18 17:12 - 17:12  (00:00)
user01   pts/0        gateway          Fri May 18 17:11 - 18:06  (00:54)
reboot   system boot  3.10.0-862.2.3.e Fri May 18 17:04 - 18:06  (01:02)
root     pts/0        gateway          Thu May 17 17:53 - down   (00:03)
reboot   system boot  3.10.0-862.2.3.e Thu May 17 17:48 - 17:57  (00:08)
...（途中省略）...
wtmp begins Mon May 14 16:27:05 2018
# lastlog  ←❹
ユーザ名          ポート    場所              最近のログイン
root              pts/0                       月  9月 17 11:41:06 +0900 2018
...（途中省略）...
yuko              pts/0    gateway            月  9月 17 10:57:08 +0900 2018
ryo               pts/1    localhost          月  8月 20 12:51:51 +0900 2018
...（以下省略）...
```

❶パッケージ管理システムのyumの履歴情報を参照

❷whoコマンドで/var/run/utmpを参照。現在システムにログイン中のユーザ情報を表示
❸lastコマンドで/var/log/wtmpを参照。ログインユーザおよび利用時間、システムのリブート情報を表示
❹lastlogコマンドで/var/log/lastlogを参照。ユーザ単位での最終ログイン情報を表示

ログの収集と管理を行うソフトウェア

システムログを記録する主な目的は、障害の検知および、その原因究明などです。また近年では、複数のサーバを集中管理するケースも多く、ネットワークトラブルやマシントラブルなどによるログの損失が起こらないように、信頼性についても求められています。それらの要望を満たす仕組みとして、さまざまなログ用のソフトウェアがあります。

システムログを収集するLinuxのソフトウェアとして、syslog、rsyslog、syslog-ng、systemd-journaldがあります。

表6-5-3 ログのソフトウェア

種類	概要
syslog	この4種類の中では最も古くから使用されており、RFC5424によってSyslogプロトコルとして標準化され、その中にはログメッセージの定義として「ファシリティ」(facility)、「プライオリティ」(priority)等が含まれている
rsyslog	Syslogプロトコルをベースとして、TCPの利用、マルチスレッド対応、セキュリティの強化、各種データベース(MySQL、PostgreSQL、Oracle他)への対応等の特徴がある。また、設定ファイルrsyslog.confはsyslogの設定ファイルsyslog.confと後方互換性がある
syslog-ng	バージョン3.0からはRFC5424のSyslogプロトコルに対応し、TCPの利用やメッセージのフィルタリング機能等の特徴がある。主な設定ファイルであるsyslog-ng.confは、syslogの設定ファイルsyslog.confとは書式が異なるため互換性はない
systemd-journald	systemdが提供する機能の1つであり、systemdを採用したシステムでは、システムログの収集はsystemd journalのデーモンであるsystemd-journaldが行う。格納されたログは、journalctlコマンドにより、さまざまな形で検索と表示が可能。systemd-journaldはSyslogプロトコル互換のインターフェイスも備えており、また、収集したシステムログをrsyslogd等の他のSyslogデーモンに転送して格納する構成にすることも可能

○rsyslogとsystemd-journaldの連携

systemd-journaldは単独のログ管理システムとして、ログの収集から格納、管理までを行う機能を持っており、格納されたログは**journalctl**コマンドにより表示できます(後述)。

また、CentOSおよびUbuntuではrsyslogと連携し、ログの収集はsystemd-journaldが、収集したログの格納と管理はrsyslogが行うように構成されています。この構成はrsyslogdの設定ファイル/etc/rsyslogd.confの以下のグローバルディレクティブで行います。

CentOSのデフォルト設定では「$ModLoad imjournal」の設定により、rsyslogdが**/run/log/journal**ディレクトリ以下からデータを取り込みます。

Ubuntuのデフォルト設定では「module(load="imuxsock")」の設定により、rsyslogdがソケットファイル**/run/systemd/journal/syslog**からデータを取り込みます。

本書では、**rsyslog**と**systemd-journald**について解説します。

rsyslogによるログの収集と管理

rsyslogは、rsyslogdデーモンによって制御されます。rsyslogdデーモンは、sysklogdの拡張版であり、拡張されたフィルタリング、暗号化で保護されたメッセージリレー、さまざまな設定オプション、入出力モジュール、TCPまたはUDPプロトコルを介した伝送のサポートを提供します。

rsyslogdにより保持されるログファイルの一覧は、設定ファイル**/etc/rsyslog.conf**に記載されています。

/etc/rsyslog.confファイル

```
# cat /etc/rsyslog.conf
…（途中省略）…
*.info;mail.none;authpriv.none;cron.none        /var/log/messages
authpriv.*                                      /var/log/secure
…（以下省略）…
```

ほとんどのログファイルは、**/var/log**ディレクトリ以下に格納されます。また、/etc/rsyslog.confには、ログに関するさまざまな設定を記述します。ファイル内のエントリは、**セレクタ**と**アクション**の2つのフィールドからなります。

図6-5-1 /etc/rsyslog.confのエントリ

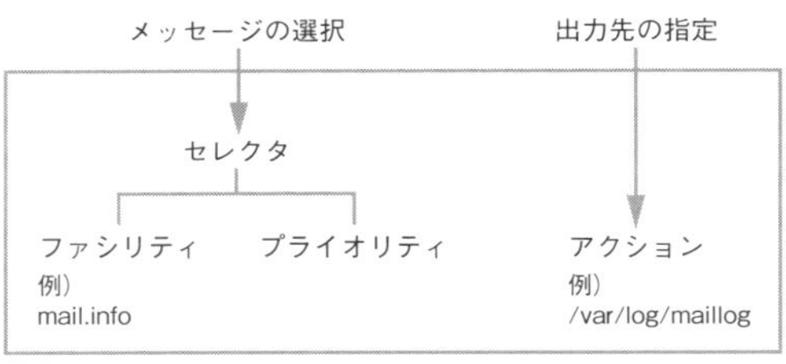

セレクタフィールドは「**ファシリティ.プライオリティ**」で指定し、処理するメッセージを選択するフィールドです。ファシリティはメッセージの機能を表します。プライオリティはメッセージの優先度を表します。アクションフィールドはセレクタフィールドで選択したメッセージの出力先を指定します。

ファシリティkern（kernel）で送られてくるメッセージが、カーネルメッセージです。「ファシリティ.プライオリティ」の指定では、指定したプライオリティ以上のメッセージを全て記録します。

特定のプライオリティだけを指定する場合は、「**ファシリティ.=プライオリティ**」とします。「*」を指定すると全てのプライオリティを表します。

ファシリティは、以下のキーワードのいずれかで表すことができます。

表6-5-4 ファシリティ一覧

ファシリティ	ファシリティコード	説明
kern	0	カーネルメッセージ
user	1	ユーザレベルメッセージ
mail	2	メールシステム
daemon	3	システムデーモン
auth	4	セキュリティ/認証メッセージ 最近のシステムではauthではなくauthprivが使用される
syslog	5	syslogdによる内部メッセージ
lpr	6	Line Printerサブシステム
news	7	newsサブシステム
uucp	8	UUCPサブシステム
cron	9	cronデーモン
authpriv	10	セキュリティ/認証メッセージ（プライベート）
ftp	11	ftpデーモン
local0〜local7	16〜23	ローカル用に予約

プライオリティはメッセージの優先度を表します。

表6-5-5 プライオリティ一覧

プライオリティ	説明
emerg	emergency：パニックの状態でシステムは使用不能
alert	alert：緊急に対処が必要
crit	critical：緊急に対処が必要。alertより緊急度は低い
err	error：エラー発生
warning	warning：警告。対処しないとエラー発生の可能性がある
notice	notice：通常ではないがエラーでもない情報
info	information：通常の稼動時の情報
debug	debug：デバッグ情報
none	none：ログメッセージを記録しない

アクションフィールドは、出力先を指定します。

表6-5-6 アクションフィールド

アクション	説明
/ファイルの絶対パス	絶対パスで指定されたファイルあるいはデバイスファイルへ出力。「-」(ハイフン)で始まる場合は、書き込み後にsyncしない指定となる。これによりパフォーマンスの向上が見込める
| 名前付きパイプ	メッセージを指定した名前付きパイプに出力する。名前付きパイプを入力としたプログラムがこのメッセージを読むことができる
@ホスト名	ログの転送先のリモートホストの指定
*	ログインしている全てのユーザへ送る(ユーザの端末に表示)
ユーザ名	ユーザ名で指定されたユーザへ送る(ユーザの端末に表示)

以下は、CentOSでの/etc/rsyslog.confの設定例です。

/etc/rsyslog.confの設定例(CentOS)」

```
*.info;mail.none          /var/log/messages   ←❶
mail.*                    /var/log/maillog    ←❷
```

❶メール関連のログメッセージは頻繁なので除外し、それ以外の全てのファシリティのinfo以上のメッセージを/var/log/messagesに記録されるようにしている
❷mail関連のログは、全て/var/log/maillogに記録されるようにしている

また、デフォルトのrsyslog.confには、以下の記載があります。

```
*.info;mail.none;authpriv.none;cron.none          /var/log/messages
```

mail、authpriv(プライベート認証)、cron以外の全てのファシリティのinfo以上のメッセージは「/var/log/messages」に記録します。

Ubuntuでは、**/etc/rsyslog.conf**(グローバル設定)、**/etc/rsyslog.d/50-default.conf**(個別設定)の設定を行います。以下の実行例の❶にある通り、ファシリティがauth、authpriv以外のメッセージは全て、/var/log/syslogに記録されるようにしています。

/etc/rsyslog.d/50-default.confの設定例(Ubuntu)

```
$ cat /etc/rsyslog.d/50-default.conf
…(途中省略)…
auth,authpriv.*                 /var/log/auth.log
*.*;auth,authpriv.none          -/var/log/syslog   ←❶
#cron.*                         /var/log/cron.log
#daemon.*                       -/var/log/daemon.log
kern.*                          -/var/log/kern.log
…(以下省略)…
```

ファシリティとプライオリティメッセージの送付

loggerコマンドは、任意のファシリティ、任意のプライオリティのメッセージをrsyslogdデーモンに送ります。

システムログにエントリを作成

logger [オプション] [メッセージ]

表6-5-7 loggerコマンドのオプション

オプション	説明
-f	指定したファイルの内容を送信する
-p	ファシリティ.プライオリティを指定する。デフォルトはuser.notice

以下は、CentOSで、loggerコマンドを実行しています。「-p」オプションを使用してファシリティを「user」に、プライオリティを「info」に指定して、rsyslogdデーモンにメッセージ「Syslog Test」を送信しています。

システムログにエントリを作成

```
# logger -p user.info "Syslog Test"  ←❶
# tail /var/log/messages | grep Test  ←❷
Sep 14 17:36:37 centos7-1 root: Syslog Test
```

❶loggerコマンドでrsyslogdデーモンにメッセージを送信
❷/var/log/messagesに❶のエントリが書き込まれたか確認

以下の例は、名前付きパイプ(FIFO)を作成し、「/var/log/messages」に書き込まれたメッセージを名前付きパイプを通じて読み込む例です。

メッセージを名前付きパイプを使用して読み込む

```
# mkfifo /var/log/syslog.err.fifo  ←❶
# ls -l /var/log/syslog.err.fifo
prw-r--r--. 1 root root 0  9月 14 17:37 /var/log/syslog.err.fifo  ←❷
# vi /etc/rsyslog.conf
*.err                 | /var/log/syslog.err.fifo  ←❸
# systemctl restart rsyslog  ←❹
# logger -p user.err "Syslog Test2"  ←❺
# cat < /var/log/syslog.err.fifo  ←❻
2018-09-14T17:39:05.283933+09:00 centos7-1 root: Syslog Test2
```

❶FIFO(名前付きパイプ)を作成
❷ファイルタイプが「p」となっている
❸この1行を追加。これにより、err以上のメッセージを/var/log/syslog.err.fifo(パイプ)に渡す
❹rsyslogサービスを再起動
❺loggerコマンドでrsyslogdデーモンにメッセージを送信
❻syslog.err.fifoパイプから読み込み

名前付きパイプ(FIFO)は、パイプを拡張したもので、プロセス間通信で使用されます。

ログファイルのローテーション

ログファイルのローテーションを行い、世代管理を可能にするツールとして**logrotate**コマンドが提供されています。週1回ローテーションをし、4世代前までの古いログファイルを残すといった管理が可能です。

図6-5-2 ログファイルのローテーション

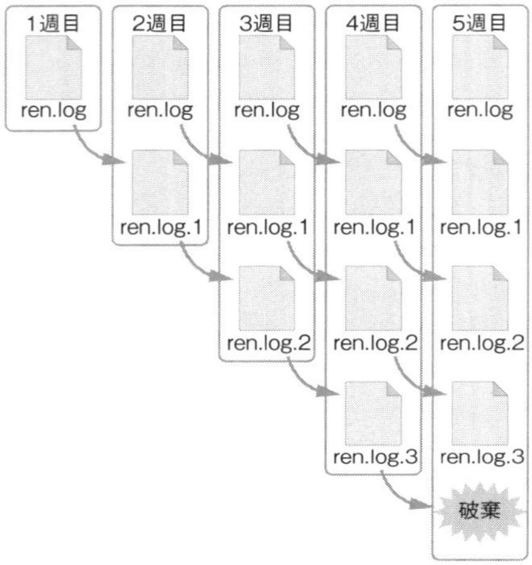

各ファイルのローテーションの定義は、**/etc/logrotate.conf**ファイルで行います。このファイル内で、デフォルトの設定内容や、外部設定ファイル(/etc/logrotate.dディレクトリ以下のファイル)の読み込み指定がされています。

以下は、CentOSでの/etc/logrotate.confの設定例です(コメント行は省略)。

/etc/logrotate.confファイル

```
# cat /etc/logrotate.conf
weekly ←❶
rotate 4 ←❷
create ←❸
dateext ←❹

include /etc/logrotate.d ←❺

/var/log/wtmp { ←❻
    monthly ←❻-1
    create 0664 root utmp ←❻-2
      minsize 1M ←❻-3
    rotate 1 ←❻-4
}
…(以下省略)…
```

❶1週間間隔でローテーション
❷バックログを4つ取る
❸新規ログファイルをローテーション直後に作成

❹バックログの拡張子は日付
❺/etc/logrotate.dディレクトリ以下のファイルを読み込む
❻wtmpに関する個別定義
　❻-1 1か月間隔でローテーション
　❻-2 新規ログファイルの所有者はroot、所有グループはutmp、パーミッションは664
　❻-3 ファイルが1MBに達していなければローテーションしない
　❻-4 世代は1つのみ

logrotateコマンドにより、ログ名、間隔、回数を設定ファイルで指定してローテーションできます。通常、logrotateコマンドは**/etc/cron.daily/logrotate**スクリプトにより、1日1回実行されます。

ログファイルのローテーション

logrotate [オプション] 設定ファイル

一般的には設定ファイルは/etc/logrotate.confを使用しますが、任意のファイルを指定することも可能です。

以下は、CentOSで、/etc/logrotate.confで定義したローテーション間隔を「weekly」から「daily」に変更し、logrotateコマンドを実行しています。

ログファイルのローテーション (CentOS)

```
# head -5 /etc/logrotate.conf
      # see "man logrotate" for details
      # rotate log files weekly
      #weekly  ←❶
      daily  ←❷

# ls /var/log/messages*  ←❸
/var/log/messages           /var/log/messages-20180907
/var/log/messages-20180914
# date  ←❹
2018年  9月 16日 日曜日 00:01:56 JST
# logrotate /etc/logrotate.conf  ←❺
# ls /var/log/messages*  ←❻
/var/log/messages           /var/log/messages-20180907
/var/log/messages-20180914  /var/log/messages-20180916
```

❶weeklyをコメントアウト
❷dailyを追加
❸現在のmessagesファイルを確認
❹今日の日付を確認
❺logrotateコマンドの実行
❻実行した日付(20180916)ファイルが追加

systemd-journaldによるログの収集と管理

systemdが提供する機能の1つであり、systemdを採用したシステムでは、システムログの収集はsystemd journalのデーモンである**systemd-journald**が行います。格納されたログは、**journalctl**コマンドにより、さまざまな形で検索と表示が可能です。

systemd-journaldは収集したログを不揮発性ストレージ(/var/log/journal/{machine-id}/*.journal)、あるいは揮発性ストレージ(/run/log/journal/{machine-id}/*.journal)に構造化したバイナリデータとして格納します。

不揮発性ストレージではシステムを再起動してもファイルは残りますが、揮発性ストレージでは再起動すると消えてしまいます。

揮発性ストレージとして利用される/runディレクトリにはtmpfsがマウントされています。tmpfsはカーネルの内部メモリキャッシュ領域に作成され、時にスワップ領域も使用されます。

揮発性あるいは不揮発性ストレージのどちらに格納するかは、設定ファイル**/etc/systemd/journald.conf**の中でパラメータ**Storage**により指定します。

インストール時の/etc/systemd/journald.confファイル(抜粋)

```
# cat /etc/systemd/journald.conf | grep Storage
#Storage=auto
```

パラメータStorageの値は、以下の表のように3通りの指定方法があります。

表6-5-8 パラメータStorageの値

Storageの値	説明
auto	/var/log/journalディレクトリがあればその下に格納、なければ/run/log/journalの下に格納
persistent	/var/log/journalの下に格納
volatile	/run/log/journalの下に格納

/etc/systemd/journald.confでStorageの値を指定しなかった場合のデフォルト値は、autoとなります。

journalctlコマンドによるログの表示

journalctlコマンドによりsystemd-journaldが収集し、構造化して格納したバイナリデータとしてのログを表示することができます。syslogdやrsyslogdなど、他のデーモンが収集したログを表示することはできません。journalctlコマンドはオプション指定や「フィールド=値」の指定により、さまざまな形でログの検索と表示ができます。

ログの検索と表示

journalctl [オプション] [フィールド=値]

表6-5-9 journalctlコマンドのオプション

オプション	説明
-b、--boot	IDで指定したブートから停止までのログを表示する 例1)「-b 1」1回目のブート　例2)「-b -1」前回のブート
-e、--pager-end	最新の部分までジャンプして表示する
-f、--follow	リアルタイムに表示する
-n、--lines	表示する最新のエントリ数を指定する。例)「-n 15」で最新の15個を表示
-o、--output	出力形式の指定。例)「-o verbose」で詳細情報を表示
-p、--priority	指定したプライオリティのログを表示する
-r、--reverse	逆順に表示する。最新のものが最上位に表示される
--no-pager	表示の時にページャを使用しない
--since	指定日時以降を表示する
--until	指定日時以前を表示する

「--since=」と「--until=」で指定した日時の範囲のログを表示することができます。「-p」あるいは「--priority=」の指定により、syslogプライオリティを指定して表示することができます。

表6-5-10 journalctlコマンドの主なフィールド値

フィールド	説明
PRIORITY	syslogプライオリティ。例) PRIORITY=4 (warning)
SYSLOG_FACILITY	syslogファシリティ。例) SYSLOG_FACILITY=2 (mail)
_PID	プロセスID。例) _PID=588
_UID	ユーザID。例) _UID=1000
_KERNEL_DEVICE	カーネルデバイス名。例) _KERNEL_DEVICE=c189:256
_KERNEL_SUBSYSTEM	カーネルサブシステム名。例) _KERNEL_SUBSYSTEM=usb

「SYSLOG_FACILITY=」の指定により、syslogのファシリティコードを指定して表示することができます。なお、2つ以上の異なったフィールドを指定した場合は、どれにも一致したエントリが表示されます(複数条件のANDとなる)。また、2つ以上の同種のフィールドを指定した場合は、いずれかに一致したエントリが表示されます(複数条件のORとなる)。

以下の例では、journalctlコマンドを使用して、条件に該当するログを表示しています。

2018年8月19日9時から8月21日17時までのログを表示(抜粋)

```
# journalctl --since="2018-08-19 09:00:00" --until="2018-08-21 17:00:00"
8月 20 23:02:39 localhost.localdomain systemd-journal[82]: Runtime journal
is using 7.2M …(省略)
…(途中省略)…
8月 21 14:30:01 centos7-1.localdomain systemd[1]: Started Session 110 of
user root.
8月 21 14:30:01 centos7-1.localdomain CROND[21123]: (root) CMD (/usr/
lib64/sa/sa1 1 1)
```

プライオリティがwarning以上のログを表示(抜粋)

```
# journalctl -p warning
8月 20 23:02:50 centos7-1.localdomain chronyd[505]: System clock wrong by
0.858926 seconds, adjustment started
8月 20 23:02:50 centos7-1.localdomain kernel: Adjusting kvm-clock more
than 11% (9437186 vs 9311354)
```

ファシリティがmail(ファシリティコード=2)のログを表示(抜粋)

```
# journalctl SYSLOG_FACILITY=2
8月 20 23:02:44 centos7-1.localdomain postfix/postfix-script[1306]:
starting the Postfix mail system
8月 20 23:02:44 centos7-1.localdomain postfix/master[1315]: daemon started
-- version 2.10.1, ...(省略)
```

6-6

システム時刻を調整する

システムクロック

Linuxシステムの時刻は**システムクロック**（system clock）によって管理されています。システムクロックはLinuxカーネルのメモリ上に次の2つのデータとして保持され、インターバルタイマーの割り込みにより、時計を進めます。

- 1970年1月1日0時0分0秒からの経過秒数
- 現在秒からの経過ナノ秒数

インターバルタイマーはマザーボード上の集積回路で、割り込みベクタIRQ0を使用して、周期的に割り込みを発生させ、システムクロックの時刻を進めます。

- **マザーボード（Mother Board）**：CPUやメモリを搭載した、ハードウェアの主となる回路基盤
- **集積回路**：IC（Integrated Circuit）
- **IRQ0（Interrupt Request 0）**：割り込み番号0

デスクトップ環境に表示される現在の日時や、iノードに記録されるファイルへのアクセス時刻、サーバプロセスやカーネルがログに記録するイベント発生の時刻などは、全てシステムクロックの時刻が参照されます。このシステムクロックの時刻を表示するのが**date**コマンドです。

iノード（i-node）については第3章（140ページ）を参照してください。

システムクロック時刻の表示

```
$ date
2018年  7月 17日 火曜日 21:55:39 JST
```

時刻の表示には、**UTC**（協定世界時）と**ローカルタイム**（地域標準時）の2種類があります。

◇UTC (Coordinated Universal Time)

原子時計を基に定められた世界共通の標準時で、天体観測を基にしたGMT（グリニッジ標準時）とほぼ同じです。

◇ローカルタイム

国や地域に共通の地域標準時であり、日本の場合はJST（Japan Standard Time：日本標準時）となります。UTCとJSTでは9時間の時差があり、JSTがUTCより9時間進んでいます。

時差情報は**/usr/share/zoneinfo**ディレクトリの下に、ローカルタイムごとのファイルに格納されています。

時差情報の表示例

```
$ ls -F /usr/share/zoneinfo/
Africa/       Canada/  GB          Indian/     Mexico/   ROK         iso3166.
tab
America/      Chile/   GB-Eire     Iran        NZ        Singapore
leapseconds
Antarctica/   Cuba     GMT         Israel      NZ-CHAT   Turkey      posix/
Arctic/       EET      GMT+0       Jamaica     Navajo    UCT
posixrules
Asia/         EST      GMT-0       Japan       PRC       US/         right/
…（以下省略）…
```

Linuxシステムのインストール時に指定するタイムゾーンによって、対応するファイルが**/etc/localtime**にコピーされて使用されます。

タイムゾーンに「アジア/東京」を選んだ場合は、**/usr/share/zoneinfo/Asia/Tokyo**が/etc/localtimeにコピーされ、ローカルタイムはJSTとなります。

ローカルタイムの確認

```
$ ls -l /etc/localtime
lrwxrwxrwx. 1 root root 32  7月  1  2018 /etc/localtime -> ../usr/share/
zoneinfo/Asia/Tokyo
```

システムクロックはUTCを使用しています。dateコマンドの実行例のようにJSTで表示する場合は、/etc/localtimeの時差情報を基にUTCをJSTに変換して表示します。dateコマンドで、UTCのまま表示することもできます。

システムクロックのUTCとJSTでの日時の表示

```
$ date --utc   ←UTC(協定世界時)の表示
2018年  7月 17日 火曜日 13:04:55 UTC
$ date   ←JST(日本標準時)の表示
2018年  7月 17日 火曜日 22:04:56 JST
```

ハードウェアクロック

ハードウェアクロックは、マザーボード上のICによって提供される時計です。このICはバッテリーのバックアップがあるので、PCの電源を切っても時計が進みます。RTC(Real Time Clock)あるいはCMOSクロックとも呼ばれます。

システムを電源オフあるいは停止した場合は、メモリ上にあるシステムクロックの値は消えてしまいます。ハードウェアクロックは、システムの電源をオンあるいはシステムを起動した時にシステムクロックの値を設定するために使用されます。

NTP

NTP(Network Time Protocol)は、時刻の同期を取るためのプロトコルです。NTPを利用してシステムクロックの時刻を設定できます。

コンピュータはNTPによりネットワーク上の他のコンピュータの時刻を参照して、時刻の同期を取ります。NTPでは時刻を**stratum**と呼ばれる階層で管理します。原子時計、GPS、標準電波が最上位の階層stratum0になり、それを時刻源とするNTPサーバが**stratum1**となります。stratum1のNTPサーバから時刻を受信するコンピュータ(NTPサーバあるいはNTPクライアント)はstratum2となります。最下位の階層stratum16まで階層化できます。

図6-6-1 **NTPによる時刻の階層**

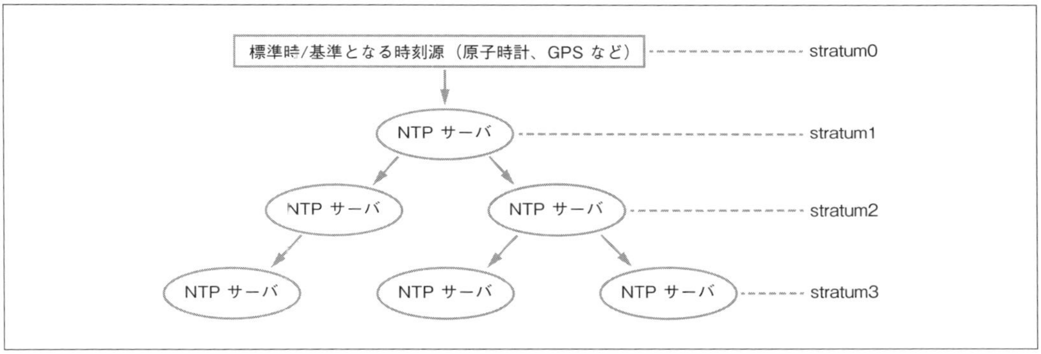

システムクロックの時刻を設定する

システムクロックの時刻は以下の方法で設定することができます。設定後はインターバルタイマーの割り込みにより時刻を進めます。

- dateコマンドまたはtimedatectlコマンド(ネットワーク接続がなく、手動で時刻を修正する)
- ハードウェアクロック(システム起動時に値をシステムクロックに設定する)
- NTP(chronydデーモンによりシステムクロックを同期させる)

図6-6-2 **Linuxの時刻管理**

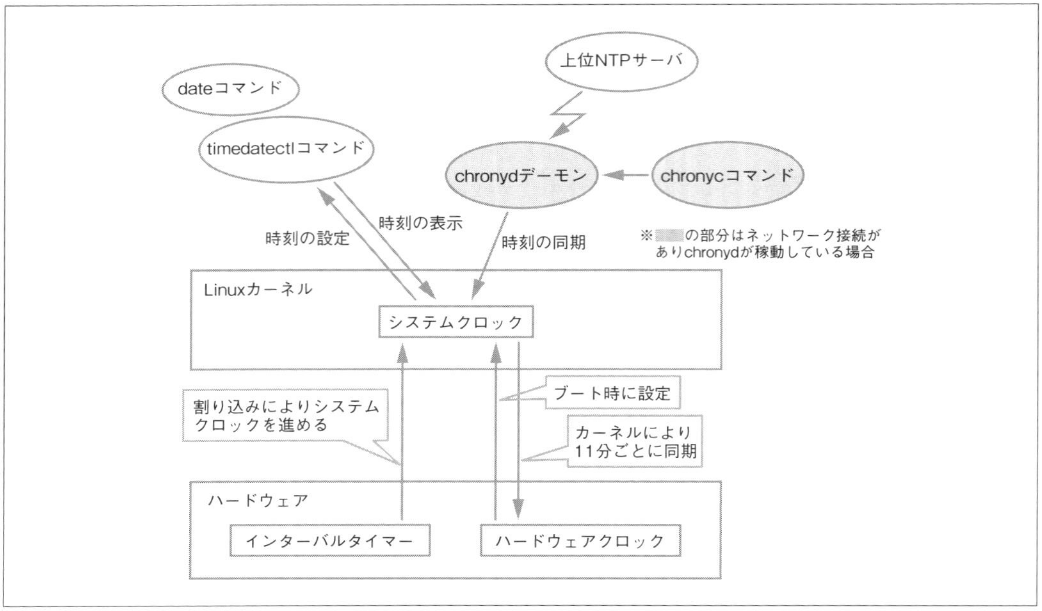

dateコマンドまたはtimedatectlコマンドによる設定

root権限を持つユーザは、**date**コマンドまたは**timedatectl**コマンドでシステムクロックの時刻を設定できます（dateコマンドはcoreutils、timedatectlコマンドはsystemdパッケージに含まれています）。

dateコマンドでシステムクロックの時刻を設定する場合は、引数を以下の書式で指定します。

システムクロックの設定(dateコマンド)

```
date MMDDhhmm  [[CC]YY] [.ss]
```

「月日時分年.秒」を2桁ずつで指定します。MMは月、DDは日、hhは時、mmは分、CCは西暦の上2桁、YYは西暦の下2桁、ssは秒です。年と秒（[[CC] YY] [.ss]）は省略可能です。

システムクロックを現在年の「8月18日16時30分」に設定

```
# date 08181630
2018年  8月 18日 土曜日 16:30:00 JST
# date
2018年  8月 18日 土曜日 16:30:01 JST
```

timedatectlコマンドでは、dateコマンドよりも詳細な表示や設定ができます。

システムクロックの設定(timedatectlコマンド)

```
timedatectl [オプション] {サブコマンド}
```

timedatectlコマンドを引数なしで実行すると、現在時刻についての詳細情報を表示します。

現在時刻の詳細情報を表示

```
# timedatectl
      Local time: 水 2018-07-18 16:54:42 JST  ←システムクロックの時刻をJSTで表示
  Universal time: 水 2018-07-18 07:54:42 UTC  ←システムクロックの時刻をUTCで表示
                                                (JSTより9時間遅れ)
        RTC time: 水 2018-07-18 07:54:42  ←ハードウェアクロック(RTC)の時刻を表示
       Time zone: Asia/Tokyo (JST, +0900)
     NTP enabled: yes
NTP synchronized: no
 RTC in local TZ: no
      DST active: n/a
```

timedatectlコマンドの時刻設定の主なサブコマンドは以下の通りです。

表6-6-1 timedatectlコマンドのサブコマンド

サブコマンド	説明
status	システムクロックとハードウェアクロック（RTC）の時刻やその他の詳細情報を表示する サブコマンドを省略した時のデフォルト
set-time [時刻]	システムクロックの時刻とハードウェアクロックの時刻の両方を設定する NTPが無効の時にのみ設定可 時刻の書式は以下の通り。時（HH）、分（MM）、秒（SS）は2桁。年（YYYY）は4桁、月（MM）、日（DD）は2桁。「HH:MM:SS」あるいは「YYYY-MM-DD HH:MM:SS」
set-ntp [ブール値]	NTPの有効、無効を設定 ブール値が「0」の場合はNTPを無効に設定。ブール値が「1」の場合はNTPを有効に設定

現在時刻を13時30分00秒に変更（システムクロックとハードウェアクロックの変更）

```
# timedatectl set-ntp 0  ←❶
# timedatectl set-time 13:30:00  ←❷
# timedatectl
      Local time: 木 2018-07-19 13:30:15 JST  ←❸
  Universal time: 木 2018-07-19 04:30:15 UTC  ←❹
        RTC time: 木 2018-07-19 04:30:15  ←❺
       Time zone: Asia/Tokyo (JST, +0900)
     NTP enabled: no  ←❻
NTP synchronized: no  ←❼
 RTC in local TZ: no
      DST active: n/a
```

❶NTPを無効に設定
❷時刻を13時30分00秒に設定
❸システムクロックのローカルタイム（JST）表示
❹システムクロックのUTC表示
❺ハードウェアクロックの表示
❻NTPは無効
❼NTPと同期していない

NTPを無効から有効に設定変更

```
# timedatectl set-ntp 1
# systemctl restart systemd-timedated  ←❶
# systemctl restart chronyd  ←❷
# timedatectl
      Local time: 木 2018-07-19 02:50:43 JST  ←❸
  Universal time: 水 2018-07-18 17:50:43 UTC  ←❹
        RTC time: 水 2018-07-18 17:50:43  ←❺
       Time zone: Asia/Tokyo (JST, +0900)
     NTP enabled: yes  ←❻
NTP synchronized: yes  ←❼
 RTC in local TZ: no
      DST active: n/a
```

❶NTPを有効に変更した場合はsystemd-timedatedサービスを再起動
❷NTPを有効に変更した場合はchronydサービスを再起動
❸システムクロックのローカルタイム(JST)表示
❹システムクロックのUTC表示
❺ハードウェアクロックの表示
❻NTPは有効
❼NTPと同期している(chronydが起動してから同期するまで多少時間がかかる)

ハードウェアクロックによる設定

システム起動時、カーネルはハードウェアクロックの時刻を読み取って、システムクロックにUTCで設定します。

起動時のメッセージには次のように表示されます。

システム起動時のメッセージ

```
# dmesg |grep rtc  ←dmesgコマンドでメッセージを確認
…(途中省略)…
[    0.849020] rrtc_cmos 00:00: setting system clock to 2018-07-18
15:30:49 UTC (1531927849)
```

chronyd稼動時のシステムクロックからハードウェアクロックへの同期については次項「NTPによる設定」を参照してください。

NTPによる設定

NTPによる時刻同期を行うプログラムとして、多くのディストリビューションでは従来のntpdデーモン、ntpdateコマンドにかわり、機能およびパフォーマンスを改善した**chronyd**デーモン、**chronyc**コマンドが採用されています。chronyd、chronycは共に**chrony**パッケージで提供されます。

○chronydデーモン

chronydはNTPにより時刻の同期を取るクライアントかつサーバデーモンです。上位のNTPサーバから時刻の同期を受けるクライアント機能と、NTPクライアントに時刻を配信するサーバ機能を持っています。
時刻同期の方法には**slew**と**step**の2種類の方法があります。

◇slew (スルー)

NTPサーバとの時刻のずれを段階的に修正していきます。同期が取れるまでに時間がかかります。時刻のずれが小さい時の同期方式です。

◇step (ステップ)

NTPサーバとの時刻のずれを1回で修正します。時刻のずれが大きい時の同期方式です。

ハードウェアクロック(RTC)の同期方法には、**rtcsync**と**rtcfile**の2種類の方法があります。RedHat系、Ubuntu系共に、chronyパッケージのインストール時はrtcsyncが設定されています。

◇rtcsync

システムクロックによって定期的にハードウェアクロックの同期を取る方式です。

◇rtcfile

chronydはシステムクロックとハードウェアクロックのずれをモニタし、driftfileディレクティブで指定したファイルに記録します。chronydは「-s」オプションを付けて起動した場合は、このファイルを参照してハードウェアクロックの時間を補正しシステムクロックに設定する方式です。

カーネルはシステム起動時に初期化処理の1つとして、カーネル関数get_cmos_time()を実行してハードウェアクロックの時刻を読み取り、その値をUTCとしてシステムクロックに設定します。
rtcsyncが指定されている場合(chrony.confのデフォルト設定)、chronydは起動するとカーネルに対してシステムコールadjtimex()を発行し、その中でUNSYNCフラッグをクリアします。カーネルはこのシステムコールを受け取ると、11分間隔でシステムクロックの時刻によりハードウェアクロックの同期を取ります。
カーネルがこの同期処理をするためには、カーネルが以下の設定で構築されている必要があります。

- CONFIG_GENERIC_CMOS_UPDATE=y
- CONFIG_RTC_SYSTOHC=y
- CONFIG_RTC_SYSTOHC_DEVICE="rtc0"

CentOSのカーネル「/boot/vmlinuz-3.10.0-862.3.2.el7.x86_64」、Ubuntuのカーネル「/boot/vmlinuz-4.15.0-23-generic」、どちらもこの設定でビルドされています(カーネル名はOSのバージョンによって異なります)。
設定ファイルは**/etc/chrony.conf**(RedHat系)、あるいは**/etc/chrony/chrony.conf**(Ubuntu系)です。どちらも書式は同じです。
主な設定ディレクティブは以下の通りです。

表6-6-2 主なディレクティブ

ディレクティブ	説明	例
server ホスト名	時刻源として使用するNTPサーバを指定する オプション「iburst」を指定した場合は起動後の最初の4回の問い合わせは2秒間隔で行う。起動後の同期を早くするために有効	例① server 0.centos.pool.ntp.org iburst 例② server ntp.nict.jp iburst
pool プール名	時刻源として使用する複数のNTPサーバのプールを指定する オプション「maxsources」を指定した場合は、使用するサーバの最大台数は指定した値となる	例① pool ntp.ubuntu.com iburst maxsources 4 例② pool ntp.nict.jp iburst
makestep 閾値 回数	時刻のずれが閾値(単位:秒)より大きかった場合は指定した問い合わせ回数まではステップで同期する	makestep 1.0 3
rtcsync	定期的にハードウェアクロックの同期を取る	rtcsync
rtcfile	ドリフトファイルにより時刻を補正する	rtcfile
driftfile ファイル	システムクロックとハードウェアクロックのずれを記録するドリフトファイルを指定する	driftfile /var/lib/chrony/drift

/etc/chrony.confファイルの編集例(CentOS)

```
# vi /etc/chrony.conf
# Use public servers from the pool.ntp.org project.
# Please consider joining the pool (http://www.pool.ntp.org/join.html).

# server 0.centos.pool.ntp.org iburst  ←❶
# server 1.centos.pool.ntp.org iburst  ←❷
# server 2.centos.pool.ntp.org iburst  ←❸
# server 3.centos.pool.ntp.org iburst  ←❹

server ntp.nict.jp iburst  ←この行を追加

# Record the rate at which the system clock gains/losses time.
driftfile /var/lib/chrony/drift

# Allow the system clock to be stepped in the first three updates
# if its offset is larger than 1 second.
makestep 1.0 3

# Enable kernel synchronization of the real-time clock (RTC).
rtcsync

…(以下省略)…

# systemctl restart chronyd  ←chronydを再起動
```

❶使用しないサーバは行頭に#を付けてコメント行にする
❷使用しないサーバは行頭に#を付けてコメント行にする
❸使用しないサーバは行頭に#を付けてコメント行にする
❹使用しないサーバは行頭に#を付けてコメント行にする

CentOSの場合も、Ubuntuの場合も、インストール時のchrony.confのままで、編集なしでも使用できます。上記の編集例では、ntp.orgのNTPサーバ(ほとんどはstratum2)にかえて、日本標準時(Japan Standard Time：JST)を配信する情報通信研究機構(NICT)のstratum1のNTPサーバntp.nict.jpを指定しています。

chrony.confを編集後、chronydを再起動し設定を有効にします。

◯NICTのNTPサーバについて

2006年6月12日に配信を開始したNICTのntp.nict.jpは、stratum1のNTPサーバです。

FPGAによりハードウェア化され、日本標準時に直結し、時刻精度は10ナノ秒以内、処理能力は毎秒100万リクエスト以上の世界最高速のサーバです。

> **NICT**
> **http://jjy.nict.go.jp/tsp/PubNtp/index.html**

◯chronycコマンド

chronycはchronydの制御コマンドです。コマンドラインにサブコマンドを指定して実行することも、引数を付けずに実行し、プロンプト「chronyc>」に対してサブコマンドを入力して対話的に実行することもできます。

chronydの制御

chronyc [オプション] {サブコマンド}

表6-6-3 chronycコマンドのサブコマンド

サブコマンド	説明
sources	時刻源の情報を表示する
tracking	システムクロックのパフォーマンス情報を表示する
makestep 閾値 回数	時刻のずれが閾値(単位：秒)より大きかった場合は指定した問い合わせ回数まではステップで同期する。引数を指定せずに実行した場合は直ちに時刻を合わせる

chronycコマンドを対話的に実行

```
# chronyc
chronyc> makestep   ←ステップで直ちに時刻を合わせる
200 OK

chronyc> sources   ←時刻源の情報を表示
210 Number of sources = 1
MS Name/IP address         Stratum Poll Reach LastRx Last sample
===============================================================================
^* ntp-b2.nict.go.jp             1   6   377    64  -2466ns[ -118us] +/-
2970us

(上記の結果から、時刻源のサーバは ntp-b2.nict.go.jp、stratumは1であることがわかる)

chronyc> tracking   ←システムクロックのパフォーマンス情報を表示
Reference ID    : 85F3EEA3 (ntp-b2.nict.go.jp)
Stratum         : 2
Ref time (UTC)  : Thu Jul 19 08:10:06 2018
```

```
System time     : 0.000125775 seconds fast of NTP time
↑システムクロックは0.000125775秒進んでいる
Last offset     : +0.000127110 seconds
RMS offset      : 0.001854485 seconds
Frequency       : 4.894 ppm slow
Residual freq   : -0.566 ppm
Skew            : 0.399 ppm
Root delay      : 0.005937717 seconds
Root dispersion : 0.000542941 seconds
Update interval : 64.4 seconds
Leap status     : Normal
chronyc> quit
```

Column

ミラーサイトとリポジトリを選択する

Linuxをインストールする際は、対象となるディストリビューションのサイトにアクセスし、ダウンロードのリンクをたどって、ミラーサイトに置かれたISOイメージをダウンロードするのが一般的な方法です。DVDメディアに記録するなどしたISOイメージを使ってLinuxをインストールした後、パッケージを更新して新しいバージョンにしたり、追加でパッケージをインストールする場合はミラーサイトに置かれているリポジトリにアクセスします。

このコラムでは主要なディストリビューションであるCentOSとUbuntuのミラーサイトや、リポジトリの選択の仕組みを紹介します。

CentOSのミラーサイト

CentOSの公式Webサイトは「https://www.centos.org/」です。

サイトと帯域幅への負荷を回避するため、公式Webサイト自身ではダウンロードサービスは提供しておらず、ダウンロードのリンクをたどると接続元の国のミラーサイト（日本からアクセスした場合は日本のミラーサイト）とその近隣国のミラーサイトのリストが表示されるので、日本のミラーサイトのどれかからダウンロードするとよいでしょう。

CentOSの公式ミラーサイトの状態を示す「https://mirror-status.centos.org/#jp」に2019年3月時点で日本のミラーサイトは以下の9台があります。そのうち、HTTPの他にFTPをサポートしているサイトもあります。

また「https://www.centos.org/download/mirrors/」には国別に分類された世界のミラーサイトのリストがあります。

日本の公式ミラーサイト

	URL	組織名	備考
1	https://mirrors.cat.net/centos/	Cat Networks K.K.	
2	http://mirror.fairway.ne.jp/centos/	株式会社フェアーウェイ	※
3	http://ftp.iij.ad.jp/pub/linux/centos/	IIJ（株式会社インターネットイニシアティブ）	
4	http://ftp.jaist.ac.jp/pub/Linux/CentOS/	北陸先端科学技術大学院大学	
5	http://ftp.nara.wide.ad.jp/pub/Linux/centos/	奈良先端科学技術大学院大学	
6	http://ftp.riken.jp/Linux/centos/	理化学研究所	※
7	http://ftp.yz.yamagata-u.ac.jp/pub/linux/centos/	山形大学	※
8	http://ftp-srv2.kddilabs.jp/Linux/packages/CentOS/	KDDI研究所	※
9	http://ftp.tukuba.wide.ad.jp	筑波大学	※

注1) CentOS 7.5の場合、ISOイメージは上記URLの右側に続けて「7.5.1804/isos/x86_64/」と指定します。
リポジトリは上記URLの右側に続けて、「7.5.1804/os/x86_64/」と指定します。
注2) 備考欄に※が付いているサイトはUbuntuの公式ミラーにもなっています。

Ubuntuのミラーサイト

Ubuntuの公式Webサイトは「https://www.ubuntu.com/」です。

トップメニューにある「Downloads」をクリックして表示されるページでISOイメージの種類を指定すると、Ubuntuサイト側で選択されたミラーサイトからISOイメージをダウンロードできます。

例えば、ISOイメージの種類が「Desktop」、リクエスト元の国が日本、バージョンが18.04.2(2019年3月時点)、アーキテクチャがAMD64の場合は以下のようなURLでリクエストが送られるので、ユーザが特定のミラーサイトを指定することはできません。

https://www.ubuntu.com/download/desktop/thank-you?country=JP&version=18.04.2&architecture=amd64

ユーザによる特定のミラーサイトの指定はリポジトリにアクセスする場合のみ可能です。Ubuntuの公式ミラーサイトは「https://launchpad.net/ubuntu/+archivemirrors」に国別に分類された世界のミラーサイトのリストがあります。日本の公式ミラーサイトは2019年3月の時点では以下の6サイトとなっています。そのうち、HTTPの他にFTPをサポートしているサイトもあります。

日本の公式ミラーサイト

	URL	組織名	回線速度	備考
1	http://linux.yz.yamagata-u.ac.jp/ubuntu/	山形大学	10Gbps	※
2	http://ftp.tukuba.wide.ad.jp	筑波大学	1Gbps	※
3	http://ftp.riken.jp/Linux/ubuntu/	理化学研究所	1Gbps	※
4	http://mirror.fairway.ne.jp/ubuntu/	株式会社フェアーウェイ	1Gbps	※
5	http://ubuntutym.u-toyama.ac.jp/ubuntu/	富山大学	1Gbps	
6	http://ubuntu-ashisuto.ubuntulinux.jp/ubuntu/	株式会社アシスト	100Mbps	

注1) 上記のURLからISOイメージにアクセスすることはできません。
注2) リポジトリのパッケージは上記URLの右側に続けて「pool/パッケージの種類(例:main)」と指定したディレクトリの下に1文字目のアルファベットごとに分類されて置かれています。Ubuntuリリースのコード名(例:18.04の場合はbionic)に対応した各パッケージのバージョンは上記URLの右側に続けて、「dists/コード名(例:bionic)」と 指定したディレクトリの下に情報があります。
注3) 備考欄に※が付いているサイトはCentOSの公式ミラーにもなっています。

その他のディストリビューションのミラーサイト

前述の表に挙げたミラーサイトのうち、理化学研究所「http://ftp.riken.jp/Linux/」、Fedora、openSUSE、Debian、Linux Mint、Gentoo Linuxなど多種のディストリビューションのミラーにもなっています。上記のlinuxディレクトリの下に各ディストリビューションごとのディレクトリがあります。

Fedora、openSUSEなどのパッケージ形式がrpmのディストリビューションは、ディストリビューションの公式サイトからも、ミラーサイトからもISOイメージをダウンロードできます。また、どちらもリポジトリとしてアクセスできます。

Debianなどのパッケージ形式がdebのディストリビューションは、ほとんどがUbuntuの場合と同じく、ISOイメージはディストリビューションの公式サイトのリンクからのみダウンロードできます。ミラーサイトはリポジトリとしてアクセスします。ただし、Linux Mintのようにミラーサイトにぃ ISOイメージが置かれているものもあります。

CentOSのリポジトリ

CentOSのリポジトリはyumコマンドによって、新たにパッケージを追加インストールしたり、既存のパッケージを新しいバージョンに更新するときにアクセスされます。

CentOSをインストールすると、/etc/yum.repos.dディレクトリの下にCentOS-Base.repo、CentOS-Sources.repoなどのリポジトリ設定ファイルが配置されます。このうちデフォルトで使用されるのはCentOS-Base.repoファイルの中でenableに設定されている[base]、[updates]、[extras]の3つのリポジトリです。

/etc/yum.repos.d/CentOS-Base.repoファイルを表示（抜粋）

```
$ cat /etc/yum.repos.d/CentOS-Base.repo
[base]
mirrorlist=http://mirrorlist.centos.org/?release=$releasever&arch=$ba
search&repo=os&infra=$infra

[updates]
mirrorlist=http://mirrorlist.centos.org/?release=$releasever&arch=$ba
search&repo=updates&infra=$infra

[extras]
mirrorlist=http://mirrorlist.centos.org/?release=$releasever&arch=$ba
search&repo=extras&infra=$infra
```

「mirrorlist=」で指定されたURLにアクセスすると、mirrorlist.centos.orgから279ページの表の日本のミラー9台のうちの稼動中のミラーと近隣国のミラーから選択された計10台のリストが返されます。このリストはキャッシュディレクトリの下のリポジトリごとのサブディレクトリに「mirrorlist.txt」の名前で格納されます。

CentOSのバージョンが7の場合（7.0.1406,… 7.6.1810）は「mirrorlist=」で指定されたURLに含まれる変数$releasever、$basearch、$infraは以下のように変換されます。

$releasever → 7
$basearch → x86_64
$infra → stock（/etc/yum/vars/infraファイルの値）

この場合、[base]、[updates]、[extras]のURLは次のようになります。3つの違いは「repo=」で指定される値だけです。

・**base**：http://mirrorlist.centos.org/?release=7&arch=x86_64&repo=os&infra=stock

- **updates**：http://mirrorlist.centos.org/?release=7&arch=x86_64&repo=updates&infra=stock
- **extras**：http://mirrorlist.centos.org/?release=7&arch=x86_64&repo=extras&infra=stock

Ubuntuのリポジトリ

Ubuntuのリポジトリはaptコマンドによって、新たにパッケージを追加インストールしたり、既存のパッケージを新しいバージョンに更新するときにアクセスされます。

Ubuntuをインストールすると、**/etc/apt**ディレクトリの下にリポジトリの設定ファイル**sources.list**が配置されます。

sources.listファイルには、リポジトリのURLやUbuntuディストリビューションのコード名（例: bionic）などが記載されています。1行が1エントリで、エントリの書式は以下の通りです。

sources.listファイルの書式の詳細は、本章の「aptの設定」（225ページ）を参照してください。

以下は、Ubuntu 18.04のsources.listファイルの内容です。

/etc/apt/sources.listファイルを表示（抜粋）

```
$ cat /etc/apt/sources.list
deb http://jp.archive.ubuntu.com/ubuntu/ bionic main restricted
deb http://jp.archive.ubuntu.com/ubuntu/ bionic-updates main
restricted
deb http://jp.archive.ubuntu.com/ubuntu/ bionic universe
deb http://jp.archive.ubuntu.com/ubuntu/ bionic-updates universe
```

/etc/apt/sources.listファイルの中でリポジトリのURLを「http://jp.archive.ubuntu.com/ubuntu/」と指定した場合は、DNSの名前解決によって、日本の公式ミラーのうちの1台のURLが返され、クライアントはそのURLにアクセスします。

したがって、Ubuntuインストール時の/etc/apt/sources.listファイルのままではクライアント側で特定のミラーを指定することはできませんが、sources.listファイルのURLを書き換えることによって、特定のミラーを利用することができるようになります。

Chapter 7

ディスクを追加して利用する

7-1

新規ディスクを追加する

パーティション

1台の物理的なディスクを複数の領域に分割し、それぞれの領域を独立した論理的なディスクとして扱えるようにする操作が「パーティショニング」です。分割された領域を**パーティション**と呼びます。パーティションを分けることで、パーティション単位の効率的なバックアップや、ファイルシステム単位での障害修復が可能となります。

図7-1-1 パーティションの分け方

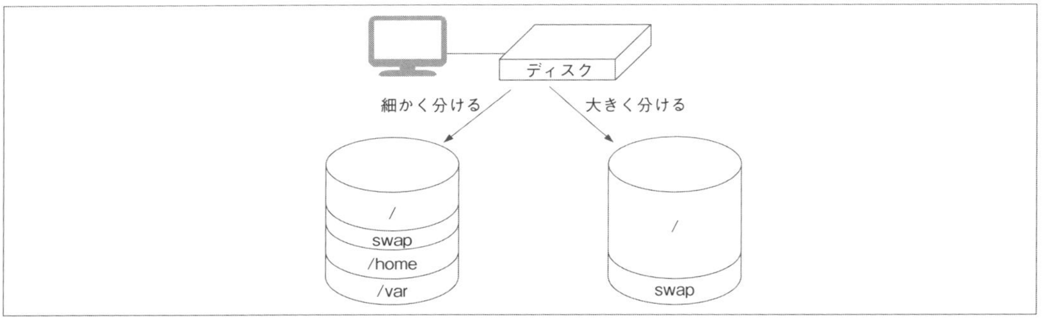

パーティションを細かく分けることで、パーティションごとにファイルを分類して格納できるため、ファイルの管理が容易になります。しかし、パーティションのサイズより大きなファイルは作成できないため注意が必要です。また、パーティションを大きく分けることで管理単位は大きくなりますが、個々のパーティションの容量制限を受けることなく使用できるというメリットがあります。

パーティションの分割は、インストール前にある程度見通しを立てておきます。

図7-1-2 パーティショニング

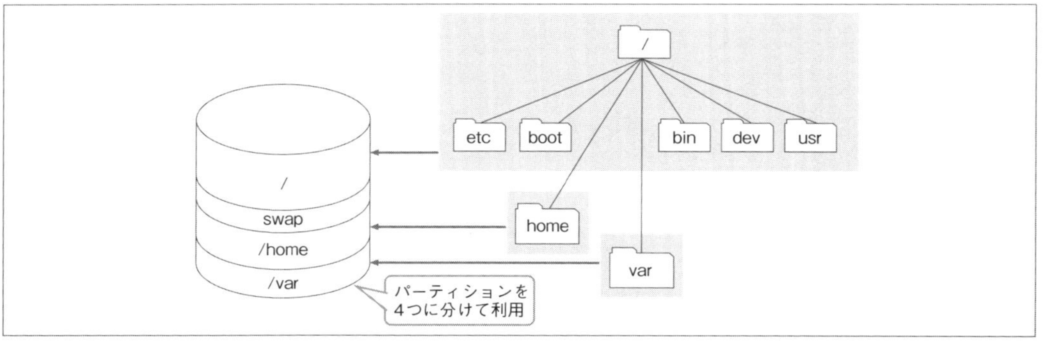

パーティションは、目的に応じて自由に分割することが可能ですが、次の表に一般的な考え方を記載します。

表7-1-1 **パーティションの分け方**

パーティション	説明
/パーティション	ルートディレクトリが格納される領域 /etc、/bin、/sbin、/lib、/devのディレクトリは必ず配置
/bootパーティション	システム起動時に必要なブートローダ関連のファイルや、カーネルイメージを配置
/usrパーティション	他ホストと共有できるデータ（静的で共有可能なデータ）を配置 容量が大きくなる可能性があるため、独立したパーティションにする場合が多い
/homeパーティション	ユーザのホームディレクトリ（可変データ）を配置。容量が大きくなりやすく、バックアップ頻度も高いため、独立したパーティションにする場合が多い
/optパーティション	Linuxをインストール後、追加でインストールしたパッケージ（ソフトウェア）を配置するため、容量の大きなパッケージを入れる可能性がある場合、独立したパーティションにする場合が多い
/varパーティション	システム運用中にサイズが変化するファイル（可変データ）を配置。急激なファイルサイズの増大によるディスクフルなどの危険性を考慮し、独立したパーティションにする場合が多い
/tmpパーティション	誰でも読み書き可能な共有データを配置 一般ユーザの利用の仕方による危険性を考慮し、独立したパーティションにする場合が多い
swapパーティション	実メモリに入りきらないプロセスを退避させる領域 swapは、パーティションもしくはファイルで確保する方法がある

Linuxでは一般的に**スワップ**（swap）というパーティションを作成します。これは、ハードディスク上に作成する仮想的なメモリ領域です。Linuxを使用していて実メモリが不足した場合、ハードディスクに作成されたスワップ領域（仮想メモリ）が使用されます。一般的には、実メモリと同容量から2倍の領域で十分ですが、Linuxシステムの製品仕様、使用目的によって異なります。

デバイスファイル

デバイスファイルは、デバイス（周辺機器）を操作するためのファイルです。デバイスを追加すると、**/dev**ディレクトリ以下に検出されたデバイスへアクセスするためのデバイスファイルが作成されます（図7-1-3）。

ハードディスクには、IDE、SATA、SCSI、ATA（PATA）などいくつかの規格があり、デバイスファイル名はハードディスクの規格によって異なります（表7-1-2）。

SATAディスクの場合は1本のSATAケーブルでコントローラ上のポートと接続します。1番目のポート（Port0）に接続されたディスクは**/dev/sda**となり、2番目のポート（Port1）に接続されたディスクは**/dev/sdb**となります（図7-1-4）。

図7-1-3 デバイスとデバイスファイル

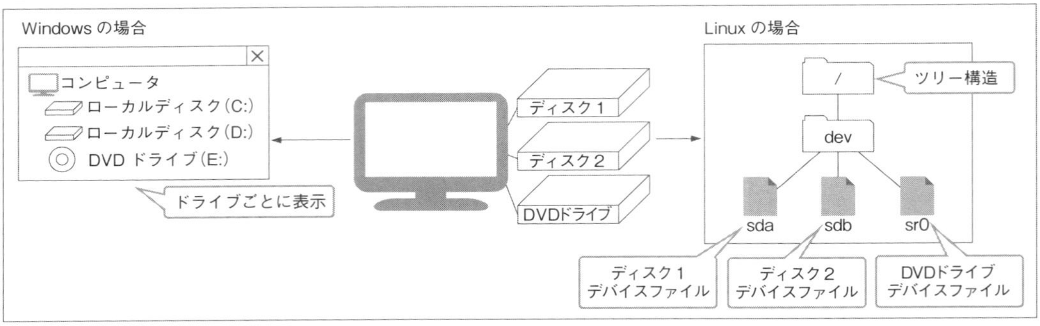

表7-1-2 デバイスファイル名の命名規則

デバイスの規格	説明
SCSI/SATA	/dev/sd○として作成。○には、1台目からa、b、c･･･が付与される
IDE/ATA(PATA)	/dev/hd○として作成。○には、1台目からa、b、c･･･が付与される

図7-1-4 デバイスファイル名

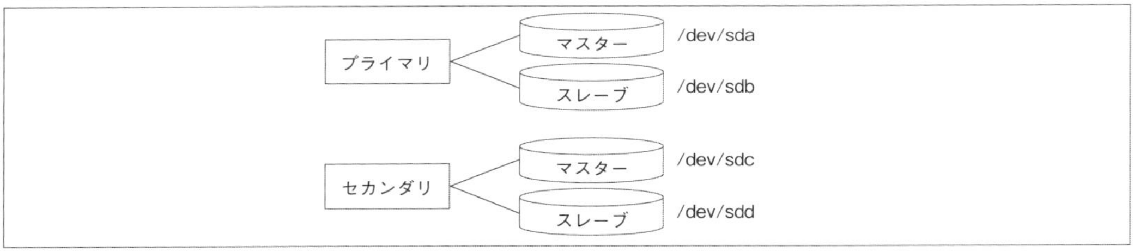

次に示すのは、2台のSATAディスクを持つ例です。ディスク1(sda)はパーティションを3つに分け、ディスク2(sdb)はパーティションを2つに分けています。/dev以下を確認すると、該当するデバイスファイルが配置されていることがわかります(図7-1-5)。

各パーティションのデバイスファイル名には、そのディスクの何番目のパーティションかを示す整数値が付けられます。例えば、/dev/sdaの先頭のパーティションのデバイスファイル名は、/dev/sda1となります。

図7-1-5 デバイスファイルの例

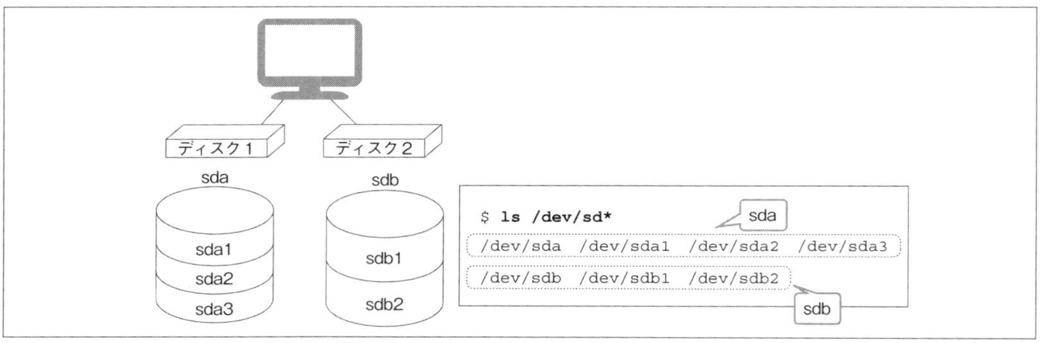

7-2 ディスクを分割する

MBRとGPT

ディスクパーティションの形式には、従来からある**MBR**（Master Boot Record）と、新しい形式である**GPT**（GUID Partition Table）があります。MBRパーティションはMS-DOSパーティションとも呼ばれます。

図7-2-1 MBRとGPTの構造の比較

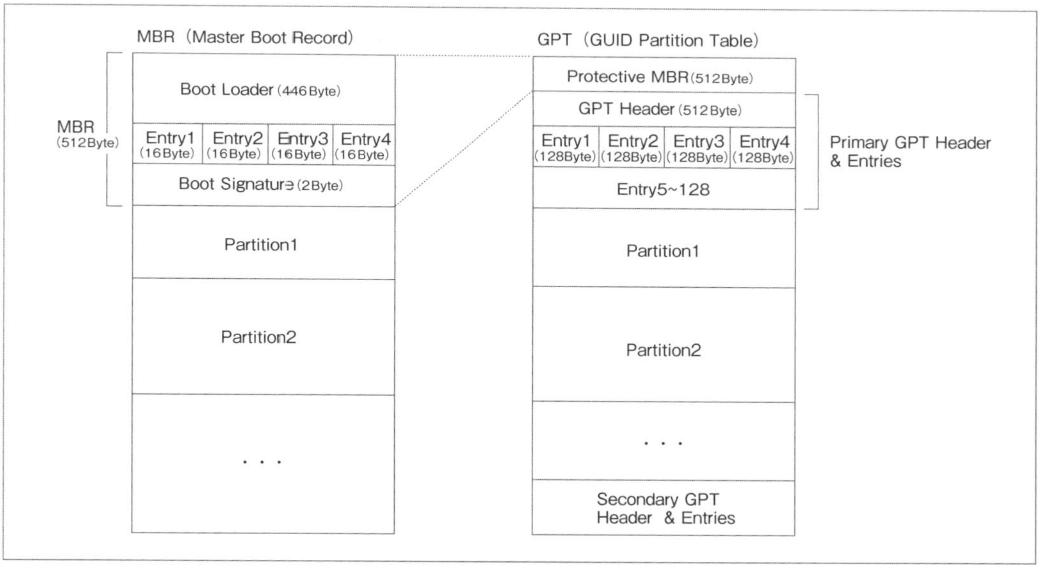

MBR

MBRの場合、パーティション情報はディスクの先頭セクタに格納されています。各エントリには、パーティション（基本パーティション）の先頭セクタと最終セクタの位置がそれぞれ3バイトの領域にCHS（Cylinder/Head/Sector）で格納されています。この構造により、セクタサイズが512バイトの場合は最大2TiBの容量を管理できます。なお、MBRにはLBA（Logical Block Address）でも先頭セクタの位置とセクタ数がそれぞれ4バイトの領域に格納されています。

MBRパーティションには、**基本パーティション**（primary partition）、**拡張パーティション**（extended partition）、**論理パーティション**（logical partition）の3種類があります。

◇基本パーティション

1台のディスクに最大4個作ることができます。パーティション番号は1～4となります。1つの基本パーティションの中に1つのファイルシステムを作ることができ、また、スワップ領域として使用することもできます。

◇拡張パーティション

1台のディスクに1個だけ作ることができます。パーティション番号は1～4のうちの1つを使用できます。拡張パーティションを作成した場合は、基本パーティションの数は最大3個となります。

拡張パーティションはその中に論理パーティションを作るためのもので、直接ファイルシステムあるいはスワップパーティションとして使用することはできません。

◇論理パーティション

拡張パーティションの中に複数個作ることができます。パーティション番号は5以上となります。1つの論理パーティションの中に1つのファイルシステムを作ることができ、また、スワップパーティションとして使用することもできます。

図7-2-2 MBRパーティションの例

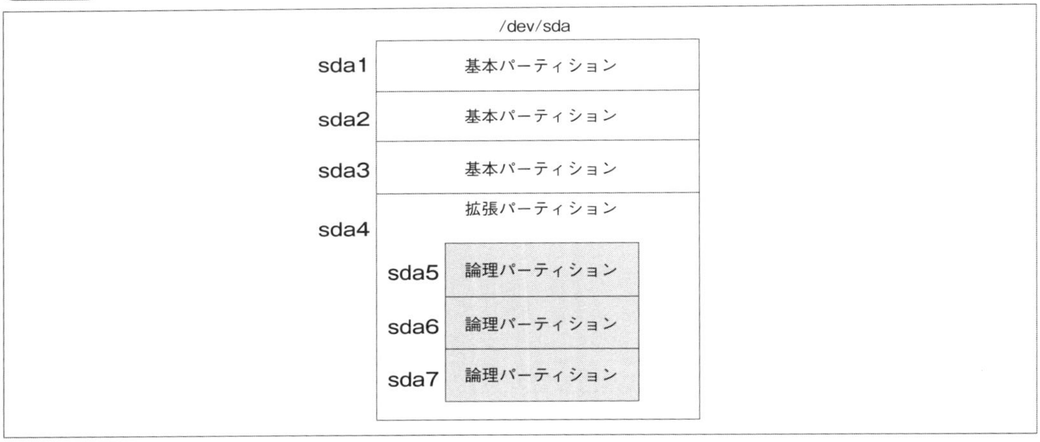

GPT

GPTの場合、パーティション情報はディスクの2番目のセクタのGPTヘッダと、3番目のセクタから始まる32個（デフォルト）のセクタに格納されています（図7-2-1）。

2番目のセクタのGPTヘッダには、エントリの個数（デフォルト：128個）とサイズ（デフォルト：128バイト）が格納されています。

3番目のセクタからは各パーティションに対応するエントリが配置されます。各エントリにはパーティションの先頭セクタと最終セクタの位置がそれぞれ8バイトの領域にLBAで格納されています。この構造により、デフォルトで128個のパーティションを構成でき、セクタサイズが512バイトの場合は最大8ZiBの容量を管理できます。

GPTヘッダにはディスクのGUID (Globally Unique Identifier) が、各エントリにはパーティションのタイプを表すGUIDと、パーティションを識別するGUIDが格納されていて、これがGPTの名前の由来です。

ディスクの最後にGPTヘッダとエントリがセカンダリ (バックアップ用) として格納されています。

GPTでパーティショニングされたディスクの先頭512バイトの領域は、Protective MBRです。この領域を以下のように設定することで、GPTを認識できない古いパーティション管理ツールがパーティショニングされていないディスクと誤認識してGPT データを上書きすることのないように保護することができます。

- MBRパーティションテーブルを設定する
- ディスク全体で1つのパーティションとする
- パーティションタイプの値を0xee (GPT) とする

パーティション管理ツール

主なパーティショニングツールには、以下のものがあります。

表7-2-1 主なパーティショニングツール

名称	コマンド	説明
fdisk	fdisk	Linuxの初期から提供されているMBRパーティションの管理ツール
GPT fdisk	gdisk	GPTパーティションの管理ツール fdiskコマンドに似たユーザインターフェイスを採用している
GNU Parted	parted	MBRパーティションとGPTパーティションに対応した多機能なパーティション管理ツール
GNOME Partition Editor	gparted	MBRパーティションとGPTパーティションに対応したGNOMEデスクトップ環境向けのグラフィカルなパーティション管理ツール partedのライブラリlibpartedを使用

fdisk

fdiskは、MBRパーティションの管理ツールです。パーティションテーブルの表示、パーティションの作成、削除、変更などができます。

MBRパーティションの管理

fdisk [-l] [デバイス名]

fdiskコマンドに「-l」オプションを付けて実行した場合は、指定したデバイスのパーティションを表示します。デバイスを指定しなかった場合は、**/proc/partitions**ファイルを参照して、各デバイスのパーティションを表示します。

「-l」オプションを付けずに実行した場合は、指定したデバイスのパーティション管理を対話モードで行います。

表7-2-2 対話モードのコマンド

コマンド	説明
d	パーティションの削除
l	パーティションタイプの一覧表示
n	新規パーティションの作成
p	パーティションテーブルの表示
q	パーティションテーブルの変更を保存せずに終了
r	recovery & transformationメニューに移行
w	パーティションテーブルを保存して終了
x	expertメニューに移行
?	コマンド一覧の表示

対話モードのコマンドプロンプトで「?」または「help」を入力することで、コマンド一覧を表示できます。

以下は、CentOSがインストールされた10GBの内蔵ディスク「/dev/sda」のパーティションを表示する例です。

「-l」オプションによるパーティションの表示（CentOS）

```
# fdisk -l
Disk /dev/sda: 10.7 GB, 10737418240 bytes, 20971520 sectors
Units = sectors of 1 * 512 = 512 bytes
Sector size (logical/physical): 512 bytes / 512 bytes
I/O サイズ (最小 / 推奨): 512 バイト / 512 バイト
Disk label type: dos  ←MBRパーティション(dos)
ディスク識別子: 0x000baa0e

デバイス ブート      始点        終点      ブロック   Id  システム
/dev/sda1   *        2048     2099199     1048576   83  Linux
/dev/sda2         2099200    20971519     9436160   8e  Linux LVM
…（以下省略）…
```

以下は、CentOSで、10GBの外部USBディスク「/dev/sdb」を接続し、対話形式でパーティションを表示、作成、削除する例です。

パーティションの表示、作成、削除（CentOS）

```
# fdisk /dev/sdb
Welcome to fdisk (util-linux 2.23.2).

Changes will remain in memory only, until you decide to write them.
Be careful before using the write command.

コマンド (m でヘルプ): p  ←❶

Disk /dev/sdb: 10.7 GB, 10737418240 bytes, 20971520 sectors
Units = sectors of 1 * 512 = 512 bytes
Sector size (logical/physical): 512 bytes / 512 bytes
I/O サイズ (最小 / 推奨): 512 バイト / 512 バイト
Disk label type: dos
```

```
ディスク識別子: 0xf79ef79b

デバイス ブート       始点         終点       ブロック    Id  システム

コマンド (m でヘルプ): n  ←❷
Partition type:
   p   primary (0 primary, 0 extended, 4 free)
   e   extended
Select (default p):  ←❸
パーティション番号 (1-4, default 1):  ←❹
最初 sector (2048-20971519, 初期値 2048):  ←❺
初期値 2048 を使います
Last sector, +sectors or +size{K,M,G} (2048-20971519, 初期値 20971519): +3G
↑❻
Partition 1 of type Linux and of size 3 GiB is set

コマンド (m でヘルプ): p  ←❼
…(途中省略)…

デバイス ブート       始点         終点       ブロック    Id  システム
/dev/sdb1            2048      6293503      3145728   83  Linux

コマンド (m でヘルプ): n  ←❽
Partition type:
   p   primary (1 primary, 0 extended, 3 free)
   e   extended
Select (default p):  ←❾
Using default response p
パーティション番号 (2-4, default 2):  ←❿
最初 sector (6293504-20971519, 初期値 6293504):  ←⓫
初期値 6293504 を使います
Last sector, +sectors or +size{K,M,G} (6293504-20971519, 初期値 20971519):
↑⓬
初期値 20971519 を使います
Partition 2 of type Linux and of size 7 GiB is set

コマンド (m でヘルプ): p  ←⓭
…(途中省略)…

デバイス ブート       始点         終点       ブロック    Id  システム
/dev/sdb1            2048      6293503      3145728   83  Linux
/dev/sdb2         6293504     20971519      7339008   83  Linux

コマンド (m でヘルプ): d  ←⓮
パーティション番号 (1,2, default 2): 2  ←⓯
Partition 2 is deleted

コマンド (m でヘルプ): p  ←⓰
…(途中省略)…

デバイス ブート       始点         終点       ブロック    Id  システム
/dev/sdb1            2048      6293503      3145728   83  Linux

コマンド (m でヘルプ): w  ←⓱
パーティションテーブルは変更されました！
```

```
ioctl() を呼び出してパーティションテーブルを再読込みします。
ディスクを同期しています。
```

❶「p」を入力（pコマンドでパーティションテーブルを表示）
❷「n」コマンドで新規パーティションを作成
❸ [Enter] を入力（パーティションタイプはデフォルトのp：基本パーティションを選択）
❹ [Enter] を入力（パーティション番号はデフォルトの1を選択）
❺ [Enter] を入力（開始位置はデフォルトの2048（セクタ）を選択）
❻「+3G」を入力（サイズは3GBを指定）
❼「p」を入力（pコマンドでパーティションテーブルを表示）
❽「n」を入力（nコマンドで2つ目の新規パーティションを作成）
❾ [Enter] を入力（パーティションタイプはデフォルトのp：基本パーティションを選択）
❿ [Enter] を入力（パーティション番号はデフォルトの2を選択）
⓫ [Enter] を入力（開始位置はデフォルトの6293504（セクタ）を選択）
⓬ [Enter] を入力（最終セクタはデフォルトの20971519を選択）
⓭「p」を入力（コマンドでパーティションテーブルを表示）
⓮「d」を入力（dコマンドでパーティションを削除）
⓯削除するパーティションとして「2」を指定
⓰「p」を入力（pコマンドでパーティションテーブルを表示）
⓱「w」を入力（wコマンドでパーティション情報をディスクに書き込み）

上記にある通り、編集後最後に「w」を入力することで（⓱）、パーティションの編集が確定されます。

gdisk

gdisk（GPT fdisk）は、GPTパーティションの管理ツールです。fdiskコマンドに似たユーザインターフェイスを採用しています。パーティションテーブルの表示、パーティションの作成、削除、変更、MBRパーティションとGPTパーティションの変換などの機能があります。

GPTパーティションの管理

gdisk [-l] デバイス名

gdiskコマンドに「-l」オプションを付けて実行した場合は、指定したデバイスのパーティションを表示します。

「-l」オプションを付けずに実行した場合は、指定したデバイスのパーティション管理を対話モードで行います。対話モードには3種類のメニューがあります。

表7-2-3 対話モードのメニュー

メニュー	コマンド	説明
main menu	－	メインメニューモード。パーティションの表示、作成、削除を行う
	d	パーティションの削除
	l	パーティションタイプの一覧表示
	n	新規パーティションの作成
	p	パーティションテーブルの表示
	q	パーティションテーブルの変更を保存せずに終了
	r	recovery & transformationメニューに移行
	w	パーティションテーブルを保存して終了

	x	expertメニューに移行
	?	コマンドメニューの表示
recovery & transformation menu	—	リカバリーとパーティションテーブル変換のためのモード パーティションテーブルのバックアップやGPTからMBRへの変換などを行う
	b	バックアップGPTヘッダからメインGPTヘッダを作成
	d	メインGPTヘッダからバックアップGPTヘッダを作成
	g	GPTをMBRに変換して終了
	m	main menuに戻る
experts'menu	—	エキスパート用のモード。ディスクGUIDやパーティションGUIDの変更、 各パーティションの詳細情報の表示などを行う
	c	パーティションGUIDの変更
	g	ディスクGUIDの変更
	l	指定したパーティションの詳細情報を表示
	m	main menuに戻る

各モードのコマンドプロンプトで「?」または「help」を入力することで、コマンド一覧を表示できます。

パーティションテーブルの表示、パーティションの作成/削除は、fdiskコマンドの手順と同じです。以下は、CentOSでMBRパーティションからGPTパーティションへ変換を行う実行例です。

MBRパーティションからGPTパーティションへの変換 (CentOS)

```
# gdisk /dev/sdb
GPT fdisk (gdisk) version 0.8.6

Partition table scan:
  MBR: MBR only  ←❶
  BSD: not present
  APM: not present
  GPT: not present  ←❷

***************************************************************
Found invalid GPT and valid MBR; converting MBR to GPT format.
THIS OPERATION IS POTENTIALLY DESTRUCTIVE! Exit by typing 'q' if
you don't want to convert your MBR partitions to GPT format!
***************************************************************

Command (? for help): p  ←❸
Disk /dev/sdb: 20971520 sectors, 10.0 GiB
Logical sector size: 512 bytes
Disk identifier (GUID): A0EEC002-97E9-485B-A8C0-F244AC86D920
Partition table holds up to 128 entries
First usable sector is 34, last usable sector is 20971486
Partitions will be aligned on 2048-sector boundaries
Total free space is 14679997 sectors (7.0 GiB)

Number  Start (sector)    End (sector)  Size       Code  Name
   1            2048         6293503   3.0 GiB     8300  Linux filesystem

Command (? for help): w  ←❹
```

```
Final checks complete. About to write GPT data. THIS WILL OVERWRITE
EXISTING
PARTITIONS!!

Do you want to proceed? (Y/N): Y  ←❺
OK; writing new GUID partition table (GPT) to /dev/sdb.
The operation has completed successfully.

# gdisk -l /dev/sdb  ←❻
GPT fdisk (gdisk) version 0.8.6

Partition table scan:
  MBR: protective
  BSD: not present
  APM: not present
  GPT: present  ←❼
…（以下省略）…
```

❶MBRパーティションとなっている
❷GPTパーティションではない
❸pコマンドでパーティションテーブルを表示
❹wコマンドでパーティション情報の書き込みを行うとMBRからGPTに変換される
❺確認メッセージに対して「Y」を入力
❻指定したデバイスのパーティションを表示
❼パーティション管理はGPTに変更されている

以下はGPTパーティションからMBRパーティションへの変換の実行例です。

GPTパーティションからMBRパーティションへの変換（CentOS）

```
# gdisk /dev/sdb
GPT fdisk (gdisk) version 0.8.6

Partition table scan:
  MBR: protective
  BSD: not present
  APM: not present
  GPT: present  ←❶

Found valid GPT with protective MBR; using GPT.

Command (? for help): p  ←❷
Disk /dev/sdb: 20971520 sectors, 10.0 GiB
Logical sector size: 512 bytes
Disk identifier (GUID): A0EEC002-97E9-485B-A8C0-F244AC86D920
Partition table holds up to 128 entries
First usable sector is 34, last usable sector is 20971486
Partitions will be aligned on 2048-sector boundaries
Total free space is 14679997 sectors (7.0 GiB)

Number  Start (sector)    End (sector)  Size       Code  Name
   1            2048         6293503   3.0 GiB     8300  Linux filesystem

Command (? for help): r  ←❸
```

```
Recovery/transformation command (? for help): ? ←❹
…（途中省略）…
g      convert GPT into MBR and exit
…（途中省略）….

Recovery/transformation command (? for help): g ←❺

MBR command (? for help): p ←❻
** NOTE: Partition numbers do NOT indicate final primary/logical status,
** unlike in most MBR partitioning tools!

** Extended partitions are not displayed, but will be generated as
required.

Disk size is 20971520 sectors (10.0 GiB)
MBR disk identifier: 0x00000000
MBR partitions:

                                                            Can Be    Can Be
Number  Boot  Start Sector   End Sector   Status    Logical   Primary
Code
   1                 2048      6293503   primary      Y         Y      0x83

MBR command (? for help): w ←❼

Converted 1 partitions. Finalize and exit? (Y/N): Y ←❽
GPT data structures destroyed! You may now partition the disk using fdisk
or
other utilities.

# gdisk /dev/sdb
GPT fdisk (gdisk) version 0.8.6

Partition table scan:
  MBR: MBR only ←❾
  BSD: not present
  APM: not present
  GPT: not present
…（以下省略）…
```

❶GPTパーティションとなっている
❷pコマンドでパーティションテーブルを表示
❸rコマンドによりrecovery & transformationメニューに移行
❹?コマンドでメニューを表示
❺gコマンドでGPTからMBRに変換
❻pコマンドでパーティションテーブルを表示
❼wコマンドでパーティション情報をディスクに書き込み
❽確認メッセージに対して「Y」を入力
❾パーティション管理はMBRに変更されている

parted

parted(GNU Parted)は、MBRとGPTに対応したパーティション管理ツールです。パーティションテーブルの表示、パーティションの作成、削除、変更などの基本機能の他に、パーティションの回復、拡大/縮小(パーティションサイズに合わせたファイルシステムの拡大/縮小はできない)やファイルシステムの作成などの機能があります。

partedコマンドの機能は共有ライブラリlibpartedによって提供され、partedコマンドのモードにはコマンドラインモードと対話モードがあります。

コマンドラインモードで実行する場合は、コマンドラインでpartedコマンドを指定します。コマンドを指定しない場合は対話モードとなり、プロンプト「(parted)」が表示されて、コマンド入力待ちとなります。

MBR/GPTパーティションの管理

parted [オプション] [デバイス名 {コマンド}]

表7-2-4 partedコマンドのサブコマンド

サブコマンド	説明
help(または「?」)	ヘルプメッセージの表示
mklabel	パーティションテーブルの形式(msdos(MBRパーティション)またはGPT)の指定 このコマンドを実行するとパーティションは初期化される
mkpart パーティションタイプ [FSタイプ] 開始位置 終了位置	パーティションの作成
print	パーティションテーブルの表示
quit	partedの終了
rescue 開始位置 終了位置	なくなったパーティションの回復。引数で検索の開始と終了位置を指定する
rm パーティション	パーティションの削除
select デバイス	デバイスの指定
unit 単位	位置とサイズの表示単位の指定

以下は、CentOSでpartedコマンドを使用したパーティションの表示例です。

partedコマンドを使用したパーティションの表示(コマンドラインモード、CentOS)

```
# parted /dev/sda print
モデル: ATA VBOX HARDDISK (scsi)
ディスク /dev/sda: 10.7GB
セクタサイズ (論理/物理): 512B/512B
パーティションテーブル: msdos
ディスクフラグ:

番号  開始    終了    サイズ  タイプ   ファイルシステム  フラグ
 1    1049kB  1075MB  1074MB  primary  xfs               boot
 2    1075MB  10.7GB  9663MB  primary                    lvm
```

以下は、CentOSでpartedコマンドを使用したパーティションの作成例です。

partedコマンドを使用したパーティションの作成(コマンドラインモード、CentOS)

```
# parted /dev/sdb mklabel gpt  ←❶
警告: いま存在している /dev/sdb のディスクラベルは破壊され、このディスクの全データが失われます。続行しますか?
はい(Y)/Yes/いいえ(N)/No? Y  ←❷
通知: 必要であれば /etc/fstab を更新するのを忘れないようにしてください。
#
# parted /dev/sdb mkpart Linux 1049kB 1GiB  ←❸
通知: 必要であれば /etc/fstab を更新するのを忘れないようにしてください。

# parted /dev/sdb print  ←❹
モデル: ATA VBOX HARDDISK (scsi)
ディスク /dev/sdb: 10.7GB
セクタサイズ (論理/物理): 512B/512B
パーティションテーブル: gpt
ディスクフラグ:

番号  開始    終了    サイズ  ファイルシステム  名前  フラグ
 1    1049kB  1074MB  1073MB  xfs                     Linux  ←❺
```

❶mklabelコマンドでGPTパーティションを指定
❷確認メッセージに対して「Y」を入力
❸mkpartコマンドでパーティションの作成(GPTの場合はパーティション名(この例ではLinux)を指定)
❹printコマンドでパーティションの表示
❺1GBのパーティションが作成されている

以下は、CentOSでpartedコマンドを使用したパーティションの削除例です。

partedコマンドを使用したパーティションの削除(コマンドラインモード、CentOS)

```
# parted /dev/sdb rm 1  ←❶
# parted /dev/sdb print  ←❷
モデル: ATA VBOX HARDDISK (scsi)
ディスク /dev/sdb: 10.7GB
セクタサイズ (論理/物理): 512B/512B
パーティションテーブル: gpt
ディスクフラグ:

番号  開始  終了  サイズ  ファイルシステム  名前  フラグ
                                                    ←❸
```

❶rmコマンドでパーティションを削除
❷printコマンドでパーティションを表示
❸削除されている

以下は、CentOSでpartedコマンドを対話モードで使用した実行例です。

partedコマンドを使用したパーティションの表示、作成、削除(対話モード、CentOS)

```
# parted /dev/sdb
GNU Parted 3.1
/dev/sdb を使用
GNU Parted へようこそ！ コマンド一覧を見るには 'help' と入力してください。
(parted) mklabel msdos  ←❶
警告: いま存在している /dev/sdb のディスクラベルは破壊され、このディスクの全データが失われます。続行
しますか?
はい(Y)/Yes/いいえ(N)/No? Y  ←❷
(parted) mkpart primary 1049kB 1GiB ←❸
(parted) print  ←❹
モデル: ATA VBOX HARDDISK (scsi)
ディスク /dev/sdb: 10.7GB
セクタサイズ (論理/物理): 512B/512B
パーティションテーブル: msdos
ディスクフラグ:

番号  開始     終了     サイズ  タイプ    ファイルシステム  フラグ
 1    1049kB  1074MB  1073MB  primary  xfs   ←❺

(parted) rm 1  ←❻
(parted) print  ←❼
モデル: ATA VBOX HARDDISK (scsi)
ディスク /dev/sdb: 10.7GB
セクタサイズ (論理/物理): 512B/512B
パーティションテーブル: msdos
ディスクフラグ:

番号  開始  終了  サイズ  タイプ  ファイルシステム  フラグ
                                                        ←❽

(parted) quit  ←❾
通知: 必要であれば /etc/fstab を更新するのを忘れないようにしてください。
```

❶msdos (MBR) パーティションを指定
❷確認メッセージに対して「Y」を入力
❸mkpartコマンドでパーティションの作成 (MBRの場合はprimary、logical、extendedのいずれかを指定)
❹printコマンドでパーティションテーブルの表示
❺1GBのパーティションが作成されている
❻rmコマンドでパーティション1の削除
❼printコマンドでパーティションを表示
❽削除されている
❾quitコマンドでpartedコマンドを終了

gparted

gparted(GNOME Partition Editor)は、GUIベースのパーティション管理ツールです。MBRとGPTに対応しています。gpartedはpartedのライブラリlibpartedを使用しており、gpartedはGNOMEデスクトップ環境でのグラフィカルな設定画面を提供します。

以下は、CentOSでgpartedを起動後の画面の例です。この例では10GBの内蔵ディスクのパーティションが表示されています。

図7-2-3 gpartedを起動後の画面の例

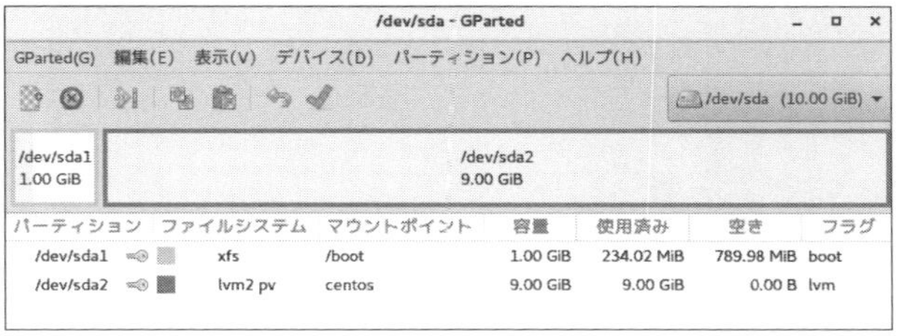

使用しているホストにgpartedが未インストールの場合は、エンタープライズLinux用の拡張パッケージ(EPEL)をインストール後、gpartedをインストールしてください。以下は、CentOSでのインストール例です。

gpartedのインストール(CentOS)

```
# yum install epel-release
...(実行結果省略)...
# yum install gparted
...(実行結果省略)...
```

以下は、10GBの外部ディスクに1GBのGPTパーティションを作成し、その中にext4ファイルシステムを構築する例です。

図7-2-4 パーティションとファイルシステムの作成

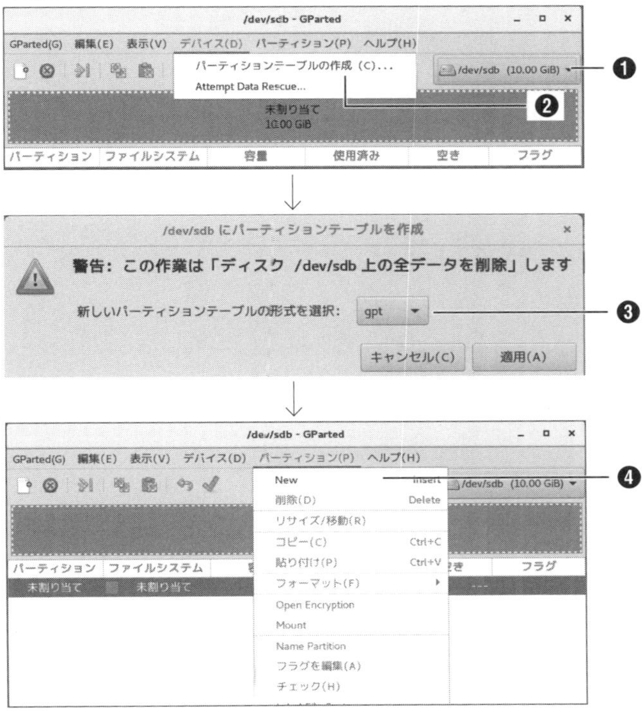

❶画面右上のメニューから外部ディスク「/dev/sdb」を選択
❷画面上部の[デバイス]メニューから[パーティションテーブルの作成]を選択

❸「新しいパーティションテーブルの形式を選択」の一覧から「gpt」を選択し、[適用]をクリック

❹画面上部の[パーティション]メニューから[New]を選択

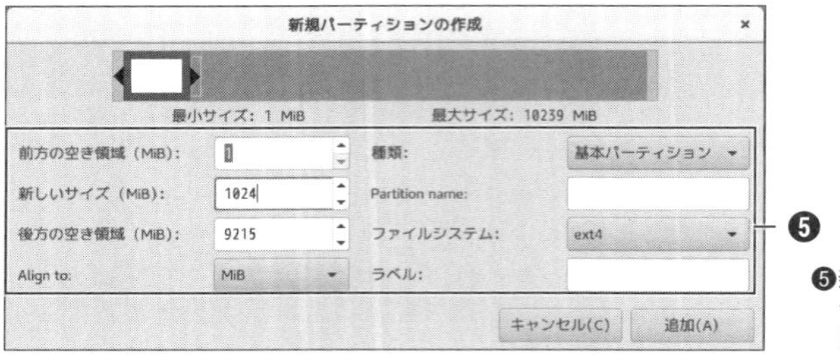

❺新規パーティションの画面が表示される。「新しいサイズ」を「1024」にし、「ファイルシステム」が「ext4」であることを確認し、[追加] をクリック

❻画面上部の [編集] メニューから [保留中の全ての操作を適用する] を選択

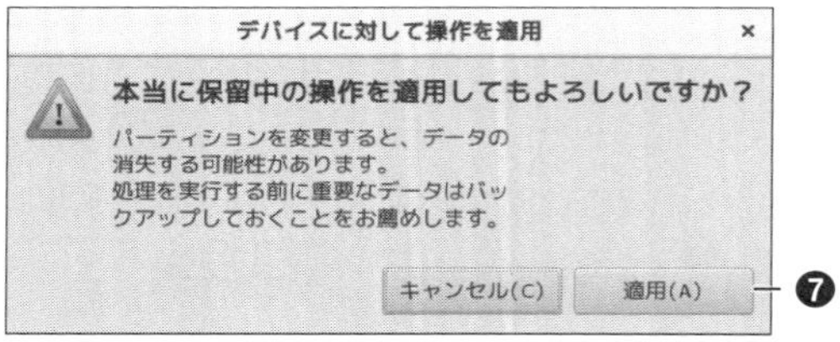

❼確認画面が表示されるので [適用] をクリック

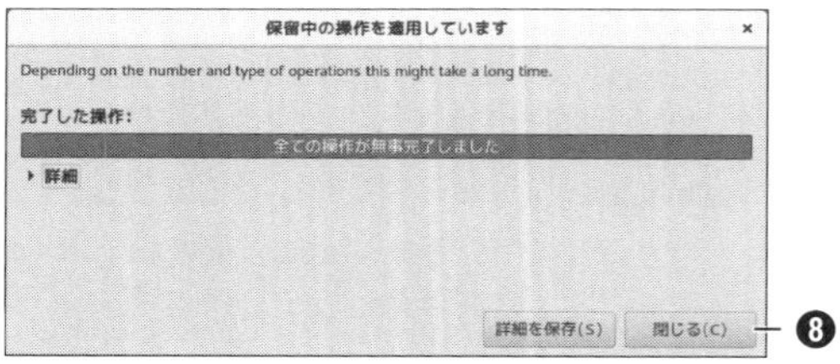

❽進捗画面が表示され、完了メッセージが表示されたら [閉じる] をクリック

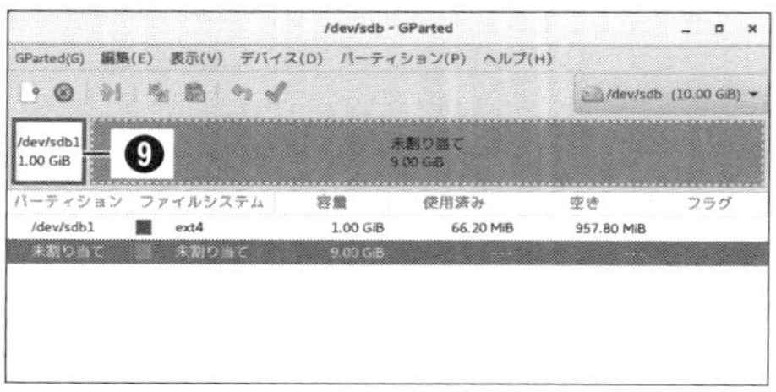

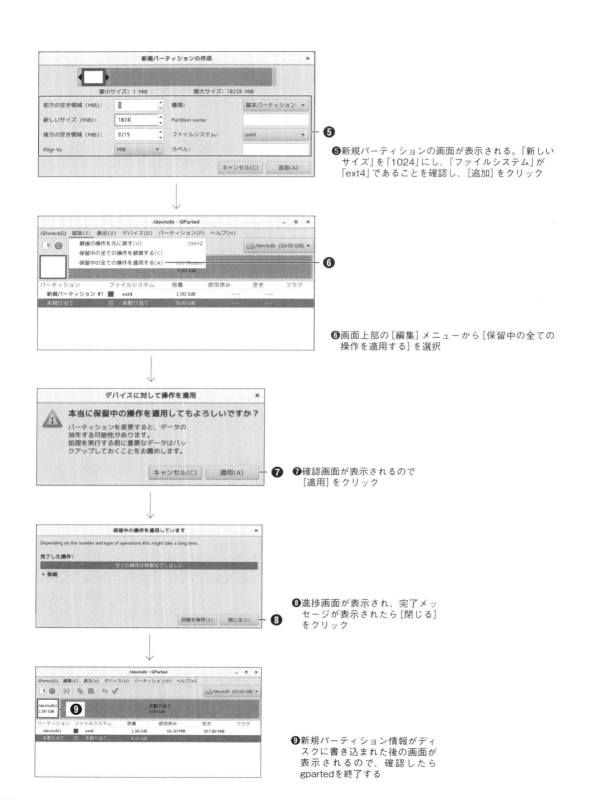

❾新規パーティション情報がディスクに書き込まれた後の画面が表示されるので、確認したらgpartedを終了する

7-3 ファイルシステムを作成する

主なファイルシステム

前節では、fdiskコマンドなどを使用してパーティションを作成しました。パーティショニングしただけでは、ファイルなどを配置できません。利用できるようにするためには、パーティション内に**ファイルシステムを作成**します。

Linuxではさまざまなファイルシステムを利用できます。CentOSのデフォルトのファイルシステムは**xfs**です。Ubuntuデフォルトのファイルシステムは**ext4**です。

Microsoft Windowsの標準のファイルシステムであるNTFSにも、ローカルファイルシステムとしてアクセスできます。ただし作成することはできません。また、CD-ROM用のファイルシステムである「ISO9660」「RockRidge」「Joliet」や、DVD/CD-ROM用のファイルシステムである「UDF」(Universal Disk Format)を作成し、それをメディアに記録することができます。

以下の表は、Linuxで利用できる主なファイルシステムの最大サイズの比較です。

表7-3-1 主なファイルシステムのファイルとファイルシステムの最大サイズ

ファイルシステム	最大ファイルシステムサイズ	最大ファイルサイズ
xfs	8EiB	8EiB
ext3	16TiB	2TiB
ext4	1EiB	16TiB
btrfs	16EiB	16EiB

xfs

xfsは大容量ファイルを扱うことができ、ファイルシステムへの並行処理が可能です。xfsには次のような特徴があります。

- 単一のファイルシステム内に独立したiノードとデータ領域を持つ複数のアロケーショングループを持ち、各アロケーショングループは並行処理ができる
- データ領域の割り当てにエクステントを採用している
- 大容量ファイルを扱うことができる(ファイルの最大サイズ、ファイルシステムの最大サイズとも8EiB)

図7-3-1 xfsの構造

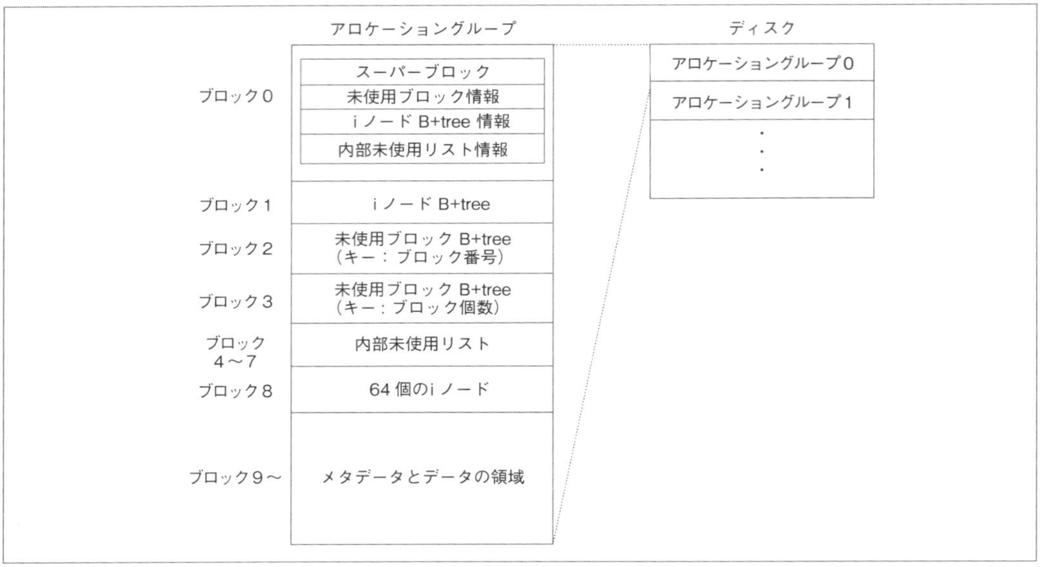

xfsを構成する主な要素は以下の通りです。

◇アロケーショングループ

アロケーショングループは、それぞれが自身の領域とそれを管理する情報を持つ、ほぼ独立したファイルシステムと見なすことができます。xfsファイルシステムは、等しいサイズの複数のアロケーショングループに分割されて作成されます。アロケーショングループのサイズの最小値は16MB、最大値は1TBです。

各アロケーショングループは並列に処理ができるため、RAIDのストライピングなどのように複数のデバイスから構成された場合に特にパフォーマンスが向上します。アロケーショングループの個数が増えるに従って並列度は高まります。

◇スーパーブロック

空き領域の情報やiノードの総数などのファイルシステム全体に関する情報を管理します。1番目のアロケーショングループのスーパーブロックがプライマリで、2番目以降のアロケーショングループのスーパーブロックはバックアップです。

◇ブロック

ブロックはファイルの管理情報であるメタデータの格納、あるいはファイルの実体としてのデータを格納する単位です。1個のブロックのデフォルトのサイズは4096バイトです。

空きブロックはB+treeにより管理されます。B+treeはキーの指定により挿入・検索・削除を効率的に行うことができます。ブロック2にはブロック番号をキーとしたB+treeが、ブロック3には連続したブロックの個数をキーとしたB+treeが作成されます。これにより近くの空きブロックを探したり、必要なサイズの空きブロックを探すことができます。

◇iノード

iノードにはファイルの所有者、パーミッション、作成日時などの属性情報と、ファイルデータを格納するブロックの番号が格納されます。1個のiノードが1個のファイルを管理します。

iノードのデフォルトのサイズは256バイトです。iノードはB+treeにより管理されます。64個ごとのiノードの先頭のiノードの番号がキーとなります。ファイルシステムの作成時には1番目のアロケーショングループにだけ64個のiノードが作成されます。その後、必要に応じて64個の単位で追加されます。

◇エクステント

エクステントは1つ以上の連続したファイルシステムブロックです。エクステントでは先頭ブロックとそこから隣接したブロックの個数の情報により、複数のブロックに連続的にアクセスすることができ、ファイルシステムのパフォーマンスが向上します。エクステントを使用したファイルではiノードにその情報が書き込まれます。

B+treeは木構造の一種で、1つのノードから複数のノードに分岐するBalancing Tree（平衡木）であり、Btreeを改良したものです。末端のノード（リーフノード：leaf node）が複数のデータブロックへのリンクを保持します。ランダムアクセスを行うブロック型記憶装置に適した木構造で、xfsをはじめ多くのファイルシステムに実装されています。

xfsの作成

xfsファイルシステムは、**mkfs.xfs**コマンドで作成することができます。

xfsファイルシステムの作成
mkfs.xfs [オプション] デバイス名

表7-3-2 mfks.xfsコマンドのオプション

オプション	説明
-b ブロックサイズ	ブロックサイズを指定。デフォルトは4096バイト、最小値は512バイト、最大値は65536バイト
-d パラメータ=値	データに関するパラメータを指定 agcout=値：作成するアロケーショングループの個数を指定 agsize=値：作成するアロケーショングループのサイズを指定 アロケーショングループのサイズの最小値は16MiB、最大値は1TiB
-f	上書きを許可。既存のファイルシステムを検知した場合、デフォルトでは上書きは不許可
-i パラメータ=値	作成するiノードのサイズ等のiノードパラメータを指定 size=値：iノードサイズの指定。デフォルトは256バイト、最小値は256バイト、最大値は2048バイト
-L ラベル	ファイルシステムラベルの指定。最大12文字まで。作成後にxfs_adminコマンドでも設定できる

以下の実行例は、CentOSで「-f」オプションを付けて実行し、既にファイルシステムができている場合でも上書きして作成する例です。

xfsファイルシステムの作成(CentOS)

```
# mkfs.xfs -f /dev/sdb1
meta-data=/dev/sdb1              isize=512    agcount=4, agsize=65536
blks
         =                       sectsz=512   attr=2, projid32bit=1
         =                       crc=1        finobt=0, sparse=0
data     =                       bsize=4096   blocks=262144, imaxpct=25
         =                       sunit=0      swidth=0 blks
naming   =version 2              bsize=4096   ascii-ci=0 ftype=1
log      =internal log           bsize=4096   blocks=2560, version=2
         =                       sectsz=512   sunit=0 blks, lazy-count=1
realtime =none                   extsz=4096   blocks=0, rtextents=0
```

ファイルシステム作成時には、1番目のアロケーショングループにだけ64個のiノードが作成されます。ext2/ext3/ext4のようにファイルシステム全体のiノードを初期化することはしないため、コマンドの実行は短時間に完了します。その後、iノードは必要になった時点で64個の単位で追加されます。

ext2、ext3、ext4

extファイルシステムは1992年に初期バージョンがリリースされ、その後、Linuxの標準のファイルシステムとして「ext」→「ext2」→「ext3」→「ext4」と改訂されてきました。

表7-3-3 ext/ext2/ext3/ext4ファイルシステムの特徴

ファイルシステム	リリース時期	カーネルバージョン	最大ファイルサイズ	最大ファイルシステムサイズ	説明
ext	1992年4月	0.96	2GiB	2GiB	Minixファイルシステムを拡張したLinux初期のファイルシステム。2.1.21以降のカーネルではサポートされていない
ext2	1993年1月	0.99	2TiB	32TiB	extからの拡張 ・可変ブロックサイズ ・3種類のタイムスタンプ(ctime/mtime/atime) ・ビットマップによるブロックとiノードの管理 ・ブロックグループの導入
ext3	2001年11月	2.4.15	2TiB	32TiB	ext2にジャーナル機能を追加。ext2と後方互換性がある
ext4	2008年12月	2.6.28	16TiB	1EiB	ext2/ext3からの拡張 ・extentの採用によるパフォーマンスの改良 ・ナノ秒単位のタイムスタンプ ・デフラグ機能 ext2/ext3と後方互換性がある

ext2/ext3ファイルシステムでは、データブロックのポインタとして直接マップ、間接マップ、2重間接マップ、3重間接マップにより最大ファイルサイズ2TiBをサポートします。ext3はext2の予備領域にジャーナルを作成します。データ構造はext2と同じなので、ext2とは後方互換性があります。

ジャーナルとは、ファイルシステムのデータの更新を記録する機能です。不意な電源切断があった場合など、変更履歴をチェックして管理データの再構築ができるため、ファイルシステムチェック(ファイルシステムの整合性の確認)を短縮することができます。

図7-3-2 **ext2/ext3の構造**

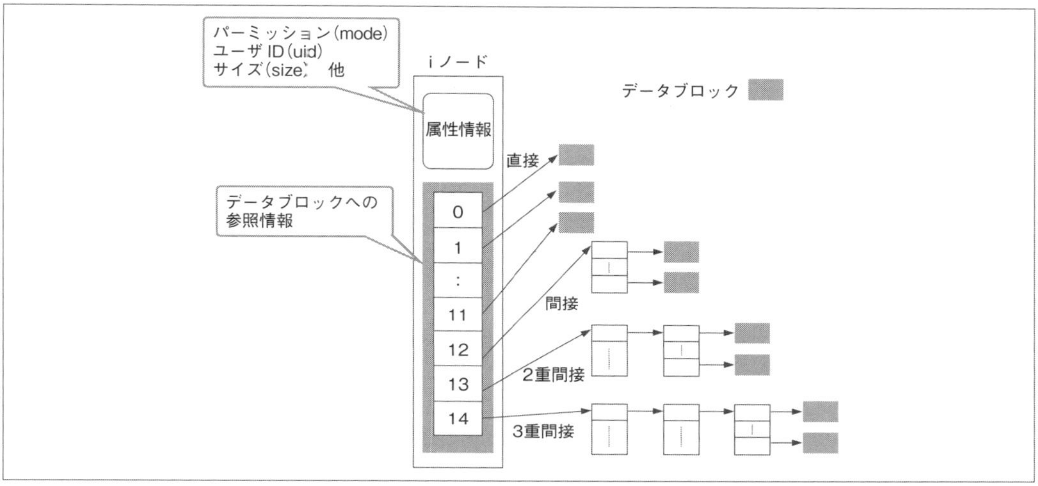

ext2/ext3の場合、大容量ファイルの間接マップによるブロック参照はパフォーマンスを低下させます。ext4ではこの問題を改善するために、エクステントを採用しています。エクステントでは先頭ブロックとそこから隣接したブロックの個数の情報により、ext2/ext3のようにブロックごとに間接マップを参照することなく、連続的にアクセスできます。また、エクステントだけでは対応できない大容量ファイルに対しては、インデックスノードと、エクステントを内部に持つリーフノードにより連続したブロックを参照します。

図7-3-3 **ext4の構造**

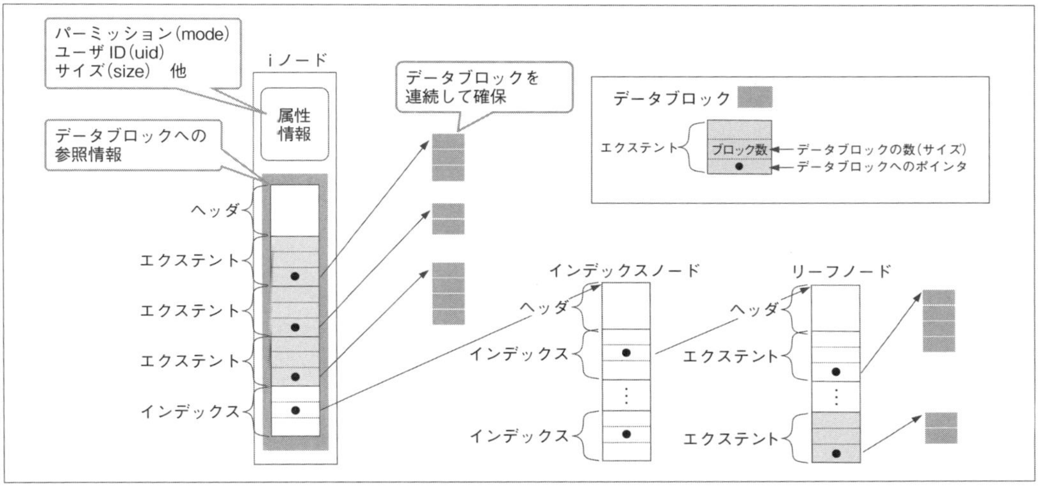

ext2、ext3、ext4の作成

ext2/ext3/ext4ファイルシステムは、**mkfs**あるいは**mke2fs**コマンドで作成できます。

ext2/ext3/ext4ファイルシステムの作成①

mkfs -t ファイルシステムタイプ デバイス名

mkfsコマンドは、ファイルシステムを作成するための各ファイルシステムごとの個別のmkfsコマンドへのフロントエンドプログラムです。「-t」オプションで指定したファイルシステムタイプをサフィックス（拡張子）に持つmkfsコマンドを実行します。「-t」オプションを指定しなかった場合、ext2ファイルシステムを作成するコマンドであるmkfs.ext2を実行します。

表7-3-4 mkfsコマンドのオプションで指定するファイルシステムタイプ

コマンドライン	実行されるコマンド	作成されるファイルシステム
mkfs	mkfs.ext2	ext2
mkfs -j	mkfs.ext2 -j	ext3
mkfs -t ext2	mkfs.ext2	ext2
mkfs -t ext3	mkfs.ext3	ext3
mkfs -t ext4	mkfs.ext4	ext4

mkfs.ext2、mkfs.ext3、mkfs.ext4はmke2fsコマンドにハードリンクされています。mkfsコマンドに「-V」オプション（Verbose）を付けて実行すると、実行するコマンドとオプションを確認できます。以下は、CentOSでの実行例です。

実行するコマンドの確認（CentOS）

```
# mkfs -V -j /dev/sdb1
mkfs from util-linux 2.23.2
mkfs.ext2 -j /dev/sdb1    ←実行するコマンドとオプションが表示される
mke2fs 1.42.9 (28-Dec-2013)
...（以下省略）...
```

mke2fsは、ext2/ext3/ext4ファイルシステムを作成するコマンドです。ext3ファイルシステムを作成する場合はオプション「-t ext3」あるいは「-j」を指定します。

ext2/ext3/ext4ファイルシステムの作成②

mke2fs [オプション] デバイス

表7-3-5 mke2fsコマンドのオプション

オプション	説明
-b ブロックサイズ	ブロックサイズをバイト単位で指定する。指定できるブロックサイズは1024、2048、4096バイト。デフォルト値は/etc/mke2fs.confで設定
-i iノード当たりのバイト数	iノード当たりのバイト数を指定する。デフォルト値は/etc/mke2fs.confで設定
-j	ジャーナルを追加し、ext3ファイルシステムを作成
-m 予約ブロックの比率	予約ブロック(minfree)の比率を%で指定する。デフォルトは5%
-t ファイルシステムタイプ	ext2、ext3、ext4のいずれかを指定
-O 追加機能	has_journal、extent等、追加する機能を指定

mke2fsコマンドは、**/etc/mke2fs.conf**ファイルを参照してデフォルト値を設定し、かつ機能を追加してファイルシステムを作成します。

/etc/mke2fs.confファイル(抜粋)

```
[defaults]   ←ext2、ext3、ext4のデフォルトの設定
        base_features = sparse_super,filetype,resize_inode,dir_index,ext_
attr  ←❶
        default_mntcpts = acl,user_xattr
        enable_periodic_fsck = 0
        blocksize = 4096
        inode_size = 256
        inode_ratio = 16384

[fs_types]
        ext3 = {
                features = has_journal  ←❷
        }
        ext4 = {
                features = has_journal,extent,huge_file,flex_bg,uninit_
bg,dir_nlink,extra_isize,64bit  ←❸
                inode_size = 256
        }
        ext4dev = {  ←❹
                features = has_journal,extent,huge_file,flex_bg,uninit_
bg,dir_nlink,extra_isize
                inode_size = 256
                options = test_fs=1
        }
...(以下省略)...
```

❶ext2、ext3、ext4で組み込まれる基本的機能
❷「-j」あるいは「-t ext3」を指定した時に組み込まれる
❸「-t ext4」を指定した時に組み込まれる
❹ext4devはext4テスト用のファイルシステム

以下は、CentOSでmke2fsコマンドに「-t ext3」オプションを使用してファイルシステムを作成しています。

mke2fsコマンドを利用したファイルシステムの作成（CentOS）

```
# mke2fs -t ext3 /dev/sdb1
mke2fs 1.42.9 (28-Dec-2013)
Filesystem label=
OS type: Linux
Block size=4096 (log=2)  ←❶
Fragment size=4096 (log=2)
Stride=0 blocks, Stripe width=0 blocks
65536 inodes, 262144 blocks  ←❷
13107 blocks (5.00%) reserved for the super user  ←❸
First data block=0
Maximum filesystem blocks=268435456
8 block groups
32768 blocks per group, 32768 fragments per group
8192 inodes per group
Superblock backups stored on blocks:
        32768, 98304, 163840, 229376  ←❹
Allocating group tables: done
Writing inode tables: done
Creating journal (8192 blocks): done  ←❺
Writing superblocks and filesystem accounting information: done
```

❶ブロックサイズは4096バイト
❷iノードの個数は65536個、ブロック数は262144個
❸特権ユーザ用の予約領域は5％
❹スーパーブロックのバックアップが格納されたブロック番号
❺ジャーナル領域が作成されている

マウント

マウントとは、あるディレクトリに、あるパーティションを接続する作業のことです。図7-3-4では、「/」（ルートディレクトリ）が格納されているルートファイルシステムは、ディスク1の/dev/sda1パーティションに作成されています。そして、追加のディスクであるディスク2にある/dev/sdb1パーティションを「/」（ルート）からアクセスできるようにするためにマウントを行います。

図7-3-4 マウントの概要

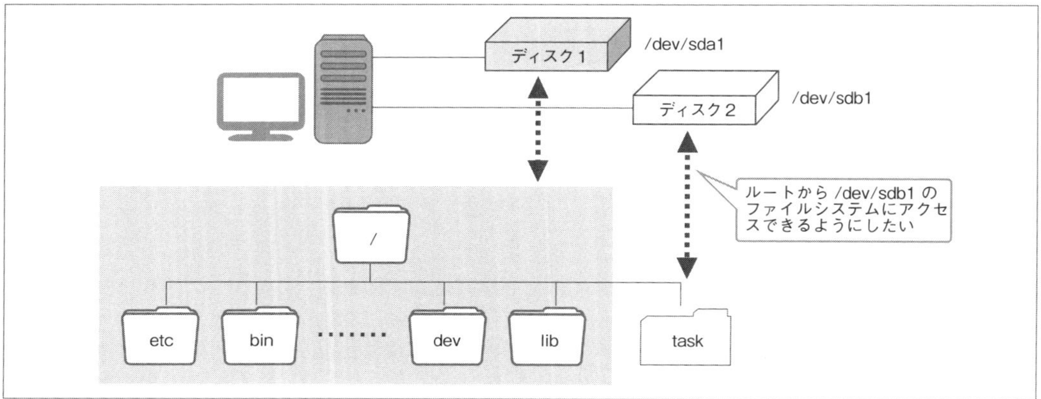

ファイルシステムのマウント

ファイルシステムをマウントするには、接続するディレクトリ（マウントポイント）を事前に作成し、**mount**コマンドを実行します。図7-3-4の例では、マウントポイントとなる/taskディレクトリを作成した後、mountコマンドを実行することで、/（ルート）からディスク2の/dev/sdb1パーティションにアクセスが可能となります。

ファイルシステムのマウント

mount [オプション] [デバイスファイル名(ファイルシステム)] [マウントポイント]

表7-3-6 mountコマンドのオプション

オプション	説明
-a	/etc/fstabファイルに記載されているファイルシステムを全てマウントする
-r	ファイルシステムを読み取り専用でマウントする。「-o ro」と同意
-w	ファイルシステムを読み書き可能なモードでマウントする（デフォルト）。「-o rw」と同意
-t	ファイルシステムタイプを指定してマウントする
-o	マウントオプションを指定する

mountコマンドを実行する際は、デバイスファイル名（ファイルシステム）とマウントポイントを指定します。また、UUIDやLABELを持つファイルシステムを指定することも可能です。

ファイルシステムの情報を確認する重要なコマンドとして、**df**コマンドと**du**コマンドがあります。

dfコマンドは、ファイルシステムのディスクの使用状況を表示します。

ファイルシステムのディスクの使用状況の表示

df [オプション] [ファイル]

表7-3-7 dfコマンドのオプション

オプション	説明
-k	キロバイト単位で表示する。1 キロバイトは 1024 バイト
-h	容量に合わせた適切な単位で表示する。 K（キロバイト）、M（メガバイト）、G（ギガバイト）、T（テラバイト）
-i	inode の使用状況をリスト表示する
-T	ファイルシステムの種類を表示する

duコマンドは、ファイルやディレクトリの使用容量を表示します。

ファイルやディレクトリの使用容量の表示

du [オプション] [ファイル]

表7-3-8 **duコマンドのオプション**

オプション	説明
-a	ディレクトリだけでなく、全てのファイルについて容量を表示する
-h	容量に合わせた適切な単位で表示する K(キロバイト)、M(メガバイト)、G(ギガバイト)、T(テラバイト)
-s	指定されたファイル、ディレクトリの使用容量の総和を表示する
-S	サブディレクトリの使用容量を含めずに、個々のディレクトリの使用容量を分けて表示する

以下の例は、CentOSでext4でファイルシステムを構築した「/dev/sdb1」を「/task」ディレクトリにマウントしています。

ファイルシステムのマウント(CentOS)

```
# df -h  ←❶
ファイルシス              サイズ  使用  残り 使用% マウント位置
/dev/mapper/centos-root    8.0G  5.5G  2.6G   68% /
devtmpfs                   903M     0  903M    0% /dev
tmpfs                      920M   24M  896M    3% /dev/shm
tmpfs                      920M  9.5M  910M    2% /run
tmpfs                      920M     0  920M    0% /sys/fs/cgroup
/dev/sda1                 1014M  225M  790M   23% /boot
tmpfs                      184M  8.0K  184M    1% /run/user/42
tmpfs                      184M     0  184M    0% /run/user/0
tmpfs                      184M   36K  184M    1% /run/user/1002
# mkdir /task  ←❷
# mount /dev/sdb1 /task  ←❸
# df -h  ←❹
ファイルシス              サイズ  使用  残り 使用% マウント位置
/dev/mapper/centos-root    8.0G  5.5G  2.6G   68% /
devtmpfs                   903M     0  903M    0% /dev
tmpfs                      920M   24M  896M    3% /dev/shm
tmpfs                      920M  9.5M  910M    2% /run
tmpfs                      920M     0  920M    0% /sys/fs/cgroup
/dev/sda1                 1014M  225M  790M   23% /boot
tmpfs                      184M  8.0K  184M    1% /run/user/42
tmpfs                      184M     0  184M    0% /run/user/0
tmpfs                      184M   36K  184M    1% /run/user/1002
/dev/sdb1                  976M  2.6M  907M    1% /task   ←❺
```

❶現在のマウント情報を表示
❷マウントポイントの作成
❸/dev/sdb1を/taskにマウント
❹再度、マウント情報を表示
❺追加されている

上記の実行結果の通り、現在のマウント情報はdfコマンドでも確認できますが、mountコマンドをオプションや引数を指定せずに実行しても可能です。また、mountコマンドやdfコマンドに「-t」オプションでファイルシステムのタイプを指定して実行すると、該当するファイルシステムのマウント情報のみを表示することができます。

マウント情報の表示

```
# mount ←❶
...（途中省略）...
/dev/sdb1 on /task type ext4 (rw,relatime,seclabel,data=ordered)
# mount -t ext4 ←❷
/dev/sdb1 on /task type ext4 (rw,relatime,seclabel,data=ordered)
# df -t ext4 ←❸
ファイルシス          1K-ブロック    使用   使用可 使用% マウント位置
/dev/sdb1              999320   2564 927944    1% /task
```

❶現在のマウント情報を表示
❷mountコマンドに「-t」オプションを使用
❸dfコマンドに「-t」オプションを使用

現在マウントされているファイルシステムとマウントオプションを調べるには、引数を付けずにmountコマンドを実行しますが、**/proc/mounts**ファイルと**/proc/self/mounts**ファイルにもマウント情報が格納されています。なお、/proc/mountsは/proc/self/mountsへのシンボリックリンクです。

マウント情報が格納されたファイル

```
# ls -l /proc/mounts
lrwxrwxrwx. 1 root root 11 10月  1 14:32 /proc/mounts -> self/mounts
# ls -l /proc/self/mounts
-r--r--r--. 1 root root 0 10月  1 14:32 /proc/self/mounts
```

ファイルシステムのアンマウント

特定のファイルシステムをルートファイルシステムから切り離す（アンマウント）には、**umount**コマンドを使用します。

ファイルシステムのアンマウント

umount [オプション] マウントポイント | デバイスファイル名(ファイルシステム)

表7-3-9 unmountコマンドのオプション

オプション	説明
-a	/etc/fstabファイルに記載されているファイルシステムを全てアンマウントする
-r	アンマウントが失敗した場合、読み取り専用での再マウントを試みる
-t	指定したタイプのファイルシステムのみに対してアンマウントする

アンマウントすると、そのファイルシステムに存在するファイルやディレクトリにルートファイルシステムからアクセスできません。次の実行例はディレクトリ「/task」をアンマウントしています。

ファイルシステムのアンマウント

```
# df /dev/sdb1  ←❶
ファイルシス    1K-ブロック   使用  使用可  使用% マウント位置
/dev/sdb1            999320  2564 927944    1% /task
# ls /task  ←❷
memo
# umount /task  ←❸
# ls /task  ←❹
            ←❺
```

❶マウントされているか確認する
❷/taskディレクトリ以下にmemoファイルがあることを確認する
❸アンマウント「umount /dev/sdb1」でもOK
❹/taskディレクトリ自体は存在するが/dev/sdb1とは切り離されているためmemoにアクセスできない
❺memoファイルが表示されない

システムがmulti-user.targetあるいはgraphical.targetで稼動中でも、そのファイルシステムが使用されていなければアンマウントが可能です。使用中の場合は、アンマウントできません。使用中というのは主に以下のような場合です。

・ユーザがファイルシステムのファイルにアクセスしている
・ユーザがファイルシステムのディレクトリに移動している
・プロセスがファイルシステムのファイルにアクセスしている

システム起動時に自動的にマウントする

mountコマンドを使用した手動によるマウントは一時的なものです。システムを再起動すると解除されます。システムを起動すると自動的にマウントされるようにするためには、**/etc/fstab**ファイルに設定を登録します。

また、マウントを解除する場合も、umountコマンドでの解除は一時的なものです。システム再起動時にマウントさせたくない場合は、/etc/fstabファイルから設定を削除します。

図7-3-5 **/etc/fstabファイルの設定例**

/dev/mapper/centos-root	/	xfs	defaults	0	0
UUID=965042eb-ace1-488a-8137-be5e4303cb86	/boot	xfs	defaults	0	0
/dev/mapper/centos-swap	swap	swap	defaults	0	0
/swapfile	swap	swap	defaults	0	0
❶	❷	❸	❹	❺	❻

❶デバイスファイル名（ファイルシステム、もしくはラベル名、もしくはUUID）
❷マウントポイント
❸ファイルシステムの種類
❹マウントオプション
❺バックアップの指定
❻ファイルシステムのチェック

上記の図の❹は、どのような設定でマウントするか、マウントオプションを指定します。例えば、マウントオプションにuserを指定すると、一般ユーザもマウントが可能となります。また、複数のオプションを設定する際は、カンマで区切ります。

設定できる主なマウントオプションは以下の通りです。

表7-3-10 マウントオプション

マウントオプション	説明
async	ファイルシステムの書き込みを非同期で行う
sync	ファイルシステムの書き込みを同期で行う
auto	-aが指定されたときにマウントされる
noauto	-aが指定されたときにマウントされない
dev	ファイルシステムに格納されたデバイスファイルを利用可能にする
exec	ファイルシステムに格納されたバイナリファイルの実行を許可する
noexec	ファイルシステムに格納されたバイナリファイルの実行を禁止する
nodev	ファイルシステム上にあるキャラクタ・スペシャル・デバイスやブロック・スペシャル・デバイスを使用できないようにする
suid	SUIDおよびSGIDの設定を有効にする ※1
nosuid	SUIDおよびSGIDの設定を無効にする
ro	ファイルシステムを読み取り専用でマウントする
rw	ファイルシステムを読み書き可能なモードでマウントする
user	一般ユーザにマウントを許可する。アンマウントはマウントしたユーザのみ可能 同時にnoexec、nosuid、nodevが指定されたことになる
users	一般ユーザにマウントを許可する。アンマウントはマウントしたユーザ以外でも可能 同時にnoexec、nosuid、nodevが指定されたことになる
nouser	一般ユーザのマウントを禁止する
owner	デバイスファイルの所有者だけにマウント操作を許可する
usrquota	ユーザに対してディスクに制限をかける
grpquota	グループに対してディスクに制限をかける
defaults	デフォルトのオプション rw、suid、dev、exec、auto、nouser、asyncを有効にする

実行ファイル（プログラムやスクリプト）は通常、そのファイルを実行したユーザの権限で動作します。しかし、SUIDが設定されている場合は（表7-3-10の※1）、実行ファイルの所有者のユーザ権限で実行されます。また、SGIDが設定されている場合は、実行ファイルの所有グループに設定されているグループ権限で実行されます。

xfsでは、書き込みキャッシュが有効にされているデバイスへの電力供給が停止した場合でもファイルシステムの整合性を確保できるよう、デフォルトで書き込みバリアを使用します。書き込みキャッシュがないデバイスや、書き込みキャッシュがバッテリー駆動型のデバイスなどの場合には、「nobarrier」オプションを使ってバリアを無効にします。

```
# mount -o nobarrier /dev/device /mount/point
```

スワップ領域の管理

Linux上でさまざまなサービスを稼動させることにより、メモリが足りなくなることがあります。そのため、Linuxでは、ストレージデバイスをメモリのかわりに使用することができます。システム上で物理メモリが足りなくなった際、一時的にメモリ領域のデータを書き込んでおくシステム上の領域のことを、**スワップ領域**と呼びます。

この仕組みにより、システムに搭載されている物理メモリだけではなく、スワップ領域も仮想的にメモリと見なして、より大きなメモリを利用することができます。

スワップ領域は、専用のパーティションを割り当てることが一般的ですが、特定のファイルをスワップ領域として利用することも可能です。スワップ領域の作成、管理には以下のコマンドを使用します。

表7-3-11 スワップ領域の作成、管理のコマンド

コマンド	説明
mkswap	スワップ領域を初期化
swapon	スワップ領域を有効化
swapoff	スワップ領域を無効化

スワップ領域の初期化

mkswapコマンドで、スワップ領域を初期化します。

スワップ領域の初期化

```
mkswap [オプション] デバイス | ファイル
```

表7-3-12 mkswapコマンドのオプション

オプション	説明
-c	不良ブロックのチェックを行う
-L ラベル名	ラベルを指定し、そのラベルでswaponできるようにする

以下の例は、ddコマンドでスワップ用ファイルを作成し、mkswapコマンドによりスワップ領域を初期化します。

スワップ領域の作成と初期化（ファイル）

```
# dd if=/dev/zero of=/swapfile  bs=1M count=1024
1024+0 レコード入力
1024+0 レコード出力
1073741824 バイト (1.1 GB) コピーされました、 2.24322 秒、 479 MB/秒
# chmod 600 /swapfile
# mkswap /swapfile
スワップ空間バージョン1を設定します、サイズ = 1048572 KiB
ラベルはありません, UUID=43acb32d-2dbd-47e0-8eeb-c4510b3bc812
```

上記の例では/swapfileファイルのパーミッションを変更しています。変更しないとswaponコマンド実行時に、以下のメッセージが表示されます。

表示されるメッセージ

```
# ls -la /swapfile
-rw-r--r--. 1 root root 1073741824 10月  1 13:52 /swapfile
# swapon /swapfile
swapon: /swapfile: 安全でない権限 0644 を持ちます。 0600 がお勧めです。
swapon: /swapfile: スワップヘッダの読み込みに失敗しました: 無効な引数です
```


以下の例は、fdiskコマンドであらかじめ用意したパーティションをスワップ領域として初期化します。

スワップ領域の作成と初期化（デバイス）

```
# fdisk -l /dev/sdb
…（途中省略）…
デバイス ブート      始点       終点     ブロック   Id  システム
/dev/sdb1           2048    2097151    1047552   82  Linux swap /
Solaris
# mkswap /dev/sdb1
…（途中省略）…
スワップ空間バージョン1を設定します、サイズ = 1047548 KiBu
ラベルはありません, UUID=60c9d67c-38c5-443f-aa85-07e5fbb1da78
```

スワップ領域の有効化

swaponコマンドで、スワップ領域を有効にします。

スワップ領域の有効化

swapon [オプション] デバイス | ファイル

表7-3-13 swaponコマンドのオプション

オプション	説明
-a	/etc/fstab中でswapマークが付いているデバイスを全て有効にする
-L ラベル名	指定されたラベルのパーティションを有効にする
-s	スワップの使用状況をデバイスごとに表示する。「cat /proc/swaps」と等しい

スワップ領域の有効化

```
# free -m  ←❶
              total        used        free      shared  buff/cache   available
Mem:           1838        1026          83          42         729         572
Swap:          1023           0        1023
# swapon -s  ←❷
Filename                                Type            Size    Used    Priority
/dev/dm-1                               partition       1048572 776     -1
# swapon /swapfile  ←❸
```

```
# swapon /dev/sdb1   ←❹
# swapon -s   ←❺
Filename                                Type            Size    Used    Priority
/dev/dm-1                               partition       1048572 776     -1
/swapfile                               file    1048572 0       -2
/dev/sdb1                               partition       1048572 0       -3
# free -m
              total        used        free      shared  buff/cache   available
Mem:           1838        1028          80          42         729         570
Swap:          3071           0        3071   ←❻
```

❶メモリの使用状況を確認
❷スワップの使用状況
❸/swapfileファイルの有効化
❹/dev/sdb1デバイスの有効化
❺/swapfileと/dev/sdb1が追加されていることを確認
❻totalの容量が増えていることを確認

swaponコマンドによる有効化は、システムを再起動すると無効となります。常に有効にする場合は、**/etc/fstab**ファイルを以下のように編集する必要があります。

スワップ領域を常に有効にする

```
# vi /etc/fstab
…（途中省略）…
/swapfile swap swap defaults 0 0
/dev/sdb1 swap swap defaults 0 0
```

スワップ領域の無効化

swapoffコマンドは、指定したデバイスやファイルのスワップ領域を無効にします。

スワップ領域の無効化

swapoff [オプション] デバイス | ファイル

「-a」オプションを指定することで、**/proc/swaps**または**/etc/fstab**ファイル中のスワップデバイスやファイルのスワップ領域を無効にします。

以下の例は、スワップファイル（/swapfile）とスワップパーティション（/dev/sdb1）をそれぞれ無効にしています。

スワップ領域の無効化

```
# swapoff /swapfile
# swapoff /dev/sdb1
# swapon -s
Filename        Type            Size    Used    Priority
/dev/dm-1       partition       1048572 552     -1
```

ファイルシステムのユーティリティコマンド

ext2/ext3/ext4ファイルシステム、およびxfsファイルシステムで使用するユーティリティコマンドは以下の通りです。

表7-3-14 ファイルシステムのユーティリティコマンド

ext2/ext3/ext4	xfs	説明
fsck (e2fsck)	xfs_repair	ファイルシステムの不整合チェック
resize2fs	xfs_growfs	ファイルシステムのサイズ変更
e2image	xfs_metadump、xfs_mdrestore	ファイルシステムのイメージの保存
tune2fs	xfs_admin	ファイルシステムのパラメータ調整
dump、restore	xfsdump、xfsrestore	ファイルシステムのバックアップとリストアップ

ファイルシステムの不整合チェック

ファイルシステムの不整合は、突然の停電などの電源断によって引き起こされることがあります。**fsck**コマンドは、ext2/ext3/ext4ファイルシステムの整合性を検査、修復するために用いられる、各ファイルシステムごとの個別のfsckコマンドに対するフロントエンドプログラムです。「-t」オプションで指定したファイルシステムタイプをサフィックスに持つfsckコマンドを実行します。この仕組みは本章の「ext2、ext3、ext4の作成」(306ページ)で解説したmkfsコマンドとほぼ同じです。ext2/ext3/ext4ファイルシステムは、fsckから実行される**e2fsck**コマンドにより検査、修復されます。

ファイルシステムの不整合チェック
fsck [オプション] [デバイス]

表7-3-15 fsckコマンドのオプション

オプション	説明
-t システムタイプ	チェックするファイルシステムのタイプを指定する
-s	fsckの動作を逐次的にする。複数のファイルシステムを対話的にチェックする際に使用する
-A	/etc/fstabに記載されているファイルシステムを全てチェックする

ファイルシステムの検査、修復
e2fsck [オプション] デバイス

表7-3-16 e2fsckコマンドのオプション

オプション	説明
-p	軽微なエラー(参照カウントの相違等)は尋ねることなく自動修正する それ以外のエラーは修正せずにそのまま終了する
-a	=-pと同じ動作をする。後方互換性のためのオプション。-pの使用が推奨されている
-n	fsckの質問に対して、全てnoと答える ファイルシステムを修正せず、どのようなエラーがあるか調べる時に使用する
-y	fsckの質問に対して、全てyesと答える。ファイルシステムのエラーは全て整合性を保つ操作によって修正される。その結果として不整合の原因となっているファイルが消されることがある

-r	検知したエラーに対してyes/noを質問することにより対話的に修復する 互換性のためのオプションであり、デフォルトの動作である
-f	ジャーナル機能によりクリーン(不整合なし)と判定された場合はcleanフラッグが立つが、 その場合でも-f(force)オプションを指定するとfsckによるチェックを実行する

fsckコマンドを実行時にデバイスを指定せず、かつ「-A」オプションも指定しなかった場合は、**/etc/fstab**ファイルに書かれているファイルシステムを逐次的にチェックします。

なお、fsckコマンドを実行する際は、ファイルシステムをアンマウントしてください。マウント中のファイルシステムに対して実行すると、問題のないファイルを削除してしまう可能性があります。

また、ext2/ext3/ext4ファイルシステムの起動時には、/etc/fstabに登録されたファイルシステムのcleanフラッグをチェックし、フラッグが立っている場合はfsckは実行されません(正しくsyncが実行されることなくシステムがシャットダウンされた時でも、ジャーナルにより補正が行われた場合はcleanフラッグを立てます)。cleanフラッグが立っている場合でも軽微な不整合が生じている場合があり、fsckに「f」(force)オプションを付けることでfsckを実行できます。cleanフラッグが立っていない場合はfsckが実行されます。

一方、xfsはシステム起動時にチェックまたは修復は行いません。したがって、修復を行う場合は、**xfs_repair**コマンドを実行します。

xfsファイルシステムの修復

xfs_repair [オプション] デバイス

表7-3-17 xfs_repairコマンドのオプション

オプション	説明
-n	チェックのみを行い、修復はしない
-L	メタデータログをゼロにする。ただし、データが損失する可能性がある ファイルシステムをマウントできない場合や、バックアップがない場合に使用する
-v	詳細メッセージの表示
-m 最大メモリ量	実行時に使用する、おおよその最大メモリ量をMBで指定する

「-n」オプションは、ファイルシステムへの変更は行わず、チェックモードでファイルシステムを読み込みます。また、正常にアンマウントがされずにマウントができない場合は、「-L」オプションを使用します。ただし、「-L」ではメタデータはゼロになります。その結果、いくつかのファイルがなくなる可能性があります。

xfsファイルシステムの修復

```
# xfs_repair -n /dev/sdc1
...(実行結果省略)...
# xfs_repair -Lv
```

7-4

iSCSIを利用する

iSCSIとは

iSCSI (Internet Small Computer System Interface) は、SCSIプロトコルをTCP/IPネットワーク上で使用するための規格です。ギガビット・イーサネットの普及により、ファイバーチャネルよりも安価なiSCSIをベースとした**ストレージエリアネットワーク** (SAN : Storage Area Network) を構築できます。

ストレージを提供する側が**ターゲット**であり、SCSIディスクやSCSIテープデバイスに相当します。ストレージを利用する側が**イニシエータ**であり、SCSIホストに相当します。

以下にターゲットとイニシエータの構成例を示します。

図7-4-1 iSCSIのターゲットとイニシエータの構成例

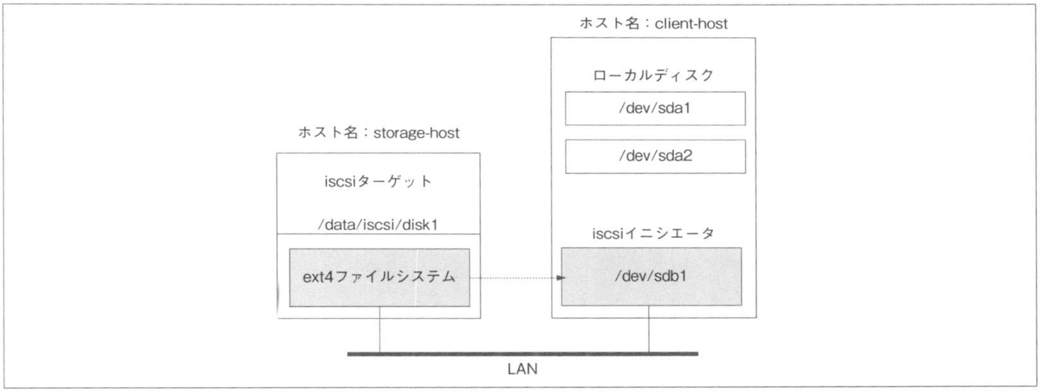

iSCSIターゲットの設定手順

ターゲットの設定手順は以下の通りです。

❶ターゲットのパッケージをインストール
❷ターゲットのストレージ領域を用意
❸ターゲットの設定ファイルを編集
❹SCSIターゲットデーモン (tgtd) を起動

ターゲットのパッケージをインストール

SCSIターゲットデーモン (tgtd) と管理コマンドを含むターゲット用のパッケージをインストールします。

・**RedHat系**：scsi-target-utils
・**Ubuntu系**：tgt

ターゲットパッケージのインストール（RedHat系）

```
# yum install scsi-target-utils
```

ターゲットパッケージのインストール（Ubuntu系）

```
# apt install tgt
```

ターゲットのストレージ領域を用意

ストレージ領域は通常ファイル、あるいはデバイス（ディスクパーティション）を使用できます。以下の例では、ストレージ領域を10GBの通常ファイル「/data/iscsi/disk1」として設定します。

ストレージ領域を設定

```
# mkdir -p /data/iscsi
# cd /data/iscsi
# dd if=/dev/zero of=disk1 bs=1M count=10000
# ls -lh
合計 9.8G
-rw-r--r-- 1 root root 9.8G  8月 30  2018 disk1
```

ターゲットの設定ファイルを編集

設定ファイルは**/etc/tgt**ディレクトリの下に置きます。RedHat系、Ubuntu系でそれぞれ以下のようになります。

・**RedHat系**：tgt.conf、targets.conf、conf.d/*.conf
・**Ubuntu系**：targets.conf、conf.d/*.conf

RedHat系、Ubuntu系共に、**targets.conf**を直接編集する方法と、conf.dの下に「**.conf**」ファイルを作成する方法があります。

設定ファイルの中でターゲットの定義を記述します。ターゲット定義の書式は以下の通りです。

ターゲット定義の書式

```
<target ターゲット名>
    backing-store ストレージ領域のパス
</target>
```

ターゲット名にはiqn（iSCSI Qualified Name）を指定します。

iqnは全世界で一意に識別するための名前で、タイプ識別子iqn、ドメイン取得日、ドメイン名、識別用文字列から構成されます。

iqnの書式

iqn.年(4桁)-月(2桁).ドメイン名 [:識別名]

ドメイン名は要素名の順序を左右逆に記述します。識別名には任意の名前を付けることができます。

以下はドメイン取得日を「2018-08」、ドメイン名を「localdomain.strage-host」、識別名を「disk1」とする例です。iSCSIをLAN内で使用するのであれば、書式さえ正しければよく、ドメイン取得日やドメイン名はLAN内で使用するのに適切なものを付ければよいでしょう。

iqn.2018-08.localdomain.storage-host:disk1

以下の例では/etc/tgt/conf.dディレクトリの下にmy-targets.confファイルを作成します。

設定ファイルを作成

```
# vi /etc/tgt/conf.d/my-targets.conf
<target iqn.2018-08.localdomain.storage-host:disk1>
   backing-store /data/iscsi/disk1
</target>
```

SCSIターゲットデーモン(tgtd)を起動

手順❸(ターゲットの設定ファイルを編集)で設定ファイルを編集したら、systemctlコマンドでSCSIターゲットデーモンを起動します。

これにより、**tgtd**デーモンが起動し、その後、tgt-adminコマンドが設定ファイルを読み取ります。tgt-adminコマンドについては、後述の「iSCSIターゲットの管理」(325ページ)を参照してください。

SCSIターゲットデーモンtgtdの起動(RedHat系)

```
# systemctl start tgtd
```

SCSIターゲットデーモンtgtdの起動(Ubuntu系)

```
# systemctl start tgt
```

以上でターゲットの設定は完了です。

iSCSIイニシエータの設定手順

イニシエータの設定手順は以下の通りです。

❶イニシエータのパッケージをインストール
❷設定ファイル(iscsid.conf)の編集
❸ターゲットの検知
❹ターゲットにログイン
❺iSCSIディスクのパーティショニング、ファイルシステムの初期化、マウント

イニシエータのパッケージをインストール

iSCSIデーモン(iscsid)を含むイニシエータ用のパッケージをインストールします。

- **RedHat系**：iscsi-initiator-utils
- **Ubuntu系**：open-iscsi

イニシエータパッケージのインストール(RedHat系)

```
# yum install iscsi-initiator-utils
```

イニシエータパッケージのインストール(Ubuntu系)

```
# apt install open-iscsi
```

設定ファイル(iscsid.conf)の編集

検知したターゲットに自動ログインするか、手動ログインするかを設定ファイル**/etc/iscsi/iscsid.conf**で設定します。

- **自動ログイン**：node.startup = automatic
- **手動ログイン**：node.startup = manual

インストール時の設定では、CentOSは自動ログイン、Ubuntuは手動ログインに設定されています。後述するようにiSCSIストレージにファイルシステムを作成し、**/etc/fstab**に記述して使用することになるので、自動ログインに設定する方が便利です。

自動ログインに設定する(Ubuntu系)

```
# vi /etc/iscsi/iscsid.conf
node.startup = automatic   ←manualをautomaticに変更
```

また、「node.startup = automatic」の記述により、システムの立ち上げ時にiscsidデーモンが起動します。iscsid.serviceをenableに設定しておくことでもiscsidデーモンが起動します。

CentOSとUbuntuでのインストール時の設定は、次のようになっています。

- **CentOS**：iscsid.confは「node.startup = automatic」、iscsid.serviceはdisable
- **Ubuntu** ：iscsid.confは「node.startup = manual」、iscsid.serviceはenable

このように、CentOSもUbuntuもシステムの立ち上げ時にiscsidデーモンが起動するように設定されています。

ただし、iscsidデーモンが起動していなくても、以下の手順❸(ターゲットの検知)、あるいは手順❹(ターゲットにログイン)の時に実行するiscsiadmコマンドによりiscsidデーモンは起動するので問題ありません。

ターゲットの検知

イニシエータ側では初期設定として**iscsiadm**コマンドでターゲットを検知します。

ターゲットの検知は、iscsiadmコマンドのモード(-m)を「discovery」、検知プロトコルのタイプ(-t)を「sendtargets」あるいは省略形の「st」、ターゲットポータル(-p)をホスト名またはIPアドレスで指定して実行します。

「-t sendtargets」あるいは「-t st」を指定して実行することにより、「-p」で指定したターゲットポータル(ターゲットホスト)から使用可能なターゲットのリストを取得します。

ターゲットの検知

```
# iscsiadm -m discovery -t st -p storage-host
```

このコマンドを実行すると、取得したターゲットのリストおよび設定ファイル**iscsid.conf**の設定内容が、CentOSの場合は**/var/lib/iscsi/nodes**ディレクトリ、Ubuntuの場合は**/etc/iscsi/nodes**ディレクトリ以下に保存されるので、ターゲットへのログイン時に毎回実行する必要はありません。このコマンドの実行が必要になるのは以下の場合です。

- インストール後、初回のiSCSIイニシエータ設定時
- 新しいターゲットを検知したい場合
- iscsid.confの内容を変更した場合

ターゲットにログイン

ターゲットのストレージにアクセスするには、ターゲットにログインする必要があります。ターゲットにログインするには、**iscsiadm**コマンドのモード(-m)を「node」、「--login」(-l)オプション、ターゲットポータル(-p)をホスト名またはIPアドレスで指定して実行します。

ターゲットにログイン

```
# iscsiadm -m node -l -p storage-host
```

ログインが完了すると、ターゲットのストレージがSCSIデバイスとして追加されます。

なお、iscsid.confで「node.startup = automatic」と設定した場合は、システム起動時に実行されるiscsi.serviceにより自動的にログインするので、次回からは上記コマンドを実行する必要はありません。

以下の例では/proc/partitionsファイルでSCSIデバイスとして追加されたことを確認しています。

追加されたSCSIデバイスの確認

```
# cat /proc/partitions
major minor  #blocks  name

   8        0   10485760 sda
   8        1    1048576 sda1
```

```
   8        2    9436160 sda2
   8       16   10240000 sdb  ←追加されたSCSIデバイス
```

また、iscsiadmコマンドのsessionモードで、「-P」オプションでプリントレベルを「3」に指定することにより、追加されたSCSIデバイス名を確認できます。以下の例ではデバイス名は「sdb」となっています。

追加されたSCSIデバイスの確認

```
# iscsiadm -m session -P 3 | grep disk
      Attached scsi disk sdb            State: running
```

iSCSIディスクのパーティショニング、ファイルシステムの初期化、マウント

iSCSIターゲットにより接続されたSCSIディスクは対しては、ローカルに接続されたSCSIデバイスと同様にパーティショニング、ファイルシステムの初期化、マウントを行います。

以下は**/dev/sdb**を利用する例です。コマンドの詳細は本章の「7-2 ディスクを分割する」(287ページ)と「7-3 ファイルシステムを作成する」(301ページ)を参照してください。

ディスク/dev/sdbを利用する(抜粋)

```
# gdisk /dev/sdb
Command (? for help): n  ←新規(new)にパーティションを作成
... (全て[Enter]を入力) ...
Command (? for help): p  ←パーティションを表示
Number  Start (sector)    End (sector)  Size       Code  Name
   1            2048        20479966   9.8 GiB    8300  Linux filesystem
Command (? for help): w  ←パーティション情報をディスクに書き込み
Do you want to proceed? (Y/N): Y  ←Yesで終了

# mkfs -t ext4 /dev/sdb1  ←ext4ファイルを作成
# mkdir /iscsi-fs  ←マウントポイント作成
# mount /dev/sdb1 /iscsi-fs  ←マウント
# df -T /iscsi-fs  ←確認
ファイルシス     タイプ  サイズ  使用  残り  使用% マウント位置
/dev/sdb1       ext4      9.5G   37M  9.0G    1% /iscsi-fs
```

システム起動時にマウントするように**/etc/fstab**ファイルにエントリを追加します。

マウントオプションには「_netdev」を指定します。「_netdev」はiSCSIなどのネットワークストレージにアクセス可能になった後にマウントをするためのオプションです。

/etc/fstabにエントリを追加

```
# vi /etc/fstab
/dev/sdb1  /iscsi-fs  ext4  _netdev  0 0
```

iSCSIターゲットの管理

iSCSIターゲットの管理コマンドとして、**tgt-admin**と**tgtadm**コマンドが提供されています。

tgt-adminコマンドはCentOSではtgtd.serviceの中で、Ubuntuではtgt.serviceの中でtgtdデーモンの起動後に実行され、設定ファイル（CentOS：/etc/tgt/tgtd.conf、Ubuntu：/etc/tgt/targets.conf）を読み取ります。

tgt-adminコマンドはPerlスクリプトです。tgtadmは、tgt-adminコマンドの中で実行されるコマンドです。

以下の例ではターゲット2台（ディスク2台）を設定し、オプション「-s」（--show）を指定して「tgt-admin -s」コマンドを実行し、設定状態を確認しています。

ターゲットの設定と状態確認

```
# dd if=/dev/zero of=/data/iscsi/disk1 bs=1M count=10000  ←❶
# dd if=/dev/zero of=/data/iscsi/disk2 bs=1M count=5000  ←❷
# vi /etc/tgt/conf.d/my-targets.conf
<target iqn.2018-08.localdomain.storage-host:disk1>  ←❸
      backing-store /data/iscsi/disk1
</target>

<target iqn.2018-08.localdomain.storage-host:disk2>  ←❹
      backing-store /data/iscsi/disk2
</target>

# systemctl restart tgtd  ←❺
↑Ubuntuの場合は「systemctl restart tgt」を実行

# tgt-admin -s  ←❻
Target 1: iqn.2018-08.localdomain.storage-host:disk1  ←ターゲット番号1
...
    LUN information:
        LUN: 0
            Type: controller
...
        LUN: 1  ←ユニット番号1
            Type: disk
            Size: 10486 MB, Block size: 512
            Backing store path: /data/iscsi/disk1
...
Target 2: iqn.2018-08.localdomain.storage-host:disk2  ←ターゲット番号2
...
    LUN information:
        LUN: 0
            Type: controller
...
        LUN: 1  ←ユニット番号1
            Type: disk
            Size: 5243 MB, Block size: 512
            Backing store path: /data/iscsi/disk2
...
```

❶ストレージ領域の作成（既に実行済み）
❷ストレージ領域の作成（新規に作成）

❸ターゲットの定義（既に設定済み）
❹ターゲットの定義（新規に定義）
❺tgtdデーモンの再起動（CentOS）
❻ターゲットの状態を表示

ターゲットが複数定義されている場合、ターゲット番号はターゲット名のソートの結果で割り当てられます。ディスクにはユニット番号1が割り当てられます。

iSCSIイニシエータの管理

iSCSIイニシエータの管理コマンドとして、**iscsiadm**コマンドが提供されています。

ターゲットの検知

ターゲットを検知する場合は、iscsiadmコマンドのモード（-m）を「discovery」に指定します。

検知プロトコルのタイプ（-t）を「sendtargets」あるいは省略形の「st」に指定します。

ターゲット側で設定されるデフォルトの検知プロトコルのタイプはsendtargets（SendTargets）です。ターゲット側では他にiSNS（Internet Storage Name Service）あるいはSLP（Service Location Protocol）を設定することもできます。

ターゲットポータル（-p）をホスト名またはIPアドレスで指定します。複数のターゲットポータル（ターゲットホスト）がある場合は、それぞれに対して「-p」オプションを指定して複数回実行します。

以下の例では、ターゲットポータル（IPアドレス：192.168.122.1）から複数のターゲットが提供されています。

ターゲットの検知

```
# iscsiadm -m discovery -t st -p 192.168.122.1  ←ターゲットの検知
192.168.122.1:3260,1 iqn.2018-08.localdomain.storage-host:disk1
192.168.122.1:3260,1 iqn.2018-08.localdomain.storage-host:disk2

# iscsiadm -m node  ←保存された検知結果を表示
192.168.122.1:3260,1 iqn.2018-08.localdomain.storage-host:disk1
192.168.122.1:3260,1 iqn.2018-08.localdomain.storage-host:disk2

# iscsiadm -m node -o show  ←検知後に保存された情報を「-o show」の指定により表示
# BEGIN RECORD 6.2.0.874-7
node.name = iqn.2018-08.localdomain.storage-host:disk1
node.tpgt = 1
node.startup = automatic  ←自動ログインに設定されている
...
```

ターゲットの検知結果は、CentOSの場合は**/var/lib/iscsi/nodes**ディレクトリに、Ubuntuの場合は**/etc/iscsi/nodes**ディレクトリの下に保存されます。

ターゲットにログイン、ターゲットからログアウト

ターゲットのストレージにアクセスするには、以下のようにオプションを指定してターゲットにログインする必要があります。

- 検知したターゲットにログインするには、オプション「-m」(--mode)によりモードを「node」に指定する。
- ターゲットにログインするためのオプション「-l」(--login)を指定する。
- ターゲットを提供するポータル(ホスト)のホスト名またはIPアドレスをオプション「-p」(--portal)で指定する。
- 検知したターゲットのうち、特定のターゲットにログインするにはオプション「-T」(--targetname)でターゲット名を指定する。

ターゲットにログイン

```
# iscsiadm -m node -l -p 192.168.122.1  ←❶

# iscsiadm -m session  ←❷
tcp: [2] 192.168.122.1:3260,1 iqn.2018-08.localdomain.storage-host:disk1
(non-flash)
tcp: [3] 192.168.122.1:3260,1 iqn.2018-08.localdomain.storage-host:disk2
(non-flash)

# iscsiadm -m node -u  ←❸

# iscsiadm -m node -l -T iqn.2018-08.localdomain.storage-host:disk1 -p
192.168.122.1
# iscsiadm -m session  ←❹
tcp: [4] 192.168.122.1:3260,1 iqn.2018-08.localdomain.storage-host:disk1
(non-flash)

# iscsiadm -m session -P 3  ←❺
...
Target: iqn.2018-08.localdomain.storage-host:disk1 (non-flash)
      Current Portal: 192.168.122.1:3260,1
      Persistent Portal: 192.168.122.1:3260,1
...
             ************************
             Attached SCSI devices:
             ************************
             Host Number: 11      State: running
             scsi11 Channel 00 Id 0 Lun: 0
             scsi11 Channel 00 Id 0 Lun: 1
                    Attached scsi disk sdb  State: running  ←❻
```

❶「-p」で指定したホストの全てのターゲットにログイン
❷ログインしているターゲットを表示
❸ログインしている全てのターゲットからログアウト
❹ログインしているターゲットを表示
❺「-P」(--print)でプリントレベルを3に指定し、ログイン中のターゲットの詳細を表示
❻接続されたデバイス名はsdb

ログインしているターゲットからログアウトするには、iscsiadmコマンドのモード(-m)を「node」に指定し、「-u」オプションを指定します。

ターゲットからログアウト

```
# iscsiadm -m node -u  ←ログインしている全てのターゲットからログアウト

# iscsiadm -m session  ←ログアウトしたことを確認
iscsiadm: No active sessions.
```

保存されたターゲットの情報と設定情報を削除

保存されたターゲットの情報とiscsid.confの設定情報を削除するには、iscsiadmコマンドのモード(-m)を「node」に指定し、「-o delete」オプションを指定して実行します。

このコマンドを実行するにはターゲットからログアウトしている必要があります。保存された情報を一旦削除して、その後にターゲット検知により再作成する場合などに実行します。

保存されたターゲットの情報と設定情報を削除

```
# iscsiadm -m node -o delete  ←保存された情報の削除

# iscsiadm -m node  ←保存情報が削除されたことを確認する
iscsiadm: No records found
```

Column

LVMを使ってみよう

CentOSもUbuntuもインストール時にルートファイルシステムとスワップ領域にLVMの論理ボリュームを使用することができます。CentOSの場合はLVMはインストール時のデフォルト、Ubuntuの場合はLVMを選択します。インストール時にLVMを選択せず、インストール後にLVMを使用することもできます。

LVMを使用するとその後のシステム運用で容量が不足した場合には、新たにディスクを増設してファイルシステムのサイズを拡張することができるので、管理するうえで大変便利です。

LVMとは

LVM(Logical Volume Manager)は複数のディスクパーティションからなる、パーティションの制限を受けない伸縮可能な論理ボリューム(LV)を構成します。この論理ボリューム上にファイルシステムを作成できます。

ボリューム(volume)とは一般的には本、容量、体積といった意味ですが、コンピュータのストレージの文脈で使われる場合はプログラムやデータを格納する単位となる領域のことです。DVD/CD-ROM、USBメモリ、ハードディスクのパーティションなどはボリュームになります。ハードディスクのパーティションは、**pvcreate**コマンドを実行することでLVMの物理ボリュームになります。

- DVD/CD-ROM→ボリューム
- USBメモリ→ボリューム
- ハードディスクのパーティション→ボリューム
- ハードディスクのパーティション→pvcreateコマンドの実行→LVM物理ボリューム

LVMの「ボリュームグループ」は、LVMの「物理ボリューム」を複数(1つ以上)集めたものです。

「物理エクステント」は、ボリュームグループ内に集められた物理ボリュームの中のたくさんの小さな領域(デフォルトのサイズは4MB)で、「論理ボリューム」を構成する要素となります。

LVMの「論理ボリューム」はたくさんの「物理エクステント」を集めて作られます。ディスクのパーティションにかわって、ファイルシステムの格納やスワップ領域として使われます。

Linuxがディスクのパーティションにインストールされている場合、容量不足などの理由により、ある特定のパーティションのサイズを拡張したり、あるいは新規にパーティションを作成したくても、他のパーティションも変更しなければならないため、通常はできません。それに対してLVMの論理ボリュームは、物理エクステントと呼ばれる小さな単位から構成されるため、物理エクステントの個数の増減により論理ボリュームのサイズの伸縮が可能です。

LVMの構成

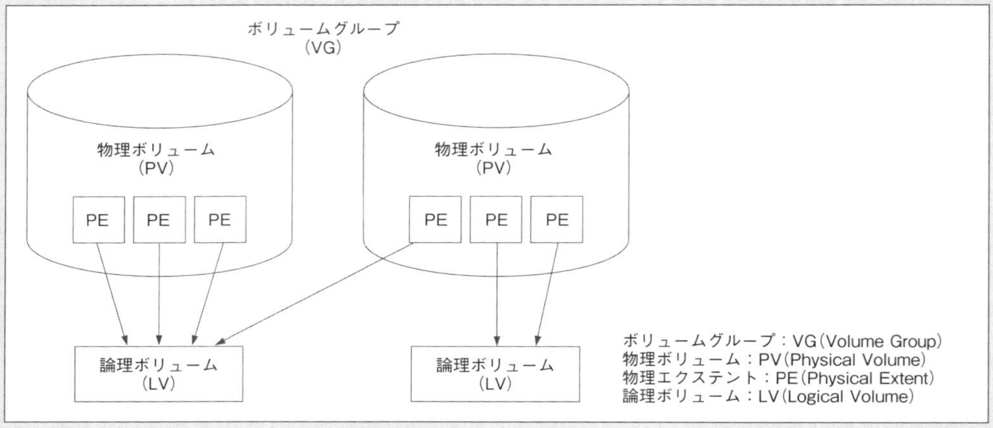

このコラムでは、最初にLVMの構成手順を解説し、続いてLVMの利用例として、以下の2例を紹介します。

❶ルートファイルシステム（標準パーティション）の/varと/homeディレクトリ以下をLVMで構成する。
❷新規にディスクを増設して、LVMで構成済みのルートファイルシステムのサイズを拡張する。

LVMの構成手順

新規にLVMを作成し、LVM上にファイルシステムを作成して利用する手順は次のようになります。

❶LVMのパッケージ（LVM2）をインストール
❷pvcreateコマンドによりパーティションから物理ボリューム（PV）を作成
❸vgcreateコマンドにより物理ボリューム（PV）からボリュームグループ（VG）を作成
❹lvcreateコマンドによりボリュームグループ（VG）から論理ボリューム（LV）を作成
❺mkfsコマンドにより論理ボリューム（LV）上にファイルシステムを作成
❻作成したファイルシステムをマウント

この項（LVMの構成手順）で使用するLVMコマンドは、以下の表の中で備考欄に「※」が付いています。また、このコラムの最後の項（LVMでルートファイルシステムのサイズを拡張する、338ページ）では、それに加えて、備考欄に「※2」の付いたコマンドを使用します。

LVMコマンド

コマンド	説明	備考
物理ボリューム(PV)の管理		
pvcreate	物理ボリュームの作成	※
pvremove	物理ボリュームの削除	
pvdisplay	物理ボリュームの表示	
ボリュームグループ(VG)の管理		
vgcreate	ボリュームグループの作成	※
vgextend	ボリュームグループの拡張	※2
vgreduce	ボリュームグループの縮小	
vgremove	ボリュームグループの削除	
vgdisplay	ボリュームグループの表示	※
論理ボリューム(LV)の管理		
lvcreate	論理ボリュームの作成、スナップショットの作成	※
lvextend	論理ボリュームの拡張	※2
lvreduce	論理ボリュームの縮小	
lvremove	論理ボリュームの削除	
lvdisplay	論理ボリュームの表示	※

○LVMのパッケージ(LVM2)をインストール

LVMを使用するには、**LVM2**(LVM version2)パッケージをインストールします。

本コラムでの作業は全てroot権限で実行します。Ubuntuの場合は「# コマンド」の箇所は、「**$ sudo su -**」を実行してrootシェルで作業し、全作業が終了したら、「**# exit**」でrootシェルを終了するか、あるいは各コマンドごとに「**$ sudo コマンド**」として実行してください。

LVM2パッケージのインストール(CentOS)

```
# yum install lvm2
```

LVM2パッケージのインストール(Ubuntu)

```
# apt install lvm2
```

○パーティションから物理ボリューム(PV)を作成

既存のディスクのパーティションの中から、未使用のパーティションを1つあるいは複数を選択してLVMを構成することができます。また、新規に追加したディスクでLVMを構成することもできます。

PCのハードウェアがデスクトップやデスクサイドの場合は、筐体(本体ケース)の中にSATAディスクなどを増設することができるようになっているものが多いです。また、仮想化ホストの場合は管理ツールで簡単に増設ディスクを作成できます。

以下は、増設ディスク/dev/vdbをLVMとして構成し、作成した2つの論理ボリュームlv01とlv02にファイルシステムを構築して、それぞれ/data1と/data2ディレクトリにマウントして使用する例です。

LVMの構成例

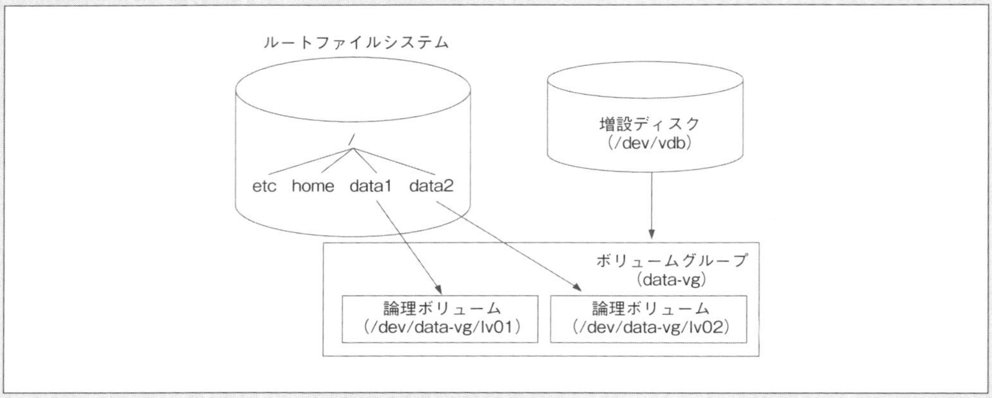

まず増設ディスク/dev/vdbをパーティショニングします。**gdisk**を使用する場合はパーティションタイプは8e00(LVM)を指定します。**fdisk**を使用する場合はパーティションタイプは8e(LVM)を指定します。

> gdisk、fdiskコマンドの詳細は、本章の「7-2 ディスクを分割する」(287ページ)と「7-3 ファイルシステムを作成する」(301ページ)を参照してください。

増設ディスク/dev/vdbのパーティショニング(抜粋)

```
# gdisk /dev/vdb
Command (? for help): n   ←新規(new)にパーティションを作成
...(全て[Enter]を入力)...
Command (? for help): t   ←パーティションタイプの指定
Hex code or GUID (L to show codes, Enter = 8300): 8e00   ←タイプにLVMを指定
Command (? for help): p   ←パーティションを表示
Number  Start (sector)    End (sector)  Size       Code  Name
   1            2048        20971486   10.0 GiB    8E00  Linux LVM
Command (? for help): w   ←パーティション情報をディスクに書き込み
Do you want to proceed? (Y/N): Y   ←Yesで終了
```

pvcreateコマンドでパーティションから物理ボリューム(PV)を作成します。

物理ボリュームの作成

pvcreate パーティション [パーティション] ...

増設ディスク/dev/vdb1から物理ボリューム(PV)を作成

```
# pvcreate /dev/vdb1
```

> 「pvcreate /dev/vdb1 /dev/vdc1」のように、複数のパーティションをPVにすることもできます。

◯物理ボリューム(PV)からボリュームグループ(VG)を作成

vgcreateコマンドにより、物理ボリューム(PV)を構成要素としてボリュームグループ(VG)を作成します。

ボリュームグループの作成

vgcreate ボリュームグループ名 物理ボリューム [物理ボリューム] ...

増設ディスク/dev/vdb1を要素に含むボリュームグループdata-vgを作成

```
# vgcreate data-vg /dev/vdb1
# vgdisplay
  --- Volume group ---
  VG Name               data-vg
...
  VG Size               <10.00 GiB
                        ↑サイズは10GB。「<」は値が丸められていること(端数処理)を表す
  PE Size               4.00 MiB
...
```

「vgcreate /dev/vdb1 /dev/vdc1」のように、複数のPVを要素とすることもできます。

◯ボリュームグループ(VG)から論理ボリューム(LV)を作成

lvcreateコマンドにより、ボリュームグループ(VG)から論理ボリューム(LV)を作成します。

論理ボリュームの作成

lvcreate [オプション] ボリューム名

「--size」(-L)あるいは「--extents」(-l)オプションにより、作成するLVのサイズを指定します。

「--size」(-L)では、単位はbyte、MB(mまたはM)、GB(gまたはG)、TB(tまたはT)、PB(pまたはP)で指定します。

「--extents」(-l)では%VG、%FREEなど、VGのサイズのパーセンテージで指定します(例:100%VG･･･VGサイズの100%、100%FREE･･･VGの残り空き容量の100%)。

「--name」(-n)オプションでLVの名前を指定します。

VG(data-vg)から論理ボリュームlv01とlv02を作成

```
# lvcreate -L 5G -n lv01 data-vg
↑ボリュームグループdata-vgからサイズ5GBの論理ボリュームlv01を作成

# lvcreate -l 100%FREE -n lv02 data-vg
↑ボリュームグループdata-vgの残りから論理ボリュームlv02を作成

# lvdisplay
  --- Logical volume ---
  LV Path               /dev/data-vg/lv01
  LV Name               lv01
  VG Name               data-vg
...
```

```
  LV Size                 5.00 GiB
...
  --- Logical volume ---
  LV Path                 /dev/data-vg/lv02
  LV Name                 lv02
  VG Name                 data-vg
...
  LV Size                 <5.00 GiB
...
```

○論理ボリューム(LV)上にファイルシステムを作成

mkfsコマンドで、論理ボリューム(LV)上にファイルシステムを作成します。

以下の例では、論理ボリュームにext4ファイルシステムを作成します。指定する論理ボリュームのデバイス名は「/dev/VG名/LV名」となります。

論理ボリューム(LV)にファイルシステムを作成

```
# mkfs -t ext4 /dev/data-vg/lv01
# mkfs -t ext4 /dev/data-vg/lv02
```

○作成したファイルシステムをマウント

作成したファイルシステムをマウントした後、再起動後もマウントされるように/etc/fstabファイルを編集します。

作成したファイルシステムを/data1、/data2にそれぞれマウント

```
# mkdir /data1 /data2
# mount /dev/data-vg/lv01 /data1
# mount /dev/data-vg/lv02 /data2
# df -Th /data1 /data2
Filesystem                  Type  Size  Used Avail Use% Mounted on
/dev/mapper/data--vg-lv01 ext4  4.9G   20M  4.6G   1% /data1
/dev/mapper/data--vg-lv02 ext4  4.9G   20M  4.6G   1% /data2

# vi /etc/fstab
/dev/data-vg/lv01  /data1  ext4  defaults  0 2
/dev/data-vg/lv02  /data2  ext4  defaults  0 2
```

以上の手順により、/data1と/data2ディレクトリの下でサイズの伸縮が可能なLVMが利用できます。

/varと/homeディレクトリ以下をLVMで構成する

Linuxをインストールする時、LVMでファイルシステムを構成するかどうかを選択できますが、LVMを使用せずにインストールした場合でも後からLVMを導入することができます。

前項の「LVMの構成手順」(330ページ)では、データ領域用に論理ボリュームlv01とlv02を作成し、それぞれ/data1と/data2ディレクトリにマウントして利用できるように設定しました。

本項では、インストール時に標準パーティションで構成したルートファイルシステムの中の/varと/homeディレクトリをLVMで構成するように設定変更する手順を紹介します。

特にサーバ用途のLinuxの場合、/varと/homeディレクトリは以下の理由によりLVMで構成しておくと、インストール時には予測できなかったデータ使用量の増加による容量不足が生じた場合、ディスクを追加してファイルシステムのサイズを拡張することで対応できます。

- /varディレクトリの下にはログ、データベース、メールのスプール、Webコンテンツなどが置かれる。このため、時間の経過と共に使用量は増加する。
- /homeディレクトリの下にはユーザのホームディレクトリが置かれる。ユーザ数の増加や、ユーザのファイル作成により使用量は増加する。
- /varと/homeディレクトリは別パーティションあるいは別ボリュームにすることでファイルシステムのバックアップなどによる管理がしやすい。

以下の手順では、LVMへの移行が終わった後、ルートファイルシステムの中の/varと/homeディレクトリの下を全て削除します。

操作を間違えるとシステムが立ち上がらなくなる場合やデータを復旧できなくなる場合があるので、万一に備え、できれば/varと/homeディレクトリのバックアップを取っておくことをお勧めします。システムが立ち上がらなくなった場合は、DVDあるいはISOイメージからインストーラをrescueモードで立ち上げてバックアップを使って修復します。

/varと/homeをLVMで構成する

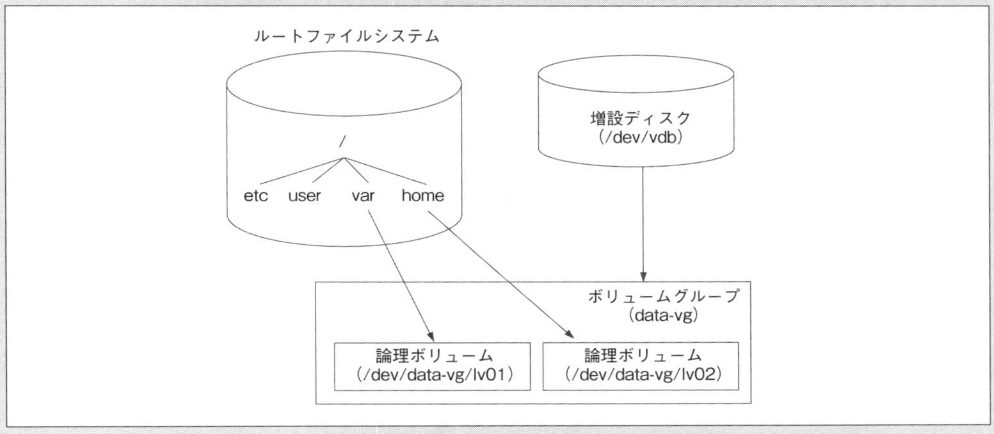

以下の例では、LVMへの移行前にルートファイルシステムと、その中の/varと/homeディレクトリの使用状況を確認しています。

現在のルートファイルシステムの使用状況を確認

```
# df -Th /
Filesystem      Type  Size  Used Avail Use% Mounted on
/dev/vda1       ext4  9.8G  8.5G  843M  92% /
```

```
# du -sh /home /var
157M  /home
2.0G  /var
```

LVMによる論理ボリュームは、前項の「LVMの構成手順」(330ページ)で作成した論理ボリュームlv01を/var用に、lv02を/home用に使用することにします。

/varと/homeディレクトリのデータ移行は、移行作業中でのデーモンやネットワークからのアクセスによるデータ変更を避けるため、以下の手順によりRescueモードで行います。

❶「systemctl reboot」あるいは「init 6」でシステムを再起動後、起動時に表示されるGRUBのメニュー画面で[e]キーを入力して以下の編集を行う。
❷該当するmenuentry(CentOSあるいはUbuntuなど)のlinux行の最後に「1」を追加してRescueモードでの起動を設定。
❸[Ctrl]+[x]キーを入力して起動する。

以下の画面は、UbuntuをRescueモードで起動し、rootのパスワードを入力してログインした例です。Ubuntuの場合のRescueモードでの起動手順は、第2章のコラム(98ページ)を参照してください。

Rescueモード

```
/dev/vda1: recovering journal
/dev/vda1: clean, 146892/655360 files, 1498277/2620928 blocks
You are in rescue mode. After logging in, type "journalctl -xb" to view
system logs, "systemctl reboot" to reboot, "systemctl default" or "exit"
to boot into default mode.
Give root password for maintenance
(or press Control-D to continue):   rootのパスワードを入力
```

ログインの後、Rescueモードのコマンドプロンプトで以下のコマンドを入力して移行作業を行います。RescueモードではLVMは有効になっています。論理ボリュームlv01とlv02は、それぞれ/data1と/data2ディレクトリにマウントされています。

論理ボリュームの移行

```
# cd /var
# tar cv - . |(cd /data1; tar xv -)  ←❶
# cd /home
# tar cv - . |(cd /data2; tar xv -)  ←❷
# vi /etc/fstab
/dev/data-vg/lv01  /var   ext4  defaults  0 2
/dev/data-vg/lv02  /home  ext4  defaults  0 2
```

❶❷tarコマンドで現在のディレクトリ「.」(/varまたは/home)の下のアーカイブを作成し、標準出力に出力する。コピー先のディレクトリ(/data1または/data2)に移動した後、標準出力をパイプ「|」を介して標準入力から取り込み、tarアーカイブを展開する

この後、ルートファイルシステム内の/varと/homeディレクトリ以下はもう必要ないので、

空き容量を増やすために削除します（もし削除しないのであれば、以下の「init=/bin/bash」の作業は必要ありません）。

ただし、Rescueモードではsystemd-journaldが起動しているため、/varディレクトリをアンマウントしてルートファイルシステム内の/var以下を削除することはできません。このため、システムを再起動して、起動時のGRUBメニューで編集を行ってから起動します。

Rescueモードで起動するためにlinux行で「1」を追加したかわりに、「init=/bin/bash」を追加します。「init=/bin/bash」で立ち上げた場合はパスワードは尋ねられません。LVMは有効になっていないので使えません。

init=/bin/bashでの起動

```
/dev/vda1: clean, 291500/655360 files, 2280230/2620928 blocks
bash: cannot set terminal process group (-1): Inappropriate ioctl for device
bash: no job control in this shell
root@(none):/# df
Filesystem     1K-blocks    Used Available Use% Mounted on
udev              990072       0    990072   0% /dev
tmpfs             204124     528    203596   1% /run
/dev/vda1       10253588 8890796    822224  92% /
root@(none):/#
```

以下は、ルートファイルシステム内の/varディレクトリの下と、/homeディレクトリの下を全て削除する例です。

/varの下と/homeの下を全て削除

```
# df   ←lx01とlx02がマウントされていないことを確認
# mount -o remount,rw /   ←立ち上げ時はread-onlyなので、read-writeでリマウント
# cd /var
# rm -rf *
# cd /home
# rm -rf *
# exit
```

この後、いったん電源を切ってから、再起動します。

システムが立ち上がったらログインして、ファイルシステムのサイズと使用状態をdfコマンドで確認します。

ファイルシステムのサイズを確認

```
# df -Th / /var /home
Filesystem                   Type  Size  Used  Avail Use% Mounted on
/dev/vda1                    ext4  9.8G  6.4G  3.0G   69% /
                                                      ↑Use%が92%から69%に
                                                       減少している
/dev/mapper/data--vg-lv01 ext4  4.9G  2.1G  2.6G   45% /var
/dev/mapper/data--vg-lv02 ext4  4.9G  177M  4.5G    4% /home
```

以上で/varと/homeディレクトリのLVMへの移行作業は完了です。今後、/varや/homeディレクトリが当初の見積りより使用量が増えて空き領域が不足した場合は、ディスクを増設してファイルシステムのサイズを拡張できます。

LVMでルートファイルシステムのサイズを拡張する

CentOSでは、インストール時にパーティション設定で「自動パーティション」を選択するとルートファイルシステムとスワップ領域はLVMの論理ボリュームが使用されます（ディスクのサイズが十分に大きい場合は、ルートファイルシステムに約50GB、スワップ領域に約6GB、残りの領域は/homeディレクトリに割り当てられます）。

CentOSのインストール時の「インストールの概要」画面（抜粋）

Ubuntuでは、インストール時の「インストールの種類」画面で「新しいUbuntuのインストールにLVMを使用する」にチェックを入れるとルートファイルシステムとスワップ領域はLVMの論理ボリュームが使用されます。

Ubuntuのインストール時の「インストールの種類」画面（抜粋）

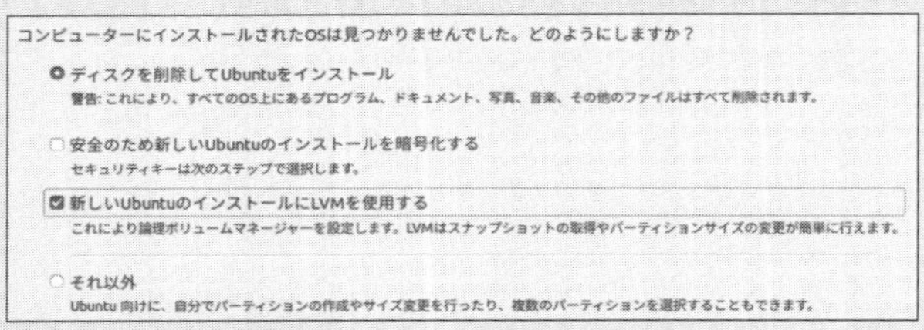

ルートファイルシステムにLVMの論理パーティションを使用した場合は、その後のシステムの運用で当初の想定より使用量が増えて空き容量が不足した時、新たにディスクを増設してファイルシステムのサイズを拡張することで対処できます。

○ルートファイルシステムの拡張（CentOS）

CentOSで「自動パーティション」を選択してインストールした場合はルートファイルシステムにはLVMの論理ボリュームが使用されます。LVMを使用した場合には、その後のシステム運用でファイルシステムの容量が不足した際に新たにディスクを増設してファイルシステムのサイズを拡張することができます。

ルートファイルシステムの拡張(CentOS)

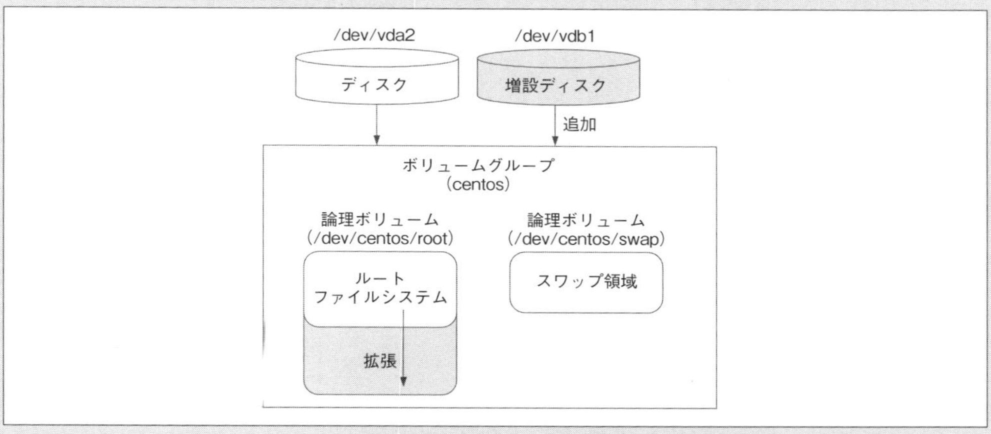

> CentOSインストール時に自動パーティションを選択した場合、システムディスクの1番目のパーティションが/bootに、2番目のパーティションがLVMに割り当てられます。

以下は、自動パーティションでLVMの設定を確認する例です。

LVMの設定の確認

```
# vgdisplay -v
  --- Volume group ---
  VG Name               centos
...
  VG Size               <10.00 GiB
  PE Size               4.00 MiB
...
  --- Logical volume ---
  LV Path                /dev/centos/swap
  LV Name                swap
  VG Name                centos
...
  LV Size                1.10 GiB
...
  --- Logical volume ---
  LV Path                /dev/centos/root
  LV Name                root
  VG Name                centos
...
LV Size               8.89 GiB
...
  --- Physical volumes ---
  PV Name               /dev/vda2
...

# df -Th /boot
ファイルシス    タイプ  サイズ  使用   残り  使用%  マウント位置
```

```
/dev/vda1       xfs      1014M  157M  858M   16% /boot

# df -Th /
ファイルシス              タイプ  サイズ  使用  残り  使用%  マウント位置
/dev/mapper/centos-root xfs       8.9G  3.8G  5.2G   43% /
                                  ↑ルートファイルシステムのサイズは8.9GB

# swapon -show  ←スワップデバイス(/dev/dm-1)とその使用状況の確認
NAME       TYPE       SIZE USED PRIO
/dev/dm-1 partition 1.1G 6.6M   -1

# ls -l /dev/centos/root
lrwxrwxrwx. 1 root root 7  8月  8 16:52 /dev/centos/root -> ../dm-0
# ls -l /dev/centos/swap
lrwxrwxrwx. 1 root root 7  8月  8 16:52 /dev/centos/swap -> ../dm-1

# ls -l /dev/mapper/centos*
lrwxrwxrwx. 1 root root 7  8月  8 16:52 /dev/mapper/centos-root -> ../dm-0
lrwxrwxrwx. 1 root root 7  8月  8 16:52 /dev/mapper/centos-swap -> ../dm-1
```

増設ディスク/dev/vdbを追加し、ルートファイルシステムを拡張するには以下の手順を実行します。

❶増設ディスク/dev/vdbにパーティション/dev/vdb1を設定
❷pvcreateコマンドでvdb1を物理ボリューム(PV)に設定
❸vgextendコマンドでvdb1をボリュームグループcentosに追加し、ボリュームグループを拡張
❹lvextendコマンドで論理ボリューム/dev/centos/rootを拡張
❺拡張した論理ボリュームのサイズに合わせて、xfs_growfsコマンドでルートファイルシステムを拡張

ルートファイルシステムの拡張

```
# cat /proc/partitions
major minor  #blocks  name
...
 252        16   10485760 vdb  ←追加したディスクvdbを確認

# gdisk /dev/vdb
Command (? for help): n

Hex code or GUID (L to show codes, Enter = 8300): 8e00

Command (? for help): p
Number  Start (sector)    End (sector)  Size       Code  Name
   1            2048        20971486   10.0 GiB    8E00  Linux LVM

Command (? for help): w

Do you want to proceed? (Y/N): Y
```

```
# pvcreate /dev/vdb1

# vgextend centos /dev/vdb1
↑VGの拡張。「vgextend ボリュームグループ名 追加する物理ボリューム」

# vgdisplay
  --- Volume group ---
  VG Name               centos
...
  VG Size               19.99 GiB  ←VGが19.99GiBに拡張された
...

# lvextend --extents 100%VG /dev/centos/root
↑LVの拡張。「--extents 100%VG」でVG領域の全てを使用

# lvdisplay /dev/centos/root
  --- Logical volume ---
  LV Path                /dev/centos/root
  LV Name                root
  VG Name                centos
...
  LV Size                18.89 GiB  ←LVが18.89GiBに拡張された
...

# xfs_growfs /
↑LVのサイズに合わせてファイルシステム(xfs)を拡張
 引数にはマウントポイント「/」を指定

# df -Th /
ファイルシス                タイプ  サイズ  使用  残り  使用%  マウント位置
/dev/mapper/centos-root  xfs      19G   3.8G  16G   20%  /
                                  ↑ルートファイルシステムは19GBに拡張された
```

以上の手順により、ルートファイルシステムは8.9GBから19GBに拡張されました。この後、OSを再起動して立ち上がることを確認します。

○ルートファイルシステムの拡張(Ubuntu)

Ubuntuでは、インストール時の「インストールの種類」画面で「新しいUbuntuのインストールにLVMを使用する」にチェックを入れるとルートファイルシステムにはLVMの論理ボリュームが使用されます。

LVMを使用した場合には、その後のシステム運用でファイルシステムの容量が不足した場合には新たにディスクを増設してファイルシステムのサイズを拡張することができます。

> Ubuntuではインストール時にLVMで構成されたルートパーティションは/bootを含みます、このため、ルートパーティションを拡張する場合、増設したディスクのパーティションタイプをルートファイルシステムを格納しているディスクと同じパーティションタイプにする必要があります。「片方がMBRパーティション、もう片方がGPTパーティション」のように異なっているとGRUBがLVMボリュームを認識できないため、OSが立ち上がらなくなります。

ルートファイルシステムの拡張(Ubuntu)

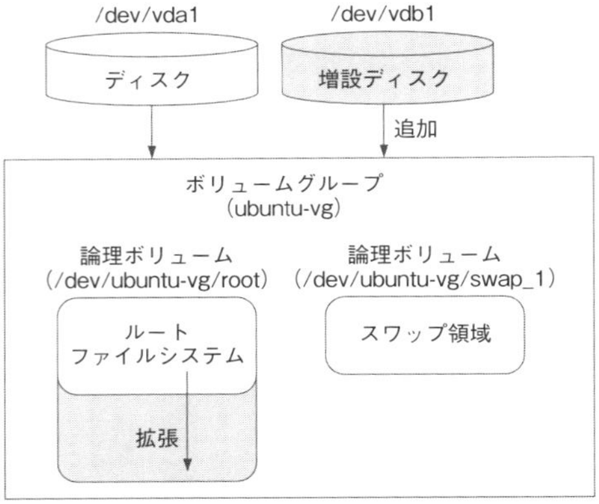

以下は、Ubuntuインストール時に「LVMを使用する」にチェックを入れた場合のLVMの設定を確認する例です。

LVMの設定の確認

```
# gdisk -l /dev/vda  ←パーティションタイプを確認
GPT fdisk (gdisk) version 1.0.3

Partition table scan:
  MBR: MBR only  ←この例ではパーティションタイプはMBR
  BSD: not present
  APM: not present
  GPT: not present
... (以下省略) ...

# vgdisplay -v
  --- Volume group ---
  VG Name               ubuntu-vg
...
  VG Size               <12.00 GiB
  PE Size               4.00 MiB
...
  --- Logical volume ---
  LV Path                /dev/ubuntu-vg/root
  LV Name                root
  VG Name                ubuntu-vg
...
  LV Size                <11.04 GiB
...
  --- Logical volume ---
  LV Path                /dev/ubuntu-vg/swap_1
  LV Name                swap_1
  VG Name                ubuntu-vg
...
  LV Size                980.00 MiB
```

```
...
  --- Physical volumes ---
  PV Name               /dev/vda1
...

# df -Th /
Filesystem                    Type  Size  Used Avail Use% Mounted on
/dev/mapper/ubuntu--vg-root ext4   11G  5.1G  5.3G  49% /
                                   ↑ルートファイルシステムのサイズは11GB

# swapon --show
NAME      TYPE      SIZE USED PRIO
/dev/dm-1 partition 980M 327M   -2

# ls -l /dev/ubuntu-vg/
合計 0
lrwxrwxrwx 1 root root 7  8月  8 14:16 root -> ../dm-0
lrwxrwxrwx 1 root root 7  8月  8 14:16 swap_1 -> ../dm-1

# ls -l /dev/mapper/ubuntu--vg*
lrwxrwxrwx 1 root root 7  8月  8 14:16 /dev/mapper/ubuntu--vg-root -> ../dm-0
lrwxrwxrwx 1 root root 7  8月  8 14:16 /dev/mapper/ubuntu--vg-swap_1 -> ../dm-1
```

増設ディスク/dev/vdbを追加し、ルートファイルシステムを拡張するには以下の手順を実行します。

❶増設ディスク/dev/vdbにパーティション/dev/vdb1を設定
❷pvcreate コマンドでvdb1を物理ボリューム（PV）に設定
❸vgextendコマンドでvdb1をボリュームグループubuntu-vgに追加し、ボリュームグループを拡張
❹lvextendコマンドで論理ボリューム/dev/ubuntu-vg/rootを拡張
❺拡張した論理ボリュームのサイズに合わせて、resize2fsコマンドでルートファイルシステムを拡張

ルートファイルシステムの拡張

```
# cat /proc/partitions
major minor  #blocks  name
...
 252        16    10485760 vdb  ←追加したディスクvdbを確認

# fdisk /dev/vdb  ←fdiskコマンドにより1台目のディスクと同じMBRパーティションに設定
コマンド (m でヘルプ): n
パーティションタイプ
   p   基本パーティション (0 プライマリ, 0 拡張, 4 空き)
   e   拡張領域 (論理パーティションが入ります)
選択 (既定値 p): p
パーティション番号 (1-4, 既定値 1):
最初のセクタ (2048-20971519, 既定値 2048):
最終セクタ, +セクタ番号 または +サイズ{K,M,G,T,P} (2048-20971519, 既定値
20971519):

新しいパーティション 1 をタイプ Linux、サイズ 10 GiB で作成しました。
```

```
コマンド (m でヘルプ): t
パーティション 1 を選択
16 進数コード (L で利用可能なコードを一覧表示します): 8e
パーティションのタイプを 'Linux' から 'Linux LVM' に変更しました。

コマンド (m でヘルプ): p
ディスク /dev/vdb: 10 GiB, 10737418240 バイト, 20971520 セクタ
単位: セクタ (1 * 512 = 512 バイト)
セクタサイズ (論理 / 物理): 512 バイト / 512 バイト
I/O サイズ (最小 / 推奨): 512 バイト / 512 バイト
ディスクラベルのタイプ: dos  ←パーティションタイプはMBR(dos)
ディスク識別子: 0xb41ad1ea

デバイス     起動 開始位置 最後から    セクタ サイズ Id タイプ
/dev/vdb1            2048 20971519 20969472    10G 8e Linux LVM

コマンド (m でヘルプ): w

# pvcreate /dev/vdb1

# vgextend ubuntu-vg /dev/vdb1
↑VGの拡張。「vgextend ボリュームグループ名 追加する物理ボリューム」

# vgdisplay
  --- Volume group ---
  VG Name               ubuntu-vg
...
  VG Size               21.99 GiB  ←VGが21.99GiBに拡張された
...

# lvextend --extents 100%VG /dev/ubuntu-vg/root
↑LVの拡張。「--extents 100%VG」でVG領域の全てを使用

# lvdisplay /dev/ubuntu-vg/root
  --- Logical volume ---
  LV Path                /dev/ubuntu-vg/root
  LV Name                root
  VG Name                ubuntu-vg
...
  LV Size                <21.04 GiB  ←LVが21.04GiBに拡張された
...

# resize2fs /dev/ubuntu-vg/root
↑LVのサイズに合わせてファイルシステム(ext4)を拡張。引数にはLVデバイス名を指定

# df -Th /
Filesystem                  Type  Size  Used Avail Use% Mounted on
/dev/mapper/ubuntu--vg-root ext4   21G  5.1G   15G  26% /
                                       ↑ルートファイルシステムは21GBに拡張された
```

以上の手順により、ルートファイルシステムは11GBから21GBに拡張されました。この後、OSを再起動して立ち上がることを確認します。

Chapter 8

ネットワークを管理する

8-1

ネットワークに関する設定ファイルを理解する

パッケージと設定ファイル

従来、Linuxではネットワークの設定を行う際は、ネットワークスクリプト(/etc/init.d/networkスクリプトおよび、他のインストール済みスクリプト)を使用していました。しかし、各ディストリビューションの進化と共に、ネットワークを管理するソフトウェアはさまざまなものが提供されています。

CentOSとUbuntuでネットワークの管理とインターフェイスの設定を行う際に、デフォルトで使用されるソフトウェアは以下の通りです。

表8-1-1 デフォルトで使用されるソフトウェア

ディストリビューション	デフォルトで使用されるソフトウェア
CentOS 7	NetworkManager (パッケージ:NetworkManager)
Ubuntu 18.04 Desktop	NetworkManager (パッケージ:network-manager)
Ubuntu 18.04 Server	systemd-networkd (パッケージ:systemd) +netplan (パッケージ:netplan.io)

◇NetworkManager

NetworkManagerの場合、GUIツールあるいはコマンドラインツールnmcliで設定すると、設定と同時に設定ファイルが自動生成されます。また、エディタで設定ファイルを作成あるいは編集することもできます。

◇systemd-networkd

systemd-networkdは、systemdバージョン210から提供されている新しいソフトウェアです。systemd-networkdにはNetworkManagerのように設定ファイルを自動生成するツールはなく、エディタで作成、編集します。

CentOSの場合、systemd-networkdはsystemdパッケージではなく、**systemd-networkd**パッケージで提供されています。

◇netplan

netplanによる設定は、systemd-networkdあるいはNetworkManagerによって利用されます。netplanを利用する場合は、systemd-networkdあるいはNetworkManagerの設定ファイルは必要なくなります。netplanの設定ファイルは、YAML (YAML Ain't Markup Language) で記述します。ただし、CentOSではnetplanは提供されていません。

NetworkManagerはデスクトップのように有線や無線の複数のネットワーク環境を動的に構成する場合に、systemd-networkdはサーバのようにネットワーク環境を静的に構成する場合に適しています。
それぞれのソフトウェアと設定ファイルは以下の通りです。

表8-1-2 デフォルトのソフトウェアと設定ファイル

ディストリビューション	デフォルト	設定ファイル
CentOS 7	NetworkManager	/etc/sysconfig/network-scripts/ifcfg-*
Ubuntu 18.04 Desktop	NetworkManager	/etc/NetworkManager/system-connections/*
Ubuntu 18.04 Server	systemd-networkd + netplan	/etc/netplan/*.yaml

表8-1-3 デフォルト以外のソフトウェアと設定ファイル

ディストリビューション	他の選択肢	設定ファイル
CentOS 7	systemd-networkd	/etc/systemd/network/*.network /etc/systemd/network/*.netdev
Ubuntu 18.04 Desktop	systemd-networkd + netplan	/etc/netplan/*.yaml
	systemd-networkd	/etc/systemd/network/*.network /etc/systemd/network/*.netdev
Ubuntu 18.04 Server	systemd-networkd	/etc/systemd/network/*.network /etc/systemd/network/*.netdev
	NetworkManager	/etc/NetworkManager/system-connections/*

デフォルトのソフトウェアを使用して設定を行う場合、GUIおよびCUIのいずれでも操作することが可能です。ここでは、**GNOME control-center**による設定画面を記載します。GNOME control-centerは、GNOMEデスクトップ環境で使用できるGUIツールです。

本書では、CentOSおよびUbuntu共に使用可能なNetworkManagerを使用した設定方法として、本章の「8-2 NetworkManagerの利用」（357ページ）で説明します。

CentOSでのGNOME control-centerによる設定

GNOMEデスクトップの[アプリケーション❶]→[システムツール❷]→[設定❸]を選択します。次の画面の左フレームにある「ネットワーク❹」を選択します。右フレームに表示されたネットワーク設定の一覧から編集したい設定の「歯車のアイコン❺」を選択すると、設定の参照および、変更することが可能です。❻の「詳細」タブでは現在の設定が表示されます。「IPv4」などの変更したいタブを選択して、設定を変更することが可能です。

図8-1-1 CentOSでのGNOME control-centerによる設定

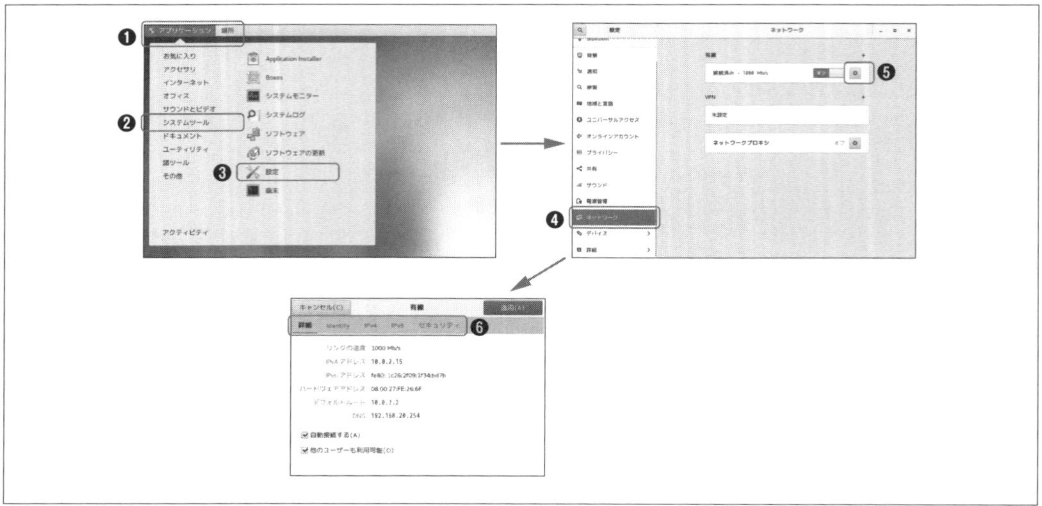

UbuntuでのGNOME control-centerによる設定

左部にあるダッシュボードの「アプリケーションを表示するアイコン❶」→「設定❷」を選択します。次画面の左フレームにある「ネットワーク❸」を選択します。右フレームに表示されたネットワーク設定の一覧から編集したい設定の「歯車のアイコン❹」を選択すると、設定の参照および、変更することが可能です。❺の「詳細」タブでは現在の設定が表示されます。「IPv4」などの変更したいタブを選択して、設定を変更することが可能です。

図8-1-2 UbuntuでのGNOME control-centerによる設定

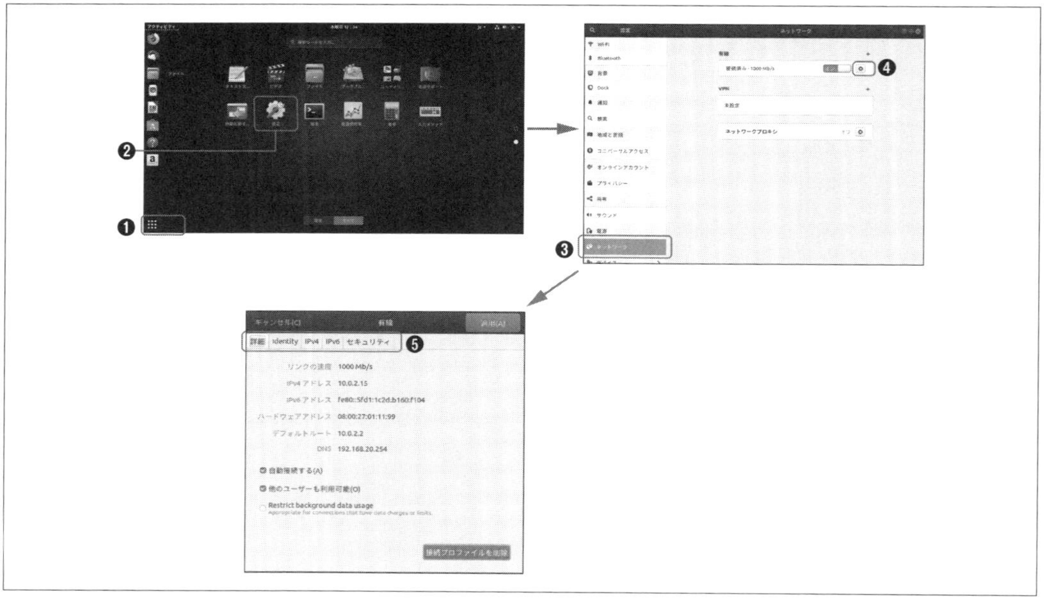

ネットワークに関する設定ファイル

従来では、ネットワークに関する設定ファイルを直接編集するなどの手法でしたが、前述の通り提供されているソフトウェア(コマンドなど)を使用して設定します。したがって、以下に列記したファイルは参照する際の参考とし、直接編集しないよう留意してください。

表8-1-4 ネットワークに関する主な設定ファイル

ファイル名	説明
/etc/services	サービス名とポート番号の対応
/etc/protocols	プロトコル番号の一覧
/etc/hosts	ホスト名とIPアドレスの対応
/etc/nsswitch.conf	名前解決の順番
/etc/resolv.conf	問い合わせる DNS サーバの IP アドレスを指定
/etc/networks	ネットワーク名とネットワークアドレスの対応
/etc/sysconfig/network-scripts/ifcfg-<デバイス>	CentOS:デバイスの設定
/etc/NetworkManager/system-connections/*	Ubuntu:デバイスの設定
/etc/netplan/*.yaml	Ubuntu:デバイスの設定

/etc/servicesファイル

サービス名とポート番号の対応が**/etc/services**ファイルに記載されています。サービスを提供する側(サーバ側)では、ホスト上でさまざまなサービスが稼動しています。例えば、図8-1-3のhost01.knowd.co.jpホスト(サーバ)では、sshサービスとhttpサービスが稼動しているとします。クライアントからsshでこのホストにリモートログインする場合、どのホストの、どのサービスと通信するかを明示化するために、「**ssh ログイン名@ホスト名**」とします。そして対応するホストが見つかると、サービスを受け付けるホスト(サーバ)は、sshサービスに紐付けられたポート番号を通して送受信を行います。

図8-1-3 サービスとポート番号

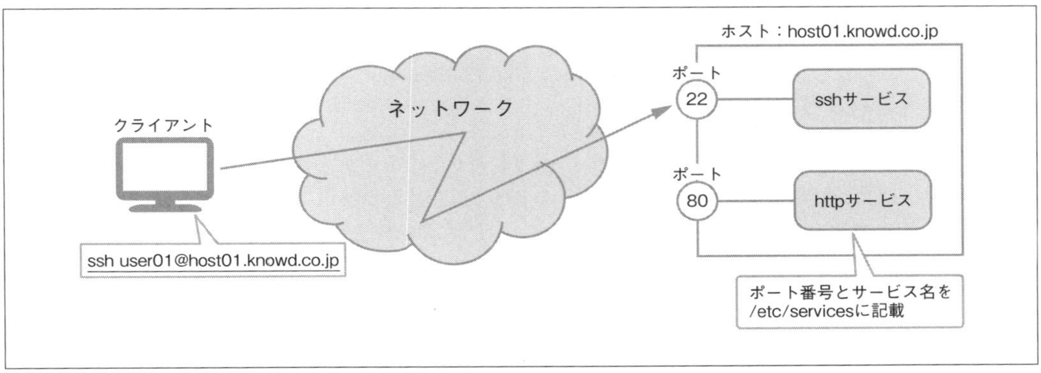

/etc/servicesファイル（抜粋）

```
…（途中省略）…
ftp-data        20/tcp
ftp-data        20/udp
# 21 is registered to ftp, but also used by fsp
ftp             21/tcp
ftp             21/udp          fsp fspd
ssh             22/tcp                          # The Secure Shell (SSH)
Protocol
ssh             22/udp                          # The Secure Shell (SSH)
Protocol
telnet          23/tcp
telnet          23/udp
# 24 - private mail system
lmtp            24/tcp                          # LMTP Mail Delivery
lmtp            24/udp                          # LMTP Mail Delivery
smtp            25/tcp          mail
smtp            25/udp          mail
…（以下省略）…
```

通信を可能にするには、サービスとポート番号の対応付けの他、そのポート番号を開けて通信を許可するか拒否するかの設定が必要です。詳細は、第10章（485ページ）を参照してください。

/etc/protocolsファイル

プロトコル番号は、**/etc/protocols**ファイルに記載されています。

/etc/protocolsファイル（抜粋）

```
…（途中省略）…
ip        0       IP              # internet protocol, pseudo protocol
number
hopopt    0       HOPOPT          # hop-by-hop options for ipv6
icmp      1       ICMP            # internet control message protocol
igmp      2       IGMP            # internet group management protocol
ggp       3       GGP             # gateway-gateway protocol
ipv4      4       IPv4            # IPv4 encapsulation
…（以下省略）…
```

/etc/hostsファイル

/etc/servicesファイルの説明での記載の通り、ネットワーク上のホストと通信する際には、クライアントは、「ホスト名＋ポート番号」を指定する必要があります。ホストには必ずIPアドレスが付与されているので、ホスト名でなく、IPアドレスを使用することも可能ですが、人間は数字の羅列より名前の方が理解しやすいです。そのため、どのホストが、どのIPアドレスを使用しているのか一覧表を利用し、ホスト名の名前解決を行います。

名前解決をする方法は、DNSサーバを使用する他、**/etc/hosts**ファイルを使用することも可能です。/etc/hostsには、ホスト名とIPアドレスの対応が記載されています。

図8-1-4 ホストとIPアドレスの名前解決

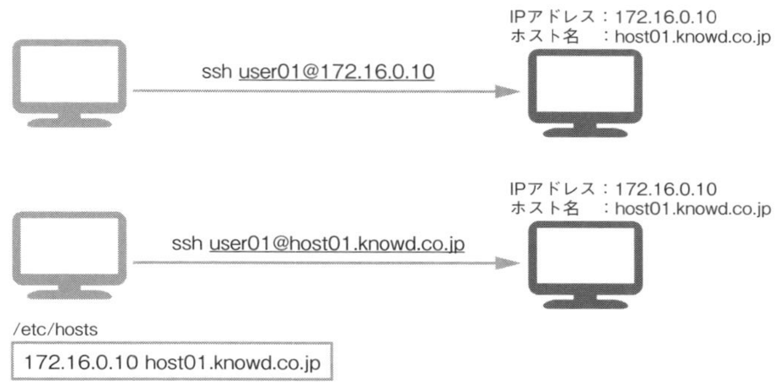

/etc/hostsファイル（抜粋）

```
127.0.0.1 localhost   ←ローカルループバックインターフェイスのための記述行
172.18.0.71 linux1
172.18.0.72 linux2 linux2.sr2.knowd.co.jp nfsserver  ←ホスト名の別名も付けられる
```

/etc/nsswitch.confファイル

ホスト名の名前解決には、ローカルファイル（/etc/hosts）やDNSなど複数あります。どの順番に使用するかを指定するためのファイルが**/etc/nsswitch.conf**です。

/etc/nsswitch.confファイル（抜粋）

```
…（途中省略）…
#hosts:     db files nisplus nis dns
hosts:      files dns
↑まず/etc/hostsを検索し、見つからなければDNSのサービスを受ける
…（以下省略）…
```

/etc/resolv.confファイル

/etc/resolv.confファイルに、問い合わせるDNSサーバのIPアドレスを指定します。

/etc/resolv.confファイル（抜粋）

```
…（途中省略）…
search my-centos.com   ←ホスト名にここで指定したドメイン名を付加して検索を行う
namesever 172.18.0.70   ←自分がサービスを受ける DNS サーバの IP アドレスを記述
…（以下省略）…
```

/etc/networksファイル

/etc/networksファイルには、ネットワーク名とネットワークアドレスの対応が記載されています。

/etc/networksファイル（抜粋）

```
default 0.0.0.0    ←0.0.0.0のネットワーク名はdefaultとする
loopback 127.0.0.0    ←127.0.0.0のネットワーク名はloopbackとする
link-local 169.254.0.0    ←169.254.0.0のネットワーク名はlink-localとする
```

/etc/sysconfig/network-scripts/ifcfg-<デバイス>ファイル

CentOSにおいては、NetworkManagerによる設定では、**/etc/sysconfig/network-scripts/ifcfg-<デバイス>**ファイルにIPアドレスやサブネットマスクなど個別の設定を記述します。設定ファイルはデバイスごとに異なります。例えば、enp0s3デバイスに設定する情報は、「/etc/sysconfig/network-scripts/ifcfg-enp0s3」に記述します。

ifcfg-<デバイス>ファイル（CentOSで実行）

```
# cd /etc/sysconfig/network-scripts/
# ls
ifcfg-enp0s3      ifdown-ib       ifdown-sit      ifup-eth     ifup-post
network-functions
ifcfg-lo          ifdown-ippp     ifdown-tunnel   ifup-ib      ifup-ppp
network-functions-ipv6
ifdown            ifdown-ipv6     ifup            ifup-ippp    ifup-routes
ifdown-Team       ifdown-isdn     ifup-Team       ifup-ipv6    ifup-sit
ifdown-TeamPort   ifdown-post     ifup-TeamPort   ifup-isdn    ifup-tunnel
ifdown-bnep       ifdown-ppp      ifup-aliases    ifup-plip    ifup-wireless
ifdown-eth        ifdown-routes   ifup-bnep       ifup-plusb   init.ipv6-
global
# cat ifcfg-enp0s3
TYPE=Ethernet
PROXY_METHOD=none
BROWSER_ONLY=no
BOOTPROTO=none
DEFROUTE=yes
IPV4_FAILURE_FATAL=no
IPV6INIT=yes
IPV6_AUTOCONF=yes
IPV6_DEFROUTE=yes
IPV6_FAILURE_FATAL=no
IPV6_ADDR_GEN_MODE=stable-privacy
NAME=enp0s3
UUID=a3638f59-e7d4-4418-98a7-85fba626efdc
DEVICE=enp0s3
ONBOOT=yes
IPADDR=172.16.255.254
PREFIX=16
```

主な設定情報を次に示します。

表8-1-5 ifcfg-<デバイス>の設定情報

パラメータ	説明
TYPE	ネットワークデバイスの種類を指定 Ethernet：有線Ethernet Wireless：無線LAN Bridge　：ブリッジ
BOOTPROTO	ネットワークの起動方法を指定 none　：ブート時プロトコルを使用しない bootp　：BOOTP プロトコルを使用する dhcp　：DHCP プロトコルを使用する
DEFROUTE	IPV4でこのインターフェイスがデフォルトルートとして使用されるかの有無を指定
IPV4_FAILURE_FATAL	IPV4の初期化に失敗した場合、このインターフェイスの初期化自体の失敗とするかの指定
IPV6INIT	IPV6の設定を有効にするかの指定
IPV6_AUTOCONF	IPV6の自動構成を有効にするかの指定
IPV6_DEFROUTE	IPV4でこのインターフェイスがデフォルトルートとして使用されるかの有無を指定
IPV6_FAILURE_FATAL	IPV6の初期化に失敗した場合、このインターフェイスの初期化自体の失敗とするかの指定
NAME	このインターフェイスに付与する名前を指定
UUID	このインターフェイスに付与するUUID（固有識別子）を指定
DEVICE	デバイスの物理名を指定
ONBOOT	システム起動時にこのインターフェイスを起動するかの有無を指定
IPADDR	IPアドレスを指定
PREFIX	ネットマスク値を指定
IPV6_PEERDNS	IPV6で取得したDNSサーバのIPアドレスを/etc/resolv.confに反映させるかの有無を指定
IPV6_PEERROUTES	IPV6で取得したルーティング情報を使用するかの有無を指定

/etc/NetworkManager/system-connections/*ファイル

UbuntuでのNetworkManagerによる設定では、**/etc/NetworkManager/systemconnections/**以下の<デバイス>ファイルにIPアドレスやサブネットマスクなど個別の設定を記述します。設定ファイルはデバイスごとに異なります。例えば、enp0s3デバイスに設定する情報は、「/etc/NetworkManager/system-connections/enp0s3」に記述します。

<デバイス>ファイル（Ubuntu Desktopで実行）

```
$ cd /etc/NetworkManager/system-connections/
$ ls
enp0s3
$ sudo cat enp0s3
[connection]
id=enp0s3
uuid=b9c44941-8fac-3e30-9f50-e60a3650dab0
type=ethernet
autoconnect-priority=-999
permissions=
timestamp=1539490865
```

```
[ethernet]
mac-address=08:00:27:01:11:99
mac-address-blacklist=

[ipv4]
address1=172.16.0.20/16,172.16.255.254
dns-search=
method=manual

[ipv6]
addr-gen-mode=stable-privacy
dns-search=
method=auto
```

/etc/netplan/*.yamlファイル

Ubuntuでは、systemd-networkd＋netplanによる設定では、**/etc/netplan/50-cloud-init.yaml**ファイルにIPアドレスやサブネットマスクなど個別の設定を記述します。このファイル内に、複数のデバイスの設定を記述することができます。

以下は、インストール直後の設定ファイルから抜粋したものです。

50-cloud-init.yamlファイル (Ubuntu Serverで実行)

```
$ ls /etc/netplan/50-cloud-init.yaml
/etc/netplan/50-cloud-init.yaml
$ cat /etc/netplan/50-cloud-init.yaml  ←❶
…（途中省略）…
network:
    ethernets:
        ens3:
            addresses: []
            dhcp4: true
            optional: true
    version: 2
$ sudo lshw -C network  ←❷
  *-network
…（途中省略）…
       bus info: pci@0000:00:03.0
       logical name: enp0s3  ←❸
       version: 02
…（以下省略）…
$ sudo vi 50-cloud-init.yaml  ←❹
…（途中省略）…
network:
    ethernets:
        enp0s3:  ←❺
            addresses: []
            dhcp4: true
            optional: true
    version: 2
$ sudo netplan apply  ←❻
$ sudo dhclient enp0s3  ←❼
$ ip a  ←❽
…（途中省略）…
```

```
2: enp0s3: <BROADCAST,MULTICAST,UP,LOWER_UP> mtu 1500 qdisc fq_codel
state UP group default qlen 1000
    link/ether 08:00:27:ae:72:72 brd ff:ff:ff:ff:ff:ff
    inet 10.0.2.15/24 brd 10.0.2.255 scope global enp0s3
       valid_lft forever preferred_lft forever
    inet6 fe80::a00:27ff:feae:7272/64 scope link
       valid_lft forever preferred_lft forever
```

❶現在の設定内容の確認
❷ハードウェア情報の確認
❸ネットワークデバイス名がenp0s3であることを確認
❹50-cloud-init.yamlを編集
❺ens3→enp0s3に変更。このファイルを上書き保存して、終了
❻ネットワークの設定を反映
❼この設定ではDHCPを使用しているため、dhclientコマンドを実行し、すぐにIPアドレスを取得する
❽ipアドレスが割り当てられていることを確認する

NIC(Network Interface Card)の命名

従来、ネットワークデバイス名としてethXといった名前が使用されていましたが、現在では、**udev**(Linuxカーネル用のデバイス管理ツール)がさまざまなデバイスに応じてルールに従って命名しています。命名ルールは「Predictable Network Interface Names」と呼ばれ、udevのヘルパーユーティリティである**biosdevname**によって、新しい名前が付与されます。

なお、biosdevnameはBIOS(SMBIOS)内に収納されているtype9(システムスロット)フィールドと、type41(オンボードデバイス拡張情報)フィールドからの情報を使用します。biosdevnameを無効にするには、「biosdevname=0」オプションをブートコマンドラインに渡します。

以下は、biosdevnameによる命名の例です。

図8-1-5 ネットワークデバイス名の例

例① en(❶) o1(❷)　　例② en(❶) p2s1(❷)

❶

タイプ	値
イーサネット	en
ワイアレス	wl

❷

タイプ	値
オンボード	o<index>
ホットプラグ	s<slot>[f<function>][d<dev_id>]
MACアドレス	x<MAC>
PCIデバイス	p<bus>s<slot>[f<function>][d<dev_id>]
USBデバイス	p<bus>s<slot>[f<function>][u<port>][..][c<config>][i<interface>]

例①のように、ファームウェア（ハードウェアを制御するためのソフトウェア）やBIOSに固定的な番号が組み込まれている場合は、その番号に基づいて「eno1」「ens1」などとなります。この時の3文字目は、オンボードかPCI Expressホットプラグスロットかを表します。

例②のように、ファームウェアやBIOSに固定的な番号が組み込まれていない場合は、PCIもしくはUSBの物理的なバスとスロットの番号に基づいて「enp2s1」などとなります。この例の3文字目以降はp2s1であるため、PCIを表します。

8-2

NetworkManagerの利用

NetworkManagerによるネットワーク管理

NetworkManagerによるネットワーク管理では、以下の2つの方法で設定を行います。

・nmtui (NetworkManager Text User Interface) による設定
・nmcli (NetworkManager Command Line Interface) による設定

nmtui (NetworkManager Text User Interface) による設定

nmtuiは、コンソールやターミナル上で使えるcursesベースのTUI (Text User Interface) ツールです。**nmtui**コマンドを実行することで、nmtuiツールが起動します。

図8-2-1 **nmtui**

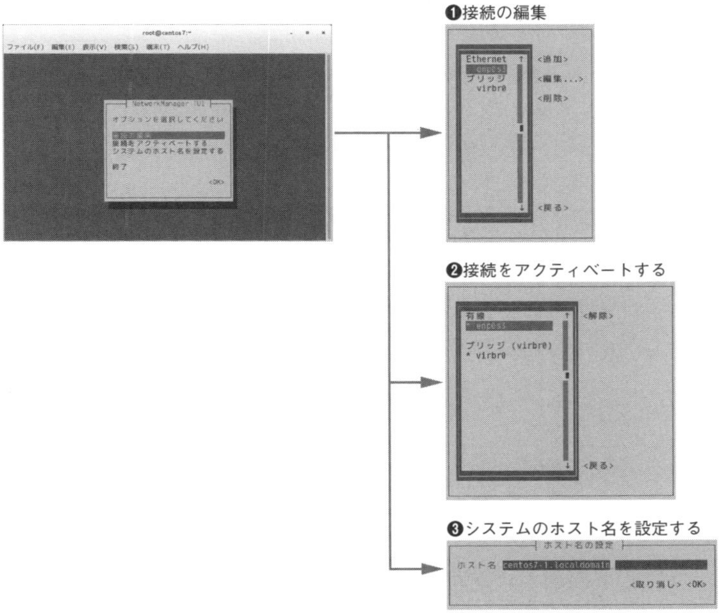

設定画面では、以下3つのメニューが表示されます。

◇接続の編集

接続されている各インターフェイスの設定を行います。

◇接続をアクティベートする
接続されている各インターフェイスの有効化と無効化を切り替えます。

◇システムのホスト名を設定する
ホスト名を設定します。

nmcli (NetworkManager Command Line Interface) による設定

nmcliは、コンソールやターミナル上からコマンドでNetworkManagerの制御を行うコマンドラインツールです。**nmcli**コマンドの基本的な形式と、主なオプションと指定可能なオブジェクトは以下の通りです。nmcliコマンドに指定する「コマンド」はオブジェクトごとに異なるため、後述します。

nmcliによる設定
nmcli [オプション] オブジェクト {コマンド ｜ help}

表8-2-1 nmcliコマンドのオプション

オプション	説明
-t、--terse	トレースを出力する
-p、--pretty	読みやすい形式で出力する
-w、--wait <seconds>	NetworkManagerの処理が終了までのタイムアウト時間を設定する
-h、--help	ヘルプを表示する

表8-2-2 nmcliコマンドに指定可能なオブジェクト

オブジェクト	説明
networking	ネットワーク全体の管理
radio	部分的なネットワークの管理
general	NetworkManagerの状態表示および管理
device	デバイスの表示と管理
connection	接続の管理
agent	NetworkManagerシークレットエージェント、polkitエージェントの操作

以降では、nmcliの主な使用例を元に解説します。なお、nmcli実行時に指定するオブジェクトやコマンドは、**前方一致による省略指定が可能**です。例えば、「networking」を「n」と指定しても認識します。以降では省略した場合の例も掲載しています。

なお、以降の実行結果は、CentOSでの例です。Ubuntuでも同様の手順で実行可能ですが、参照系の処理は一般ユーザ権限で実行できますが、変更系の処理はsudoを付与してください。

NetworkManagerの設定ファイル

本章の「8-1 ネットワークに関する設定ファイルを理解する」（346ページ）で記載の通り、

nmtuiあるいはnmcliで接続を設定した場合は、以下の設定ファイル名で保存されます。

- **CentOS** ：/etc/sysconfig/network-scripts/ifcfg-{接続名}
- **Ubuntu** ：/etc/NetworkManager/system-connections/接続名

CentOSの場合もUbuntuの場合も、エディタで作成する時は、ifcfg-{xx}の「xx」の部分は接続名である必要はなく、わかりやすい任意の名前を付けることも可能です。

ネットワーク全体の管理（networking）

nmcli networkingにより、ネットワーク全体の有効/無効を切り替えます。

ネットワーク全体の有効/無効の切り替え

nmcli networking {コマンド}

表8-2-3 networkingのコマンド

コマンド	説明
on	有効化
off	無効化
connectivity	現在の状態を表示する

以下は、有効/無効を切り替えて、それぞれの状態を表示しています。なお、例では「networking」を「n」と省略しています。

ネットワーク全体の有効/無効を切り替え

```
# nmcli n c   ←状態の表示
full   ←有効
# nmcli n off   ←無効に切り替え
# nmcli n c
none   ←無効
# nmcli n on   ←有効に切り替え
# nmcli n c
full   ←有効
```

connectivity（c）コマンドによって表示される状態は、以下の種類があります。

表8-2-4 connectivityが表示する状態

状態	説明
none（なし）	どのネットワークにも接続していない
portal（ポータル）	認証前により、インターネットに到達できない
limited（制限付き）	ネットワークには接続しているが、インターネットへアクセスできない
full（完全）	ネットワークに接続しており、インターネットへアクセスできる
unknown（不明）	ネットワークの接続が確認できない

部分的なネットワークの管理（radio）

nmcli radioにより、ネットワークの機能ごとで有効/無効の切り替えをすることが可能です。

ネットワークの機能ごとの有効/無効の切り替え

nmcli radio {コマンド}

表8-2-5 radioのコマンド

コマンド	説明
wifi	Wi-Fi機能の有効化/無効化
wwan	ワイヤレスWAN機能の有効化/無効化
wimax	WiMAX機能の有効化/無効化
all	Wi-Fi、WAN、WiMAXを同時に有効化/無効化

NetworkManagerの状態表示および管理（general）

nmcli generalにより、NetworkManagerの状態と権限を表示します。また、ホスト名、Network-Managerロギングレベルとドメインを取得して変更することもできます。

NetworkManagerの状態と権限の表示

nmcli general {コマンド}

表8-2-6 generalのコマンド

コマンド	説明
status	NetworkManagerの全体的な状態を表示
hostname	ホスト名の表示および設定
permissions	NetworkManagerが提供する認証済み操作に対して、呼び出し元が持つ権限を表示
logging	ログレベルとドメインを表示および変更

以下は、ホスト名の表示および変更をしています。

ホスト名の表示と変更

```
# nmcli g ho  ←❶
host01.localdomain
# nmcli g ho host01.knowd.co.jp  ←❷
# nmcli g ho
host01.knowd.co.jp
# cat /etc/hostname  ←❸
host01.knowd.co.jp
# hostname  ←❹
host01.knowd.co.jp
# hostnamectl  ←❺
   Static hostname: host01.knowd.co.jp  ←❻
         Icon name: computer-vm
```

```
            Chassis: vm
         Machine ID: dc1b1a8444ac4ee780eef8e5a43d004e
            Boot ID: 12e80f9cbcdd45d986be132c056c2054
     Virtualization: kvm
   Operating System: CentOS Linux 7 (Core)
        CPE OS Name: cpe:/o:centos:centos:7
             Kernel: Linux 3.10.0-862.el7.x86_64
       Architecture: x86-64
```

❶現在のホスト名の表示
❷引数にhost01.knowd.co.jpを指定して、ホスト名の変更
❸/etc/hostnameファイルに変更後のホスト名が記載される
❹hostnameコマンドによるホスト名の表示
❺hostnamectlコマンドによるホスト名の表示
❻ホスト名

また、以下は、status（状態）およびpermissions（権限）を表示しています。

ホストの状態と権限の表示

```
# nmcli g s   ←NetworkManagerの全体的な状態を表示
STATE     CONNECTIVITY   WIFI-HW   WIFI   WWAN-HW   WWAN
接続済み   完全            有効      有効     有効
# nmcli g p   ←権限を表示
パーミッション                                              値
org.freedesktop.NetworkManager.enable-disable-network      はい
org.freedesktop.NetworkManager.enable-disable-wifi         はい
org.freedesktop.NetworkManager.enable-disable-wwan         はい
org.freedesktop.NetworkManager.enable-disable-wimax        はい
...（途中省略）...
org.freedesktop.NetworkManager.settings.modify.hostname    はい
...（以下省略）...
```

デバイスの表示と管理（device）

nmcli deviceにより、デバイスの表示と管理を行います。

デバイスの表示と管理

nmcli device {コマンド}

表8-2-7 deviceのコマンド

コマンド	説明
status	ネットワークデバイスの状態表示
show	ネットワークデバイスの詳細情報表示
connect	指定されたネットワークデバイスに接続
disconnect	指定されたネットワークデバイスを切断
delete	指定されたネットワークデバイスの削除
wifi	使用可能なアクセスポイントを表示
wimax	使用可能なWiMAX NSP（ネットワークサービス事業者）を表示

以下の例では、接続（ネットワークインターフェイス）の一覧表示、詳細表示、切断および接続を行っています。

デバイスの表示と管理

```
# nmcli d
DEVICE       TYPE      STATE     CONNECTION
enp0s3       ethernet  接続済み  enp0s3  ←enp0s3は接続済み
virbr0       bridge    接続済み  virbr0
lo           loopback  管理無し  --
virbr0-nic   tun       管理無し  --
# nmcli d d enp0s3  ←enp0s3を切断
デバイス 'enp0s3' が正常に切断されました。
# nmcli d
DEVICE       TYPE      STATE     CONNECTION
virbr0       bridge    接続済み  virbr0
enp0s3       ethernet  切断済み  --  ←enp0s3が切断
lo           loopback  管理無し  --
virbr0-nic   tun       管理無し  --
# nmcli d c enp0s3  ←enp0s3を再度接続
デバイス 'enp0s3' が 'afa4811d-fe77-4f35-bf77-0baf27cda575' で正常にアクティベートされました。
# nmcli device
DEVICE       TYPE      STATE     CONNECTION
enp0s3       ethernet  接続済み  enp0s3  ←enp0s3は接続済み
virbr0       bridge    接続済み  virbr0
lo           loopback  管理無し  --
virbr0-nic   tun       管理無し  --
# nmcli d show enp0s3  ←enp0s3の詳細表示
GENERAL.DEVICE:                         enp0s3
GENERAL.TYPE:                           ethernet
GENERAL.HWADDR:                         08:00:27:FE:26:6F
GENERAL.MTU:                            1500
GENERAL.STATE:                          100 (接続済み)
GENERAL.CONNECTION:                     enp0s3
GENERAL.CON-PATH:                       /org/freedesktop/NetworkManager/
ActiveConnection/4
WIRED-PROPERTIES.CARRIER:               オン
IP4.ADDRESS[1]:                         10.0.2.15/24
IP4.GATEWAY:                            10.0.2.2
…（以下省略）…
```

接続の管理（connection）

nmcli connectionにより、接続の追加、修正、削除などを行います。

接続の追加、修正、削除
nmcli connection {コマンド}

表8-2-8 connectionのコマンド

コマンド	説明
show	接続情報の一覧表示
up	指定した接続を有効化する
down	指定した接続を無効化する
add	新しい接続を追加する
edit	既存の接続を対話的に編集する
modify	既存の接続を編集する
delete	既存の接続を削除する
reload	全ての接続を再読み込みする
load	指定したファイルを再読み込みする

以下の例は、接続の一覧表示、詳細表示を行っています。nmcli deviceコマンドでも同様の内容を表示しますが、さらに詳細な情報を表示します。

接続の表示

```
# nmcli con show  ←接続情報の一覧表示
NAME     UUID                                  TYPE      DEVICE
enp0s3   afa4811d-fe77-4f35-bf77-0baf27cda575  ethernet  enp0s3
virbr0   38c3ea68-9d59-4f1f-b36a-36b88a75386f  bridge    virbr0
# nmcli con show --active  ←有効化されている接続のみ表示
NAME     UUID                                  TYPE      DEVICE
enp0s3   afa4811d-fe77-4f35-bf77-0baf27cda575  ethernet  enp0s3
virbr0   38c3ea68-9d59-4f1f-b36a-36b88a75386f  bridge    virbr0
# nmcli con show enp0s3  ←指定した接続の詳細表示
connection.id:                          enp0s3
connection.uuid:                        afa4811d-fe77-4f35-bf77-
0baf27cda575
connection.stable-id:                   --
connection.type:                        802-3-ethernet
…（途中省略）…
GENERAL.NAME:                           enp0s3
GENERAL.UUID:                           afa4811d-fe77-4f35-bf77-
0baf27cda575
GENERAL.DEVICES:                        enp0s3
GENERAL.STATE:                          アクティベート済み
GENERAL.DEFAULT:                        はい
GENERAL.DEFAULT6:                       いいえ
GENERAL.SPEC-OBJECT:                    --
GENERAL.VPN:                            いいえ
GENERAL.DBUS-PATH:                      /org/freedesktop/NetworkManager/
ActiveConnection/4
GENERAL.CON-PATH:                       /org/freedesktop/NetworkManager/
Settings/1
GENERAL.ZONE:                           --
GENERAL.MASTER-PATH:                    --
IP4.ADDRESS[1]:                         10.0.2.15/24
IP4.GATEWAY:                            10.0.2.2
…（以下省略）…
```

以下の例は、接続の有効化/無効化の切り替えを行っています。なお、接続が有効な状態で接続情報を変更した場合、そのままでは反映されません。したがって、再度、有効化を行うことで設定内容の再読み込みが行われます。

接続の有効化/無効化の切り替え

```
# nmcli con d enp0s3  ←downによる無効化
接続 'enp0s3' が正常に非アクティブ化されました (D-Bus アクティブパス: /org/freedesktop/
NetworkManager/ActiveConnection/4)
# nmcli con u enp0s3  ←upによる有効化
接続が正常にアクティベートされました (D-Bus アクティブパス: /org/freedesktop/
NetworkManager/ActiveConnection/5)
```

以下の例は、modifyコマンドを使用して、既存の接続を編集しています。①の例では、enp0s3がOS起動時に自動起動しない設定となっているため、自動起動するように変更しています。

接続の編集①

```
# nmcli con show enp0s3 | grep connection.autoconnect  ←❶
connection.autoconnect:                 いいえ  ←❷
connection.autoconnect-priority:        0
connection.autoconnect-retries:         -1 (default)
connection.autoconnect-slaves:          -1 (default)
# nmcli con mod enp0s3 connection.autoconnect yes  ←❸
# nmcli con show enp0s3 | grep connection.autoconnect  ←❹
connection.autoconnect:                 はい  ←❺
connection.autoconnect-priority:        0
connection.autoconnect-retries:         -1 (default)
connection.autoconnect-slaves:          -1 (default)
```

❶enp0s3の設定内容を確認
❷connection.autoconnectが「いいえ(no)」になっている
❸enp0s3のconnection.autoconnectをyesに変更
❹enp0s3の設定内容を確認
❺connection.autoconnectが「はい(yes)」になっている

②の例では、DHCPではなく固定のIPアドレスとゲートウェイを設定しています。

接続の編集②

```
# nmcli con show enp0s3 | grep ipv4  ←❶
ipv4.method:                            auto  ←❷
ipv4.dns:                               --
ipv4.dns-search:                        --
ipv4.dns-options:
ipv4.dns-priority:                      0
ipv4.addresses:                         --  ←❸
ipv4.gateway:                           --  ←❹
ipv4.routes:                            --
...(以下省略)...
# nmcli con modify enp0s3 ipv4.method manual ipv4.addresses 172.16.0.10/16
ipv4.gateway 172.16.255.254  ←❺
```

```
#
# nmcli con show enp0s3 | grep ipv4
ipv4.method:                          manual  ←❻
ipv4.dns:                             --
ipv4.dns-search:                      --
ipv4.dns-options:
ipv4.dns-priority:                    0
ipv4.addresses:                       172.16.0.10/16  ←❼
ipv4.gateway:                         172.16.255.254  ←❽
ipv4.routes:                          --
…（以下省略）…
```

❶enp0s3のipv4の設定内容を確認
❷ipv4.methodがautoの場合、DHCP
❸ipv4.addresses（IPアドレス）が未設定
❹ipv4.gateway（ゲートウェイ）が未設定
❺ipv4.method manualで固定IPの指定、IPアドレスは172.16.0.10/16、ゲートウェイは172.16.255.254に設定
❻ipv4.methodがmanualの場合、固定IPの設定
❼ipv4.addresses（IPアドレス）が設定
❽ipv4.gateway（ゲートウェイ）が設定

③の例では、既に設定されているフィールドに対して値を追加(+)、削除(-)しています。また、完全に値を未設定にするには" "を使用します。

接続の編集③

```
# nmcli con modify enp0s3 ipv4.method manual +ipv4.addresses 172.16.0.20/16  ←❶
# nmcli con show enp0s3 | grep ipv4
ipv4.method:                          manual
ipv4.dns:
ipv4.dns-search:
ipv4.addresses:                       172.16.0.10/16, 172.16.0.20/16  ←❷
ipv4.gateway:                         172.16.255.254
ipv4.routes:
…（以下省略）…
# nmcli con modify enp0s3 ipv4.method manual -ipv4.addresses 172.16.0.20/16  ←❸
# nmcli con show enp0s3 | grep ipv4
ipv4.method:                          manual
ipv4.dns:                             --
ipv4.dns-search:                      --
ipv4.dns-options:
ipv4.dns-priority:                    0
ipv4.addresses:                       172.16.0.10/16  ←❹
ipv4.gateway:                         172.16.255.254
ipv4.routes:                          --
…（以下省略）…
# nmcli con modify enp0s3 ipv4.method auto ipv4.addresses  ipv4.gateway  ←❺
# nmcli con show enp0s3 | grep ipv4
ipv4.method:                          auto  ←❻
ipv4.dns:                             --
ipv4.dns-search:                      --
ipv4.dns-options:
ipv4.dns-priority:                    0
ipv4.addresses:                       --  ←❼
ipv4.gateway:                         --  ←❽
```

```
ipv4.routes:                            --
... (以下省略) ...

❶IPアドレスを追加
❷2つ設定されている
❸172.16.0.20/16のみ削除
❹1つ設定されている
❺ipv4.methodはauto、IPアドレス、ゲートウェイは未設定とする
❻ipv4.methodがautoに変更
❼ipv4.addresses (IPアドレス) が未設定
❽ipv4.gateway (ゲートウェイ) が未設定
```

以下は、editコマンドを使用して、既存の接続を編集しています。modifyコマンドとは異なり、対話形式で編集することができます。**nmcli con edit**を実行すると、「nmcli>」プロンプトが表示されます。

まず、①の例では、設定内容の表示を行っています。

既存の接続の編集①

```
# nmcli con edit enp0s3

===| nmcli インタラクティブ接続エディター |===

既存の '802-3-ethernet' 接続を編集中: 'enp0s3'

使用できるコマンドを表示するには 'help' または '?' を入力します。
プロパティー詳細を表示するには、'describe [<setting>.<prop>]' を入力します。

次の設定を変更することができます: connection, 802-3-ethernet (ethernet), 802-1x, dcb,
ipv4, ipv6, tc, proxy
nmcli> print all  ←❶
===============================================================================
                        接続プロファイルの詳細 (enp0s3)
===============================================================================
connection.id:                          enp0s3
connection.uuid:                        a3638f59-e7d4-4418-98a7-85fba626efdc
connection.stable-id:                   --
connection.type:                        802-3-ethernet
... (以下省略) ...
nmcli> print ipv4  ←❷
['ipv4' 設定値]
ipv4.method:                            auto
ipv4.dns:                               --
ipv4.dns-search:                        --
... (以下省略) ...
nmcli> goto ipv4  ←❸
変更できるのは次のプロパティーになります: method, dns, dns-search, dns-options,
dns-priority, addresses, gateway, routes, route-metric, route-table,
ignore-auto-routes, ignore-auto-dns, dhcp-hostname, dhcp-send-hostname,
never-default, may-fail, dad-timeout, dhcp-timeout, dhcp-client-id, dhcp-fqdn
nmcli ipv4> print  ←❹
['ipv4' 設定値]
ipv4.method:                            auto
ipv4.dns:
ipv4.dns-search:
```

```
... (以下省略) ...
nmcli ipv4> back  ←❺
nmcli>

❶「print all」で全ての設定内容を表示
❷「print 項目名」で指定された項目のみ表示
❸「goto 項目名」で指定された項目へ移動
❹プロンプトが「nmcli 項目名」となる
❺トップに戻るにはbackを使用する
```


②の例では、対話形式で既存の接続を編集しています。指定された項目へ値を設定する場合は「set」、値を削除する場合は「remove」を使用します。

既存の接続の編集②

```
# nmcli con edit enp0s3
... (以下省略) ...

nmcli> print ipv4
... (途中省略) ...
ipv4.dhcp-hostname:                         --    ←❶
... (以下省略) ...
nmcli> set ipv4.dhcp-hostname vm0   ←❷
nmcli> print ipv4
... (途中省略) ...
ipv4.dhcp-hostname:                         vm0   ←❸
... (以下省略) ...
nmcli> remove ipv4.dhcp-hostname   ←❹
nmcli> print ipv4
... (途中省略) ...
ipv4.dhcp-hostname:                         --    ←❺
... (以下省略) ...

❶dhcpサーバは未設定
❷dhcpサーバとしてvm0ホストを指定
❸dhcpサーバはvm0ホスト
❹dhcpサーバの設定値を削除
❺dhcpサーバは未設定
```

なお、設定を変更した場合は「save」で保存し、対話を終了する場合は「quit」を使用します。

設定の保存と対話の終了

```
# nmcli con edit enp0s3
... (途中省略) ...

nmcli> save
nmcli> quit
```

以下の例は、addコマンド（接続の追加）、deleteコマンド（接続の削除）の使用例です。実行例として接続名およびデバイス名を指定し作成しています。その他の設定は、「nmcli connection modify（もしくはedit）」で行ってください。

接続の追加と削除（CentOS）

```
# nmcli con show
NAME    UUID                                  TYPE      DEVICE
enp0s3  a3638f59-e7d4-4418-98a7-85fba626efdc  ethernet  enp0s3
#
# nmcli con add type ethernet con-name enp0s8 ifname enp0s8  ←❶
接続 'enp0s8' (c3052adb-560b-4a42-9fb8-657321479578) が正常に追加されました。
# nmcli con show  ←❷
NAME    UUID                                  TYPE      DEVICE
enp0s3  a3638f59-e7d4-4418-98a7-85fba626efdc  ethernet  enp0s3
enp0s8  c3052adb-560b-4a42-9fb8-657321479578  ethernet  --
# ls /etc/sysconfig/network-scripts/ifcfg-*
/etc/sysconfig/network-scripts/ifcfg-enp0s3
/etc/sysconfig/network-scripts/ifcfg-enp0s8  ←❸
/etc/sysconfig/network-scripts/ifcfg-lo
# cat /etc/sysconfig/network-scripts/ifcfg-enp0s8  ←❹
TYPE=Ethernet
PROXY_METHOD=none
…（途中省略）…
NAME=enp0s8
UUID=c3052adb-560b-4a42-9fb8-657321479578
DEVICE=enp0s8
ONBOOT=yes
# nmcli con del enp0s8  ←❺
接続 'enp0s8' (c3052adb-560b-4a42-9fb8-657321479578) が正常に削除されました。
# nmcli con show  ←❻
NAME    UUID                                  TYPE      DEVICE
enp0s3  a3638f59-e7d4-4418-98a7-85fba626efdc  ethernet  enp0s3
# ls /etc/sysconfig/network-scripts/ifcfg-*  ←❼
/etc/sysconfig/network-scripts/ifcfg-enp0s3
/etc/sysconfig/network-scripts/ifcfg-lo
```

❶接続名はenp0s8、デバイスはenp0s8として新規に追加
❷追加されていることを確認
❸/etc/sysconfig/network-scripts/以下にifcfg-enp0s8ファイルが生成されていることを確認
❹ifcfg-enp0s8の内容を確認
❺作成したenp0s8を削除
❻削除されていることを確認
❼/etc/sysconfig/network-scripts/以下にifcfg-enp0s8ファイルが削除されていることを確認

以下の例は、上記の「addコマンド（接続の追加）、deleteコマンド（接続の削除）」をUbuntuで行った場合です。

接続の追加と削除（Ubuntu）

```
$ nmcli con show
NAME        UUID                                  TYPE      DEVICE
有線接続 1  b9c44941-8fac-3e30-9f50-e60a3650dab0  ethernet  enp0s3
$
```

```
$ sudo nmcli con add type ethernet con-name enp0s8 ifname enp0s8  ←❶
[sudo] user01 のパスワード: ****
接続 'enp0s8' (39dd8991-79cb-455c-84c3-5fb40017d071) が正常に追加されました。
$ nmcli con show  ←❷
NAME        UUID                                  TYPE      DEVICE
有線接続 1  b9c44941-8fac-3e30-9f50-e60a3650dab0  ethernet  enp0s3
enp0s8      39dd8991-79cb-455c-84c3-5fb40017d071  ethernet  --
$ ls /etc/NetworkManager/system-connections
enp0s8  ←❸
$ sudo cat /etc/NetworkManager/system-connections/enp0s8  ←❹
[connection]
id=enp0s8
uuid=39dd8991-79cb-455c-84c3-5fb40017d071
type=ethernet
interface-name=enp0s8
permissions=

[ethernet]
mac-address-blacklist=

[ipv4]
dns-search=
method=auto

[ipv6]
addr-gen-mode=stable-privacy
dns-search=
method=auto
$ sudo nmcli con del enp0s8  ←❺
接続 'enp0s8' (39dd8991-79cb-455c-84c3-5fb40017d071) が正常に削除されました。
$ nmcli con show  ←❻
NAME        UUID                                  TYPE      DEVICE
有線接続 1  b9c44941-8fac-3e30-9f50-e60a3650dab0  ethernet  enp0s3
$ ls /etc/NetworkManager/system-connections  ←❼
```


実行例内の❶〜❼の処理はCentOSと同じです。ただし、❸❹❼で設定ファイルの確認をしていますが、Ubuntuの場合は、**/etc/NetworkManager/system-connections**以下に作成されています。

nmcliで使用されるconnection（接続）、device（デバイス）、interface（インターフェイス）は次の意味で使用されています。

- device（デバイス）とinterface（インターフェイス）は同義
- connection（接続）は通常はインターフェイス名、インターフェイスのIP アドレス、接続名を含む情報（プロファイル）であり、メモリー中あるいは設定ファイルに保存される
- インターフェイス名はカーネルによって検知され、udevで命名された名前を指定する

例えば、上記の実行例の引数では、「con-name 接続名」や「ifname インターフェイス名」を指定しています。

これは、実行後の設定ファイルでは以下のようになります。

図8-2-2 実行後の設定ファイル

CentOS	Ubuntu
NAME=接続名 DEVICE=インターフェイス名	id=接続名 interface-name=インターフェイス名

以下の例は、reloadとloadの各コマンドを使用して、設定ファイルの再読み込みを行います。通常、接続情報の変更は、引数modify(もしくはedit)で行い、その後「nmcli connection up」を実行することで設定の再読み込みは行われます。reload/loadは、接続の設定ファイルを直接編集した場合に使用します。

設定ファイルの再読み込み

```
# nmcli con reload  ←❶
# nmcli con load /etc/sysconfig/network-scripts/ifcfg-enp0s3  ←❷
```

❶reloadにより全ての接続情報を再読み込みする
❷「load ファイル名」により指定されたファイルを読み込む

Wifiインターフェイスの管理

以下の例は、NetworkManagerのためのWifiプラグインのパッケージ**NetworkManager-wifi**をインストールしています。NetworkManagerでWifi I/Fの設定を行うにはこのパッケージが必要です。

NetworkManager-wifiパッケージのインストール

```
# yum install NetworkManager-wifi
…（以下省略）…
```

以下の例は、**iwlist**コマンドに、Wifi I/F名(例：wlp2s0)とパラメータscanを指定して実行し、使用するアクセスポイントのESSIDをスキャン(検索)しています。

アクセスポイントのスキャン

```
# iwlist wlp2s0 scan |grep ESSID
  ESSID:Sample-KDC
```

iwlistコマンドは、無線LANインターフェイスをスキャンするためのコマンドです。周囲で稼動しているアクセスポイントのESSIDを調べる時などに利用します。

なお、iwlistコマンドは**wireless-tools**パッケージで提供されています。未インストールの場合は、以下を実行してインストールしてください。

wireless-toolsパッケージのインストール

```
# yum install epel-release
…（以下省略）…
# yum install wireless-tools
…（以下省略）…
```

以下の例は、nmcliコマンドでアクセスポイントSample-KDCに接続しています。「アクセスポイントのパスワード」は各自の環境に合わせて入力してください。

アクセスポイントとパスワードを指定して接続

```
# nmcli d wifi connect Sample-KDC password アクセスポイントのパスワード
```

以下の例は、nmcliコマンドでアクセスポイントSample-KDCへの接続状態を確認しています。

アクセスポイントの接続状態の確認

```
# nmcli d show wlp2s0
GENERAL.状態: 100 (接続済み)
GENERAL.接続: Sample-KDC
IP4.アドレス[1]: 192.168.111.107/24
IP4.ゲートウェイ: 192.168.111.1
IP4.DNS[1]: 8.8.8.8
```

8-3 ネットワークの状態把握と調査を行うコマンド

ネットワークの管理と監視の基本コマンド (ip)

ネットワークの状態を把握する方法を説明します。なお、CentOS、Ubuntu共に、routeやifconfigコマンドなどが含まれる**net-tools**パッケージから、ipコマンドなどを含む**iproute2**ユーティリティ(パッケージ名はiproute)の使用が推奨されています。

ここでは主にipコマンドを紹介しますが、比較として従来のコマンドの使用例も掲載します。

net-toolsパッケージが未インストールの場合は、インストールしてください。

- **CentOS**：yum install net-tools
- **Ubuntu**　：apt install net-tools

表8-3-1 net-toolsパッケージとiproute2パッケージの比較

net-tools	iproute2
ifconfig -a	ip addr
ifconfig enp0s3 down	ip link set enp0s3 down
ifconfig enp0s3 up	ip link set enp0s3 up
ifconfig enp0s9 192.168.20.15 netmask 255.255.255.0	ip addr add 192.168.20.15/24 dev enp0s9
ifconfig enp0s3 mtu 5000	ip link set enp0s3 mtu 5000
arp -a	ip neigh
arp -v	ip -s neigh
arp -s 172.16.0.10 08:00:27:69:93:25	ip neigh add 172.16.0.10 lladdr 08:00:27:69:93:25 dev enp0s3
arp -i enp0s3 -d 172.16.0.10	ip neigh del 172.16.0.10 dev enp0s3
netstat	ss
netstat -g	ip maddr

ipコマンドは、ネットワークインターフェイス、ルーティング、ARPキャッシュ、ネットワークネームスペースなどの設定と表示をするコマンドです。従来のifconfigにかわるコマンドで、多様な機能を持ちます。ifconfigはカーネルとの通信に「INETソケット＋ioctl」を利用しますが、ipコマンドはioctlの後継として開発されたNETLINKソケットを利用します。

ネットワークの管理と監視

ip [オプション] オブジェクト {コマンド | help}

ipコマンドは、操作の対象をオブジェクトとして指定します。そして、オブジェクトに対して行う指示をコマンドに指定します。表8-3-2は主なオブジェクトです。なお、オブジェクトを指定する際、前方一致による省略した名前で使用することができます。

表8-3-2 ipコマンドのオブジェクト

オブジェクト	説明
address	IPアドレスとプロパティ情報の表示、変更
link	ネットワークインターフェイスの状態を表示、管理
maddress	マルチキャストIPアドレスの管理
neighbour	隣接するarpテーブルの表示、管理
help	各オブジェクトのヘルプを表示

表8-3-3 ipコマンドのオプション

オプション	説明
-s	詳細情報を表示する
-r	アドレスのかわりにDNS名を表示する

以降、各オブジェクトに対する使用例を掲載します。

IPアドレスとプロパティ情報の表示、変更(address)

ip addressにより、IPアドレスとプロパティ情報の表示や変更が可能です。

次の例では、全てのアドレス情報を表示しています。なお、net-toolsでは、**ifconfig**コマンドで表示します。また、以降の例では、名前を省略した形でコマンドを使用しています。

IPアドレスとプロパティ情報の表示・変更

```
# ip addr  ←❶
…（途中省略）…
2: enp0s3: <BROADCAST,MULTICAST,UP,LOWER_UP> mtu 1500 qdisc pfifo_fast
state UP group default qlen 1000
    link/ether 08:00:27:2b:2a:ff brd ff:ff:ff:ff:ff:ff  ←❷
    inet 172.16.0.10/16 brd 172.16.255.255 scope global noprefixroute
enp0s3  ←❸
       valid_lft forever preferred_lft forever
    inet6 fe80::4f03:c3d8:fa79:bba6/64 scope link noprefixroute
       valid_lft forever preferred_lft forever
    inet6 fe80::e9f5:ceb2:6ad0:4e15/64 scope link tentative noprefixroute
dadfailed
       valid_lft forever preferred_lft forever
…（以下省略）…
#
# ip addr show dev enp0s3  ←❹
2: enp0s3: <BROADCAST,MULTICAST,UP,LOWER_UP> mtu 1500 qdisc pfifo_fast
state UP group default qlen 1000
    link/ether 08:00:27:fe:26:6f brd ff:ff:ff:ff:ff:ff
    inet 10.0.2.15/24 brd 10.0.2.255 scope global noprefixroute dynamic
enp0s3
```

```
        valid_lft 86153sec preferred_lft 86153sec
    inet6 fe80::1c26:2f09:1f34:bd7b/64 scope link noprefixroute
        valid_lft forever preferred_lft forever
#
# ifconfig -a  ←❺
enp0s3: flags=4163<UP,BROADCAST,RUNNING,MULTICAST>  mtu 1500
        inet 172.16.0.10  netmask 255.255.0.0  broadcast 172.16.255.255
        ↑❻
        inet6 fe80::e9f5:ceb2:6ad0:4e15  prefixlen 64  scopeid 0x20<link>
        inet6 fe80::4f03:c3d8:fa79:bba6  prefixlen 64  scopeid 0x20<link>
        ether 08:00:27:2b:2a:ff  txqueuelen 1000  (Ethernet) ←❼
        …（以下省略）…
#
# ifconfig -v enp0s3  ←❽
enp0s3: flags=4163<UP,BROADCAST,RUNNING,MULTICAST>  mtu 1500
        inet 172.16.0.10  netmask 255.255.0.0  broadcast 172.16.255.255
        inet6 fe80::e9f5:ceb2:6ad0:4e15  prefixlen 64  scopeid 0x20<link>
        inet6 fe80::4f03:c3d8:fa79:bba6  prefixlen 64  scopeid 0x20<link>
        ether 08:00:27:2b:2a:ff  txqueuelen 1000  (Ethernet)
        …（以下省略）…
```

❶ipコマンドでの表示
❷MACアドレスは08:00:27:2b:2a:ff
❸IPアドレスは172.16.0.10/16
❹指定したデバイスの詳細表示
❺ifconfigコマンドでの表示
❻IPアドレスは172.16.0.10、netmask 255.255.0.0(プレフィックス表記では、172.16.0.10/16)
❼MACアドレスは08:00:27:2b:2a:ff
❽指定したデバイスの詳細表示

次の例は、アドレスの追加および削除を行っています。ipコマンドで同一インターフェイスへの複数のアドレス割り当てを行っています。

IPアドレスの追加と削除

```
# ip addr add 172.16.0.20/16 dev enp0s3  ←❶
# ip addr show dev enp0s3  ←❷
2: enp0s3: <BROADCAST,MULTICAST,UP,LOWER_UP> mtu 1500 qdisc pfifo_fast
state UP group default qlen 1000
    link/ether 08:00:27:2b:2a:ff brd ff:ff:ff:ff:ff:ff
    inet 172.16.0.10/16 brd 172.16.255.255 scope global noprefixroute
enp0s3
        valid_lft forever preferred_lft forever
    inet 172.16.0.20/16 scope global secondary enp0s3  ←❸
        valid_lft forever preferred_lft forever
    inet6 fe80::4f03:c3d8:fa79:bba6/64 scope link noprefixroute
        valid_lft forever preferred_lft forever
    inet6 fe80::e9f5:ceb2:6ad0:4e15/64 scope link tentative noprefixroute
dadfailed
        valid_lft forever preferred_lft forever
# ip addr del 172.16.0.20/16 dev enp0s3  ←❹
```

❶enp0s3にIPアドレス172.16.0.20/16を追加
❷指定したデバイス（enp0s3）の詳細表示
❸172.16.0.20/16が追加されている
❹enp0s3からIPアドレス172.16.0.20/16を削除

ネットワークインターフェイスの状態を表示、管理（link）

ip linkにより、ネットワークインターフェイスの状態を表示および管理が可能です。

以下の例①では、インターフェイスのオン/オフの切り替えを行っています。なお、net-toolsでは、**ifconfig**コマンドで行います。

ネットワークインターフェイスの状態の表示と管理①

```
# ip link show dev enp0s3  ←❶
2: enp0s3: <BROADCAST,MULTICAST,UP,LOWER_UP> mtu 1500 qdisc pfifo_fast
state UP  ←❷
mode DEFAULT group default qlen 1000
    link/ether 08:00:27:2b:2a:ff brd ff:ff:ff:ff:ff:ff
# ip link set enp0s3 down  ←❸
# ip link show dev enp0s3  ←❹
2: enp0s3: <BROADCAST,MULTICAST> mtu 1500 qdisc pfifo_fast state DOWN
                                                                   ↑❺
mode DEFAULT group default qlen 1000
    link/ether 08:00:27:2b:2a:ff brd ff:ff:ff:ff:ff:ff
# ip link set enp0s3 up  ←❻
# ip link show dev enp0s3
2: enp0s3: <BROADCAST,MULTICAST,UP,LOWER_UP> mtu 1500 qdisc pfifo_fast
state UP  ←❼
mode DEFAULT group default qlen 1000
    link/ether 08:00:27:2b:2a:ff brd ff:ff:ff:ff:ff:ff
#
# ifconfig enp0s3  ←❽
enp0s3: flags=4163<UP,BROADCAST,RUNNING,MULTICAST>  mtu 1500
        inet 172.16.0.10  netmask 255.255.0.0  broadcast 172.16.255.255
        inet6 fe80::e9f5:ceb2:6ad0:4e15  prefixlen 64  scopeid 0x20<link>
        inet6 fe80::4f03:c3d8:fa79:bba6  prefixlen 64  scopeid 0x20<link>
        ether 08:00:27:2b:2a:ff  txqueuelen 1000  (Ethernet)
        …（以下省略）…
#
# ifconfig enp0s3 down  ←❾
# ifconfig enp0s3
enp0s3: flags=4098<BROADCAST,MULTICAST>  mtu 1500  ←❿
        ether 08:00:27:2b:2a:ff  txqueuelen 1000  (Ethernet)
        …（以下省略）…
# ifconfig enp0s3 up  ←⓫
```

❶現在のenp0s3デバイスの状態
❷UPによりオンライン
❸enp0s3をオフラインに切り替え
❹現在のenp0s3デバイスの状態
❺DOWNによりオフライン
❻enp0s3をオンラインに切り替え
❼UPによりオンライン
❽ifconfigコマンドで現在のenp0s3デバイスの状態
❾ifconfigコマンドでオフラインへの切り替え
❿UPが未記載。オフラインである
⓫ifconfigコマンドでオンラインへの切り替え

②の例は、mtu（1フレームで送信できるデータの最大値を示す伝送単位）を1400に設定しています。

ネットワークインターフェイスの状態の表示と管理②

```
# ip link show dev enp0s3  ←❶
2: enp0s3: <BROADCAST,MULTICAST,UP,LOWER_UP> mtu 1500 qdisc pfifo_fast
state UP  ←❷
mode DEFAULT group default qlen 1000
    link/ether 08:00:27:2b:2a:ff brd ff:ff:ff:ff:ff:ff
# ip link set enp0s3 mtu 1400  ←❸
# ip link show dev enp0s3
2: enp0s3: <BROADCAST,MULTICAST,UP,LOWER_UP> mtu 1400 qdisc pfifo_fast
state UP  ←❹
mode DEFAULT group default qlen 1000
    link/ether 08:00:27:2b:2a:ff brd ff:ff:ff:ff:ff:ff
```

❶現在のenp0s3デバイスの状態
❷mtuは1500
❸mtuを1400に変更
❹mtuは1400

マルチキャストIPアドレスの管理（maddress）

通信は1対1の他、複数のタイプがあります。主な通信のタイプは以下の通りです。

◇ユニキャスト

1台のコンピュータを指定してデータを通信するタイプです。通常のコンピュータ通信は、ユニキャストがほとんどです。

◇マルチキャスト

複数台の端末からなるグループを指定してデータを通信するタイプです。マルチキャストは動画配信等に使用されます。マルチキャストアドレスは、クラスDのIPアドレスで範囲は「224.0.0.0〜239.255.255.255」です。

◇ブロードキャスト

同じネットワークに属する全コンピュータ宛てにデータを通信するタイプです。ブロードキャストは、コンピュータ自身が自分の存在をネットワークの他のコンピュータに通知したり、情報の検索などに使用されることが多いです。

ip maddressにより、マルチキャストアドレスの管理が可能です。

マルチキャストアドレスの管理

```
# ip maddr  ←❶
1:    lo
      inet  224.0.0.1
      inet6 ff02::1
```

```
      inet6 ff01::1
2:    enp0s3
      link  01:00:5e:00:00:01
      link  01:00:5e:00:00:fb
      inet  224.0.0.251
      inet  224.0.0.1
…（以下省略）…
# ip maddr show dev enp0s3  ←❷
2:    enp0s3
      link  01:00:5e:00:00:01
      link  01:00:5e:00:00:fb
      inet  224.0.0.251
      inet  224.0.0.1
# ip maddr add 33:33:00:00:00:01 dev enp0s3  ←❸
# ip maddr show dev enp0s3  ←❹
2:    enp0s3
      link  01:00:5e:00:00:01
      link  01:00:5e:00:00:fb
      link  33:33:00:00:00:01 static  ←❺
      inet  224.0.0.251
      inet  224.0.0.1
# ip maddr del 33:33:00:00:00:01 dev enp0s3  ←❻
```

❶全てのデバイスのマルチキャスト情報を表示
❷enp0s3のマルチキャスト情報を表示
❸enp0s3にリンク層のマルチキャストアドレスを追加
❹enp0s3のマルチキャスト情報を表示
❺追加されている
❻enp0s3からマルチキャストアドレスを削除

arpテーブルの表示、管理（neighbour）

ip neighbourにより、arpテーブルの表示が可能です。

以下の例では、arpテーブルの表示を行っています。なお、net-toolsでは、**arp**コマンドで行います。arpテーブルおよびarpコマンドの詳細は後述します。

arpテーブルの表示

```
# ip neigh  ←❶
192.168.20.254 dev enp0s9 lladdr 68:05:ca:1d:5d:62 STALE  ←❷
172.16.0.10 dev enp0s3 lladdr 08:00:27:2b:2a:ff REACHABLE  ←❸
192.168.20.236 dev enp0s9 lladdr 34:95:db:2d:54:49 REACHABLE
172.16.0.11 dev enp0s3 lladdr 08:00:27:33:0b:3b STALE
#
# ping 192.168.20.254  ←❹
PING 192.168.20.254 (192.168.20.254) 56(84) bytes of data.
64 bytes from 192.168.20.254: icmp_seq=1 ttl=64 time=1.20 ms
64 bytes from 192.168.20.254: icmp_seq=2 ttl=64 time=1.07 ms
^C
--- 192.168.20.254 ping statistics ---
2 packets transmitted, 2 received, 0% packet loss, time 1002ms
rtt min/avg/max/mdev = 1.079/1.139/1.200/0.069 ms
#
# ip neigh  ←❺
```

```
192.168.20.254 dev enp0s9 lladdr 68:05:ca:1d:5d:62 REACHABLE  ←❻
172.16.0.10 dev enp0s3 lladdr 08:00:27:2b:2a:ff STALE
192.168.20.236 dev enp0s9 lladdr 34:95:db:2d:54:49 REACHABLE
172.16.0.11 dev enp0s3 lladdr 08:00:27:33:0b:3b STALE
#
# arp  ←❼
Address             HWtype  HWaddress           Flags Mask    Iface
192.168.20.236      ether   34:95:db:2d:54:49   C             enp0s9
172.16.0.10         ether   08:00:27:2b:2a:ff   C             enp0s3
172.16.0.11         ether   08:00:27:33:0b:3b   C             enp0s3
192.168.20.254      ether   68:05:ca:1d:5d:62   C             enp0s9
```

❶arpテーブルの表示
❷「STALE」はアドレス解決後時間が経ち、しばらく近隣との間で双方通信していない状態
❸「REACHABLE」はアドレス解決が完了している状態
❹192.168.20.254にpingを実行する
❺再度、arpテーブルの表示
❻「STALE」から「REACHABLE」に状態が変わる
❼arpコマンドの使用

以下の例は、arpテーブルにエントリの追加、削除を行っています。

arpテーブルのエントリの追加、削除

```
# ip neigh  ←❶
192.168.20.254 dev enp0s9 lladdr 68:05:ca:1d:5d:62 STALE
172.16.0.10 dev enp0s3 lladdr 08:00:27:2b:2a:ff STALE
192.168.20.236 dev enp0s9 lladdr 34:95:db:2d:54:49 REACHABLE
172.16.0.11 dev enp0s3 lladdr 08:00:27:33:0b:3b STALE
#
# ip neigh add 192.168.20.2 lladdr 00:1b:a9:bb:f1:52 dev enp0s3  ←❷
# ip neigh
192.168.20.254 dev enp0s9 lladdr 68:05:ca:1d:5d:62 STALE
192.168.20.2 dev enp0s3 lladdr 00:1b:a9:bb:f1:52 PERMANENT  ←❸
172.16.0.10 dev enp0s3 lladdr 08:00:27:2b:2a:ff STALE
192.168.20.236 dev enp0s9 lladdr 34:95:db:2d:54:49 REACHABLE
172.16.0.11 dev enp0s3 lladdr 08:00:27:33:0b:3b STALE
#
# ip neigh del 192.168.20.2 dev enp0s3  ←❹
```

❶aprテーブルの表示
❷ipアドレスは192.168.20.2、MACアドレスは00:1b:a9:bb:f1:52を持つエントリを追加する
❸手動で登録したため、静的な登録を表す「PERMANENT」を表示
❹前で追加したエントリを削除

ネットワークの管理と監視の基本コマンド(その他)

ipコマンド以外で提供されている、ネットワークの管理と監視を行うコマンドを説明します。

ポート、ソケット、ルーティング情報の表示(netstat)

netstatコマンドは、TCPとUDPのサービスポートの状態、Unixドメインソケットの状態、ルーティング情報などを表示します。

ポート、ソケット、ルーティング情報の表示

```
netstat [オプション]
```

表8-3-4 netstatコマンドのオプション

オプション	説明
-a、--all	全てのプロトコル(TCP、UDP、UNIXソケット)を表示。ソケットの接続待ち(LISTEN)を含め全て表示
-l、--listening	接続待ち(LISTEN)のソケットを表示
-n、--numeric	ホスト、ポート、ユーザなど名前を解決せず、数字のアドレスで表示
-r、--route	ルーティングテーブルを表示
-s、--statistics	統計情報を表示
-g、--groups	マルチキャスト・グループに関する情報を表示
-t、--tcp	TCPソケットを表示
-u、--udp	UDPソケットを表示
-x、--unix	UNIXソケットを表示

オプションを指定しないで実行した場合は、TCPポートのLISTEN(待機)以外のESTABLISHED(接続確立)などの状態と、Unixドメインソケットの状態を表示します。

ポート、ソケット、ルーティング情報の表示

```
# netstat
Active Internet connections (w/o servers)
Proto Recv-Q Send-Q Local Address           Foreign Address         State
tcp        0      0 host00.knowd.co.jp:ssh  192.168.20.236:50224    ESTABLISHED  ←❶
…(途中省略)…
Active UNIX domain sockets (w/o servers)
Proto RefCnt Flags       Type       State         I-Node   Path
unix  5      [ ]         DGRAM                    6669     /run/systemd/journal/socket
…(以下省略)…
```

上記の実行例の❶部分で、ローカルのhost00.knowd.co.jpからsshでリモートの「192.168.20.236」にログインして、コネクションが確立(ESTABLISHED)されていることを表しています。また、「Active UNIX domain sockets」に表示されている「unix」とは、同じローカルホスト上のサーバプロセスとクライアントプロセスがソケットファイルを介して行うプロセス間通信の仕組みを指します。

表8-3-5 TCP、UDPの各フィールド名

フィールド名	説明
Proto	ソケットが使用するプロトコル
Recv-Q	ソケットに接続しているプロセスに渡されなかったデータのバイト数
Send-Q	リモートホストが受け付けなかったデータのバイト数
Local Address	ローカル側のIPアドレスとポート番号 DNS等を使用している場合は、名前解決によってホスト名とサービス名に変換されて表示される
Foreign Address	リモート側のIPアドレスとポート番号 DNS等を使用している場合は、名前解決によってホスト名とサービス名に変換されて表示される
State	ソケットの状態。主な状態は以下の通り ESTABLISHED：コネクションが確立 LISTEN：リクエストの到着待ち（待機状態） CLOSE_WAIT：リモート側のシャットダウンによるソケットのクローズ待ち

ソケットの統計情報の表示（ss）

ssコマンドは、netstatコマンドと同様にソケットの統計情報を表示します。netstatコマンドの後継として提供されており、オプションもnetstatと類似したものが提供されています。オプションを指定していない場合は、接続が確立（ESTABLISHED）しているものを表示します。

ソケットの統計情報の表示

ss [オプション] [フィルタ]

表8-3-6 ssコマンドのオプション

オプション	説明
-n、--numeric	サービス名の名前解決をせず、数値で表示
-r、--resolve	アドレスとポートの名前解決を行う
-a、--all	listening（待機）状態も含めて、全てのソケットを表示
-l、--listening	listening（待機）状態のソケットだけを表示
-p、--processes	ソケットを使用しているプロセスを表示
-t、--tcp	TCPソケットを表示
-u、--udp	UDPソケットを表示
-x、--unix	Unixドメインソケットを表示

表8-3-7 ssコマンドのフィルタ

フィルタの種類	フィルタ	説明
state（状態）フィルタ	all	全てのstate 例）ss -t state all
	connected	listenあるいはclosed以外の全てのstate 例）ss -t state connected
	synchronized	syn-sent以外の全てのconnected state 例）ss -t state synchronized

expression（条件式） フィルタ	sport =	source port（発信元ポート）によるフィルタ 例）ss -t '(sport = :ssh)'
	dport =	destination port（宛先ポート）によるフィルタ 例）ss -t '(dport = :http)'

TCPソケットのstateには、以下のものがあります。

established、syn-sent、syn-recv、fin-wait-1、fin-wait-2、time-wait
closed、close-wait、last-ack、listen、closing

ソケットの統計情報の表示

```
# ss  ←❶
Netid  State      Recv-Q Send-Q Local Address:Port                Peer
Address:Port
u_str  ESTAB      0      0      /run/systemd/journal/stdout 14966
* 14965
u_str  ESTAB      0      0       * 18213                    * 18214
u_str  ESTAB      0      0      /run/dbus/system_bus_socket 18348
* 18347
u_str  ESTAB      0      0       * 18133                    * 18134
u_str  ESTAB      0      0       * 18214                    * 18213
u_str  ESTAB      0      0       * 18166                    * 18165
u_str  ESTAB      0      0       * 14965                    * 14966
u_str  ESTAB      0      0      /run/systemd/journal/stdout 14681
* 14680
…（以下省略）…
# netstat -ta  ←❷
Active Internet connections (servers and established)
Proto Recv-Q Send-Q Local Address           Foreign Address         State
tcp        0      0 0.0.0.0:ssh             0.0.0.0:*
LISTEN
tcp        0      0 localhost:smtp          0.0.0.0:*
LISTEN
tcp        0      0 host00.knowd.co.jp:ssh  192.168.20.236:50224
ESTABLISHED
…（途中省略）…
tcp6       0      0 [::]:ssh                [::]:*
LISTEN
tcp6       0      0 localhost:smtp          [::]:*                  LISTEN
LISTEN
# ss -ta  ←❸
State      Recv-Q Send-Q                Local Address:Port
Peer Address:Port
LISTEN     0      128                               *:ssh
*:*
LISTEN     0      100                      127.0.0.1:smtp
*:*
ESTAB      0      0                   192.168.20.235:ssh
192.168.20.236:50224
…（途中省略）…
LISTEN     0      128                             :::ssh
:::*
LISTEN     0      100                            ::1:smtp
```

```
:::*
```

❶接続が確立（ESTABLISHED）しているものを表示
❷TCPかつ、接続待ち（LISTEN）を含め表示
❸TCPかつ、接続待ち（LISTEN）を含め表示

ホスト間の疎通確認（ping）

pingコマンドは、ICMP（Internet Control Message Protocol）というプロトコルを使用したパケットをホストに送信し、その応答を調べることにより、IPレベルでのホスト間の接続性をテストします。

ICMPはデータ転送時の異常を通知する機能や、ホストやネットワークの状態を調べる機能を提供するプロトコルで、IPと共に実装されます。pingコマンドはICMPの「echo request」パケットを相手ホストに送信し、相手ホストからの「echo reply」パケットの応答により、接続性を調べます。

ホスト間の疎通確認

ping [オプション] 送信先ホスト

表8-3-8 pimgコマンドのオプション

オプション	説明
-c 送信パケット個数	送信するパケットの個数を指定。指定された個数を送信するとpingは終了する デフォルトでは[Ctrl]＋[c]で終了するまでパケットの送信を続ける
-i 送信間隔	送信間隔を指定（単位は秒）。デフォルトは1秒

ホスト間の疎通確認

```
# ping 172.16.0.10  ←❶
PING 172.16.0.10 (172.16.0.10) 56(84) bytes of data.
64 bytes from 172.16.0.10: icmp_seq=1 ttl=64 time=0.447 ms
64 bytes from 172.16.0.10: icmp_seq=2 ttl=64 time=0.933 ms
…（途中省略）…
^C
--- 172.16.0.10 ping statistics ---
2 packets transmitted, 2 received, 0% packet loss, time 1000ms  ←❷
rtt min/avg/max/mdev = 0.511/0.680/0.850/0.171 ms
#
# ping -c 1 172.16.0.10  ←❸
PING 172.16.0.10 (172.16.0.10) 56(84) bytes of data.
64 bytes from 172.16.0.10: icmp_seq=1 ttl=64 time=0.277 ms

--- 172.16.0.10 ping statistics ---
1 packets transmitted, 1 received, 0% packet loss, time 0ms
rtt min/avg/max/mdev = 0.277/0.277/0.277/0.000 ms
# ping -c 1 kwd-corp.com  ←❹
PING kwd-corp.com (133.242.128.165) 56(84) bytes of data.
64 bytes from www1151ui.sakura.ne.jp (133.242.128.165): icmp_seq=1 ttl=52
time=29.2 ms

--- kwd-corp.com ping statistics ---
```

```
1 packets transmitted, 1 received, 0% packet loss, time 0ms
rtt min/avg/max/mdev = 29.236/29.236/29.236/0.000 ms
#
# ping 172.16.0.12
PING 172.16.0.12 (172.16.0.12) 56(84) bytes of data.
From 172.16.255.254 icmp_seq=1 Destination Host Unreachable    ←❺
From 172.16.255.254 icmp_seq=2 Destination Host Unreachable
From 172.16.255.254 icmp_seq=3 Destination Host Unreachable
From 172.16.255.254 icmp_seq=4 Destination Host Unreachable
^C
--- 172.16.0.12 ping statistics ---
4 packets transmitted, 0 received, +4 errors, 100% packet loss, time
2999ms                                                   ↑❻
pipe 4
```

❶172.16.0.10ホストに対して、pingコマンドを実行
❷「2 packets transmitted, 2 received, 0% packet loss」のメッセージから、2個のパケットに対して応答があり、パケットの喪失（packet loss）はゼロであることがわかる。pingを中止する時は［Ctrl］+［c］を押す
❸「-c 1」オプションの指定により、パケットを1個だけ送信
❹ドメイン名によるpingの利用
❺❻「Destination Host Unreachable」および「100% packet los」のメッセージから、172.16.0.12から応答がないことがわかる

通信が失敗する理由はさまざまですが、4つの例を掲載します。

◇IPアドレスの設定不良

通信元と通信先が同じネットワークの場合、ネットワークアドレスが同じはずです。送信元では、指定された相手ホストのIPアドレスのネットマスク値で指定されたネットワーク部分の値が自分と異なるネットワークに属すると判断した場合「宛先ホストに到達できない」旨のエラーメッセージを表示します。また、指定されたIPアドレスが同じネットワーク内に見つからない場合は、同様のメッセージとなります。上記実行結果の❺、❻はこの例です。

◇デフォルトゲートウェイの設定不備

通信元と通信先が異なるネットワークの場合、デフォルトゲートウェイの設定を行っていない、または、ルータ/L3スイッチのIPアドレスと異なるIPアドレスを設定してしまっているなどの理由により、通信が失敗します。

◇物理的ネットワークの不良

IPアドレス、サブネットマスク、デフォルトゲートウェイが正しく設定されていたとしても、イーサネットケーブルや、スイッチが故障していた場合は通信できません。

◇名前解決ができていない

IPアドレスを指定して応答があるのにもかかわらず、ドメイン名を指定すると応答しない場合は名前解決ができていないためです。

プロセスがオープンしているファイルの表示 (lsof)

lsofコマンドは、プロセスによってオープンされているファイルの一覧を表示するコマンドです。引数にファイル名を指定すると、そのファイルをオープンしているプロセスを表示します。また、「-i:ポート番号」オプションを付けることによって、指定のポートをオープンしているプロセスを見つけることができます。

なお、rootだけが全てのファイルおよびポートを表示できます。

> lsofが未インストールの場合は、インストールしてください。
>
> - **CentOS**：yum install lsof
> - **Ubuntu**：apt install lsof

プロセスがオープンしているファイルの表示

lsof [オプション] [ファイル名]

表8-3-9 lsofコマンドのオプション

オプション	説明
-i	オープンしているインターネットファイル（ポート）とプロセスを表示する 「-i:ポート番号」あるいは「-i:サービス名」として、特定のポートやサービスを指定することもできる
-p プロセスID	指定したプロセスがオープンしているファイルを表示する
-P	ポート番号をサービス名に変換せず、数値のままで表示する

プロセスがオープンしているファイルの表示

```
# lsof  ←❶
COMMAND     PID  TID    USER    FD       TYPE             DEVICE  SIZE/OFF
NODE NAME
systemd       1         root  cwd        DIR              253,0        224
64 /
systemd       1         root  rtd        DIR              253,0        224
64 /
systemd       1         root  txt        REG              253,0   1612152
6574664 /usr/lib/systemd/systemd
…（以下省略）…
# lsof /var/log/messages  ←❷
COMMAND   PID USER   FD   TYPE DEVICE SIZE/OFF NODE NAME
rsyslogd  607 root    3w   REG  253,0   595053 9512 /var/log/messages
tail     3993 root    3r   REG  253,0   595053 9512 /var/log/messages
# lsof -i:ssh  ←❸
COMMAND  PID USER   FD   TYPE DEVICE SIZE/OFF NODE NAME
sshd    1070 root    3u  IPv4  17474      0t0  TCP *:ssh (LISTEN)
sshd    1070 root    4u  IPv6  17483      0t0  TCP *:ssh (LISTEN)
sshd    1328 root    3u  IPv4  18511      0t0  TCP host00.knowd.co.
jp:ssh->192.168.20.236:50031 (ESTABLISHED)
# lsof -i:22  ←❹
COMMAND  PID USER   FD   TYPE DEVICE SIZE/OFF NODE NAME
sshd    1070 root    3u  IPv4  17474      0t0  TCP *:ssh (LISTEN)
```

```
sshd      1070 root    4u  IPv6  17483       0t0  TCP *:ssh (LISTEN)
sshd      1328 root    3u  IPv4  18511       0t0  TCP host00.knowd.co.
jp:ssh->192.168.20.236:50031 (ESTABLISHED)
```

❶引数を付けずに実行。オープンされている全てのファイルが表示される
❷引数に/var/log/messagesを指定。このファイルをオープンしているプロセスがrsyslogdとtailコマンドであることがわかる
❸サービス名を指定して実行中のプロセスを表示
❹ポート番号を指定して実行中のプロセスを表示

ポート状態の表示 (nmap)

nmapコマンドにより、ネットワーク上のホストのオープンしているポートを調べて、その状態を表示することができます。このような機能を持つプログラムを「ポートスキャナ」と呼びます。

nmapが未インストールの場合は、インストールしてください。

- **CentOS**：yum install nmap
- **Ubuntu**：apt install nmap

ポート状態の表示

nmap [オプション] ホスト名 | IPアドレス

表8-3-10 **nmapコマンドのオプション**

オプション	説明
-sT	TCPポートのスキャン。デフォルト
-sU	UDPポートのスキャン。このオプションはroot権限が必要
-p ポート範囲	調べるポート範囲の指定。例) -p22; -p1-65535; -p53,123
-O	OS検出を行う
-T テンプレート番号	タイミングテンプレートの番号を指定。数値が大きいほど速くなる。 -T3がデフォルト

ポートの状態の表示

```
# nmap 172.16.0.10  ←❶
Starting Nmap 6.40 ( http://nmap.org ) at 2018-10-12 14:09 JST
Nmap scan report for 172.16.0.10
Host is up (0.00045s latency).
Not shown: 999 filtered ports
PORT   STATE SERVICE
22/tcp open  ssh  ←❷
MAC Address: 08:00:27:2B:2A:FF (Cadmus Computer Systems)

Nmap done: 1 IP address (1 host up) scanned in 5.18 seconds
#
# nmap -sU -p 53,123 172.16.0.10  ←❸
Starting Nmap 6.40 ( http://nmap.org ) at 2018-10-12 14:11 JST
```

```
Nmap scan report for 172.16.0.10
Host is up (0.00034s latency).
PORT     STATE    SERVICE
53/udp   filtered domain   ←❹
123/udp  filtered ntp   ←❺
MAC Address: 08:00:27:2B:2A:FF (Cadmus Computer Systems)

Nmap done: 1 IP address (1 host up) scanned in 0.07 seconds
```

❶172.16.0.10のTCPポートをスキャン
❷1個（ポート22/tcp）のみオープン
❸172.16.0.10のUDPポート53番と123番を調査
❹❺ポート53/udp、123/udpはSTATEがfilteredとなっている
これは、フィルタなどのネットワーク上の障壁でポートが遮られている状態にあり、
ポートが開いているか閉じているかをnmapが判断できないことを意味する

エントリの表示と編集（arp）

arpコマンドは、ARPキャッシュの表示、エントリの追加と削除を行うコマンドです。

ホストがネットワーク上の別のホストのIPアドレスを指定して通信する時、データリンク層の宛先アドレスとして、相手ホストのMACアドレスを取得する必要があります。このために利用されるプロトコルがARP（Address Resolution Protocol）です。

ARPはブロードキャストによりIPアドレスに対応するMACアドレスを問い合わせ、そのIPアドレスを持つホストがMACアドレスを返すことにより解決します。このようにして取得されたIPアドレスとMACアドレスの対応情報は、一定時間メモリにキャッシュされます。情報がキャッシュされている間はARPブロードキャストによる解決の必要がなくなります。

ARPキャッシュの表示、エントリの追加・削除

arp [オプション]

表8-3-11 arpコマンドのオプション

オプション	説明
-n	ホスト名でなくIPアドレスで表示
-a [ホスト名｜IPアドレス]	指定したホスト名あるいはIPアドレスのエントリを表示 ホスト名あるいはIPアドレスを指定しなかった場合は全てのエントリを表示
-d ホスト名｜IPアドレス	指定したホスト名あるいはIPアドレスのエントリを削除。実行にはroot権限が必要
-f [ファイル名]	指定したホスト名あるいはIPアドレスのエントリを削除 ファイル名を指定しなかった場合は/etc/ethersが使用される。実行にはroot権限が必要
-s ホスト名｜IPアドレス MACアドレス	IPアドレスとMACアドレスのマッピングを指定してエントリを追加。実行にはroot権限が必要

オプションを指定しない場合、全てのエントリを表示します。

エントリの表示と編集

```
# arp   ←❶
Address              HWtype  HWaddress           Flags Mask      Iface
172.16.0.10          ether   08:00:27:2b:2a:ff   C               enp0s3
192.168.20.236       ether   34:95:db:2d:54:49   C               enp0s9
```

```
#
# ping -c 1 172.16.0.11  ←❷
PING 172.16.0.11 (172.16.0.11) 56(84) bytes of data.
64 bytes from 172.16.0.11: icmp_seq=1 ttl=64 time=0.458 ms

--- 172.16.0.11 ping statistics ---
1 packets transmitted, 1 received, 0% packet loss, time 0ms
rtt min/avg/max/mdev = 0.458/0.458/0.458/0.000 ms
#
# arp  ←❸
Address              HWtype  HWaddress           Flags Mask        Iface
172.16.0.10          ether   08:00:27:2b:2a:ff   C                 enp0s3
192.168.20.236       ether   34:95:db:2d:54:49   C                 enp0s9
172.16.0.11          ether   08:00:27:33:0b:3b   C                 enp0s3  ←❹
#
# arp -d 172.16.0.11  ←❺
# arp  ←❻
Address              HWtype  HWaddress           Flags Mask        Iface
172.16.0.10          ether   08:00:27:2b:2a:ff   C                 enp0s3
192.168.20.236       ether   34:95:db:2d:54:49   C                 enp0s9
```

❶全てのエントリを表示
❷172.16.0.11ホストへping
❸全てのエントリを表示
❹エントリが追加されている
❺172.16.0.11エントリの削除
❻172.16.0.11エントリがないことを確認

トラフィックのダンプ (tcpdump)

tcpdumpコマンドは、ネットワークのトラフィックを標準出力にダンプすることによってモニタするコマンドです。オプションでホスト名やプロトコルを指定することで、絞り込んだデータの表示が可能です。

tcpdumpが未インストールの場合は、インストールしてください。

- **CentOS**：yum install tcpdump
- **Ubuntu**：apt install tcpdump

トラフィックのダンプ

tcpdump [オプション]

表8-3-12 tcpdumpコマンドのオプション

オプション	説明
-c 個数	指定した個数のパケットを受信したら終了する
-e	データリンク層のプロトコルヘッダの情報を表示する
-i インターフェイス名	指定したネットワークインターフェイスをモニタする
-n	アドレスを変換せずに数値で表示する

-nn	アドレスやポート番号を変換せずに数値で表示する
-v	詳細情報を出力する
expression	モニタするパケットを選別する プロトコル：ether、ip、arp、tcp、udp、icmp 送信先/送信元ホスト：host ホスト名

出力される結果は、以下の通りです。

時間 送信元(IPアドレス.ポート番号) > 送信先(IPアドレス.ポート番号)：パケットの内容

ダンプされたデータの「>」の右側がパケットの送信先でサービスを提供している「ホストのIPアドレス.ポート番号」になります。

トラフィックのダンプ

```
# tcpdump host 172.16.0.10  ←❶
14:33:36.758452 IP host00.knowd.co.jp.51262 > 172.16.0.10.ssh: Flags [P.],
seq 2434:2470, ack 2878, win 291, options [nop,nop,TS val 13683117 ecr
8424488], length 36  ←❷
14:33:36.759064 IP 172.16.0.10.ssh > host00.knowd.co.jp.51262: Flags [P.],
seq 2878:2954, ack 2470, win 240, options [nop,nop,TS val 8453802 ecr
13683117], length 76
14:33:36.759081 IP host00.knowd.co.jp.51262 > 172.16.0.10.ssh: Flags [.], ack
2954, win 291, options [nop,nop,TS val 13683117 ecr 8453802], length 0
…（以下省略）…
#
# tcpdump src host 172.16.0.10  ←❸
14:36:31.886851 IP 172.16.0.10.ssh > host00.knowd.co.jp.51262: Flags [P.],
seq 3802172319:3802172395, ack 3176924193, win 240, options [nop,nop,TS val
8628929 ecr 13858245], length 76
…（以下省略）…
#
# tcpdump icmp  ←❹
14:38:12.273179 IP 172.16.0.10 > host00.knowd.co.jp: ICMP echo request, id
1573, seq 1, length 64
14:38:12.273357 IP host00.knowd.co.jp > 172.16.0.10: ICMP echo reply, id
1573, seq 1, length 64
…（以下省略）…
#
# tcpdump -i enp0s3  ←❺
14:39:34.285827 IP host00.knowd.co.jp.51262 > 172.16.0.10.ssh: Flags [P.],
seq 108:144, ack 229, win 461, options [nop,nop,TS val 14040644 ecr 8806312],
length 36
14:39:34.286562 IP 172.16.0.10.ssh > host00.knowd.co.jp.51262: Flags [P.],
seq 229:305, ack 144, win 240, options [nop,nop,TS val 8811329 ecr 14040644],
length 76
14:39:34.286578 IP host00.knowd.co.jp.51262 > 172.16.0.10.ssh: Flags [.], ack
305, win 461, options [nop,nop,TS val 14040645 ecr 8811329], length 0
…（以下省略）…
```

❶172.16.0.10ホストで絞り込む
❷送信元はhost00.knowd.co.jp（ポート番号51262）で、送信先は172.16.0.10（ssh：ポート番号22）と通信していることがわかる
❸src（送信元）が172.16.0.10ホストで絞り込む
❹icmpプロトコルで絞り込む
❺enp0s3で絞り込む

8-4

ルーティング(経路制御)を行う

ルーティングの管理

ネットワークでは、別のネットワークに存在するホストにパケットを送信する場合、複数台のルータ/L3スイッチを経て、最終的な宛先に到達します。このルータやL3スイッチが行うIPパケットの転送を**ルーティング**と呼びます。

ルーティングの管理においては、従来から使用されているrouteコマンドから、ipコマンドの使用が推奨されています。表8-4-1は、ルーティングに関する従来からの使用例との比較です。

表8-4-1 ルーティングに関するコマンドの比較

net-tools	iproute2
netstat -r	ip route show
route	ip route show
route add default gw 172.16.0.254	ip route add default via 172.16.0.254
route add -net 172.17.0.0 netmask 255.255.0.0 gw 172.16.0.254	ip route add 172.17.0.0/24 via 172.16.0.254
route del -net 172.17.0.0	ip route delete 172.17.0.0/24

ipコマンドを使用してルーティングの管理を行う構文は、以下の通りです。

ルーティングテーブルの表示

ip route show

デフォルトルートのエントリの追加と削除

ip route {add | del} default via ゲートウェイ

ルーティングテーブルのエントリの追加と削除

ip route {add | del} 宛先 via ゲートウェイ

デフォルトルートの削除では、「ip route del default」のように「via ゲートウェイ」を省略して記述することも可能です。

routeコマンド使用してルーティングの管理を行う構文は、以下の通りです。

ルーティングテーブルの表示

route [-n]

「-n」オプションにより、ホスト名を解決せず、アドレスを数値で表示することができます。

ルートのエントリの追加

route add [-net | -host] 宛先 [netmask ネットマスク] [gw ゲートウェイ] [インターフェイス名]

ルートのエントリの削除

route del [-net | -host] 宛先 [netmask ネットマスク] [gw ゲートウェイ] [インターフェイス名]

routeコマンドの主なオプションは、表8-4-2の通りです。

表8-4-2 routeコマンドのオプション

オプション	説明
add	エントリの追加
del	エントリの削除
-net	宛先をネットワークとする
-host	宛先をホストとする
宛先	宛先となるネットワーク、またはホスト。ルーティングテーブルの表示でのDestinationに該当する
netmask ネットマスク	宛先がネットワークの時に、宛先ネットワークのネットマスクを指定する
gw ゲートウェイ	到達可能な次の送り先となるゲートウェイ
インターフェイス	使用するネットワークI/F gwで指定されるゲートウェイのアドレスから通常はI/Fは自動的に決定されるので指定は省略できる

ここでは例として、図8-4-1のネットワーク構成を例に各コマンドの確認をします。

図8-4-1 ネットワーク構成の例

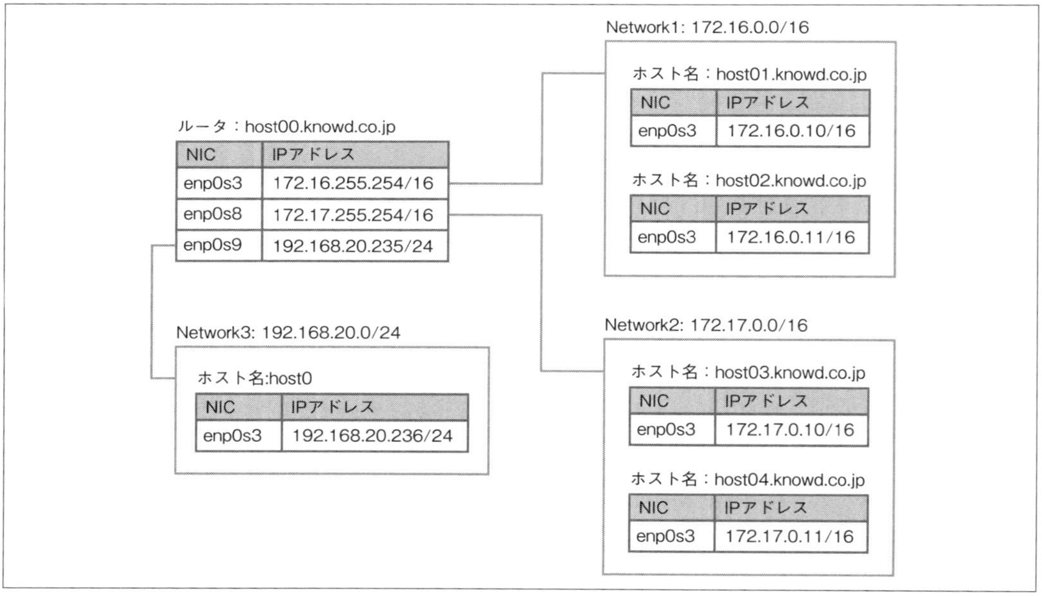

図8-4-1のネットワーク構成をKVMあるいはVirtualBox上で作成する手順は、Appendix（529ページ、548ページ）を参照してください。

以下の例①では、ホストhost00のルーティングテーブルを表示します。

ルーティングの管理①（ホストhost00で実行）

```
# ip r  ←❶
default via 192.168.20.254 dev enp0s9 proto static metric 102  ←❷
172.16.0.0/16 dev enp0s3 proto kernel scope link src 172.16.255.254 metric 100  ←❸
172.17.0.0/16 dev enp0s8 proto kernel scope link src 172.17.255.254 metric 101
192.168.20.0/24 dev enp0s9 proto kernel scope link src 192.168.20.235 metric 102
#
# route  ←❹
Kernel IP routing table
Destination     Gateway         Genmask         Flags Metric Ref    Use Iface
default         app.n-mark.org  0.0.0.0         UG    102    0        0 enp0s9
172.16.0.0      0.0.0.0         255.255.0.0     U     100    0        0 enp0s3
172.17.0.0      0.0.0.0         255.255.0.0     U     101    0        0 enp0s8
192.168.20.0    0.0.0.0         255.255.255.0   U     102    0        0 enp0s9
```

❶ip route showとしても、同じ結果を得られる
❷デフォルトゲートウェイが192.168.20.254であることがわかる
❸enp0s3に付与されているIPアドレスは172.16.255.254であり
　宛先のネットワークは172.16.0.0/16であることがわかる
❹routeコマンドの利用

上記の実行例では、routeコマンドを実行しています（❹の部分）。表示されるルーティングテーブルのエントリの各フィールドの意味は次の通りです。なお、「netstat -r」コマンドでも同様にルーティングテーブルを表示できます。

表8-4-3 ルーティングテーブルのフィールド名

フィールド名	説明
Destination	宛先ネットワークまたは宛先ホスト
Gateway	ゲートウェイ（ルータ）。直結されたネットワークでゲートウェイなしの場合は0.0.0.0（または「*」と表示）
Genmask	宛先ネットワークのネットマスク。デフォルトルートの場合は0.0.0.0（または「*」と表示）
Flags	主なフラグは以下の通り U：経路は有効（Up）、H：宛先はホスト（Host）、 G：ゲートウェイ（Gateway）を通る、!：経路を拒否（Reject）
Metric	宛先までの距離。通常はホップカウント（経由するルータの数）
Ref	この経路の参照数（Linuxカーネルでは使用しない）
Use	この経路の参照回数
Iface	この経路で使用するネットワークI/F

次の例②および③では、ホストhost01にデフォルトゲートウェイとして「172.16.255.254」を設定しています。例②はipコマンドを使用し、例③はrouteコマンドを使用しています。

ルーティングの管理② (ホストhost01で実行)

```
# ip r
172.16.0.0/16 dev enp0s3 proto kernel scope link src 172.16.0.10 metric
100
# ip route add default via 172.16.255.254 dev enp0s3  ←❶
# ip r
default via 172.16.255.254 dev enp0s3 proto static metric 100  ←❷
172.16.0.0/16 dev enp0s3 proto kernel scope link src 172.16.0.10 metric
100
```

❶デフォルトゲートウェイの追加
❷ゲートウェイが追加されている

ルーティングの管理③ (ホストhost01で実行)

```
# route -n
Kernel IP routing table
Destination     Gateway         Genmask         Flags Metric Ref    Use Iface
172.16.0.0      0.0.0.0         255.255.0.0     U     100    0        0 enp0s3
# route add default gw 172.16.255.254  ←❶
# route -n
Kernel IP routing table
Destination     Gateway         Genmask         Flags Metric Ref    Use Iface
0.0.0.0         172.16.255.254  0.0.0.0         UG    100    0        0 enp0s3  ←❷
172.16.0.0      0.0.0.0         255.255.0.0     U     100    0        0 enp0s3
```

❶デフォルトゲートウェイの追加
❷ゲートウェイが追加されている

次の例④および⑤では、ホストhost01に「172.16.255.254」ゲートウェイを経由する「172.17.0.0/16」へのルートを設定および削除しています。例④はipコマンドを使用し、例⑤ではrouteコマンドを使用しています。

ルーティングの管理④ (ホストhost01で実行)

```
# ip route add 172.17.0.0/16 via 172.16.255.254  ←❶
# ip r
default via 172.16.255.254 dev enp0s3 proto static metric 100
172.16.0.0/16 dev enp0s3 proto kernel scope link src 172.16.0.10 metric
100
172.17.0.0/16 via 172.16.255.254 dev enp0s3  ←❷
# ip route delete 172.17.0.0/16  ←❸
# ip r  ←❹
default via 172.16.255.254 dev enp0s3 proto static metric 100
172.16.0.0/16 dev enp0s3 proto kernel scope link src 172.16.0.10 metric
100
```

❶172.17.0.0/16へのルートを設定
❷追加されている
❸172.17.0.0/16へのルートを削除
❹削除されていることの確認

ルーティングの管理⑤（ホストhost01で実行）

```
# route add -net 172.17.0.0 netmask 255.255.0.0 gw 172.16.255.254  ←❶
# route -n
Kernel IP routing table
Destination     Gateway         Genmask         Flags Metric Ref    Use Iface
0.0.0.0         172.16.255.254  0.0.0.0         UG    100    0        0 enp0s3
172.16.0.0      0.0.0.0         255.255.0.0     U     100    0        0 enp0s3
172.17.0.0      172.16.255.254  255.255.0.0     UG    0      0        0 enp0s3  ←❷
# route del -net 172.17.0.0 netmask 255.255.0.0  ←❸
# route -n  ←❹
Kernel IP routing table
Destination     Gateway         Genmask         Flags Metric Ref    Use Iface
0.0.0.0         172.16.255.254  0.0.0.0         UG    100    0        0 enp0s3
172.16.0.0      0.0.0.0         255.255.0.0     U     100    0        0 enp0s3
```

❶172.17.0.0/16へのルートを設定
❷追加されている
❸172.17.0.0/16へのルートを削除
❹削除されていることの確認

なお、上記の例②〜⑤で実行しているルーティングの設定は、システムが終了したり再起動すると失われます。システム再起動後も維持される静的ルートを設定する場合は、前述したnmcliを使用して設定してください（362ページ）。

フォワーディング

Linuxをルータにするには、ルーティングテーブルの設定の他に、1つのネットワークI/Fから別のネットワークI/Fへのパケットの**フォワーディング**（転送）を許可する設定が必要になります。

フォワーディングはカーネル変数ip_forwardの値を「1」にすることでオンになり、「0」にすることでオフになります。ip_forwardの値の変更や表示は、次のようにカーネル情報を格納している/procディレクトリ以下の**/proc/sys/net/ipv4/ip_forward**ファイルにアクセスすることによりできます。

ip_forwardの設定①（ホストhost00で実行）

```
# cat /proc/sys/net/ipv4/ip_forward  ←❶
0
# echo 1 > /proc/sys/net/ipv4/ip_forward  ←❷
# cat /proc/sys/net/ipv4/ip_forward  ←❸
1
```

❶ip_forwardの値を表示。値は「0」となっているので、フォワーディングはオフの状態
❷ip_forwardに「1」を書き込む
❸ip_forwardの値を表示。値は「1」となっているので、フォワーディングはオンの状態

本章の環境では、この設定により、host01（IP：172.16.0.10/16）からhost03（172.17.0.10/16）の通信が可能となります。

8-4 ルーティング（経路制御）を行う

host01からhost03への疎通確認

```
# hostname
host01.knowd.co.jp
# ip address show enp0s3
2: enp0s3: <BROADCAST,MULTICAST,UP,LOWER_UP> mtu 5000 qdisc pfifo_fast
state UP group default qlen 1000
    link/ether 08:00:27:2b:2a:ff brd ff:ff:ff:ff:ff:ff
    inet 172.16.0.10/16 brd 172.16.255.255 scope global noprefixroute
enp0s3
       valid_lft forever preferred_lft forever
...（以下省略）...
#
# ping  172.17.0.10
PING 172.17.0.10 (172.17.0.10) 56(84) bytes of data.
64 bytes from 172.17.0.10: icmp_seq=1 ttl=63 time=0.788 ms
64 bytes from 172.17.0.10: icmp_seq=1 ttl=63 time=0.806 ms
^C
--- 172.17.0.10 ping statistics ---
2 packets transmitted, 2 received, 0% packet loss, time 1002ms
rtt min/avg/max/mdev = 0.788/0.797/0.806/0.009 ms
```

また、sysctlコマンドでも、ip_forwardの値の設定や表示ができます。

ip_forwardの設定②（ホストhost00で実行）

```
# sysctl net.ipv4.ip_forward   ←❶
net.ipv4.ip_forward = 0
# sysctl net.ipv4.ip_forward=1   ←❷
net.ipv4.ip_forward = 1
```

❶ip_forwardの値を表示。値は「0」となっている
❷ip_forwardに「1」を書き込む

上記のコマンドによる変更はカーネルのメモリ中のものなので、システムを再起動すると「0」になります。**/etc/sysctl.conf**ファイルに設定することにより、システム起動時にip_forwardの値を設定できます。

/etc/sysctl.confファイル（抜粋）

```
net.ipv4.ip_forward = 1
```

経路の表示

tracerouteコマンドは、IPパケットが最終的な宛先ホストにたどり着くまでの経路をトレース(追跡)して表示します。tracerouteコマンドは宛先ホストに対して送信パケットの**TTL**(Time To Live)の値を1、2、3……とインクリメント(1ずつ加算)しながらパケットの送信を繰り返します。経由したルータの数がTTLの値を超えると経路中のルータ/ホストはICMPのエラーであるTIME_EXCEEDEDを返します。このエラーパケットの送信元アドレスを順にトレースすることで経路を特定します。

tracerouteコマンドがパケット送信に使用するデフォルトのプロトコルはUDPです。経路中のホストのアプリケーションによって処理されないように、通常使用されないポート番号を宛先とします。送信パケットと応答パケットの対応付けのため、パケットを送信するたびに宛先UDPポート番号は+1されます。宛先UDPポートのデフォルトの初期値は33434番です。

「-I」オプションを付けることにより、ICMPパケットを送信することもできます。なお、「-I」オプションはrootしか使用できません。

tracerouteが未インストールの場合は、インストールしてください。

- **CentOS**：yum install traceroute
- **Ubuntu** ：apt install traceroute

経路の表示

traceroute [オプション] 送信先ホスト

表8-4-4 tracerouteコマンドのオプション

オプション	説明
-I	ICMP ECHOパケットを送信。デフォルトはUDPパケット
-f TTL 初期値	TTL(Time To Live)の初期値を指定。デフォルトは1

以下は、host01(172.16.0.10/16)ホストからルータhost00(172.16.255.254)を経由して宛先のhost03(172.17.0.10)に到達したことがわかります。

経路の表示(ホストhost01で実行)

```
# traceroute 172.17.0.10
traceroute to 172.17.0.10 (172.17.0.10), 30 hops max, 60 byte packets
 1  gateway (172.16.255.254)  0.341 ms  0.259 ms  0.257 ms
 2  172.17.0.10 (172.17.0.10)  1.049 ms  0.908 ms  0.847 ms
```

IPv6アドレスを指定する場合は、**traceroute6**コマンドを使用します。構文はtracerouteコマンドと同じです。

また、以下の実行結果を確認してください。「172.17.0.10」での経路が表示できていません。

経路の表示（ホストhost01で実行）

```
# traceroute 172.17.0.10
traceroute to 172.17.0.10 (172.17.0.10), 30 hops max, 60 byte packets
 1  gateway (172.16.255.254)  0.272 ms  0.174 ms  0.339 ms
 2  gateway (172.16.255.254)  0.330 ms !X  0.234 ms !X  0.251 ms !X  ←❶
```

実行結果内の❶にある「!X」は、管理上の理由で通信が禁止されていることを示します。上記の実行例では、host00ホストでファイアウォールが有効になっており、tracerouteが許可されていないためです。

> ファイアウォールを停止する場合は、第1章（52ページ）を参照してください。また、ファイアウォールの個別の設定等、詳細については、第10章（485ページ）を参照してください。

tracerouteに類似したコマンドに**tracepath**があります。tracepathはtracerouteより機能が少なく、特権を必要とするRAWパケットを生成するオプションもありません。tracepathがパケット送信に使用するプロトコルはUDPです。送信先ホストにIPv6アドレスを指定する場合はtracepath6コマンドを使用します。

経路の表示

tracepath [オプション] 送信先ホスト

tracepathコマンドによる経路の表示（ホストhost01で実行）

```
# tracepath 172.17.0.10
 1?: [LOCALHOST]                                          pmtu 1500
 1:  gateway                                                0.251ms
 1:  gateway                                                1.110ms
 2:  172.17.0.10                                            0.851ms reached
     Resume: pmtu 1500 hops 2 back 2
```

8-5 Linuxブリッジによるイーサネットブリッジを行う

ブリッジとは

ブリッジ（Bridge）は異なったネットワークセグメント（物理層およびデータリンク層。例：イーサネット）を接続して同一のセグメントとする機能を持つネットワークデバイスです。

図8-5-1 ブリッジ

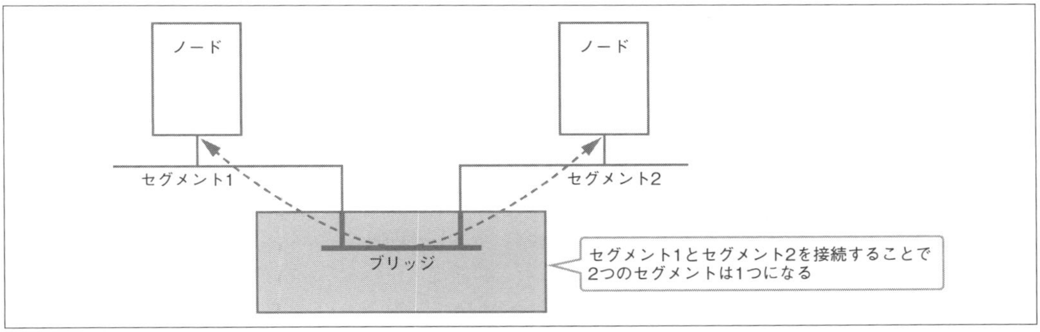

Linuxブリッジ

Linuxブリッジはスタティックにリンク（CONFIG_BRIDGE=y）された、あるいはローダブルモジュール（CONFIG_BRIDGE=m）としてロードされたカーネルモジュールbridgeによってカーネルメモリ内に作成される仮想デバイスです。

NetworkManager、systemd-networkd、brctlコマンドによって、あるいはKVM、Dockerなどの仮想化環境で作成されます。

KVMで自動的に作成されるvirbr0、Dockerで自動的に作成されるdocker0は仮想化ホストを接続する内部ネットワークのためのLinuxブリッジです。ホストのネットワークにはNAT（Network Address Translation）で接続します。

NetworkManager、systemd-networkd、brctlコマンドで独自のLinuxブリッジにより別の内部ネットワークを作成したり、作成したLinuxブリッジをホストのネットワークインターフェイスに接続することで、このブリッジに接続した仮想化ホストをホストのネットワークに直接接続したりすることができます。

図8-5-2 Linuxブリッジ(KVMの例)

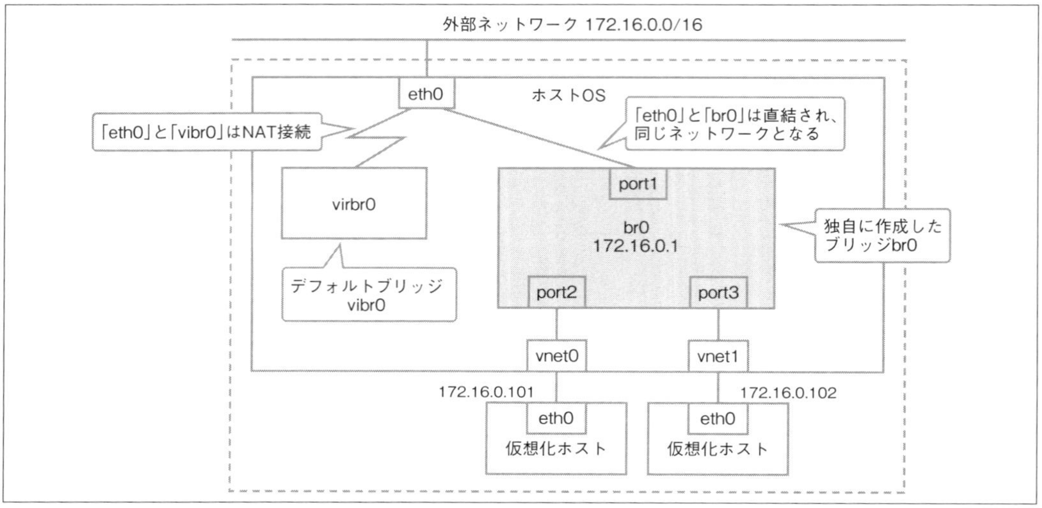

brctlコマンドは、NetworkManagerが出現する前まではシステム起動時に実行されるRCスクリプトの中で実行され、設定ファイルを参照してLinuxブリッジを作成するために使用されていました。NetworkManagerやsystemd-networkdを使用する場合はbrctlコマンドは必要ありませんが、インストールしておくとブリッジの設定を確認する場合に便利です。

brctlコマンドはCentOS、Ubuntu共に**bridge-utils**パッケージで提供されます。

NetworkManagerとsystemd-networkd

主要なディストリビューションであるCentOSとUbuntu（Desktop）のデフォルトのネットワーク管理デーモンであるNetworkManager、およびUbuntu（Server）のデフォルトのネットワーク管理デーモンであるsystemd-networkdでのLinuxブリッジの作成手順を以下に解説します。

NetworkManagerの設定

NetworkManagerを使用している場合、ブリッジの作成はNetworkManagerデーモンの制御コマンドである**nmcli**で行うことができます。

これから解説する手順は以下の設定の場合の例です。

・イーサネットインターフェイス名：eth0
・eth0を使用した接続の名前：eth0-con1（br0を使用する以前の接続）
・eth0のIPアドレスはDHCPで割り当てている
・eth0をブリッジに接続する場合の接続の名前：eth0-con2（eth0-con2がアクティブに、eth0-con1が非アクティブになり、br0がネットワーク接続に利用できるようになる）
・作成するブリッジ名：br0

・br0を使用した接続の名前：br0-con1
・br0にはスタティックにIPアドレス172.16.0.1を割り当てる

ブリッジbr0と、br0を使用した接続br0-con1を作成し、接続eth0-con2を作成した段階で、接続の優先順位によりeth0-con2がアクティブに、eth0-con1が非アクティブになり、br0によるネットワーク接続ができるようになります。

eth0-con2は作成せず、eth0-con1の設定を変更することでもできますが、設定を元に戻して動作確認する場合などのためにeth0を使用した接続を2つ作成しています。

nmcliコマンドによるブリッジbr0の作成（抜粋）

```
# nmcli con  ←❶
NAME            UUID                                  TYPE      DEVICE
eth-con1        3b4ee8c9-09a6-4604-b99d-52de8800d16b  ethernet  eth0

# nmcli con show eth0-con1  ←❷
connection.id:                          eth0-con1
connection.type:                        802-3-ethernet
connection.interface-name:              eth0
connection.autoconnect:                 はい
connection.autoconnect-priority:        -999
ipv4.method:                            auto  ←❸

# nmcli con add type bridge con-name br0-con1 ifname br0 \  ←❹
> ipv4.method manual \  ←❺
> ipv4.addresses 172.16.0.1/16 \
> ipv4.gateway 172.16.255.254

# nmcli con
NAME            UUID                                  TYPE      DEVICE
br0-con1        6c835149-589b-47e2-87e9-932046d8d53c  bridge    br0  ←❻
eth-con1        3b4ee8c9-09a6-4604-b99d-52de8800d16b  ethernet  eth0

# nmcli device
DEVICE          TYPE      STATE     CONNECTION
br0             bridge    接続済み  br0-con1
eth0            ethernet  接続済み  eth-con1

# brctl show
bridge name  bridge id          STP enabled  interfaces
br0          8000.84afec73f688  yes  ←❼

# nmcli con show br0-con1
connection.id:                          br0-con1
connection.type:                        bridge
connection.interface-name:              br0
connection.autoconnect:                 はい
connection.autoconnect-priority:        0
ipv4.method:                            manual
ipv4.addresses:                         172.16.0.1/16
ipv4.gateway:                           172.16.255.254

# nmcli con add type bridge-slave con-name eth0-con2 \  ←❽
> ifname eth0 master br0-con1
```

```
# nmcli con
NAME             UUID                                  TYPE      DEVICE
br0-con1         6c835149-589b-47e2-87e9-932046d8d53c  bridge    br0
eth-con2         3b4ee8c9-09a6-4604-b99d-52de8800d16b  ethernet  eth0
eth-con1         8a699b3b-879e-30ea-8fb2-160119915508  ethernet  -   ←❾

# brctl show
bridge name  bridge id           STP enabled   interfaces
br0          8000.84afec73f688   yes           eth0  ←❿

# nmcli con show eth0-con2
connection.id:                          eth0-con2
connection.type:                        802-3-ethernet
connection.interface-name:              eth0
connection.autoconnect:                 はい
connection.autoconnect-priority:        0  ←⓫
connection.master:                      br0  ←⓬
connection.slave-type:                  bridge

# ip a
3: br0: <BROADCAST,MULTICAST,UP,LOWER_UP> mtu 1500 qdisc noqueue state UP
group default qlen 1000
    link/ether 84:af:ec:73:f6:88 brd ff:ff:ff:ff:ff:ff
    inet 172.16.0.1/16 brd 172.16.255.255 scope global noprefixroute br0
       valid_lft forever preferred_lft forever

6: eth0: <BROADCAST,MULTICAST,UP,LOWER_UP> mtu 1500 qdisc fq_codel master
br0 state UP group default qlen 1000
    link/ether 84:af:ec:73:f6:88 brd ff:ff:ff:ff:ff:ff
```

❶現在の接続を確認
❷現在使用しているインターフェイスeth0（接続名：eth0-con1）の設定を確認
❸IPアドレスは自動設定（DHCP）
❹ブリッジbr0を作成。接続名はbr0-con1
❺IPアドレスはスタティックに設定
❻ブリッジbr0が作成された
❼br0にはまだインターフェイスの接続なし
❽eth0-con2を作成し、eth0をbr0に接続する
❾非アクティブ
❿br0にeth0が接続された
⓫プライオリティがeth0-con1（-999）より高い
⓬ブリッジbr0に接続している

以上の手順を実行した場合、接続の設定ファイルはCentOSとUbuntu（Desktop）ではそれぞれ、次のようになります。

◇CentOS

設定ファイルは**/etc/sysconfig/network-scripts**ディレクトリの下に作成されます。ファイル名は「**ifcfg-接続名**」で作成されます。

設定ファイルを確認(抜粋)

```
# cd /etc/sysconfig/network-scripts
# ls ifcfg-*
ifcfg-br0-con1  ifcfg-eth0-con1  ifcfg-eth0-con2

# cat ifcfg-br0-con1
TYPE=Bridge
BOOTPROTO=none
NAME=br0-con1
DEVICE=br0
ONBOOT=yes
IPADDR=172.16.0.1
GATEWAY=172.16.255.254

# cat ifcfg-eth0-con1
TYPE=Ethernet
BOOTPROTO=dhcp
NAME=eth0-con1
DEVICE=eth0
ONBOOT=yes
AUTOCONNECT_PRIORITY=-999

# cat ifcfg-eth0-con2
TYPE=Ethernet
NAME=eth0-con2
DEVICE=eth0
ONBOOT=yes
BRIDGE=br0   ←ブリッジbr0に接続
```


◇Ubuntu (Desktop)

設定ファイルは**/etc/NetworkManager/system-connections**ディレクトリの下に作成されます。ファイル名は接続名で作成されます。

設定ファイルの内容は「**nmcli con 接続名**」で表示した内容(399ページ)とほとんど同じフォーマットです。

設定ファイルを確認(抜粋)

```
# cd /etc/NetworkManager/system-connections/
# ls
br0-con1  eth0-con1  eth0-con2

# cat br0-con1
[connection]
id=br0-con1
uuid=6c835149-589b-47e2-87e9-932046d8d53c
type=bridge
...

# cat eth0-con1
[connection]
id=eth0-con1
uuid=8a699b3b-879e-30ea-8fb2-160119915508
type=ethernet
```

```
...

# cat eth0-con2
[connection]
id=eth0-con2
uuid=3b4ee8c9-09a6-4604-b99d-52de8800d16b
type=ethernet
...
```

仮想化ホスト（ゲストOS）をブリッジに接続する

仮想化ホストを作成し、ネットワーク接続をデフォルトのNATではなくブリッジbr0に指定すると、仮想化ホストのネットワークインターフェイスはブリッジbr0に接続され、ブリッジを介してホストのネットワークに直結されます。

仮想化ホストを接続するたびにブリッジのインターフェイスにvnet0、vnet1、･･･、と接続が追加されていきます。

以下はKVM環境で仮想化ホスト2台を接続した後、ホストOS側でブリッジへの接続を確認する例です。

仮想化ホスト2台をブリッジbr0に接続する（KVMの例）

```
# brctl show
bridge name     bridge id           STP enabled     interfaces
br0            8000.84afec73f688    yes              eth0
                                                 vnet0   ←1台目のゲストの接続
                                                 vnet1   ←2台目のゲストの接続
```

systemd-networkdおよび「systemd-networkd+netplan」の設定

CentOSおよびUbuntu（Desktop）では、デフォルトのNetworkManagerでの設定以外に以下の方法もあります。

- systemd-networkdによる設定（CentOS、Ubuntu（Desktop））
- systemd-networkdとnetplanを組み合わせた設定（Ubuntu（Desktop））

Ubuntu（Server）ではsystemd-networkとnetplanを組み合わせて設定する方法がデフォルトです。この項では、Ubuntu（Server）でのデフォルトの設定方法について解説します。

systemd-networkについては、本章の「8-1 ネットワークに関する設定ファイルを理解する」を参照してください（346ページ）。

Ubuntu (Server) での「systemd-networkd + netplan」の設定

/etc/netplanディレクトリの下に「**.yaml**」ファイルを作成し、**netplan apply**コマンドを実行するとブリッジ(例：br0)が作成されます。

ブリッジbr0の作成

```
# systemctl status systemd-networkd  ←❶
● systemd-networkd.service - Network Service
   Loaded: loaded (/lib/systemd/system/systemd-networkd.service; enabled;
vendor preset: enabled)
   Active: active (running) since Sat 2018-08-18 13:53:27 UTC; 1min 9s
ago
     Docs: man:systemd-networkd.service(8)
 Main PID: 709 (systemd-network)
   Status: Processing requests...
    Tasks: 1 (limit: 1112)
   CGroup: /system.slice/systemd-networkd.service
           └─709 /lib/systemd/systemd-networkd
...

# cd /etc/netplan
# mv 50-cloud-init.yaml 50-cloud-init.yaml-  ←❷
# vi 50-cloud-init.yaml  ←❸
network:
    ethernets:
        ens3:
            addresses: []
            dhcp4: false
    bridges:
        br0:
            interfaces: [eth0]
            addresses: [172.16.0.1/16]
            dhcp4: false
            gateway4: 172.16.255.254
            nameservers:
               addresses: [8.8.8.8]

# netplan apply  ←❹
# brctl show  ←❺
bridge name     bridge id          STP enabled     interfaces
br0             8000.4e6b3f0a4f78  no              eth0
```

❶systemd-networkdの稼動を確認(NetworkManagerは稼動していない)
❷インストール時のファイルをリネーム
❸ブリッジbr0の設定を記述(ファイル名は任意。サフィックスは「.yaml」とする)
❹編集した設定ファイルを適用する
❺ブリッジbr0の確認

Column

IPv6のネットワークを設定する

IPv6は、インターネットの普及にともなうIPv4の32ビットアドレスの不足を解決するために開発された128ビットのアドレス空間を持つプロトコルです。Linuxカーネルは2.2からIPv6に対応しています。またDNS、メール、Webなどの主要なネットワークアプリケーションの多くもIPv6に対応しています。本コラムではIPv6ネットワークの実験用サンプルを使用し、設定手順を紹介します。

ネットワークはホスト1台(CentOSまたはUbuntu)、その中の仮想環境(VirtualBoxまたはKVM)によるゲストOS2台(CentOSまたはUbuntu)で構築します。仮想環境については付録(524ページ)を参照してください。

IPv6ネットワークの設定

1台のホストOSと2台のゲストOSを使用し、以下のようなIPv6ネットワークを構成します。example.com、example.orgがISPからそれぞれ、2^64個のIPv6アドレスを持つ1個のサブネットが割り当てられているものとします。

- **example.com**：2001:db8:0:101::/64
  (IPアドレス：2001:db8:0:101::/64～2001:db8:0:101:ffff:ffff:ffff:ffff/64)
- **example.org**：2001:db8:0:102::/64
  (IPアドレス：2001:db8:0:102::/64～2001:db8:0:102:ffff:ffff:ffff:ffff/64)

実験用IPv6ネットワークの構成

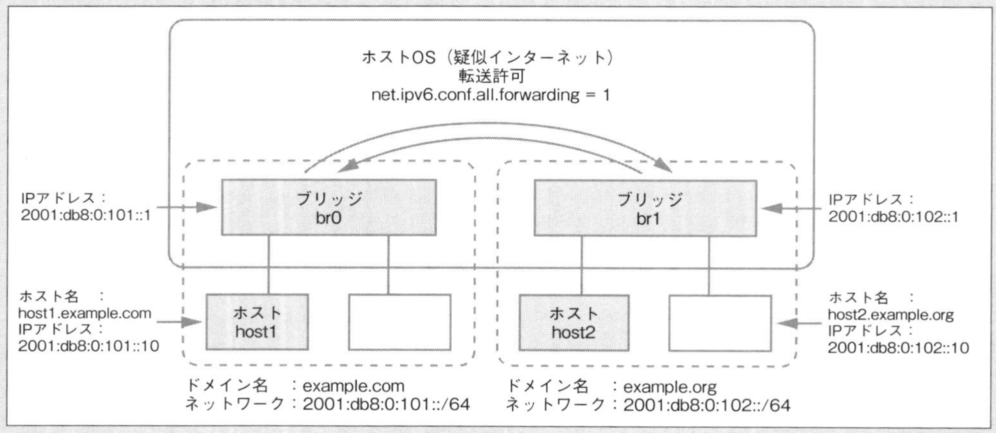

上図の構成に従って、ホストOS、2台のゲストOS(ホスト名：host1、ホスト名：host2)で設定を行います。

IPv6アドレスの設定はNetworkManagerの制御コマンドである**nmcli**を使用しています。

IPv6の基本的なネットワーク構成のサンプルなので、ファイアウォールの設定は行っていません。

IPv6のグローバルユニキャストアドレス(GUA)、およびリンクローカルアドレス(LLA)のアドレスフォーマットについては次項の「IPv6アドレスフォーマット」(408ページ)を参照してください。

設定に使用するネットワークコマンドには、IPv4と同じコマンドで必要に応じてオプションや引数でIPv6を指定するものと、IPv6専用のコマンドがあります。

- **IPv4/IPv6共通コマンド**：nmcli、brctl、ip、sysctl
- **IPv6専用コマンド**：ip6tables(iptablesのIPv6版)、ping6(pingのIPv6版)、traceroute6(tracerouteのIPv6版)

本コラムでの作業は全てroot権限で実行します。Ubuntuの場合は「# コマンド」の箇所は、「$ **sudo su -**」を実行してrootシェルで作業し、全作業が終了したら、「# **exit**」でrootシェルを終了するか、あるいは各コマンドごとに「$ sudo コマンド」として実行してください。

以下の実行例の中で**brctl**コマンドはブリッジ設定の確認のみに使用しています。brctlコマンドは CentOS、Ubuntu共に**bridge-utils**パッケージで提供されます。インストールされていない場合は、CentOSでは**yum install bridge-utils**、Ubuntuでは**apt install bridge-utils**でインストールしてください。

ホストOS側の設定

```
# nmcli con add type bridge con-name br0-con1 ifname br0 \  ←ブリッジbr0の作成
> ipv6.method manual \
> ipv6.addresses 2001:db8:0:101::1/64

# nmcli con add type bridge con-name br1-con1 ifname br1 \  ←ブリッジbr1の作成
> ipv6.method manual \
> ipv6.addresses 2001:db8:0:102::1/64

# brctl show  ←ブリッジbr0とbr1が作成されたことを確認(STPはYesでもよい)
bridge name     bridge id               STP enabled     interfaces
br0             8000.fe5400bcdbdb       no
br1             8000.fe54002f23db       no

# ip a  ←br0とbr1のIPv6アドレスを確認
3: br0: <BROADCAST,MULTICAST,UP,LOWER_UP> mtu 1500 qdisc noqueue state UP
group default qlen 1000
...
    inet6 2001:db8:0:101::1/64 scope global noprefixroute
    ↑IPv6グローバルユニキャストアドレス(GUA)
       valid_lft forever preferred_lft forever
    inet6 fe80::2e9e:ed5a:e582:e9ee/64 scope link
    ↑IPv6リンクローカルアドレス(LLA)
       valid_lft forever preferred_lft forever
4: br1: <BROADCAST,MULTICAST,UP,LOWER_UP> mtu 1500 qdisc noqueue state UP
```

```
group default qlen 1000
...
    inet6 2001:db8:0:102::1/64 scope global noprefixroute
    ↑IPv6グローバルユニキャストアドレス(GUA)
       valid_lft forever preferred_lft forever
    inet6 fe80::1976:aa8c:9560:9d1e/64 scope link
    ↑IPv6リンクローカルアドレス(LLA)
       valid_lft forever preferred_lft forever

# vi /usr/lib/sysctl.d/70-ipv6-forward.conf  ←新規作成(CentOSの場合のみ)
net.ipv6.conf.all.forwarding = 1  ←IPv6パケットのフォワーディングを許可
# sysctl -p  /usr/lib/sysctl.d/70-ipv6-forward.conf
↑ファイルの内容を有効にする(CentOSの場合のみ)
net.ipv6.conf.all.forwarding = 1

# vi /etc/sysctl.conf  ←編集(Ubuntuの場合のみ)
net.ipv6.conf.all.forwarding = 1
↑行頭の#を取り、IPv6パケットのフォワーディングを許可
# sysctl -p /etc/sysctl.conf  ←編集内容を有効にする(Ubuntuの場合のみ)
net.ipv6.conf.all.forwarding = 1
# sysctl net.ipv6.conf.all.forwarding  ←フォワーディングが許可されたことを確認
net.ipv6.conf.all.forwarding = 1

# ip6tables -F  ←今回は基本手順のみにて、IPv6パケットのフィルタリングはしない

# ip -6 route show | grep -e br0 -e br1
2001:db8:0:101::/64 dev br0 proto kernel metric 425  ←br0は2001:db8:0:101::/64に接続
2001:db8:0:102::/64 dev br1 proto kernel metric 426  ←br1は2001:db8:0:102::/64に接続
fe80::/64 dev br0 proto kernel metric 256
fe80::/64 dev br1 proto kernel metric 256

# brctl show  ←ゲストOSのhost1とhost2を立ち上げ後、ブリッジに接続されたことを確認
bridge name     bridge id           STP enabled     interfaces
br0             8000.fe5400bcdbdb   no              vnet0
br1             8000.fe54002f23db   no              vnet1
```

STP (Spanning Tree Protocol) はネットワークがループ構成の場合に必要ですが、今回のネットワークはループ構成ではないので、設定値はyesでもnoでも問題ありません。

以下のコマンドの実行前にゲストOSのネットワークI/Fをホストのブリッジbr0に接続し直してください。

- **VirtualBoxの場合**：「VirtualBoxマネージャー」→ゲストOSを選択→「ネットワーク」→「アダプター1」→「割り当て：ブリッジアダプター、名前：br0」
- **KVMの場合**：「仮想マシンマネージャー」→ゲストOSを選択→「表示」→「詳細」→「NIC」→「ネットワークソース」→「共有デバイス名を指定」→「br0」

ゲストOSのネットワークI/Fの名前(網掛けの箇所)は環境によって異なります。「ip a」コマンドで表示されるI/F名(例：eth0、ens3、...)を指定してください。

ゲストOS (host1) 側の設定

```
# nmcli con add type ethernet con-name eth0-con1 ifname eth0 \
↑接続eth0-con1の作成
> ipv6.method manual \
> ipv6.addresses 2001:db8:0:101::10/64 \   ←IPアドレスは手動設定
> ipv6.gateway 2001:db8:0:101::1   ←デフォルトゲートウェイの指定

# ip a show dev eth0
2: eth0: <BROADCAST,MULTICAST,UP,LOWER_UP> mtu 1500 qdisc pfifo_fast
state UP qlen 1000
...
    inet6 2001:db8:0:101::10/64 scope global   ←IPv6 GUA
       valid_lft forever preferred_lft forever
    inet6 fe80::4274:25bf:24a4:886d/64 scope link   ←IPv6 LLC
       valid_lft forever preferred_lft forever

# ip -6 route show | grep default   ←デフォルトゲートウェイの確認
default via 2001:db8:0:101::1 dev eth0 proto static metric 100
```

Ubuntuの場合、ゲストOSでの最初の作業として、「apt install openssh-server」コマンドでSSHサーバをインストールしてください。

以下のコマンドの実行前に、ゲストOSのネットワークI/Fをホストのブリッジbr1に接続し直してください。

・VirtualBoxの場合：「VirtualBoxマネージャー」→ゲストOSを選択→「ネットワーク」→「アダプター1」→「割り当て：ブリッジアダプター、名前：br1」
・KVMの場合：「仮想マシンマネージャー」→ゲストOSを選択→「表示」→「詳細」→「NIC」→「ネットワークソース」→「共有デバイス名を指定」→「br1」

ゲストOSのネットワークI/Fの名前（網掛けの箇所）は環境によって異なります。「ip a」コマンドで表示されるI/F名（例：eth0、ens3、...）を指定してください。

ゲストOS (host2) 側の設定

```
# nmcli con add type ethernet con-name eth0-con1 ifname eth0 \
↑接続eth0-con1の作成
> ipv6.method manual \
> ipv6.addresses 2001:db8:0:102::10/64 \   ←IPアドレスは手動設定
> ipv6.gateway 2001:db8:0:102::1   ←デフォルトゲートウェイの指定

# ip a show dev eth0
2: eth0: <BROADCAST,MULTICAST,UP,LOWER_UP> mtu 1500 qdisc pfifo_fast
state UP qlen 1000
...
    inet6 2001:db8:0:102::10/64 scope global   ←IPv6 GUA
       valid_lft forever preferred_lft forever
    inet6 fe80::4274:25bf:24a4:886d/64 scope link   ←IPv6 LLC
       valid_lft forever preferred_lft forever

# ip -6 route show |grep default   ←デフォルトゲートウェイの確認
```

```
default via 2001:db8:0:102::1 dev eth0 proto static metric 100
```

ホストOSと2台のゲストOSを上記の手順で設定後、host1からhost2への通信を行って動作を確認します。

ゲストOS (host1) からゲストOS (host2) へアクセス

```
# vi /etc/hosts
...
2001:db8:0:101::10  host1.example.com host1
2001:db8:0:102::10  host2.example.org host2

# ping6 -c1 host2.example.org
PING host2(host2.example.org (2001:db8:0:102::10)) 56 data bytes
64 bytes from host2.example.org (2001:db8:0:102::10): icmp_seq=1
ttl=63 time=0.234 ms
...

# traceroute6 host2.example.org
traceroute to host2 (2001:db8:0:102::10), 30 hops max, 80 byte packets
 1  gateway (2001:db8:0:101::1)  0.409 ms  0.352 ms  0.319 ms
 2  host2.example.org (2001:db8:0:102::10)  0.742 ms !X  0.725 ms !X
0.696 ms !X

# ssh host2.example.org -l user01  ←host02の一般ユーザーでログイン
root@host2's password:
Last login: Mon Aug 20 21:15:19 2018 from 2001:db8:0:101::10
[root@host2 ~]#
```

IPv6アドレスフォーマット

IPv6のアドレスには複数の種類とスコープ（有効範囲）があり、通常は**グローバルユニキャストアドレス**（GUA）と**リンクローカルアドレス**（LLA）が使われます。グローバルユニキャストアドレスはインターネット上で使用するアドレスです。リンクローカルアドレスは同一リンク上でのみ有効なアドレスです。

また2005年には、RFC4193によりIPv4のプライベートアドレスに相当する、サイト内で使用するローカルなアドレスとして、**ユニークローカルユニキャストアドレス**（ULA）が定義されました。アドレス中に一部ランダムな値を取り入れることで、他サイトのULAとのアドレス重複を回避するよう意図されています。

アドレスフォーマットは、GUAはRFC3587、LLAはRFC4291、ULAはRFC4193にて、それぞれ次のように規定されています。

IPv6アドレスフォーマット

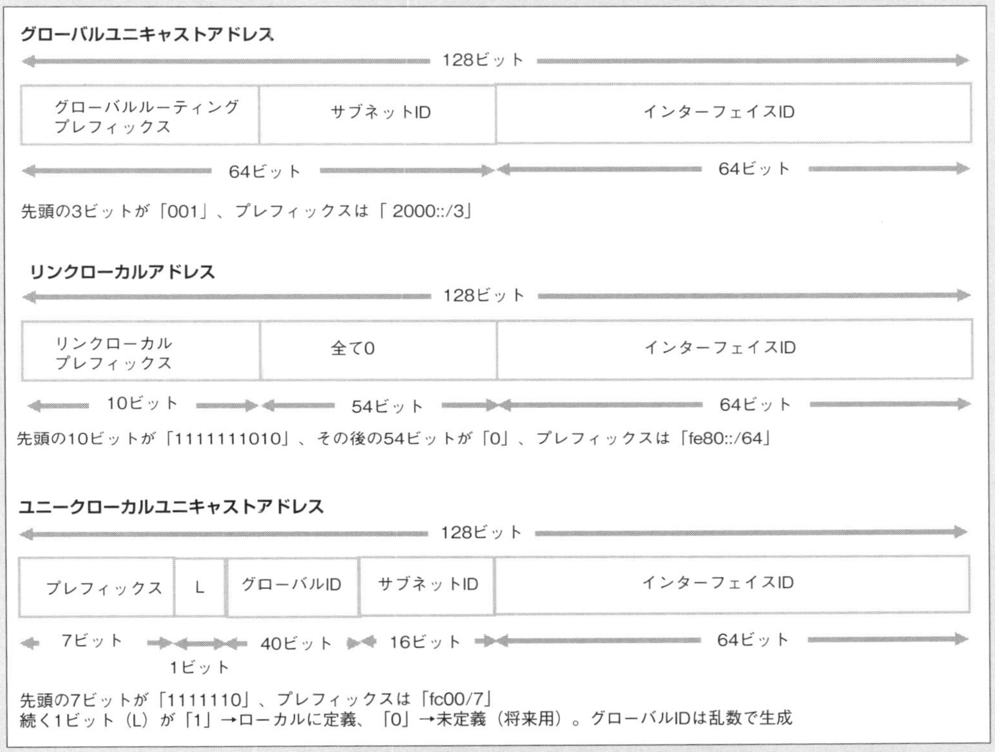

64ビットのインターフェイスIDは、IPv4のホスト部に該当します。インターフェイスIDは、イーサネットの場合は通常、48ビットのイーサネットアドレスから64ビットのインターフェイスIDを生成します。

IPv6のアドレスは、128ビットを16ビットごとにコロン「:」で区切り、8つのフィールドに分けて16進数で表記します。次の場合は表記の省略ができます。

- **フィールドの先頭の0、および先頭から連続する0は省略できる**
  例）0225 → 225
- **0のみが連続するフィールドで全体で1箇所だけ「::」と省略できる**
  例）fe80:0000:0000:0000:0225:64ff:fe49:ee2f → fe80::225:64ff:fe49:ee2f

ISPからはGUA（グローバルユニキャストアドレス）が割り当てられます。例えば、ISPから割り当てられたIPv6アドレスが「2001:db8:0:100::/56」の場合、割り当てられたサブネットの個数は「64?56=8」で8ビット分の2^8 =256個となります。

サブネットアドレスは「2001:db8:0:100::/64」から「2001:db8:0:1ff::/64」までとなります。ネットワークのトラフィックやホストの管理などの問題は別にすれば、論理的には各サブネットごとに2^64 個のホストを接続できます。

JPNIC(日本ネットワークインフォメーションセンター)では、ISPからエンドユーザへのIPv6割り当てアドレス空間のサイズとして、最小/64、最大/48をポリシーとしています。

https://www.nic.ad.jp/doc/jpnic-01167.html

ISPでは、/48、/56、/64をユーザへの選択肢として提供し、/56を標準としているところが多いようです。したがって、IPv4のように内部サブネットをプライベートアドレスで構成し、それをNAT(Network Address Translation)によって、インターネットに接続するという形態はIPv6では通常は必要なくなります。

ただし、インターネットと内部ネットワーク間にファイアウォールを構築し、内部ネットワークへのトラフィックを制限する必要があります。また、GUAによる1個のサブネットと、ULAによる複数の内部ネットワークを、NATによって接続することも可能です。

Chapter 9

システムのメンテナンス

9-1 システムの状態把握と調査を行うコマンド

システムの状態把握と調査

パフォーマンスやリソースの状態など、システムを良好な状態に保つように運用するには、日常的なシステムの状態の把握と、問題が発生した時の原因調査や対処方法などを知っておくことが必要です。

システムの起動、ネットワーク、アプリケーション、ファイルシステムなどのシステム運用の際に役に立つ、これまでの章で出てきたコマンドを利用する方法に加えて、新たなコマンドも紹介します。

システム起動に関するコマンド

電源を投入してからログインするまでのシーケンスの設定と管理には、次のコマンドを利用します。

表9-1-1 システム起動に関するコマンド

機能	コマンド（括弧内は参照する「章-項」）	説明
grubの設定、管理	grub	Linux起動時のGRUB画面で[Ctrl]+[c]を押すとGRUBのコマンドプロンプトを表示。「help」と入力すると、コマンド一覧が表示される 例）grub> help [lsmod]でGRUBモジュールの一覧表示、「vbeinfo」（BIOS）あるいは「videoinfo」（EFI）でGRUBの画面解像度の表示、などができる
grubのインストール	CentOS：grub2-install Ubuntu：grub-install	grubが損傷した場合などに、grubを指定したデバイスに書き込む
GRUBの設定ファイルの生成	CentOS：grub2-mkconfig（2-1） Ubuntu：grub-mkconfig（2-1）	GRUBの設定ファイルgrub.cfgを生成する
systemdの管理	systemctl（2-1）	サービスの起動と停止、systemdターゲットの変更、など
システムの修復	（ISOイメージ、CD-ROM、DVD）	ブートローダの修復、ファイルシステムの修復、rootパスワードの再設定、など

ネットワークに関するコマンド

ネットワークでは、主に以下の設定を行います。

❶ネットワークインターフェイス
❷ルーティング
❸名前解決

ネットワークに何らかの問題が発生した場合は、プロトコルスタックの下位層から上位層に向かって、以下の表にあるコマンドを利用し、❶、❷、❸の順でチェックするのがわかりやすい手順です。

表9-1-2 ネットワークに関するコマンド

機能	コマンド（括弧内は参照する「章-項」）	説明
ネットワークI/Fの状態表示、設定	nmcli（8-2） ip（8-2） ifconfig（8-2） iwconfig iwlist（8-2）	ネットワークI/Fがアクティブか表示する ネットワークI/Fをアクティブに設定する ネットワークI/FのIPアドレスを表示する ネットワークI/FにIPアドレスを設定する
リモートホストとの疎通確認	ping（8-3）	リモートホストとの疎通確認をする リモートホストとのターンアラウンドタイムを表示する
サービスポートの状態確認	nmap（8-3）	ホストがオープンしているポートを表示する
接続の状態確認	ss（8-3） netstat（8-3）	リモートホストとの接続状態を表示する
ルーティングの状態表示、設定	ip（8-4） route（8-4） traceroute（8-4）	ルーティングテーブルを表示する ルーティングテーブルを設定する リモートホストへの経路を表示する
名前解決	dig host	名前解決（ホスト名⇔IPアドレス）を表示する

システムの状態やアクティビティに関するコマンド

アプリケーションのパフォーマンスは主にCPU、メモリなどのリソースの状態やディスクI/Oのアクティビティに依存します。また、ネットワークアプリケーションの場合はネットワークの状態にも依存します。

CPU、メモリの使用状況やディスクI/Oのアクティビティは、以下のコマンドで確認することができます。

表9-1-3 システムの状態やアクティビティに関するコマンド

機能	コマンド（括弧内は参照する「章-項」）	説明
プロセスの状態表示	ps（6-3） top（6-3）	psコマンドでCPUやメモリの使用状態を表示できる topコマンドでCPU使用率やメモリ使用率の高い順に表示できる
システムの状態とアクティビティ表示	vmstat	システムの状態とアクティビティを周期的、リアルタイムに表示する
メモリの使用状況表示	free	メモリ容量、使用量、空き容量を表示する
スワップの使用状況表示	free swapon（7-3）	freeコマンドでスワップ領域の状態を表示する swaponコマンドでスワップデバイスの状態を表示する

ファイルシステムに関するコマンド

ファイルシステムの状態の確認や修復には、以下のコマンドを利用します。

表9-1-4 ファイルシステムに関するコマンド

機能	コマンド（括弧内は参照する「章-項」）	説明
ファイルシステムの状態表示	df（7-3）	ファイルシステムの容量、使用量、空き領域を表示
ディレクトリ/ファイルの使用量の表示	du（7-3）	ディレクトリ以下の総容量、ファイルのサイズを表示
ファイルシステムのチェックと修復	fsck（7-3）	ファイルシステムのチェック。軽微な不整合は自動的に修復する

9-2 ログインできなくなった場合の対処方法

インストーラを立ち上げて修復作業を行う

電源を投入してからログインするまでのシーケンスに問題があると、ログイン画面あるいはログインプロンプトが表示されない、画面あるいはプロンプトにユーザ名とパスワードを入力してもログインできない、などの不具合が発生します。

このような場合、システムにログインして修復作業をすることができないので、DVD/CD-ROMやISOイメージからインストーラを立ち上げて、修復作業を行います。

CentOSとUbuntuの場合について、以下の不具合を修復する手順を紹介します。

- rootのパスワードを忘れてログインできない(CentOS)
- sudoユーザのパスワードを忘れてログインできない(Ubuntu)
- ブートローダGRUB2が損傷し、起動できない

BIOS起動の場合、GRUB2はディスクのセクタ0(先頭セクタ)と、そこから呼び出されるセクタ1〜63に格納されています。EFI起動の場合、EFIパーティションの中の**shim.efi**と**grubx64.efi**ファイルなどに格納されています。

ブートローダに必要なファイルについては、第2章(70ページ)を参照してください。

これらのどこかが損傷した場合、その場所によって画面のメッセージは異なりますが、いずれの場合もGRUBの 起動メニュー画面が表示されません。

以下は、BIOSの場合にセクタ1〜63が損傷した場合の画面の例です。「Booting from Hard Disk...」の後、何も表示されなくなります。

図9-2-1 **GRUB2が起動しない**

インストーラを立ち上げて修復する(CentOS)

CentOSのISOイメージを用意します(CentOS 7.5の場合:CentOS-7-x86_64-DVD-1804.iso)。

物理マシンの場合は、ISOイメージを焼いたDVDメディアをDVDドライブにを入れて起動します。仮想マシンの場合は、ホストOSに用意したISOイメージを接続して起動します。

表9-2-2 インストーラの起動

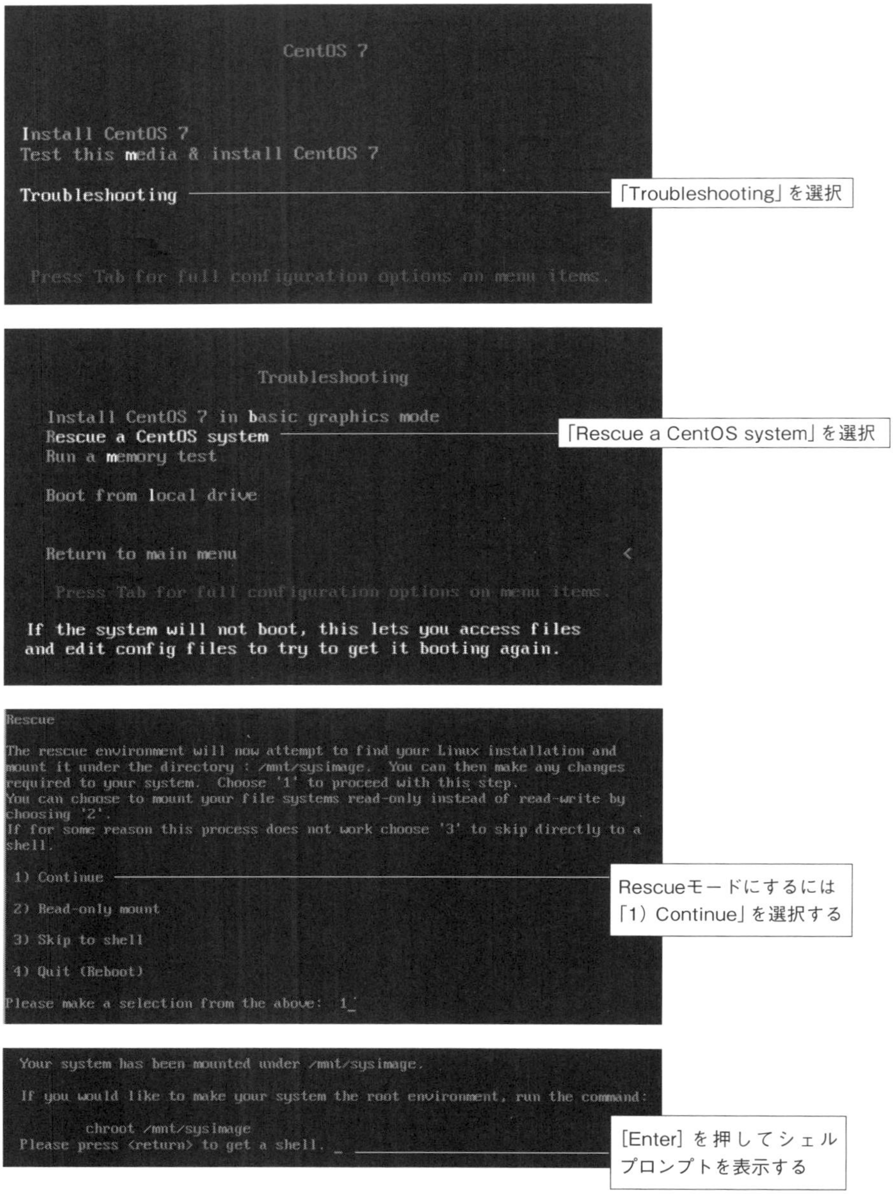
CentOS 7
Install CentOS 7
Test this media & install CentOS 7
Troubleshooting
Press Tab for full configuration options on menu items.
「Troubleshooting」を選択
Troubleshooting
Install CentOS 7 in basic graphics mode
Rescue a CentOS system
Run a memory test
Boot from local drive
Return to main menu
Press Tab for full configuration options on menu items.
If the system will not boot, this lets you access files
and edit config files to try to get it booting again.
「Rescue a CentOS system」を選択
Rescue
The rescue environment will now attempt to find your Linux installation and
mount it under the directory : /mnt/sysimage. You can then make any changes
required to your system. Choose '1' to proceed with this step.
You can choose to mount your file systems read-only instead of read-write by
choosing '2'.
If for some reason this process does not work choose '3' to skip directly to a
shell.
1) Continue
2) Read-only mount
3) Skip to shell
4) Quit (Reboot)
Please make a selection from the above: 1
Rescueモードにするには
「1) Continue」を選択する
Your system has been mounted under /mnt/sysimage.
If you would like to make your system the root environment, run the command:
chroot /mnt/sysimage
Please press <return> to get a shell.
[Enter] を押してシェル
プロンプトを表示する

シェルプロンプトが表示された後、ルートディレクトリ(/)をハードディスク内のルートファイルシステムがマウントされた/mnt/sysimageディレクトリに変更(chroot)して修復作業を行います。

chrootコマンドはルートディレクトリを引数で指定したディレクトリに変更するコマンドです。ルートディレクトリをインストーラのルートからハードディスク内のルートに変更することで、通常時と同じディレクトリのパス（Path）で作業することができます。

/mnt/sysimageにchrootする

```
sh-4.2# df
Filesystem              1K-blocks    Used Available Use% Mounted on
/dev/mapper/live-rw       2030899 1366963    659840  68% /
devtmpfs                   996292       0    996292   0% /dev
tmpfs                     1023804       4   1023800   1% /dev/shm
tmpfs                     1023804   16840   1006964   2% /run
tmpfs                     1023804       0   1023804   0% /sys/fs/cgroup
/dev/sr0                  4364408 4364408         0 100% /run/install/
repo
tmpfs                     1023804     280   1023524   1% /tmp
/dev/mapper/centos-root   8374272 4559912   3814360  55% /mnt/sysimage
↑ルートFSがマウントされている
/dev/vda1                 1038336  234872    803464  23% /mnt/sysimage/
boot
tmpfs                     1023804       0   1023804   0% /mnt/sysimage/
dev/shm

sh-4.2# chroot /mnt/sysimage   ←/mnt/sysimageにchrootする
bash-4.2# pwd
/
bash-4.2# ls
bin   dev  home  lib64  mnt  proc  run   srv  tmp  var
boot  etc  lib   media  opt  root  sbin  sys  usr
```

○rootのパスワードを再設定する

以下は忘れてしまったrootのパスワードを再設定する例です。

rootのパスワードを再設定する

```
bash-4.2# head -1 /etc/shadow   ←現在の暗号化パスワードを確認
root:$6$4epzjacZ$4-m2RwBhgb6ZElwxffNqPLC/2mgkfX2l0b …（途中省略）…
:16982:0:99999:7:::
bash-4.2# passwd ←パスワードを変更
Changing password for user root.
New password: ****  ←新しいパスワードを入力
Retype new password: **** ←新しいパスワードを再入力
passwd: all authentication tokens updated successfully.
bash-4.2# head -1 /etc/shadow  ←変更後の暗号化パスワードを確認
root:$6$Q1pOwHJO$WLYBkRLIfYqMrrMp0uuXgoycAMym3zSpG …（途中省略）…
:17841:0:99999:7:::
```

◯GRUB2を修復する

以下はGRUB2を再度インストールする例です。

GRUB2を再インストールする

```
bash-4.2# cat /proc/partitions   ←パーティションを確認
major minor  #blocks  name

  11        0    4365312 sr0
 252        0   10485760 vda
 252        1    1048576 vda1
 252        2    9436160 vda2
…（以下省略）…

bash-4.2# grub2-install /dev/vda   ←GRUB2が損傷したディスクにGRUB2を再インストール
Installing for i386-pc platform.
Installation finished. No error reported.
```

上記の手順の通り、GRUB2はパーティションではなくディスクを指定してインストールします。これにより、BIOS環境の場合はセクタ0と/boot/grub2の下に、EFI環境の場合はEFIパーティションにGRUB2がインストールされます。

修復作業が完了したらシェルを終了（exit）して、いったん電源をオフにします。

インストーラを立ち上げて修復する（Ubuntu）

UbuntuのISOイメージを用意します（Ubuntu 18.04 Desktopの場合：ubuntu-18.04-desktop-amd64.iso）。

物理マシンの場合は、ISOイメージを記録したDVDメディアをDVDドライブに入れて起動します。仮想マシンの場合は、ホストOSに用意したISOイメージを接続して起動します。

図9-2-3 インストーラの起動

インストーラが立ち上がったら、必要であれば言語を日本語にしてから「Ubuntuを試す」を選択します。この後、Live-CDのUbuntu上で端末エミュレータを起動して作業をします。

端末エミュレータの中でrootになり、chroot環境を作成する

```
$ sudo su -   ←root権限を取得
# df | grep -v snap   ←Live-CDのファイルシステムのマウント状態を確認
Filesystem     1K-blocks    Used Available Use% Mounted on
udev             1478552       0   1478552   0% /dev
tmpfs             299948    1452    298496   1% /run
/dev/sr0         1876800 1876800         0 100% /cdrom
/dev/loop0       1788544 1788544         0 100% /rofs
/cow             1499736  350056   1149680  24% /
tmpfs            1499736       0   1499736   0% /dev/shm
tmpfs               5120       8      5112   1% /run/lock
tmpfs            1499736       0   1499736   0% /sys/fs/cgroup
tmpfs            1499736       0   1499736   0% /tmp
tmpfs             299944      40    299904   1% /run/user/999
tmpfs             299944       0    299944   0% /run/user/0

# cat /proc/partitions   ←修復するディスクのパーティションを確認
…（途中省略）…
 252        0   10485760 vda
 252        1   10483712 vda1
↑1台目のディスクのパーティション1
 （Ubuntuをデフォルトでインストールした場合はここにルートファイルシステムが入る）
…（以下省略）…
# mkdir /mnt/sysimage   ←マウントポイントを作成
# mount /dev/vda1 /mnt/sysimage   ←修復するファイルシステムをマウント

# chroot /mnt/sysimage
# ls
bin    dev   initrd.img  lost+found  opt   run   srv  usr
boot   etc   lib         media       proc  sbin  sys  var
cdrom  home  lib64       mnt         root  snap  tmp  vmlinuz
```

○sudoユーザのパスワードを再設定する

以下は、忘れてしまったsudoユーザ（例：user01）のパスワードを再設定する例です。

sudoユーザ（例：user01）のパスワードを再設定する

```
# grep user01 /etc/shadow   ←現在の暗号化パスワードを確認
user01:$6$eI.PIQF4$KaFHOl2k6aznLX3dY478kxvpptsk.KZhws.q/yaYYJ.AiP
…（途中省略）… :17650:0:99999:7:::
# passwd user01   ←パスワードを変更
新しい UNIX パスワードを入力してください: ****
新しい UNIX パスワードを再入力してください: ****
passwd: パスワードは正しく更新されました
# grep user01 /etc/shadow   ←変更後の暗号化パスワードを確認
user01:$6$Ol2BDUt5$7tHPCeAd2OkaSDkJUsA7P5P/tKcnj3flTH6027UWpPBKIt:
…（途中省略）… 17841:0:99999:7:::
```

◯GRUB2を修復する

以下は、GRUB2を再度インストールする例です。

GRUB2を再インストールする

```
# cat /proc/partitions  ←❶
...（途中省略）...
 252        0   10485760 vda
 252        1   10483712 vda1
...（以下省略）...
# mknod /dev/vda b 252 0  ←❷
# mknod /dev/vda1 b 252 1  ←❸
# grub-install /dev/vda  ←❹
Installing for i386-pc platform.
Installation finished. No error reported.
```

❶修復するディスクのパーティションを確認
❷修復するディスクのデバイスファイル/dev/vdaを作成
❸修復するディスクのデバイスファイル/dev/vda1を作成
❹GRUB2の損傷したディスクにGRUB2を再インストール

Ubuntuの場合、インストーラから立ち上げた時はchrootしたディスク内のルートファイルシステムにはディスクおよびパーティションにアクセスするためのデバイスファイルが作成されていません。このため、上記の手順ではmknodコマンドでデバイスファイルを作成しています。

修復作業が完了したらシェルを終了（exit）して、いったん電源をオフにします。

9-3 ネットワークに繋がらなくなった場合の対処方法

ネットワークのチェック手順

システムのネットワーク設定を変更した時や、Linuxを異なったネットワーク環境に接続した時など、接続したLAN内のサーバやインターネット上のサーバにアクセスできなくなることがあります。また、他のリモートホストから接続できなくなることもあります。

このような場合、ネットワークではプロトコルスタックの上位層は下位層に依存しているので、下位層から上位層に向かって、順番にチェックするのが良い方法です。

図9-3-1 **ネットワークの階層**

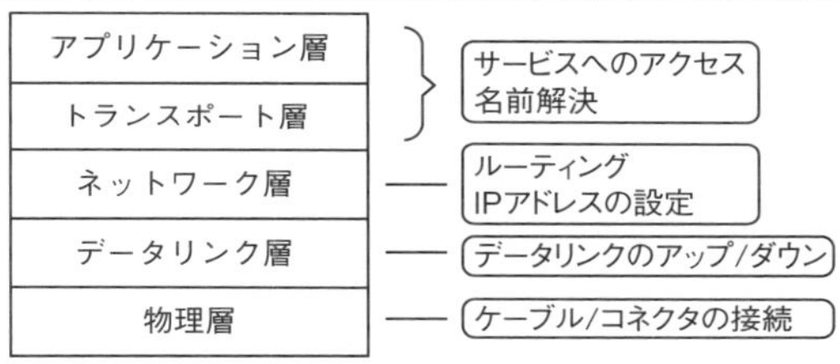

ネットワークインターフェイスの設定をチェック

ネットワークに繋がらなくなった際には、以下の箇所を順に調べていきます。

❶ケーブル/コネクタが接続されているか（物理層）
❷ネットワークI/Fのデータリンクがアップしているか（データリンク層）
❸ネットワークI/FにIPアドレスが正しく設定されているか（ネットワーク層）
❹ネットマスク値が正しく設定されているか（ネットワーク層）

❶と❷については、**ip link show**コマンドで調べることができます。ネットワークI/Fのリンクの状態は次のように表示されます。

表9-3-1 **ネットワークI/Fのリンクの状態**

表示	説明
UP	インターフェイスはUPに設定されている
LOWER_UP	物理層は接続している。キャリアを検知し、リンクはUP
NO-CARRIER	物理層が接続されていない。キャリアを検知していない。リンクはDOWN
state UP	インターフェイスは稼動している（リンクはUPで、かつ設定もUP）
state DOWN	インターフェイスは停止している（リンクがDOWN、あるいは設定がDOWN）

BROADCAST	ブロードキャストが有効
MULTICAST	マルチキャストが有効

ネットワークI/Fのリンクの状態を調べる

```
# ip link show eth0  ←❶
2: eth0: <BROADCAST,MULTICAST,UP,LOWER_UP> mtu 1500 …（途中省略）…
state UP mode DEFAULT group default qlen 1000
    link/ether 52:54:00:eb:b5:3e brd ff:ff:ff:ff:ff:ff

# ip link show eth0 ←❷
2: eth0: <NO-CARRIER,BROADCAST,MULTICAST,UP> mtu 1500 …（途中省略）…
state DOWN mode DEFAULT group default qlen 1000
    link/ether 52:54:00:eb:b5:3e brd ff:ff:ff:ff:ff:ff

# ip link show eth0  ←❸
2: eth0: <BROADCAST,MULTICAST> mtu 1500 …（途中省略）…
state DOWN mode DEFAULT group default qlen 1000
    link/ether 52:54:00:eb:b5:3e brd ff:ff:ff:ff:ff:ff
```

❶「UP, LOWER_UP, state UP」の表示により、現在、I/Fは稼動中
❷「NO-CARRIER, UP, state DOWN」の表示により、現在、I/Fは停止（設定はUPだが、リンクがDOWN）
❸UPが表示されず、「state DOWN」の表示により、現在、I/Fは停止（UPが表示されていないので、設定によりI/FはDOWN）

「NO-CARRIER」と表示されている場合はキャリアを検知していないので、ケーブル/コネクタが抜けていないかを調べます。

「UP」が表示されていない場合は設定によりI/FがDOWNしているので「ip link set eth0 up」でUPするかを調べます。

調査箇所❸と❹については、**ip addr show**あるいは**ip a show**コマンドで調べることができます。

ネットワークI/FのIPアドレスを調べる

```
# ip a show eth0  ←❶
2: eth0: <BROADCAST,MULTICAST,UP,LOWER_UP> mtu 1500 qdisc pfifo_fast
state UP group default qlen 1000
    link/ether 52:54:00:eb:b5:3e brd ff:ff:ff:ff:ff:ff
    inet 192.168.122.202/24 brd 192.168.122.255 scope global noprefixroute
dynamic eth0
       valid_lft 3291sec preferred_lft 3291sec
    inet6 fe80::ae4c:f0c0:98d1:ca96/64 scope link noprefixroute
       valid_lft forever preferred_lft forever

# ip a show eth0  ←❷
2: eth0: <BROADCAST,MULTICAST,UP,LOWER_UP> mtu 1500 qdisc pfifo_fast
state UP group default qlen 1000
    link/ether 52:54:00:eb:b5:3e brd ff:ff:ff:ff:ff:ff
    inet6 fe80::ae4c:f0c0:98d1:ca96/64 scope link noprefixroute
       valid_lft forever preferred_lft forever
```

❶IPアドレスを表示。IPアドレスは「192.168.122.202」、プリフィックス「/24」の表示からネットマスクは「255.255.255.0」
❷IPアドレスを表示。「inet IPアドレス」の表示がなく、設定されていない

IPアドレスが設定されていない時は、「ip addr add IPアドレス dev I/F」を実行して設定されるかを確認します。

例）ip addr add 192.168.122.202/24 dev eth0

ipコマンドによる設定については第８章（372ページ）を参照してください。

システム起動時のネットワークI/Fに対するIPアドレスは設定ファイルを参照して、DHCP、あるいはスタティックに設定が行われます。

NetworkManagerを使用した場合の設定ファイルは以下の通りです。

- **CentOS**：/etc/sysconfig/networkscript/ifcfg-*
- **Ubuntu**　：/etc/NetworkManager/system-connections/*

設定状態の確認は、**nmcli con show**コマンドにより行うことができます。

NetworkManagerによる設定状態を調べる

```
# nmcli con show ←❶
NAME  UUID                                  TYPE      DEVICE
eth0  da5f627b-c1e6-4797-9613-20691a030736  ethernet  eth0

# nmcli con show eth0 ←❷
connection.autoconnect:               はい ←❸
ipv4.method:                          auto ←❹
IP4.ADDRESS[1]:                       192.168.122.202/24 ←❺
```

❶接続の一覧を表示
❷接続eth0（NAME：eth0）の設定状態を確認（抜粋）
❸「はい」：システム起動時にI/F起動。「いいえ」：起動しない
❹「auto」：DHCPによる設定。「manual」：スタティックな設定
❺IPアドレス/プリフィックス

connection.autoconnectが「いいえ」の場合、ipコマンドなどでI/FをUPしないと起動しません。特に理由のない限り、nmcliコマンドで「はい」（connection.autoconnect yes）に設定しておきます。

ipv4.methodが「manual」の場合は、nmcliコマンドでipアドレス/プリフィックスを正しく設定しておきます。

ipv4.methodが「auto」の場合にIPアドレス/プリフィックスが正しく設定されない時は、DHCPサーバの設定を確認してください。

nmcliコマンドによる設定については第8章（358ページ）を参照してください。

ルーティングをチェック

ネットワークI/FにIPアドレスが正しく設定されていても、ルーティングテーブルが正しく設定されていないと目的のホストに到達できません。

また、ネットワークI/Fにネットマスク値が正しく設定されていないと、ネットワークを正しく識別できないため、本来のルーティングが行われません。ネットマスク値は、**ip addr show**コマンドで表示される「IPアドレス/プリフィックス」の「/プリフィックス」を確認します。

> 「/プリフィックス」の確認は、上記の「ip addr show」の実行例(422ページ)を参照してください。

ルーティングテーブルの設定は、**ip route show**あるいは**route**コマンドで確認します。

ルーティングテーブルの設定を調べる

```
# ip route show
default via 192.168.122.1 dev eth0 proto dhcp metric 100  ←❶
192.168.122.0/24 dev eth0 proto kernel scope link src 192.168.122.202
192.168.122.0/24 dev eth0 proto kernel scope link src 192.168.122.202
metric 100

# traceroute www.google.co.jp  ←❷
traceroute to www.google.co.jp (172.217.25.227), 30 hops max, 60 byte
packets
 1  gateway (192.168.122.1)  0.142 ms  0.099 ms  0.107 ms
 2  172.17.255.254 (172.17.255.254)  0.205 ms  0.187 ms  0.243 ms
...(途中省略)...
13  216.239.62.22 (216.239.62.22)  6.399 ms 108.170.233.21
(108.170.233.21)  6.396 ms  5.220 ms
14  nrt12s14-in-f3.1e100.net (172.217.25.227)  6.131 ms  6.075 ms  5.532
ms

# traceroute www.google.co.jp  ←❸
traceroute to www.google.co.jp (172.217.25.227), 30 hops max, 60 byte
packets
 1  * * *
 2  * * *
 3  * * *
```

❶デフォルトルートは192.168.122.1
❷デフォルトルートが正しく設定されていれば、指定したホストまで到達できる
❸デフォルトルータが正しく設定されていないと、「***」が表示されて到達できない

NetworkManagerによるデフォルトルータの設定は**nmcli con show**コマンドにより確認することができます。

NetworkManagerによる設定状態を調べる

```
# nmcli con show  ←接続の一覧を表示
NAME  UUID                                  TYPE      DEVICE
eth0  da5f627b-c1e6-4797-9613-20691a030736  ethernet  eth0
```

```
# nmcli con show eth0  ←接続eth0(NAME：eth0)の設定状態を確認(抜粋)
IP4.GATEWAY:                    192.168.122.1  ←デフォルトルートの設定
```

デフォルトルートが正しく設定されていない場合は、**ip route**コマンドで再設定してください。

デフォルトルートを再設定

```
# ip route delete default  ←現在のデフォルトルートを削除
# ip route add default via 192.168.122.1
↑正しいデフォルトルート(192.168.122.1)を追加
```

上記の設定で正しくルーティングされることが確認できたら、以下の手順で再設定してください。

・DHCPを使用してネットワークI/Fの設定をしている場合でDHCPサーバがデフォルトルート情報を提供している時は、DHCPサーバの設定を確認する
・DHCPではなくスタティックに設定している場合は、nmcliコマンドで正しいデフォルトルート(例：192.168.122.1)を設定し直す
例) nmcli con modify eth0 ipv4.method manual ipv4.gateway 192.168.122.1

名前解決をチェック

IPアドレスを指定した場合には、目的のホストに到達できても「ホスト名→IPアドレス」の名前解決ができないと、ローカルホストから発信するパケット内に宛先IPアドレスを指定できないため、ホスト名を指定して目的のホストにアクセスすることができません。

一般的には、**/etc/hosts**ファイルとDNSにより名前解決を行います。その場合は**/etc/nsswitch.conf**ファイルのhostsエントリに、/etc/hostsファイルを参照するキーワード「files」とDNSを参照するキーワード「dns」が含まれている必要があります。

/etc/nsswicth.confファイルのhostsエントリを確認

```
# grep hosts /etc/nsswitch.conf
hosts:      files dns myhostname  ←「files」と「dns」が含まれている
```

/etc/hostsによる名前解決を行う場合は、エントリが登録されているか確認します。登録されていない場合は登録します。

centos7.localdomainのエントリを追加

```
# vi /etc/hosts
172.17.1.1   centos7.localdomain centos7

# ping -c1 centos7
PING centos7.localdomain (172.17.1.1) 56(84) bytes of data.
↑centos7が172.17.1.1に変換されている
```

```
64 bytes from centos7.localdomain (172.17.1.1): icmp_seq=1 ttl=64
time=0.323 ms
…（以下省略）…
```

DNSによる名前解決を行う場合は、**/etc/resolv.conf**ファイルに利用するDNSサーバのIPアドレスが登録されている必要があります。以下の例では、googleの公開DNSサーバ「8.8.8.8」が登録されています。

/etc/resolv.confファイルの内容を確認

```
# cat /etc/resolv.conf
nameserver   8.8.8.8
```

DHCPを利用している場合は、DNSクライアントデーモンによって/etc/resolv.confに自動的に書き込まれます。正しいIPアドレスが書き込まれていない場合は、DNSサーバの設定を確認してください。

DHCPを利用していない場合は、viエディタなどの編集ツールで/etc/resolv.confファイルを編集してください。

なお、/etc/resolv.confに正しいDNSサーバのIPアドレスが設定されていても、ネットワークI/Fとルーティングが正しく設定されていないと、DNSサーバに到達できません。到達できるかどうかはpingコマンドなどで確認します。

例）ping 8.8.8.8

以下の例では最終的に名前解決したホストに到達できることを確認しています。

ホストへの到達確認

```
# host www.google.co.jp 8.8.8.8  ←❶
Using domain server:
Name: 8.8.8.8
Address: 8.8.8.8#53
Aliases:

www.google.co.jp has address 216.58.197.227  ←❷
www.google.co.jp has IPv6 address 2404:6800:4004:80f::2003  ←❸

# ping -c1 www.google.co.jp  ←❹
PING www.google.co.jp (172.217.25.227) 56(84) bytes of data.
64 bytes from nrt12s14-in-f227.1e100.net (172.217.25.227): icmp_seq=1
ttl=52 time=5.33 ms
…（以下省略）…
```

❶DNSサーバ8.8.8.8によりwww.google.co.jpの名前解決ができることを確認
❷www.google.co.jpのIPv4アドレス
❸www.google.co.jpのIPv6アドレス
❹名前解決ができ、目的ホストに到達できることを確認

サービス（ポート）へのアクセスをチェック

宛先ホストに到達できても、宛先ホストがサービスを提供していないと（サービスポートがオープンしていないと）アクセスすることができません。

サーバ側でサービスが提供されているかどうか（サービスポートがオープンしているかどうか）は、クライアント側で**nmap**コマンドを実行することにより確認できます。

以下は、nmapコマンドでサーバcentos7がssh（ポート番号22）とhttp（ポート番号80）のサービスを提供しているかどうかを確認する例です。

sshとhttpのポートがオープンしているかどうかを確認（抜粋）

```
# nmap -p 22,80 centos7
PORT    STATE SERVICE
22/tcp open   ssh    ←sshサービス(ポート22)が提供されている
80/tcp open   http    ←httpサービス(ポート80)が提供されている
```

9-4

アプリケーションの応答が遅くなった場合の対処方法

プロセスのリソース使用状況をチェックする

システムによるアプリケーションの処理速度は主に、CPU、メモリ、ディスクといったリソースの状況に依存します。

リソース使用状況を調べるコマンド

リソースの使用状況を調べるには、プロセス単位で調べるps、top、カーネルによる統計情報（CPU、スワップ、メモリ、ディスク）を調べるvmstat、メモリの使用状況を調べるfree、ディスクのパフォーマンスを調べるhdparmコマンドなどがあります。

○リソースの使用状況

psコマンドは、プロセスごとのCPUの使用率やメモリの使用率、使用量を調べることができます。psコマンドの「-o」オプションに以下のような引数を指定します。

表9-4-1 「ps -o」の主な引数

引数	説明
pid	プロセスID
comm	コマンド名
nice	nice値。-20（最高優先度）～19（最低優先度）の間で設定。rootのみ負数を設定可。デフォルト値：0
pri	psコマンドで表示されるOSでの優先度（priority）。139（最高優先度）～0（最低優先度）
%cpu	CPU使用率（パーセント単位）
%mem	メモリ使用率（パーセント単位）
rss	スワップアウトされていない、物理メモリ上の領域のサイズ（resident set size）。単位：キロバイト
vsize	仮想メモリのサイズ（virtual memory size）。単位：KiB（1024バイト単位）

vsize（仮想メモリのサイズ）は実行中のプロセスのプログラムコード、スタック、データ、シェアードライブラリを含む、実行に必要な総サイズです。全てが一度に物理メモリにロードされるわけではなく、実行に必要なページがファイルシステムあるいはスワップ領域からメモリに読み込まれます。

以下はWebブラウザFirefoxの例です。

Firefoxの状態を調べる

```
$ ps -eo pid,comm,nice,pri,%cpu,%mem,rss,vsize | grep firefox
 6265 firefox           0  19 16.5  5.7 946380 3863788
```

表示された結果は以下の内容です。

Firefoxの状態

```
pid   comm      nice  pri   %cpu   %mem   rss       vsize
6265  firefox   0     19    16.5%  5.7%   946,380   3,863,788
                                          (約946MB) (約3.8GB)
```

Firefoxはたくさんのwebページを表示するにつれて、プロセスのデータ領域が大きくなります。

○CPUの使用状況

topコマンドは、CPUの使用率やメモリの使用率、使用量の高い順にプロセスを周期的に一覧表示をすることができます。

topコマンドの表示は、システムの全体的な使用率の統計情報を表示する上部5行のサマリー領域と、その下に実行中のプロセスをリース使用の高い順にリスト表示するタスク領域があります。

デフォルトではCPUの使用率の高い順に表示されますが、実行中のキー入力によりメモリ使用率や使用量などの順に表示することもできます。

◇表示順のフィールドを変更

「f」(field) → この画面で矢印キーでフィールドを選択 →「s」(select) →「q」

◇選択したフィールドを強調表示

「b」(bold) →「x」(execute) →「b」で白黒反転

◇表示行数の変更

「n 」→「行数」

以下は上記のキー入力により、フィールドをRES(rss：resident set size)に、行数を10行に変更して表示する例です。

物理メモリの使用量は1位がgnome-shellで約297MB、2位がthunderbirdで約206MB、3位がfirefoxで約192MBとなっています。

フィールドと行数を変更して表示

```
$ top

top - 19:11:29 up  3:28,  6 users,  load average: 0.11, 0.46, 0.44
Tasks: 205 total,   3 running, 202 sleeping,   0 stopped,   0 zombie
%Cpu(s):  2.7 us,  0.7 sy,  0.0 ni, 96.7 id,  0.0 wa,  0.0 hi,  0.0 si,  0.0 st
KiB Mem :  1494640 total,   100176 free,   900336 used,   494128 buff/cache
KiB Swap:  1048572 total,   578556 free,   470016 used.   362816 avail Mem

  PID USER      PR  NI    VIRT    RES    SHR S %CPU %MEM     TIME+ COMMAND
 2312 user01    20   0 3166692 297992  30160 S  1.7 19.9   1:57.60 gnome-shell
 6052 user01    20   0 2132196 206920  57800 S  0.0 13.8   0:14.34 thunderbird
 6501 user01    20   0 2097632 192492  74196 S  0.7 12.9   0:03.04 firefox
 1250 root      20   0  395260  93332  27192 S  0.7  6.2   1:00.47 X
 6594 user01    20   0 1757840  76448  48716 S  0.0  5.1   0:00.53 Web Content
 2610 user01    20   0  974920  25492   5416 S  0.0  1.7   0:01.28 gnome-software
 3870 user01    20   0  852432  20048   9000 S  0.3  1.3   0:13.60 gnome-terminal-
 2668 user01    20   0  596700  18760   3176 S  0.0  1.3   0:00.85 tracker-store
 1095 root      10 -10   42528  13916   4112 S  0.0  0.9   0:00.02 iscsid
 2672 user01    39  19  826532  12288   2792 S  0.0  0.8   0:22.36 tracker-extract
```

○メモリやCPUなどの使用状況

vmstatコマンドは、プロセスの状態（procs）、メモリの使用状況（memory）、スワッピングの状況（swap）、ブロックI/Oの状況（io）、インタラプトやコンテキストスイッチの回数（system）、CPU稼動状況（cpu）を表示します。引数に実行間隔と実行回数を指定できます。

メモリやCPUなどの使用状況

vmstat [オプション] [実行間隔(秒数)] [実行回数]

以下は、実行間隔を3秒にして実行している例です。

スワップ領域の使用量は「swpd」の値が「0」なのでゼロ、si（swap in）もso（swap out）の値も「0」なので、スワップ領域からメモリへの読み込み（si）も、メモリからスワップ領域への書き込み（so）も発生していません。

メモリやCPUなどの使用状況の表示

```
$ vmstat 3
procs -----------memory---------- ---swap-- -----io---- -system-- ------cpu-----
 r  b   swpd   free   buff  cache   si   so    bi    bo   in   cs us sy id wa st
 0  0      0 2595788  45328 8006504    0    0    15    27   41   26  3  0 97  0  0
 1  0      0 2595756  45328 8006544    0    0     0     0  567 1402  1  0 98  0  0
 0  0      0 2594416  45328 8006376    0    0     0     0  549 1567  1  0 98  0  0
 0  0      0 2594752  45328 8006544    0    0     0     0  519 1467  1  0 98  0  0
 1  0      0 2579412  45328 8021700    0    0     0    12  520 1337  1  0 98  0  0
^C  ←[Ctrl]+[C]キーで終了
```

[Ctrl]＋[C]キーで終了します。[Ctrl]＋[C]キーで終了しなければ、表示は3秒間隔で継続されます。

◯メモリやスワップ領域の使用状況

freeコマンドは、システムのメモリ容量、使用量、空き容量、スワップ領域の容量、使用量、空き容量などを表示します。

「-h」(human readable) オプションを指定すると、サイズに応じてMB、GBの単位で表示します。以下は「-h」オプションを付けて実行する例です。

メモリサイズ (total) は15GB、使用量 (used) は5.4GB、空き容量 (available) は7.2GB、スワップサイズ (total) は1GB、使用量 (used) はゼロとなっています。

メモリやスワップ領域の使用状況の表示

```
$ free -h
              total        used        free      shared  buff/cache   available
Mem:            15G        5.4G        2.5G        2.6G        7.7G        7.2G
Swap:          1.0G          0B        1.0G
```


◯ディスクのパフォーマンス

hdparmコマンドは、ディスクのパフォーマンスを調べます。

「-t」オプションで読み込み時のディスク転送速度を、「-T」オプションで読み込み時のディスクキャッシュの転送速度を調べることができます。実行にはroot権限が必要です。

以下は、SSD (Solid State Drive) の読み込み時のディスク転送速度を調べる例です。転送速度は約316MB/秒となっています。

ディスクのパフォーマンスの表示

```
# hdparm -t /dev/sda

/dev/sda:
 Timing buffered disk reads: 950 MB in  3.00 seconds = 316.32 MB/sec
```

アプリを利用したパフォーマンス測定

以降では、パフォーマンス測定の対象とするアプリとして、bc、pdftkコマンドを使用することにします。また、プロセスの優先度を変更するためにniceコマンドを、メモリを消費するためのツールとしてstressコマンドを使用します。

◯計算を利用したパフォーマンス測定

bcコマンドは、四則演算を行います。数学関数を利用した計算もできます。ここでは、計算にかかる時間を利用してパフォーマンス測定を行います。

以下は、99999の100000乗を計算する例です。

冪（べき）を計算する例

```
$ bc -l
…（途中省略）…
99999^10^5
367877601766572271038520385818031046153921656714223319386449364919 21\
842155144067254953809648166548899126324220484152760504752535472602 18\
…（以下省略）…
```

計算に要する時間を測定するには、計算式をパイプを介してbcコマンドに渡し、実行時間を**time**コマンドで測定します。I/O（結果の表示）に要する時間を取り除くため、表示結果は/dev/nullにリダイレクトします。

timeコマンドが表示する項目は以下の通りです。

- **real** ：開始から終了までの時間
- **user**：CPUがユーザモードで実行した時間
- **sys** ：CPUがカーネルモードで実行した時間

I/Oに要する時間がなく、実行中に他のプロセスへのCPU割り当てがない時は「real=user+sys」になります。

冪（べき）計算の所要時間を測定する例

```
$ time echo "99999^10^5" | bc > /dev/null

real   0m7.670s  ←かかった時間は7.67秒
user   0m7.665s
sys    0m0.005s
```

上記コマンドを実行中に、別の端末エミュレータで、以下のようにしてプロセスのrssとvsizeを調べます。

bcプロセスのrssとvsizeを調べる例

```
$ ps -eo pid,comm,%mem,rss,vsize | grep bc
19483 bc                0.0  2840  14356
```

物理メモリ上のサイズは約2.8MBと小さく、このような計算主体のプロセスのパフォーマンスは主にCPUの割り当て時間に依存し、メモリの使用状況（空き状況）の影響はほとんど受けません。

○円周率の計算によるパフォーマンス測定

これまで、冪（べき）の計算を見てきましたが、円周率πの計算によりパフォーマンスを調べることもできます。

πを計算するには数学関数「a()」(arctan)を利用します。「tan(π/4)=1」により「arctan(1)=π/4」となるので、「arctan(1)」を4倍する「4*a(1)」を計算します。

円周率πを計算する例

```
$ bc -l
…（途中省略）…
scale=100   ←小数点以下100桁まで計算
4*a(1)
3.141592653589793238462643383279502884197169399375105820974944592307\
8164062862089986280348253421170676

scale=1000   ←小数点以下1000桁まで計算
4*a(1)
3.141592653589793238462643383279502884197169399375105820974944592307\
8164062862089986280348253421170679821480865132823066470938446095505\
…（以下省略）…

scale=10000  ←小数点以下10000桁まで計算
4*a(1)
3.141592653589793238462643383279502884197169399375105820974944592307\
8164062862089986280348253421170679821480865132823066470938446095505\
…（以下省略。時間がかかります）…
```

計算時間を測定するには次のように、計算式をパイプを介して「bc -l」コマンドに渡します。「-l」オプションを付けると、小数点以下を計算したり、数学関数を利用することができます。

例）echo "scale=1000; 4*a(1)" | bc -l > /dev/null

◯ファイルの結合を利用したパフォーマンス測定

pdftkコマンドは、pdfファイルを結合したり分割したりします。pdftkはCentOSの標準リポジトリでは提供されていません。**Nux**リポジトリ（http://li.nux.ro/download/）で提供されています。

pdftkのインストール（CentOSの場合）

```
# yum install http://li.nux.ro/download/nux/dextop/el7/x86_64/nux-dextop-release-0-5.el7.nux.noarch.rpm
# yum install pdftk
```

Ubuntuでは、**snap**パッケージとして提供されています。

pdftkのインストール（Ubuntuの場合）

```
$ sudo snap install pdftk
```

以下は、pdftkコマンドにより「1.pdf」と「2.pdf」を連結して「1+2.pdf」を作成する例です。

「1.pdf」と「2.pdf」を連結して「1+2.pdf」を作成

```
$ ls -lh 1.pdf 2.pdf
-rwxr-xr-x. 1 user01 user01 4.5M 11月 11 22:53 1.pdf
-rwxr-xr-x. 1 user01 user01 4.8M 11月 11 22:53 2.pdf
$ pdftk 1.pdf 2.pdf cat output 1+2.pdf
$ ls -lh 1+2.pdf
-rw-rw-r--. 1 user01 user01 9.3M 11月 11 22:54 1+2.pdf
```

pdftkはpdfファイルをデータ領域に読み込んで処理することもあり、以下のようにプロセスのサイズとしてrssが約47MB、vsizeが約200MBと比較的大きいので、システムのメモリ空き領域が少なくなるとパフォーマンスに影響が出ます。

pdftkプロセスのrssとvsizeを調べる例

```
$ ps -eo pid,comm,%mem,rss,vsize | grep pdftk
 6798 pdftk             3.1 47360 200364
```

計算主体のアプリの処理速度を短縮する

Linuxはタイムシェアリングシステム（TSS：時分割システム）であり、複数のプロセスがタイムスライスと呼ばれる極めて短い、数10ミリ秒から数百ミリ秒単位で割り当てられたCPU時間の中で処理を実行します。

CPUを使う計算主体のアプリケーションに、以下の方法でより多くのCPU時間を割り当てることで、処理時間を短縮できます。

- 不要なプロセスを終了させる
- プロセスの優先度を上げる
- 他のプロセスの優先度を下げる

ここではroot権限で**nice**コマンドを実行し、計算処理主体のbcコマンド（431ページ）がデフォルトの優先度の場合に比べて、処理時間が短くなることを確認します。

> niceコマンドは、プロセスの優先度を変更します。詳しい使い方は第6章（238ページ）を参照してください。

bcコマンドによる「冪（べき）計算」を優先度を変えて実行

```
# (time echo "99999^10^5" | bc > /dev/null &);\  ←❶
> (time echo "99999^10^5" | nice bc > /dev/null &);\  ←❷
> (time echo "99999^10^5" | nice --19 bc > /dev/null &);\  ←❸
> ps -eo pid,comm,nice,pri | grep bc

 8719 bc              0  19  ←❹
 8723 bc             10   9  ←❺
 8728 bc            -19  38  ←❻
```

```
real   0m8.543s   ←❼
user   0m8.170s
sys    0m0.003s

real   0m17.626s  ←❽
user   0m8.148s
sys    0m0.002s

real   0m25.039s  ←❾
user   0m8.132s
sys    0m0.002s
```

❶システムのデフォルト優先度で実行
❷niceのデフォルト優先度で実行
❸niceの最高優先度で実行
❹システムのデフォルト優先度(nice値0)
❺niceのデフォルト優先度(nice値10)・・・3つの中で一番低い
❻niceの最高優先度(nice値-19)・・・3つの中で一番高い
❼実行時間は約8.5秒(nice値-19)
❽実行時間は約17.6秒(nice値0)
❾実行時間は約25.0秒(nice値10)

以上のように、root権限があれば、優先度を高くして実行することで処理時間を短縮できます。

メモリを多く使用するアプリの処理速度を短縮する

メモリを多く使用するアプリの場合は、メモリ空き容量によってパフォーマンスに違いが出ます。

以下は、メモリを比較的多く使用するpdftkコマンド(433ページ)が、メモリ空き容量によってどのようにパフォーマンスに違いが出るかを調べます。

まずは、十分なメモリ空き容量がある場合です。「1.pdf」と「2.pdf」を連結して「1+2.pdf」を作成しています。

十分なメモリ空き容量がある場合のpdftkの実行例

```
$ free -h
              total        used        free      shared  buff/cache   available
Mem:           1.4G        817M         62M         12M        579M        440M   ←❶
Swap:          1.0G          0B        1.0G  ←❷

$ time pdftk 1.pdf 2.pdf cat output 1+2.pdf

real    0m2.512s   ←❸
user    0m0.386s
sys     0m0.408s
```

❶空き領域は440MB
❷スワップ領域は0Bで使用されていない
❸実行時間は約2.5秒。user+sys=約0.78秒にディスクI/Oの時間の約1.7秒が加わっている

別の端末エミュレータでvmstatコマンドを実行しておき、上記のコマンドを実行した時のスワップ領域とディスクへのアクセスの状態を調べます。

vmstatによるモニター結果の例

```
$ vmstat 3
procs ---------memory-------- ---swap-- ----io--- -system-- -----cpu-----
 r  b swpd    free buff  cache  si   so    bi    bo   in    cs us sy id wa st
 1  0    0   66384  164 572248   0    0     0     0  116   173  4  1 96  0  0
 0  0    0   66380  164 572228   0    0     0     0  238   418 10  2 88  0  0
 0  1    0   70320  164 560524   0    0 13236     6  168   229  4  2 60 34  0
 0  0    0  101668  164 537064   0    0  7237  3144  467   346 16 14 51 18  0
 1  0    0  100524  164 540516   0    0  1171     0  321   308 16  1 74  9  0
 1  0    0   94288  164 540608   0    0     0     4 1088   612 98  2  0  0  0
 0  0    0   72048  164 541076   0    0   131     1  299   290 17  2 78  3  0
 0  0    0   72048  164 541076   0    0     0     0  127   200  5  1 95  0  0
…（以下省略）…
```

網掛けで示した箇所がpdftkコマンドの実行によるファイルシステムからの読み込み（1.pdf、2.pdf）と書き出し（1+2.pdf）です。スワップ領域へのアクセスは発生していません。

次に、メモリ容量が少ない状況でpdftkコマンドを実行します。メモリ容量が少ない状況を作り出すために、**stress**コマンドを利用します。

stressコマンドは、システムの負荷テストをするためのツールです。

システムの負荷テスト

stress [オプション]

表9-4-2 stressコマンドのオプション

オプション	説明
--vm	生成するworkerの個数を指定
--vm-bytes	workerに割り当てるメモリサイズをバイト単位で指定。単位はB、K、M、Gで指定できる
--vm-hang	workerを解放するまでsleepする時間を秒数で指定。値を「0」にすると解放せずsleepを続ける

今回はstressコマンドによりメモリ使用量を増やして、空き容量の少ない状態を作り出すために使用します。以下は、900MBのメモリを消費する例です。

メモリの使用量を増やす例

```
$ stress --vm 1 --vm-bytes 900M --vm-hang 0
```

以下は、メモリ空き容量が少ない状態でpdftkコマンドを実行する例です。

メモリ空き容量が少ない場合のpdftkコマンドの実行例

```
$ stress --vm 1 --vm-bytes 900M --vm-hang 0  ←❶
stress: info: [4183] dispatching hogs: 0 cpu, 0 io, 1 vm, 0 hdd

$ free -h
          total     used     free      shared  buff/cache   available
Mem:       1.4G     1.2G      79M        4.9M        132M         48M  ←❷
Swap:      1.0G     543M     480M  ←❸

$ time pdftk 1.pdf 2.pdf cat output 1+2.pdf

real   0m4.052s  ←❹
user   0m0.358s
sys    0m0.400s
```

❶stressコマンドにより900MBのメモリを消費
❷空き容量は48MB
❸1.0GBのスワップ領域のうち、543MBが使用中
❹実行時間は約4秒。user+sys=約0.75秒に、ディスクI/Oとスワップ I/Oの時間の約3.2秒が加わっている

メモリの空き容量が十分にある場合に比べて、スワップ領域へのアクセスが発生しているため、スワップI/Oの時間の約1.5秒が加わっています。

別の端末エミュレータでvmstatコマンドを実行しておき、上記のコマンドを実行した時のスワップ領域とディスクへのアクセスの状態を調べます。

vmstatによるモニタ結果の例

```
$ vmstat 3
procs ----------memory--------- ---swap-- ----io--- -system-- ------cpu-----
 r b   swpd  free buff  cache   si   so    bi   bo   in   cs us sy id wa st
 1 0 556032 79724    0 136752    0    0     0    0   84  132  4  1 95  0  0
 0 0 556032 79576    0 136784   51    0    51    0  222  418  9  2 89  0  0
 0 0 556032 79576    0 136784    0    0     0    0   87  136  5  0 95  0  0
 0 2 555520 73212    0 139736  725    0  9093    0  174  252  6  1 71 22  0
 2 2 576512 66356    0 149268 1056 7495 48857 7495  515  372 12 15  0 74  0
 0 0 574208 77572    0 157860 2716  576 35939 3151  398  516  7  3 59 30  0
 1 0 578048 64344    0 165176 1239 1983 17300 2557  752  587 50  2 28 19  0
 0 0 583936 73588    0 135832  523 2396  8692 2792 1042 1074 72  2 21  5  0
 0 0 585216 73580    0 136752    0  489  7780  489  125  198  4  1 94  0  0
 0 0 585216 66200    0 144564    0    0  2575    0  150  290  7  1 92  0  0
 0 0 585216 65868    0 144976    0    0   149    0  127  225  6  0 93  0  0
…（以下省略）…
```

メモリの空き容量が十分にある場合に比べて、スワップ領域へのアクセスが発生しています。網掛けの箇所がスワップ領域へのアクセスです。

以上のようにメモリの空き領域が十分にある場合のpdftkの実行時間が約2.5秒なのに対して、空き容量が少ない場合の実行時間は約4秒と1.5秒遅くなっています。

メモリを多く使用するプログラムは十分なメモリ空き容量を確保することで、より短時間に処理を完了できます。物理メモリを増やすことができれば良いですが通常は難しいので、それ以外にメモリの空き容量を増やすには以下の方法があります。

- 優先度の高いアプリを使う時は、メモリを多く消費するアプリを停止する（例：Firefoxの停止、あるいは同時に開くWebページの数を減らすなど）
- 機能は少なくても軽量なプログラム（メモリ使用量が少なく、処理ステップも少ないプログラム）に交換する（例：ディスプレイマネージャをGDMからLightDMに、デスクトップ環境をGNOMEからXfceに、ブラウザをFirefoxからMidoriに変更するなど）
- スワップ領域をより高速なストレージに交換する、HDD→SSDへの交換など

ストレージの処理速度を測定する

ディスクI/O主体のプログラムのパフォーマンスは、ディスクの処理速度に依存します。高速なストレージを使用することで、より短時間に処理をすることができます。

以下は、システムに接続している3種類のディスクのパフォーマンスを**hdparm**コマンドにより比較しています。

hdparmコマンドによるディスクパフォーマンスの比較

```
# parted --list | grep -e モデル -e ディスク | grep -v フラグ
モデル: ATA HFS256G39MND-230 (scsi)  ←内蔵SSD
ディスク /dev/sda: 256GB
モデル: TOSHIBA External USB 3.0 (scsi)  ←据置型外付けUSBディスク
ディスク /dev/sdc: 2000GB
モデル: I-O DATA HDPX-UTA (scsi)  ←ポータブル型外付けUSBディスク
ディスク /dev/sdb: 2000GB
...（以下省略）...

（以下はディスクの読み込み時の転送速度を測定）
# hdparm -t  /dev/sda

/dev/sda:
 Timing buffered disk reads: 924 MB in  3.00 seconds = 307.59 MB/sec

# hdparm -t  /dev/sdb

/dev/sdb:
 Timing buffered disk reads: 356 MB in  3.00 seconds = 118.64 MB/sec

# hdparm -t  /dev/sdc

/dev/sdc:
 Timing buffered disk reads: 474 MB in  3.00 seconds = 157.83 MB/sec

（以下はディスク内蔵キャッシュを利用した読み込み時の転送速度を測定）

# hdparm -T /dev/sda

/dev/sda:
 Timing cached reads:   27890 MB in  1.99 seconds = 14002.18 MB/sec

# hdparm -T /dev/sdb

/dev/sdb:
```

```
 Timing cached reads:   28708 MB in  1.99 seconds = 14412.74 MB/sec

# hdparm -T /dev/sdc

/dev/sdc:
 Timing cached reads:   29506 MB in  1.99 seconds = 14823.37 MB/sec
```

ディスクの転送速度は、内蔵SSDが307.59MB/秒、据置型外付けUSBディスクが157.83MB/秒、ポータブル型外付けUSBディスクが118.64MB/秒となっています。

ディスク内蔵のキャッシュを利用した場合の転送速度は3台ともほとんど同じです。ただし、大容量の読み書きや、小容量でも頻度の高い読み書きの場合は、キャッシュの効果を発揮できません。

9-5

ファイル/ファイルシステムにアクセスできない場合の対処方法

ファイル/ファイルシステムに生じることのある不具合

ファイルを読めない、変更できない、作成できない、などの問題が発生することがあります。

ファイルシステムに空き領域が少なくなると、アプリケーションの応答が極端に遅くなったり、エラーを返したりします。ファイルシステムに障害が発生して、アプリケーション実行時にエラーとなることがあります。このような不具合の症状とその対処方法を解説します。

空き領域がなくなる

ファイルシステムの空き領域が少なくなる、あるいはなくなると次のようなエラーメッセージが表示され、ファイルを作成あるいは拡張できなくなります。

- **日本語環境**：「デバイスに空き領域がありません」
- **英語環境**　：「No space left on device」

空き容量不足の対処方法としては、以下の手順で作業を行います。

❶空き領域がなくなったファイルシステムの内容を**tar**あるいは**dump/restore**コマンドで十分な容量のあるファイルシステムにコピーする
❷コピー元のディレクトリ以下を削除する
❸元ディレクトリをファイル名としたシンボリックリンクを作成し、コピー先のディレクトリへリンクする

図9-5-1 データを別のファイルシステムに移動する

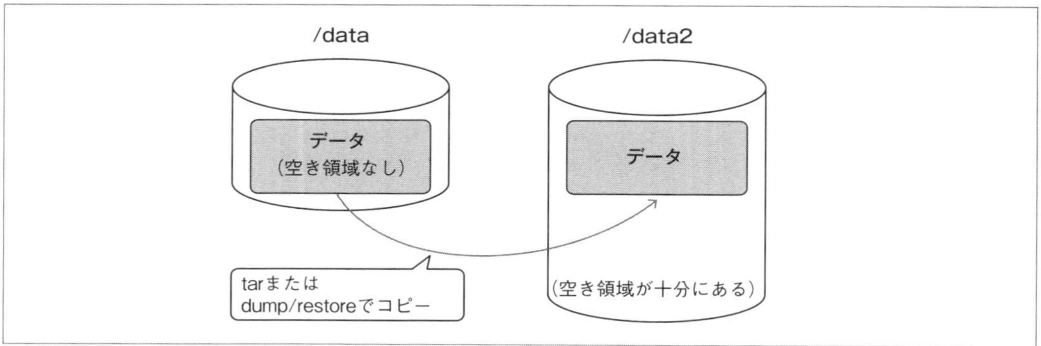

以下の例では、ファイル「fileA」をcpコマンドで「/data」ディレクトリにコピーする際に、空き容量不足のためにエラーが発生しています。

ファイルシステムに空き領域がなくてエラーとなる(ext4の例)

```
$ cp fileA /data   ←日本語環境の場合
cp: `/data/fileA' の書き込みエラー: デバイスに空き領域がありません
cp: `/data/fileA' の拡張に失敗しました: デバイスに空き領域がありません

$ LANG= cp fileA /data   ←英語環境の場合
cp: error writing '/data/hosts': No space left on device
cp: failed to extend '/data/hosts': No space left on device

$ ls -l /data/fileA
-rw-r--r-- 1 user01 user01 0 11月 15 22:17 /data/fileA
↑大きさ「0」のファイルができる

$ LANG= df -Th /data   ←空き領域の確認(表示の列を揃えるため、英語環境で実行)
Filesystem      Type  Size  Used Avail Use% Mounted on
/dev/vdb1       ext4  282M  268M     0 100% /data
↑ファイルシステムが100%になっている。※実際には約5%の空き領域(予約領域)が残っている

$ bc -l   ←dfの結果をbcコマンドで計算して確認

282*0.05   ←282MBの5%(予約領域)を計算
14.10
282-268   ←残りの空き領域(282MB−268MB)を計算
14

$ sudo dumpe2fs -h /dev/vdb1 | grep Reserved   ←ファイルシステムの予約領域を確認
dumpe2fs 1.42.9 (28-Dec-2013)
Reserved block count:     15307   ←予約領域のブロック(1024バイト単位)数。約15MB
Reserved GDT blocks:      256
Reserved blocks uid:      0 (user root)   ←予約領域を使用できるユーザのuid
Reserved blocks gid:      0 (group root)   ←予約領域を使用できるユーザのgid
```

次の例は、「/data」ディレクトリの下のデータを、「/data2」ディレクトリにコピーします。

データを別のファイルシステムに移す

```
# LANG= df -Th /data /data2   ←❶
Filesystem      Type  Size  Used Avail Use% Mounted on
/dev/vdb1       ext4  282M  268M     0 100% /data
/dev/vdc1       ext4  991M  2.6M  922M   1% /data2

(以下はtarコマンドでコピーする例)

# tar cvf - . |(cd /data2; tar xvf -)   ←❷
# LANG= df -Th /data /data2
Filesystem      Type  Size  Used Avail Use% Mounted on
/dev/vdb1       ext4  282M  268M     0 100% /data
/dev/vdc1       ext4  991M  268M  656M  29% /data2

(以下はdump/restoreコマンドでコピーする例)

# yum install dump   ←❸
↑Ubuntuの場合は「apt install dump」を実行
# dump 0ucf - /dev/vdb1 | ( cd /data2; restore rvf - )   ←❹
```

```
# LANG= df -Th /data /data2
Filesystem      Type  Size  Used Avail Use% Mounted on
/dev/vdb1       ext4  282M  268M     0 100% /data
/dev/vdc1       ext4  991M  268M  656M  30% /data2
```

❶空き領域の確認（英語環境で実行）
❷tarコマンドで/dataの下を/data2にコピー
❸dumpコマンドとrestoreコマンドを含むdumpパッケージをインストール（CentOS）
❹/data以下を/data2にコピー

/dataの下を/data2にコピーした後、元の/data以下のデータを削除し、同じ名前のシンボリックリンクを作成して/data2にリンクすることで、アプリケーションからは/dataのデータに対して以前と同じようにアクセスができます。

データの削除とシンボリックリンクの作成

```
# umount /data  ←❶
# mkfs -t ext4 /dev/vdb1  ←❷
# rmdir /data
# ln -s /data2 /data  ←❸
```

❶元の/dataファイルシステム（上記の例では/dev/vdb1）のマウントを解除する
❷/dev/vdb1内のデータを初期化（削除）する
❸新しいデータ領域/data2のシンボリックリンクとして/dataを作成

上記の例ではファイルシステム全体を移動しましたが、状況によってはファイルシステム内の一部をtarコマンドで別のファイルシステムにコピーして、そこへのシンボリックリンクを張ることもできます。

空き領域がなくなったファイルシステムがLVMの論理ボリューム上に構築されている場合は、論理ボリュームのサイズを拡張した後、サイズに合わせてファイルシステムを拡張することで対処できます。詳しくは第7章（301ページ）を参照してください。

ファイルシステムが損傷

ディスクに障害が発生した場合、ファイルシステムに不整合が生じたり、ファイルが消失したりすることがあります。

ファイルシステムの不整合

ファイルシステムの整合性のチェックは、**fsck**コマンドで行います。fsckコマンドは、ファイルシステムを検査して、修正を行ってくれます。

ファイルシステムの検査と修正

fsck ［オプション］［デバイス］

fsckコマンドの詳細は第7章（317ページ）を参照してください。ここでは、cleanフラッグが立っている場合でもチェックを実行する「-f」(force) オプションを使用します。
以下の例は、軽微な不整合のチェックと修正を行っています。

軽微な不整合の修正 (ext4の例)

```
# umount /dev/vdb1  ←❶
# fsck /dev/vdb1  ←❷
fsck from util-linux 2.23.2
e2fsck 1.42.9 (28-Dec-2013)
/dev/vdb1: clean, 21/76608 files, 264089/306156 blocks  ←❸

# fsck -f /dev/vdb1  ←❹
fsck from util-linux 2.23.2
e2fsck 1.42.9 (28-Dec-2013)
Pass 1: Checking inodes, blocks, and sizes
Pass 2: Checking directory structure
Pass 3: Checking directory connectivity
Pass 4: Checking reference counts
Inode 15 ref count is 2, should be 1.  Fix<y>? yes  ←❺
Pass 5: Checking group summary information
/dev/vdb1: ***** FILE SYSTEM WAS MODIFIED *****
/dev/vdb1: 21/76608 files (0.0% non-contiguous), 264089/306156 block
```

❶fsckを実行する前にアンマウント
❷fsckで整合性をチェック
❸cleanフラッグが立っている (ジャーナル機能によるトランザクションチェックではcleanでOK ただし、軽微な不整合が存在する場合もある)
❹cleanフラッグが立っている場合も「-f」(force) オプションでチェックできる
❺iノード番号15のファイルのリンク数が実際の数は1なのに2になっている。「yes」を入力して修正

ファイルの消失

ディレクトリが損傷した場合、ディレクトリのエントリに登録されたiノード番号がなくなってしまうので、どのディレクトリからもリンクされない (参照されない) 名前のなくなったファイルが残ります。名前がなくなったファイルにアクセスできないので、ユーザからは消失したように見えます。

fsckコマンドを実行すると、このような名前のなくなったファイルを見つけて、そのファイルシステムのルートディレクトリの直下にある**lost+found** (遺失物取扱所の意) ディレクトリの下に「**#{iノード番号}**」をファイル名とするファイルとして置いてくれます。これらのファイルがバイナリ形式の場合はその中身をstrings、odなどのコマンドで調べた上で適切なファイル名を付けて復活させることができます。

名前がなくなったファイルの修復 (ext4)

```
# LANG= df -Th /dev/vdb1  ←❶
Filesystem     Type  Size  Used Avail Use% Mounted on
/dev/vdb1      ext4  282M  241M   23M  92% /home/data

# ls /home/data
ls: /home/data/dir2 にアクセスできません: 入力/出力エラーです  ←❷

# umount /home/data  ←❸
```

```
# fsck /dev/vdb1  ←❹
fsck from util-linux 2.23.2
e2fsck 1.42.9 (28-Dec-2013)
/dev/vdb1 contains a file system with errors, check forced.
Pass 1: Checking inodes, blocks, and sizes
Pass 2: Checking directory structure
Entry 'dir2' in / (2) has deleted/unused inode 2018.  Clear? yes  ←❺

Pass 3: Checking directory connectivity
Pass 4: Checking reference counts
Inode 2 ref count is 5, should be 4.  Fix? yes  ←❻

Unattached inode
Connect to /lost+found? yes  ←❼

Inode 18 ref count is 2, should be 1.  Fix? yes  ←❽

…（途中省略）…

/dev/vdb1: ***** FILE SYSTEM WAS MODIFIED *****  ←❾
/dev/vdb1: 20/76608 files (0.0% non-contiguous), 264089/306156 blocks

# mount /dev/vdb1 /home/data  ←❿

# ls -F /home/data/lost+found/  ←⓫
#14  #17  #18  #19
```

❶ファイルシステムの確認（英語環境で実行）
❷/home/data/dir2が損傷
❸fsckを実行する前にアンマウント
❹fsckでファイルシステムを修復
❺未使用となったiノード2018を削除
❻iノード2（ルート）のリンクカウントを修正
❼リンクの消失したiノードを/lost+foundの下に置く
❽iノード18のリンク数を修正
❾修復後、整合性が復活
❿ファイルシステムをマウント
⓫リンクがなくなってlost+foundの下に置かれたファイルを確認

シンボリックリンク/ハードリンクのエラー

シンボリックリンクファイルのリンク先が存在しない場合はエラーとなります。

シンボリックリンク先が存在しない場合のエラー

```
$ ln -s fileA /data/dir1/testfile  ←❶
$ ls -F fileA
fileA@  ←❷
$ ls -l fileA
lrwxrwxrwx 1 user01 user01 19 11月 15 15:32 fileA -> /data/dir1/testfile
↑❸
$ cat fileA  ←❹
cat: fileA: そのようなファイルやディレクトリはありません
```

❶リンク先が存在しない時でもシンボリックリンクを作成できる
❷シンボリックリンクが作成されている(ただし、リンク先のファイルが存在するかどうかはわからない)
❸リンク先のファイル名も表示(ただし、リンク先のファイルが存在するかどうかはわからない)
❹リンク先の/data/dir1/testfileが存在しない場合

異なったファイルシステムのファイルにハードリンクすることはできません。

異なったファイルシステムへのハードリンク時のエラー

```
$ LANG= df .
Filesystem              1K-blocks    Used Available Use% Mounted on
/dev/mapper/centos-root   8374272 4976992   3397280  60% /
$ LANG= df /data/dir1
Filesystem     1K-blocks   Used Available Use% Mounted on
/dev/vdb1         288279 246212     22664  92% /data
$ ln /data/dir1/testfile fileB
ln: `fileB' から `/data/dir1/testfile' へのハードリンクの作成に失敗しました: 無効なクロス
デバイスリンクです
```

ハードウェアの障害

ファイル/ディレクトリにアクセスした時、次のようなメッセージが出た時はファイルシステムの損傷あるいはハードウェアの障害です。

- **日本語環境**:「入力/出力エラーです」
- **英語環境**　:「Input/output error」

ファイルシステムの損傷の場合の対策は前述の「ファイルシステムが損傷」(442ページ)を参照してください。

外部USBディスクのケーブル/コネクタが抜けた場合にも発生します。コネクタの接触不良の場合は、同じ箇所にアクセスしてもアクセスできる時とできない時があったり、極めてまれに現象が出ることもあり、気がつきにくいことがあるので注意してください。また、USBハブの電源容量が不足して、現象が出る場合があります。

ハードウェアの障害の場合は、以下のようなエラーメッセージがコンソールに表示されます。また、**/var/log/messages**ファイルに同じメッセージが記録されます。

ディスクセクタが不良の可能性が高い場合のメッセージ

```
kernel: end_request: I/O error, dev sdb, sector 3348706528
```

ディスクのアラインメントが狂ったり(ヘッドが正しくセクタ位置にポジショニングしない)、特定のセクタが不良となっている場合があります。上記の例では「dev sdb」はディスクデバイス名、「3348706528」はセクタ番号です。

USBディスクやシリアルATAディスクはSCSI互換インターフェイスを介しているので、コントローラに障害が発生した場合は次のように、SCSIのエラーとなります。

ディスクコントローラの障害の可能性が高い場合のメッセージ

```
kernel: sd 4:0:0:0: SCSI error: return code = 0x08000002
kernel: sdb: Current: sense key: Aborted Command
```

「sd 4:0:0:0:」はシステムのディスク構成によって番号が異なります。「return code = 0x08000002」はコントローラが返すエラーの状態を表します。

上記のようなハードウェア障害の場合は、一般的にはディスクを交換して、バックアップを戻す作業になります。

ファイルシステムのマウント

read-onlyでマウントされたファイルシステムはrootでも書き込みができません。

read-onlyでのマウント

```
# mount -o ro /dev/vdb1 /mnt/vdb1   ←read-onlyオプション「-o ro」を付けてマウント
# touch /mnt/vdb1/testfile
touch: `/mnt/vdb1/testfile' に touch できません: 読み込み専用ファイルシステムです
```

システム起動時にファイルシステムに不具合が検知された場合は、read-onlyでのマウントとなっています。

疑似ファイルシステム

カーネルの情報を格納している疑似ファイルシステム(Pseudo Filesystem)は書き込みができません。ただし、カーネルパラメータの変更は行うことができます。

例として/procファイルシステムにアクセスします。

/procファイルシステムへの書き込み

```
# LANG= df -Th /proc  ←❶
Filesystem     Type   Size  Used Avail Use% Mounted on
proc           proc      0     0     0    - /proc  ←❷

# cat > /proc/testfile  ←❸
-bash: /proc/testfile: そのようなファイルやディレクトリはありません

# cat /proc/sys/net/ipv4/ip_forward  ←❹
0
# echo 1 > /proc/sys/net/ipv4/ip_forward  ←❺
# cat /proc/sys/net/ipv4/ip_forward
1
```

❶ファイルシステムの確認。表示の列を揃えるために英語環境で実行
❷ファイルシステムタイプはproc
❸/procファイルシステムへの書き込みはできない
❹カーネルパラメータip_forwardの値を表示
❺値を0(フォワード禁止)から1(フォワード許可)に変更

ファイル共有での注意点

SambaサーバやNFSサーバを利用してネットワークを介したファイル共有をする場合、サーバの設定やクライアントの設定によっては、クライアントがサーバのファイルシステムに書き込みができない場合があるので注意が必要です。

Sambaサーバを利用する場合

SambaサーバはMicrosoft Windowsのファイル共有プロトコルであるSMB/CIFSによるサービスを提供するサーバです。クライアントは**mount.cifs**コマンドでSambaサーバのファイルを共有できます。

mount.cifsコマンドは**cifs-utils**パッケージに含まれています。利用する場合は以下のようにしてインストールしておきます。

- **CentOS**：yum install cifs-utils
- **Ubuntu**：apt install cifs-utils

Ubuntuのデスクトップ版ではデフォルトでインストールされています。

○共有ファイルに書き込みができない場合

以下は、Sambaサーバ「centos7」の「/home/samba」ディレクトリ(共有名：public)をユーザuser01が「/cifs/user01」にマウントして共有する例です。

最初に共有元のSambaサーバのディレクトリを確認します。

Sambaサーバcentos7の設定（抜粋）と/home/sambaディレクトリ以下を確認

```
$ sudo vi /etc/samba/smb.conf
[public]  ←共有名はpublic
      comment = Public Stuff
      path = /home/samba  ←共有ディレクトリは/home/samba
      public = yes
      writable = yes  ←書き込み可
      printable = no
$ testparm -vs |grep "unix extensions"  ←「unix extensions」の値を確認
      unix extensions = Yes  ←デフォルトで「unix extensions = Yes」が設定されている

$ sudo systemctl start smb  ←smbサービスを起動

$ ls -l /home/samba
drwxr-xr-x 18 user01 user01 4096  8月 21 00:30 dir1  ←所有者とグループはuser01
drwxr-xr-x 16 rotake user01 4096  9月 30 11:34 dir2
```

「unix extensions = Yes」（デフォルト）とすることで、クライアントはシンボリックリンク、ハードリンクを使用することができ、またファイルの所有者情報とグループ情報を受け取ることができます。

クライアント側でユーザuser01がSambaサーバcentos7の/home/samba（共有名：public）をcifs/user01にマウントします。

共有ディレクトリのマウント（-oの引数にusernameのみ指定）

```
$ sudo mount.cifs //centos7/public /cifs/user01 -o username=user01
Password for user01@//centos7/public: ****  ←Sambaサーバに登録されたuser01の
                                              Sambaパスワードを入力
$ ls -l /cifs/user01

drwxr-xr-x 2 root root 0  8月 21 00:30 dir1  ←所有者とグループはroot
drwxr-xr-x 2 root root 0  9月 30 11:34 dir2

$ cat > /cifs/user01/dir1/fileA
bash:/cifs/user01/dir1/fileA : 許可がありません ←書き込めない
```

以下のように、uidとgidも指定することでサーバの「unix extensions」機能を利用してマウントすると書き込みができます。

共有ディレクトリのマウント（uid、gidも指定）

```
$ sudo mount.cifs //centos7/public /cifs/user01 -o username=user01,uid=us
er01,gid=user01
Password for user01@//centos7/public: ******  ←Sambaサーバに登録されたuser01の
                                                Sambaパスワードを入力

$ ls -l /cifs/user01
drwxr-xr-x 2 user01 user01 0  8月 21 00:30 dir1  ←所有者とグループはuser01
drwxr-xr-x 2 user02 user02 0  9月 30 11:34 dir2
```

```
$ cat > /cifs/user01/dir1/fileA
This is a fileA.  ←書き込みできる
^D
```

Sambaサーバとクライアントでuidの値が異なっていても、ユーザ名が一致していれば同一ユーザとして許可されます（これはNFSと反対で、NFSではユーザ名ではなく、uidが一致していなければなりません）。

NFSサーバを利用する場合

NFSサーバはSun Microsystems社（現Oracle社）で開発されたUNIX/Linux標準のファイル共有サービスを提供するサーバです。

○共有ファイルに書き込みができない場合

NFSサーバ「centos7」のディレクトリ「/home/nfs」をユーザuser01が「/nfs/user01」にマウントして共有する例です。

最初に共有元のNFSサーバのディレクトリを確認します。

NFSサーバcentos7の設定（抜粋）と/home/nfsディレクトリ以下を確認

```
$ sudo vi /etc/exports
/home/nfs *(rw)

$ sudo systemctl start nfs  ←NFSサービスを起動

$ ls -l /home/nfs
合計 0
drwxr-xr-x 2 user01 user01 6 11月 15 03:41 dir1
drwxr-xr-x 2 user02 user02 6 11月 15 03:41 dir2
```

続けて、クライアント側で共有ディレクトリをマウントします。

共有ディレクトリのマウント

```
$ sudo mount centos7:/home/nfs /nfs/user01

$ ls -l /nfs/user01
合計 0
drwxr-xr-x 2 user01 user01 6 11月 15 04:05 dir1
drwxr-xr-x 2 user02 user02 6 11月 15 03:41 dir2

$ cat > /nfs/user01/dir1/fileA
This is a fileA.  ←書き込みできる
^D
$ sudo su -
パスワード: ****  ←sudoユーザuser01のパスワードを入力

# cat > /nfs/user01/dir1/fileB  ←root権限で実行。書き込みができない
-bash: /nfs/user01/dir1/fileB: 許可がありません
```

NFSサーバがクライアントによるrootでのアクセスを許可していないと、上記のように書き込みはできません。サーバの管理者とクライアントの管理者が同一ユーザの場合、サーバ側で以下のようにして「no_root_squash」オプションを追加することでクライアントのrootでの書き込みを許可することができます。

NFSサーバの設定でクライアントのroot権限でのアクセスを許可する

```
$ sudo vi /etc/exports
/home/nfs *(rw,no_root_squash)

$ sudo systemctl restart nfs  ←nfsサービスを再起動
```

Chapter 10

セキュリティ対策

10-1

攻撃と防御について理解する

セキュリティの概要

コンピュータセキュリティにおいては主に、情報漏洩・盗聴に対する対策、侵入に対する防御、侵入の検知、侵入された後の対処が求められます。

情報漏洩・盗聴に対する対策としては、ファイルへのアクセス制限や暗号化などがあります。侵入に対する防御や侵入の検知としては、ファイアウォールやIPS、IDSと呼ばれる侵入の防御・検知システムなどがあります。また、システム設定の不備やセキュリティホールにより防御を突破して侵入された場合の対処方法も知っておく必要があります。

この項ではセキュリティに関するさまざまな対策について概観します。

情報漏洩・盗聴に対する対策

情報漏洩・盗聴に対する対策としては、ネットワークへの対策とローカルシステム内での対策があります。

ネットワークパケットの盗聴への対策

http、telnet、ftpは暗号化されていない平文による通信のため、盗聴が可能です。Webサーバ⇔クライアント間の通信ではhttpではなくhttpsで、ホスト間の通信ではtelnetやftpではなくsshを使用することで公開鍵暗号方式の通信によりパケットの盗聴を防ぐことができます。

ローカルシステムの情報漏洩への対策

システム管理者およびユーザはファイルのパーミッション、ACL（Access Control List）を適切に設定することで情報漏洩を防ぐ必要があります。

また、ユーザの管理に依存することのないSELinuxなどのソフトウェアにより、独立した強固なセキュリティポリシーで管理する方法もあります。SELinuxは、Linux Security Modules（LSM）として提供される強制アクセス制御方式のモジュールです。

侵入に対する防御

ネットワークからの侵入を防ぐことが主たる対策になります。また、侵入されてしまった後の対策として、ローカルシステムの不正利用を防止することも重要です。

ネットワークからの侵入に対する防御

ネットワークからの侵入に対する防御としては、以下のものが挙げられます。

◇ダウンロードに対する注意

誤って不正なソフトウェアをダウンロード、インストールし、そこからシステムに侵入されないように以下のような注意が必要です。

・パッケージは標準のリポジトリや信頼できるリポジトリからダウンロードする
・詐欺メール（フィッシングメール）に注意し、不用意に添付ファイルを開いたり、Webのリンク先をクリックしない

◇ソフトウェアを最新のバージョンに保つ

ソフトウェアの脆弱性を利用してシステムに侵入されないように、発見された脆弱性を修正した最新のバージョンに保つ必要があります。

◇不必要なサービスは起動しない

サービスを提供するソフトウェアの脆弱性を利用して侵入されないように、不必要なサービスは起動しないようにします。

◇ファイアウォールを適切に設定する

Netfilter、TCP Wrapperなどを利用し、また各サーバのアクセス制御を適切に設定することで、不正なアクセスを拒否する必要があります。

◇セキュリティの高い認証方式を使用する

ブルートフォースアタックによるパスワード解読を回避するために、パスワード認証は禁止し、公開鍵認証を使用します。

◇rootでのログインを禁止する

rootでのログインを禁止することで、root権限での操作のためには、一般ユーザでログインした後にsuコマンドなどでroot権限を取得することになります。そのために、一般ユーザのユーザ名とパスワード（あるいは秘密鍵とパスフレーズ）、それに加えてrootのパスワードの入力が必要になり、セキュリティを高めることができます。

また、suコマンドの実行はログファイル**/var/log/secure**に記録されるため、root権限で操作した侵入者を限定しやすくなります。ただし、rootkitのようなマルウェア（不正ソフトウェア）ではログを書き換えて侵入を隠蔽するものがあり、このようなマルウェアを検知するためのツールもあります。詳しくは後述します。

◇インターネット上のサーバには秘密鍵は置かない

万一侵入されて秘密鍵を盗まれた場合、その秘密鍵を使用して通信する他のホストへの侵入も許すことになり、被害が拡大します。
インターネット上のサーバには秘密鍵は置かないようにします。

◇IPS/IDSを使用する

SnortなどのIPS（Intrusion Prevention System：侵入防御システム）やIDS（Intrusion Detection System：侵入検知システム）を使用することで、システムへの侵入につながる可能性のある不正なアクセスを拒否、あるいは検知することができます。

なお、Linuxにおいても新しいマルウェアが増える傾向にあり、パケット検知の基になる

データベースは最新の状態に保つ必要があります。

◇ソフトウェア/サービスをできるだけ分散する

特定のソフトウェアやその設定の脆弱性により不正侵入された場合の他のサービスへの影響を防ぐために、できるだけ分散して管理するのが望ましい管理形態です。

例えばWebアプリケーションの脆弱性により侵入された場合、Webサーバが独立したホストで稼動していれば他のメールサーバやデータベースサーバが影響を受けることは基本的にありませんが、同一ホストで稼動している場合はそれらのサービスやデータに侵入がないか、不正利用されていないかを調査する必要があります。また復旧作業を行う際も、他のサービスに影響が出ないように配慮して作業しなければなりません。

ローカルシステムの不正使用対策

ローカルシステムの不正使用を防ぐ方法としては以下のものがあります。

・ブートローダにパスワードを設定する
・USB、CD-ROM/DVDなどの外部デバイスの使用を無効にする

侵入の検知

侵入に対する防御手段を適切に行っていたとしても、ソフトウェアの脆弱性などによって、システムに侵入されてしまう可能性があります。

その場合は、できるだけ早く侵入を検知して被害を最小限に食い止めなければなりません。

システムアクティビティの監視

常時、あるいはシステムの不審な動作状態に気づいた時に、プロセス、メモリ、ディスク、ネットワークのアクティビティの監視を続けて、問題を見極める必要があります。

このために役立つコマンドとして、**top**、**ps**、**vmstat**、**netstat**、**lsof**、**tcpdump**などがあります。

リアルタイムにリソースを監視するグラフィカルツール**gnome-system-monitor**もあります([アプリケーション]→[システムツール]→[システムモニター]で起動します)。

図10-1-1 gnome-system-monitor

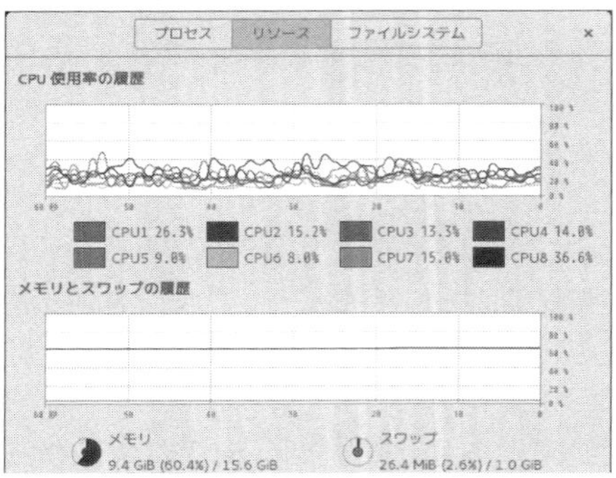

また、サーバのログ（例：/var/log/httpd/access_log）を**tail -f**コマンドでリアルタイムに監視するのも有効な方法です。

Webサーバのログをリアルタイムにモニタ

```
# tail -f /var/log/httpd/access_log
crawl-66-249-79-30.googlebot.com - - [17/Nov/2018:18:09:16 +0900] "GET / HTTP/1.1" 503 918
172.16.1.200 - - [17/Nov/2018:18:26:56 +0900] "GET / HTTP/1.1" 200 49105 "http://my-centos.com/" "Mozilla/5.0 (X11; Linux x86_64; rv:52.0) Gecko/20100101 Firefox/52.0"
172.16.1.200 - - [17/Nov/2018:18:27:14 +0900] "GET /sites/images/2018.3.9-OPCEL-LinuC-Linux/LinuXfg-image6-s.png HTTP/1.1" 304 - "http://my-centos.com/" "Mozilla/5.0 (X11; Linux x86_64; rv:52.0) Gecko/20100101 Firefox/52.0"
172.16.1.200 - - [17/Nov/2018:18:27:14 +0900] "GET /sites/images/2017.3.22-SBC/syoei-s2.png HTTP/1.1" 304 - "http://my-centos.com/" "Mozilla/5.0 (X11; Linux x86_64; rv:52.0) Gecko/20100101 Firefox/52.0
```

Googleのrobotと、IPアドレス172.16.1.200からサーバmy-centos.comのWebページにアクセスがあるのが確認できます。

システムログの監視

ユーザのログインは日時とリモートのホスト名（IPアドレス）と共に**/var/log/wtmp**ファイルに記録され、**last**コマンドで表示できます。これにより不正なログインがなかったか確認ができます。

以下は、lastコマンドでログインの記録を表示し、ユーザ名、ログインしたリモート名（またはIPアドレス）、ログインした時間などに心当たりのないものがないかを確認する例です。

ログイン記録を表示

```
# last
root      pts/0        my-centos.com    Sat Nov 17 16:50   still logged in
user01    pts/1        192.168.1.1      Wed Nov 14 01:46 - 01:51  (00:04)
user01    pts/0        192.168.1.1      Wed Nov 14 01:01 - 03:12  (02:11)
user02    pts/0        mylpic.com       Wed Nov  7 19:04 - 19:04  (00:00)
root      pts/0        172.16.1.100     Sat Oct 27 19:38 - 19:42  (00:04)
root      pts/0        172.16.1.100     Fri Oct 26 23:25 - 23:28  (00:02)
…（以下省略）…
```

/var/log/secureファイルには、ユーザのログインアクセスとsuコマンドによるユーザの変更及び、その成功/失敗の結果が記録されます。このファイルを**less**コマンドを使ってモニターすることにより、ブルートフォースアタックも検知できます。

ログインアクセスとその成功/失敗の結果を表示（抜粋）

```
# less /var/log/secure
…（途中省略）…
Nov 11 04:34:50 centos7 sshd[23302]: Invalid user usuario from
193.201.224.241  ←❶
Nov 11 04:34:50 centos7 sshd[23303]: input_userauth_request: invalid user
```

```
usuario  ←❷

...（途中省略）...
Nov 17 17:32:27 centos7 sshd[21222]: Accepted password for user01 from
::1 port 48408 ssh2  ←❸
Nov 17 17:32:27 centos7 sshd[21222]: pam_unix(sshd:session): session
opened for user user01 by (uid=0)

❶不正なログインの試みがある
❷❶の結果はログインに失敗している
❸正規のユーザがログイン
```

侵入・改ざん検知ツールを使用する

ファイルの改ざんを検知する**aide**や**Tripwire**、root権限を奪取して侵入するrootkitを検知をする**chkrootkit**や**rkhunter**などが利用できます。ただしchkrootkitやrkhunterの場合は、対応していない新しいrootkitは検知できません。

aideやTripwireでは検知対象となる正常パターンのデータベースを作成し、このデータベースを暗号化して保護することでデータベース自身を改ざんされないように作られています。

定期的に正常パターンと現在の状態を比較し、異常があった場合はレポートを作成して通知します。正常パターンと現在の状態をハッシュ値を使って比較するため、侵入者がroot権限を奪取した場合でもデータベースを破壊することはできても改ざんしたことを隠蔽することはできません。

侵入された後の対処

システムに侵入された場合、root権限を奪取されたか、アプリケーションの実効ユーザを奪取されたかで対処方法は異なります。

root権限を奪取された場合

root権限が奪取された場合は、侵入者はいかなる操作も可能なので、OSの再インストールが必要です。

また、認証情報が盗まれている可能性があるので、全てのユーザ認証情報の再作成（キーペアの新規作成、パスワードの新規設定）が必要です。

アプリケーションの実効ユーザを奪取された場合

アプリケーションがアクセス可能なファイルシステム内と、アプリケーションが使用するデータベース内にバックドア（backdoor：正規の認証が必要な「表口」ではなく、認証をバイパスして不正に侵入するための「裏口」）が作成されている可能性があるため、バージョンを更新してアプリケーションの脆弱性を修正するだけでなく、原則的にはアプリケーションの再インストールとデータベースの再構築が必要です。

そのためには、侵入される前のファイルとデータベースのバックアップを使って復元しなければなりません。このように、侵入された場合に備えて定期的なバックアップが必要です。

10-2

データの暗号化とユーザ/ホストの認証について理解する

Linuxにおける認証方式

Linuxで使用されている主な暗号化方式と認証方式を紹介します。

パスワード認証

パスワード認証は、ユーザ名（ユーザID）とパスワードを使用した認証方式です。

端末からのローカルシステムへログインする時、あるいはメールサーバ、sshサーバ、ftpサーバなどへのネットワーク経由のログインの時に、ユーザデータベースである**/etc/passwd**と**/etc/shadow**を参照して行われます。この認証シーケンスは**PAM**（Pluggable Authentication Modules）のpam_unix.soモジュールにより行われます（後述）。

パスワードの暗号化

ユーザのログインパスワードは、/etc/shadowの第2フィールドに暗号化されて格納されています。

ユーザが入力したパスワードから算出したハッシュ値を/etc/shadowに格納されているハッシュ値と比較し、同じであれば本人として認証されて、ログインが許可されます。ハッシュ値の算出は、PAM のpam_unix.soモジュールの中で実行されるlibcryptライブラリのcrypt() 関数により行われます。

どのハッシュアルゴリズムを使うかはPAMの設定ファイルで指定します。md5、bigcrypt、sha256、sha512、blowfishのいずれかを使用できます。CentOSもUbuntuもデフォルトでは**sha512**を使用します。

ユーザが入力したパスワードから算出したハッシュ値を/etc/shadowに格納されているハッシュ値と比較し、同じであれば本人として認証されて、ログインが許可されます。

図10-2-1 ログイン時のパスワード認証

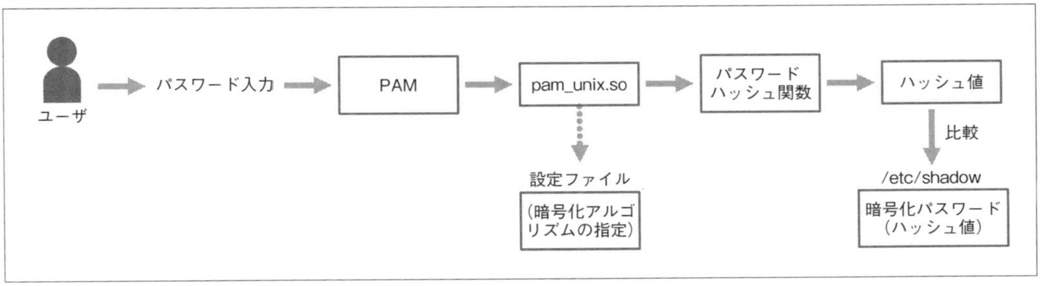

◯ハッシュ関数

入力されたデータに対して一定の処理をして、その結果として入力データに対応する値を返す関数です。返された値を「**ハッシュ値**」と言います。

ハッシュ関数は以下の用途に利用されます。

◇暗号化

入力データをハッシュ関数で暗号化します。ハッシュ値から入力データを求めることが困難である特性を利用しています。

◇レコード検索

入力キーから求めるレコードを高速に検索します。

◇改ざん検知

データのハッシュ値を計算し、値が正しければ改ざんなし、値が異なっていれば改ざんありとします。

◯パスワードハッシュのアルゴリズム

パスワードの暗号化に使用するハッシュアルゴリズムは以下の通りです。

表10-2-1 パスワードハッシュのアルゴリズム

ハッシュアルゴリズム	ID	説明
md5	1	Message Digest Algorithm 5。128ビットのハッシュ値を出力する
bigcrypt	(指定なし)	古くから使用されていたDES-Crypt(ブロック暗号DESを利用したハッシュ関数)の改良版。DES-Cryptが入力されたパスワードの最初の8文字のみをハッシュ化するのに比べて、Big-Cryptでは入力された全ての文字をハッシュ化する
sha256	5	Secure Hash Algorithm 256。NIST(アメリカ国立標準技術研究所)で定められた標準ハッシュ関数。256ビットのハッシュ値を出力する
sha512	6	Secure Hash Algorithm 512。NIST(アメリカ国立標準技術研究所)で定められた標準ハッシュ関数。512ビットのハッシュ値を出力する
blowfish	2a	ブロック暗号Blowfishを利用したハッシュ関数

暗号化に使用されたハッシュアルゴリズムの種類は、/etc/shadowの第2フィールドの先頭の「$」で囲まれた1文字あるいは2文字のIDで格納されます。IDの記載がない場合はbigcryptと判定されます。

/etc/shadowのエントリの例

```
# grep user /etc/shadow
user01:$6$zIU.YjIQpcfca3fp$hj3mlkyS …(途中省略)… :17650:0:99999:7:::  ←❶
user02:eiQ3X0o5ClmZca5LQmF4NVYM:17773:0:99999:7:::  ←❷
```

❶ハッシュアルゴリズムはsha512
❷ハッシュアルゴリズムはbigcrypt

ユーザデータベースとしては、/etc/passwdと/etc/shadowファイルの他に、設定によりLDAP認証やwinbind認証を使用することもできます。

PAM

PAM（Pluggable Authentication Modules）は、アプリケーションのユーザ認証を行う仕組みです。

PAMは個々のアプリケーションから独立した認証機構であり、アプリケーションごとにPAMで設定した認証方式を利用できます。アプリケーションは、PAMのシェアードライブラリlibpam.soを呼び出すことによりPAMを利用します。

PAMにはパスワード認証などの各認証方式に対応したモジュールが用意されています。PAMの設定ファイルの記述により認証方式を選択できます。

表10-2-2 PAMの認証方式とモジュール

認証方式	認証モジュール	説明
パスワード認証	pam_unix.so	ローカルシステムへのログイン、ネットワークを介したログインでのデフォルトの認証方式
LDAP認証	pam_ldap.so	LDAPを認証サーバとする場合の認証方式
Winbind認証	pam_winbind.so	Windowsサーバを認証サーバとする場合の認証方式
ケルベロス認証	pam_krb5.so	ケルベロス（Kerberos）を認証サーバとする場合の認証方式

sshdの公開鍵認証では、PAMのaccount、sessionのエントリは参照しますが、auth（ユーザ認証）のエントリは参照せず、sshd自身が認証を行います。したがって、authではPAMモジュールは使用しません。

また、認証モジュールに与える引数により、パスワードの暗号化方式をsha512あるいはblowfish、bigcryptに指定するなど、モジュールの動作を変更できます。

図10-2-2 PAMの概要

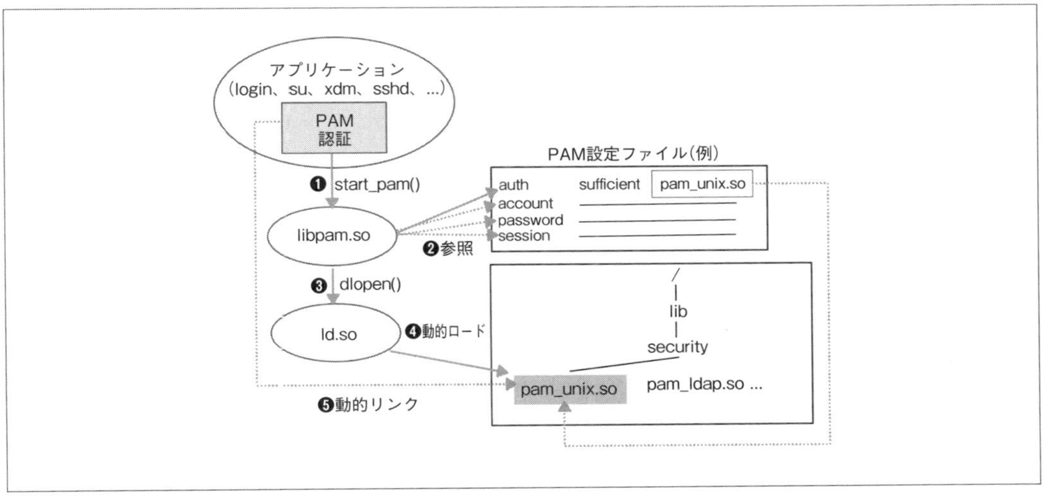

PAMの設定ファイルは**/etc/pam.conf**、あるいは**/etc/pam.d**ディレクトリの下のファイルが参照されます。/etc/pam.dディレクトリがある場合は/etc/pam.confは無視されます。

/etc/pam.dの下にはPAMを利用するアプリケーションごとの設定ファイルが置かれています。以下はCentOSの例です。

/etc/pam.dディレクトリ

```
$ ls -F /etc/pam.d
atd                      gdm-smartcard             pluto               sshd
chfn                     lightdm                   polkit-1            su
chsh                     lightdm-autologin         postlogin@          su-l
config-util              lightdm-greeter           postlogin-ac        sudo
crond                    liveinst                  ppp                 sudo-i
cups                     login                     remote              system-auth@
fingerprint-auth@        mate-screensaver          runuser             system-auth-ac
fingerprint-auth-ac      mate-system-log           runuser-l           system-auth-ac.
install
gdm-autologin            other                     setup               system-config-
language
gdm-fingerprint          passwd                    smartcard-auth@     systemd-user
gdm-launch-environment   password-auth@            smartcard-auth-ac   vlock
gdm-password             password-auth-ac          smtp@               vmtoolsd
gdm-pin                  password-auth-ac.install  smtp.postfix        xserver
```

設定ファイルは、各アプリケーションパッケージのインストールによって配置されます。設定ファイルの書式は次のようになります。

PAMの設定ファイル

タイプ 制御フラッグ モジュール 引数

PAMの機能には次の4つのタイプがあります。タイプを設定ファイルの第1フィールドに指定します。

表10-2-3 PAMのタイプ

タイプ	説明
auth	ユーザ認証を行う
account	アカウントのチェックを行う
password	パスワードの設定を行う
session	ロギングを含む認証後の処理を行う

制御フラッグは指定したモジュールの実行結果をどう処理するかを指定します。また他のファイルを参照する指定もこのフィールドで行います。

表10-2-4 PAMの制御フラッグ

制御フラッグ	説明
required	「成功(success)」が必須のモジュール。「成功」した場合は同じタイプの次のモジュールを実行する。「失敗(fail)」した場合も同じタイプのモジュールの実行を継続する
requisite	「成功」が必須のモジュール。「成功」した場合は同じタイプの次のモジュールを実行する。「失敗」した場合は同じタイプのモジュールの実行は行わない
sufficient	それ以前のrequiredモジュールが「成功」していてこのモジュールが「成功」した場合はこのタイプは「成功」となり他のモジュールは実行されない。「失敗」した場合は次のモジュールを実行する(前のrequisiteが失敗していればsufficient行は実行されないので、前にrequisiteがあった場合は成功している)
optional	同じタイプのモジュールが他にないか、同じタイプの他のモジュールの結果が全て「無視(ignore)」となった場合にこのモジュールの結果がタイプの「成功」か「失敗」かを決定する。それ以外の場合は、このモジュールの結果はタイプの「成功」か「失敗」かには関係しない
include	第3フィールドで指定したファイルをインクルードする

モジュールには動的にリンクして実行するファイルを指定します。主なモジュールには次のものがあります。

表10-2-5 PAMのモジュール

モジュール	説明
pam_unix.so	/etc/passwdと/etc/shadowによるUNIX認証を行う
pam_ldap.so	LDAP認証を行う
pam_rootok.so	rootユーザのアクセスを許可する
pam_securetty.so	/etc/securettyファイルに登録されたデバイスからのアクセスだけを許可する
pam_nologin.so	/etc/nologinファイルが存在する場合はroot以外のユーザのログインを拒否する
pam_wheel.so	ユーザがwheelグループに所属しているかチェックする
pam_cracklib.so	パスワードの安全性をチェックする
pam_permit.so	アクセスを許可する。常に「成功」となる
pam_deny.so	アクセスを拒否する。常に「失敗」となる

モジュールに引数を付加することにより、モジュールによる処理や動作を指定できます。

以下は、ほとんどのアプリケーションの設定ファイルにインクルードされるsystem-authファイルの例です。pam_unix.soモジュールによるパスワードの設定について、「sha512」で暗号化方式にsha512を、「shadow」で/etc/shadowファイルを使うことを、「nullok」でパスワードなしのアカウントの許可を設定しています。

/etc/pam.d/system-authファイルの設定例

```
# cat /etc/pam.d/system-auth
...(途中省略)...
password    sufficient    pam_unix.so    sha512 shadow nullok try_first_
pass use_authtok
...(以下省略)...
```

/etc/pam.dディレクトリの下には、ユーザの切り替えを行うsuコマンドの設定ファイルが置かれています。

以下は、suコマンドの設定例です。

/etc/pam.d/suファイルの設定例(抜粋)

```
# cat /etc/pam.d/su
…(途中省略)…
タイプ          制御フラッグ      モジュール
------------------------------------------------
auth            sufficient        pam_rootok.so
auth            required          pam_unix.so
account         required          pam_unix.so
password        required          pam_unix.so
session         required          pam_unix.so
…(以下省略)…
```

ベーシック認証とダイジェスト認証

ベーシック認証と**ダイジェスト認証**は、HTTPサーバがクライアント認証に利用する方式です。

◇ベーシック(Basic)認証

HTTPによるパスワード認証です。クライアントがWebサーバにアクセスする時、Webサーバはユーザ名(ユーザID)とパスワードを格納したファイルを参照して、クライアントの認証を行います。

◇ダイジェスト(Digest)認証

ベーシック認証と同じくHTTPによるパスワード認証です。ただし、サーバとクライアントがパスワードをやり取りをする際、パスワードをMD5で暗号化して送信するため、パスワードを盗聴される危険がありません。

ベーシック認証もダイジェスト認証もHTTPによるパスワード認証であり、後述するブルートフォースアタックを受ける危険があります。

クライアントがサーバあるいは認証局から公開鍵証明書を取得し、サーバがクライアント認証を行う公開鍵認証ではブルートフォースアタックの危険はなくなります。

ブルートフォースアタックへの対策

インターネット上のホストの場合、パスワード認証はネットワークからのブルートフォースアタックを受ける危険があります。

ブルートフォースアタック(Brute Force Attack:総当たり攻撃)は、パスワードの全てのパターンをコンピュータプログラムにより自動的にかたっぱしから試してパスワードを解読する方法です。

ブルートフォースアタックを改良した攻撃方法としては、人間が考えやすいパスワードのパターンを登録した辞書を使う「辞書攻撃」があります。

ブルートフォースアタックに対する対策としては、パスワードの試行回数や試行間隔を制限する、試行の制限を超えた場合はアクセス元のIPアドレスを遮断する、といった手段があります。

・パスワードの試行回数や試行間隔を制限する：PAMのpam_tally2.so モジュール
・試行の制限を超えた場合はアクセス元のIPアドレスを遮断する：fail2ban, SSHGuard

パスワード認証ではなく**公開鍵認証**を採用することで、ブルートフォースアタックの危険はなくなります。

公開鍵認証では秘密鍵と公開鍵のキーペアを利用します。被認証側が自分の秘密鍵で認証データを作成して認証側に送り、認証側では被認証側の公開鍵で認証データを検証します。

公開鍵認証については次項の「暗号の概要」を参照してください。

暗号の概要

データ（文字列、バイト列）を暗号化してファイルに格納したり、ネットワークを介して送信する場合、暗号化のための鍵を使用します。この鍵の種類には**共通鍵**と**公開鍵**があり、それぞれ共通鍵暗号、公開鍵暗号と呼ばれます。

◇共通鍵暗号

暗号化する時の鍵と復号する時の鍵が同じ（共通）暗号です。使用する鍵を、共通鍵（common key）、あるいは秘密鍵（secret key）、対称鍵（symmetric key）と言います。

送信者と受信者間で鍵を盗まれない（盗聴されない）ように受け渡すのが困難なため、ファイルを暗号化して保管する場合など、主に暗号化と復号を同一人で行う場合や同一ホスト上で行う場合に使用する暗号です。ネットワークを介して共通鍵暗号を使用する場合は公開鍵暗号の鍵交換方式で共通鍵を生成して共有します（後述）。

共通鍵暗号のアルゴリズムにはブロック暗号とストーム暗号の2種類があります。

図10-2-3 共通鍵暗号の概要

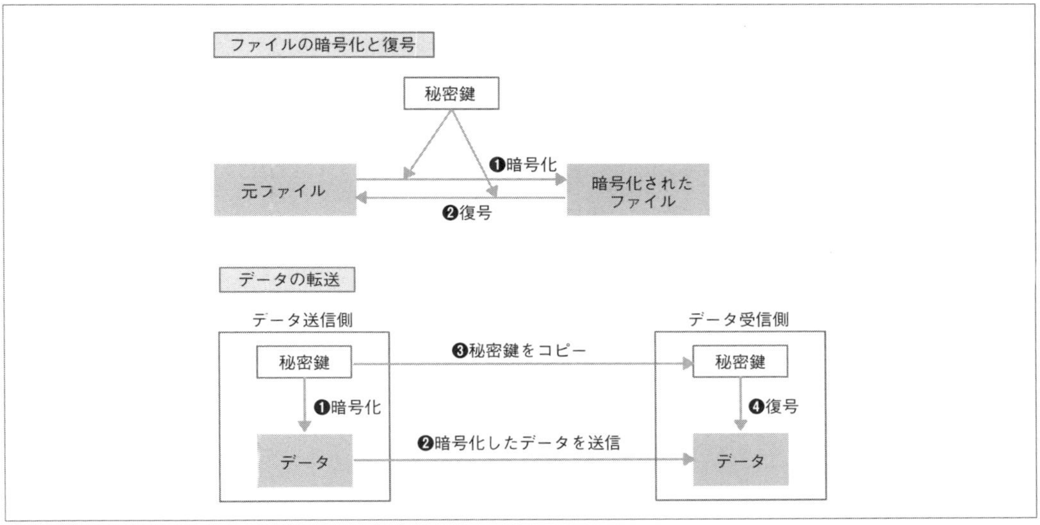

◇公開鍵暗号

公開鍵暗号は暗号化の鍵と復号する時の鍵が異なり、公開鍵で暗号化し、秘密鍵で復号します。公開鍵暗号は秘密鍵と公開鍵を使用した暗号化、デジタル署名/認証、鍵交換の方式の総称です。

秘密鍵を乱数で生成し、公開鍵は秘密鍵から、大きな2つの素数の積や離散対数、楕円曲線上の離散対数により算出します。秘密鍵から公開鍵が計算されますが、その逆の演算である公開鍵から秘密鍵の計算は計算量が膨大なため実質不可能であり、その特性を利用したものが公開鍵暗号です。

データ送信側は受信側から事前に取得してある公開鍵でデータを暗号化して受信側に送り、受信側では自分の秘密鍵でデータを復号します。デジタル署名/認証の場合は、被認証側が自分の秘密鍵で認証データに署名して認証側に送り、認証側では被認証側の公開鍵で認証データを検証します。

鍵交換の場合は、双方が自分の公開鍵を相手に渡し、それぞれが自分の秘密鍵と相手の公開鍵により同じ鍵を生成して共有します。本章の最後のコラムで「楕円曲線ディフィー・ヘルマン鍵交換」の仕組みを紹介しているので参考にしてください。

◇公開鍵暗号と共通鍵暗号の組み合わせ

公開鍵暗号は暗号化/復号が共通鍵暗号に比べて遅く、共通鍵暗号は暗号化/復号が高速に行えます。そこで、ネットワークを介した通信を暗号化する場合は、セッションごとに公開鍵暗号の鍵交換方式により共通鍵を生成して共有し、共通鍵によりデータを暗号化します。このような共通鍵を「セッション鍵」と言います。セッション鍵はセッション中のサーバプロセスとクライアントプロセスのメモリ上にのみ存在し、セッションが終了すると消滅します。

図10-2-4 公開鍵暗号と公開鍵認証の概要

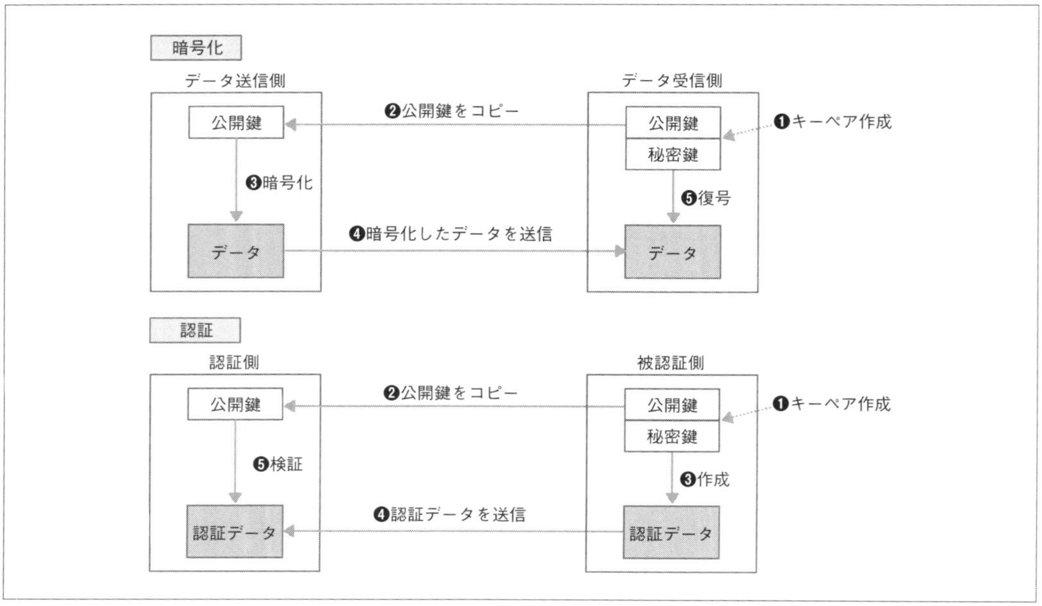

共通鍵暗号

共通鍵暗号のよく知られたアルゴリズムに**DES**と**AES**があります。

◇DES

DES(Data Encryption Standard)は1976年に定められたアメリカ合衆国の標準暗号です。国立標準局(NBS：National Bureau of Standard。現NIST)が公募し、IBMが応募した暗号が採用されました。現在の暗号としてはセキュリティ強度が弱く、かわってAESが採用されています。

◇AES

AES(Advanced Encryption Standard)は、DESにかわる新しい標準暗号です。アメリカ国立標準技術研究所(NIST:National Institute of Standards and Technology)が公募し、2000年にベルギーの暗号学者ホァン・ダーメン(Joan Daemen)氏とフィンセント・ライメン(Vincent Rijmen)氏が設計したRijndael(ラインダール)が採用されました。

共通鍵暗号のアルゴリズムは**ブロック暗号**と**ストリーム暗号**に大別できます。上記のDESとAESはブロック暗号です。

○ブロック暗号

暗号化する文(平文)を一定サイズのブロックに分割し、それぞれのブロックごとに暗号化する方式です。

ブロックの中で文字の位置や順序を入れ替える「転字」という操作と、ある文字を別の文字に変換する「換字」という操作などを組み合わせて暗号化します。

ブロック暗号の主なアルゴリズムは以下の通りです。

表10-2-6 ブロック暗号のアルゴリズム

暗号アルゴリズム	説明
AES	AES(Advanced Encryption Standard)は、DESにかわる新しい標準暗号
CAST-128	1996年にCarlisle Adams氏と Stafford Tavares氏によって開発されたブロック暗号 CAST5とも呼ばれる。CentOS 7のgpgのデフォルト暗号
Camellia	Camelliaは2000年にNTTと三菱電機により共同開発されたブロック暗号
Blowfish	1993年にブルース・シュナイアーによって開発されたブロック暗号。sshの暗号などで利用できる
DES	DES(Data Encryption Standard)1976年に定められたアメリカ合衆国の標準暗号 現在の暗号としてはセキュリティ強度が弱く、かわってAESが採用されている
3DES	Triple DES。DESを3回使用する暗号

○ストリーム暗号

暗号化する文(平文)をビット列あるいはバイト列として扱い、ビットあるいはバイトごとに変換して暗号化する方式です。ブロック暗号に比べて処理が速いのが特徴です。

ストリーム暗号の主なアルゴリズムは以下の通りです。

表10-2-7 ストリーム暗号のアルゴリズム

暗号アルゴリズム	説明
chacha20-poly1305@openssh.com	メッセージの暗号化をchacha20で、完全性の保護をpoly1305で同時に行う認証付き暗号。OpenSSHバージョン7での共通鍵暗号のデフォルト
RC4	Rivest Cipher 4。ARCFOURとも呼ばれる。1987年にRSA社のロナルド・リベスト氏により開発された。sshや、WiFiのセキュリティプロトコルであるWEP、WPAで使用されている
Traditional PKWARE Encryption	PKWARE社により開発された暗号化アルゴリズム。zipコマンドのバージョン5より以前のバージョンの暗号化に使用されている。現在の暗号としては強度は弱い

公開鍵暗号のアルゴリズム

公開鍵暗号(暗号化、デジタル署名/認証、鍵交換)のアルゴリズムには、RSA、DSA、ECDSA、Ed25519などがあり、近年のHTTPS/TLSやOpenSSHによる通信では楕円曲線を利用したアルゴリズムが広く使われ始めています。

表10-2-8 公開鍵暗号のアルゴリズム

暗号/署名アルゴリズム	説明
RSA	RSA (Rivest-Shamir-Adleman) は素因数分解問題の困難性に基づく公開鍵暗号。暗号化と電子署名を行う。 Rivest、Shamir、Adlemanの3人により開発され、1977年に発表された
DSA	DSA (Digital Signature Algorithm) は離散対数問題の困難性に基づく電子署名方式 1993年にアメリカ国立標準技術研究所 (NIST) によって標準化された
ECDSA	ECDSA (Elliptic Curve DSA:楕円曲線DSA) は楕円曲線上の離散対数問題の困難性に基づく電子署名方式。楕円曲線を利用したDSA (Digital Signature Algorithm)
EdDSA	EdDSA(Edwards-curve Digital Signature Algorithm:エドワーズ曲線電子署名アルゴリズム)は楕円曲線の一種であるエドワーズ曲線上の離散対数問題の困難性に基づく電子署名方式。エドワーズ曲線を利用したDSA (Digital Signature Algorithm)。従来のDSAに比較して、暗号強度を下げることなく高速な処理ができる。ダニエル・バーンスタイン氏を含むチームによって開発された
Ed25519	Ed25519はハッシュアルゴリズムにSHA-512、楕円曲線にCurve25519を用いたEdDSA。Curve25519はベースとなる有限体の法に素数2^255 -19を使うので、このような名前が付けられている

上記の鍵を使用した公開鍵暗号の例は本章の「10-3 SSHによる安全な通信を行う」(475ページ)で解説します。本項の以下、暗号化コマンドによる暗号化では共通鍵暗号のみ解説し、公開鍵暗号は扱いません。

暗号化コマンド

Linuxでは暗号化コマンドとして、zip、7zip、openssl、gpgなどが提供されています。これらのコマンドを利用してファイルを暗号化できます。

○zipによる暗号化

zipは圧縮、アーカイブ作成を行うコマンドです。パスワードを付けることで暗号化もできます。また、Microsoft WindowsやmacOSなど多くのオペレーティングシステムで使用できるのが特徴です。

ただし暗号の強度は弱く、セキュリティが重要な場合は、PGPなど他の暗号化ユーティリティを使うことが推奨されています。暗号アルゴリズムはストリーム暗号のTraditional PKWARE Encryptionです。

zipコマンドのバージョン5以降ではAESなどの強固な暗号アルゴリズムが採用されていますが、パテントなどの問題があり、LinuxではTraditional PKWARE Encryptionを使用するバージョン3.0が採用されています。

ここでは暗号化の使い方を説明します。zipによるファイルのバックアップについては、第6章(246ページ)を参照してください。

zipによる暗号化

zip [オプション] アーカイブファイル名 ファイル名

「-e」(encrypt)オプションを付けて暗号化します。コマンドラインでパスワードを指定する場合は「-P」オプションにより「**-P パスワード**」とします。

復号/解凍は**unzip**コマンドで行います。

unzipによる復号

unzip [オプション] アーカイブファイル名 ファイル名

zipによる暗号化とuzipによる復号

```
$ vi sample.txt
これは秘密の文書です。
どうぞよろしくお願いします。
by Ryo

$ zip -e sample.txt.zip sample.txt
↑sample.txtを暗号化してアーカイブファイルsample.txt.zipを作成
Enter password: ****  ←パスワードを入力
Verify password:  ****  ←パスワードを再入力
  adding: sample.txt (deflated 4%)

$ ls -l
合計 8
-rw-rw-r-- 1 user01 user01  84  9月 24 18:23 sample.txt
-rw-rw-r-- 1 user01 user01 279  9月 26 22:50 sample.txt.zip
↑暗号化されたアーカイブファイル

$ mv sample.txt sample.txt.orig  ←sample.txtの名前を変更

$ unzip sample.txt.zip  ←アーカイブファイルsample.txt.zipを復号、解凍
Archive:  sample.txt.zip
[sample.txt.zip] sample.txt password: ****  ←パスワードを入力
  inflating: sample.txt

$ ls -l
合計 12
-rw-rw-r-- 1 user01 user01  84  9月 26 22:53 sample.txt  ←復号されたファイル
```

```
-rw-rw-r-- 1 user01 user01  84  9月 26 22:52 sample.txt.orig
-rw-rw-r-- 1 user01 user01 279  9月 26 22:50 sample.txt.zip

$ cat sample.txt
これは秘密の文書です。
どうぞよろしくお願いします。
by Ryo
```

◯7zipによる暗号化

7zipは高圧縮率のアーカイブ作成を行うユーティリティです。パスワードを付けることで暗号化もできます。7zipの実行コマンド名は**7z**です(7zaという、より高圧縮率のコマンドもあります)。

暗号方式はブロック暗号の256ビットAES暗号です。

7zipによる暗号化

7z {コマンド} [スイッチ] アーカイブファイル名 ファイル名

「a」コマンドでアーカイブ、「e」コマンドでアーカイブからファイルを抽出します。

「-p」スイッチによりパスワードを指定することで、AES暗号による暗号化ができます。

7zipによる暗号化

```
$ 7z a -p sample.txt.7z sample.txt
↑sample.txtを暗号化してアーカイブファイルsample.txt.7zを作成

7-Zip [64] 16.02 : Copyright (c) 1999-2016 Igor Pavlov : 2016-05-21
p7zip Version 16.02 (locale=ja_JP.UTF-8,Utf16=on,HugeFiles=on,64 bits,1
CPU Intel Core Processor (Skylake) (506E3),ASM,AES-NI)

Scanning the drive:
1 file, 84 bytes (1 KiB)

Creating archive: sample.txt.7z

Items to compress: 1


Enter password (will not be echoed): ****  ←パスワードを入力
Verify password (will not be echoed) : ****  ←パスワードを再入力

Files read from disk: 1
Archive size: 242 bytes (1 KiB)
Everything is Ok

$ ls -l
合計 8
-rw-rw-r-- 1 user01 user01  84  9月 24 18:23 sample.txt
-rw-rw-r-- 1 user01 user01 242  9月 26 22:22 sample.txt.7z
                                     ↑暗号化されたアーカイブファイル

$ mv sample.txt sample.txt.orig  ←sample.txtの名前を変更
```

```
$ 7z e sample.txt.7z  ←アーカイブファイルsample.txt.7zを復号、解凍

7-Zip [64] 16.02 : Copyright (c) 1999-2016 Igor Pavlov : 2016-05-21
p7zip Version 16.02 (locale=ja_JP.UTF-8,Utf16=on,HugeFiles=on,64 bits,1
CPU Intel Core Processor (Skylake) (506E3),ASM,AES-NI)

Scanning the drive for archives:
1 file, 242 bytes (1 KiB)

Extracting archive: sample.txt.7z
--
Path = sample.txt.7z
Type = 7z
Physical Size = 242
Headers Size = 146
Method = LZMA2:12 7zAES
Solid = -
Blocks = 1

Enter password (will not be echoed): ****  ←パスワードを入力
Everything is Ok

Size:       84
Compressed: 242

$ ls -l
合計 12
-rw-rw-r-- 1 user01 user01  84  9月 24 18:23 sample.txt  ←復号されたファイル
-rw-rw-r-- 1 user01 user01 242  9月 26 22:22 sample.txt.7z
-rw-rw-r-- 1 user01 user01  84  9月 24 18:23 sample.txt.orig
```


○opensslによる暗号化

opensslは秘密鍵/公開鍵の生成、証明書署名要求(CSR)の発行、デジタル証明書の発行、共通鍵による暗号化など、多くの機能を持ったコマンドです。ここでは共通鍵暗号によりファイルを暗号化する方法を説明します。

共通鍵暗号で暗号化/復号する場合は、「enc」(encrypt)コマンドを使用します。

opensslによる暗号化①

openssl enc [オプション]

encコマンドを指定せず、直接に暗号方式を指定することもできます。

opensslによる暗号化②

openssl 暗号方式 [オプション]

ただし、エンジン(engine)を使用する暗号方式の場合はこの構文は使用できません。

> エンジンはopensslライブラリによって提供されるオブジェクト形式の暗号化モジュールです。Intelプロセッサに内蔵されたAES暗号/復号の命令(AES-NI)を利用するモジュールもあります。

表10-2-9 opensslコマンドのオプション

オプション	説明
-e	暗号化（encrypt）する（デフォルト）
-d	復号（decrypt）する
-a、-base64	暗号化した後、BASE64形式にする
-in	入力ファイルの指定。指定しない場合は標準入力
-out	出力ファイルの指定。指定しない場合は標準出力
-aes-256-cbc	暗号方式にブロック暗号aes-256-cbcを使用 AES暗号、鍵長256ビット、CBC（Cipher Blocker Chaining）
-camellia-256-cbc	暗号方式にブロック暗号camellia-256-cbcを使用 Camellia暗号、鍵長256ビット、CBC（Cipher Blocker Chaining）
-rc4	暗号方式にストリーム暗号rc4（Rivest Cipher 4）を使用

使用できる暗号方式の一覧を表示するには、**list-cipher-commands**コマンドを使用します。

暗号方式の一覧の表示

```
openssl list-cipher-commands
```

暗号方式の一覧を表示

```
$ openssl list-cipher-commands
aes-128-cbc
aes-128-ecb
aes-192-cbc
aes-192-ecb
aes-256-cbc
aes-256-ecb
…（途中省略）…
camellia-128-cbc
camellia-128-ecb
camellia-192-cbc
camellia-192-ecb
camellia-256-cbc
camellia-256-ecb
…（途中省略）…
rc4
rc4-40
…（以下省略）…
```

AESやCamelliaなどのブロック暗号の主なモードには、**ECB**（Electronic Codebook）と**CBC**（Cipher Blocker Chaining）があります。ECBは初期の世代のモードで、各ブロックは独立して暗号化されます。CBCでは各ブロックは前の暗号文との排他的論理和（XOR）を取ってから暗号化されます。ECBよりもCBCを使用することが推奨されています。

以下は、opensslによる暗号化の例です。括弧内のコマンドは[enc]を省略した実行例です。

opensslによる暗号化

```
$ openssl enc -e -aes-256-cbc -in sample.txt -out sample.txt.encrypted
↑aes-256-cbcで暗号化（-eは省略可）
enter aes-256-cbc encryption password: ****  ←パスワードを入力
```

```
Verifying - enter aes-256-cbc encryption password: ****  ←パスワードを再入力

($ openssl aes-256-cbc -e -in sample.txt -out sample.txt.encrypted)
↑第1引数に暗号方式を指定する場合 (-eは省略可)

$ openssl enc -d -aes-256-cbc -in sample.txt.encrypted -out sample.txt.
decrypted  ←復号
enter aes-256-cbc decryption password: ****  ←パスワードを入力

($ openssl aes-256-cbc -d -in sample.txt.encrypted -out sample.txt.
decrypted)
↑第1引数に暗号方式を指定する場合

$ openssl rc4 -e -in sample.txt -out sample.txt.encrypted-2
↑第1引数に暗号方式rc4を指定(-eは省略可)
enter rc4 encryption password: ****  ←パスワードを入力
Verifying - enter rc4 encryption password: ****  ←パスワードを再入力

$ openssl rc4 -d -in sample.txt.encrypted-2 -out sample.txt.decrypted-2 ←復号
↑第1引数に暗号方式rc4を指定
enter rc4 decryption password: ****  ←パスワードを入力
```


○gpgによる暗号化

GPG(GNU Privacy Guard)は、公開鍵暗号PGP(Pretty Good Privacy)の標準仕様であるOpenPGPのGNUによる実装であり、暗号化と署名を行うツールです。

LinuxではGPGはソフトウェアパッケージの署名と検証にも使われています。共通鍵暗号で暗号化することもできます。ここでは共通鍵暗号によりファイルを暗号化する方法を説明します。

ファイルを暗号化/復号する時の構文は次の通りです。

gpgによる暗号化

gpg [オプション] ファイル

CentOSでは**/usr/bin/gpg**は**/usr/bin/gpg2**ファイルへのシンボリックリンクです。したがって、コマンドはgpgでもgpg2でも同じに使えます。

表10-2-10 gpgコマンドのオプション

オプション	説明
-c、--symmetric	パスフレーズを使用し、対称鍵暗号(共通鍵暗号)で暗号化する 暗号のデフォルトは、CentOSではCAST5、UbuntuではAES-128
--version	gpgのバージョン、ライセンス、サポートしている暗号アルゴリズムなどを表示する サポートしている暗号アルゴリズム:IDEA、3DES、CAST5、BLOWFISH、AES、AES192、AES256、TWOFISH、CAMELLIA128、CAMELLIA192、CAMELLIA256
--cipher-algo	暗号アルゴリズムの指定。例) –cipher-algo AES256 CentOSではCAST5、UbuntuではAES-128がデフォルト
-o、--output	出力ファイルの指定 例1) -o sample.encrypted.gpg 例2) -o sample.decrypted
--pinentry-mode	PINエントリモードの指定。モードは5種類:default、ask、cancel、error、loopback 「--pinentry-mode loopback」を指定するとコマンドラインでのパスフレーズ入力となる 注) CentOS 7のgpgバージョン2.0.22はこのオプションをサポートしていない
-a、--armor	ASCIIフォーマットで暗号化

gpgコマンドを実行するとgpg-agentデーモンが自動起動します。gpg-agentはgpg秘密鍵を管理するデーモンです。ユーザごとに起動し、gpgコマンドを実行したユーザが実効ユーザとなります。

gpg-agentは、gpgコマンドでの暗号化時にgpgが生成した秘密鍵を自身のメモリに保持します。gpgコマンドでの復号時に、gpg-agentが保持する秘密鍵をgpgコマンドに渡します。

図10-2-5 gpgコマンドとgpg-agentの概要

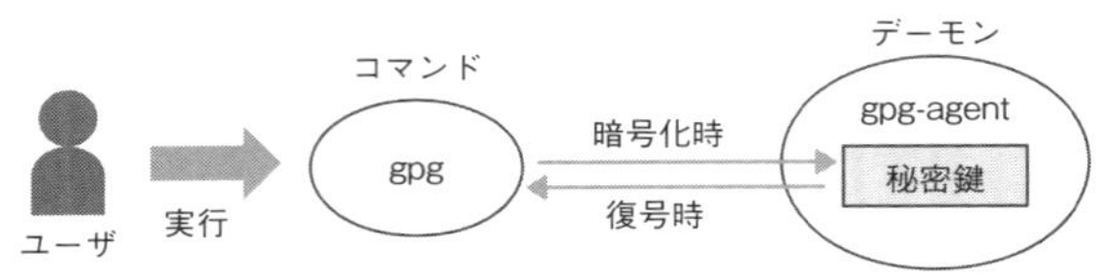

gpg-agentデーモンの稼動を確認

```
$ ps -ef | grep gpg
user02   4767   4688   0   9月25 ?   00:00:00 /usr/bin/gpg-agent --supervised
↑user02のgpg-agent
user01   9544   1293   0   9月27 ?   00:00:00 /usr/bin/gpg-agent --supervised
↑user01のgpg-agent
```

gpgコマンドを実行して暗号化を行う時、パスフレーズをPIN（Personal Identification Number：個人識別番号）エントリプログラムに入力するには以下の3通りの方法があります。

◇Xクライアント

X Window SystemによるGUIが使える環境や「ForwardX11 yes」の設定でsshでログインした時に起動します。

◇Cursesライブラリ

GUIがなく、Cursesライブラリが使用できる環境の時に起動します。

◇コマンドラインに直接入力

「--pinentry-mode loopback」を指定した時です。ただし、CentOS 7のgpgバージョン2.0.22はこのオプションをサポートしていません。

表10-2-11 パスフレーズの入力方法

入力方法（モード）	CentOS	Ubuntu
Xクライアント	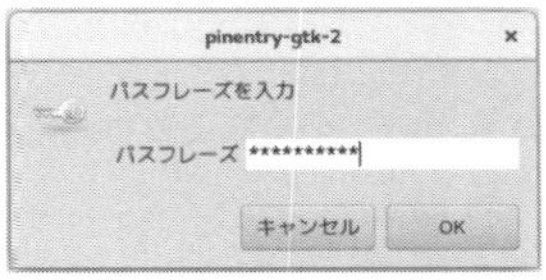	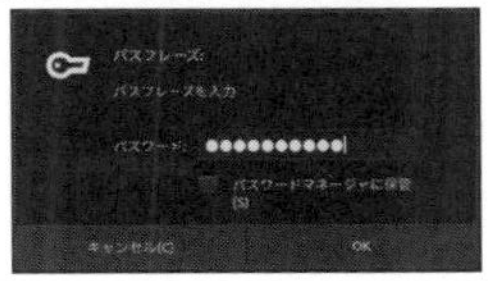
Cursesライブラリを使用	パスフレーズを入力 Passphrase ********** <OK> <Cancel>	Enter passphrase Passphrase: ********* <OK> <Cancel>
コマンドラインに直接入力	（なし）	gpg: AES256暗号化済みデータ パスフレーズを入力: ← （ここに入力） gpg: 1個のパスフレーズで暗号化

gpgのバージョン、ライセンス、アルゴリズムを表示（CentOSの例）

```
$ gpg --version
gpg (GnuPG) 2.0.22
libgcrypt 1.5.3
Copyright (C) 2013 Free Software Foundation, Inc.
License GPLv3+: GNU GPL version 3 or later <http://gnu.org/licenses/gpl.
html>
This is free software: you are free to change and redistribute it.
There is NO WARRANTY, to the extent permitted by law.
...（途中省略）...
暗号方式: IDEA, 3DES, CAST5, BLOWFISH, AES, AES192, AES256,
     TWOFISH, CAMELLIA128, CAMELLIA192, CAMELLIA256
ハッシュ: MD5, SHA1, RIPEMD160, SHA256, SHA384, SHA512, SHA224
圧縮: 無圧縮, ZIP, ZLIB, BZIP2
```

gpgによる暗号化（CentOSの例：デフォルトの暗号はCAST5）

```
$ gpg -c sample.txt  ←対称鍵暗号（共通鍵暗号）で暗号化

...（ここで実行環境により、Xクライアントかcursesベースでパスフレーズを入力する）...

$ ls -l
合計 8
-rw-rw-r--. 1 user01 user01 140  9月 27 16:37 sample.txt
-rw-rw-r--. 1 user01 user01 133  9月 27 17:49 sample.txt.gpg  ←暗号化されたファイル

$ ps -ef | grep gpg
user01   20251     1  0 17:45 ?        00:00:00 gpg-agent --daemon --use-
standard-socket

$ gpg -o sample.txt.decrypted sample.txt.gpg
↑復号（gpg-agentが走っている場合はパスフレーズは尋ねられない）
gpg: CAST5暗号化済みデータ  ←デフォルトのCAST5で暗号化されている
gpg: 1 個のパスフレーズで暗号化
gpg: *警告*: メッセージの完全性は保護されていません

$ ls -l
合計 12
```

```
-rw-rw-r--. 1 user01 user01 140  9月 27 16:37 sample.txt
-rw-rw-r--. 1 user01 user01 140  9月 27 17:50 sample.txt.decrypted
↑復号されたファイル
-rw-rw-r--. 1 user01 user01 133  9月 27 17:49 sample.txt.gpg

$ gpg --cipher-algo AES256 -c sample.txt  ←AES256で暗号化

$ ls -l
合計 8
-rw-rw-r--. 1 user01 user01 140  9月 27 16:37 sample.txt
-rw-rw-r--. 1 user01 user01 164  9月 27 18:04 sample.txt.gpg  ←暗号化されたファイル

$ gpg -o sample.txt.decrypted -d sample.txt.gpg  ←復号(-dは省略可)
gpg: AES256暗号化済みデータ  ←AES256で暗号化されている
gpg: 1 個のパスフレーズで暗号化

$ ls -l
合計 12
-rw-rw-r--. 1 user01 user01 140  9月 27 16:37 sample.txt
-rw-rw-r--. 1 user01 user01 140  9月 27 18:08 sample.txt.decrypted
↑復号されたファイル
-rw-rw-r--. 1 user01 user01 164  9月 27 18:04 sample.txt.gpg
```

gpgによる暗号化(Ubuntuの例：--pinentry-modeの指定。デフォルトの暗号はAES256)

```
$ gpg --pinentry-mode loopback -c sample.txt
↑「--pinentry-mode loopback」を指定して暗号化
パスフレーズを入力: ****  ←パスフレーズを入力(コマンドライン上でパスフレーズを尋ねられる)

$ ls -l
合計 8
-rw-r--r-- 1 user01 user01  84  9月 25 16:07 sample.txt
-rw-rw-r-- 1 user01 user01 159  9月 27 18:33 sample.txt.gpg  ←暗号化されたファイル

$ ps -ef | grep gpg
user01   9475  1293  0 18:36 ?       00:00:00 /usr/bin/gpg-agent-supervised
↑gpg-agentが起動

$ kill 9475  ←gpg-agentデーモンを終了(実験のため)

$ gpg --pinentry-mode loopback -o sample.txt.decrypted -d sample.txt.gpg
↑復号
gpg: AES256暗号化済みデータ
パスフレーズを入力: ****
↑gpg-agentデーモンが走っていない場合はパスフレーズを尋ねられる
 走っている場合はパスフレーズは尋ねられない
gpg: 1 個のパスフレーズで暗号化

$ ls -l
合計 12
-rw-r--r-- 1 user01 user01  84  9月 25 16:07 sample.txt
-rw-rw-r-- 1 user01 user01  84  9月 27 18:44 sample.txt.decrypted
↑復号されたファイル
-rw-rw-r-- 1 user01 user01 159  9月 27 18:40 sample.txt.gpg
```

10-3 SSHによる安全な通信を行う

SSHとは

sshコマンドはリモートホストにログインしたり、リモートホスト上でコマンドを実行します。また**scp**コマンドは、リモートホストとの間でファイル転送を行います。sshとscpは、平文で通信するrlogin、rsh、rcpにかわるもので、パスワードを含む全ての通信を暗号化します。

sshとscpはSSH（Secure Shell）のフリーな実装であるOpenSSHのクライアントコマンドであり、サーバはsshdです。OpenSSHはOpenBSDプロジェクトによって開発されています。

SSHの基本的な使い方

sshコマンドでリモートホストへのログイン、あるいはリモートホスト上でのコマンド実行を行い、scpコマンドでリモートホストとの間でファイルのコピーを行います。

以下に、sshとscpの実行例を示します。ここではリモートホストremotehostへログインを行っています。

sshとscpの実行例

```
$ ssh remotehost  ←❶
$ ssh remotehost hostname  ←❷
$ scp /etc/hosts remotehost:/tmp  ←❸
```

❶sshコマンドによりremotehostにログインする
❷sshコマンドによりremotehost上でhostname コマンドを実行する
❸scpコマンドによりローカルホストの/etc/hostsファイルをremotehostの/tmpディレクトリの下にコピー

図10-3-1 実行例の概要

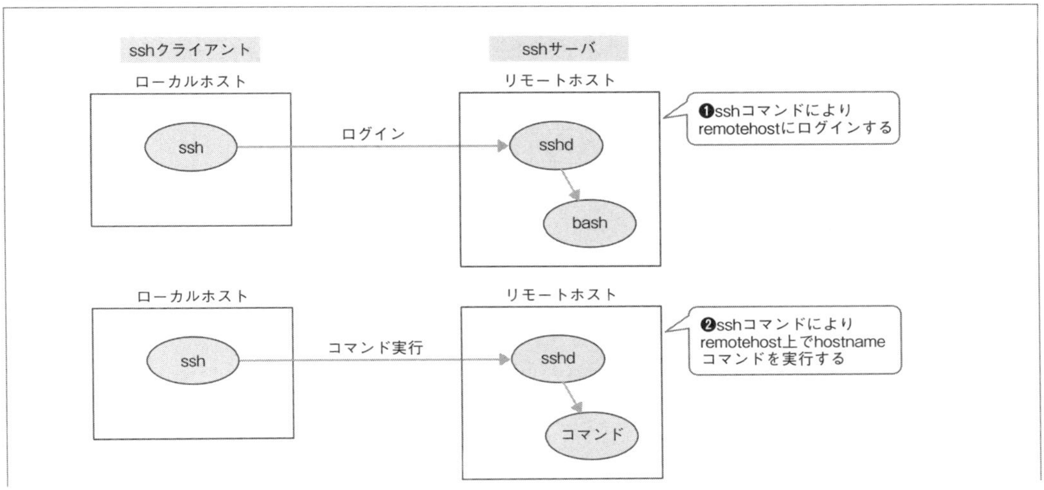

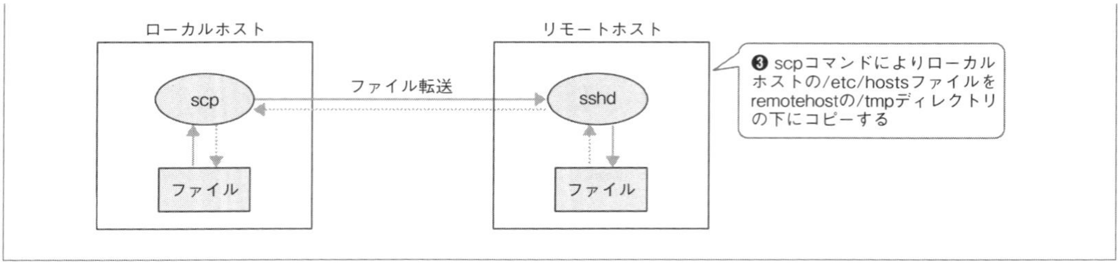

認証と暗号化に使用する鍵と、ユーザ認証方式は以下のようになっています。

認証と暗号化のための秘密鍵と公開鍵

Linuxをインストールするとインストール後の最初のブート時に**ssh-keygen**コマンドの実行によって(CentOSの場合)、あるいは**openssh-server**パッケージのインストール時に(Ubuntuの場合)、ホスト用の秘密鍵と公開鍵のキーペアが生成されます。

sshのデフォルトの設定ではこのキーペアが使用されるので、ユーザは特に設定を行わなくともパスワード認証でログインしてsshを利用することができます。

図10-3-2 OpenSSHのホスト用の鍵

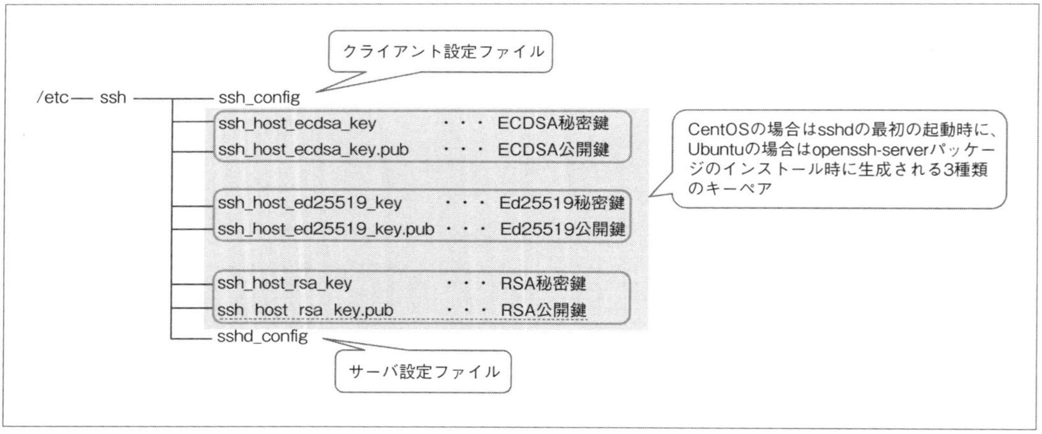

ユーザ認証方式

OpenSSHの主なユーザ認証方式には次のものがあります。

- ホストベース認証
- 公開鍵認証
- パスワード認証

クライアントがリクエストする優先順位に従い、サーバ側で提供される認証方式が順番に試みられて、どれか1つの認証が成功した時点でログインできます。

クライアントのデフォルトの優先順位は、「ホストベース認証→公開鍵認証→パスワード認証」です。

ホストベース認証は、/etc/sshディレクトリの下に生成されたホスト用の秘密鍵と公開鍵のキーペアを使用する公開鍵認証です。ホストベース認証も公開鍵認証も、クライアント(被認証側)の公開鍵をサーバ(認証側)にコピーするなどの設定が必要です。ホストベース認証は一般的にはあまり使われることがないので、本書では詳細は割愛します。個々のユーザごとにキーペアを生成する公開鍵認証の設定については後述の「秘密鍵/公開鍵の生成と公開鍵認証の設定」(481ページ)で解説します。

このようにホストベース認証、および個々のユーザごとの公開鍵認証を使用するには設定が必要であり、したがって、インストール時のデフォルトの設定ではパスワード認証のみが使用できます。

~/.ssh/known_hostsファイル

sshクライアントの**~/.ssh/known_hosts**ファイルには、sshサーバのホスト名、IPアドレス、公開鍵が格納されます。

クライアントがsshサーバを認証する手順は、次のようにユーザによるsshサーバの公開鍵の目視確認により行われます。

sshコマンドで初めてサーバに接続する時、サーバから送られてきた公開鍵の**フィンガープリント**(fingerprint:指紋)の値が表示され、それを認めるかどうかの確認のメッセージが以下の例のように表示されます。公開鍵のフィンガープリントは、公開鍵の値をハッシュ関数で計算したものです。データ長が公開鍵より小さいのでこのようにユーザの目視による確認のような場合に利用されます。

sshによるログイン時に表示される公開鍵のフィンガープリント

```
The authenticity of hcst '192.168.122.202 (192.168.122.202)' can't be established.
ECDSA key fingerprint is SHA256:FDjxjJYefUvtMn1P0y/vys3b0miG1bE8OWH76nkp5TM.  ←❶
ECDSA key fingerprint is MD5:e4:a7:6e:12:2b:5a:0c:59:68:63:f6:ea:41:b7:c2:e1.  ←❷
Are you sure you want to continue connecting (yes/no)?  ←❸
user01@192.168.122.202's password:  ←❹
```

❶SHA256でのハッシュ値
❷MD5でのハッシュ値
❸サーバを正当と認める場合は「yes」と入力
❹(パスワード認証の場合)ログインパスワードを入力

「yes」と答えるとサーバが正当であると認めたことになり、サーバのホスト名、IPアドレス、公開鍵がknown_hostsファイルに格納されます。

DNSにより名前解決された場合は、ホスト名とIPアドレスと公開鍵、それ以外はホスト名かIPアドレスのどちらかと公開鍵が格納されます。

一度known_hostsにサーバの情報が書き込まれると、それ以降は格納されている公開鍵により自動的にサーバを認証し、上記の確認メッセージは表示されることなくサーバに接続します。

ssh-keygenコマンドに「-l」オプションを付けて実行することにより、公開鍵のフィンガープリントを計算できます。「-f」オプションで鍵ファイルを、「-E」オプションでハッシュアルゴリズム(デフォルトはsha256)を指定します。

以下は、サーバの/etc/ssh/ssh_host_ecdsa_key.pubファイルに格納されたECDSA公開鍵のフィンガープリントを表示する例です。

サーバ上のECDSA公開鍵とそのフィンガープリントの表示

```
$ cat /etc/ssh/ssh_host_ecdsa_key.pub ←❶
ecdsa-sha2-nistp256 AAAAE2VjZHNhLXNoYTItbmlzdHAyNTYAAAAIbmlzdHAyNTYAAABBBG1YBWqb
LuS+ciYSzph2zOsULyWzkkRuPagvOCjm/AQqCoqNg185lTGfzqLtJ5rmbLfXvQQCnPCJkqiSVfczN2o=

$ ssh-keygen -lf /etc/ssh/ssh_host_ecdsa_key.pub ←❷
256 SHA256:FDjxjJYefUvtMn1P0y/vys3b0miG1bE8OWH76nkp5TM no comment (ECDSA)
$ ssh-keygen -E md5 -lf /etc/ssh/ssh_host_ecdsa_key.pub ←❸
256 MD5:e4:a7:6e:12:2b:5a:0c:59:68:63:f6:ea:41:b7:c2:e1 no comment (ECDSA)
```

❶ECDSA公開鍵を表示
❷SHA256による公開鍵のフィンガープリントを表示
❸MD5による公開鍵のフィンガープリントを表示

上記の「FDjxjJYefUvtMn1P0y/vys3b0miG1bE8OWH76nkp5TM」および「e4:a7:6e:12:2b:5a:0c:59:68:63:f6:ea:41:b7:c2:e1」がフィンガープリントの値です。

通信路の暗号化

CentOSやUbuntuが採用しているOpenSSHバージョン7は、通信路の暗号化のための以下のような共通鍵暗号方式をサポートしています。

- chacha20-poly1305@openssh.com
- aes128-ctr
- arcfour (rc4)
- cast128-cbc (cast5)
- blowfish-cbc

など

サーバであるsshdデーモンが使用する共通鍵暗号方式の優先順位は、**/etc/ssh/sshd_config**ファイルで指定できます。

クライアントであるsshコマンドが使用する暗号方式の優先順位は、設定ファイル/etc/ssh/ssh_configあるいは**~/.ssh/config**ファイルで指定できます（OpenSSHのバージョン7でデフォルト設定の場合は、共通鍵暗号にはchacha20-poly1305@openssh.comが使用されます）。

通信路を暗号化するシーケンスは以下の通りです。

❶クライアント（sshコマンド）がサーバ（sshdデーモン）に接続
❷サーバは/etc/sshの下にある自身のホスト公開鍵をクライアントに送る
❸クライアントがサーバの公開鍵を~/.ssh/known_hostsに格納されたサーバの公開鍵と比較して認証する
❹一時的な共通鍵（セッション鍵）をサーバとクライアントで生成、共有する
❺以降はサーバとクライアント間で合意した共通鍵暗号方式により通信路を暗号化する
❻クライアントはホストベース認証、公開鍵認証、パスワード認証のいずれかでサーバにログインする

共通鍵をサーバとクライアントで共有する仕組みや、共通鍵暗号方式の選択については本章のコラム(512ページ)を参照してください。

/etc/sshディレクトリ

/etc/sshディレクトリは、sshサーバとsshクライアントが共に使用するディレクトリです。

sshクライアントが参照するこのディレクトリの下の**ssh_known_hosts**ファイルにはローカルシステムの全ユーザが利用するsshサーバの公開鍵を格納します。したがって、そのsshサーバはローカルシステムの全ユーザにとって正当と認めるサーバになります。

/etc/ssh/ssh_known_hostsファイルは、全てのユーザが実行したsshコマンドが参照するファイルなので、全てのユーザがreadできるパーミッションになっていなければなりません。また、システムファイルなので一般ユーザが書き込みできる設定であってはなりません。

sshサーバの設定ファイル

sshサーバの設定ファイルは**/etc/ssh/sshd_config**です。

公開鍵認証、パスワード認証などの認証方式の設定や、rootのログインの許可・拒否といった重要な設定をディレクティブにより指定します。

sshd_configファイルの主なディレクティブは次の通りです。

表10-3-1 sshd_configファイルのディレクティブ

ディレクティブ	意味
AuthorizedKeysFile	ユーザ認証の公開鍵格納ファイル名
PasswordAuthentication	パスワード認証
PermitRootLogin	rootログイン
Port	待機ポート番号
PubkeyAuthentication	公開鍵認証

CentOSとUbuntuのsshdは古いプロトコルバージョンである1はサポートせず、2のみをサポートしています。

以下はインストール時のsshd_configファイルのデフォルトの主な設定です。設定ファイルの記述をそのまま抜粋してあるので、行頭に「#」が付いてコメントアウトされているものがありますが、それがデフォルトの設定なので、「#」を外して行を有効にしても同じ結果になります。

表10-3-2 sshd_configのデフォルト設定(抜粋)

ディレクティブと設定値(CentOS)	ディレクティブと設定値(Ubuntu)	備考
#Port 22	#Port 22	ポート番号は「22」がデフォルト
#PermitRootLogin yes	#PermitRootLogin prohibit-password	「yes」はrootでの直接のログインを許可。CentOSでのデフォルト。「prohibit-password」はパスワード入力によるrootでのログインを許可しない（公開鍵認証は許可)。Ubuntuのデフォルト
#PubkeyAuthentication yes	#PubkeyAuthentication yes	「yes」は公開鍵認証を許可

AuthorizedKeysFile .ssh/authorized_keys	#AuthorizedKeysFile .ssh/authorized_keys .ssh/authorized_keys2	CentOSではデフォルト値から「.ssh/authorized_keys」のみの値に変更している。Ubuntuではデフォルト値のまま
#PasswordAuthentication yes	#PasswordAuthentication yes	「yes」はパスワード認証を許可
#PermitEmptyPasswords no	#PermitEmptyPasswords no	「no」はパスワードなしでのログインは許可しない

※CentOSの列とUbuntuの列の設定行はどれも実際は1行です。列幅が狭いので折り返しています。

インターネット上にsshサーバを置く場合は、セキュリティを強化するため、以下のように設定を変更することが推奨されます。

・#PermitRootLogin yes → PermitRootLogin no
・#PasswordAuthentication yes → PasswordAuthentication no

sshクライアントの設定ファイル

sshコマンド実行時のユーザ名、ポート番号、プロトコルなどのオプション指定をユーザの設定ファイルである**~/.ssh/config**、またはシステムの設定ファイルである**/etc/ssh/ssh_config**で設定できます。

sshコマンドのオプションに対応するディレクティブだけでなく、ログインで使用されるさまざまなディレクティブを設定できます。

表10-3-3 configファイルのディレクティブ

ディレクティブ	対応するコマンドオプション	意味
IdentityFile	-i	アイデンティティファイル
Port	-p（scpコマンドは-P）	ポート番号
Protocol	-1 または-2	プロトコルバージョン
User	-l	ユーザ名

以下は、ユーザryoがssh-keygenコマンド（後述）により秘密鍵「~/.ssh/my_id_rsa」と公開鍵「~/.ssh/my_id_rsa.pub」を生成した後に設定を行い、公開鍵認証によりサーバにログインする場合の例です。

~/.ssh/configファイル

```
$ cat ~/.ssh/config
...（途中省略）...
IdentityFile ~/.ssh/my_id_rsa
Port 22
Protocol 2
User ryo
...（以下省略）...
```

なお、上記の設定を行っている場合、次の2つのsshコマンドは同じ意味になります。

公開鍵認証によるログイン

```
$ ssh remotehost
$ ssh -2 -i ~/.ssh/my_id_rsa -p 22 -l ryo remotehost
```

「-i」オプションで指定するアイデンティティファイル（IdentityFile）は、秘密鍵と公開鍵のキーペアのうちの秘密鍵を格納したファイルです。

秘密鍵/公開鍵の生成と公開鍵認証の設定

秘密鍵と公開鍵のキーペアは、**ssh-keygen**コマンドで生成します。

キーペアの生成

ssh-keygen [-t キータイプ]

指定できるキータイプには次の5種類があります。「-t」オプションを指定しなかった場合のデフォルトはrsaキーです。

表10-3-4 キータイプ

キータイプ	説明
rsa1	プロトニルバージョン1のrsaキー
rsa	プロトコルバージョン2のrsaキー（デフォルト）
dsa	プロトコルバージョン2のdsaキー
ecdsa	プロトコルバージョン2のecdsaキー
ed25519	プロトコルバージョン2のed25519キー

rsaキーは、RSA（Rivest Shamir Adleman）方式で使用されるキーです。発明者のRonRivest、Adi Shamir、Len Adlemanの3人の頭文字を繋げた名称となっています。大きな素数の素因数分解の困難さを利用したもので、広く普及しています。

dsaキーは、DSA（Digital Signature Algorithm）方式で使用されるキーです。米国家安全保障局（NIST）が選択した次世代の標準です。離散対数問題の困難さを利用しています。

ecdsaキーは、ECDSA（Elliptic Curve DSA：楕円曲線DSA）方式で使用されるキーです。楕円曲線上の離散対数問題の困難性を利用しています。

ed25519キーは、楕円曲線Curve25519を用いたEdDSA（Edwards-curve DSA：エドワーズ曲線DSA）方式です。楕円曲線上の離散対数問題の困難性を利用しています。

以下の例では、ユーザyukoがecdsaキーを生成します。

ecdsaキーの生成

```
$ ssh-keygen -t ecdsa
Generating public/private ecdsa key pair.
Enter file in which to save the key (/home/yuko/.ssh/id_ecdsa):   ←❶
Enter passphrase (empty for no passphrase): ****   ←❷
Enter same passphrase again: ****   ←❸
Your identification has been saved in /home/yuko/.ssh/id_ecdsa.   ←❹
Your public key has been saved in /home/yuko/.ssh/id_ecdsa.pub.   ←❺
```

```
The key fingerprint is:
SHA256:2toG5HUMGk0dWT7fyL9OzBUxx9ANqTP/8zrx+MSuN30 yuko@centos7.localdomain
The key's randomart image is:
+---[ECDSA 256]---+
|       o...+. oOo|
|     . o o.    . B|
|       o o  o. . |
|      o . o ++ o.|
|     o .S.   ++ o|
|      oo      =o.|
|      ...      O=|
|       o.     +=E|
|      ...     +OO|
+----[SHA256]-----+
```

❶ [Enter]キーを入力
❷秘密鍵を暗号化するためのパスフレーズを入力（パスフレーズを入力しないと秘密鍵は暗号化されない）
❸同じパスフレーズをもう一度入力
❹暗号化された秘密鍵は/home/yuko/.ssh/id_ecdsaに格納される
❺公開鍵は/home/yuko/.ssh/id_ecdsa.pubに格納される

生成された秘密鍵と公開鍵を確認します。

秘密鍵と公開鍵を表示

```
$ ls -l .ssh
合計 8
-rw------- 1 yuko users 736  10月 14 16:10 id_ecdsa
-rw-r--r-- 1 yuko users 611  10月 14 16:10 id_ecdsa.pub

$ cat .ssh/id_ecdsa   ←秘密鍵を表示
-----BEGIN EC PRIVATE KEY-----
Proc-Type: 4,ENCRYPTED
DEK-Info: AES-128-CBC,D1AEF801B7384E31DF74B7FBF97F71B6

6fh2zYq6JBOA0iEB4BvmbYVylK02uzKGOP+8CHdm2e4UgCCacck5mV5h02JWpqcb
7mRy5pWkBbQhXe3eaEFM7JYCm9CzxPhMkfJ9zt4b+IHFvbODrA4b8Oi5CKHWgU8V
l+10yaS0Ndx66w1qq+dERT0kvK1iXmm0PbZ6BDeAZu0=
-----END EC PRIVATE KEY-----
$ cat .ssh/id_ecdsa.pub   ←公開鍵を表示
ecdsa-sha2-nistp256 AAAAE2VjZHNhLXNoYTItbmlzdHAyNTYAAAAIbmlzdHAyNTYAAABBB
CrQRixXaY25/5GOE/lfYWSgDVD7L1W1KVd54vf2XK6mxf6rJDtFFTd1nAvZkxOt8iZBoY2yFW
61iJCa8yHQ95Y= yuko@centos7.localdomain
```

sshサーバがユーザ認証を行うために、ユーザ（クライアント）は秘密鍵と公開鍵のキーペアのうち公開鍵をサーバ側にコピーしておかなくてはなりません。

サーバ側で公開鍵を格納するファイルは、デフォルトでは**authorized_keys**ファイルです。ファイル名はサーバの設定ファイル**/etc/ssh/sshd_config**の**AuthorizedKeysFile**ディレクティブで指定できます。

次の例は、CentOSのデフォルトの設定です。

> Ubuntuについては表10-3-2「sshd_configのデフォルト設定（抜粋）」（479ページ）を参照してください。

/etc/ssh/sshd_configファイルのデフォルト指定

```
# cat /etc/ssh/sshd_config
…（途中省略）…
AuthorizedKeysFile    .ssh/authorized_keys
…（以下省略）…
```

以下は、ユーザyukoがローカルホストCentOS 7上で作成した公開鍵をsshサーバであるssh-serverに登録する例です。

公開鍵をsshサーバに登録

```
$ scp .ssh/id_ecdsa.pub ssh-server:/home/yuko  ←❶
yuko@ssh-server's password:
id_ecdsa.pub                                  100%   611      0.6KB/s   00:00
$ ssh ssh-server  ←❷
yuko@ssh-server's password:
Last login: Fri May 18 16:19:24 2018
$ ls id_ecdsa.pub
id_ecdsa.pub
$ mkdir .ssh  ←❸
$ chmod 700 .ssh  ←❹
$ cat id_ecdsa.pub >> .ssh/authorized_keys  ←❺
$ chmod 644 .ssh/authorized_keys  ←❻
```

❶ローカルホストcentos7で作成した公開鍵をssh-serverの/home/yuko以下にコピーする
❷ssh-serverにsshでログインする
❸.sshディレクトリが無い場合は作成する
❹.sshディレクトリのパーミッションを正しく設定する
❺公開鍵を追加登録する
❻初めてauthorized_keysを作成した時はパーミッションを正しく設定する

sshサーバであるssh-serverがパスワード認証を許可していない場合は、端末からサーバに直接ログインして公開鍵を登録するか、サーバの管理者に登録作業を依頼します。

次の実行例では、公開鍵をサーバssh-serverのautorized_keysに登録した後、ssh-serverへsshでログインしています。

公開鍵認証によりsshサーバ（CentOS）にログインする

```
$ ssh ssh-server  ←❶
Enter passphrase for key '/home/yuko/.ssh/id_ecdsa': ****  ←❷
Last login: Sun Oct 14 19:05:22 2018 from 172.16.0.1
[yuko@centos7/] $  ←❸
```

❶sshサブコマンドを実行
❷秘密鍵を暗号化した時のパスフレーズを入力
❸ログインが成功し、コマンドプロンプトが表示される

上記実行例の❶〜❸のログイン時の認証手順を詳細化すると、次のようになります。

❶クライアント上のユーザがsshコマンドを実行する
❷-1 ユーザはパスフレーズを入力して暗号化された秘密鍵（~/.ssh/id_ecdsa）を復号する（秘密鍵がパスフレーズで暗号化されていた場合。パスフレーズを付けずに秘密鍵を生成した場合は暗号化されていないのでパスフレーズの入力は必要なし）
❷-2 sshコマンドはユーザ名、公開鍵（~/.ssh/id_ecdsa.pub）を含むデータに秘密鍵での署名を付けてサーバに送る
❷-3 サーバは送られてきた公開鍵がサーバに登録（~/.ssh/authorized_keys）されているものかを調べる
❸登録された公開鍵であれば、その公開鍵で署名が正しいものかどうかを検証し、正しければ正当なユーザとしてログインを許可する

図10-3-3 ログイン時の認証手順

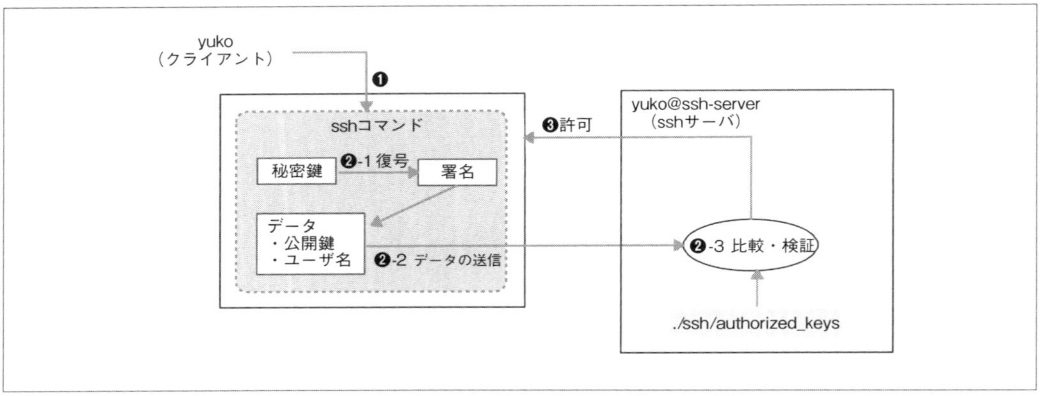

10-4
Firewallで外部からのアクセスを制限する

firewalld、ufw、iptables (Netfilter)

Firewallは、外部から内部へのアクセスを制限するために設置されます。これによって特定のサービスへのアクセスのみを許可することで、内部への不正な侵入を防ぐことができます。

以下は外部からの内部のSSHサービスとHTTPサービスへのアクセスのみを許可した時のFirewallの状態です。

図10-4-1 **Firewallの例**

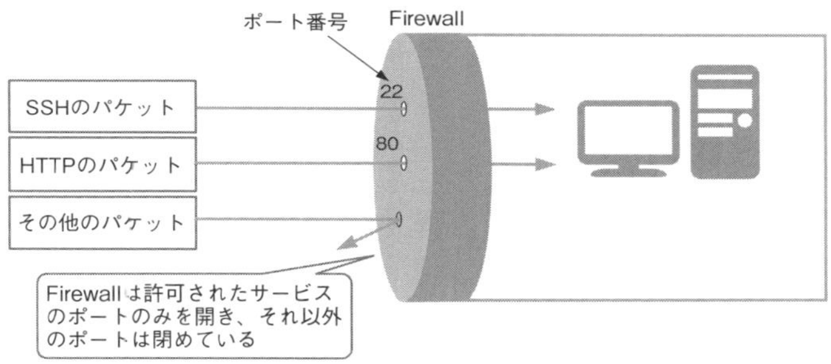

CentOSやUbuntuなど、LinuxではIPパケットのフィルタリングやアドレス変換(NAT：Network Address Translation)を行うip_tables、iptable_filterなどの複数のLinuxカーネルモジュールからなる**Netfilter**が提供されています。

Netfilterの設定ツールである**iptables**コマンドは詳細な設定ができる半面、たくさんのオプションを組み合わせて指定するので、設定が複雑です。このため、CentOSやUbuntuでは代表的な設定パターンのテンプレートを何種類か用意し、その中から適切なテンプレートを指定することで容易な設定ができるように、**firewalld**デーモン、コマンドラインツール**firewall-cmd**、GUIツール**firewall-config**が提供されています。

CentOSでは、firewalldは最小のインストール(minimum)など、どのタイプのインストールにも含まれています。Ubuntuでは、firewalldはインストール時には含まれておらず、使用する場合は「apt install firewalld」コマンドを実行してインストールします。

iptablesコマンドのフロントエンドとなる**ufw** (Uncomplicated FireWall) コマンドがデフォルトで提供されています。いずれも内部でiptablesコマンドを実行することにより、Netfilterの設定を行います。

CentOSの設定ユーティリティ

CentOSではNetfilterの設定ユーティリティとして、firewalld、firewall-cmdとiptablesが

提供されています。

> Ubuntuではufwがデフォルトで、firewalldはオプションですが、設定方法やコマンドの使い方は以下に記述するCentOSの場合と同じです。

firewalldを使用する場合は、systemctlコマンドにより**firewalld.service**を有効にします。この設定がデフォルトです。

iptablesを使用する場合は、systemctlコマンドにより**iptables.service**を有効にします。

Netfilterによるファイアウォールを設定する場合は、firewalld.serviceあるいはiptables.serviceのどちらか片方だけを有効にします。

また、仮想化ゲスト(KVM/Xen)の環境を提供するlibvirtdもNetfilterの設定を行います。

表10-4-1 設定ユーティリティ

設定ユーティリティ	RPMパッケージ	systemdのサービス名
firewalld	firewalld	firewalld.service
iptables	iptables-services	iptables.service
libvirtd	libvirt-daemon	libvirtd.service

図10-4-2 CentOSの設定ユーティリティの概要

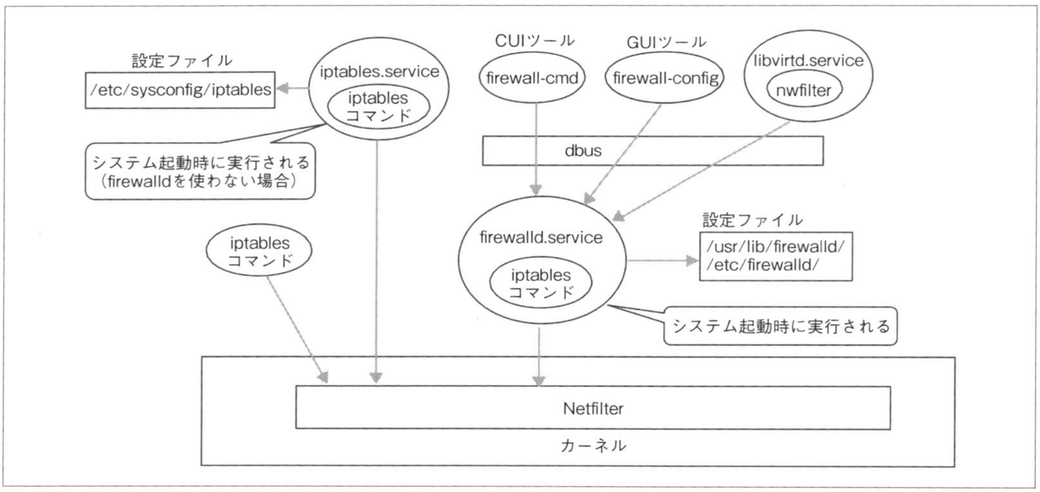

firewalld

firewalldサービスはデーモン(/usr/sbin/firewalld)、設定ファイル(/usr/lib/firewalld/、/etc/firewalld/)、設定コマンド**firewall-cmd**(/usr/bin/firewall-cmd)、GUI設定ユーティリティ**firewall-config**(/usr/bin/firewall-config)から構成されています。

firewalld、firewall-cmd、firewall-configはPython言語で記述されたスクリプトです。設定ファイルはXMLで記述されています。Netfilterへの設定は、Pythonスクリプトの中から

iptablesコマンドを実行することで行います。

firewalldサービスではセキュリティ強度の異なった典型的な設定のテンプレートが何種類も用意されており、これを**ゾーン**と呼びます。接続するネットワークの信頼度に合ったゾーンを選択することで、容易に設定を完了することができます。例えば、DMZに置くWebサーバにはDMZゾーンを選択すると自動で適切な設定がなされます。

また、選択したゾーンの設定にサービスを追加、削除することでより適切な設定にカスタマイズすることができます。

表10-4-2 ゾーン

ゾーン	説明	許可する接続(デフォルト)
drop	外部からのパケットは全て破棄(drop)。ICMPメッセージも返さない	内部から外部への接続のみ
block	外部からの接続は全て拒否(reject)。ICMPメッセージは返す	内部から開始された外部への接続は双方向を許可
public	パブリックエリア用	ssh、dhcpv6-client
external	外部ネットワーク用。マスカレードが有効に設定されている	ssh
dmz	DMZ用	ssh
work	作業エリア用	ssh、dhcpv6-client、ipp-client
home	家庭用	ssh、dhcpv6-client、ipp-client、mdns、samba-client
internal	内部ネットワーク用	ssh、dhcpv6-client、ipp-client、mdns、samba-client
trusted	全てのネットワーク接続を許可	全てのネットワーク接続

図10-4-3 publicゾーンに設定した場合

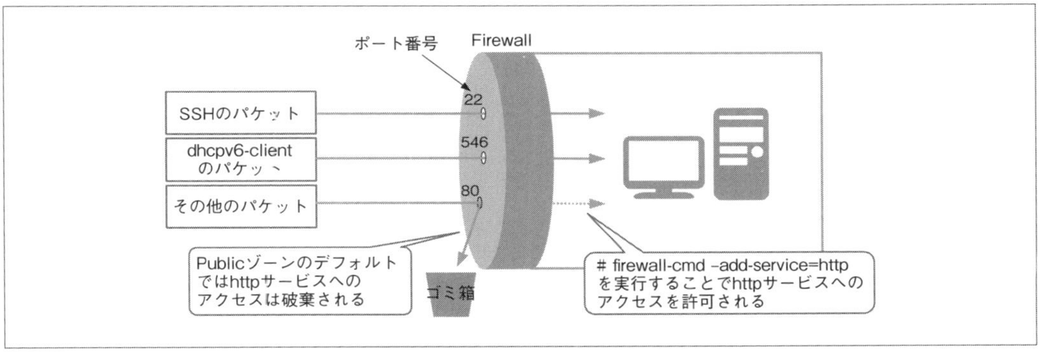

firewall-cmdコマンドによってゾーンの選択やサービスの追加と削除などができます。設定には、設定ファイルに書き込まない実行時のみの設定と、設定ファイルに書き込みを行う永続的な設定(permanent)の2種類があります。

永続的な設定にする場合はfirewall-cmdコマンドに「--permanent」オプションを付けて実行します。

ゾーンの設定

firewall-cmd [オプション]

表10-4-3 firewall-cmdコマンドのオプション

オプション	説明
--list-all-zones	全てのゾーンとその設定情報の一覧を表示
--get-default-zone	デフォルトゾーンを表示（インストール時のデフォルトはpublic）
--set-default-zone=ゾーン名	デフォルトゾーンを指定のゾーンに変更
--zone=ゾーン名	コマンド実行時のゾーンの指定
--list-services	ゾーンで許可されているサービスを表示
--add-service=サービス名	ゾーンで許可するサービスを追加
--delete-service=サービス名	ゾーンで許可されているサービスを禁止
--permanent	永続化の指定
--reload	--permanentでの設定をカーネル中のテーブルに反映させる

本項での作業は全てroot権限で実行します。Ubuntuの場合は「**# コマンド**」の箇所は、「**$ sudo su -**」を実行してrootシェルで作業し、全作業が終了したら「**# exit**」でrootシェルを終了するか、あるいは各コマンドごとに「**$ sudo コマンド**」として実行してください。

firewalldの設定

```
# systemctl status firewalld   ←firewalldサービスが起動していることを確認
● firewalld.service - firewalld - dynamic firewall daemon
   Loaded: loaded (/usr/lib/systemd/system/firewalld.service; enabled;
vendor preset: enabled)
   Active: active (running) since 日 2016-10-16 17:04:52 JST; 3min 0s ago
 Main PID: 766 (firewalld)
   CGroup: /system.slice/firewalld.service
           └─766 /usr/bin/python -Es /usr/sbin/firewalld --nofork
--nopid
…（以下省略）…

# firewall-cmd --list-all-zones   ←全てのゾーンとその設定情報の一覧を表示
block
  target: %%REJECT%%
  icmp-block-inversion: no
  interfaces:
  sources:
  services:
  ports:
  protocols:
  masquerade: no
  forward-ports:
  source-ports:
  icmp-blocks:
  rich rules:

dmz
  target: default
  icmp-block-inversion: no
  interfaces:
  sources:
  services: ssh
…（以下省略）…

# firewall-cmd --list-all-zones | grep -e "^[a-z]" -e services
```

```
↑全てのゾーンと許可されたサービスを表示
block
  services:
dmz
  services: ssh
drop
  services:
external
  services: ssh
home
  services: ssh mdns samba-client dhcpv6-client
internal
  services: ssh mdns samba-client dhcpv6-client
public (active)  ←現在、publicゾーンが使用されている(アクティブ)
  services: ssh dhcpv6-client
trusted
  services:
work
  services: ssh dhcpv6-client

# firewall-cmd --list-services --zone=public
↑publicゾーンで許可されているサービスを表示
dhcpv6-client ssh
# firewall-cmd --get-services  ←定義済みのサービス一覧を表示
…(途中省略)… http https imap imaps …(以下省略)…
# firewall-cmd --add-service=http
↑publicゾーンでhttpサービスへのアクセスを許可
success
# firewall-cmd --list-services --zone=public  ←httpが追加されたことを確認
dhcpv6-client http ssh
# firewall-cmd --add-service=http --permanent
↑publicゾーンでhttpサービスへのアクセスを永続的に許可
success
# firewall-cmd --list-services --zone=public --permanent
↑httpの永続的な許可が追加されたことを確認
dhcpv6-client http ssh
# cat /usr/lib/firewalld/zones/public.xml
↑インストール時の設定ファイルは変更されていない(httpは追加されていない)
<?xml version="1.0" encoding="utf-8"?>
<zone>
  <short>Public</short>
  <description>For use in public areas. You do not trust the other
computers on networks to not harm your computer.
               Only selected incoming connections are accepted.</
description>
  <service name="ssh"/>
  <service name="dhcpv6-client"/>
</zone>
# cat /etc/firewalld/zones/public.xml
↑変更を保存する設定ファイルにはhttpが追加されてる
<?xml version="1.0" encoding="utf-8"?>
<zone>
  <short>Public</short>
  <description>For use in public areas. You do not trust the other
computers on networks to not harm your computer.
               Only selected incoming connections are accepted.</
description>
```

```
  <service name="dhcpv6-client"/>
  <service name="http"/>
  <service name="ssh"/>
</zone>

# iptables -L -v
↑iptablesコマンドで確認。ユーザ定義チェインIN_public_allowにsshとhttpの許可ルール
  が設定されている（組み込みサービスdhcpv6-clientは表示されない）
...（途中省略）...
Chain IN_public_allow (1 references)
 pkts bytes target     prot opt in     out     source
destination
    1    60 ACCEPT     tcp  --  any    any     anywhere
anywhere             tcp dpt:ssh ctstate NEW
    0     0 ACCEPT     tcp  --  any    any     anywhere
anywhere             tcp dpt:http ctstate NEW
...（以下省略）...
```

Ubuntuの設定ユーティリティ

Ubuntuでは、Netfilterの設定ユーティリティとして、デフォルトで**ufw**（Uncomplicated FireWall）と**iptables**が提供されています。

> Ubuntuのインストール時にはfirewalldは含まれていないため、firewalldをインストールする場合は「apt install firewalld」コマンドを実行します。

ufwを使わずにfirewalldを使う場合は、以下のコマンドを実行してufwを無効に、firewalldを有効にします。

ufw disable; systemctl reboot
systemctl enable firewalld; systemctl start firewalld

ufwはNetfilterの設定を容易に行うための使いやすいユーザインターフェイスとなるコマンドです。使い方の複雑なiptablesコマンドのフロントエンドとして機能します。

図10-4-4 Ubuntuの設定ユーティリティの概要

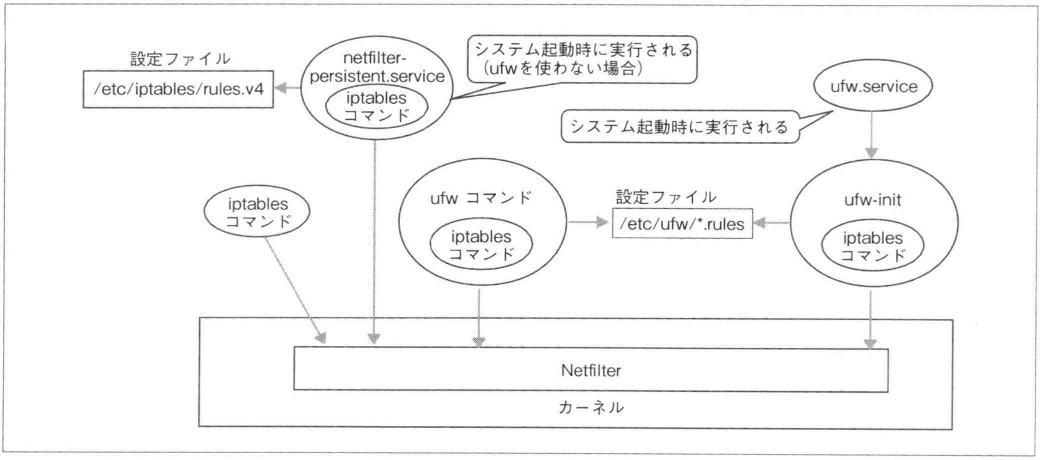

ufwコマンド
ufw オプション

主なオプションを使ったufwコマンドの構文は以下の通りです。

有効、無効、再読み込み
ufw enable | disable | reload

デフォルトポリシーの設定(ルールに合致しないパケットに対する処理の設定)
ufw default allow | deny | reject [incoming | outgoing | routed]

インストール時のデフォルトにリセット
ufw reset

状態表示
ufw status [verbose | numbered]

ルール番号を指定して削除
ufw delete ルール番号

指定したルール番号の前にルールを挿入
ufw insert ルール番号 ルール

以下は、ufwのインストールと、インストール後の状態の確認を行っています。

インストールと初期設定

```
# apt install ufw  ←❶
# ufw status  ←❷
状態: 非アクティブ
```

❶ufwがインストールされていない場合(通常は削除していなければインストール済み)
❷インストール後のufwの状態を確認

ufwの設定を行います。

ufwの設定(ポート番号またはサービス名を指定)

```
# ufw allow 22  ←ポート番号22番を指定
ルールをアップデートしました
ルールをアップデートしました(v6)
# ufw allow ssh  ←ポート番号22番ではなく、サービス名sshでも指定できる

# cat /etc/ufw/user.rules  ←ルールが追加されたことを確認(抜粋)
...
### RULES ###

### tuple ### allow tcp 22 0.0.0.0/0 any 0.0.0.0/0 in
-A ufw-user-input -p tcp --dport 22 -j ACCEPT
```

```
↑ポート22/tcpへのアクセス許可のルールが追加された
-A ufw-user-input -p udp --dport 22 -j ACCEPT
↑ポート22/udpへのアクセス許可のルールが追加された
### END RULES ###
...
# ufw enable  ←ufwを有効化(アクティブにする)
               sshが拒否され接続がハングアップする場合がある
Command may disrupt existing ssh connections. Proceed with operation
(y|n)? y  ←「y」を入力
ファイアウォールはアクティブかつシステムの起動時に有効化されます。
# ufw status verbose  ←設定状態を表示
状態: アクティブ
ロギング: on (low)
Default: deny (incoming), allow (outgoing), disabled (routed)
新しいプロファイル: allow

To                         Action      From
--                         ------      ----
22                         ALLOW IN    Anywhere
22 (v6)                    ALLOW IN    Anywhere (v6)
```

ufwの設定(IPアドレスを指定)

```
# ufw allow from 172.16.0.0/16  ←ネットワーク172.16.0.0/16からのアクセスを許可
ルールを追加しました
# ufw allow to any port 80 from 192.168.1.1
↑192.168.1.1からポート80番へのアクセスを許可
ルールを追加しました
# ufw status verbose  ←設定情報の詳細を表示
状態: アクティブ
ロギング: on (low)
Default: deny (incoming), allow (outgoing), disabled (routed)
新しいプロファイル: allow

To                         Action      From
--                         ------      ----
22                         ALLOW IN    Anywhere
Anywhere                   ALLOW IN    172.16.0.0/16  ←追加されたルール
80                         ALLOW IN    192.168.1.1  ←追加されたルール
22 (v6)                    ALLOW IN    Anywhere (v6)
```

ufwの設定(ルールの削除と挿入)

```
# ufw status numbered  ←ルールに番号を付けて表示
状態: アクティブ

     To                         Action      From
     --                         ------      ----
[ 1] 22                         ALLOW IN    Anywhere
[ 2] Anywhere                   ALLOW IN    172.16.0.0/16
[ 3] 80                         ALLOW IN    192.168.1.1
[ 4] 22 (v6)                    ALLOW IN    Anywhere (v6)

# ufw delete 2  ←2番のルールを削除
削除:
```

```
 allow from 172.16.0.0/16
操作を続けますか (y|n)? y
ルールを削除しました

# ufw status numbered  ←ルールが削除されたことを確認
状態: アクティブ

     To                         Action      From
     --                         ------      ----
[ 1] 22                         ALLOW IN    Anywhere
[ 2] 80                         ALLOW IN    192.168.1.1
[ 3] 22 (v6)                    ALLOW IN    Anywhere (v6)

# ufw insert 2 allow from 172.16.0.0/16  ←もう一度2番のルールの前に挿入
ルールを挿入しました
# ufw status numbered  ←ルールが挿入されたことを確認
状態: アクティブ

     To                         Action      From
     --                         ------      ----
[ 1] 22                         ALLOW IN    Anywhere
[ 2] Anywhere                   ALLOW IN    172.16.0.0/16  ←ルールが挿入された
[ 3] 80                         ALLOW IN    192.168.1.1
[ 4] 22 (v6)                    ALLOW IN    Anywhere (v6)
```

ufwの設定(インストール時のデフォルトルールを再設定)

```
# ufw reset  ←デフォルト設定にリセット。現在の設定はバックアップされる
インストール時のデフォルトルールを再設定します。既存のSSH接続を中断することがあります。操作を続行します
か (y|n)? y
'user.rules'から'/etc/ufw/user.rules.20181023_005530'にバックアップしています
'before.rules'から'/etc/ufw/before.rules.20181023_005530'にバックアップしています
'after.rules'から'/etc/ufw/after.rules.20181023_005530'にバックアップしています
'user6.rules'から'/etc/ufw/user6.rules.20181023_005530'にバックアップしています
'before6.rules'から'/etc/ufw/before6.rules.20181023_005530'にバックアップしていま
す
'after6.rules'から'/etc/ufw/after6.rules.20181023_005530'にバックアップしています

# ufw status  ←「ufw reset」を実行後は非アクティブになる
状態: 非アクティブ

# ufw enable  ←有効(アクティブ)にする

# cat /etc/ufw/user.rules  ←追加したルールが削除されていることを確認(抜粋)
...
### RULES ###
                               ←追加したルールは削除されている
### END RULES ###
...
```

プロファイルを利用する

ufwではポート番号やサービス名以外にアプリケーションごとのプロファイルを指定して、allow、denyが設定できます。

プロファイルの書式

```
[<プロファイル名>]
title=<タイトル>
description=<プロファイルの説明>
ports=<ポート番号>
```

アプリケーションごとのプロファイルは、**/etc/ufw/applications.d**ディレクトリの下に作られます。

デフォルトのプロファイルを確認

```
# ls /etc/ufw/applications.d/
cups  openssh-server
# cat /etc/ufw/applications.d/openssh-server   ←SSHサーバのプロファイルを表示
[OpenSSH]
title=Secure shell server, an rshd replacement
description=OpenSSH is a free implementation of the Secure Shell protocol.
ports=22/tcp
```

プロファイル名を指定したallow

```
# ufw allow OpenSSH
ルールを追加しました
ルールを追加しました (v6)
# ufw status verbose
状態: アクティブ
ロギング: on (low)
Default: deny (incoming), allow (outgoing), disabled (routed)
新しいプロファイル: allow

To                         Action      From
--                         ------      ----
22/tcp (OpenSSH)           ALLOW IN    Anywhere
22/tcp (OpenSSH (v6))      ALLOW IN    Anywhere (v6)
```

Netfilterの仕組み

Netfilterにはパケットの処理方法によって、filter、nat、mangle、rawの4種類の**テーブル**があります。

表10-4-4 テーブルの種類

テーブルの種類	説明	含まれるチェイン
filter	フィルタリングを行う	INPUT、FORWARD、OUTPUT
nat	アドレス変換を行う	PREROUTING、OUTPUT、POSTROUTING
mangle	パケットヘッダの書き換えを行う	PREROUTING、OUTPUT、(2.4.18以降は次の3つが追加、INPUT、FORWARD、POSTROUTING)
raw	コネクション追跡を行わない	PREROUTING、OUTPUT

それぞれのテーブルは「ルールの集合」である何種類かの**チェイン**を持ちます。チェインにはパケットへのアクセスポイントによって、INPUT、OUTPUT、FORWARD、PREROUTING、POSTROUTINGの5種類があります。

表10-4-5 チェインの種類

チェインの種類	説明
INPUT	ローカルホストへの入力パケットに適用するチェイン
OUTPUT	ローカルホストからの出力パケットに適用するチェイン
FORWARD	ローカルホストを経由するフォワードパケットに適用するチェイン
PREROUTING	ルーティング決定前に適用するチェイン
POSTROUTING	ルーティング決定後に適用するチェイン

次の図は、Netfilterの概要です。 mangleとrawは特殊な処理なので省略します。

図10-4-5 Netfilterの概要

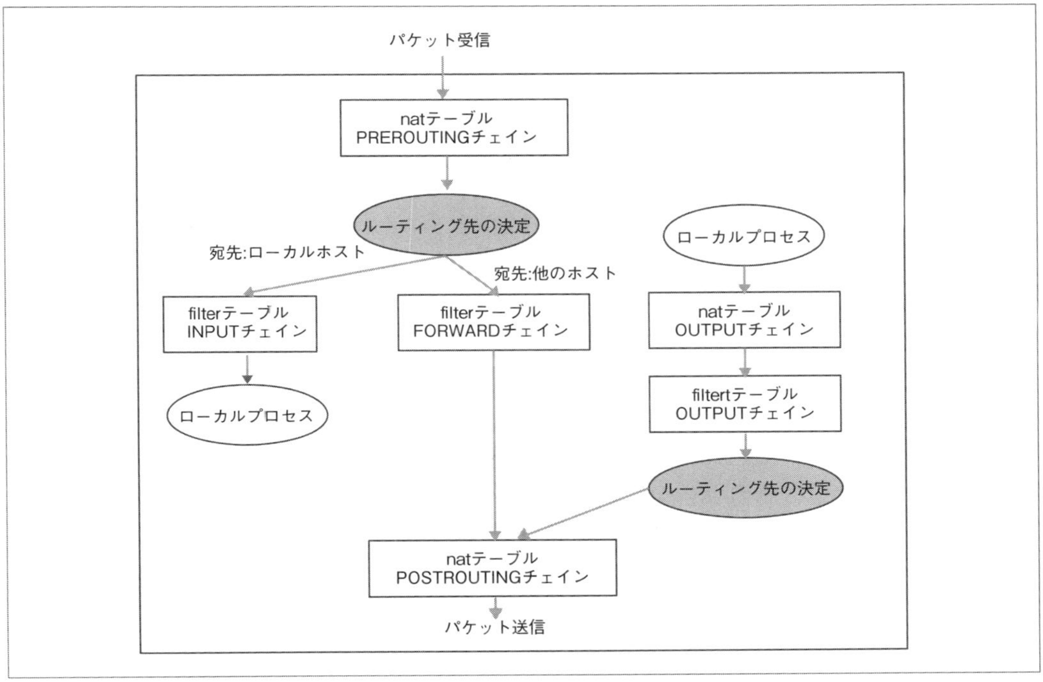

パケットをフォワード(FORWARD)するには前提として、カーネルパラメータ**net.ipv4.ip_forward**の値が「1」に設定されている必要があります。

チェインに設定するルールには、以下の項目を指定することができます。ルールには「指定したアドレス以外」といった「否定」も使えます。

プロトコル、送信元アドレス、送信先アドレス、送信元ポート、送信先ポート、TCPフラッグ、受信インタフェース、送信インタフェース、ステート(state：コネクションの状態)

チェインに設定されたルールに一致した場合のパケットの処理方法は、ターゲット(target)により指定されます。指定できるターゲットはテーブルとチェインにより異なります。

主なターゲットには以下のものがあります。

表10-4-6 ターゲットの種類

ターゲット	使用できるテーブル	使用できるチェイン	説明
ACCEPT	全て	全て	許可
REJECT	全て	INPUT、OUTPUT、FORWARD	拒否。ICMPエラーメッセージを返す
DROP	全て	全て	破棄。ICMPエラーメッセージを返さない
DNAT	nat	PREROUTING、OUTPUT	送信先アドレスの書き換え
SNAT	nat	POSTROUTING	送信元アドレスの書き換え
MASQUERADE	nat	POSTROUTING	送信元アドレスの書き換え。動的に設定されたアドレスの場合に使用する
LOG	全て	全て	ログを記録する。終了せず次のルールへ進む
ユーザ定義チェイン	全て	全て	-

iptables

iptablesコマンドはテーブル、チェインを指定し、チェインの中に1つ以上のルールを設定できます。

Netfilterはパケットに対してチェインの中に設定された複数のルールを順番に適用することでフィルタリングを行います。ルールに合致した場合は、そのルールに設定された**ターゲット**(ACCEPT、REJECT、DROPなど)に従って処理されます。

ルールに合致しなかった場合は、次のルールに進みます。どのルールにも合致しなかったパケットに対してはチェインのデフォルトポリシー(ACCEPT、DROP)が適用されます。

図10-4-6 チェインの中のルール

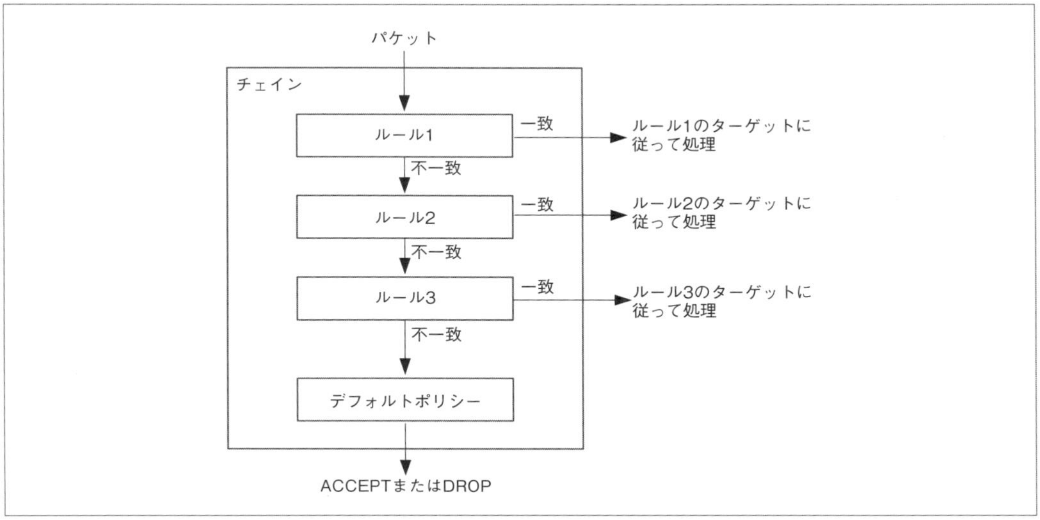

ルールの設定

iptables [-t テーブル] {コマンド} チェイン ルール -j ターゲット

テーブルの指定は「-t」オプションで行います。デフォルトはfilterテーブルです。

ターゲットの指定は「-j」オプションで行います。ターゲットを省略した場合はパケットカウンタが+1されるだけでパケットに対する処理は行われず、デフォルトポリシーが適用されます。

主なコマンドは以下の通りです。

表10-4-7 ルールの設定コマンド

コマンドを指定するオプション	説明
--append -A チェイン	既存ルールの最後に追加する
--insert -I チェイン [ルール番号]	既存ルールの先頭に追加する ルール番号を指定すると、指定した番号の位置に挿入する
--list -L [チェイン [ルール番号]]	ルールの表示。チェインを指定すると、そのチェインのルールを表示する チェインを指定しないと全チェインのルールを表示する
--delete -D チェイン	指定したチェインのルールを削除する
--policy -P チェイン ターゲット	チェインのデフォルトポリシーの指定 ターゲットには、ACCEPTかDROPを指定する

表10-4-8 ルールの一致条件

指定項目	一致条件を指定するオプション	説明
プロトコル	[!] -p、--protocol プロトコル	tcp、udp、icmp、allのいずれかを指定する
送信元アドレス	[!] -s、 --source アドレス[/マスク]	送信元アドレスの指定。指定なしの場合は全てのアドレス

送信先アドレス	[!] -d、 --destination アドレス[/マスク]	送信先アドレスの指定。指定なしの場合は全てのアドレス
送信元ポート	[!] --sport ポート番号 -m multiport [!] --source-ports、 --sports ポート番号のリスト	送信元ポートの指定。指定なしの場合は全てのポート -m multiportオプションを使うと、複数のポートを「,」で区切って指定できる 例) -m multiport --sports 20,21,25,53
送信先ポート	[!] --dport ポート番号 -m multiport [!] --destination-ports、 --dports ポート番号のリスト	送信先ポートの指定。指定なしの場合は全てのポート
TCPフラッグ	[!] --tcp-flags 第1引数 第2引数 [!] --syn	--tcp-flagsは第1引数で評価するフラッグをカンマで区切って指定し、第2引数で設定されているべきフラッグを指定。以下はSYN が立って、ACK、FIN、RSTが立っていないパケットの指定例 例) --tcp-flags SYN,ACK,FIN,RST SYN SYNだけが立っているパケット(接続開始要求)は「--syn」でも指定できる
受信インターフェイス	[!] -i、--in-interface インターフェイス	INPUT、FORWARD、PREROUTINGのいずれかのチェインで指定できる
送信インターフェイス	[!] -o、--out-interface インターフェイス	FORWARD、OUTPUT、POSTROUTINGのいずれかのチェインで指定できる
ステート(state:コネクションの状態)	[!] --state ステート	コネクション追跡機構により、コネクションのステートを判定できる。主なステートはNEW、ESTABLISHED、RELATED NEW … 新しいコネクションの開始 ESTABLISHED … 確立済みのコネクション RELATED … 新しいコネクションの開始だが、既に確立したコネクションに関連している(FTPデータ転送、既存のコネクションに関係したICMPエラーなど)

以下はfirewalld(CentOS)あるいはufw(Ubuntu)は使用せず、iptablesコマンド単独で設定する例です。

firewalldを無効に、iptablesを有効に設定(CentOS)

```
# yum install iptables.service  ←iptables.serviceパッケージをインストール
# systemctl disable firewalld  ←firewalld.serviceを無効に設定
# systemctl enable iptables  ←iptables.serviceを有効に設定
# systemctl reboot  ←システムを再起動
```

ufwを無効に設定(Ubuntu)

```
# apt install iptables-persistent
↑システム起動時に/etc/iptables/rules.v4からrestoreするパッケージ
 (依存関係によりnetfilter-persistentパッケージもインストールされる)
# ufw disable  ←ufwを無効に設定
# systemctl reboot  ←システムを再起動
```

iptablesによるルールの設定

```
# iptables -L  ←設定状態を表示。全てのパケットを許可した状態が表示される
Chain INPUT (policy ACCEPT)
target     prot opt source               destination

Chain FORWARD (policy ACCEPT)
```

```
target     prot opt source               destination

Chain OUTPUT (policy ACCEPT)
target     prot opt source               destination

# iptables -A INPUT -p tcp --dport 22 -j ACCEPT  ←宛先ポート22番へのパケットを許可
# iptables -A INPUT -p tcp --dport 80 -j ACCEPT  ←宛先ポート80番へのパケットを許可

# iptables -P INPUT DROP
↑デフォルトポリシーをDROPに設定。22番と80番へのパケット以外は拒否

# iptables -L -v  ←「-v」オプションを付けて詳細な設定状態を表示
Chain INPUT (policy DROP 0 packets, 0 bytes)
 pkts bytes target prot opt in   out  source    destination
  106 7692  ACCEPT tcp  --  any  any  anywhere  anywhere     tcp dpt:ssh
    0    0  ACCEPT tcp  --  any  any  anywhere  anywhere     tcp dpt:http

Chain FORWARD (policy ACCEPT 0 packets, 0 bytes)
 pkts bytes target    prot opt in    out  source    destination

Chain OUTPUT (policy ACCEPT 7 packets, 872 bytes)
 pkts bytes target    prot opt in    out  source    destination

# iptables-save > /etc/sysconfig/iptables
↑現在の設定を/etc/sysconfig/iptablesに保存（CentOS）
```

Ubuntuの場合は、設定は**/etc/iptables/rules.v4**ファイルに保存します。

iptables-save > /etc/iptables/rules.v4

Ubuntuの場合、/etc/iptables/rules.v4ファイルが存在すると「ufw enable」を実行しても、ufwはアクティブにはなりません。

10-5 知っておきたいセキュリティ関連のソフトウェア

改ざん、侵入の検知やマルウェア対策

ファイルの改ざんやネットワークからの侵入の検知、また、改ざんや侵入を行うマルウェアの検知など、システムのセキュリティを強化するためのソフトウェアがあります。

マルウェア(Malware)は、コンピュータシステムの動作不良を引き起こす、秘密情報を盗む、特権を不正取得してシステムに侵入する、不正な広告を表示するなどの悪意を持ったさまざまなソフトウェア(malicious software)の総称です。

マルウェアはその特徴により、下記のように分類されます。1つのマルウェアがこれらの複数の特徴を持つ場合も多くあります。

表10-5-1 マルウェアの種類

マルウェアの種類	説明
ウイルス(Virus)	独立したプログラムではなく、それ自身単独では機能せず、他のプログラムを書き換えて自身を追加(感染)することで不正な働きをする
ワーム(Worm)	ウイルスとは異なり独立したプログラムであり、自身を感染させるための他のプログラムを必要としない。ネットワークを介して他のコンピュータに増殖する機能がある
トロイの木馬(Trojan horse)	ギリシャ神話の「トロイの木馬」と似た仕掛けにより悪意のないアプリケーションになりすましてコンピュータに侵入し、パスワード等の秘密情報を盗んだり、不正なプログラムをダウンロードする
ルートキット(Rootkit)	システムに侵入して管理者権限(root権限)を奪取し、侵入の痕跡をシステム管理者から隠す。これにより攻撃者は発見されずに不正な操作を継続することができる
バックドア(Backdoor)	正規の認証手順をバイパスしてログインするための侵入口(裏口:backdoor)
ランサムウェア(Ransomware)	ディレクトリやファイルを暗号化してアクセスできないようにロックし、復号のための身代金(ransom)を要求する
スパイウェア(Spyware)	ユーザやシステムの情報を秘密裏に収集し、その情報を他のサイト等に送信する
アドウェア(Adware)	作者が収入を得るためにユーザの意思に関係なく勝手に広告を出す

表10-5-2 トラフィック監視、侵入検知、脆弱性検査

ツール名	説明
tcpdump	コマンドラインベースのトラフィックモニタ
Wireshark	GUIベースのトラフィックモニタ
ntopng	Webベースのトラフィックモニタ
Cacti	Web ベースのネットワーク機器監視ツール
Snort	ネットワークの侵入防御(IPS)、侵入検知(IDS)
nmap	ポートスキャナ
OpenVAS	ネットワークの脆弱性検査

表10-5-3 マルウェア対策ツール

ツール名	説明
chkrootkit	Check Rootkit。ルートキットの検出
rkhunter	Rootkit Hunter。ルートキット、マルウェアの検出
maldet	Linux Malware Detect。マルウェアの検出
Tripwire	ファイルの完全性検査と侵入の検知。Tripwire社が開発、商用版とオープンソース版がある
aide	Advanced Intrusion Detection Environment。ファイルの完全性検査と侵入の検知
OpenSCAP	SCAP (Security Content Automation Protocol) のオープンソース実装。脆弱性の検査

これらの中から代表的なソフトウェアとして、ファイル改ざんの検知を行う**aide**と、ネットワークからの侵入検知を行う**snort**の使い方を解説します。

aideによる改ざんの検知

aide (Advanced Intrusion Detection Environment) は、ファイルの改ざんを検知するツールです。aideは以下のような特徴を持ちます。

- 初期化したデータベースに格納されたファイル属性と、実際のファイルを比較して改ざんの有無を検査する
- データベースには以下のファイル属性を格納する
  UID、GID、パーミッション、ファイルサイズ、inode、ACL、
  拡張属性、メッセージダイジェスト

図10-5-1 aideの概要

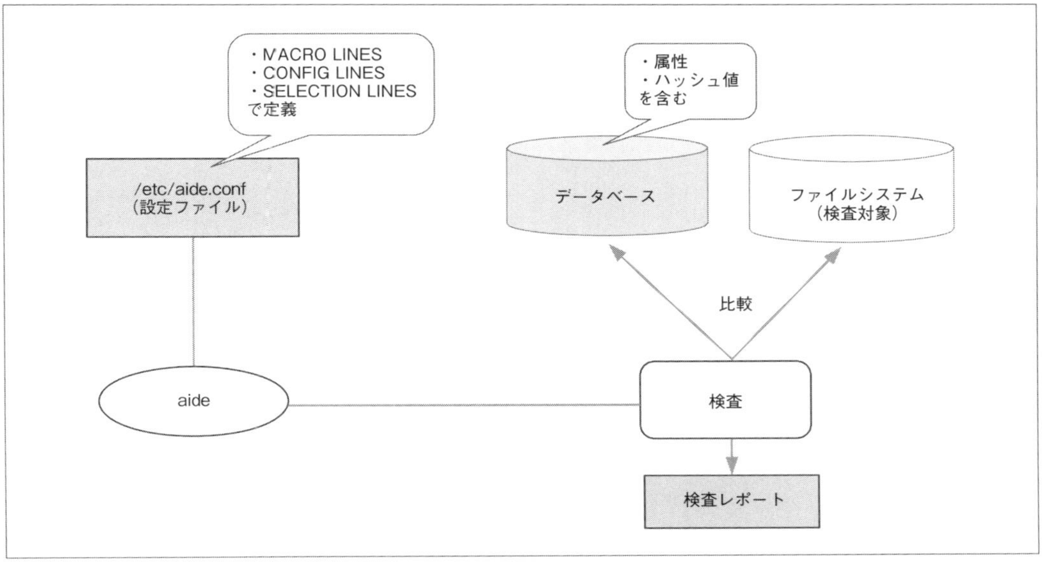

改ざんの検知

aide [オプション] {コマンド}

表10-5-4 aideのコマンド

コマンド	説明
--init、-i	データベースを初期化する
--check、-C	データベースを参照してファイルの改ざんの有無をチェックする。デフォルト
--update、-u	データベースを検査し、データベースのアップデートを行う
--compare	更新前と更新後のデータベースを比較する。設定ファイル/etc/aide.confで更新前のデータベース（data - base=）と更新後のデータベース（data - base_new=）を指定しておく

aideの設定ファイル

/etc/aide.confはaide（/usr/sbin/aide）コマンドが参照する設定ファイルです。

aide.confファイルは「MACRO LINES（マクロ定義行）」、「CONFIG LINES（パラメータ設定行）」、「SELECTION LINES（ファイル選択行）」の3種類の設定行から構成されます。

表10-5-5 設定行の種類

設定行	説明

MACRO LINES	マクロ定義行
	例）
	`@@define DBDIR /var/lib/aide`
	`@@define LOGDIR /var/log/aide`

CONFIG LINES	パラメータ設定行。「パラメータ名=値」の形式でパラメータを設定する
	例）データベースファイルの指定
	`database=file:@@{DBDIR}/aide.db.gz`
	↑マクロ定義を利用してファイルのパスを指定
	`database_out=file:@@{DBDIR}/aide.db.new.gz`
	↑マクロ定義を利用してファイルのパスを指定
	
	例）データベースに格納する属性を変数に設定
	`DIR = p+i+n+u+g+acl+selinux+xattrs`
	`PERMS = p+u+g+acl+selinux+xattrs`
	`CONTENT = sha256+ftype`
	`CONTENT_EX = sha256+ftype+p+u+g+n+acl+selinux+xattrs`

SELECTION LINES	ファイル選択行。データベースに属性を格納するファイルを選択する
	例）ファイルとその属性を選択
	`/etc/fstab$ CONTENT_EX`
	`/etc/passwd$ CONTENT_EX`
	`/etc/group$ CONTENT_EX`
	`/etc/gshadow$ CONTENT_EX`
	`/etc/shadow$ CONTENT_EX`
	
	例）指定ディレクトリ以下とその属性を選択
	`/boot/ CONTENT_EX`
	`/bin/ CONTENT_EX`
	`/sbin/ CONTENT_EX`
	`/lib/ CONTENT_EX`
	`/lib64/ CONTENT_EX`
	`/opt/ CONTENT`
	
	例）指定ディレクトリとその属性を選択
	（先頭に「=」を指定すると、そのディレクトリのみ）
	`=/home DIR`
	
	例）対象から除外するディレクトリ/ファイルを指定
	（先頭に「!」を指定すると、そのディレクトリ/ファイルを除外）
	`!/usr/tmp/`
	`!/etc/.*~`

aide.confファイル内の「#」で始まる行はコメントです。

データベースに格納する主な属性は以下の通りです。

表10-5-6 属性の種類

属性	説明
p	パーミッション
I	iノード
n	リンク数
u	ユーザ
g	グループ
s	サイズ
b	ブロック数
m	mtime
a	atime
c	ctime
acl	ACL
selinux	SELinux セキュリティコンテキスト
xattr	拡張属性
md5	md5チェックサム
sha256	sha256チェックサム
sha512	sha512チェックサム

aideのインストールを行い、設定ファイルを確認します。

本項での作業は全てroot権限で実行します。Ubuntuの場合は「**# コマンド**」の箇所は、「**$ sudo su -**」を実行してrootシェルで作業し、全作業が終了したら、「**# exit**」でrootシェルを終了するか、あるいは各コマンドごとに「**$ sudo コマンド**」として実行してください。

aideのインストール(CentOS)

```
# yum install aide
```

aideのインストール(Ubuntu)

```
# apt install aide
```

設定ファイルの確認

```
# vi /etc/aide.conf
# Example configuration file for AIDE.

@@define DBDIR /var/lib/aide
@@define LOGDIR /var/log/aide
```

```
# The location of the database to be read.
database=file:@@{DBDIR}/aide.db.gz  ←データベースファイルのパス

# The location of the database to be written.
#database_out=sql:host:port:database:login_name:passwd:table
#database_out=file:aide.db.new
database_out=file:@@{DBDIR}/aide.db.new.gz  ←更新後のデータベースファイルのパス
...（以下省略）...
```

aideを実行して改ざんの検知を行います。設定ファイル内でデータベースファイルのパスは/var/lib/aide/aide.db.gzと設定されているので、更新後のデータベースファイル**/var/lib/aide/aide.db.new.gz**をコピーして名前を変更しています。

ファイルの改ざんを検知

```
# aide --init  ←データベースの初期化

AIDE, version 0.15.1

### AIDE database at /var/lib/aide/aide.db.new.gz initialized.

# ls -l /var/lib/aide/aide.db*
-rw------- 1 root root 6221827  9月  8 01:44 /var/lib/aide/aide.db.new.gz

# cp /var/lib/aide/aide.db.new.gz /var/lib/aide/aide.db.gz ←データベースのコピー

# aide --check  ←データベースをチェック

AIDE, version 0.15.1

### All files match AIDE database. Looks okay!  ←改ざんなし。データベース初期化直後

# aide --check  ←データベースをチェック（初期化から時間経過後）
AIDE 0.15.1 found differences between database and filesystem!!
Start timestamp: 2017-09-09 09:16:45

Summary:
  Total number of files:    162695
  Added files:              20
  Removed files:            1
  Changed files:            4

---------------------------------------------------
Added files:
---------------------------------------------------

added: /root/.local/share/gvfs-metadata/home-dd182f77.log
...（途中省略）...

---------------------------------------------------
Removed files:
---------------------------------------------------

removed: /root/.local/share/gvfs-metadata/home-0c850559.log
```

```
--------------------------------------------------
Changed files:
--------------------------------------------------

changed: /etc/cups/subscriptions.conf
changed: /etc/cups/subscriptions.conf.O
...（途中省略）...

--------------------------------------------------
Detailed information about changes:
--------------------------------------------------


File: /etc/cups/subscriptions.conf
 SHA256    : 5oIQYqoW2Yh5+xjMWK01xy7WcWrHqljI , yJ8Hkg06pfqeTM6At2AZP82Pp9
7AaZEZ

File: /etc/cups/subscriptions.conf.O
 SHA256    : 9NfdaadtjzhdYXnDNvgPNaOwLFJv8gK3 , bVGgLPJK2f6GsNd7yjBcrVuDN6
NlJd4N
...（以下省略）...
```

Snortによる侵入の防御

Snortは、1998年にMartin Roesch氏が開発したオープンソースのネットワークのIPS（Intrusion Prevention System：侵入防御システム）/IDS（Intrusion Detection System：侵入検知システム）です。現在は、Martin Roesch氏が2001年に設立したSourcefire社で開発されています。

「https://www.snort.org」に、ソースコードとRPMバイナリパッケージが公開されています。

Snortのインストール

以下は、Snortのバイナリパッケージをインストールする例です。**Snort**パッケージと、Snortが利用するData Acquisitionライブラリである**daq**パッケージがインストールされます。

Snortパッケージのインストール（CentOS）

```
# yum install https://www.snort.org/downloads/snort/snort-2.9.12-1.
centos7.x86_64.rpm
...（実行結果省略）...
```

Snortパッケージのインストール（Ubuntu）

```
# apt instal snort
...（実行結果省略）...
```

CentOSでのインストールの際は、Snortのバージョンは実行時の最新版を指定してください。

また、Sourcefire社のVulnerability Research Team (VRT) が開発した公式版のルール (パケット検知ルール) である**Sourcefire VRT Certified Rules**も、サブスクリプション (有料) あるいはレジストレーション (ログイン名とメールアドレスの登録) によってダウンロードできます。

以下は、ログイン名とメールアドレスを登録した後、「/etc/snort」ディレクトリにダウンロードした「snortrules-snapshot-2983.tar.gz」をインストールする例です。

Snortルールのインストール

```
# cd /etc/snort
# ls
classification.config  gen-msg.map  reference.config  rules  snort.conf
snortrules-
snapshot-2983.tar.gz  threshold.conf  unicode.map
# ls rules  ←❶
# tar xvf snortrules-snapshot-2983.tar.gz
# ls
classification.config  gen-msg.map    reference.config  snort.conf
snortrules-
snapshot-2983.tar.gz  threshold.conf
etc                   preproc_rules  rules             snort.conf.
install  so_rules
unicode.map
# ls rules/web*  ←❷
rules/web-activex.rules  rules/web-client.rules      rules/web-iis.rules
rules/web-attacks.rules  rules/web-coldfusion.rules  rules/web-misc.rules
rules/web-cgi.rules      rules/web-frontpage.rules   rules/web-php.rules
```

❶インストール時点ではrulesディレクトリの下には何もない
❷rulesディレクトリにはSnortルールファイルがインストールされる。この例ではWeb関連のルールファイルを表示

Snortの構成

Snortには、「スニッファモード」「パケットロガーモード」「NIDSモード」の3つのモードがあり、「パケットキャプチャ」「パケットデコーダ」「プリプロセッサ」「検知エンジン」「出力プラグイン」の5つのコンポーネントから構成されます。

図10-5-2 Snortの構成

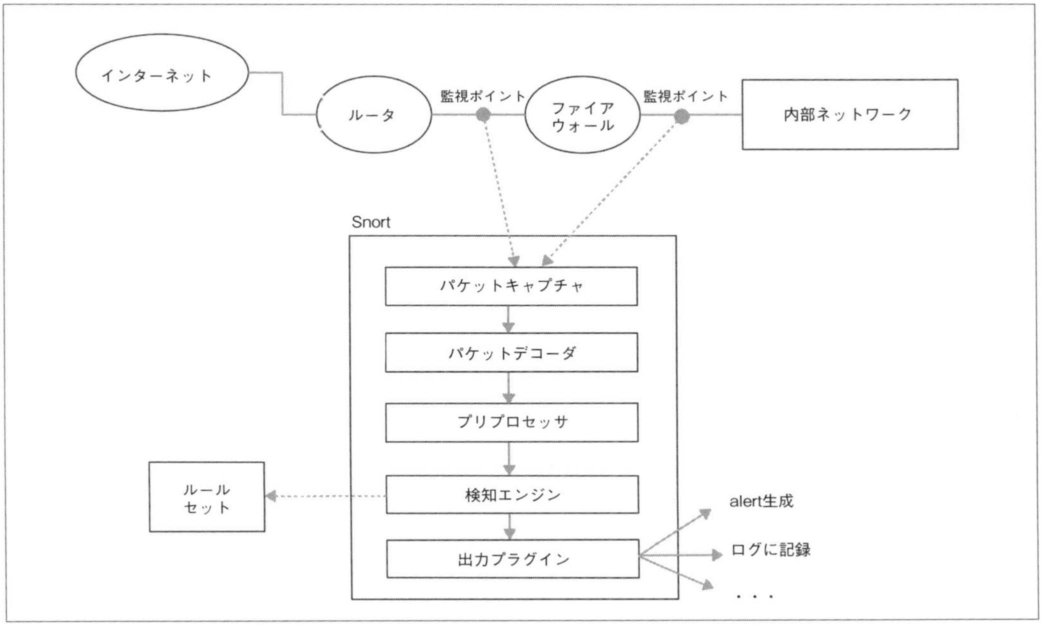

◇パケットキャプチャ

ネットワークからrawパケットをキャプチャします。キャプチャにはlibcapライブラリを使用します。

◇パケットデコーダ

rawパケットのデータリンク層、ネットワーク層、トランスポート層のヘッダを読み取り、内部処理のためのパケットデータ構造を生成します。

◇プリプロセッサ

MTUによるフラグメンテーションを利用した攻撃やポートスキャンなど、主に単一パケットのデータ（シグニチャ）では検知できない攻撃を処理する複数のプラグインから構成されます。

◇検知エンジン

複数のルールの集合であるルールセットで定義されたパケットを検知し、処理を行います。

◇出力プラグイン

検知されたパケットの情報を処理する複数のプラグインから構成されます。alertログの出力プラグイン、tcpdump形式のログ出力のプラグイン、CSV形式の出力プラグイン、MySQL等のデータベースへ出力するプラグインといったものがあります。

検知エンジンが参照するルールセットは、一般的には機能ごとに複数のファイルを用意し、Snortの設定ファイルである**snort.conf**でディレクトリとファイル名を指定します。

ルールセットでは1つのルールを1行で記述し、ルールはルールヘッダ部とルールオプション部から構成されます。

ルールヘッダ部にはアクション、プロトコル、送信元IPアドレス/送信先IPアドレスとネットマスク、送信元/送信先ポート番号、方向演算子が含まれます。

ルールオプション部には、alertメッセージや検査のためのパケットの一部の情報などが含まれます。

表10-5-7 ルールの書式と例

書式	ルールヘッダ							オプションヘッダ ※オプションヘッダは()で囲む
	アクション	プロトコル	IPアドレス/マスク	ポート番号	方向演算子	IPアドレス/マスク	ポート番号	
記述例	alert	tcp	any	any	->	176.16.0.0/16	any	(flags:S; msg:""SYN Packet"";)

アクションには、alert(alertを生成)、log(パケットを記録)、pass(パケットを無視)、activate(他のdynamicルールを有効にする)、dynamic(activateされるまで待機)があります。

方向演算子には、左から右へを指定する「->」と、双方向を指定する「<>」があります。

ルールオプションには、出力するalertメッセージを指定する「msg」や、検査するTCPフラグを指定する「flags」などがあります。

Snortの設定

CentOSにおいて、本書でインストールしたSnortパッケージ(snort-2.9.12-1.centos7.x86_64.rpm)とSnortルール(snortrules-snapshot-2983.tar.gz)を使用する場合は、設定ファイル**/etc/snort/snort.conf**の編集によりパッケージとルールとの間にある若干の不整合を以下のように修正する必要があります(Ubuntuの場合は、この修正作業は必要ありません)。

/etc/snort/snort.confファイルの編集

```
# cp /etc/snort/snort.conf /etc/snort/snort.conf.install
# vi /etc/snort/snort.conf
# var SO_RULE_PATH ../so_rules
var SO_RULE_PATH so_rules  ←パスを修正
# var PREPROC_RULE_PATH ../preproc_rules
var PREPROC_RULE_PATH preproc_rules  ←パスを修正
# var WHITE_LIST_PATH ../rules
var WHITE_LIST_PATH rules  ←パスを修正
# var BLACK_LIST_PATH ../rules
var BLACK_LIST_PATH rules  ←パスを修正
# dynamicdetection directory /usr/local/lib/snort_dynamicrules
# whitelist $WHITE_LIST_PATH/white_list.rules, \
# blacklist $BLACK_LIST_PATH/black_list.rules
blacklist $BLACK_LIST_PATH/blacklist.rules  ←ファイル名を修正
```

/etc/snort/snort.confファイルのプリプロセッサの設定を確認

```
# vi /etc/snort/snort.conf
…（途中省略）…
# HTTP normalization and anomaly detection.  For more information, see
README.http_inspect
preprocessor http_inspect: global iis_unicode_map unicode.map 1252
compress_depth 65535 decompress_depth 65535
preprocessor http_inspect_server: server default \
    http_methods { GET POST PUT SEARCH MKCOL COPY MOVE LOCK UNLOCK NOTIFY
POLL BCOPY BDELETE BMOVE LINK UNLINK OPTIONS HEAD DELETE TRACE TRACK
CONNECT SOURCE SUBSCRIBE UNSUBSCRIBE PROPFIND PROPPATCH BPROPFIND
BPROPPATCH RPC_CONNECT PROXY_SUCCESS BITS_POST CCM_POST SMS_POST RPC_IN_
DATA RPC_OUT_DATA RPC_ECHO_DATA } \
    chunk_length 500000 \
    server_flow_depth 0 \
    client_flow_depth 0 \
    post_depth 65495 \
    oversize_dir_length 500 \
    max_header_length 750 \
    max_headers 100 \
    max_spaces 200 \
    small_chunk_length { 10 5 } \
    ports { 80 81 311 383 …（以下省略）…
# FTP / Telnet normalization and anomaly detection.  For more information,
see README.ftptelnet
preprocessor ftp_telnet: global inspection_type stateful encrypted_
traffic no check_encrypted
preprocessor ftp_telnet_protocol: telnet \
    ayt_attack_thresh 20 \
    normalize ports { 23 } \
    detect_anomalies
preprocessor ftp_telnet_protocol: ftp server default \
    def_max_param_len 100 \
    ports { 21 2100 3535 } \
    telnet_cmds yes \
    ignore_telnet_erase_cmds yes \
    ftp_cmds { ABOR ACCT ADAT ALLO APPE AUTH CCC CDUP } \
…（途中省略）…
# SMTP normalization and anomaly detection.  For more information, see
README.SMTP
preprocessor smtp: ports { 25 465 587 691 } \
    inspection_type stateful \
    b64_decode_depth 0 \
    qp_decode_depth 0 \
    bitenc_decode_depth 0 \
    uu_decode_depth 0 \
    log_mailfrom \
    log_rcptto \
    log_filename \
    log_email_hdrs \
    normalize cmds \
    normalize_cmds { ATRN AUTH BDAT CHUNKING DATA DEBUG EHLO EMAL ESAM
ESND ESOM ETRN EVFY } \
    normalize_cmds { EXPN HELO HELP IDENT MAIL NOOP ONEX QUEU QUIT RCPT
RSET SAML SEND SOML } \
…（途中省略）…
```

```
# SSH anomaly detection.  For more information, see README.ssh
preprocessor ssh: server_ports { 22 } \
                  autodetect \
                  max_client_bytes 19600 \
                  max_encrypted_packets 20 \
                  max_server_version_len 100 \
                  enable_respoverflow enable_ssh1crc32 \
                  enable_srvoverflow enable_protomismatch
…（以下省略）…
```

Snortの起動と停止

systemctlコマンドにより、Snortの起動と停止を行います。

Snortの起動

```
systemctl start snortd
```

Snortの停止

```
systemctl stop snortd
```

Snortの有効化

```
systemctl enable snortd
```

Snortの無効化

```
systemctl disable snortd
```

パケットのモニタ

設定が終了したら、Snortを起動してパケットをモニタします。

Snortの起動

```
# systemctl start snortd
# ps -ef | grep snort
snort   4033   1  0 03:42 ?    00:00:04 /usr/sbin/snort -A fast -b -d -D
-i eth0 -u snort
-g snort -c /etc/snort/snort.conf -l /var/log/snort
```

Snortルールが合致するパケットを検知した場合は、**/var/log/snort/alert**ファイルにパケットの情報が記録されます。

以下は、「CVE-2014-0226」に登録されたApache HTTPサーバの脆弱性を利用するパケットを検知する、「/etc/snort/rules/server-apache.rules」の中のSnortルールの例です。

server-apache.rulesのSnortルール

```
# cat /etc/snort/rules/server-apache.rules
alert tcp $EXTERNAL_NET any -> $HOME_NET $HTTP_PORTS (msg:"SERVER-APACHE
Apache HTTP
```

```
Server mod_status heap buffer overflow attempt"; flow:to_
server,established; content:
"/server-status"; fast_pattern:only; http_uri; detection_filter:track
by_dst, count 21,
seconds 2; metadata:impact_flag red, service http;
reference:cve,2014-0226;
reference:url,httpd.apache.org/security/vulnerabilities_24.html;
reference:url,osvdb.org/
show/osvdb/109216; classtype:web-application-activity; sid:35406; rev:1;)
```

上記のルール「server-apache.rules」に合致したパケット(侵入を試みる不正なパケット)が検知された場合、/var/log/snort/alertファイルには、以下のようなアラート(alert：警告)が記録されます。

/var/log/snort/alertファイルに記録されるアラート

```
# cat /var/log/snort/alert
[**] [1:35406:1] SERVER-APACHE Apache HTTP Server mod_status heap buffer
overflow attempt
[**]
[Classification: Access to a Potentially Vulnerable Web Application]
[Priority: 2]
10/12-12:10:07.363281 172.16.210.175:60181 -> 172.16.210.220:80
TCP TTL:64 TOS:0x0 ID:22629 IpLen:20 DgmLen:384 DF
***AP*** Seq: 0x1493E823  Ack: 0xC12B250E  Win: 0x7B  TcpLen: 32
TCP Options (3) => NOP NOP TS: 1131595612 336782970
[Xref => http://osvdb.org/show/osvdb/109216]
[Xref => http://httpd.apache.org/security/vulnerabilities_24.html]
[Xref => http://cve.mitre.org/cgi-bin/cvename.cgi?name=2014-0226]
```

「SERVER-APACHE Apache HTTP Server mod_status heap buffer overflow attempt」のメッセージは、「CVE-2014-0226」に登録されたApache HTTPサーバの脆弱性を利用するパケットが検知されたことを示しています。

snort-statコマンド

snort-statコマンドは、DebianおよびUbuntuで提供される小さなPerlスクリプトです。Snortが出力したログを基に検知したパケットの統計情報を生成します。生成した統計情報はメールでユーザに送信されます。

Ubuntuでは**snort-common**パッケージに含まれています。インストールは「apt install snort-common」コマンドで行います。

パケットの統計情報の生成

```
cat <snortログ> | snort-stat [オプション]
```

表10-5-8 snort-statコマンドのオプション

オプション	説明
-d	デバッグ(debug)
-r	IPアドレスの名前解決(resolve)を行い、ドメイン名に変換する
-h	HTML形式(html)で出力

Column

SSH通信路暗号化のシーケンス

本章の「データの暗号化とユーザ/ホストの認証について理解する」と「SSHによる安全な通信を行う」で解説した通り、近年のHTTPS/TLSやOpenSSHによる通信では高速でセキュリティ強度の高い、楕円曲線を利用したアルゴリズムが広く使われ始めています。

本コラムでは、sshの暗号化のシーケンスと共に、楕円曲線暗号とはおおよそどのようなものなのかを知る一助として秘密鍵から公開鍵を計算する仕組みを紹介します。また、末尾に楕円曲線に関連した数学用語の一覧を付記したので参考にしてください。

ユーザがsshコマンドによりサーバにログインするまで

ユーザがsshコマンドを実行してサーバにログインするまでのシーケンスは以下の通りです。

❶クライアント（sshコマンド）がサーバ（sshdデーモン）に接続
❷サーバはホスト公開鍵をクライアントに送る
❸クライアントがサーバの公開鍵を「~/.ssh/known_hosts」に格納されたサーバの公開鍵と比較して認証する
❹サーバとクライアント間で合意した鍵交換方式により共通鍵を共有し、共通鍵による暗号方式を決定する
❺共通鍵により通信路を暗号化する
❻ユーザがホストベース認証、公開鍵認証、またはパスワード認証のいずれかの認証方式でサーバにログインする

ホスト鍵は以下の時に使用されます。

・クライアントによるサーバのホスト認証
・サーバによるユーザのホストベース認証

CentOS 7.6やUbuntu 18.04で採用されているOpenSSHの最新バージョンである7の秘密鍵/公開鍵の鍵ペアのデフォルトでは、楕円曲線上での離散対数問題の困難さを利用した**/etc/ssh/ssh_host_ecdsa_key**と**/etc/ssh/ssh_host_ecdsa_key.pub**が使用されます。

鍵交換によりサーバとクライアント間で共有された共通鍵は、以降、通信路を暗号化するために使われます。CentOS 7.6やUbuntu 18.04で採用されているOpenSSHの最新バージョンである7の鍵交換アルゴリズムのデフォルトでは、楕円曲線上での離散対数問題の困難さを利用した**curve25519-sha256**が採用されています。

以下は、サーバとクライアントが共にOpenSSH v7の場合の設定ファイルで使用されるディレクティブとデフォルト値です。各アルゴリズムはサーバとクライアント間のネゴシエーションで決定されるため、サーバとクライアントのどちらか、あるいは両方のOpenSSHのバージョンや設定ファイルのディレクティブ設定が異なっていた場合は、以下の表とは別のアルゴリズムが使用されることになります。

動作モードの設定と表示

ディレクティブ	ディレクティブの説明	デフォルトで使用される値	使用される値の説明
HostKey	sshdの起動時にロードするホスト鍵ファイル名の指定(sshd_configでのみ指定する)。実際に使用するホスト鍵はHostKeyAlgorithmsの選定結果によって決定される	/etc/ssh/ssh_host_rsa_key、/etc/ssh/ssh_host_ecdsa_key、/etc/ssh/ssh_host_ed25519_key	/etc/sshの下の3種類のファイルがロードされる。デフォルトではHostKeyAlgorithmsにecdsa-sha2-nistp256が選ばれるため、ecdsa鍵が使用される
HostKeyAlgorithms	ホスト鍵のアルゴリズムを指定。この選定結果により使用するホスト鍵ファイルが決定される	ecdsa-sha2-nistp256	ecdsa-sha2-nistp256はNISTが推奨する、SEC 2(Standards for Efficient Cryptography 2)で定められた楕円曲線とパラメータを使用する。法に素数「2^256 - 2^224 + 2^192 + 2^96 - 1」を、ハッシュにsha2を使用する
KexAlgorithms	鍵交換アルゴリズムを指定する	curve25519-sha256	楕円曲線Curve25519とハッシュsha256による鍵交換アルゴリズム。ダニエル・バーンスタインが開発し、2005年にリリースした
Ciphers	共通鍵暗号で使用するアルゴリズムを指定する	chacha20-poly1305@openssh.com	メッセージの暗号化と完全性の保護を同時に行う認証付き暗号。暗号化はストーム暗号chacha20で、完全性保護(改ざんに対する保護)はMAC(Message Authentication Code:メッセージ認証コード)であるpoly1305が行う。ダニエル・バーンスタインが開発し、2013年にリリースした。2014年2月にGoogleがChromeブラウザのhttpsに採用し、同年の12月にOpenSSHが採用した

OpenSSHの認証と鍵交換に使用される楕円曲線暗号について

楕円曲線暗号は秘密鍵と楕円曲線上での公開鍵を使用した、暗号化、デジタル署名、鍵交換(鍵共有)などの方式の総称です。

このコラムでは、SSHの通信路暗号化で重要な役割を果たす鍵交換のアルゴリズムである楕円曲線暗号について、使用されている曲線の方程式やパラメータ、そこから共通鍵が生成される仕組みを見ていきます。

以降、本コラムで出て来る数学用語については「数学用語一覧」(521ページ)を参照してください。

○楕円曲線 (elliptic curve) とは

楕円曲線暗号で広く採用されているワイエルシュトラス(Weierstrass)型と呼ばれる楕円曲線の方程式は次のように「(yの2乗)=(xの3次多項式)」となります。

$$y^2 = x^3 + ax + b$$

楕円曲線には、実数体での楕円曲線、複素数体での楕円曲線、有理体での楕円曲線、有限体での楕円曲線があります。以下の式で表されるような楕円とは異なります。

$$x^2 / a^2 + y^2 / b^2 = 1$$

楕円と楕円曲線

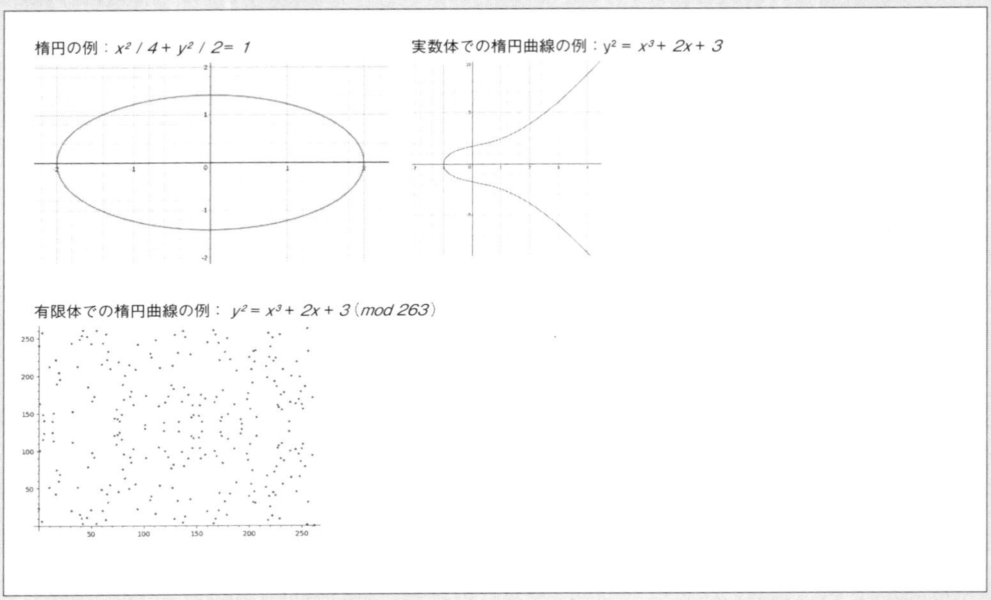

暗号で使用されるのは、有限個の整数を集合の元とする有限体での楕円曲線です。楕円曲線上での剰余演算による点（x, y）の集合なので、xもyも0か正の整数になります。x軸で上下が対称となる実数体での滑らかな楕円曲線とは異なります。

鍵交換のアルゴリズムでは、乱数で生成される秘密鍵（整数）から、適切に選んだ有限体での楕円曲線上の基点となる座標（x1, y1）を秘密鍵の値でスカラー倍算して楕円曲線上の座標（x2, y2）を算出し、これを公開鍵とします。

この公開鍵から離散対数による逆方向の演算で秘密鍵を求める困難さにより安全性が保たれます。

◯暗号で使われる楕円曲線の式とパラメータ

暗号で使われる楕円曲線にはワイエルシュトラス（Weierstrass）型、モンゴメリー（Montgomery）型、エドワーズ（Edwards）型、ツイストしたエドワーズ型（twisted Edwards）といった種類があり、それぞれに係数やモジュロ（modulo：法）などのパラメータを設定します。どの型を選ぶか、どのようなパラメータを設定するかで計算効率やセキュリティ強度が異なります。

OpenSSHで使われているダニエル・バーンスタイン氏が設計したモンゴメリー型楕円曲線Curve25519の方程式は次のようになります。

$$By^2 = x^3 + Ax^2 + x \pmod{p}$$

係数A＝486662、係数B＝1、モジュロp＝2^255-19となります（pが素数2^255-19の故、Curve25519という名前になっています）。

その他、基点（base point。部分群の生成元（generator point）となる）、部分群の位数（order

of subgroup)、余因子(cofactor)などの値はRFC7748で規定されています。

また、NIST((米国標準技術研究所)やSECG(The Standards for Efficient Cryptography Group)では楕円曲線についての推奨パラメータを公開しています。

○楕円曲線ディフィー・ヘルマン鍵交換の仕組み

ここでは、楕円曲線ディフィー・ヘルマン鍵交換(Elliptic curve Diffie-Hellman key exchange：ECDH)による秘密鍵から公開鍵の生成、公開鍵の交換、共有鍵の生成の仕組みを見ていきます。

なお、OpenSSHで採用されているECDHの実装であるCurve25519では、秘密鍵から公開鍵を算出する方法が異なります(詳細は本コラム末尾の参考文献「Curve25519:new Diffie-Hellman speed records」、「RFC7748:Elliptic Curves for Security」を参照してください)。

▼共有鍵を生成する仕組み

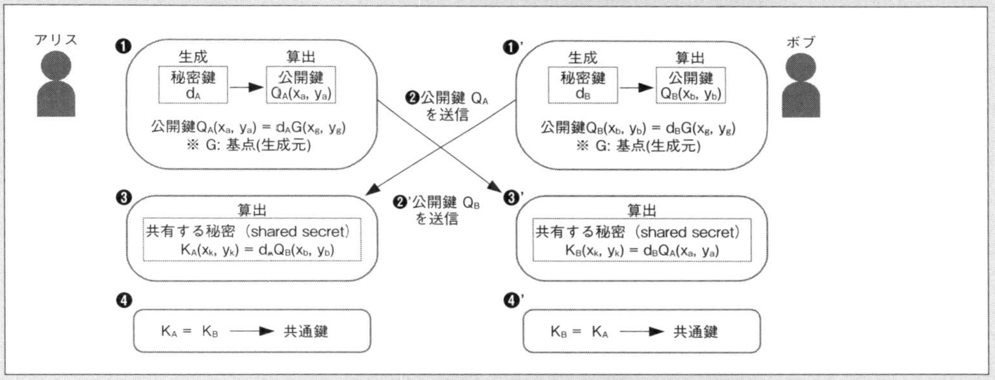

❶アリスは乱数により秘密鍵d_Aを生成する

生成した秘密鍵d_A(整数)で基点G(x_g, y_g)をd_A倍して、楕円曲線上の点である公開鍵Q_Aを算出します。

❶'ボブは乱数により秘密鍵dBを生成する

生成した秘密鍵d_B(整数)で基点G(x_g, y_g)をd_B倍して、楕円曲線上の点である公開鍵Q_Bを算出します。

❷アリスは自身の公開鍵Q_Aをボブに送信する

❷'ボブは自身の公開鍵Q_Bをアリスに送信する

❸アリスはボブから送られてきた公開鍵Q_Bを自身の秘密鍵d_Aによりd_A倍した点K_A(x_k, y_k)のX座標x_k(整数)を「共有する秘密(shared secret)」とする

❸'ボブはアリスから送られてきた公開鍵Q_Aを自身の秘密鍵dによりd_B倍した点K_A(x_k, y_k)のX座標x_k(整数)を「共有する秘密(shared secret)」とする

❹ボブは「共有する秘密(shared secret)」を共通鍵とする

❹'アリスは「共有する秘密（shared secret）」を共通鍵とする

❸、❸'、❹、❹'で算出される「共有する秘密（shared secret）」は、$d_AQ_B = d_Ad_BG = d_Bd_AG = d_BQ_A$となり、同じ値となります。

◯秘密鍵から楕円曲線上で公開鍵を算出する

楕円曲線上で秘密鍵から公開鍵を生成するには、適切に選んだ有限体での楕円曲線上の基点となる座標（x^1, y^1）を秘密鍵の値でスカラー倍算して楕円曲線上の座標（x^2, y^2）を算出し、これを公開鍵とします。

例えば、Curve25519では以下のようなモンゴメリー型楕円曲線を使用しています。

$$y^2 = x^3 + 486662\,x^2 + x \ (mod\ 2^{255} - 19)$$

わかりやすくするために、ここではパラメータを以下のような小さな値にしたワイエルシュトラス型楕円曲線上で秘密鍵から公開鍵を算出するプロセスをフリーな数学ソフトウェアSage（「賢人」の意）を使って見ていきます（Sageのインストール方法は後述します）。

- **楕円曲線**：$y^2 = x^3 + 2x + 3\ (mod\ 263)$ → 群（G）の位数（order of group）：270
- **パラメータ**
  - **基点**：（126, 76）→ 生成される部分群（H）の位数：6
  - **余因子**（cofactor）：（群Gの位数）/（部分群Hの位数）= 270 / 6 = 45
  - **単位元**：（0, 1）
- **剰余演算（mod 263）の定義された有限体（F）の元**：0, 1, 2, … , 262
- **曲線の定義された群（C）の元**：（0, 1）,（0, 23）, …,（126, 76）, … ,（126, 187）, …,（144, 35）, …,（144, 228）, …,（262, 0）
- **基点**（126, 76）から生成される部分群（H）の元：（0, 1）,（126, 76）,（144, 35）,（262, 0）,（144, 228）,（126, 187）

Sageを起動して、楕円曲線を定義し確認

```
$ ./sage    ←現在のディレクトリ下にあるsageを起動
...
sage: F = FiniteField(263)
↑剰余演算（mod 263）の定義された有限体F（FiniteField）を生成
sage: C = EllipticCurve(F, [ 2, 3 ])
↑有限体F上で楕円曲線C（Curve）y²=x³+2x+3を定義
sage: C    ←楕円曲線Cの定義を表示。「print(C)」と同じ
Elliptic Curve defined by y^2 = x^3 + 2*x + 3 over Finite Field of size 263
sage: F    ←有限体Fの定義を表示。「print(F)」と同じ
Finite Field of size 263
sage: F.order()    ←有限体Fの位数を表示
263
sage: F.cardinality()    ←有限体Fの濃度（位数と同じ）を表示
263
sage: C.order()    ←楕円曲線C（群C）の位数を表示
270
sage: C.cardinality()    ←楕円曲線C（群C）の濃度（位数と同じ）を表示
270
```

```
sage: C.points()   ←群Cの270個の元を全て表示。「print(C.points())」と同じ
                    (sageでは3次元(X : Y : Z)の座標として表示される。Zは1か0の値を取り、
                    1は楕円曲線上の点、0は無限遠点(単位元)を表す)

[(0 : 1 : 0), (0 : 23 : 1), (0 : 240 : 1), (1 : 100 : 1), (1 : 163 : 1),
(3 : 6 : 1), (3 : 257 : 1), (4 : 115 : 1), (4 : 148 : 1), (5 : 123 : 1),
…(途中省略)…
 (119 : 126 : 1), (119 : 137 : 1), (120 : 99 : 1), (120 : 164 : 1),
(123 : 91 : 1), (123 : 172 : 1), (126 : 76 : 1), (126 : 187 : 1),
…(途中省略)…
 (142 : 89 : 1), (142 : 174 : 1), (144 : 35 : 1), (144 : 228 : 1),
(145 : 119 : 1), (145 : 144 : 1), (146 : 103 : 1), (146 : 160 : 1),
…(途中省略)…
 (253 : 185 : 1), (255 : 1 : 1), (255 : 262 : 1), (256 : 31 : 1),
(256 : 232 : 1), (260 : 93 : 1), (260 : 170 : 1), (262 : 0 : 1)]
sage:
```

濃度については「数学用語一覧」(521ページ)を、無限遠点(曲線上にない点)については「楕円曲線上の加法」(520ページ)を参照してください。

上記の「C.points()」で表示される群Cの270個の元のグラフが前述の「楕円と楕円曲線」の中の「有限体での楕円曲線の例」となります。そのうち、網掛けの6個の元が以下で定義する部分群Hの元となります。

以下はわかりやすさのため、小さい位数6の元(126, 76)を基点に使用して、楕円曲線上の座標を計算します。

基点を決めて、スカラー倍算により楕円曲線上の座標を計算

```
sage: H = C.point((126, 76))   ←(126, 76)を基点にした部分群Hを定義。以降、これを使う
sage: H.order()
6
sage: [H*0,  H*1,  H*2,  H*3,  H*4,  H*5]
[(0 : 1 : 0),    ←単位元、P0とする
 (126 : 76 : 1),     ←基点、P1とする。この点が部分群Hの生成元(generator)となる
 (144 : 35 : 1),     ←基点*2、P2とする。基点P1のスカラー2倍算により算出
 (262 : 0 : 1),      ←基点*3、P3とする。「P2 + 基点P1」による加算により算出
 (144 : 228 : 1),    ←基点*4、P4とする。「P3 + 基点P1」による加算により算出
 (126 : 187 : 1)]    ←基点*5、P5とする。「P4 + 基点P1」による加算により算出
                       「P5 + 基点P1」はP0(単位元)に戻る
                       部分群Hは基点P1を生成元とする巡回群となる

sage: pts = [H*0, H*1, H*2, H*3, H*4, H*5]
sage: print(pts)
[(0 : 1 : 0), (126 : 76 : 1), (144 : 35 : 1), (262 : 0 : 1),
(144 : 228 : 1), (126 : 187 : 1)]

sage: sum([ plot(p) for p in pts ])
↑格納されている配列ptsに格納されている6個全ての元を画像ビューワに表示
Launched png viewer for Graphics object consisting of 6 graphics
primitives
```

▼**部分群Hの全ての元（6個）を画像ビューワーにプロット**

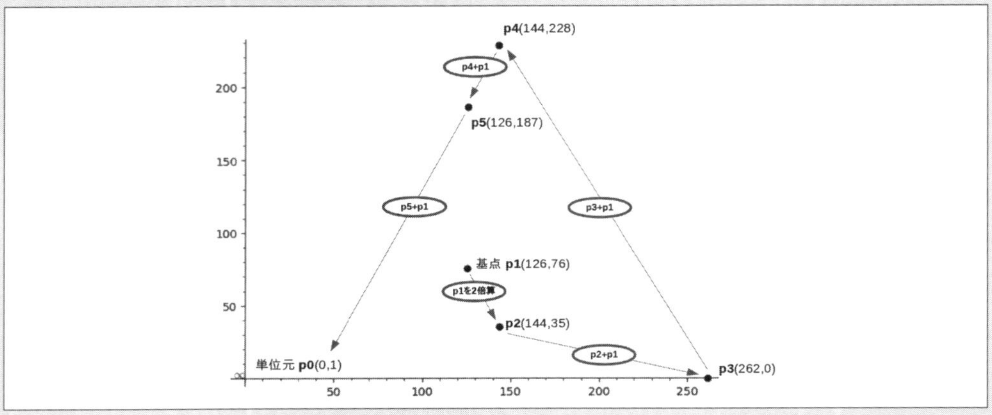

座標上の点の2倍算と加法の計算式については、後述の「楕円曲線上の加法」（520ページ）を参照してください。

秘密鍵d（整数値）と楕円曲線上の点P（基点）が与えられた時、公開鍵は点Pをd倍した「P ＊ d」となります。

モンゴメリー型楕円曲線Curve25519では秘密鍵は乱数により32バイト（256ビット）の整数として生成し、方程式と基点は以下のようになります。算出する公開鍵も32バイト（256ビット）の整数です。

- **方程式**：$y^2 = x^3 + 486662\,x^2 + x \pmod{2^{255} - 19}$
- **基点**：X（P） 9
  Y（P） 147816194475895447910205935684099868872646061346164752889
  64881837755586237401

ここでは上記のSageの実行例で定義したワイエルシュトラス型楕円曲線と基点、および基点から生成された部分群Hを使うことにします。

- **方程式**：$y^2 = x^3 + 2x + 3 \pmod{263}$
- **基点**：X（P） 126
  Y（P） 76

例えば、アリスの秘密鍵d_Aの値を4、基点Pを（126, 76）とすると、アリスの公開鍵Q_Aは、

$Q_A = P * d_A = P * 4 = (144, 228) = P4$

となります。

例えば、ボブの秘密鍵d_Bの値を5、基点Pを（126, 76）とすると、ボブの公開鍵Q_Bは、

$Q_B = P * d_B = P * 5 = (126, 187) = P5$

となります。

アリスはボブの公開鍵と自身の秘密鍵により、共通鍵「d_A * Q_B」を計算します。これは、

d_A * Q_B = 4 * (P * 5) = (144, 35) = P2

となります。

ボブはアリスの公開鍵と自身の秘密鍵により、共通鍵「d_B * Q_A」を計算します。これは、

d_B * Q_A = 5 * (P * 4) = (144, 35) = P2

となります。

アリスとボブの共通鍵を算出

```
sage: F = FiniteField(263)
↑剰余演算 (mod 263)の定義された有限体F (FiniteField)を生成
sage: C = EllipticCurve(F, [ 2, 3 ])
↑有限体F上で楕円曲線C (Curve) y² = x³ + 2x + 3 を定義
sage: H = C.point((126, 76))   ←基点：P1
sage: P0 = H*0   ← (0：1：0) 単位元
sage: P1 = H*1   ← (126：76：1) 基点 (生成元)
sage: P2 = H*2   ← (144：35：1)
sage: P3 = H*3   ← (262：0：1)
sage: P4 = H*4   ← (144：228：1)
sage: P5 = H*5   ← (126：187：1)
sage: pts=[P0, P1, P2, P3, P4, P5]
sage: print(pts)
[(0 : 1 : 0), (126 : 76 : 1), (144 : 35 : 1), (262 : 0 : 1),
(144 : 228 : 1), (126 : 187 : 1)]

sage: dA=4   ←アリスの秘密鍵：4
sage: QA=P1*dA   ←アリスの公開鍵：P4
(144 : 228 : 1)

sage: dB=5   ←ボブの秘密鍵：5
sage: QB=P1*dB   ←ボブの公開鍵：P5
(126 : 187 : 1)

sage: KA=dA*QB   ←アリスの共通鍵を計算
sage: KA   ←P2 (ボブの共通鍵と同じ)
(144 : 35 : 1)

sage: KB=dB*QA   ←ボブの共通鍵を計算
sage: KB   ←P2 (アリスの共通鍵と同じ)
(144 : 35 : 1)
```

これまでのSageの実行例では内部的な演算は表示されませんが、楕円曲線上の加法は以下のように行われています。

◯楕円曲線上の加法

楕円曲線 ($y^2 = x^3 + ax + b$) 上の2点P (x_p, y_p) とQ (x_q, y_q) の和「P + Q」は、PとQを通る直線が楕円曲線と交わる他の点R' (x_r', y_r') を計算し、「$x_r = x_r'$」「$y_r = -y_r'$」として、R'のX軸に関して対称な点R (x_r, y_r) となります。Pを2倍 (P + P) する場合は、Pの接線が楕円曲線と交わる点R'となります。

以下のようにしてR (x_r, y_r) を求めます。

❶2点PとQを通る直線の傾きλを計算する。同じ点Pを2倍する時 (P + P) は点Pの接線の傾きλを計算する

- 点PとQを通る直線の傾きλの計算：(式1) $\lambda = (y_p - y_q) / (x_p - x_q)$
- 点Pの接線の傾きλの計算：(式2) $\lambda = (3x_p^2 + a) / (2y_p)$

❷上の❶で算出したλを使って、Pを2倍 (P + P) した点R、あるいはPとQを足した点RのX座標xr とY座標yrを計算する

- X座標の計算：(式3) $x_r = \lambda^2 - x_p - x_q$
  (式3'：「P + P」の場合) $x_r = \lambda^2 - x_p - x_p$
- Y座標の計算：(式4) $y_r = \lambda(x_p - x_r) - y_p$

点P (x, y) のX軸に関して対称な点-P (x, -y) をPの「逆元」と定義します。

点Pと点-Pの加算はこの2点を通る直線が楕円曲線上で交わる点ですが、このY軸に並行な垂直線は楕円曲線と他で交わることがありません。これを無限遠で交わる点として無限遠点O (オー) と定義します。この無限遠点O (0, 1) を「単位元」と定義します。

> Sageで使用した部分群 (H) の演算はbcコマンドで確認できます。また高機能な数学ソフトウェアGeniusもあり、演算の確認にお勧めします。
>
> **https://www.jirka.org/genius.html**

Sageのインストール方法

SageはPythonで書かれた数学ソフトウェアです。以下のURLからダウンロードできます。

> **Sage(SageMath)のミラーサイト**
> **http://ftp.riken.jp/sagemath/linux/64bit/index.html**

インストール方法はダウンロードしたファイルを展開してできるSageMathディレクトリの下にあるREAD.mdファイルに記載されています。Sageのドキュメントは以下のURLにあります。

> **Sage操作マニュアル**
> **https://www.johannes-bauer.com/compsci/ecc/**
> **https://www.johannes-bauer.com/compsci/ecc/#anchor37**

数学用語一覧

楕円曲線暗号のドキュメントには抽象代数学、集合論、整数論などの分野の数学用語（日本語、英語）が出てきます。

これらについて、参考のために以下の表で簡単な説明を加えました。

▼数学用語一覧

用語	用語（英語）	説明
体	field	次の条件を満たす集合を体と呼ぶ。 ①加法について、交換法則 a·b=b·a を満す群になっている ②乗法について、交換法則 a·b=b·a を満す群になっている ③加法と乗法について分配法則がなりたつ (a・b)c=ac・bc, a(b・c)=ac・ac ※群には演算が1種類だけ与えられている（演算は加法でも乗法でもよい）。体には、加法と乗法という2種類の演算が入っている ※加法の逆演算は減法，乗法の逆演算は除法なので、体は四則演算が可能な集合のこと。実数全体の集合は体（実数体）、有理数全体の集合は体（有理数体）となる。整数は乗法に関する逆元が存在しない（1／2 は整数ではない）ので、体にならない
群	group	次の条件を満たす集合を群と呼ぶ。 ①集合（G）の要素の間に演算が成り立ち、その演算に関して集合は閉じている ②演算に対して結合則が成り立つ a・(b・c)=(a・b)・c ③演算には 単位元が存在する ④演算には 逆元が存在する
部分群	subgroup	集合Gが二項演算・に関して群であり、Gの部分集合Hが演算・に関して群である時、HはGの部分群であるという
巡回群	cyclic group	1つの元から生成される群を巡回群という。巡回群Gがaによって生成される時、aをGの生成元（generator）という 群がただ1つの元 aで生成される時、その群のどの元もaの整数冪（べき）として、あるいはaの整数倍として表される
閉性 （閉じている）	closed	集合Gの元a、bに対して演算・を施した結果が再び元の集合Gに属すること。自然数全体の成す集合は、加法について閉じているが減法については負数になる場合があるので閉じていない。整数全体の成す集合は、乗法について閉じているが除法については小数になる場合があるので閉じていない
二項演算	binary operation	数の四則演算（加減乗除）などの「2つの数から新たな数を決定する規則」を一般化した概念
単位元	identity element	集合Gとその上の二項演算・について、元eがGの全ての元aに対して「a・e = e・a = a」を満たす時、eをGの単位元という
逆元	inverse element	集合Gとその上の二項演算・について、eを単位元とした時、「x・y = y・x = e」を満すy はxの逆元であるといい、またxはyの逆元になる
生成元	generator	1つの元から生成される群を巡回群という。巡回群Gがaによって生成される時、aをGの生成元（generator）という
有限体	finite field	有限個の元からなる体、すなわち四則演算が定義され閉じている有限集合のこと
位数	order	集合、群、環、体の位数：群、環、体の元の数を位数（order）と呼ぶ。濃度（cardinality）あるいはサイズ（size）ともいう 元の位数：eを単位元とした時、有限群の場合はどの元 aも必ず、あるkが存在して、(a) ^k=eとなり、この kのうち最小のものを元aの位数という
集合の濃度	cardinality	濃度は無限集合の大きさを測るために導入された概念。実数全体の集合の大きさ（濃度）は有理数全体の大きさ（濃度）より大きい。整数全体の濃度と自然数全体の濃度は等しい
素数	prime number	約数が1と自分自身のみの、1より大きい自然数 例）2, 3, 5, 7, 11, 13, 17, 19, 23, 29, 31, 37, 41, 43, …

剰余演算	modulo operation	2つの正の整数の、ある数値を別の数値（法と呼ばれる）で除算し、余りを取得する演算
法	modulo	剰余演算における除数
余因子	cofactor	楕円曲線暗号の場合、楕円曲線の群の位数がn、部分群の位数がrの時、「cofactor」hは、h=n/rとなる。Cofactorが1の時は部分群は群と等しい
スカラー倍算	scalar multiplication	楕円曲線上の点Pのk倍点kPを計算すること

参考文献

以下に、参考文献を示します。

「楕円曲線暗号入門(2013年度)」伊豆哲也
https://researchmap.jp/mulzrkzae-42427

「楕円曲線ディフィー・ヘルマン鍵共有」ウィキペディア
https://ja.wikipedia.org/wiki/楕円曲線ディフィー・ヘルマン鍵共有

「Curve25519」ウィキペディア
https://en.wikipedia.org/wiki/Curve25519

「Curve25519：new Diffie-Hellman speed records」ダニエル・バーンスタイン
https://cr.yp.to/ecdh/curve25519-20060209.pdf

「RFC7748：Elliptic Curves for Security」
https://www.ietf.org/rfc/rfc7748.txt

「RFC5656：Elliptic Curve Algorithm Integration in the Secure Shell Transport Layer」
https://tools.ietf.org/html/rfc5656

Appendix

仮想環境を構築する

A-1

仮想化の概要

仮想化とは

仮想化（Virtualization）とは、ハードウェア、サーバ、ストレージ、ネットワークなどのコンピュータシステムを構成するリソースを元の構成から独立させて、分割あるいは統合する形で仮想的に構成する技術です。

表A-1-1 仮想化の実現方法

構成要素	形態	説明
サーバ	分割	1台のサーバを分割して、複数のサーバを構成
	統合	複数のサーバを1台のサーバとして構成
ストレージ	分割	1台のディスクを分割して、独立した個々のディスクとして使用
	統合	複数のディスクを1つのディスクとして使用
ネットワーク	分割	1つのLANを分割し、独立した個々のLANとして使用
	統合	複数のネットワーク機器を統合し、1つのネットワーク機器として使用

サーバを例に、図A-1-1を見てみましょう。

図A-1-1 統合と分割の場合

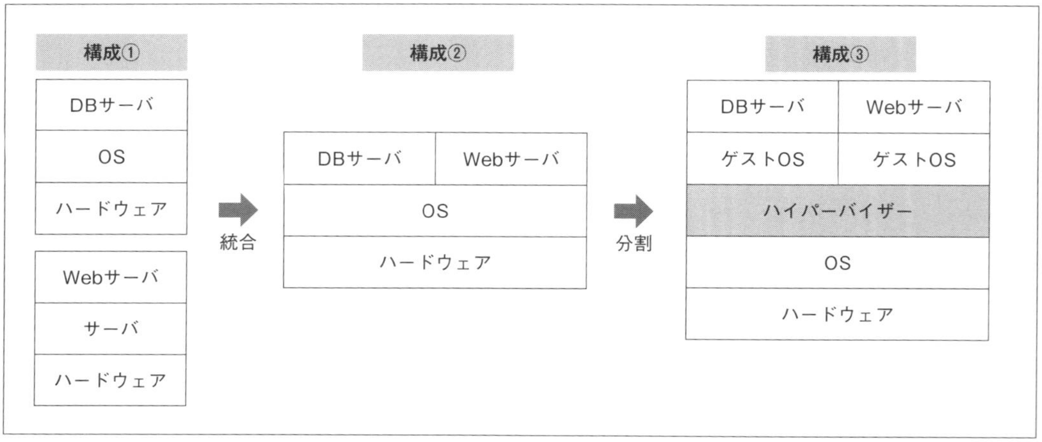

◇構成①

DBサーバ、Webサーバが物理的に別々の筐体上で稼動しています。CPUやメモリなどのリソースの稼動率が低い場合、処理能力があるにもかかわらずリソースが無駄になってしまいます。また、台数分の設置場所、電源などの確保も必要です。

◇構成②

DBやWebなどのサーバソフトウェアは、1台の筐体にインストールして稼動させることが可能です。ただし、ハードウェアの障害があってマシンを停止しなければならない場合、その筐体上で稼動しているサービス（この例ではDBとWeb）を全て停止することになります。この問題への対策には、ハードウェアの冗長化が必要になります。また、もし悪意のある第三者にホストが侵入されroot権限を奪取された場合、全てのサービスに対して改ざんなどの不正行為が行われる可能性があります。このため、構成①や構成③のようにサービスを分散した構成に比べて、セキュリティは弱くなります。

◇構成③

1台の筐体でありながら、仮想化技術を使い各サーバを独立させて稼動しています。OSを稼動させるハードウェアプラットフォームの仮想化では、**ハイパーバイザー**（Hypervisor）上に**仮想マシン**（Virtual Machine）を構築し、その上でゲストOSを稼動させます。ゲストOSは、各仮想マシンごとに異なるOSを利用することも可能であり、またそのゲストOS上では、DBやWebといったサーバソフトウェアをインストールして利用することが可能です。

Linuxカーネルベースの仮想化環境として**KVM**と**Xen**があります。どちらもCentOSおよびUbuntuの標準リポジトリで提供されています。また、Microsoft Windows、macOS、Linuxの仮想環境としてVirtualBoxが利用できます。

ハイパーバイザー

ハイパーバイザーは、その上で仮想マシンを稼動させるソフトウェアです。典型的なハイパーバイザーのタイプには以下の2種類があります。

表A-1-2 ハイパーバイザーのタイプ

タイプ	説明
ベアメタル型	ハイパーバイザーが直接ハードウェア上で動作し、全てのOSはそのハイパーバイザー上で動作する方式。Xenはこの方式
ホスト型	ハードウェア上でOS（ホストOS）が動作し、その上でハイパーバイザーが動作する方式。VMware PlayerやVirtualBoxはこの方式

図A-1-2 ハイパーバイザーのタイプ概要図

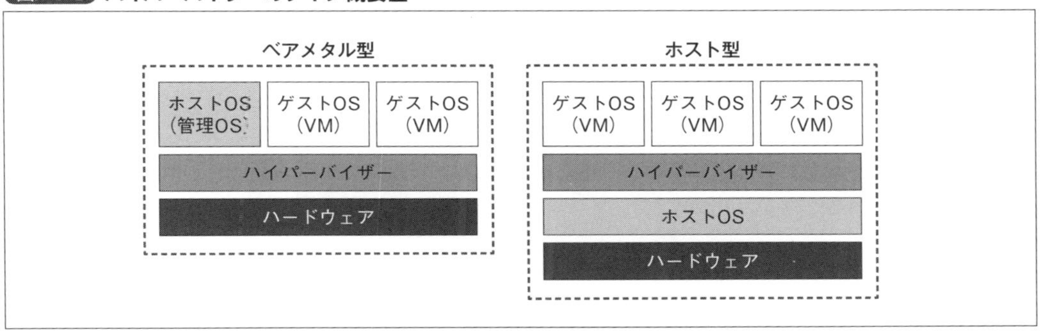

KVMはホストOSにハイパーバイザーの機能が組み込まれたものですが、ゲストOSはホストOS上のエミュレータ（QEMU）で動作するので、ベアメタル型とホスト型の中間的な方式です。

ある装置やソフトウェアの模倣をした動作を行うことを「エミュレーション」（emulation）と呼びます。例えば、PCハードウェアを模倣をする（エミュレーション）ことにより、仮想的にOSを稼動させることができます。エミュレーションを行う装置やソフトウェアを「エミュレータ」（emulator）と呼びます。

クラウドによる仮想環境

クラウドでは、ハイパーバイザーによる仮想環境の上で多数のVM（仮想マシン）インスタンスを稼働させることができます。VMインスタンスがユーザのアプリケーションを実行します。

クラウドのVMインスタンスは作成と削除が容易にできるので、負荷の状況に応じて手動あるいは自動でインスタンスの個数を増減することで処理能力を調整できます。

図A-1-3 クラウドのハイパーバイザー上で稼動するVMインスタンス

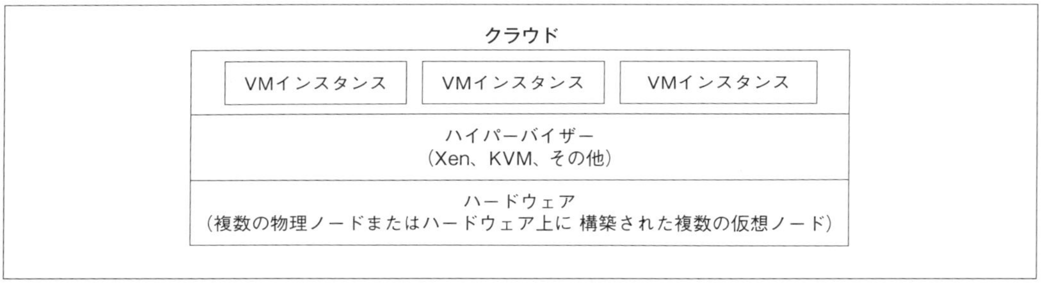

Amazonが提供するクラウドであるAWS（Amazon Web Services）では、ハイパーバイザーとしてXenが使われており、2017年からはKVMも導入されました。

Googleが提供するクラウドであるGCP（Google Cloud Platform）では、ハイパーバイザーとしてKVMが使われています。

コンテナ型仮想化

コンテナ型仮想化ではホストOSと同じカーネルを共有し、OS内で隔離されたコンテナと呼ばれる区画に独自のアドレス空間、ルートディレクトリからなる独自のストレージ領域、独自のネットワークアドレスを持ちます。

ホスト型あるいはハイパーバイザー型による仮想マシンに比べて、サイズが小さく、カーネルの起動/停止や余分なサービスの起動/停止がなく、コンテナの起動/停止が速いのが特徴です。

GoogleではGmail、YouTubeから検索まで、あらゆるものがコンテナで実行されています。

図A-1-4 Linuxで稼動するコンテナ

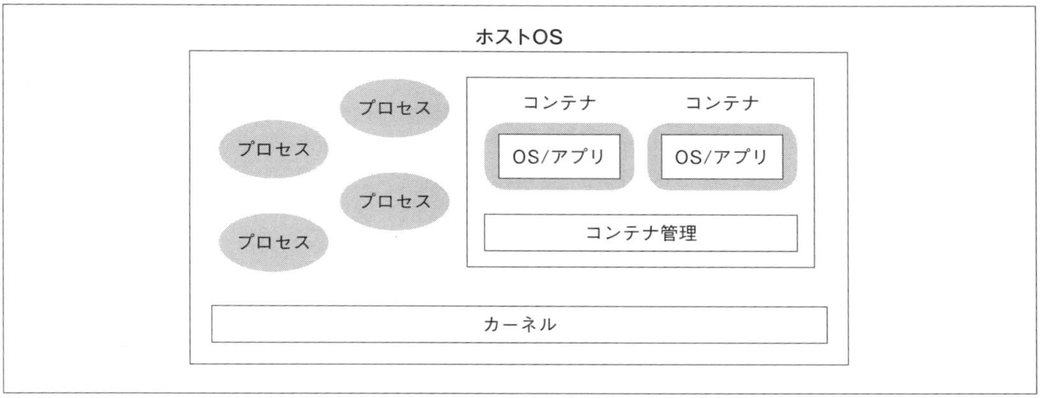

コンテナは、ハイパーバイザー上のVM（ゲストOS）の中で利用することができます（図A-1-2）。図A-1-4にある通り、ホストOSでコンテナを稼働させることができます。また、図A-1-5にある通り、クラウドのVMインスタンスを図A-1-4のホストOSとして、その中で稼動させることができます。

図A-1-5 クラウドのVMインスタンス上で稼動するコンテナ

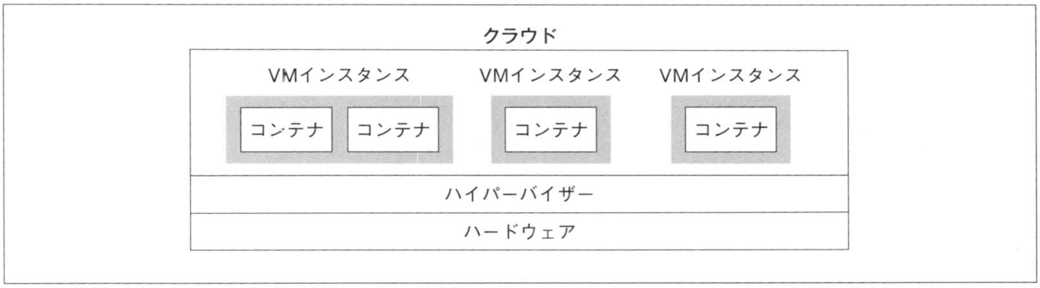

コンテナの実装としてはDocker社が開発したDockerコンテナが広く使われています。Dockerについては、本章のコラム（562ページ）を参照してください。

また、複数のDockerコンテナをOSに配備し、各コンテナを連携して動作させるためのKubernetesというソフトウェアが普及しつつあります。KubernetesはGoogleが開発して2014年に公開し、現在はCloud Native Computing Foundation（CNCF）が管理しています。

仮想化ソフトウェアが提供する機能

前述の通り、仮想化の対象となるリソースは、ストレージ、ネットワークなど多岐にわたります。そして仮想化の機能を利用するには、以下の2通りがあります。

- 仮想化ソフトウェアが提供する機能を利用する
- Webサーバなどのサーバソフトウェアが提供する機能を利用する

参考としてVirtualBoxが提供する仮想化の機能の一部を紹介します。以下の画面は、VirtualBoxで作成した仮想マシンの「設定」画面です。

図A-1-6 仮想マシンの設定画面

以降は、「A-2 KVMによる仮想環境の構築」「A-3 VirtualBoxによる仮想環境の構築」の各項で、仮想化ソフトウェアが提供する機能を活用し、仮想環境の構築方法を説明します。

A-2

KVMによる仮想環境の構築

KVMとは

KVM（Kernel-based Virtual Machine）は、Linuxの標準カーネル（2.6.20以降）に組み込まれたオープンソースの仮想化環境です。KVMは完全仮想化として開発されたため、仮想マシンのOS（ゲストOS）にはホストOSの種類にかかわらず、Microsoft WindowsやLinuxなどのさまざまな種類のOSをインストールできます。

KVMではハードウェアのエミュレーションは「QEMU」（キューエミュ）が行い、QEMUは**/dev/kvm**ファイルを介してハードウェアの仮想化支援機能を利用します。

ハードウェア仮想化支援機能では、ソフトウェアが行っていた仮想化処理をハードウェア（プロセッサ）がかわりに行い、仮想化のオーバーヘッドを大きく軽減します。KVMの完全仮想化ではハードウェア仮想化支援機能を利用します。ハードウェア仮想化支援機能を持つPCの場合、一般的にBIOSあるいはEFIの設定画面でハードウェア仮想化支援機能の有効/無効の設定ができます。

図A-2-1 KVM完全仮想化（概念図）

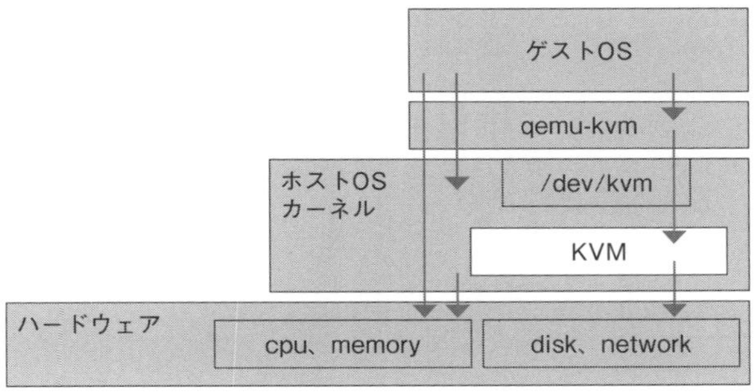

完全仮想化と準仮想化

ハードウェアプラットフォームの仮想化には、以下の2つのタイプがあります。

◇完全仮想化（Full Virtualization）

ハードウェアの完全なエミュレーションを行います。ハードウェア上で動作するOSを変更することなく、そのまま実行できます。

◇準仮想化（Para Virtualization）

ハードウェアとほぼ同等のエミュレーションを行いますが、完全なエミュレーションではありません。実行時間短縮のため、ハードウェアのエミュレーションに変更を加えたインターフェイスを提供します。準仮想化が提供するインターフェイスに対応してOSに変更を加える必要があります。

KVMは完全仮想化として開発されましたが、現在は準仮想化ドライバ(virtio)の採用などで、準仮想化の利点を取り入れています。

KVMを利用する

KVMを用いて、1台の物理マシン上に複数台の仮想マシンを作成します。仮想マシン(VM: Virtual Machine)は、仮想化ソフトウェア上で管理される仮想コンピュータです。仮想マシンにはOSとしてCentOSをインストールします。また、本付録では5台のVMを稼動させるため、要件として、メモリサイズが8GB以上のPCを用意してください。

なお、ここでは、Minimal ISO(CentOS-7-x86_64-Minimal-1804.iso)を使用してCentOSのインストールを行っています。そのため、GUIはインストールされない分、使用するディスクを少なく設定しています。もし、GUIインストールしたCentOSで仮想環境を構築する場合は、第1章(33ページ)を参考に、十分なディスクを確保してください。

本書では、第8章(390ページ)で紹介している以下のシステム構成になるように構築します。

図A-2-2 システム構成の例(host0はホストOS、点線枠内がゲストOS)

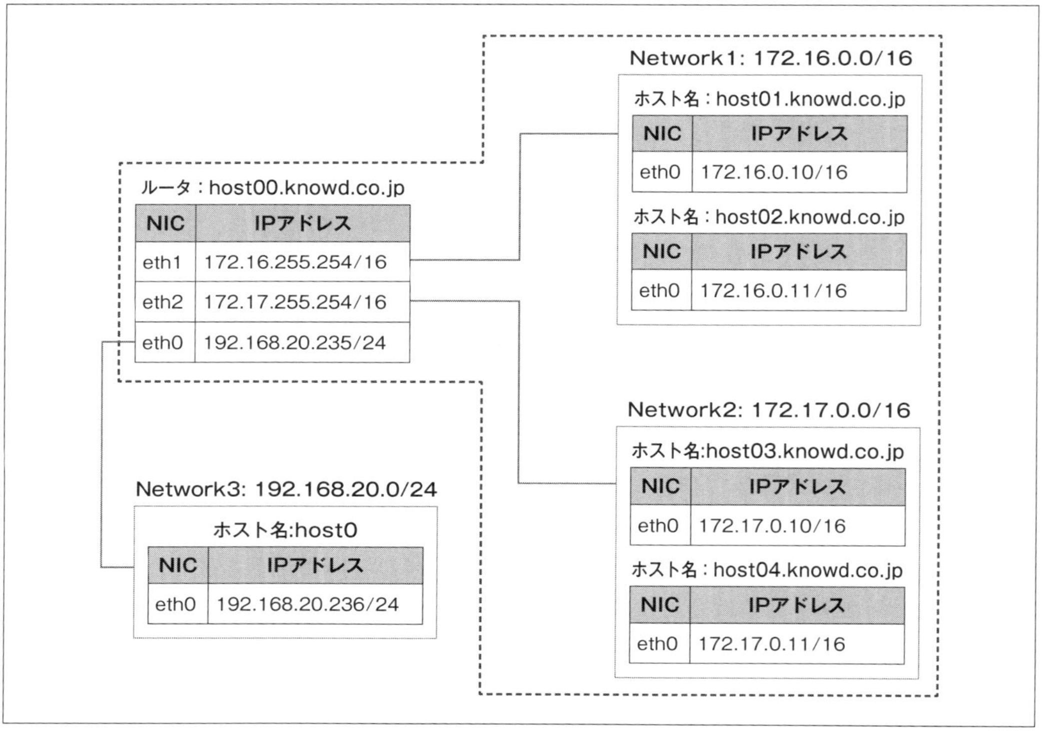

なお、図A-2-2の点線内にあるホスト(host00、host01、host02、host03、host04)を仮想マシン(ゲストOS)として作成します。なお、host0はホストOSであり、本書ではCentOSあるいはUbuntuを使用しています。作成手順は以下の通りです。

❶KVMのインストール
❷仮想マシンの作成
❸仮想マシンへCentOSのインストール
❹仮想マシンCentHost01の初期設定
❺クローンを使用した仮想マシンの作成
❻NATネットワークの利用
❼同一ネットワーク内の疎通確認
❽仮想マシンでルータの構築
❾異なるネットワーク間の疎通確認

KVMに必要なパッケージ

KVMを利用するためには、仮想化パッケージのインストールが必要です。インストールするパッケージは以下の通りです。

表A-2-1 KVMに必要なパッケージ

インストールするパッケージ	説明	主な構成要素	説明
Virtualization Host	ベース環境グループ	libvirtd	ゲストOSの起動、停止、ネットワーク、ストレージを管理
		virsh	ゲストOSのCUIベースの管理ツール
virt-install	GUIで操作するためのツール	virt-install	ゲストOSのインストーラ
virt-manager		virt-manager	ゲストOSのGUIベースの管理ツール
virt-viewer		virt-viewer	ゲストOSのグラフィカルコンソール
qemu-kvm	エミュレータ	qemu-kvm	ゲスト用のハードウェアのエミュレータ

「Virtualization Host」は複数のパッケージをまとめて1つと見なしたグループパッケージです。

仮想化ホストはベース環境のみ提供します。本付録では、グラフィカルな操作を行うため、GUIを操作するツールをインストールしています。

KVMのインストール

CentOSでは、次の手順でインストールします。

CentOSでのインストール

```
# yum groupinstall "Virtualization Host"  ←❶
# yum install virt-install virt-manager virt-viewer  ←❷
# yum install qemu-kvm  ←❸
…(実行結果省略)…
```

❶「Virtualization Host」はグループパッケージなので、「yum groupinstall」でインストールする。これによってベース環境がインストールされる
❷GUIで操作するためのツールをインストール
❸エミュレータQEMUのインストール。「qemu-kvm」はCentOSのインストール時に「qemu-guest-agent」と共に依存インストールされるが、更新のためにもコマンドを実行する

Ubuntuでは、GUIで簡単にインストールすることが可能です。

デスクトップ上の左にあるアイコンから「Ubuntu Software❶」を選択します。そこで「仮想マシンマネージャー」を検索・選択し、GUIの案内に従ってインストールを行います。

図A-2-3 仮想マシンマネージャーのインストール

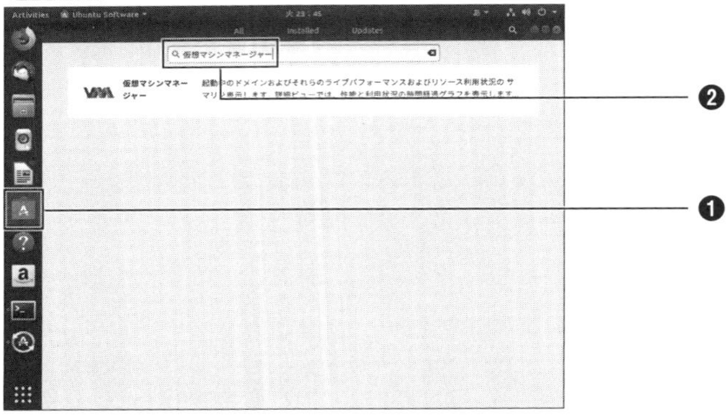

「Ubuntu Software」で「仮想マシンマネージャー」を検索しても表示されない場合、下記コマンドでパッケージリストの更新と未設定のパッケージの設定を行った後、再度「Ubuntu Sotware」で検索します。

sudo apt-get update ←パッケージリストの更新
sudo dpkg --configure -a ←展開済みであるパッケージの設定

仮想マシンの作成

ゲストOSとして仮想マシンを作成します。ここではGUIでゲストOSを管理できる仮想マシンマネージャー(virt-manager)を用いて仮想マシンを新規に作成します。以下の例では、ホストhost01を作成しています。

○OSイメージのインストール

本付録では、事前にISOイメージをダウンロードし、仮想マシンにインストールします。したがって、CentOSのインストールに必要なISOイメージファイルをホストOS上に準備します。Webブラウザにて下記URLにアクセスし、ISOイメージファイルをダウンロードします。ここでは、「CentOS-7-x86_64-Minimal-1804.iso」をダウンロードすることとします。

ISOイメージのダウンロード
https://www.centos.org/download/

ここでは、最小構成となる「minimal」を使用します。また、ダウンロードしたファイル(CentOS-7-x86_64-Minimal-1804.iso)を以下の場所に配置しているものとします。

/home/yuko/download/CentOS-7-x86_64-Minimal-1804.iso

◯仮想マシンマネージャーの起動

仮想マシンマネージャーを以下の方法で起動します。

- **CentOS**：「アプリケーション」→「システムツール」→「仮想マシンマネージャー」
- **Ubuntu**　：「アプリケーションメニュー」→「仮想マシンマネージャー」

起動するとrootまたはsudoユーザの認証が要求されるので、該当ユーザのパスワードを入力します。

◯仮想マシンの作成

仮想マシンマネージャーの上部のアイコンは、左から順に以下の操作を行うために表示されています。

- 新しい仮想マシンの作成
- 選択した仮想マシンのコンソール画面を開く
- 選択した仮想マシンを起動
- 選択した仮想マシンの一時停止
- 選択した仮想マシンをシャットダウン

ここでは、仮想マシンを作成するので、「新しい仮想マシンの作成」を選択します。

◯ゲストOSのインストール方法の選択

事前準備でダウンロードしたISOイメージファイルをインストールメディアとするため、「ローカルのインストールメディア」を選択します。

新しい仮想マシンの作成時、以下の図のような警告が出た際には、「ハードウェア仮想化支援機能」が無効になっている可能性があります。ハードウェア仮想化支援機能を有効にするには、BIOSあるいはUEFIの設定画面でハードウェア仮想化支援機能(VT：Virtualization Technology)を有効にします。

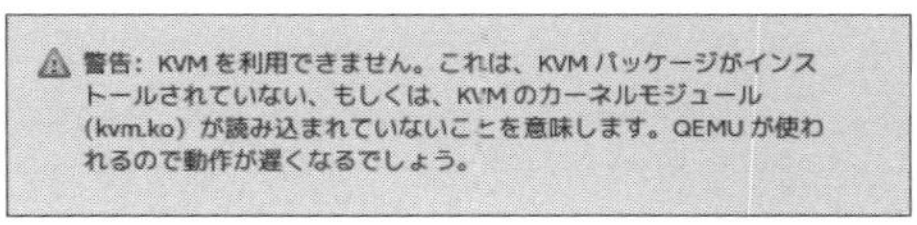

警告：KVMを利用できません。これは、KVMパッケージがインストールされていない、もしくは、KVMのカーネルモジュール(kvm.ko)が読み込まれていないことを意味します。QEMUが使われるので動作が遅くなるでしょう。

◯ISOイメージファイルの選択

準備しておいたISOイメージファイルを選択します。ここでは、**/home/yuko/download**ディレクトリ以下に配置しているISOイメージファイル(この例ではCentOS-7-x86_64-Minimal-1804.iso)を選択します。さらに、OSのタイプを自動判別するように「インストールメディアに応じて、仮想マシン内のOSの種類を自動判別する」にチェックを付けます。

◯メモリサイズとCPU

仮想マシンに割り当てるメモリとCPUを設定します。ここではメモリを「1024」MB、CPUを「1」に設定するものとします。

◯ハードディスクの作成

仮想マシンで使用する仮想ハードディスクを設定します。ここでは、仮想ハードディスクを新規作成しますので「仮想マシン用にディスクイメージを作成する」を選択します。サイズには「8.00GB」を入力します。

KVMでは、作成されたディスクイメージはデフォルトで「/var/lib/libvirt/images/」以下に配置されます。

◯名前とネットワーク

仮想マシンの名前として「CentHost01」を入力します。また「ネットワークの選択」のドロップダウンリストで「仮想ネットワーク'default'：NAT」を選択します。なお、NAT接続については後述します。

◯仮想マシンの作成完了

仮想マシンの作成が完了すると、仮想マシンマネージャーに仮想マシンが表示され、起動されます。以下の画面では、作成した「CentHost01」が確認できます。ここまでで、仮想マシンの作成は完了です。

図A-2-4 仮想マシンの作成確認

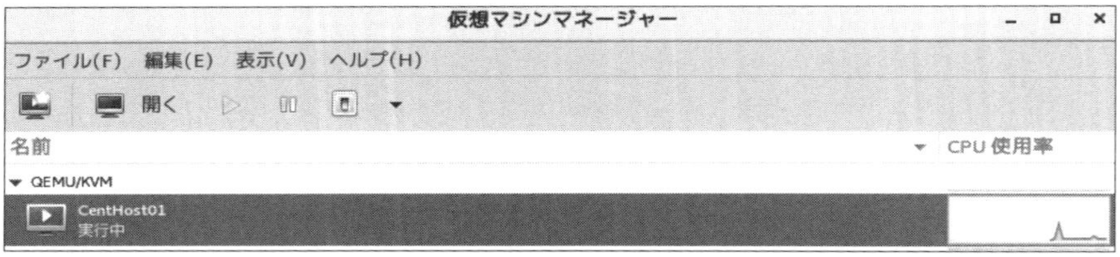

◯仮想マシンの起動確認

仮想マシンの起動後、インストール画面が表示されたらCentOSのインストールを行ってください。

図A-2-5 仮想マシンの起動確認

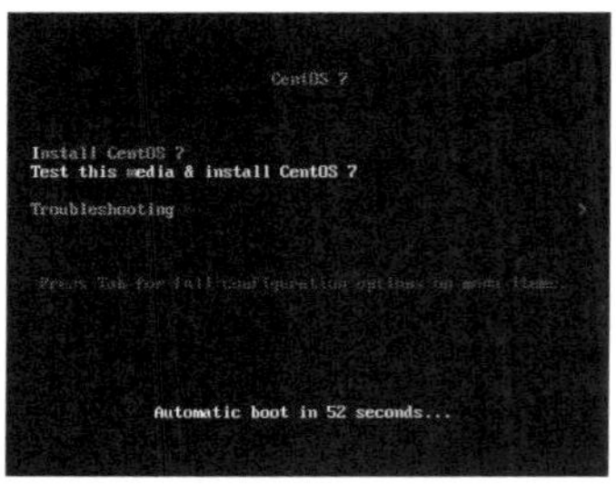

> 第1章では、「サーバ(GUI使用)のインストール手順」(33ページ)を掲載していますので、必要に応じて参考にしてください。インストール時にネットワークの接続をオンにすることを忘れないように注意してください。

仮想マシンCentHost01の初期設定

インストールが完了したら、仮想マシン「CentHost01」を起動し、rootでログインします。

続いて、ホスト名とIPアドレスの設定を行います。以下は、ホスト名の設定例です。ここでは、ホスト名を「host01.knowd.co.jp」とします。

ホスト名の変更

```
# nmcli g ho host01.knowd.co.jp
# nmcli g ho
host01.knowd.co.jp
```

次に、IPアドレスの設定を行います。まず、ネットワークインターフェイスの一覧を表示してNAME欄を確認します。そこで確認した名前のIPアドレスの設定を行います。ここでは、IPアドレスを「172.16.0.10/16」とし、ゲートウェイを「172.16.255.254」とします。

IPアドレスの設定

```
# nmcli con show
NAME  UUID                                  TYPE      DEVICE
eth0  b1811c9d-ec72-43cc-81a2-6da38bd8a98d  ethernet  eth0
# nmcli con modify eth0 ipv4.method manual ipv4.addresses 172.16.0.10/16
ipv4.gateway 172.16.255.254
# nmcli con show eth0| grep ipv4
ipv4.method:                            manual
ipv4.dns:                               --
ipv4.dns-search:                        --
ipv4.dns-options:                       ""
ipv4.dns-priority:                      0
ipv4.addresses:                         172.16.0.10/16
ipv4.gateway:                           172.16.255.254
```

上記の設定が完了したら、一度シャットダウンしてください。

クローンを使用した仮想マシンの作成

本書では、ゲストOSを計5台作成します。したがって、前で作成した「CentHost01」を元に、残りの4台はコピーして作成します。KVMでは、「クローン」機能が提供されており、ゲストOSのコピーを作成することができます。

以下の例では、ホストhost01(仮想マシン名:CentHost01)を元に、host02(仮想マシン名:CentHost02)を作成しています。

以降、このホストをドメイン部「knowd.co.jp」を省略して「ホストhost01」と呼ぶことにします。host00、host02、host03、host04についても同様です。

◯クローンの利用

仮想マシン「CentHost01」を選択して右クリックし❶、[クローン]を選択します❷。

図A-2-6 クローンの利用

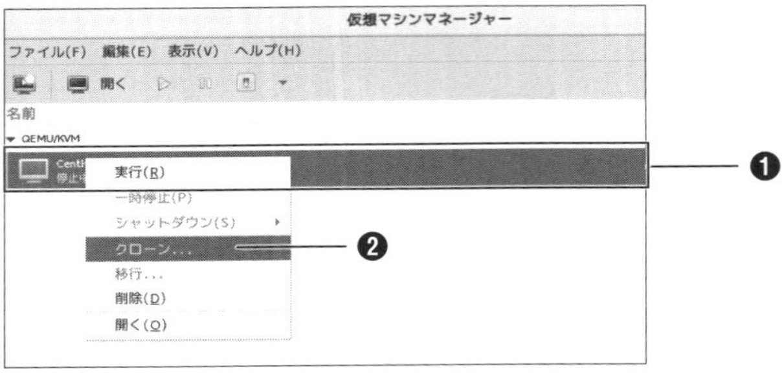

◯新しい仮想マシン名の指定

新しい仮想マシン名を指定します。仮想マシンの名前として「CentHost02」を入力します❶。イメージはベースイメージ(CentHost01.img)のクローンを作成するために、「ディスクをクローン」を選択します❷。作成したクローンはベースイメージと同じ場所に配置するので「ディスクをCentHost01と共有」を選択します❸。入力後、[クローン]をクリックします。

図A-2-7 新しい仮想マシン名の指定

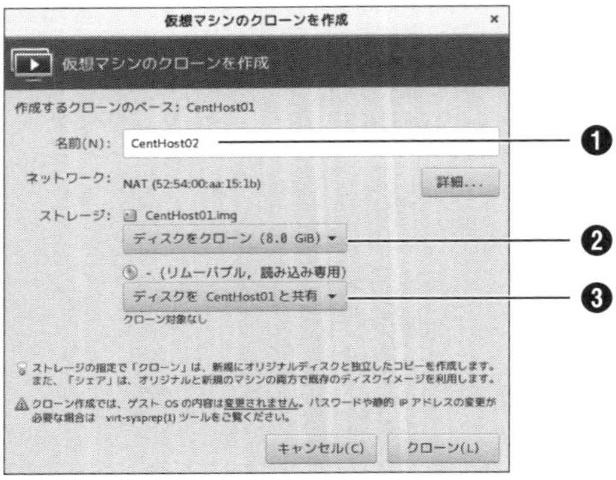

◯作成後の確認

クローンの作成が完了したら、仮想マシンマネージャーに「CentHost02」が作成されていることを確認します。

図A-2-8 作成後の確認

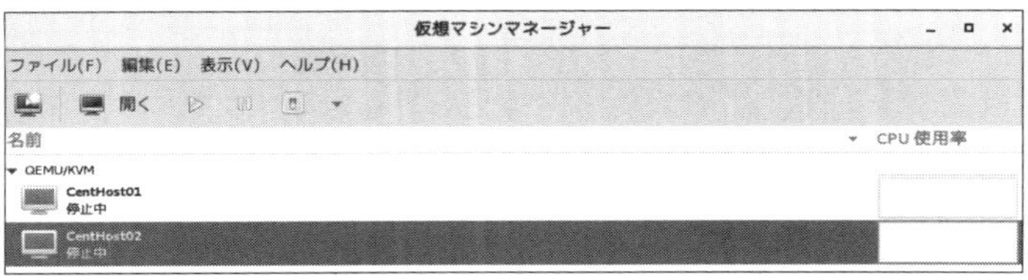

◯初期設定と他ホストの作成

仮想マシンCentHost02を起動し、ホスト名とIPアドレス（ゲートウェイも含む）を設定します（535ページ）。また、同様の手順で、ホストhost03（仮想マシンCentHost03）、ホストhost04（仮想マシンCentHost04）を作成してください。

後述する「仮想マシンでルータの構築」では、ホストhost00（仮想マシンCentHost00）をルータとして使用するため、ホストhost00もクローンで作成しておいてください。なお、ホストhost00のIPアドレス（ゲートウェイも含む）の設定は、後述する「仮想マシンでルータの構築」で行うため、ここでは未設定とします。

クローンで作成した仮想マシンは全てシャットダウンしておいてください。

デフォルトネットワーク（Default Network）：NAT接続

KVMでは、KVMゲストを内部ネットワークに接続し、ホストのネットワークとNAT接続するには、デフォルトネットワーク（Default Network）の「'default' NAT」を利用するのが便利な方法です。ゲストOSが接続するネットワークは、ゲストOSのインストール時あるいはインストール後にホストのネットワークデバイスの中から選択します。

Default Networkの起動は、仮想マシンマネージャーのメニューから行います。［編集］→［接続の詳細］→［仮想ネットワーク］を選択し、「自動起動」にチェックを入れます❶。

図A-2-9 Default Networkの自動起動

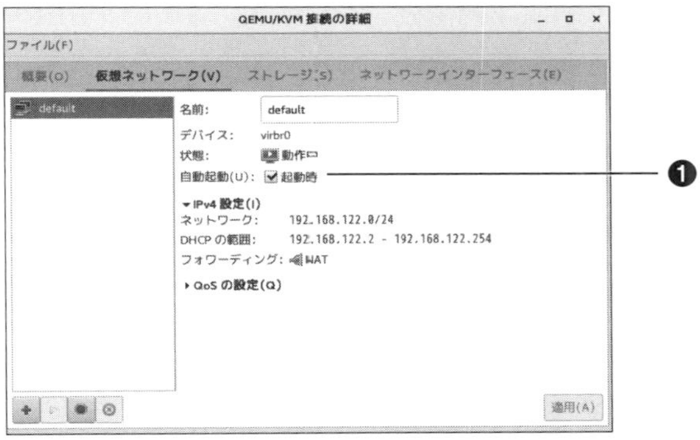

ここでは、Default Networkは使用せずに、NATネットワークを使用してネットワークを作成する手順を記載します。

ネットワークの作成

図A-2-2のシステム構成の例（530ページ）に従い、まず「NatNetwork1」と「NatNetwork2」を作成します。ここで設定する項目は「ネットワーク名」「ネットワークCIDR」「DHCPの範囲」のみですので、これらの項目以外の設定は全てデフォルトとします。以下の表を参考にして設定を行ってください。

表A-2-2 作成するネットワーク

ネットワーク名	NatNetwork1	NatNetwork2
ネットワークCIDR	172.16.0.0/16	172.17.0.0/16
割り当て仮想マシン	CentHost01、CentHost02	CentHost03、CentHost04

NATネットワークの作成手順

以下の手順で、NATネットワークを作成していきます。

○NATネットワークの作成

仮想マシンマネージャーで[編集]→[接続の詳細]→[仮想ネットワーク]を選択し、左下の[+]をクリックしてネットワークを追加します。

○NATネットワークの名前の設定

新しいネットワークの名前を入力するウィンドウが表示されるので、「NatNetwork1」と入力します。

○NATネットワークの設定

「IPv4ネットワークアドレス空間の定義を可能にする」の項目に、ネットワークCIDRを入力します。ネットワークCIDRを入力すると、自動でDHCPv4も設定されます。ここで、DHCPの終了アドレスは「172.16.255.253」と入力します。入力後に[進む]をクリックして次の画面に進みます。次のネットワークオプションについてもデフォルトのままにし、[進む]をクリックしてさらに先の画面に進みます。

○NATネットワークのタイプ

「物理ネットワークへ接続」の項目で「隔離された仮想ネットワーク」が選択されており、DNSドメイン名には「NatNetwork1」と入力されていることを確認後、[完了]をクリックします。

続いて、同じ手順でNatNetwork2を作成します。

○NATネットワークへ仮想マシンを割り当て

次に、仮想マシンをNATネットワークへ割り当てます。まず、仮想マシン「CentHost01」をダブルクリックまたは右クリックして[開く]を選択します。その後、[表示]→[詳細]を選択します。

画面左側の欄の[NIC]をクリックすると❶、仮想ネットワークインターフェイスの設定画面になるので、「ネットワークソース」のドロップダウンリストから「仮想ネットワーク'NatNetwork1'」を選択します❷。入力後、[適用]をクリックします。

図A-2-10 NATネットワークへ仮想マシンを割り当て

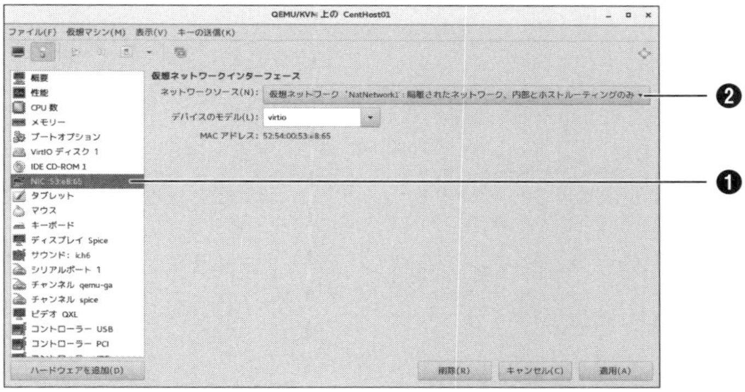

上記の図A-2-10を見ると、ネットワークソースには「仮想ネットワーク'NatNetwork1' 隔離されたネットワーク、内部とホストルーティングのみ」と書かれています。このように、KVMでは、隔離されたネットワークを作成しても、ホスト(host0)とは通信(ホストルーティング)できるように設定されています。

同様に、以下の通りに仮想マシンをNATネットワークに割り当ててください。

- **NatNetwork1**：CentHost01、CentHost02
- **NatNetwork2**：CentHost03、CentHost04

同一ネットワーク内の疎通確認

ここまで、2つのNATネットワークを作成し、各ネットワークに2台ずつ仮想マシンを配置しました。では、同一ネットワーク内の仮想マシン同士が通信できるか、pingコマンドを使用して確認します。

以下は、ホストhost01(仮想マシン名：CentHost01)と、ホストhost02(仮想マシン名：CentHost02)の疎通確認です。

host01→host02の疎通確認

```
# hostname
host01.knowd.co.jp
# ping -c 2 172.16.0.11
PING 172.16.0.11 (172.16.0.11) 56(84) bytes of data.
64 bytes from 172.16.0.11: icmp_seq=1 ttl=64 time=0.894 ms
64 bytes from 172.16.0.11: icmp_seq=2 ttl=64 time=0.587 ms

--- 172.16.0.11 ping statistics ---
2 packets transmitted, 2 received, 0% packet loss, time 1001ms
rtt min/avg/max/mdev = 0.587/0.740/0.894/0.155 ms
```

host02→host01の疎通確認

```
# hostname
host02.knowd.co.jp
# ping -c 2 172.16.0.10
PING 172.16.0.10 (172.16.0.10) 56(84) bytes of data.
64 bytes from 172.16.0.10: icmp_seq=1 ttl=64 time=0.784 ms
64 bytes from 172.16.0.10: icmp_seq=2 ttl=64 time=0.751 ms

--- 172.16.0.10 ping statistics ---
2 packets transmitted, 2 received, 0% packet loss, time 1001ms
rtt min/avg/max/mdev = 0.751/0.767/0.784/0.032 ms
```

以下は、ホストhost03（仮想マシン名：CentHost03）と、ホストhost04（仮想マシン名：CentHost04）の疎通確認です。

host03→host04の疎通確認

```
# hostname
host03.knowd.co.jp
# ping -c 2 172.17.0.11
PING 172.17.0.11 (172.17.0.11) 56(84) bytes of data.
64 bytes from 172.17.0.11: icmp_seq=1 ttl=64 time=2.08 ms
64 bytes from 172.17.0.11: icmp_seq=2 ttl=64 time=0.704 ms

--- 172.17.0.11 ping statistics ---
2 packets transmitted, 2 received, 0% packet loss, time 1001ms
rtt min/avg/max/mdev = 0.704/1.394/2.084/0.690 ms
```

host04→host03の疎通確認

```
# hostname
host04.knowd.co.jp
# ping -c 2 172.17.0.10
PING 172.17.0.10 (172.17.0.10) 56(84) bytes of data.
64 bytes from 172.17.0.10: icmp_seq=1 ttl=64 time=0.642 ms
64 bytes from 172.17.0.10: icmp_seq=2 ttl=64 time=0.674 ms

--- 172.17.0.10 ping statistics ---
2 packets transmitted, 2 received, 0% packet loss, time 1001ms
rtt min/avg/max/mdev = 0.642/0.658/0.674/0.016 ms
```

ホストhost01（仮想マシン名：CentHost01）と、ホストhost03（仮想マシン名：CentHost03）はネットワークが異なり、またその間にルータがないので接続できません。以下は疎通ができないことの確認です。

host01→host03の疎通確認

```
# hostname
host01.knowd.co.jp
# ping -c 2 172.17.0.10
PING 172.17.0.10 (172.17.0.10) 56(84) bytes of data.
From  172.16.0.10  icmp_seq=1 Destination Host Unreachable
From  172.16.0.10  icmp_seq=2 Destination Host Unreachable

--- 172.17.0.10 ping statistics ---
2 packets transmitted, 0 received, +2 errors, 100% packet loss, time
999ms
pipe 2
```

host03→host01の疎通確認

```
# hostname
host03.knowd.co.jp
# ping -c 2 172.16.0.10
PING 172.16.0.10 (172.16.0.10) 56(84) bytes of data.
From  172.17.0.10  icmp_seq=1 Destination Host Unreachable
From  172.17.0.10  icmp_seq=2 Destination Host Unreachable

--- 172.16.0.10 ping statistics ---
2 packets transmitted, 0 received, +2 errors, 100% packet loss, time
999ms
pipe 2
```


仮想マシンによるルータの構築

KVMの仮想マシンを使用し、ゲストOSをルータとして配置することができます。ここでは、ホストhost00をルータとして使用します。今一度、図A-2-2(530ページ)を確認してください。ホストhost00の配置により、Network1やNetwork2の各ネットワーク同士を接続します。また、ホストOSであるhost0にもブリッジ接続します。

ブリッジの作成

ここでは、ホストOSとルータとするゲストOSをブリッジによって接続します。そのため、以下の手順でブリッジを作成します。

○ブリッジの作成

host0とhost00を接続するためのブリッジ「br0」を作成します。

仮想マシンマネージャーで[編集]→[接続の詳細]→[ネットワークインターフェース]を選択し、画面左下の[+]をクリックしてブリッジを追加します。

○ブリッジの選択

インターフェイスの種類を「Bridge」とし、[進む]をクリックして次の画面に進みます。次の設定画面では、「ブリッジ名」を「br0」と入力し、「開始モード」のドロップダウンリストで

「onboot」を選択します。さらに、「今すぐ有効」にチェックを入れます。入力後、IP設定の欄の[設定]をクリックします。

○ブリッジのアドレス設定

ブリッジのIPアドレス設定を行います。手動でブリッジのIPアドレスを「192.168.20.236/24」と入力します。ゲートウェイは未設定とします。入力後、[OK]をクリックすると、設定画面に戻るので、続けて[完了]をクリックします。

> ここでは、ブリッジのアドレスをホストhost0のIPアドレス「192.168.20.236」で設定することで、host0のIPアドレスの設定を不要としています。

○ブリッジの確認と起動

ネットワークインターフェイスに「br0」が追加され、起動していることを確認します。

図A-2-11 ブリッジの確認と起動

○ブリッジへの接続

ホストhost00をブリッジへ接続します。仮想マシン「CentHost00」をダブルクリックし、[表示]→[詳細]で詳細画面を開き、NICを選択します。ここで、「ネットワークソース」のドロップダウンリストより「ブリッジ br0：空のブリッジ」を選択します。入力後、[適用]をクリックします。

○ホスト名の設定

ホストhost00を起動し、rootでログインします。まず、ホスト名を設定します。ここでは、ホスト名を「host00.knowd.co.jp」とします。

ホスト名の変更

```
# nmcli g ho host00.knowd.co.jp
# nmcli g ho
host00.knowd.co.jp
```

○IPアドレスの設定

以下のコマンドで、ブリッジbr0におけるIPアドレスの設定を行います。

IPアドレスの設定

```
# hostname ←❶
host00.knowd.co.jp
# nmcli con show ←❷
NAME  UUID                                  TYPE      DEVICE
eth0  b1811c9d-ec72-43cc-81a2-6da38bd8a98d  ethernet  eth0
# nmcli con modify eth0 ipv4.method manual \
> ipv4.addresses 192.168.20.235/24 \
> ipv4.gateway 192.168.20.254 ←❸
# nmcli con show eth0 | grep ipv4
ipv4.method:                            manual
ipv4.dns:                               --
ipv4.dns-search:                        --
ipv4.sdns-options:                      ""
ipv4.dns-priority:                      0
ipv4.addresses:                         192.168.20.235/24
ipv4.gateway:                           192.168.20.254
…（以下省略）…
# nmcli d reapply eth0 ←❹
Connection successfully reapplied to device 'eth0'.
```

❶ホスト名を確認する
❷NAME（接続名）「eth0」を確認する
❸eth0の設定。今回はhost0（ホストOS）とhost00の接続にはブリッジbr0を使用しており、このeth0を通じてホストOSと接続することができる
❹接続の設定をデバイスに適用する

ここでは、ホストhost0のネットワーク環境を「192.168.20.0/24」と仮定しています。したがって、ホストのネットワーク環境が本付録と異なる場合、ブリッジbr0の設定をホストのネットワーク環境に適した設定にする必要があります。

図A-2-12 本付録のネットワーク環境

NICの追加

ホストhost00は異なるネットワーク同士を接続するため、複数のNIC（Network Interface Card）というデバイスが必要ですが、KVMの仮想マシンでは仮想的にNICを追加することができます。

◯接続の追加

ここでは、事前にホストhost00に接続を追加します。事前に接続の設定を行っておくことで、接続名の文字化けを防ぎます。以下の通りに接続名とNICを対応をさせるため、図A-2-2（530ページ）を参考に接続「eth1」と「eth2」を作成します。

- **eth1**：NatNetwork1
- **eth2**：NatNetwork2

まず、「eth1」を作成します。

接続の作成（eth1）

```
# nmcli con add type ethernet ifname eth1 con-name eth1  ←❶
Connection 'eth1'  (903ea442-8cf2-4540-9d51-a03d2e09d1bc) successfully
added
# nmcli con show
NAME  UUID                                  TYPE      DEVICE
eth0  b1811c9d-ec72-43cc-81a2-6da38bd8a98d  ethernet  eth0
eth1  903ea442-8cf2-4540-9d51-a03d2e09d1bc  ethernet  --  ←❷
```

❶接続eth1を追加する
❷eth1が追加され、eth1にデバイス（NIC）が割り当てられていないことを確認する

◯NICの追加

続いて、コンソール上部の［表示］→［詳細］を選択し、詳細画面を開きます。左下の「ハードウェアの追加」を選択し、［ネットワーク］をクリックします。ここで、「ネットワークソース」のドロップダウンリストで「仮想ネットワーク `NatNetwork1`」を選択します。また「デバイスのモデル」は「virtio」を選択します。

◯NICの追加の確認と設定

［表示］→［コンソール］でコンソールに戻り、NICが適切に追加されているかを確認します。

NICの追加の確認と設定（eth1）

```
# nmcli con show
NAME  UUID                                  TYPE      DEVICE
eth0  b1811c9d-ec72-43cc-81a2-6da38bd8a98d  ethernet  eth0
eth1  903ea442-8cf2-4540-9d51-a03d2e09d1bc  ethernet  eth1  ←❶
# nmcli con modify eth1 ipv4.method manual \
> ipv4.addresses 172.16.255.254/16  ←❷
# nmcli con show eth1 | grep ipv4
ipv4.method:                          manual
ipv4.dns:                             --
```

```
ipv4.dns-search:                          --
ipv4.dns-options:                         ""
ipv4.dns-priority:                        0
ipv4.addresses:                           172.16.255.254/16
…（以下省略）…
# nmcli d reapply eth1   ←❸
Connection successfully reapplied to device 'eth1'.
```

❶DEVICE欄に先ほど追加したNIC「eth1」が追加されていることを確認する
❷eth1の設定。前述の「仮想マシンCentHost01の初期設定」および「クローンを使用した仮想マシンの作成」で、ホストhost01とhost02のゲートウェイには「172.16.255.254」を設定。つまり、host00のeth1を通じて、他ネットワークに接続することができる
❸接続の設定をNICに適用する

同様にして、「eth2」の接続を追加し、「NatNetwork2」のNICを追加します。その後、以下のコマンドを実行し、eth2の設定を行います。

NICの追加の確認と設定（eth2）

```
# nmcli con show
NAME  UUID                                  TYPE      DEVICE
eth0  b1811c9d-ec72-43cc-81a2-6da38bd8a98d  ethernet  eth0
eth1  903ea442-8cf2-4540-9d51-a03d2e09d1bc  ethernet  eth1
eth2  868cd6e8-37cC-422d-b96f-392e1d3fee2d  ethernet  eth2   ←❶
# nmcli con modify eth2 ipv4.method manual \
> ipv4.addresses 172.17.255.254/16   ←❷
# nmcli con show eth2 | grep ipv4
ipv4.method:                              manual
ipv4.dns:                                 --
ipv4.dns-search:                          --
ipv4.dns-options:                         ""
ipv4.dns-priority:                        0
ipv4.addresses:                           172.17.255.254/16
…（以下省略）…
# nmcli d reapply eth2
Connection successfully reapplied to device 'eth2'.   ←❸
```

❶「DEVICE」欄にeth2が追加されていることを確認する
❷eth2の設定の確認。前述の「仮想マシンCentHost01の初期設定」および「クローンを使用した仮想マシンの作成」で、ホストhost03とhost04のゲートウェイには「172.17.255.254」を設定
つまり、host00のeth2を通じて、他ネットワークに接続することができる
❸接続の設定をデバイスに適用する

フォワーディングの設定

ルータには、1つのネットワークI/Fから別のネットワークI/Fへのパケットのフォワーディング（転送）を許可する設定が必要になります。

フォワーディングの詳細は、第8章（393ページ）を参照してください。

以下では、sysctlコマンドで、ip_forwardの値の設定、表示をしています。

ip_forwardの設定（host00で実行）

```
# sysctl net.ipv4.ip_forward  ←❶
net.ipv4.ip_forward = 0
# sysctl net.ipv4.ip_forward=1  ←❷
net.ipv4.ip_forward = 1
```

❶ip_forwardの値を表示。値は「0」となっている
❷ip_forwardに「1」を書き込む

異なるネットワーク間の疎通確認

異なるネットワーク間の仮想マシン同士が通信できるか、pingコマンドを使用して確認します。

以下は、ホストhost00（仮想マシン名：CentHost00）と、ホストhost01（仮想マシン名：CentHost01）の疎通確認です。

host00→host01の疎通確認

```
# hostname
host00.knowd.co.jp
# ping -c 2 172.16.0.10
PING 172.16.0.10 (172.16.0.10) 56(84) bytes of data.
64 bytes from 172.16.0.10: icmp_seq=1 ttl=64 time=0.290 ms
64 bytes from 172.16.0.10: icmp_seq=2 ttl=64 time=0.670 ms

--- 172.16.0.10 ping statistics ---
2 packets transmitted, 2 received, 0% packet loss, time 1000ms
rtt min/avg/max/mdev = 0.290/0.480/0.670/0.190 ms
```

host01→host00の疎通確認

```
# hostname
host01.knowd.co.jp
# ping -c 2 172.16.255.254
PING 172.16.255.254 (172.16.255.254) 56(84) bytes of data.
64 bytes from 172.16.255.254: icmp_seq=1 ttl=64 time=0.714 ms
64 bytes from 172.16.255.254: icmp_seq=2 ttl=64 time=0.707 ms

--- 172.16.255.254 ping statistics ---
2 packets transmitted, 2 received, 0% packet loss, time 1001ms
rtt min/avg/max/mdev = 0.707/0.710/0.714/0.026 ms
```

以下は、ホストhost01（仮想マシン名：CentHost01）と、ホストhost03（仮想マシン名：CentHost03）の疎通確認です。

host01→host03の疎通確認

```
# hostname
host01.knowd.co.jp
# ping -c 2 172.17.0.10
```

```
PING 172.17.0.10 (172.17.0.10) 56(84) bytes of data.
64 bytes from 172.17.0.10: icmp_seq=1 ttl=63 time=1.86 ms
64 bytes from 172.17.0.10: icmp_seq=2 ttl=63 time=1.03 ms

--- 172.17.0.10 ping statistics ---
2 packets transmitted, 2 received, 0% packet loss, time 1001ms
rtt min/avg/max/mdev = 1.036/1.448/1.861/0.414 ms
```

host03→host01の疎通確認

```
# hostname
host03.knowd.co.jp
# ping -c 2 172.16.0.10
PING 172.16.0.10 (172.16.0.10) 56(84) bytes of data.
64 bytes from 172.16.0.10: icmp_seq=1 ttl=63 time=1.65 ms
64 bytes from 172.16.0.10: icmp_seq=2 ttl=63 time=1.30 ms

--- 172.16.0.10 ping statistics ---
2 packets transmitted, 2 received, 0% packet loss, time 1002ms
rtt min/avg/max/mdev = 1.301/1.4
75/1.650/0.178 ms
```

以上より、ホストhost01とhost03の疎通を確認できます。したがって、ホストhost00はパケットのフォワーディングを行い、ルータとしての役割を果たしていることがわかります。

A-3

VirtualBoxによる仮想環境の構築

VirtualBoxとは

VirtualBoxは、Oracle社が提供しているホスト型仮想化ソフトウェアで、無償で利用可能です。VirtualBoxのインストール手順については、以下のサイトを参考にしてください。

> **Oracle社 VirtualBoxのマニュアルページ**
> **https://www.oracle.com/technetwork/jp/server-storage/virtualbox/documentation/index.html**

VirtualBoxによる仮想マシンの作成

VirtualBoxを用いて、1台の物理マシン上に複数台の仮想マシンを作成します。仮想マシン（VM：Virtual Machine）は、仮想化ソフトウェア上で管理される仮想コンピュータです。仮想マシンにはOSとしてCentOSをインストールします。

なお、ここでは、Minimal ISO（CentOS-7-x86_64-Minimal-1804.iso）を使用してCentOSのインストールを行っています。そのため、GUIはインストールされない分、使用するディスクを少なく設定しています。もし、GUIインストールしたCentOSで仮想環境を構築する場合は、第1章（33ページ）を参考に、十分なディスクを確保してください。

ここでは、第8章で紹介している以下のシステム構成（390ページ）になるように構築します。

図A-3-1 システム構成の例（host0はホストOS、点線枠内がゲストOS）

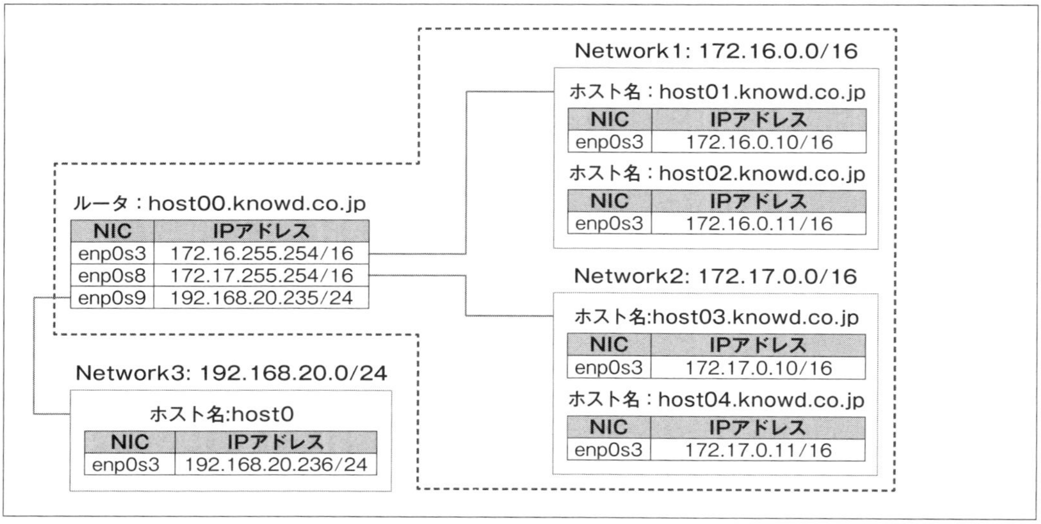

なお、図A-3-1の点線内にあるホスト（host00、host01、host02、host03、host04）を仮想マシン（ゲストOS）として作成します。なお、host0はホストOSであり、本書ではWindows 10を使用しています。

作成手順は以下の通りです。

❶仮想マシンの作成
❷仮想マシンへCentOSのインストール
❸仮想マシンCentHost01の初期設定
❹クローンを使用した仮想マシンの作成
❺NATネットワークの利用
❻同一ネットワーク内の疎通確認
❼仮想マシンでルータの構築
❽異なるネットワーク間の疎通確認

仮想マシンの作成

ゲストOSとして仮想マシンを作成します。ここでは、Oracle VM VirtualBoxマネージャーを使用して仮想マシンを新規に作成します。以下の例では、ホストhost01を作成しています。

○仮想マシンの作成

Oracle VM VirtualBoxマネージャーから、[新規]をクリックします。

○仮想マシンの名前とOSの設定

仮想マシンの名前として「CentHost01」を入力します。また、OSのタイプに「Linux」を、バージョンに「Red Hat (64-bit)」を選択します。

○メモリサイズの設定

仮想マシンに割り当てるメモリを設定します。ここでは「1024」MBを設定するものとします。

○仮想ハードディスクの作成

仮想マシンで使用する仮想ハードディスクを設定します。ここではまず、仮想ハードディスクを新規作成しますので「仮想ハードドライブを作成する」を選択して、[作成]をクリックします。

○仮想ハードディスクのファイルタイプの設定

仮想ハードドライブのファイルタイプに「VDI (VirtualBox Disk Image)」を選択して、[次へ]をクリックします。

○物理ハードディスクの割り当て方法の設定

続いて領域の割り当て方法を選択します。今回は、動的に割り当てを行う「可変サイズ」を選択します。

○ファイルの場所とサイズの設定

続いて、ファイルの配置場所とサイズを設定します。場所には「CentHost01」を入力します。Windows 10では、入力すると、デフォルト仮想マシンフォルダとして「C: ¥Users ¥<ログインユーザ名> ¥VirtualBox VMs」を設定しているので、「C: ¥Users ¥<ログインユーザ名> ¥VirtualBox VMs ¥CentHost01.vdi」が仮想ハードディスクとして作成されます。サイズには「8.00GB」を入力して、[作成]をクリックします。

○仮想マシンの確認

仮想マシンの作成が完了すると、Oracle VM VirtualBoxマネージャーに仮想マシンが表示されます。以下の画面では、作成した「CentHost01」が確認できます。ここまでで、仮想マシンの作成は完了です。

図A-3-2 仮想マシンの確認

仮想マシンへCentOSのインストール

続いて、作成した仮想マシンにCentOSのインストールを行います。CentOSのインストールに必要なISOイメージファイルをホストOS上に準備します。Webブラウザにて、下記URLにアクセスします。ここでは、「CentOS-7-x86_64-Minimal-1804.iso」をダウンロードすることとします。

> **ISOイメージファイルのダウンロード**
> **https://www.centos.org/download/**

ここでは、最小構成となるminimalを使用します。また、ダウンロードしたISOイメージファイルを以下の場所に配置しているものとします。

C:¥bin¥iso¥CentOS-7-x86_64-Minimal-1804.iso

◯ストレージの設定

ダウンロードしたOSのISOイメージファイルを仮想マシンから使用できるように、ストレージの設定を実施します。Oracle VM VirtualBoxマネージャー画面から[設定]をクリックして設定画面を表示します。

◯光学ドライブの追加

ストレージの設定で、コントローラーIDEの「光学ドライブの追加」アイコンをクリックします。

◯ディスクを選択

ISOイメージファイルを割り当てるために[ディスクを選択]をクリックして、仮想DVD/CD-ROMディスクを空のドライブに割り当てます。

◯ISOイメージファイルを選択

準備したISOイメージファイルを選択します。ここでは、「C:¥bin¥iso」以下に配置しているISOイメージファイルを使用します。ファイルをダブルクリックするか、選択して[開く]をクリックします。

◯ディスクの確認

「コントローラーIDE」に追加したデバイス（CentOS-7-x86_64-Minimal-1804.iso）が表示されていることを確認します。

◯仮想マシンを起動

確認後、仮想マシンを起動します。仮想マシン「CentHost01」を選択して、[起動]をクリックします。

> 仮想マシンが起動後、キーボードの自動キャプチャー機能が有効化されているという情報が表示された場合は、ホストOSと仮想マシンのウィンドウの切り替えに使用するホストキーの設定を確認します。デフォルトでは、キーボードの右下にある[Ctrl]キーがホストキーとして割り当てられています。必要に応じて、「次回からこのメッセージを表示しない」チェックボックスにチェックを入れて、[OK]をクリックします。

インストール画面が表示されたら、CentOSのインストールを行ってください。

> 第1章では、サーバ（GUI使用）のインストール手順を掲載していますので（33ページ）、必要に応じて参考にしてください。インストール時にネットワークの接続をオンにすることを忘れないように注意してください。

仮想マシンCentHost01の初期設定

インストールが完了したら、仮想マシンCentHost01を起動し、rootでログインします。その後、ホスト名と、IPアドレスの設定を行います。

以下は、ホスト名の設定例です。ここでは、ホスト名を「host01.knowd.co.jp」とします。

ホスト名の設定

```
# nmcli g ho host01.knowd.co.jp
# nmcli g ho
host01.knowd.co.jp
```

次に、IPアドレスの設定を行います。ここでは、IPアドレスを「172.16.0.10/16」とし、ゲートウェイを「172.16.255.254」とします。

IPアドレスの設定

```
# nmcli con modify enp0s3 ipv4.method manual \
> ipv4.addresses 172.16.0.10/16 ipv4.gateway 172.16.255.254
# nmcli con show enp0s3 | grep ipv4
ipv4.method:                            manual
ipv4.dns:                               --
ipv4.dns-search:                        --
ipv4.dns-options:                       ""
ipv4.dns-priority:                      0
ipv4.addresses:                         172.16.0.10/16
ipv4.gateway:                           172.16.255.254
```

上記の設定が完了したら、いったんシャットダウンしてください。

クローンを使用した仮想マシンの作成

本書では、ゲストOSを計5台作成します。したがって、ここで作成した「CentHost01」を元に残りの4台はコピーして作成します。VirtualBoxでは、[クローン]機能が提供されており、ゲストOSのコピーを作成することができます。以下の例では、ホストhost01(仮想マシン名:CentHost01)を元に、ホストhost02(仮想マシン名:CentHost02)を作成しています。以降、このホストをドメイン部「knowd.co.jp」を省略して「ホストhost01」と呼ぶことにします。host00、host02、host03、host04についても同様です。

○クローンの利用

仮想マシン「CentHost01」を右クリックして❶、「クローン」をクリックします❷。

図A-3-3 クローンの利用

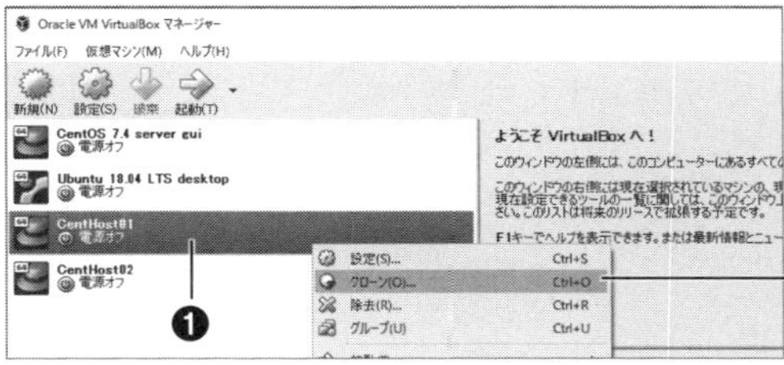

◯新しい仮想マシン名の設定

新しい仮想マシン名を設定します。仮想マシンの名前として「CentHost02」を入力します。

◯クローンのタイプを選択

本書では、各仮想マシンごとにハードディスクファイルを分けるため、クローンのタイプとして、「すべてをクローン」を選択し、[クローン]をクリックします。

◯作成後の確認

クローンが完了したら、Oracle VM VirtualBoxマネージャーに「CentHost02」が作成されていることを確認します。

◯初期設定と他ホストの作成

仮想マシンCentHost02を起動し、図A-3-1のシステムの構成の例（548ページ）を参考に、ホスト名とIPアドレス（ゲートウェイも含む）を設定します。また、同様の手順で、ホストhost03（仮想マシンCentHost03）、ホストhost04（仮想マシンCentHost04）を作成してください。

また、後述する「仮想マシンでルータの構築」では、ホストhost00（仮想マシンCentHost00）をルータとして使用するため、host00もクローンで作成しておいてください。なお、ホストhost00のIPアドレス（ゲートウェイも含む）の設定は、後述する「仮想マシンでルータの構築」で行うため、ここでは未設定とします。

クローンで作成した仮想マシンは全てシャットダウンしておいてください。

図A-3-4 作成後の確認

NATネットワークの利用

VirtualBoxでは、さまざまなネットワーク設定が可能です。任意の仮想マシンを選択し、画面上部にある[設定]ボタンをクリックします。「ネットワーク」を選択すると、「アダプター」タブ内にある「割り当て」から選択することができます。

図A-3-5 ネットワーク設定

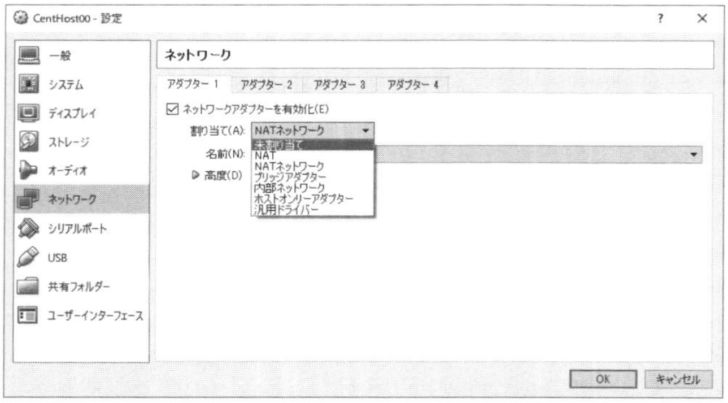

表A-3-1は、代表的なネットワーク設定の説明です。

表A-3-1 ネットワーク設定の種類

タイプ	説明
NAT	Network Address Translation（NAT）。ゲストOSからホストOSを通じて外部（インターネットなど）に接続が可能。ホストOSや外部からゲストOSには基本的には接続できない。ただし、ポートフォワーディングの設定を行うことで、特定のポートを通じて接続が可能となる
NATネットワーク	ゲストOS同士が接続可能な仮想的なネットワークを構築できる。ホストOSとゲストOSの接続可否はNATと同様
ブリッジアダプター	ゲストOS同士が接続可能な仮想的なネットワークを構築できる。またホストOS、ゲストOS間も接続が可能。つまり外部（インターネットなど）からゲストOSへ接続が可能
内部ネットワーク	ゲストOS同士が接続可能な仮想的なネットワークを構築できる。ホストOS（外部も含む）とゲストOSの通信はできない
ホストオンリーアダプター	ゲストOS同士が接続可能な仮想的なネットワークを構築できる。ホストOSとゲストOSの接続は可能。ただし、ゲストOSと外部は接続できない

表A-3-2は、ネットワーク設定の説明をまとめたものです。

表A-3-2 ネットワーク設定のまとめ

タイプ	VM → Host	VM ← Host	VM1 ←→ VM2	VM → Net/LAN	VM ← Net/LAN
NAT	○	ポートフォワーディング	×	○	ポートフォワーディング
NATネットワーク	○	ポートフォワーディング	○	○	ポートフォワーディング
ブリッジアダプター	○	○	○	○	○
内部ネットワーク	×	×	○	×	×
ホストオンリーアダプター	○	○	○	×	×

では、図A-3-1(548ページ)に従い、VirtualBoxのNATネットワークを使用して、Network1とNetwork2を作成し、Network1には、ホストhost01とhost02を配置し、Network2には、ホストhost03とhost04を配置します。

◯NATネットワークの作成

Oracle VM VirtualBoxマネージャーの[ファイル]→[環境設定]を選択します。

◯新しいNATネットワークの追加

画面左側で「ネットワーク」を選択し、右側にある[新しいNATネットワーク]ボタンをクリックします。

◯NATネットワークの編集

追加されたNATネットワークを選択し、右側にある[選択したNATネットワークの編集]ボタンをクリックします。

Network1を作成する場合は以下のように設定します。

- **ネットワーク名**：NatNetwork1
- **ネットワークCIDR**：172.16.0.0/16
- **ネットワークオプション**：全て未チェック

同様に、Network2も作成してください。

- **ネットワーク名**：NatNetwork2
- **ネットワークCIDR**：172.17.0.0/16
- **ネットワークオプション**：全て未チェック

◯仮想マシンの設定

次に、ホストhost01とhost02を、Network1に割り当てます。仮想マシン「CentHost01」を選択して右クリックし、[設定](もしくは、画面上部にある[設定]ボタン)をクリックします。

◯NATネットワークへ仮想マシンを割り当て

「ネットワーク」を選択し、「アダプター1」タブ内にある「割り当て」のドロップダウンリストから「NATネットワーク」を選択、「名前」のドロップダウンリストから「NatNetwork1」を選択します。

同様に、以下の通り、NATネットワークを各仮想マシンに割り当ててください。

- **NatNetwork1**：CentHost01、CentHost02
- **NatNetwork2**：CentHost03、CentHost04

同一ネットワーク内の疎通確認

ここまでで、2つのNATネットワークを作成し、各ネットワークに2台ずつ仮想マシンを配置しました。では、同一ネットワーク内の仮想マシン同士が通信できるか、pingコマンドを使用して確認します。

以下は、ホストhost01（仮想マシン名：CentHost01）と、ホストhost02（仮想マシン名：CentHost02）の疎通確認です。

host01→host02の疎通確認

```
# hostname
host01.knowd.co.jp
# ping -c 2 172.16.0.11
PING 172.16.0.11 (172.16.0.11) 56(84) bytes of data.
64 bytes from 172.16.0.11: icmp_seq=1 ttl=64 time=0.378 ms
64 bytes from 172.16.0.11: icmp_seq=2 ttl=64 time=1.01 ms

--- 172.16.0.11 ping statistics ---
2 packets transmitted, 2 received, 0% packet loss, time 1000ms
rtt min/avg/max/mdev = 0.378/0.698/1.018/0.320 ms
```

host02→host01の疎通確認

```
# hostname
host02.knowd.co.jp
# ping -c 2 172.16.0.10
PING 172.16.0.10 (172.16.0.10) 56(84) bytes of data.
64 bytes from 172.16.0.10: icmp_seq=1 ttl=64 time=0.396 ms
64 bytes from 172.16.0.10: icmp_seq=2 ttl=64 time=0.996 ms

--- 172.16.0.10 ping statistics ---
2 packets transmitted, 2 received, 0% packet loss, time 1000ms
rtt min/avg/max/mdev = 0.396/0.696/0.996/0.300 ms
```

以下は、ホストhost03（仮想マシン名：CentHost03）と、ホストhost04（仮想マシン名：CentHost04）の疎通確認です。

host03→host04の疎通確認

```
# hostname
host03.knowd.co.jp
# ping -c 2 172.17.0.11
PING 172.17.0.11 (172.17.0.11) 56(84) bytes of data.
64 bytes from 172.17.0.11: icmp_seq=1 ttl=64 time=0.410 ms
64 bytes from 172.17.0.11: icmp_seq=2 ttl=64 time=1.04 ms

--- 172.17.0.11 ping statistics ---
2 packets transmitted, 2 received, 0% packet loss, time 1000ms
rtt min/avg/max/mdev = 0.410/0.725/1.040/0.315 ms
```

host04→host03の疎通確認

```
# hostname
host04.knowd.co.jp
# ping -c 2 172.17.0.10
PING 172.17.0.10 (172.17.0.10) 56(84) bytes of data.
64 bytes from 172.17.0.10: icmp_seq=1 ttl=64 time=0.512 ms
```

```
64 bytes from 172.17.0.10: icmp_seq=2 ttl=64 time=0.941 ms

--- 172.17.0.10 ping statistics ---
2 packets transmitted, 2 received, 0% packet loss, time 1001ms
rtt min/avg/max/mdev = 0.512/0.726/0.941/0.216 ms
```

仮想マシンによるルータの構築

VirtualBoxの仮想マシンを使用し、ゲストOSをルータとして配置することができます。ここでは、ホストhost00をルータとして使用します。今一度、図A-3-1のネットワークの構成の例（548ページ）を確認してください。ホストhost00の配置により、Network1やNetwork2の各ネットワーク同士を接続します。また、ホストOSであるhost0にも接続したいとします。

このような場合、ホストhost00には、複数のNIC（Network Interface Card）が必要ですが、VirtualBoxの仮想マシンでは仮想的にNICを用意することができます。

ネットワークアダプターの設定

ホストhost00（仮想マシン：CentHost00）を選択して右クリックし、［設定］（もしくは、画面上部にある［設定］ボタン）をクリックします。

「ネットワーク」を選択し、「アダプター1」「アダプター2」「アダプター3」に各設定を行ってください。

表A-3-3 アダプターの設定

アダプター	説明
アダプター1	割り当て：NATネットワーク名前：NatNetwork1
アダプター2	割り当て：NATネットワーク名前：NatNetwork2
アダプター3	割り当て：ブリッジアダプター※本書では、host0（ホストOS）とhost00の接続には、ブリッジアダプターを使用

図A-3-6 アダプターの設定

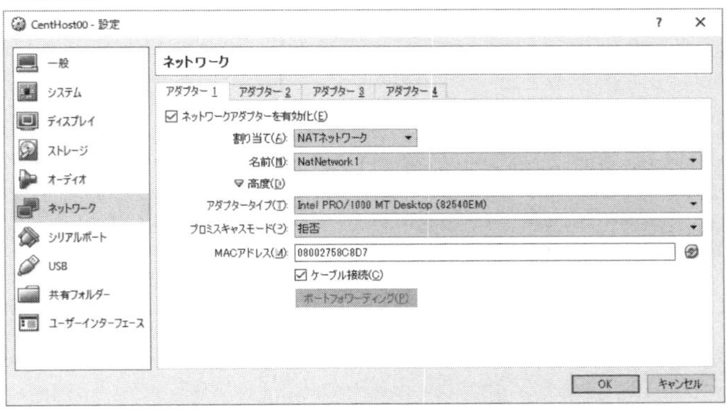

ホスト名の設定

アダプターの設定が完了したらホストhost00（仮想マシン：CentHost00）を起動し、rootでログインします。

まず、ホスト名を設定します。ここでは「host00.knowd.co.jp」としています。

ホスト名の設定

```
# nmcli g ho host00.knowd.co.jp
# nmcli g ho
host00.knowd.co.jp
```

接続名の変更

次に、ネットワークアダプターごとに、IPアドレスを割り当てます。**nmcli con show**コマンドを実行して接続を確認します。現在、3つのデバイス（enp0s3、enp0s8、enp0s9）を通じて3つの接続があることを確認してください。

接続の確認

```
# nmcli con show
NAME         UUID                                  TYPE      DEVICE
enp0s3       a3638f59-e7d4-4418-98a7-85fba626efdc  ethernet  enp0s3
有線接続 1  7e5454ec-4c42-30e2-90f6-49d816d04524  ethernet  enp0s8
有線接続 2  48d02f9b-6b5f-3ff1-a63c-83685493e4b1  ethernet  enp0s9
```

なお、NAME列を見ると、「有線接続 1」「有線接続 2」とありますが、本書ではわかりやすいようにデバイス名と同じ名前に変更します。

> 本書と同じように、Minimal ISOによるインストールを行った場合、「有線接続 1」「有線接続 2」が文字化けします。本書では、TeraTermなどのSSHクライアントツールでリモートログインを行い、以下の設定を行っています。

接続名の変更

```
# nmcli con show
NAME         UUID                                  TYPE      DEVICE
enp0s3       a3638f59-e7d4-4418-98a7-85fba626efdc  ethernet  enp0s3
有線接続 1  7e5454ec-4c42-30e2-90f6-49d816d04524  ethernet  enp0s8
有線接続 2  48d02f9b-6b5f-3ff1-a63c-83685493e4b1  ethernet  enp0s9
# nmcli con modify '有線接続 1' connection.id 'enp0s8'
# nmcli con modify '有線接続 2' connection.id 'enp0s9'
# nmcli con show
NAME    UUID                                  TYPE      DEVICE
enp0s3  a3638f59-e7d4-4418-98a7-85fba626efdc  ethernet  enp0s3
enp0s8  7e5454ec-4c42-30e2-90f6-49d816d04524  ethernet  enp0s8
enp0s9  48d02f9b-6b5f-3ff1-a63c-83685493e4b1  ethernet  enp0s9
```

IPアドレスの設定

図A-3-1(548ページ)を参考に、IPアドレスを設定します。

IPアドレスの設定

```
# nmcli con modify enp0s3 ipv4.method manual ipv4.addresses
172.16.255.254/16  ←❶
# nmcli con show enp0s3 | grep ipv4
ipv4.method:                                    manual
ipv4.dns:                                       --
ipv4.dns-search:                                --
ipv4.dns-options:                               ""
ipv4.dns-priority:                              0
ipv4.addresses:                                 172.16.255.254/16
...(以下省略)...
#
# nmcli con modify enp0s8 ipv4.method manual ipv4.addresses
172.17.255.254/16  ←❷
# nmcli con show enp0s8 | grep ipv4
ipv4.method:                                    manual
ipv4.dns:                                       --
ipv4.dns-search:                                --
ipv4.dns-options:                               ""
ipv4.dns-priority:                              0
ipv4.addresses:                                 172.17.255.254/16
...(以下省略)...
# nmcli con modify enp0s9 ipv4.method manual ipv4.addresses
192.168.20.235/24 ipv4.gateway 192.168.20.254  ←❸
# nmcli con show enp0s9 | grep ipv4
ipv4.method:                                    manual
ipv4.dns:                                       --
ipv4.dns-search:                                --
ipv4.dns-options:                               ""
ipv4.dns-priority:                              0
ipv4.addresses:                                 192.168.20.235/24
ipv4.gateway:                                   192.168.20.254
...(以下省略)...
```

❶enp0s3の設定。前述の「仮想マシンCentHost01の初期設定」および「クローンを使用した仮想マシンの作成」で、ホストhost01とhost02のゲートウェイには「172.16.255.254」を設定
つまり、ホストhost00のenp0s3を通じて、他ネットワークに接続することができる
❷enp0s8の設定。前述の「仮想マシンCentHost01の初期設定」および「クローンを使用した仮想マシンの作成」で、ホストhost03とhost04のゲートウェイには「172.17.255.254」を設定
つまり、ホストhost00のenp0s8を通じて、他ネットワークに接続することができる
❸enp0s9の設定。今回は、ホストhost0(ホストOS)とhost00の接続には、ブリッジアダプターを使用しており、このenp0s9を通じて、ホストOSと接続することができる

フォワーディングの設定

1つのネットワークI/Fから別のネットワークI/Fへのパケットのフォワーディング(転送)を許可する設定が必要になります。

フォワーディングの詳細は、第8章(393ページ)を参照してください。

以下では、sysctlコマンドで、ip_forwardの値の設定、表示をしています。

ip_forwardの設定(ホストhost00で実行)

```
# sysctl net.ipv4.ip_forward   ←❶
net.ipv4.ip_forward = 0
# sysctl net.ipv4.ip_forward=1   ←❷
net.ipv4.ip_forward = 1
```

❶ip_forwardの値を表示。値は「0」となっている
❷ip_forwardに「1」を書き込む

異なるネットワーク間の疎通確認

異なるネットワーク間の仮想マシン同士が通信できるか、pingコマンドを使用して確認します。

以下は、ホストhost00(仮想マシン名:CentHost00)と、ホストhost01(仮想マシン名:CentHost01)の疎通確認です。

host00→host01の疎通確認

```
# hostname
host00.knowd.co.jp
# ping -c 2 172.16.0.10
PING 172.16.0.10 (172.16.0.10) 56(84) bytes of data.
64 bytes from 172.16.0.10: icmp_seq=1 ttl=64 time=1.30 ms
64 bytes from 172.16.0.10: icmp_seq=2 ttl=64 time=0.906 ms

--- 172.16.0.10 ping statistics ---
2 packets transmitted, 2 received, 0% packet loss, time 1001ms
rtt min/avg/max/mdev = 0.906/1.103/1.300/0.197 ms
```

host01→host00の疎通確認

```
# hostname
host01.knowd.co.jp
# ping -c 2 172.16.255.254
PING 172.16.255.254 (172.16.255.254) 56(84) bytes of data.
64 bytes from 172.16.255.254: icmp_seq=1 ttl=64 time=0.399 ms
64 bytes from 172.16.255.254: icmp_seq=2 ttl=64 time=0.738 ms

--- 172.16.255.254 ping statistics ---
2 packets transmitted, 2 received, 0% packet loss, time 1001ms
```

```
rtt min/avg/max/mdev = 0.399/0.568/0.738/0.171 ms
```

以下は、ホストhost01（仮想マシン名：CentHost01）と、ホストhost03（仮想マシン名：CentHost03）の疎通確認です。

host01→host03の疎通確認

```
# hostname
host01.knowd.co.jp
# ping -c 2 172.17.0.10
PING 172.17.0.10 (172.17.0.10) 56(84) bytes of data.
64 bytes from 172.17.0.10: icmp_seq=1 ttl=63 time=0.426 ms
64 bytes from 172.17.0.10: icmp_seq=2 ttl=63 time=1.62 ms

--- 172.17.0.10 ping statistics ---
2 packets transmitted, 2 received, 0% packet loss, time 999ms
rtt min/avg/max/mdev = 0.426/1.024/1.622/0.598 ms
```

host03→host01の疎通確認

```
# hostname
host03.knowd.co.jp
# ping -c 2 172.16.0.10
PING 172.16.0.10 (172.16.0.10) 56(84) bytes of data.
64 bytes from 172.16.0.10: icmp_seq=1 ttl=63 time=0.754 ms
64 bytes from 172.16.0.10: icmp_seq=2 ttl=63 time=0.925 ms

--- 172.16.0.10 ping statistics ---
2 packets transmitted, 2 received, 0% packet loss, time 1001ms
rtt min/avg/max/mdev = 0.754/0.839/0.925/0.090 ms
```

以上より、ホストhost01とhost03の疎通を確認できます。したがって、ホストhost00はパケットのフォワーディングを行い、ルータとしての役割を果たしていることがわかります。

Column

Dockerを使ってみよう

コンテナ型仮想化の実装であるDockerは、ホスト型あるいはハイパーバイザー型による仮想マシンに比べて、サイズが小さく、起動/停止が速い、などの特徴があります。

PCにネイティブにインストールしたLinuxでも利用でき、また近年ではクラウドのインスタンス上で利用する形態が広まっています。本コラムではDockerの仕組みと基本的な利用方法を紹介します。

Dockerとは

Dockerはホストのカーネルを共有するコンテナ型仮想化の仕組みを使って、コンテナ内のアプリケーションやOSを配備するオープンソースソフトウェアです。各コンテナは隔離され、それぞれが独自のアドレス空間、ストレージ領域、ネットワークアドレスを持ちます。

Docker Engine、軽量なランタイムライブラリ、パッケージングツール、Docker Hubから構成されます。

Dockerのバージョン1.0.0が2014年6月9日にリリースされました。公式サイトは「https://www.docker.com/」です。

○Dockerの特徴

Dockerは以下のような特徴を持ちます。

- ホストOSのカーネルを共有
- Dockerイメージはディスク容量が小さく軽量
- カーネルの起動/停止と余分なサービスの起動/停止がなく、コンテナの起動/停止が速い
- Dockerの1個のイメージは種類ごとに複数のレイヤに分割されて配備される
- Dockerイメージは1個のtarファイルにして読み込みや保存ができる
- Dockerfileの記述により、独自のDockerイメージを生成できる
- Docker Hubにアカウントを登録することで、ユーザ独自のDockerイメージを管理できる
- 作成したDockerイメージはそのままで、原則的にホストOSがどのLinuxディストリビューションでも動作する
- IPアドレスの変更など、ホストOSのネットワーク環境が異なっても、Dockerイメージを変更することなくそのままで動作する
- コンテナ用オーケストレーションソフトウェアKubernetesにより、Dockerイメージを複数（1つ以上）のノードに配備し、管理できる

本コラムではDockerの仕組み、Dockerのインストール、Dockerイメージのダウンロード、Dockerコンテナの生成/起動といった基本的な使い方を紹介します。

○Dockerの概要

DockerのホストOSには物理マシンにネイティブにインストールされたLinux、および仮想環境(Linuxの場合:KVM/Xen/VirtualBox、Windows 10の場合:Hyper-V、macOSの場合:HyperKit)による仮想マシン(ゲストOS)が使用できます。またAmazonクラウド(AWS)、Googleクラウド(GCP)、OpenStackなどのクラウド上のインスタンスをホストOSとして使用できます。

Dockerの概要

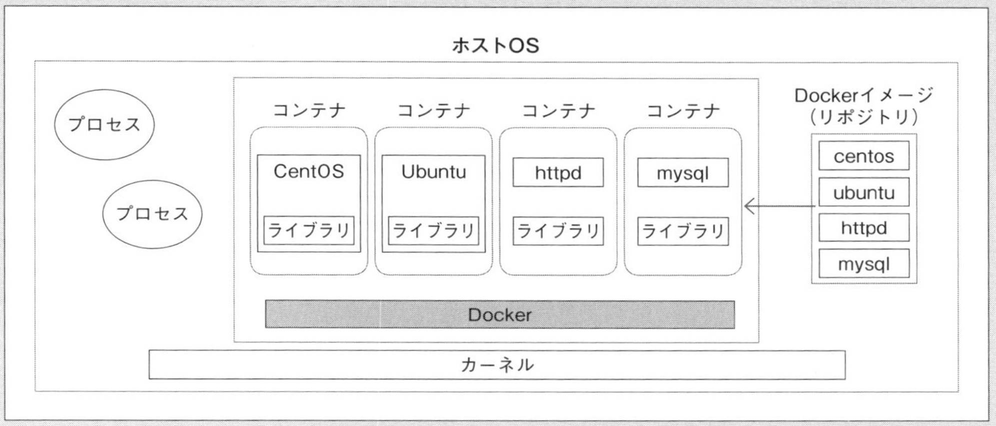

コンテナ、イメージ(リポジトリ)、Docker Hubの関係

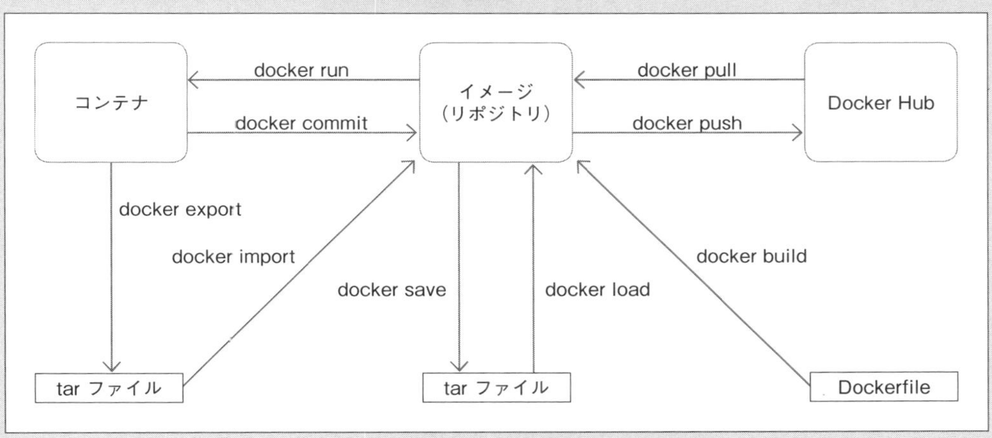

Dockerのインストールと起動

Dockerを使用するには、**Docker**パッケージをインストールします。

CentOSの場合は**yum install docker**により、Dockerパッケージと共に関連パッケージがインストールされます。Ubuntuの場合は**apt install**などで複数のDocker関連パッケージをインストールします。

Dockerのインストールと起動 (CentOS)

```
# yum install docker
# systemctl start docker
# systemctl enable docker
```

Dockerのインストールと起動 (Ubuntu)

```
$ sudo su -
# apt update   ←OSを最新版に更新
# apt install apt-transport-https ca-certificates curl software-
properties-common    ↑関連パッケージのインストール
# curl -fsSL https://download.docker.com/linux/ubuntu/gpg | apt-key
add -
↑GPGキーの取得
# add-apt-repository "deb [arch=amd64] https://download.docker.com/
linux/ubuntu bionic stable"
↑GPGキーの登録
# apt-cache policy docker-ce   ←インストール候補のバージョンを確認
# apt install docker-ce   ←Dockerパッケージのインストール
```

Ubuntuの場合は、Dockerをインストールすると自動的に起動します。

Dockerのコマンド

DockerのイメージとコンテナはDockerコマンドで操作、管理します。

デフォルト設定の場合、dockerコマンドはroot権限で実行します。Ubuntuの場合は「**# docker**」の箇所は、「**$ sudo su -**」を実行してrootシェルで作業し、全作業が終了したら、「**# exit**」でrootシェルを終了するか、あるいは各コマンドごとに「**$ sudo docker**」として実行してください。なお設定の変更より一般ユーザで実行することもできます。本コラムの最後にある設定手順を参照してください。

Dockerの操作

docker [オプション] コマンド [引数]

以下は主なコマンドです。

主なDockerコマンド

Dockerコマンド	説明
docker pull	イメージ(リポジトリ)をDocker Hubからダウンロード
docker images	イメージ(リポジトリ)の一覧を表示
docker run	イメージ(リポジトリ)からコンテナを生成しコマンドを実行
docker attack	稼働中のコンテナに接続
docker ps	コンテナの一覧表示
docker inspect	コンテナまたはイメージ(リポジトリ)の情報を表示
docker logs	コンテナのログを表示

docker stop	コンテナの停止
docker start	コンテナの開始
docker rm	1個または複数のコンテナを削除
docker rmi	1個または複数のイメージ(リポジトリ)を削除
docker export	コンテナの内容をtarファイルにexport
docker import	exportされたtarファイルからimportしてイメージ(リポジトリ)作成
docker commit	コンテナの内容で元イメージ(リポジトリ)を更新
docker build	Dockerfileからイメージ(リポジトリ)を生成
docker login	Docker Hubにログイン
docker logout	Docker Hubからログアウト
docker push	イメージ(リポジトリ)をDocker Hubにアップロード
docker save	イメージをtarファイルに保存
docker load	saveされたtarファイルからイメージをロード

Dockerイメージのダウンロード

Dockerイメージは、**pull**コマンドによりDocker Hubからダウンロードします。

Dockerイメージのダウンロード

```
docker pull イメージ名
```

イメージ名は「イメージ:タグ」として、タグを指定することもできます。例えば、「docker pull centos:latest」、「docker pull centos:centos6」のように指定します。タグの「latest」は最新版の指定です。タグを省略した場合のデフォルトはlatestです。

イメージの一覧の表示

```
docker images
```

以下では例として、CentOS、Ubuntu、Apache httpd、MySQLの各最新版のDockerイメージをダウンロードします。

centos、ubuntu、httpd、mysqlの各イメージをダウンロード

```
# docker pull centos; docker pull ubuntu; docker pull httpd; docker
pull mysql

# docker images
REPOSITORY          TAG                 IMAGE ID            CREATED             SIZE
docker.io/mysql     latest              f991c20cb508        4 days ago          486 MB
docker.io/httpd     latest              2a51bb06dc8b        4 days ago          132 MB
docker.io/ubuntu    latest              ea4c82dcd15a        4 weeks ago         85.8 MB
docker.io/centos    latest              75835a67d134        5 weeks ago         200 MB
```

ダウンロードした4つのイメージの中から、今回はcentosとhttpdを使います。

Dockerイメージからコンテナを生成

コンテナはイメージから**run**コマンドで生成、起動します。

イメージからコンテナを生成

docker run [オプション] イメージID | イメージ名 [起動コマンド]

オプション「-it」(--interactive=true)を指定すると標準入力からの入力によって対話的にコンテナ内のコマンドを操作できます。「起動コマンド」を指定すると、コンテナ内のコマンドが起動します。

> 以降の実行結果ではbashのプロンプトの表示に注意し、ホスト上で実行しているのか、コンテナ上で実行しているのかを確認してください。

イメージcentosからコンテナを生成

```
# docker run -it  75835a67d134 bash
[root@07f7947c4c84 /]# cat /etc/centos-release
↑生成したコンテナのbashプロンプトに対してコマンドを実行
CentOS Linux release 7.5.1804 (Core)
[root@07f7947c4c84 /]# uname -r   ←カーネルバージョンはホストのカーネルと同じ
3.10.0-862.3.2.el7.x86_64
[root@07f7947c4c84 /]# df -Th
↑ホストの/var/lib/docker以下にロードされたイメージがコンテナのルートファイルシステムになる
Filesystem              Type     Size  Used Avail Use% Mounted on
overlay                 overlay  8.0G  7.1G  953M  89% /
tmpfs                   tmpfs    496M     0  496M   0% /dev
tmpfs                   tmpfs    496M     0  496M   0% /sys/fs/cgroup
/dev/mapper/centos-root xfs      8.0G  7.1G  953M  89% /etc/hosts
…（以下省略）…
[root@07f7947c4c84 /]#   ←[Ctrl]+[p]、[Ctrl]+[q]で切断しホストに戻る
```

端末に[Ctrl]+[p]、[Ctrl]+[q]を入力すると、端末はコンテナから切断され、ホストに戻ります。

コンテナに接続された端末とは別の端末を起動して、コンテナの一覧を表示することもできます。

コンテナ一覧を表示

docker ps [オプション]

コンテナ一覧を表示します。オプション「-a」を指定すると停止しているコンテナも含めて一覧表示します。

別の端末でコンテナの一覧を表示

```
# docker ps -a
CONTAINER ID   IMAGE          COMMAND   CREATED         STATUS
PORTS   NAMES
07f7947c4c84   75835a67d134   "bash"    5 minutes ago   Up 5 minutes
trusting_joliot

# docker stop 07f7947c4c84  ←上記で作成した名前なしのコンテナを停止
07f7947c4c84
# docker rm 07f7947c4c84  ←上記で作成した名前なしのコンテナを削除
07f7947c4c84
```

runコマンドのオプション「--name」により生成するコンテナに名前を付けることができます。「-h」により、生成するコンテナ内のホストにホスト名を付けることができます。これはbashのプロンプトに反映します。

コンテナ名とホスト名を指定してコンテナを生成

```
# docker run -it --name cent7 -h conte-cent7 75835a67d134 bash
[root@conte-cent7 /]#  ←ホスト名がbashのプロンプトに
[root@conte-cent7 /]#  ←[Ctrl]+[p]、[Ctrl]+[q]で切断しホストに戻る
# docker run -it --name ubuntu18 -h conte-ubuntu18 ea4c82dcd15a bash
↑新たにubuntuイメージからコンテナを生成、起動
root@conte-ubuntu18:/# cat /etc/issue
Ubuntu 18.04.1 LTS \n \l
root@conte-ubuntu18:/# uname -r  ←カーネルバージョンはホストのカーネルと同じ
3.10.0-862.3.2.el7.x86_64
root@conte-ubuntu18:/#  ←[Ctrl]+[p]、[Ctrl]+[q]で切断しホストに戻る
# docker ps -a
↑コンテナの一覧を表示。ubuntu18とcent7の2つのコンテナが稼動している
CONTAINER ID   IMAGE          COMMAND   CREATED              STATUS              PORTS   NAMES
a4d60bde9a26   ea4c82dcd15a   "bash"    About a minute ago   Up About a minute           ubuntu18
9d88014cf6fd   75835a67d134   "bash"    10 minutes ago       Up 10 minutes               cent7
```

以下はイメージhttpdからコンテナを生成、起動しています。「-p」オプションでホストのポート8080をコンテナapache-httpdのポート80に転送しています。

イメージhttpdからコンテナを作成（抜粋）

```
# docker run -d --name apache-httpd -p 8080:80 httpd
adfbe8054102d7434b20b15b1bcb2d0f15a150af93be407d70ddefd04975a819
# docker ps -a
CONTAINER ID   IMAGE   COMMAND              CREATED          STATUS         PORTS                  NAMES
9a1006850f0a   httpd   "httpd-foreground"   12 seconds ago   Up 11 seconds  0.0.0.0:8080->80/tcp   apache-httpd

# curl http://localhost:8080
↑作成したコンテナのhttpdにアクセスして、htmlページの「It works」が返されることを確認
<html><body><h1>It works!</h1></body></html>
```

○Dockerコンテナのネットワーク環境

ホストにはコンテナを接続するためのブリッジdocker0が作成されます。

コンテナのネットワーク環境

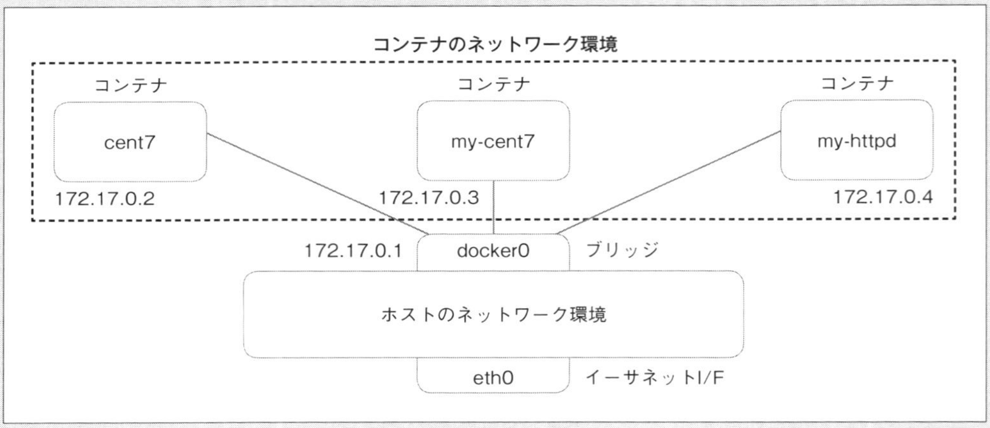

以下の例ではブリッジdocker0のIPアドレスとコンテナのIPアドレスを確認しています。

外部ネットワークからコンテナのサーバにアクセスするにはホストのポート番号をコンテナのポート番号に転送する設定が必要です。ポートの転送には「docker run」コマンドで「-p」オプションを指定します。この仕組みにより、ホストOSのIPアドレスが異なっても、同じDockerイメージのままで動作します。

ホストからコンテナのサーバにアクセスする場合は、ポート転送を利用せず、コンテナのIPアドレスを指定してもできます。

ブリッジdocker0とコンテナのIPアドレスを確認

```
# ip a  show docker0  ←コンテナを接続するブリッジdocker0のIPアドレスを確認(抜粋)
4: docker0: <BROADCAST,MULTICAST,UP,LOWER_UP> mtu 1500 qdisc noqueue
state UP group default
    inet 172.17.0.1/16 scope global docker0  ←ブリッジdocker0のIPアドレス

# docker network inspect bridge  ←コンテナを接続するブリッジの情報を表示(抜粋)
        "Containers": {
            "0013f92b6fe9bb5608fcea483e80336b982ef651a12caa25bed36e15
4d40dc7a": {
                "Name": "my-cent7",
                "IPv4Address": "172.17.0.3/16",
                ↑コンテナmy-cent7に割り当てられたIPアドレス
            },
```

一般ユーザがdockerコマンドを実行するためには以下の設定を行います。以下の例はユーザyukoがdockerコマンドを実行する為の手順です。dockerコマンドがコンテナと通信するためのソケットファイル/var/run/docker.sockにデータの書き込みができるように設定します。

ユーザyukoがdockerコマンドを実行できるように設定 (CentOS)

```
# ls -l /var/run/docker.sock
srw-rw----. 1 root root 0  4月  9 23:19 /var/run/docker.sock
↑パーミッションを確認
# chgrp dockerroot /var/run/docker.sock  ←グループをdockerrootに変更
# ls -l /var/run/docker.sock
srw-rw----. 1 root dockerroot 0  4月  9 23:19 /var/run/docker.sock
↑パーミッションを確認
# usermod -a -G dockerroot yuko  ←ユーザyukoをdockerrootグループに登録
```

ユーザyukoがdockerコマンドを実行できるように設定 (Ubuntu)

```
$ ls -l /var/run/docker.sock
srw-rw---- 1 root docker 0  4月  9 23:57 /var/run/docker.sock
↑パーミッションを確認
$ sudo usermod -a -G docker yuko  ←ユーザyukoをdockerグループに登録
```

コマンド索引

コマンド索引は、各章で使用しているコマンドの早見表です。ここで説明はコマンドそのものの使い方ではなく、該当する章での主な使い方を簡潔に記載しています。

■Chapter1 Linuxの概要と導入

apt	パッケージのインストール	54
dpkg	パッケージの表示	53
firewall	ファイアウォールの状態確認	52
getenforce	SELinuxの状態確認	50
sestatus	SELinuxの詳細な状態確認	50
setenforce	SELinuxの一時的な無効化	51
ssh	リモートログイン	58
systemctl	ファイアウォールの無効化	52
systemctl	AppArmorの状態確認	55
systemctl	ディスプレイマネージャの切り替え	64
ufw	ファイアウォールの状況確認	55
yum	パッケージのインストール	48

■Chapter2　Linuxの起動・停止を行う

env	環境変数の表示	85
export	シェル変数のエクスポート宣言	84
grub2-mkconfig	grub.cfgの生成	73
grub-mkconfig	grub.cfgの生成	73
halt	マシンの停止	96
init	システムの再起動や停止	94
poweroff	マシンの電源オフ	96
printenv	環境変数の表示	85
reboot	マシンの再起動	96
runlevel	ランレベルの表示と移行	97
set	シェル変数の表示	85
shutdown	マシンの電源オフ	95
systemctl	デフォルトターゲットの表示と設定	78
systemctl	サービスの起動,停止,状態表示	86
systemctl	システムの再起動や停止	93
telinit	ランレベルの変更	97
unset	シェル変数の削除	84

■Chapter3　ファイルを操作する

cat	ファイル内容の表示	113
cd	ディレクトリの移動	111
chgrp	ファイルのグループの変更	139

chmod	パーミッションの変更	136
chown	ファイルの所有者とグループの変更	139
cp	ファイルやディレクトリの複製	116
cut	行中の特定部分の取り出し	127
expand	タブをスペースに変換	128
file	ファイルタイプの判定	118
find	ファイルの検索	143
grep	文字列の検索	129
groups	所属グループの表示	133
head	テキストファイルの先頭部分の表示	122
id	ユーザとグループの確認	134
join	行の連結	124
less	ファイル内容をページ単位で表示	113
ln	リンクの作成	140
locate	ファイルのインデックス検索	145
ls	ファイルやディレクトリ情報の表示	112
ls	標準入出力の制御の確認	118
ls	パーミッションの確認	134
man	マニュアルの参照	109
mkdir	ディレクトリの作成	114
more	ファイル内容の出力	113
mv	ファイルやディレクトリの移動	116
nl	ファイル内容に行番号を付けて表示	114
pwd	現在のパスの表示	107,112
rm	ファイルやディレクトリの削除	117
sed	単語の変換や削除	126
sort	ファイル内容のソート	123
su	管理者（root）への切り替え	107
sudo	管理者権限の付加	156
tail	テキストファイルの末尾部分の表示	122
tee	ファイルの出力	121
touch	ファイルの作成とタイムスタンプの変更	115
tr	フォーマットの変換	122
umask	umask値の確認と変更	137
unexpand	スペースをタブに変換	129
uniq	重複する行を取り除く	125
updatedb	ファイル名・ディレクトリ名の一覧の更新	145
vi	viエディタの起動	148
visudo	/etc/sudoersファイルの編集	157
whereis	バイナリ・ソース・マニュアルページの場所の検索	149
which	コマンドの検索	146

■Chapter4　ユーザを管理する

chage	失効日やパスワードの有効期限の設定	173
chage	パスワードの有効期限の確認	174
chsh	ログインシェルの変更	177
groupadd	グループの作成	169
groupdel	グループの削除	170
groups	所属グループの表示	169
last	ログイン履歴の表示	180
passwd	パスワードの設定	166
passwd	パスワードの有効期限と失効までの猶予期間の設定	176
passwd	アカウントのロック	178
useradd	ユーザの登録	163
useradd	アカウントの失効日の設定	172
userdel	ユーザアカウントの削除	168
usermod	ユーザ情報の変更	168
usermod	所属グループの変更	170
usermod	パスワード失効までの猶予期間の設定	176
usermod	ログインシェルの変更	177
usermod	アカウントのロック	178
w	ログインユーザの表示	180
who	ログインユーザの表示	180

■Chapter5　スクリプトやタスクを実行する

at	指定した時刻のコマンドを実行	193
bash	スクリプトの実行	185
batch	システムの負荷が低くなったときにコマンドを実行	193
crontab	crontabファイルの設定	190
mail	配信内容の確認	198

■Chapter6　システムとアプリケーションを管理する

apt	debパッケージの管理	223
apt-cdrom	リポジトリの登録	227
bg	バックグラウンドジョブに切り替え	242
bzip2	ファイルの圧縮/解凍	247
chronyc	chronydの制御	277
compress	ファイルの圧縮/解凍	247
date	システムクロック時刻の表示	269,272
dd	データのコピー	249
debmirror	パッケージのダウンロード	227
dpkg	dpkgパッケージの管理	219
dump	ファイルシステムバックアップ	250
fg	フォアグラウンドジョブに切り替え	242

gzip	ファイルの圧縮/解凍	247
jobs	バックグラウンドジョブと一時停止中のジョブの表示	242
journalctl	ログの表示	259
kill	プロセスの終了	242
killall	複数プロセスを終了	244
logger	システムログにエントリを作成	262
logrotate	ログファイルのローテーション	264
mkisofs	ISOイメージの作成	227
nice	プロセスの優先度の変更	238
pgrep	実行中のプロセスを検索	244
pkill	複数プロセスを終了	244
ps	プロセスの表示	232
pstree	プロセスの親子関係の表示	234
renice	動作中のプロセスの優先度の変更	239
restore	ファイルシステムの復元	250
rpm	rpmパッケージの管理	209
rsync	バックアップファイルの転送	256
tar	アーカイブファイルの作成/展開	246
timedatectl	システムクロック時刻の設定	272
top	プロセス情報の表示	234
top	動作中のプロセスの優先度の変更	239
xfsdump	xfsファイルシステムのバックアップ	250
xfsrestore	xfsファイルシステムの復元	250
yum	rpmパッケージの管理	213
zip	ファイルの圧縮/解凍	247

■Chapter7　ディスクを追加して利用する

df	ファイルシステムのディスクの使用状況の表示	309
du	ファイルやディレクトリの使用容量の表示	309
e2fsck	ファイルシステムの検査/修復	317
fdisk	MBRパーティションの管理	289
fsck	ファイルシステムの不整合チェック	317
gdisk	GPTパーティションの管理	292
iscsiadm	iSCSIエニシエータの管理	323,326
lvcreate	論理ボリュームの作成	333
mke2fs	extファイルシステムの作成	306
mkfs	extファイルシステムの作成	306
mkfs	論理ボリュームにファイルシステムを作成	334
mkfs.xfs	xfsファイルシステムの作成	303
mkswap	スワップ領域の初期化	314
mount	ファイルシステムのマウント	309
parted	MBR/GPTパーティションの管理	296

pvcreate	物理ボリュームの作成	332
swapoff	スワップ領域の無効化	316
swapon	スワップ領域の有効化	315
systemctl	SCSIターゲットデーモンの起動	321
tgdadm	iSCSIターゲットの管理	325
tgd-admin	iSCSIターゲットの管理	325
umount	ファイルシステムのアンマウント	311
vgcreate	ボリュームグループの作成	333
xfs_repair	xfsファイルシステムの修復	318

■Chapter8　ネットワークを管理する

arp	エントリの表示と編集	386
brctl	ブリッジ設定の確認	405
ip	ネットワークの管理と監視	372
ip	ルーティングの管理	389
iwlist	アクセスポイントのスキャン	370
lsof	プロセスがオープンしているファイルの表示	384
netstat	ポート/ソケット/ルーティング情報の表示	379
nmap	ポート状態の表示	385
nmcli	NetworkManagerの制御	358,398,404
nmtui	nmtuiツールの起動	357
ping	ホスト間の疎通確認	382
route	ルーティングの管理	389
ss	ソケットの統計情報の表示	380
tcpdump	トラフィックのダンプ	387
tracepath	経路の表示	396
traceroute	経路の表示	395
traceroute6	経路の表示（IPv6）	395

■Chapter9　システムのメンテナンス

bc	計算を利用したパフォーマンス測定	431
chroot	ルートディレクトリの変更	417
free	メモリやスワップ領域の使用状況の確認	431
fsck	ファイルシステムの検査と修正	442
hdparm	ディスクのパフォーマンスの表示	431,438
ip	ネットワークインターフェイスの設定の確認	421
ip	ルーティングテーブルの設定の確認	424
mount.cifs	Sambaサーバのファイルの共有	447
nice	プロセスの優先度の設定	434
nmap	ポートがオープンしているか確認	427
nmcli	NetworkManagerの設定状態の確認	423
pdftk	pdfファイルの結合/分割	433

ps	リソースの使用状況の確認	428
stress	システムの負荷テストを行う	436
time	実行時間の測定	432
top	プロセスごとのCPUとメモリの使用状況の確認	429
vmstat	メモリやCPUの使用状況の確認	430

■Chapter10　セキュリティ対策

7z	7zipによる暗号化	468
aide	改ざんの検知	501
firewall-cmd	firewalldサービスの設定	487
gpg	gpgによる暗号化	471
iptables	Netfilterの設定	496
last	ログイン記録の表示	455
less	ログインアクセス結果の表示	455
openssl	opensslによる暗号化	489
scp	リモートホスト間でのファイル転送	475
snort-stat	パケットの統計情報の生成	511
ssh	リモートホストへのログイン	475
ssh-keygen	秘密鍵と公開鍵の生成	476,478
systemctl	Snortの起動と停止	510
tail	ログの監視	455
ufw	Netfilterの設定	490
zip	zipによる暗号化/復号	467

■Appendix　仮想環境を構築する

docker	Dockerの操作	564
hostname	ホスト名の確認	539
hostname	ホスト名の確認	556
nmcli	IPアドレスの確認と設定	535,551
nmcli	ネットワークアダプタの設定	544
ping	ホスト間の疎通確認	539,556
sysctl	ip_forwardの設定と表示	545

索引

■ 記号・数字

N

O

P

Q

R

S

か行

さ行

■ た行

■ な行

■ は行

■ ま行

■ や行

■ ら行

著者プロフィール

大竹 龍史

有限会社ナレッジデザイン 代表取締役。
1986年伊藤忠データシステム（現・伊藤忠テクノソリューションズ株式会社）入社後、Sun Microsystems社のSunUNIX/SunOS/Solarisなど、OSを中心としたサポートと社内トレーニングを担当。1998年有限会社ナレッジデザイン設立。Linux、Solarisの講師および、LPI対応コースの開発/実施。約27年にわたり、OSの中核部分のコンポーネントを中心に、UNIX/Solaris、Linuxなどオペレーティングシステムの研修を主に担当。最近は、OpenStack資格であるOPCELと、LPICレベル3ドキュメントの作成に注力。
著書（共著を含む）に『標準テキスト CentOS7構築・運用・管理パーフェクトガイド』（SBクリエイティブ刊）、『Linux教科書 LPICレベル1 スピードマスター問題集』『Linux教科書 LPICレベル2 スピードマスター問題集』（いずれも翔泳社刊）、雑誌「日経Linux」（日経BP社刊）での連載LPIC対策記事を執筆。Web「@IT自分戦略研究所」（ITmedia社）での連載LPIC対策記事を執筆。

山本 道子

2004年Sun Microsystems社退職後、有限会社Rayを設立し、システム開発、IT講師、執筆業などを手がける。有限会社ナレッジデザイン顧問。著書（共著を含む）『標準テキスト CentOS7構築・運用・管理パーフェクトガイド』（SBクリエイティブ刊）、『Linux教科書 LPIC レベル1 スピードマスター問題集』『オラクル認定資格教科書 Javaプログラマ Bronze SE 7/8』『同Silver SE 8』『同Gold SE 8』の他、『SUN教科書 Webコンポーネントディベロッパ（SJC-WC）』『携帯OS教科書 Andoridアプリケーション技術者ベーシック』、監訳書に『SUN教科書 Javaプログラマ（SJC-P）5.0・6.0 両対応』（いずれも翔泳社刊）などがある。雑誌「日経Linux」（日経BP社刊）での連載LPIC対策記事を執筆。

▶ 本書サポートページ
https//isbn.sbcr.jp/97642/
本書をお読みいただいたご感想、ご意見を上記URLよりお寄せください。

本気で学ぶLinux実践入門

2019年6月9日　初版第1刷発行
2021年3月29日　初版第4刷発行

著者　有限会社ナレッジデザイン 大竹 龍 史、山本道子 著

発行者　小川 淳
発行所　SBクリエイティブ株式会社
〒106-0032　東京都港区六本木2-4-5
TEL 03-5549-1201（営業）
https://www.sbcr.jp

印刷　株式会社シナノ
本文デザイン/組版　株式会社エストール
装丁　渡辺 縁

落丁本、乱丁本は小社営業部にてお取り替えいたします。
定価はカバーに記載されております。

Printed In Japan　ISBN978-4-7973-9764-2